线性代数

同步辅导与复习提高

（第二版）

金　路　编

復旦大學出版社

内 容 提 要

本书是理工科、技术学科、经济与管理等非数学类专业学生学习线性代数课程的学习辅导书. 全书共6章:矩阵与行列式、线性方程组、线性空间与线性变换、特征值与特征向量、Euclid空间与酉空间、二次型. 本书重视基础知识的学习与基本技能的训练,强调教学内容与习题解析的同步衔接;注重整合知识,科学地指导学生进行解题;书中还选择了许多具有综合性与灵活性的问题,同时也对一些结论进行引申,引导学生独立思考和深入训练;在例题讲解中,适时穿插一些评注,起到画龙点睛的作用. 本书还适当地选择了全国和一些院校的硕士研究生入学考试试题,将其有机地穿插在例题和习题之中. 本书还在每小节之后都配置了一定量的习题,并附有答案或提示.

本书的深度和广度能适应大多数专业的线性代数知识的学习需要,可作为高等学校理科、工科、技术学科、经济与管理等非数学类专业的学习指导书,并可作为上述各专业的教学参考书. 同时,对于有志报考研究生的学生来说,也是一本较全面的复习用书.

第二版前言

本书第一版出版以来，受到了同行及学生们的普遍关注，许多教师将其作为教学参考书向学生推荐，取得了良好的教学效果，使我们倍感欣慰.同时，我们在教学过程中也收到了大量的信息反馈，许多具有丰富教学经验的教师提供了中肯的意见和建议，使用本书的学生们也经常谈及他们的使用体会和希望，鼓励我们对本书进行进一步的补充与完善.

在这次修订过程中，我们基本保持了原书的编写宗旨和结构框架，对全书整体上作了全面梳理，并在叙述上作了进一步加工.同时，对一些内容进行了补充和修改，调整并增加了一些例题和习题，力争使全书更加充实与全面，希望能为读者提供更多的信息，也使本书的适用性更广.

在本书的编写过程中，复旦大学数学科学学院和教务处给予了大力支持，数学科学学院的多位教师也提供了各种建议、支持和帮助，在此表示衷心的感谢.同时，感谢复旦大学出版社范仁梅同志的大力支持和鼓励，由于她的辛勤工作和热情帮助，本书才得以顺利出版.

我们深知一本成熟的教学资料需久经锤炼，因而仍然热切期望广大读者和同行提出宝贵的批评和建议，以期通过进一步努力，使这本书的质量提升到一个新的台阶.

编者

2014 年 6 月于复旦大学

第一版前言

大学数学教育包括分析、代数、几何和随机数学这几部分内容."线性代数"就是讲授代数学基础知识的数学课程,其内容是关于有限维空间的线性理论.由于线性问题广泛存在于数学、自然科学、工程技术和社会科学等各个领域,许多非线性问题在一定条件下也可以转化为线性问题来处理,尤其是数值分析的飞速发展及计算机的广泛应用,许多实际问题可以通过离散化的数值计算得到定量的解决,因此线性代数的思想与方法在各个领域的应用越来越广泛."线性代数"课程与其他数学课程既有着密切的联系,又有着自身的特点.它既有较强的抽象性和逻辑性,也有着广泛的应用性,同时也有着独特的研究对象和研究方法.

线性代数独特的内容和特点,常常使习惯于分析学习的学生从认知、观念、心理等各个层面感到茫然和不适应,尤其是在解题时感到困惑,觉得无从下手.许多习题貌似平易,但解题时稍有不慎便会陷入困境,要透彻掌握理论知识和解题技巧而达到运用自如的程度并非易事.而教学学时和教材篇幅的限制,使许多内容和方法不能详尽展开,例题也偏少,这也增加了学生学习的困难.为此,我们编写了这本线性代数学习辅导教材,以适应教学需要.

经过长期的教学实践和研究积累,并听取了同行的意见和建议,我们在编写过程中特别注意了以下几点:

一、重视基础知识的学习与基本技能的训练,适当增强基础题目的讲解内容.这是因为只有熟练掌握了基本概念、基本原理和基本方法,才有能力去分析和解决复杂的问题.同时,这也是锻炼逻辑思维、训练数学表达与推理的必要环节.

二、强调教学内容与例题分析的同步衔接,增强典型问题和规律性解答部分的内容,为学生课后复习与练习提供尽可能多的方法、技巧与参照,在开拓读者思路方面提供一把入门的钥匙.

三、系统总结教学内容,注重知识整合,科学地指导学生进行数学解题.在题目的选取与安排上,逐步增加综合型例题,以例题为载体,复习和运用学过的知识,培养学生综合运用数学知识去解决问题的能力.

四、解题训练的根本目的是培养和锻炼学生运用数学知识去解决数学问题的能力,因此在重视基础的同时,我们还选择了许多比较灵活的问题和综合性问题,同时也对一些结论进行引申,它们需要具有一定的解题经验与比较深入的思考才能够解决.通过这些问题,希望引导学生认识到独立思考和独立工作的重要性,体验分析问题、研究问题、转化问题，进而解决问题的过程.

五、对许多例题给出了多种解法，展示数学方法的灵活性与多样性. 同时，在许多有启示的例题之后给出一些评注，揭示其内在蕴含的规律和可操作的方法，达到举一反三的效果.

六、由于"线性代数"是招收研究生考试中数学内容的一部分，我们对于全国和一些院校的硕士研究生入学考试试题适当地进行选择，有机地穿插在本书的例题和习题之中. 这样，一方面为有志于继续深入学习的学生提供帮助，另一方面也为正在学习线性代数课程的学生提供更多的综合能力训练素材.

七、为使学生能够进一步掌握学习内容和进行自我训练，了解自己的学习状况，在每小节之后都配置了一定量的习题，并附有答案或提示.

在本书的编写过程中，复旦大学数学科学学院童裕孙、陈纪修、吴泉水、朱大训、郭坤宇、陈猛、程晋、楼红卫等教授提供了各种建议、支持和帮助；复旦大学教务处也予以鼓励和支持，在此表示衷心的感谢. 同时，感谢复旦大学出版社范仁梅同志的大力支持和帮助，由于她的辛勤工作，本书才得以与读者见面.

囿于学识，本书错误和不当之处在所难免，殷切期望广大读者和同行提出宝贵的批评和建议.

编者

2011 年 3 月于复旦大学

目　　录

第一章
矩阵与行列式

§1.1 向量与矩阵

知识要点

一、向量

定义 1.1.1 由 n 个数 $a_1, a_2, \cdots, a_n$ 组成的有序数组 $(a_1, a_2, \cdots, a_n)$ 称为 **n 维向量**，简称**向量**. 数 $a_i (i=1,2,\cdots,n)$ 称为该向量的第 i 个分量. n 维向量也常写成

$$(a_1, a_2, \cdots, a_n) \text{或} \begin{pmatrix} a_1 \\ a_2 \\ \vdots \\ a_n \end{pmatrix},$$

称前者为 **n 维行向量**，后者为 **n 维列向量**.

二、矩阵

定义 1.1.2 由 $m \times n$ 个数 $a_{ij} (i=1,2,\cdots m; j=1,2,\cdots,n)$ 排成的 m 个行 n 个列的形式

$$\begin{pmatrix} a_{11} & a_{12} & \cdots & a_{1n} \\ a_{21} & a_{22} & \cdots & a_{2n} \\ \vdots & \vdots & & \vdots \\ a_{m1} & a_{m2} & \cdots & a_{mn} \end{pmatrix}$$

称为 $m \times n$ 的**矩阵**，常简记为 $(a_{ij})_{m \times n}$，其中 a_{ij} 称为矩阵的（第 i 行第 j 列的）**元素**. 当 $m=n$ 时，也称矩阵为（**n 阶**）**方阵**，或 **n 阶矩阵**. 称 a_{11} 至 a_{nn} 所在的位置为**主对角线**，称 $a_{ii} (i=1,2,\cdots,n)$ 为**对角元素**，其他称为**非对角元素**.

当 $a_{ij}=0 (i=1,2,\cdots,m; j=1,2,\cdots,n)$ 时，称为**零矩阵**，记为 $\boldsymbol{O}_{m \times n}$ 或 $\boldsymbol{O}$.

注 显然，当 $1 \times n$ 矩阵就是 n 维行向量，$m \times 1$ 矩阵就是 m 维列向量.

有几种常用的特殊方阵：

1. 单位阵

$$I_n=(\delta_{ij})_{n\times n}=\begin{pmatrix}1 & & & \\ & 1 & & \\ & & \ddots & \\ & & & 1\end{pmatrix}_{n\times n}.$$

2. 对角阵

$$\operatorname{diag}(d_1,d_2,\cdots,d_n)=\begin{pmatrix}d_1 & & & \\ & d_2 & & \\ & & \ddots & \\ & & & d_n\end{pmatrix},$$

3. 三角阵

上三角阵：

$$\begin{pmatrix}a_{11} & a_{12} & \cdots & a_{1n} \\ & a_{22} & \cdots & a_{2n} \\ & & \ddots & \vdots \\ & & & a_{nn}\end{pmatrix};$$

下三角阵：

$$\begin{pmatrix}a_{11} & & & \\ a_{21} & a_{22} & & \\ \vdots & \vdots & \ddots & \\ a_{n1} & a_{n2} & \cdots & a_{nn}\end{pmatrix}.$$

三、矩阵的运算

1. 加法

设 $\boldsymbol{A}=(a_{ij})_{m\times n}$,$\boldsymbol{B}=(b_{ij})_{m\times n}$为 $m\times n$ 矩阵,定义矩阵 $\boldsymbol{A}$ 与 $\boldsymbol{B}$ 的和为

$$\boldsymbol{A}+\boldsymbol{B}=(a_{ij}+b_{ij})_{m\times n}.$$

加法运算运算满足交换律和结合律,即若 $\boldsymbol{A},\boldsymbol{B},\boldsymbol{C}$ 是同型矩阵,则

$$\boldsymbol{A}+\boldsymbol{B}=\boldsymbol{B}+\boldsymbol{A},$$

$$(\boldsymbol{A}+\boldsymbol{B})+\boldsymbol{C}=\boldsymbol{A}+(\boldsymbol{B}+\boldsymbol{C}).$$

2. 数乘

设 $\boldsymbol{A}=(a_{ij})_{m\times n}$为 $m\times n$ 矩阵,λ 是数,则定义 λ 与矩阵 $\boldsymbol{A}$ 的**数乘**为

$$\lambda\boldsymbol{A}=(\lambda a_{ij})_{m\times n}.$$

数乘运算满足结合律与分配律,即对于任何数 λ,μ 和 $m\times n$ 矩阵 $\boldsymbol{A},\boldsymbol{B}$,成立

$$(\lambda\mu)\boldsymbol{A}=\lambda(\mu\boldsymbol{A}),$$
$$(\lambda+\mu)\boldsymbol{A}=\lambda\boldsymbol{A}+\mu\boldsymbol{A},$$
$$\lambda(\boldsymbol{A}+\boldsymbol{B})=\lambda\boldsymbol{A}+\lambda\boldsymbol{B}.$$

3. 乘法

设 $\boldsymbol{A}=(a_{ij})_{m\times n}$ 为 $m\times n$ 矩阵，$\boldsymbol{B}=(b_{ij})_{n\times p}$ 为 $n\times p$ 矩阵，定义矩阵为 $\boldsymbol{A}$ 与 $\boldsymbol{B}$ 的**乘积**为 $m\times p$ 矩阵

$$\boldsymbol{AB}=\left(\sum_{k=1}^{n}a_{ik}b_{kj}\right)_{m\times p}=(a_{i1}b_{1j}+a_{i2}b_{2j}+\cdots+a_{in}b_{nj})_{m\times p}.$$

矩阵的乘法满足结合律，即设 $\boldsymbol{A}$ 与 $\boldsymbol{B}$ 可相乘，$\boldsymbol{B}$ 与 $\boldsymbol{C}$ 可相乘，则

$$(\boldsymbol{AB})\boldsymbol{C}=\boldsymbol{A}(\boldsymbol{BC}).$$

矩阵的乘法也满足分配律，即设 $\boldsymbol{A}$ 与 $\boldsymbol{B}$ 同型，且与 $\boldsymbol{C}$ 都可相乘，则有

$$(\boldsymbol{A}+\boldsymbol{B})\boldsymbol{C}=\boldsymbol{AC}+\boldsymbol{BC};$$

设 $\boldsymbol{B}$ 与 $\boldsymbol{C}$ 同型，且 $\boldsymbol{A}$ 与 $\boldsymbol{B}$ 和 $\boldsymbol{C}$ 都可相乘，则有

$$\boldsymbol{A}(\boldsymbol{B}+\boldsymbol{C})=\boldsymbol{AB}+\boldsymbol{AC}.$$

注意矩阵的乘法不满足交换律.

4. 转置

设 $\boldsymbol{A}=(a_{ij})_{m\times n}$ 为 $m\times n$ 矩阵，则定义矩阵 $\boldsymbol{A}$ 的**转置矩阵**为

$$\boldsymbol{A}^{\mathrm{T}}=(b_{ij})_{n\times m},$$

其中 $b_{ij}=a_{ji}(i=1,2,\cdots,n,\ j=1,2,\cdots,m)$.

注意对任意矩阵 $\boldsymbol{A},\boldsymbol{B}$ 和数 λ，成立

$$(\boldsymbol{A}^{\mathrm{T}})^{\mathrm{T}}=\boldsymbol{A};$$
$$(\boldsymbol{A}+\boldsymbol{B})^{\mathrm{T}}=\boldsymbol{A}^{\mathrm{T}}+\boldsymbol{B}^{\mathrm{T}};$$
$$(\lambda\boldsymbol{A})^{\mathrm{T}}=\lambda\boldsymbol{A}^{\mathrm{T}}.$$

5. 共轭

设 $\boldsymbol{A}=(a_{ij})_{m\times n}$ 为 $m\times n$ 复矩阵，定义矩阵 $\boldsymbol{A}$ 的**共轭矩阵**为

$$\overline{\boldsymbol{A}}=(\overline{a}_{ij})_{m\times n},$$

这里 $\overline{a}_{ij}$ 表示 a_{ij} 的共轭复数. 记

$$\boldsymbol{A}^{\mathrm{H}}=(\overline{\boldsymbol{A}})^{\mathrm{T}}(=\overline{\boldsymbol{A}^{\mathrm{T}}}),$$

它称为 $\boldsymbol{A}$ 的**共轭转置矩阵**，此时 $\boldsymbol{A}^{\mathrm{H}}=(b_{ij})_{n\times m}$，其中 $b_{ij}=\overline{a}_{ji}$.

6. 矩阵多项式

记方阵 $\boldsymbol{A}$ 的 k 次幂为

$$\boldsymbol{A}^{k}=\underbrace{\boldsymbol{AA}\cdots\boldsymbol{A}}_{k\text{个}}\quad(k\in\mathbf{N}^{+}),$$

并规定 $\boldsymbol{A}^{0}=\boldsymbol{I}$. 若 n 次多项式 $p(x)=a_nx^n+a_{n-1}x^{n-1}+\cdots+a_1x+a_0$，定义

$$p(\boldsymbol{A})=a_n\boldsymbol{A}^n+a_{n-1}\boldsymbol{A}^{n-1}+\cdots+a_1\boldsymbol{A}+a_0\boldsymbol{I},$$

它也称为 $\boldsymbol{A}$ 的 n 次**多项式**.

7. 线性方程组的矩阵表示

对于线性方程组

$$\begin{cases} a_{11}x_1 + a_{12}x_2 + \cdots + a_{1n}x_n = b_1, \\ a_{21}x_1 + a_{22}x_2 + \cdots + a_{2n}x_n = b_2, \\ \quad\cdots\cdots\cdots\cdots \\ a_{m1}x_1 + a_{m2}x_2 + \cdots + a_{mn}x_n = b_m, \end{cases}$$

若记

$$\boldsymbol{A} = \begin{pmatrix} a_{11} & a_{12} & \cdots & a_{1n} \\ a_{21} & a_{22} & \cdots & a_{2n} \\ \vdots & \vdots & & \vdots \\ a_{m1} & a_{m2} & \cdots & a_{mn} \end{pmatrix}, \quad \boldsymbol{x} = \begin{pmatrix} x_1 \\ x_2 \\ \vdots \\ x_n \end{pmatrix}, \quad \boldsymbol{b} = \begin{pmatrix} b_1 \\ b_2 \\ \vdots \\ b_m \end{pmatrix},$$

则该方程组可以表示为

$$\boldsymbol{Ax} = \boldsymbol{b},$$

其中 $\boldsymbol{A}$ 称为方程组的**系数矩阵**,$\boldsymbol{b}$ 称为方程组的**右端向量**.

四、分块矩阵及运算

常把一个矩阵分解成若干个块来考虑,称为**分块矩阵**. 分块矩阵的加法、数乘和乘法等运算的形式和以上数字矩阵相同,这里不再赘述. 特别要指出的是,若两个同型方阵 $\boldsymbol{A},\boldsymbol{B}$ 可分块为如下准对角阵

$$\boldsymbol{A} = \begin{pmatrix} \boldsymbol{A}_1 & & & \\ & \boldsymbol{A}_2 & & \\ & & \ddots & \\ & & & \boldsymbol{A}_k \end{pmatrix}, \quad \boldsymbol{B} = \begin{pmatrix} \boldsymbol{B}_1 & & & \\ & \boldsymbol{B}_2 & & \\ & & \ddots & \\ & & & \boldsymbol{B}_k \end{pmatrix},$$

其中 $\boldsymbol{A}_j,\boldsymbol{B}_j$ 是 n_j 阶方阵($j=1,2,\cdots,k$),则

$$\boldsymbol{A}+\boldsymbol{B} = \begin{pmatrix} \boldsymbol{A}_1+\boldsymbol{B}_1 & & & \\ & \boldsymbol{A}_2+\boldsymbol{B}_2 & & \\ & & \ddots & \\ & & & \boldsymbol{A}_k+\boldsymbol{B}_k \end{pmatrix},$$

$$\boldsymbol{AB} = \begin{pmatrix} \boldsymbol{A}_1\boldsymbol{B}_1 & & & \\ & \boldsymbol{A}_2\boldsymbol{B}_2 & & \\ & & \ddots & \\ & & & \boldsymbol{A}_k\boldsymbol{B}_k \end{pmatrix},$$

$$A^k=\begin{pmatrix} A_1^k & & & \\ & A_2^k & & \\ & & \ddots & \\ & & & A_k^k \end{pmatrix},\quad k\in \mathbf{N}^+.$$

例 题 分 析

例 1.1.1 设 $\boldsymbol{x}=(0,3,-1,0)^{\mathrm{T}}$,$\boldsymbol{y}=(2,1,-2,4)^{\mathrm{T}}$,计算 $2\boldsymbol{x}+3\boldsymbol{y}$ 和 $3\boldsymbol{x}-2\boldsymbol{y}$.

解 由矩阵的数乘和加法的定义得

$$2\boldsymbol{x}+3\boldsymbol{y}=2\begin{pmatrix}0\\3\\-1\\0\end{pmatrix}+3\begin{pmatrix}2\\1\\-2\\4\end{pmatrix}=\begin{pmatrix}0\\6\\-2\\0\end{pmatrix}+\begin{pmatrix}6\\3\\-6\\12\end{pmatrix}=\begin{pmatrix}6\\9\\-8\\12\end{pmatrix},$$

$$3\boldsymbol{x}-2\boldsymbol{y}=3\begin{pmatrix}0\\3\\-1\\0\end{pmatrix}-2\begin{pmatrix}2\\1\\-2\\4\end{pmatrix}=\begin{pmatrix}-4\\7\\1\\-8\end{pmatrix}.$$

例 1.1.2 设 n 维向量 $\boldsymbol{x}=\begin{pmatrix}x_1\\x_2\\\vdots\\x_n\end{pmatrix}$, $\boldsymbol{y}=\begin{pmatrix}y_1\\y_2\\\vdots\\y_n\end{pmatrix}$.

(1) 求 $\boldsymbol{x}^{\mathrm{T}}\boldsymbol{y}$ 和 $\boldsymbol{y}\boldsymbol{x}^{\mathrm{T}}$;

(2) 若 $\boldsymbol{A}=\boldsymbol{y}\boldsymbol{x}^{\mathrm{T}}$,求 $\boldsymbol{A}^k(k\in\mathbf{N}^+)$.

解 (1) 由矩阵乘法的定义得

$$\boldsymbol{x}^{\mathrm{T}}\boldsymbol{y}=(x_1,x_2,\cdots,x_n)\begin{pmatrix}y_1\\y_2\\\vdots\\y_n\end{pmatrix}=x_1y_1+x_2y_2+\cdots+x_ny_n,$$

$$\boldsymbol{y}\boldsymbol{x}^{\mathrm{T}}=\begin{pmatrix}y_1\\y_2\\\vdots\\y_n\end{pmatrix}(x_1,x_2,\cdots,x_n)=\begin{pmatrix}x_1y_1 & x_2y_1 & \cdots & x_ny_1\\ x_1y_2 & x_2y_2 & \cdots & x_ny_2\\ \vdots & \vdots & & \vdots\\ x_1y_n & x_2y_n & \cdots & x_ny_n\end{pmatrix}.$$

(2) 记 $\lambda=\boldsymbol{x}^{\mathrm{T}}\boldsymbol{y}$,则

$$\boldsymbol{A}^2=\boldsymbol{A}\boldsymbol{A}=\boldsymbol{y}\boldsymbol{x}^{\mathrm{T}}\boldsymbol{y}\boldsymbol{x}^{\mathrm{T}}=\boldsymbol{y}(\boldsymbol{x}^{\mathrm{T}}\boldsymbol{y})\boldsymbol{x}^{\mathrm{T}}=\boldsymbol{y}\lambda\boldsymbol{x}^{\mathrm{T}}=\lambda\boldsymbol{y}\boldsymbol{x}^{\mathrm{T}}=\lambda\boldsymbol{A},$$

……

$$A^k = \underbrace{yx^{\mathrm{T}}yx^{\mathrm{T}}\cdots yx^{\mathrm{T}}}_{k个} = y\underbrace{(x^{\mathrm{T}}y)\cdots(x^{\mathrm{T}}y)}_{k-1个}x^{\mathrm{T}} = y\lambda^{k-1}x^{\mathrm{T}} = \lambda^{k-1}yx^{\mathrm{T}} = \lambda^{k-1}A.$$

注 对于 n 维列向量 $\boldsymbol{x}$ 和 $\boldsymbol{y}$,$\boldsymbol{x}^{\mathrm{T}}\boldsymbol{y}$ 是一个数,而 $\boldsymbol{y}\boldsymbol{x}^{\mathrm{T}}$ 是一个矩阵.

例 1.1.3 设 $n(n\geqslant 2)$ 维向量 $\boldsymbol{x} = \begin{pmatrix} \frac{1}{2} \\ 0 \\ \vdots \\ 0 \\ \frac{1}{2} \end{pmatrix}$,$\boldsymbol{A} = \boldsymbol{I}_n - \boldsymbol{x}\boldsymbol{x}^{\mathrm{T}}$, $\boldsymbol{B} = \boldsymbol{I}_n + 2\boldsymbol{x}\boldsymbol{x}^{\mathrm{T}}$,求 $\boldsymbol{AB}$.

解 注意 $\boldsymbol{x}^{\mathrm{T}}\boldsymbol{x} = \frac{1}{2}$,便有

$$\begin{aligned} \boldsymbol{AB} &= (\boldsymbol{I}_n - \boldsymbol{x}\boldsymbol{x}^{\mathrm{T}})(\boldsymbol{I}_n + 2\boldsymbol{x}\boldsymbol{x}^{\mathrm{T}}) = \boldsymbol{I}_n - \boldsymbol{x}\boldsymbol{x}^{\mathrm{T}} + 2\boldsymbol{x}\boldsymbol{x}^{\mathrm{T}} - (\boldsymbol{x}\boldsymbol{x}^{\mathrm{T}})(2\boldsymbol{x}\boldsymbol{x}^{\mathrm{T}}) \\ &= \boldsymbol{I}_n + \boldsymbol{x}\boldsymbol{x}^{\mathrm{T}} - 2\boldsymbol{x}(\boldsymbol{x}^{\mathrm{T}}\boldsymbol{x})\boldsymbol{x}^{\mathrm{T}} = \boldsymbol{I}_n + \boldsymbol{x}\boldsymbol{x}^{\mathrm{T}} - \boldsymbol{x}\boldsymbol{x}^{\mathrm{T}} = \boldsymbol{I}_n. \end{aligned}$$

例 1.1.4 设 $\boldsymbol{A} = \begin{pmatrix} 1 & -4 & 2 \\ -1 & 4 & -2 \end{pmatrix}$, $\boldsymbol{B} = \begin{pmatrix} 1 & 2 \\ -1 & 3 \\ 5 & -2 \end{pmatrix}$, $\boldsymbol{C} = \begin{pmatrix} 2 & 2 \\ 1 & -1 \\ 1 & -3 \end{pmatrix}$.

(1) 求 $2\boldsymbol{A} - 3\boldsymbol{B}^{\mathrm{T}}$;

(2) 求 $(2\boldsymbol{A} - 3\boldsymbol{B}^{\mathrm{T}})\boldsymbol{C}$;

(3) 求矩阵 $\boldsymbol{X}$,使得 $2\boldsymbol{X} - 3\boldsymbol{B} + \boldsymbol{C} = \boldsymbol{O}$.

解 (1) 由矩阵运算的定义得

$$\begin{aligned} 2\boldsymbol{A} - 3\boldsymbol{B}^{\mathrm{T}} &= 2\begin{pmatrix} 1 & -4 & 2 \\ -1 & 4 & -2 \end{pmatrix} - 3\begin{pmatrix} 1 & -1 & 5 \\ 2 & 3 & -2 \end{pmatrix} \\ &= \begin{pmatrix} 2 & -8 & 4 \\ -2 & 8 & -4 \end{pmatrix} - \begin{pmatrix} 3 & -3 & 15 \\ 6 & 9 & -6 \end{pmatrix} \\ &= \begin{pmatrix} -1 & -5 & -11 \\ -8 & -1 & 2 \end{pmatrix}. \end{aligned}$$

(2) 由矩阵乘法的定义得

$$\begin{aligned} (2\boldsymbol{A} - 3\boldsymbol{B}^{\mathrm{T}})\boldsymbol{C} &= \begin{pmatrix} -1 & -5 & -11 \\ -8 & -1 & 2 \end{pmatrix}\begin{pmatrix} 2 & 2 \\ 1 & -1 \\ 1 & -3 \end{pmatrix} \\ &= \begin{pmatrix} (-1)\times 2 + (-5)\times 1 + (-11)\times 1 & (-1)\times 2 + (-5)\times(-1) + (-11)\times(-3) \\ (-8)\times 2 + (-1)\times 1 + 2\times 1 & (-8)\times 2 + (-1)\times(-1) + 2\times(-3) \end{pmatrix} \end{aligned}$$

$$=\begin{pmatrix}-18 & 36\\ -15 & -21\end{pmatrix}.$$

（3）从 $2\boldsymbol{X}-3\boldsymbol{B}+\boldsymbol{C}=\boldsymbol{O}$ 得

$$\boldsymbol{X}=\frac{1}{2}(3\boldsymbol{B}-\boldsymbol{C})=\frac{1}{2}\left[3\begin{pmatrix}1 & 2\\ -1 & 3\\ 5 & -2\end{pmatrix}-\begin{pmatrix}2 & 2\\ 1 & -1\\ 1 & -3\end{pmatrix}\right]$$

$$=\frac{1}{2}\begin{pmatrix}1 & 4\\ -4 & 10\\ 14 & -3\end{pmatrix}=\begin{pmatrix}\frac{1}{2} & 2\\ -2 & 5\\ 7 & -\frac{3}{2}\end{pmatrix}.$$

例 1.1.5 计算 $(x,y,1)\begin{pmatrix}a_{11} & a_{12} & b_1\\ a_{12} & a_{22} & b_2\\ b_1 & b_2 & c\end{pmatrix}\begin{pmatrix}x\\ y\\ 1\end{pmatrix}$.

解 由矩阵乘法的定义得

$$(x,y,1)\begin{pmatrix}a_{11} & a_{12} & b_1\\ a_{12} & a_{22} & b_2\\ b_1 & b_2 & c\end{pmatrix}\begin{pmatrix}x\\ y\\ 1\end{pmatrix}$$

$$=(a_{11}x+a_{12}y+b_1,a_{12}x+a_{22}y+b_2,b_1x+b_2y+c)\begin{pmatrix}x\\ y\\ 1\end{pmatrix}$$

$$=a_{11}x^2+a_{12}xy+b_1x+a_{12}xy+a_{22}y^2+b_2y+b_1x+b_2y+c$$

$$=a_{11}x^2+2a_{12}xy+a_{22}y^2+2b_1x+2b_2y+c.$$

例 1.1.6 设

$$\boldsymbol{A}=\begin{pmatrix}1 & -3 & 5 & -7\\ 0 & 2 & 2 & 8\\ 0 & 0 & 1 & 0\\ 0 & 0 & 0 & 1\end{pmatrix},\quad \boldsymbol{B}=\begin{pmatrix}2 & -5\\ -3 & 4\\ 0 & 8\\ 0 & 0\end{pmatrix},$$

求 $\boldsymbol{AB}$.

解法一 直接按矩阵乘法的定义计算得

$$\boldsymbol{AB}=\begin{pmatrix}1 & -3 & 5 & -7\\ 0 & 2 & 2 & 8\\ 0 & 0 & 1 & 0\\ 0 & 0 & 0 & 1\end{pmatrix}\begin{pmatrix}2 & -5\\ -3 & 4\\ 0 & 8\\ 0 & 0\end{pmatrix}=\begin{pmatrix}11 & 23\\ -6 & 24\\ 0 & 8\\ 0 & 0\end{pmatrix}.$$

解法二 记

$$A_{11}=\begin{pmatrix}1 & -3\\0 & 2\end{pmatrix},\quad A_{12}=\begin{pmatrix}5 & -7\\2 & 8\end{pmatrix},\quad C=\begin{pmatrix}2 & -5\\-3 & 4\end{pmatrix},\quad D=\begin{pmatrix}0 & 8\\0 & 0\end{pmatrix}.$$

由分块矩阵的乘法得

$$AB=\begin{pmatrix}A_{11} & A_{12}\\O_{2\times 2} & I_{2\times 2}\end{pmatrix}\begin{pmatrix}C\\D\end{pmatrix}=\begin{pmatrix}A_{11}C+A_{12}D\\D\end{pmatrix}.$$

由于

$$A_{11}C+A_{12}D=\begin{pmatrix}1 & -3\\0 & 2\end{pmatrix}\begin{pmatrix}2 & -5\\-3 & 4\end{pmatrix}+\begin{pmatrix}5 & -7\\2 & 8\end{pmatrix}\begin{pmatrix}0 & 8\\0 & 0\end{pmatrix}=\begin{pmatrix}11 & 23\\-6 & 24\end{pmatrix},$$

因此

$$AB=\begin{pmatrix}11 & 23\\-6 & 24\\0 & 8\\0 & 0\end{pmatrix}.$$

例 1.1.7 设 A 是 $m\times n$ 矩阵. 证明:若对于任何 n 维列向量 x 成立 $Ax=\mathbf{0}$($\mathbf{0}$ 为分量均为 0 的 m 维列向量),则 $A=O_{m\times n}$.

证 记

$$A=\begin{pmatrix}a_{11} & a_{12} & \cdots & a_{1n}\\a_{21} & a_{22} & \cdots & a_{2n}\\\vdots & \vdots & & \vdots\\a_{m1} & a_{m2} & \cdots & a_{mn}\end{pmatrix}.$$

如果对于任何 n 维列向量 x 成立 $Ax=\mathbf{0}$,取 $e_i=(0,\cdots,\underset{i}{1},\cdots,0)^{\mathrm{T}}$,则 $Ae_i=\mathbf{0}(i=1,2,\cdots,n)$. 而

$$Ae_i=\begin{pmatrix}a_{11} & a_{12} & \cdots & a_{1n}\\a_{21} & a_{22} & \cdots & a_{2n}\\\vdots & \vdots & & \vdots\\a_{m1} & a_{m2} & \cdots & a_{mn}\end{pmatrix}\begin{pmatrix}0\\\vdots\\1\\\vdots\\0\end{pmatrix}=\begin{pmatrix}a_{1i}\\a_{2i}\\\vdots\\a_{mi}\end{pmatrix},$$

于是对于 $i=1,2,\cdots,n$,成立

$$a_{ki}=0,\quad k=1,2,\cdots,m.$$

因此 $A=O_{m\times n}$.

例 1.1.8 设 A 是 $m\times n$ 非零矩阵. 证明:线性方程组 $Ax=\mathbf{0}(x\in\mathbf{R}^n)$ 与 $A^{\mathrm{T}}Ax=\mathbf{0}$ 同解.

证 记

$$A=\begin{pmatrix}a_{11}&a_{12}&\cdots&a_{1n}\\a_{21}&a_{22}&\cdots&a_{2n}\\\vdots&\vdots&&\vdots\\a_{m1}&a_{m2}&\cdots&a_{mn}\end{pmatrix},\ x=\begin{pmatrix}x_1\\x_2\\\vdots\\x_n\end{pmatrix},$$

则 $\boldsymbol{Ax}=\boldsymbol{0}$ 等价于

$$a_{i1}x_1+a_{i2}x_2+\cdots+a_{in}x_n=0,\quad i=1,2,\cdots,m.$$

若 $\boldsymbol{Ax}=\boldsymbol{0}$，显然有 $\boldsymbol{A}^{\mathrm{T}}\boldsymbol{Ax}=\boldsymbol{0}$.

反之，若 $\boldsymbol{A}^{\mathrm{T}}\boldsymbol{Ax}=\boldsymbol{0}$，则 $\boldsymbol{x}^{\mathrm{T}}\boldsymbol{A}^{\mathrm{T}}\boldsymbol{Ax}=\boldsymbol{0}$，即 $(\boldsymbol{Ax})^{\mathrm{T}}(\boldsymbol{Ax})=0$ 这就是

$$\sum_{i=1}^{n}(a_{i1}x_1+a_{i2}x_2+\cdots+a_{in}x_n)^2=0.$$

于是

$$a_{i1}x_1+a_{i2}x_2+\cdots+a_{in}x_n=0,\quad i=1,2,\cdots,m.$$

因此 $\boldsymbol{Ax}=\boldsymbol{0}$.

例 1.1.9 已知 $A=\begin{pmatrix}1&1&1\\0&1&1\\0&0&1\end{pmatrix}$，求与 A 相乘可交换的所有矩阵.

解 设 $B=\begin{pmatrix}b_{11}&b_{12}&b_{13}\\b_{21}&b_{22}&b_{23}\\b_{31}&b_{32}&b_{33}\end{pmatrix}$ 与 A 相乘可交换，即

$$\begin{pmatrix}1&1&1\\0&1&1\\0&0&1\end{pmatrix}\begin{pmatrix}b_{11}&b_{12}&b_{13}\\b_{21}&b_{22}&b_{23}\\b_{31}&b_{32}&b_{33}\end{pmatrix}=\begin{pmatrix}b_{11}&b_{12}&b_{13}\\b_{21}&b_{22}&b_{23}\\b_{31}&b_{32}&b_{33}\end{pmatrix}\begin{pmatrix}1&1&1\\0&1&1\\0&0&1\end{pmatrix},$$

即

$$\begin{pmatrix}b_{11}+b_{21}+b_{31}&b_{12}+b_{22}+b_{32}&b_{13}+b_{23}+b_{33}\\b_{21}+b_{31}&b_{22}+b_{32}&b_{23}+b_{33}\\b_{31}&b_{32}&b_{33}\end{pmatrix}=\begin{pmatrix}b_{11}&b_{11}+b_{12}&b_{11}+b_{12}+b_{13}\\b_{21}&b_{21}+b_{22}&b_{21}+b_{22}+b_{23}\\b_{31}&b_{31}+b_{32}&b_{31}+b_{32}+b_{33}\end{pmatrix}.$$

因此

$$b_{11}+b_{21}+b_{31}=b_{11},\quad b_{21}+b_{31}=b_{21},\quad b_{12}+b_{22}+b_{32}=b_{11}+b_{12},$$
$$b_{22}+b_{32}=b_{21}+b_{22},\quad b_{32}=b_{31}+b_{32},\quad b_{13}+b_{23}+b_{33}=b_{11}+b_{12}+b_{13},$$
$$b_{23}+b_{33}=b_{21}+b_{22}+b_{23},\quad b_{33}=b_{31}+b_{32}+b_{33}.$$

从而

$$b_{31}=0,\quad b_{32}=0,\quad b_{21}=0,\quad b_{11}=b_{22}=b_{33},\quad b_{12}=b_{23}.$$

于是与 $\boldsymbol{A}$ 相乘可交换的矩阵具有以下形式

$$\boldsymbol{B}=\begin{pmatrix} a & b & c \\ & a & b \\ & & a \end{pmatrix},\quad a,\ b,\ c \text{ 为任意常数.}$$

例 1.1.10 证明:若 n 阶方阵 $\boldsymbol{A}$ 与任何 n 阶方阵的相乘可交换,则 $\boldsymbol{A}$ 必是数量矩阵,即存在常数 a,使 $\boldsymbol{A}=a\boldsymbol{I}_n$.

证法一 记

$$\boldsymbol{A}=\begin{pmatrix} a_{11} & a_{12} & \cdots & a_{1n} \\ a_{21} & a_{22} & \cdots & a_{2n} \\ \vdots & \vdots & & \vdots \\ a_{n1} & a_{n2} & \cdots & a_{nn} \end{pmatrix},$$

如果 $\boldsymbol{A}$ 与任何 n 阶方阵的乘法可交换,则对于 $i=1,2,\cdots,n$,取

$$\boldsymbol{B}_i=\begin{pmatrix} 0 & \cdots & 0 & \cdots & 0 \\ \vdots & & \vdots & & \vdots \\ 0 & \cdots & 1 & \cdots & 0 \\ \vdots & & \vdots & & \vdots \\ 0 & \cdots & 0 & \cdots & 0 \end{pmatrix} i \text{ 行}$$

$$i \text{ 列}$$

(即 $\boldsymbol{B}_i$的元素只有在第 i 行第 i 列位置的元素为 1,其他为 0),则由假设 $\boldsymbol{AB}_i=\boldsymbol{B}_i\boldsymbol{A}$. 而

$$\boldsymbol{AB}_i=\begin{pmatrix} a_{11} & a_{12} & \cdots & a_{1n} \\ a_{21} & a_{22} & \cdots & a_{2n} \\ \vdots & \vdots & & \vdots \\ a_{n1} & a_{n2} & \cdots & a_{nn} \end{pmatrix}\begin{pmatrix} 0 & \cdots & 0 & \cdots & 0 \\ \vdots & & \vdots & & \vdots \\ 0 & \cdots & 1 & \cdots & 0 \\ \vdots & & \vdots & & \vdots \\ 0 & \cdots & 0 & \cdots & 0 \end{pmatrix}=\begin{pmatrix} 0 & \cdots & a_{1i} & \cdots & 0 \\ 0 & \cdots & a_{2i} & \cdots & 0 \\ \vdots & & \vdots & & \vdots \\ 0 & \cdots & a_{ni} & \cdots & 0 \end{pmatrix},$$

$$i \text{ 列}$$

$$\boldsymbol{B}_i\boldsymbol{A}=\begin{pmatrix} 0 & \cdots & 0 & \cdots & 0 \\ \vdots & & \vdots & & \vdots \\ 0 & \cdots & 1 & \cdots & 0 \\ \vdots & & \vdots & & \vdots \\ 0 & \cdots & 0 & \cdots & 0 \end{pmatrix}\begin{pmatrix} a_{11} & a_{12} & \cdots & a_{1n} \\ a_{21} & a_{22} & \cdots & a_{2n} \\ \vdots & \vdots & & \vdots \\ a_{n1} & a_{n2} & \cdots & a_{nn} \end{pmatrix}=\begin{pmatrix} 0 & 0 & \cdots & 0 \\ \vdots & \vdots & & \vdots \\ a_{i1} & a_{i2} & \cdots & a_{in} \\ \vdots & \vdots & & \vdots \\ 0 & 0 & \cdots & 0 \end{pmatrix} i \text{ 行},$$

比较两个矩阵的对应元素得

$$a_{ik}=0,\quad i,k=1,2,\cdots,m,\ k\neq i,$$

因此 $\boldsymbol{A}$ 是对角阵,即

$$\boldsymbol{A}=\begin{pmatrix} a_{11} & & & \\ & a_{22} & & \\ & & \ddots & \\ & & & a_{nn} \end{pmatrix}.$$

对于 $1<i\leqslant n$,取

$$\boldsymbol{E}_{1i}=\begin{pmatrix} 0 & \cdots & 1 & & & \\ \vdots & \ddots & \vdots & & & \\ 1 & \cdots & 0 & & & \\ & & & 1 & & \\ & & & & \ddots & \\ & & & & & 1 \end{pmatrix} i\text{ 行},$$

$$i\text{ 列}$$

则由假设 $\boldsymbol{AE}_{1i}=E_{1i}\boldsymbol{A}$. 而

$$\boldsymbol{AE}_{1i}=\begin{pmatrix} 0 & \cdots & a_{11} & & & \\ \vdots & \ddots & \vdots & & & \\ a_{ii} & \cdots & 0 & & & \\ & & & 1 & & \\ & & & & \ddots & \\ & & & & & 1 \end{pmatrix},\quad \boldsymbol{E}_{1i}\boldsymbol{A}=\begin{pmatrix} 0 & \cdots & a_{ii} & & & \\ \vdots & \ddots & \vdots & & & \\ a_{11} & \cdots & 0 & & & \\ & & & 1 & & \\ & & & & \ddots & \\ & & & & & 1 \end{pmatrix},$$

所以 $a_{ii}=a_{11}(1<i\leqslant n)$. 记 $a=a_{11}$便有

$$\boldsymbol{A}=a\boldsymbol{I}_n.$$

证法二 对于 $i,j=1,2,\cdots,n$,取

$$\boldsymbol{B}_{ij}=\begin{pmatrix} 0 & \cdots & 0 & \cdots & 0 \\ \vdots & & \vdots & & \vdots \\ 0 & \cdots & 1 & \cdots & 0 \\ \vdots & & \vdots & & \vdots \\ 0 & \cdots & 0 & \cdots & 0 \end{pmatrix} i\text{ 行}$$

$$j\text{ 列}$$

(即 $\boldsymbol{B}_{ij}$的元素只有在第 i 行第 j 列位置的元素为 1,其他为 0). 如果 $\boldsymbol{A}$ 与任何 n 阶方阵的乘法可交换,则 $\boldsymbol{AB}_{ij}=\boldsymbol{B}_{ij}\boldsymbol{A}$. 而

$$
\boldsymbol{A}\boldsymbol{B}_{ij}=\begin{pmatrix} a_{11} & a_{12} & \cdots & a_{1n} \\ a_{21} & a_{22} & \cdots & a_{2n} \\ \vdots & \vdots & & \vdots \\ a_{n1} & a_{n2} & \cdots & a_{nn} \end{pmatrix}\begin{pmatrix} 0 & \cdots & 0 & \cdots & 0 \\ \vdots & & \vdots & & \vdots \\ 0 & \cdots & 1 & \cdots & 0 \\ \vdots & & \vdots & & \vdots \\ 0 & \cdots & 0 & \cdots & 0 \end{pmatrix}=\begin{pmatrix} 0 & \cdots & a_{1i} & \cdots & 0 \\ 0 & \cdots & a_{2i} & \cdots & 0 \\ \vdots & & \vdots & & \vdots \\ 0 & \cdots & {}_{ni} & \cdots & 0 \end{pmatrix},
$$

j 列

$$
\boldsymbol{B}_{ij}\boldsymbol{A}=\begin{pmatrix} 0 & \cdots & 0 & \cdots & 0 \\ \vdots & & \vdots & & \vdots \\ 0 & \cdots & 1 & \cdots & 0 \\ \vdots & & \vdots & & \vdots \\ 0 & \cdots & 0 & \cdots & 0 \end{pmatrix}\begin{pmatrix} a_{11} & a_{12} & \cdots & a_{1n} \\ a_{21} & a_{22} & \cdots & a_{2n} \\ \vdots & \vdots & & \vdots \\ a_{n1} & a_{n2} & \cdots & a_{nn} \end{pmatrix}=\begin{pmatrix} 0 & 0 & \cdots & 0 \\ \vdots & \vdots & & \vdots \\ a_{j1} & a_{j2} & \cdots & a_{jn} \\ \vdots & \vdots & & \vdots \\ 0 & 0 & \cdots & 0 \end{pmatrix} i\text{ 行},
$$

比较两个矩阵的对应元素得

$$
a_{ik}=0\quad (k=1,2,\cdots,n,k\neq i),\quad a_{ii}=a_{jj}.
$$

因此 $\boldsymbol{A}$ 是数量矩阵.

例 1.1.11 设 $a\in\boldsymbol{R}$, $\boldsymbol{A}=\begin{pmatrix} a & 1 & 0 \\ 0 & a & 1 \\ 0 & 0 & a \end{pmatrix}$.

(1) 求 $\boldsymbol{A}^n(n\in\mathbf{N}^+)$;

(2) 若 $p(x)=1+x+x^2+\cdots+x^{n-1}$, $q(x)=1-x$, 求 $p(\boldsymbol{A})q(\boldsymbol{A})$.

解 (1) **解法一** 记 $\boldsymbol{B}=\begin{pmatrix} a & 0 & 0 \\ 0 & a & 0 \\ 0 & 0 & a \end{pmatrix}$, $\boldsymbol{C}=\begin{pmatrix} 0 & 1 & 0 \\ 0 & 0 & 1 \\ 0 & 0 & 0 \end{pmatrix}$, 则 $\boldsymbol{A}=\boldsymbol{B}+\boldsymbol{C}$.

直接计算得

$$
\boldsymbol{C}^2=\begin{pmatrix} 0 & 0 & 1 \\ 0 & 0 & 0 \\ 0 & 0 & 0 \end{pmatrix},\quad \boldsymbol{C}^3=\begin{pmatrix} 0 & 0 & 0 \\ 0 & 0 & 0 \\ 0 & 0 & 0 \end{pmatrix},
$$

因此 $\boldsymbol{C}^k=\boldsymbol{O}(k\geqslant 3)$. 注意到 $\boldsymbol{BC}=\boldsymbol{CB}$, 且

$$
\boldsymbol{B}^k=\begin{pmatrix} a^k & 0 & 0 \\ 0 & a^k & 0 \\ 0 & 0 & a^k \end{pmatrix}(k\geqslant 2),
$$

则

$$
\begin{aligned}
\boldsymbol{A}^n&=(\boldsymbol{B}+\boldsymbol{C})^n=\sum_{j=0}^{n}\mathrm{C}_n^j\boldsymbol{B}^{n-j}\boldsymbol{C}^j \\
&=\boldsymbol{B}^n+n\boldsymbol{B}^{n-1}\boldsymbol{C}+\frac{n(n-1)}{2}\boldsymbol{B}^{n-2}\boldsymbol{C}^2
\end{aligned}
$$

$$=\begin{pmatrix} a^n & 0 & 0 \\ 0 & a^n & 0 \\ 0 & 0 & a^n \end{pmatrix}+n\begin{pmatrix} a^{n-1} & 0 & 0 \\ 0 & a^{n-1} & 0 \\ 0 & 0 & a^{n-1} \end{pmatrix}\begin{pmatrix} 0 & 1 & 0 \\ 0 & 0 & 1 \\ 0 & 0 & 0 \end{pmatrix}$$

$$+\frac{n(n-1)}{2}\begin{pmatrix} a^{n-2} & 0 & 0 \\ 0 & a^{n-2} & 0 \\ 0 & 0 & a^{n-2} \end{pmatrix}\begin{pmatrix} 0 & 0 & 1 \\ 0 & 0 & 0 \\ 0 & 0 & 0 \end{pmatrix}$$

$$=\begin{pmatrix} a^n & na^{n-1} & \frac{n(n-1)}{2}a^{n-2} \\ 0 & a^n & na^{n-1} \\ 0 & 0 & a^n \end{pmatrix}.$$

解法二 直接计算得

$$\boldsymbol{A}^2=\begin{pmatrix} a & 1 & 0 \\ 0 & a & 1 \\ 0 & 0 & a \end{pmatrix}\begin{pmatrix} a & 1 & 0 \\ 0 & a & 1 \\ 0 & 0 & a \end{pmatrix}=\begin{pmatrix} a^2 & 2a & 1 \\ 0 & a^2 & 2a \\ 0 & 0 & a^2 \end{pmatrix},$$

$$\boldsymbol{A}^3=\boldsymbol{A}^2\boldsymbol{A}=\begin{pmatrix} a^2 & 2a & 1 \\ 0 & a^2 & 2a \\ 0 & 0 & a^2 \end{pmatrix}\begin{pmatrix} a & 1 & 0 \\ 0 & a & 1 \\ 0 & 0 & a \end{pmatrix}=\begin{pmatrix} a^3 & 3a^2 & 3a \\ 0 & a^3 & 3a^2 \\ 0 & 0 & a^3 \end{pmatrix}.$$

设当 $n=k$ 时成立

$$\boldsymbol{A}^k=\begin{pmatrix} a^k & ka^{k-1} & \frac{k(k-1)}{2}a^{k-2} \\ 0 & a^k & ka^{k-1} \\ 0 & 0 & a^k \end{pmatrix},$$

则

$$\boldsymbol{A}^{k+1}=\boldsymbol{A}^k\boldsymbol{A}=\begin{pmatrix} a^k & ka^{k-1} & \frac{k(k-1)}{2}a^{k-2} \\ 0 & a^k & ka^{k-1} \\ 0 & 0 & a^k \end{pmatrix}\begin{pmatrix} a & 1 & 0 \\ 0 & a & 1 \\ 0 & 0 & a \end{pmatrix}$$

$$=\begin{pmatrix} a^{k+1} & (k+1)a^k & \frac{k(k+1)}{2}a^{k-1} \\ 0 & a^{k+1} & (k+1)a^k \\ 0 & 0 & a^{k+1} \end{pmatrix}.$$

因此,由数学归纳法知

$$A^n = \begin{pmatrix} a^n & na^{n-1} & \frac{n(n-1)}{2}a^{n-2} \\ 0 & a^n & na^{n-1} \\ 0 & 0 & a^n \end{pmatrix}, \ n \in \mathbf{N}^+.$$

注 此时 $\boldsymbol{A}^n$ 也可表为

$$\boldsymbol{A}^n = \begin{pmatrix} a^n & C_n^1 a^{n-1} & C_n^2 a^{n-2} \\ 0 & a^n & C_n^1 a^{n-1} \\ 0 & 0 & a^n \end{pmatrix}.$$

(2) 因为

$$p(\boldsymbol{A}) = \boldsymbol{I} + \boldsymbol{A} + \boldsymbol{A}^2 + \cdots + \boldsymbol{A}^{n-1}, \ q(\boldsymbol{A}) = \boldsymbol{I} - \boldsymbol{A},$$

所以

$$\begin{aligned} p(\boldsymbol{A})q(\boldsymbol{A}) &= (\boldsymbol{I} + \boldsymbol{A} + \boldsymbol{A}^2 + \cdots + \boldsymbol{A}^{n-1})(\boldsymbol{I} - \boldsymbol{A}) \\ &= \boldsymbol{I} + \boldsymbol{A} + \boldsymbol{A}^2 + \cdots + \boldsymbol{A}^{n-1} - (\boldsymbol{A} + \boldsymbol{A}^2 + \cdots + \boldsymbol{A}^n) = \boldsymbol{I} - \boldsymbol{A}^n. \end{aligned}$$

因此由(1)得

$$p(\boldsymbol{A})q(\boldsymbol{A}) = \begin{pmatrix} 1 - a^n & -C_n^1 a^{n-1} & -C_n^2 a^{n-2} \\ 0 & 1 - a^n & -C_n^1 a^{n-1} \\ 0 & 0 & 1 - a^n \end{pmatrix}.$$

注 对于 n 阶矩阵

$$\boldsymbol{A} = \begin{pmatrix} 0 & a_{12} & a_{13} & \cdots & a_{1n} \\ & 0 & a_{23} & \cdots & a_{2n} \\ & & 0 & \ddots & \vdots \\ & & & \ddots & a_{n-1,n} \\ & & & & 0 \end{pmatrix} \text{和} \boldsymbol{B} = \begin{pmatrix} 0 & & & & \\ a_{21} & 0 & & & \\ a_{31} & a_{32} & 0 & & \\ \vdots & \vdots & \ddots & \ddots & \\ a_{n1} & a_{n2} & \cdots & a_{n,n-1} & 0 \end{pmatrix},$$

总成立 $\boldsymbol{A}^n = \boldsymbol{O}, \boldsymbol{B}^n = \boldsymbol{O}$.

例 1.1.12 已知 $\boldsymbol{A} = \begin{pmatrix} 4 & 1 & 0 & 0 & 0 \\ 0 & 4 & 1 & 0 & 0 \\ 0 & 0 & 4 & 0 & 0 \\ 0 & 0 & 0 & 4 & -1 \\ 0 & 0 & 0 & -16 & 4 \end{pmatrix}$，求 $\boldsymbol{A}^n (n \in \mathbf{N}^+)$.

解 记 $\boldsymbol{B} = \begin{pmatrix} 4 & 1 & 0 \\ 0 & 4 & 1 \\ 0 & 0 & 4 \end{pmatrix}, \boldsymbol{C} = \begin{pmatrix} 4 & -1 \\ -16 & 4 \end{pmatrix}$，则 $\boldsymbol{A} = \begin{pmatrix} \boldsymbol{B} & \boldsymbol{O} \\ \boldsymbol{O} & \boldsymbol{C} \end{pmatrix}$. 因此

$$A^n=\begin{pmatrix}B^n & O\\ O & C^n\end{pmatrix},\quad n\in\mathbf{N}^+.$$

由上例知

$$B^n=\begin{pmatrix}4^n & C_n^1 4^{n-1} & C_n^2 4^{n-2}\\ 0 & 4^n & C_n^1 4^{n-1}\\ 0 & 0 & 4^n\end{pmatrix},\quad n\in\mathbf{N}^+.$$

由于

$$C=\begin{pmatrix}4 & -1\\ -16 & 4\end{pmatrix}=\begin{pmatrix}1\\ -4\end{pmatrix}(4,-1),$$

因此由例 1.1.2 知

$$C^n=8^{n-1}C,\quad n\in\mathbf{N}^+.$$

于是

$$A^n=\begin{pmatrix}4^n & C_n^1 4^{n-1} & C_n^2 4^{n-2} & 0 & 0\\ 0 & 4^n & C_n^1 4^{n-1} & 0 & 0\\ 0 & 0 & 4^n & 0 & 0\\ 0 & 0 & 0 & 4\cdot 8^{n-1} & -8^{n-1}\\ 0 & 0 & 0 & -16\cdot 8^{n-1} & 4\cdot 8^{n-1}\end{pmatrix},\quad n\in\mathbf{N}^+.$$

例 1.1.13 设 A 是 $m\times n$ 实矩阵,证明:若 $AA^{\mathrm{T}}=O_{m\times m}$,则 $A=O_{m\times n}$.

证 记

$$A=\begin{pmatrix}a_{11} & a_{12} & \cdots & a_{1n}\\ a_{21} & a_{22} & \cdots & a_{2n}\\ \vdots & \vdots & & \vdots\\ a_{m1} & a_{m2} & \cdots & a_{mn}\end{pmatrix},$$

则

$$AA^{\mathrm{T}}=\begin{pmatrix}a_{11} & a_{12} & \cdots & a_{1n}\\ a_{21} & a_{22} & \cdots & a_{2n}\\ \vdots & \vdots & & \vdots\\ a_{m1} & a_{m2} & \cdots & a_{mn}\end{pmatrix}\begin{pmatrix}a_{11} & a_{21} & \cdots & a_{m1}\\ a_{12} & a_{22} & \cdots & a_{m2}\\ \vdots & \vdots & & \vdots\\ a_{1n} & a_{2n} & \cdots & a_{mn}\end{pmatrix}$$

$$=\begin{pmatrix}a_{11}^2+a_{12}^2+\cdots+a_{1n}^2 & \cdots & \cdots & *\\ * & a_{21}^2+a_{22}^2+\cdots+a_{2n}^2 & & \vdots\\ \vdots & & \ddots & *\\ * & \cdots & \cdots & a_{m1}^2+a_{m2}^2+\cdots+a_{mn}^2\end{pmatrix}.$$

由于 $\mathbf{AA}^{\mathrm{T}}=\boldsymbol{O}_{m\times m}$，因此其对角元素为零，即对于 $i=1,2,\cdots,m$，成立

$$a_{i1}^2+a_{i2}^2+\cdots+a_{in}^2=0.$$

而 $\boldsymbol{A}$ 是实矩阵，因此 $a_{i1}=a_{i2}=\cdots=a_{in}=0(i=1,2,\cdots,m)$，这就是说，$\boldsymbol{A}$ 的所有元素皆为零，因此 $\boldsymbol{A}=\boldsymbol{O}_{m\times n}$.

例 1.1.14 设 a_1,a_2,a_3 是 3 个互不相同的数，及

$$\boldsymbol{A}=\begin{pmatrix}a_1\boldsymbol{I}_l & & \\ & a_2\boldsymbol{I}_m & \\ & & a_3\boldsymbol{I}_n\end{pmatrix},$$

其中 $\boldsymbol{I}_l,\boldsymbol{I}_m,\boldsymbol{I}_n$ 分别是 l,m,n 阶单位阵. 证明与 $\boldsymbol{A}$ 相乘可交换的 $l+m+n$ 阶方阵只能具有以下形式：

$$\boldsymbol{D}=\begin{pmatrix}\boldsymbol{D}_{11} & & \\ & \boldsymbol{D}_{22} & \\ & & \boldsymbol{D}_{33}\end{pmatrix},$$

其中 $\boldsymbol{D}_{11},\boldsymbol{D}_{22},\boldsymbol{D}_{33}$ 分别是 l,m,n 阶方阵.

证 将 $l+m+n$ 阶方阵 $\boldsymbol{D}$ 表为分块矩阵 $\boldsymbol{D}=\begin{pmatrix}\boldsymbol{D}_{11} & \boldsymbol{D}_{12} & \boldsymbol{D}_{13}\\ \boldsymbol{D}_{21} & \boldsymbol{D}_{22} & \boldsymbol{D}_{23}\\ \boldsymbol{D}_{31} & \boldsymbol{D}_{32} & \boldsymbol{D}_{33}\end{pmatrix}$，其中 $\boldsymbol{D}_{11},\boldsymbol{D}_{22},\boldsymbol{D}_{33}$ 分别是 l,m,n 阶方阵，则

$$\boldsymbol{AD}=\begin{pmatrix}a_1\boldsymbol{I}_l & & \\ & a_2\boldsymbol{I}_m & \\ & & a_3\boldsymbol{I}_n\end{pmatrix}\begin{pmatrix}\boldsymbol{D}_{11} & \boldsymbol{D}_{12} & \boldsymbol{D}_{13}\\ \boldsymbol{D}_{21} & \boldsymbol{D}_{22} & \boldsymbol{D}_{23}\\ \boldsymbol{D}_{31} & \boldsymbol{D}_{32} & \boldsymbol{D}_{33}\end{pmatrix}=\begin{pmatrix}a_1\boldsymbol{D}_{11} & a_1\boldsymbol{D}_{12} & a_1\boldsymbol{D}_{13}\\ a_2\boldsymbol{D}_{21} & a_2\boldsymbol{D}_{22} & a_2\boldsymbol{D}_{23}\\ a_3\boldsymbol{D}_{31} & a_3\boldsymbol{D}_{32} & a_3\boldsymbol{D}_{33}\end{pmatrix},$$

$$\boldsymbol{DA}=\begin{pmatrix}\boldsymbol{D}_{11} & \boldsymbol{D}_{12} & \boldsymbol{D}_{13}\\ \boldsymbol{D}_{21} & \boldsymbol{D}_{22} & \boldsymbol{D}_{23}\\ \boldsymbol{D}_{31} & \boldsymbol{D}_{32} & \boldsymbol{D}_{33}\end{pmatrix}\begin{pmatrix}a_1\boldsymbol{I}_l & & \\ & a_2\boldsymbol{I}_m & \\ & & a_3\boldsymbol{I}_n\end{pmatrix}=\begin{pmatrix}a_1\boldsymbol{D}_{11} & a_2\boldsymbol{D}_{12} & a_3\boldsymbol{D}_{13}\\ a_1\boldsymbol{D}_{21} & a_2\boldsymbol{D}_{22} & a_3\boldsymbol{D}_{23}\\ a_1\boldsymbol{D}_{31} & a_2\boldsymbol{D}_{32} & a_3\boldsymbol{D}_{33}\end{pmatrix}.$$

若 $\boldsymbol{AD}=\boldsymbol{DA}$，则

$$a_1\boldsymbol{D}_{12}=a_2\boldsymbol{D}_{12},\ a_1\boldsymbol{D}_{13}=a_3\boldsymbol{D}_{13},\ a_2\boldsymbol{D}_{21}=a_1\boldsymbol{D}_{21},$$
$$a_2\boldsymbol{D}_{23}=a_3\boldsymbol{D}_{23},\ a_3\boldsymbol{D}_{31}=a_1\boldsymbol{D}_{31},\ a_3\boldsymbol{D}_{32}=a_2\boldsymbol{D}_{32}.$$

由于 a_1,a_2,a_3 互不相同，因此

$$\boldsymbol{D}_{12}=\boldsymbol{O}_{l\times m},\quad \boldsymbol{D}_{13}=\boldsymbol{O}_{l\times n},\quad \boldsymbol{D}_{21}=\boldsymbol{O}_{m\times l},$$
$$\boldsymbol{D}_{23}=\boldsymbol{O}_{m\times n},\quad \boldsymbol{D}_{31}=\boldsymbol{O}_{n\times l},\quad \boldsymbol{D}_{32}=\boldsymbol{O}_{n\times m}.$$

于是

$$\boldsymbol{D}=\begin{pmatrix}\boldsymbol{D}_{11} & & \\ & \boldsymbol{D}_{22} & \\ & & \boldsymbol{D}_{33}\end{pmatrix}.$$

例 1.1.15 设 n 阶方阵 $\boldsymbol{A},\boldsymbol{B}$ 满足 $\boldsymbol{A}^2=\boldsymbol{A},\boldsymbol{B}^2=\boldsymbol{B}$，且 $(\boldsymbol{A}+\boldsymbol{B})^2=\boldsymbol{A}+\boldsymbol{B}$，证明：$\boldsymbol{AB}=\boldsymbol{O}$.

证 由 $(\boldsymbol{A}+\boldsymbol{B})^2=\boldsymbol{A}+\boldsymbol{B}$ 得

$$\boldsymbol{A}^2+\boldsymbol{AB}+\boldsymbol{BA}+\boldsymbol{B}^2=\boldsymbol{A}+\boldsymbol{B}.$$

再由 $\boldsymbol{A}^2=\boldsymbol{A},\boldsymbol{B}^2=\boldsymbol{B}$ 便知

$$\boldsymbol{AB}+\boldsymbol{BA}=\boldsymbol{O}.$$

将上式分别左、右乘 $\boldsymbol{A}$ 得

$$\boldsymbol{A}^2\boldsymbol{B}+\boldsymbol{ABA}=\boldsymbol{O},\ \boldsymbol{ABA}+\boldsymbol{BA}^2=\boldsymbol{O}.$$

注意到 $\boldsymbol{A}^2=\boldsymbol{A}$，将以上两式相减便得 $\boldsymbol{AB}=\boldsymbol{BA}$，再由 $\boldsymbol{AB}+\boldsymbol{BA}=\boldsymbol{O}$，便知

$$\boldsymbol{AB}=\boldsymbol{O}.$$

习 题

1. 设 $\boldsymbol{A}=\begin{pmatrix}1&0\\1&1\\0&2\end{pmatrix},\boldsymbol{B}=\begin{pmatrix}1&1&0\\1&0&1\end{pmatrix}$.

(1) 计算 $\boldsymbol{AB},\boldsymbol{BA}$. 问 $\boldsymbol{AB}=\boldsymbol{BA}$ 是否成立？

(2) 计算 $(\boldsymbol{AB})^{\mathrm{T}},\boldsymbol{A}^{\mathrm{T}}\boldsymbol{B}^{\mathrm{T}}$. 问 $(\boldsymbol{AB})^{\mathrm{T}}=\boldsymbol{A}^{\mathrm{T}}\boldsymbol{B}^{\mathrm{T}}$ 是否成立？

2. 设 $\boldsymbol{a},\boldsymbol{b}$ 为 3 维列向量，且 $\boldsymbol{ab}^{\mathrm{T}}=\begin{pmatrix}-3&6&3\\1&-2&-1\\-2&4&2\end{pmatrix}$，求 $\boldsymbol{a}^{\mathrm{T}}\boldsymbol{b}$.

3. 若 $(1,0,6,x)\begin{pmatrix}1&0&2&0\\0&0&1&1\\0&1&0&0\\0&0&1&0\end{pmatrix}=(1,6,1,0)$，求 x.

4. 设 $f(x)=x^2-5x+3,\boldsymbol{A}=\begin{pmatrix}2&-1\\-3&3\end{pmatrix}$，求 $f(\boldsymbol{A})$.

5. 设 $\boldsymbol{A}=\begin{pmatrix}a_{11}&a_{12}&\cdots&a_{1n}\\a_{21}&a_{22},&\cdots&a_{2n}\\\vdots&\vdots&&\vdots\\a_{n1}&a_{n2}&\cdots&a_{nn}\end{pmatrix},\boldsymbol{D}=\begin{pmatrix}d_1&&&\\&d_2&&\\&&\ddots&\\&&&d_n\end{pmatrix}$.

(1) 求 $\boldsymbol{AD}$ 和 $\boldsymbol{DA}$；

(2) 若 $\boldsymbol{D}$ 满足 $d_1\neq d_j(i,j=1,2,\cdots,n$，且 $i\neq j)$，证明：与 $\boldsymbol{D}$ 相乘可交换的方阵必是对角阵.

6. 设$\boldsymbol{A}$是方阵. 若$\boldsymbol{A}^{\mathrm{T}}=\boldsymbol{A}$,则称$\boldsymbol{A}$是**对称矩阵**. 若$\boldsymbol{A}^{\mathrm{T}}=-\boldsymbol{A}$,则称$\boldsymbol{A}$是**反对称矩阵**.

(1) 设$\boldsymbol{A},\boldsymbol{B}$是对称矩阵,证明:$\boldsymbol{AB}+\boldsymbol{BA}$是对称矩阵,$\boldsymbol{AB}-\boldsymbol{BA}$是反对称矩阵;

(2) 设$\boldsymbol{A},\boldsymbol{B}$是对称矩阵,证明:$\boldsymbol{AB}$是对称矩阵的充要条件是$\boldsymbol{AB}=\boldsymbol{BA}$;

(3) 设$\boldsymbol{A}$对称矩阵,$\boldsymbol{B}$是反对称矩阵,证明:$\boldsymbol{AB}$是反对称矩阵的充要条件是$\boldsymbol{AB}=\boldsymbol{BA}$;

(4) 对于任何方阵$\boldsymbol{A}$,证明:$\boldsymbol{A}+\boldsymbol{A}^{\mathrm{T}}$是对称矩阵,$\boldsymbol{A}-\boldsymbol{A}^{\mathrm{T}}$是反对称矩阵;

(5) 证明:任何方阵$\boldsymbol{A}$均可以表示成对称矩阵与反对称矩阵之和.

7. 设$\boldsymbol{A}=\begin{pmatrix}1 & a\\ 0 & 1\end{pmatrix}$,求实数$a$的值,使$\boldsymbol{A}^{100}=\begin{pmatrix}1 & 0\\ 0 & 1\end{pmatrix}$.

8. 设$\boldsymbol{A}=\begin{pmatrix}0 & 1 & 0 & 0\\ 0 & 0 & 1 & 0\\ 0 & 0 & 0 & 1\\ 0 & 0 & 0 & 0\end{pmatrix}$,$\boldsymbol{B}=\begin{pmatrix}a & b & c & d\\ 0 & a & b & c\\ 0 & 0 & a & b\\ 0 & 0 & 0 & a\end{pmatrix}$,证明$\boldsymbol{AB}=\boldsymbol{BA}$.

9. 设$\boldsymbol{A}=\begin{pmatrix}1 & 1 & 1\\ 1 & 1 & 1\\ 1 & 1 & 1\end{pmatrix}$,求$\boldsymbol{A}^n(n\in\mathbf{N}^+)$.

10. 设$\boldsymbol{A}=\begin{pmatrix}1 & -1 & -1 & -1\\ -1 & 1 & -1 & -1\\ -1 & -1 & 1 & -1\\ -1 & -1 & -1 & 1\end{pmatrix}$,求$\boldsymbol{A}^n(n\in\mathbf{N}^+)$.

11. 设$\boldsymbol{A}=\begin{pmatrix}1 & 0 & 1\\ 0 & 2 & 0\\ 1 & 0 & 1\end{pmatrix}$,求$\boldsymbol{A}^n-2\boldsymbol{A}^{n-1}(n\geqslant 2)$.

12. 设$\boldsymbol{A}=\begin{pmatrix}0 & 1 & 1\\ 0 & 0 & 1\\ 0 & 0 & 0\end{pmatrix}$,求所有与$\boldsymbol{A}$相乘可交换的方阵.

13. 设$\boldsymbol{A},\boldsymbol{B}$是$n$阶方阵,且$\boldsymbol{A}=\dfrac{1}{2}(\boldsymbol{B}+\boldsymbol{I}_n)$,证明$\boldsymbol{A}^2=\boldsymbol{A}$的充要条件是$\boldsymbol{B}^2=\boldsymbol{I}_n$.

14. 对于n阶方阵$\boldsymbol{A}=\begin{pmatrix}a_{11} & a_{12} & \cdots & a_{1n}\\ a_{21} & a_{22} & \cdots & a_{2n}\\ \vdots & \vdots & & \vdots\\ a_{n1} & a_{n2} & \cdots & a_{nn}\end{pmatrix}$,称$\mathrm{tr}(\boldsymbol{A})=a_{11}+a_{22}+\cdots+a_{nn}$为$\boldsymbol{A}$的**迹**.

证明:

(1)对于任何n阶方阵$\boldsymbol{A},\boldsymbol{B}$,成立$\mathrm{tr}(\boldsymbol{AB})=\mathrm{tr}(\boldsymbol{BA})$;

(2) 不存在n阶方阵$\boldsymbol{A},\boldsymbol{B}$,满足$\boldsymbol{AB}-\boldsymbol{BA}=k\boldsymbol{I}_n(k\neq 0)$.

15. 证明:若n阶方阵$\boldsymbol{A}$与$\boldsymbol{B}$相乘可交换,则$\boldsymbol{A}$的多项式$f(\boldsymbol{A})$与$\boldsymbol{B}$的多项式$g(\boldsymbol{B})$相乘也可交换.

16. 设n阶方阵$\boldsymbol{A},\boldsymbol{B}$满足$\boldsymbol{A}^2=-\boldsymbol{A},\boldsymbol{B}^2=-\boldsymbol{B}$,且$(\boldsymbol{A}+\boldsymbol{B})^2=-\boldsymbol{A}-\boldsymbol{B}$,证明:$\boldsymbol{AB}=\boldsymbol{O}$.

§1.2 行　列　式

知识要点

一、行列式的定义

将 ***n* 阶行列式**看成对 n 阶方阵

$$A=\begin{pmatrix} a_{11} & a_{12} & \cdots & a_{1n} \\ a_{21} & a_{22} & \cdots & a_{2n} \\ \vdots & \vdots & & \vdots \\ a_{n1} & a_{n2} & \cdots & a_{nn} \end{pmatrix}$$

所作的一种运算,记为

$$\begin{vmatrix} a_{11} & a_{12} & \cdots & a_{1n} \\ a_{21} & a_{22} & \cdots & a_{2n} \\ \vdots & \vdots & & \vdots \\ a_{n1} & a_{n2} & \cdots & a_{nn} \end{vmatrix},$$

也常记为 $\det(\boldsymbol{A})$或$|\boldsymbol{A}|$.

当 $n=1$ 时,矩阵 $\boldsymbol{A}$ 只有一个元素 a_{11},定义 $\boldsymbol{A}$ 的行列式为 a_{11}.

当 $n=2$ 时,定义 $\boldsymbol{A}$ 的行列式为

$$\begin{vmatrix} a_{11} & a_{12} \\ a_{21} & a_{22} \end{vmatrix}=a_{11}a_{22}-a_{12}a_{21}.$$

若 $n-1$ 阶行列式已定义,记 Δ_{ij}是 n 阶方阵 $\boldsymbol{A}$ 中将 a_{ij}所在的行和列划去后得到的 $n-1$ 阶行列式,即

$$\Delta_{ij}=\begin{vmatrix} a_{11} & \cdots & a_{1,j-1} & a_{1,j+1} & \cdots & a_{1n} \\ \vdots & & \vdots & \vdots & & \vdots \\ a_{i-1,1} & \cdots & a_{i-1,j-1} & a_{i-1,j+1} & \cdots & a_{i-1,n} \\ a_{i+1,1} & \cdots & a_{i+1,j-1} & a_{i+1,j+1} & \cdots & a_{i+1,n} \\ \vdots & & \vdots & \vdots & & \vdots \\ a_{n1} & \cdots & a_{n,j-1} & a_{n,j+1} & \cdots & a_{nn} \end{vmatrix},$$

称之为 a_{ij}的**余子式**,定义 $\boldsymbol{A}$ 的行列式为

$$\det(\boldsymbol{A})=a_{11}\Delta_{11}-a_{12}\Delta_{12}+\cdots+(-1)^{j+1}a_{1j}\Delta_{1j}+\cdots+(-1)^{n+1}a_{1n}\Delta_{1n}.$$

二、行列式的性质

性质 1.2.1 互换行列式的两行，行列式改变符号，即

$$\begin{vmatrix} a_{11} & a_{12} & \cdots & a_{1n} \\ \vdots & \vdots & & \vdots \\ a_{i1} & a_{i2} & \cdots & a_{in} \\ \vdots & \vdots & & \vdots \\ a_{j1} & a_{j2} & \cdots & a_{jn} \\ \vdots & \vdots & & \vdots \\ a_{n1} & a_{n2} & \cdots & a_{nn} \end{vmatrix} = -\begin{vmatrix} a_{11} & a_{12} & \cdots & a_{1n} \\ \vdots & \vdots & & \vdots \\ a_{j1} & a_{j2} & \cdots & a_{jn} \\ \vdots & \vdots & & \vdots \\ a_{i1} & a_{i2} & \cdots & a_{in} \\ \vdots & \vdots & & \vdots \\ a_{n1} & a_{n2} & \cdots & a_{nn} \end{vmatrix}.$$

性质 1.2.2 行列式中一行元素的公因子可以提到行列式的外面，即

$$\begin{vmatrix} a_{11} & a_{12} & \cdots & a_{1n} \\ \vdots & \vdots & & \vdots \\ \lambda a_{i1} & \lambda a_{i2} & \cdots & \lambda a_{in} \\ \vdots & \vdots & & \vdots \\ a_{n1} & a_{n2} & \cdots & a_{nn} \end{vmatrix} = \lambda \begin{vmatrix} a_{11} & a_{12} & \cdots & a_{1n} \\ \vdots & \vdots & & \vdots \\ a_{i1} & a_{i2} & \cdots & a_{in} \\ \vdots & \vdots & & \vdots \\ a_{n1} & a_{n2} & \cdots & a_{nn} \end{vmatrix}.$$

注 若 $\boldsymbol{A}$ 是 n 阶矩阵，k 是数，则 $|k\boldsymbol{A}| = k^n|\boldsymbol{A}|$.

性质 1.2.3 若行列式中两行元素相同，则该行列式的值为 0.

性质 1.2.4 只有某一行元素不同的两个行列式之和，等于该行对应元素相加而其他各行元素不变的行列式的值，即

$$\begin{vmatrix} a_{11} & a_{12} & \cdots & a_{1n} \\ \vdots & \vdots & & \vdots \\ a_{i1} & a_{i2} & \cdots & a_{in} \\ \vdots & \vdots & & \vdots \\ a_{n1} & a_{n2} & \cdots & a_{nn} \end{vmatrix} + \begin{vmatrix} a_{11} & a_{12} & \cdots & a_{1n} \\ \vdots & \vdots & & \vdots \\ a'_{i1} & a'_{i2} & \cdots & a'_{in} \\ \vdots & \vdots & & \vdots \\ a_{n1} & a_{n2} & \cdots & a_{nn} \end{vmatrix}$$

$$= \begin{vmatrix} a_{11} & a_{12} & \cdots & a_{1n} \\ \vdots & \vdots & & \vdots \\ a_{i1}+a'_{i1} & a_{i2}+a'_{i2} & \cdots & a_{in}+a'_{in} \\ \vdots & \vdots & & \vdots \\ a_{n1} & a_{n2} & \cdots & a_{nn} \end{vmatrix}.$$

性质 1.2.5 将某行元素乘上常数倍后加到其他行对应元素上，行列式的值不变，即当 $k \neq i$ 时，成立

$$
\begin{vmatrix} a_{11} & a_{12} & \cdots & a_{1n} \\ \vdots & \vdots & & \vdots \\ a_{i1}+\lambda a_{k1} & a_{i2}+\lambda a_{k2} & \cdots & a_{in}+\lambda a_{kn} \\ \vdots & \vdots & & \vdots \\ a_{n1} & a_{n2} & \cdots & a_{nn} \end{vmatrix} = \begin{vmatrix} a_{11} & a_{12} & \cdots & a_{1n} \\ \vdots & \vdots & & \vdots \\ a_{i1} & a_{i2} & \cdots & a_{in} \\ \vdots & \vdots & & \vdots \\ a_{n1} & a_{n2} & \cdots & a_{nn} \end{vmatrix}.
$$

性质 1.2.6 三角阵的行列式等于其对角元素的乘积,即

$$
\begin{vmatrix} a_{11} & a_{12} & \cdots & a_{1n} \\ & a_{22} & \cdots & a_{2n} \\ & & \ddots & \vdots \\ & & & a_{nn} \end{vmatrix} = \begin{vmatrix} a_{11} & & & \\ a_{21} & a_{22} & & \\ \vdots & \vdots & \ddots & \\ a_{n1} & a_{n2} & \cdots & a_{nn} \end{vmatrix} = a_{11}a_{22}\cdots a_{nn} = \prod_{k=1}^{n} a_{kk}.
$$

性质 1.2.7(行列式展开定理) n 阶行列式可以按第 i 行展开:

$$
\begin{aligned}
|\boldsymbol{A}| &= (-1)^{i+1}a_{i1}\Delta_{i1} + (-1)^{i+2}a_{i2}\Delta_{i2} + \cdots + (-1)^{i+j}a_{ij}\Delta_{ij} + \cdots + (-1)^{i+n}a_{in}\Delta_{in} \\
&= a_{i1}A_{i1} + a_{i2}A_{i2} + \cdots + a_{ij}A_{ij} + \cdots + a_{in}A_{in},
\end{aligned}
$$

这里 Δ_{ij} 是 a_{ij} 的余子式,而

$$
A_{ij} = (-1)^{i+j}\Delta_{ij} \quad (i, j = 1, 2, \cdots, n)
$$

称为 a_{ij} 的**代数余子式**.

性质 1.2.8 方阵转置后的行列式与原矩阵的行列式相等,即 $|\boldsymbol{A}^{\mathrm{T}}| = |\boldsymbol{A}|$.

注 这个性质表明,凡是对行成立的行列式性质对列也同样成立.

性质 1.2.9 对于 n 阶行列式 $|\boldsymbol{A}|$,成立

$$
\sum_{k=1}^{n} a_{ik}A_{jk} = \sum_{k=1}^{n} a_{ki}A_{kj} = \delta_{ij} \cdot |\boldsymbol{A}| = \begin{cases} |\boldsymbol{A}|, & i = j, \\ 0, & i \neq j, \end{cases} \quad i, j = 1, 2, \cdots, n.
$$

性质 1.2.10 方阵乘积的行列式等于行列式的乘积,即对任意两个同阶方阵 $\boldsymbol{A}$ 和 $\boldsymbol{B}$,成立

$$
|\boldsymbol{AB}| = |\boldsymbol{BA}| = |\boldsymbol{A}| \cdot |\boldsymbol{B}|.
$$

性质 1.2.11 若 $\boldsymbol{A}$ 和 $\boldsymbol{B}$ 为方阵,则成立

$$
\begin{vmatrix} \boldsymbol{A} & \boldsymbol{C} \\ \boldsymbol{O} & \boldsymbol{B} \end{vmatrix} = \begin{vmatrix} \boldsymbol{A} & \boldsymbol{O} \\ \boldsymbol{D} & \boldsymbol{B} \end{vmatrix} = |\boldsymbol{A}| \cdot |\boldsymbol{B}|.
$$

Vandermonde 行列式

$$
V_n = \begin{vmatrix} 1 & 1 & \cdots & 1 \\ x_1 & x_2 & \cdots & x_n \\ x_1^2 & x_2^2 & \cdots & x_n^2 \\ \vdots & \vdots & & \vdots \\ x_1^{n-1} & x_2^{n-1} & \cdots & x_n^{n-1} \end{vmatrix} = \prod_{1 \leq i < j \leq n} (x_j - x_i).
$$

例题分析

例 1.2.1 求

(1) $D=\begin{vmatrix}2&1&-3&-1\\3&1&0&7\\-1&2&4&-2\\1&0&-1&5\end{vmatrix}$; (2) $D=\begin{vmatrix}a+b&a&a&a\\a&a-b&a&a\\a&a&a+b&a\\a&a&a&a-b\end{vmatrix}$.

解 (1)将 D 的第 1 列加到第 3 列,再将它的第 1 列乘以 -5加到第 4 列,得

$$D=\begin{vmatrix}2&1&-1&-11\\3&1&3&-8\\-1&2&3&3\\1&0&0&0\end{vmatrix}.$$

再将它按第 4 行展开得

$$D=-\begin{vmatrix}1&-1&-11\\1&3&-8\\2&3&3\end{vmatrix}.$$

将上面的三阶行列式的第 1 行乘以 -1 加到第 2 行,再将它的第 1 行乘以 -2 加到第 3 行,得

$$\begin{vmatrix}1&-1&-11\\1&3&-8\\2&3&3\end{vmatrix}=\begin{vmatrix}1&-1&-11\\0&4&3\\0&5&25\end{vmatrix}=\begin{vmatrix}4&3\\5&25\end{vmatrix}=85.$$

于是 $D=-85$.

(2) 将 D 的第 2 行乘以(-1)加到第 1 行,再将它的第 4 行乘以 -1 加到第 3 行,得

$$D=\begin{vmatrix}b&b&0&0\\a&a-b&a&a\\0&0&b&b\\a&a&a&a-b\end{vmatrix}.$$

再将它的第 1 列乘以(-1)加到第 2 列,之后按第 1 行展开,得

$$D=\begin{vmatrix}b&0&0&0\\a&-b&a&a\\0&0&b&b\\a&0&a&a-b\end{vmatrix}=b\begin{vmatrix}-b&a&a\\0&b&b\\0&a&a-b\end{vmatrix}=-b^2\begin{vmatrix}b&b\\a&a-b\end{vmatrix}=b^4.$$

例 1.2.2 求方程$f(x)=\begin{vmatrix}1&2&1&2\\2x-2&2x-1&2x-2&2x-1\\3x-1&3x-2&4x-3&4x-4\\4x&4x-3&5x-4&5x-5\end{vmatrix}=0$的根.

解 将行列式的第 1 列乘以 -1 分别加到第 2 列、第 3 列、第 4 列,得

$$f(x)=\begin{vmatrix}1&1&0&1\\2x-2&1&0&1\\3x-1&-1&x-2&x-3\\4x&-3&x-4&x-5\end{vmatrix}.$$

再将上面行列式的第 2 列乘以 -1 加到第 4 列,并利用性质 1.2.11,得

$$\begin{aligned}f(x)&=\begin{vmatrix}1&1&0&0\\2x-2&1&0&0\\3x-1&-1&x-2&x-2\\4x&-3&x-4&x-2\end{vmatrix}\\&=\begin{vmatrix}1&1\\2x-2&1\end{vmatrix}\cdot\begin{vmatrix}x-2&x-2\\x-4&x-2\end{vmatrix}\\&=2(x-2)(3-2x).\end{aligned}$$

于是方程 $f(x)=0$ 的根为 $x=2$ 和 $x=\frac{3}{2}$.

例 1.2.3 已知 α,β,γ 是方程 $x^3+px+q=0$ 的根,证明:

$$\begin{vmatrix}\alpha&\beta&\gamma\\\gamma&\alpha&\beta\\\beta&\gamma&\alpha\end{vmatrix}=0.$$

证 因为 α,β,γ 是方程 $x^3+px+q=0$ 的根,所以由 Viete 定理得

$$\alpha+\beta+\gamma=0.$$

于是将所给行列式的第 2、第 3 行加到第 1 行得

$$\begin{vmatrix}\alpha&\beta&\gamma\\\gamma&\alpha&\beta\\\beta&\gamma&\alpha\end{vmatrix}=\begin{vmatrix}a+\beta+\gamma&a+\beta+\gamma&a+\beta+\gamma\\\gamma&\alpha&\beta\\\beta&\gamma&\alpha\end{vmatrix}=\begin{vmatrix}0&0&0\\\gamma&\alpha&\beta\\\beta&\gamma&\alpha\end{vmatrix}=0.$$

例 1.2.4 设 $\boldsymbol{a}=(1,0,-1)^{\mathrm{T}}$, $\boldsymbol{b}=(1,-1,2)^{\mathrm{T}}$, $\boldsymbol{A}=\boldsymbol{ab}^{\mathrm{T}}$. 若 $|\lambda\boldsymbol{I}-\boldsymbol{A}^5|=\lambda^3+1$,求 λ.

解 易知 $\boldsymbol{b}^{\mathrm{T}}\boldsymbol{a}=-1$,所以

$$\boldsymbol{A}^5=(\boldsymbol{ab}^{\mathrm{T}})^5=\boldsymbol{a}(\boldsymbol{b}^{\mathrm{T}}\boldsymbol{a})^4\boldsymbol{b}^{\mathrm{T}}=\boldsymbol{a}(-1)^4\boldsymbol{b}^{\mathrm{T}}=\boldsymbol{ab}^{\mathrm{T}}=\boldsymbol{A}.$$

直接计算得

$$A=ab^{\mathrm{T}}=\begin{pmatrix}1&-1&2\\0&0&0\\-1&1&-2\end{pmatrix}.$$

于是

$$|\lambda I-A^5|=|\lambda I-A|=\begin{vmatrix}\lambda-1&1&-2\\0&\lambda&0\\1&-1&\lambda+2\end{vmatrix}=\lambda\begin{vmatrix}\lambda-1&-2\\1&\lambda+2\end{vmatrix}=\lambda^3+\lambda^2.$$

由假设$|\lambda I-A^5|=\lambda^3+1$，结合上式便得$\lambda=\pm 1$.

例 1.2.5 设a_1,a_2,a_3为 3 维列向量，矩阵$A=(a_1,a_2,a_3)$的行列式$|A|=2$. 若矩阵$B=(a_1,a_2+2a_3,a_1+2a_2+3a_3)$，求$|B|$.

解 由于

$$\begin{aligned}B&=(a_1,a_2+2a_3,a_1+2a_2+3a_3)\\&=(a_1,a_2,a_3)\begin{pmatrix}1&0&1\\0&1&2\\0&2&3\end{pmatrix}=A\begin{pmatrix}1&0&1\\0&1&2\\0&2&3\end{pmatrix},\end{aligned}$$

因此

$$|B|=|A|\cdot\begin{vmatrix}1&0&1\\0&1&2\\0&2&3\end{vmatrix}=|A|\cdot(-1)=-2.$$

例 1.2.6 设a_1,a_2,a_3为 4 维列向量，矩阵$A=(a,a_1,a_2,a_3)$的行列式$|A|=2$，矩阵$B=(b,a_1,a_2,a_3)$的行列式$|B|=4$，其中a,b为 4 维列向量，求$|A+B|$.

解 由于

$$A+B=(a+b,2a_1,2a_2,2a_3),$$

因此

$$\begin{aligned}|A+B|&=|a+b,2a_1,2a_2,2a_3|=2\times2\times2|a+b,a_1,a_2,a_3|\\&=8(|a,a_1,a_2,a_3|+|b,a_1,a_2,a_3|)=8(|A|+|B|)=48.\end{aligned}$$

例 1.2.7 已知$A=\begin{pmatrix}2&0&1\\0&1&0\\1&2&-1\end{pmatrix}$，若 3 阶矩阵$B$满足$A^2B-A-4B=2I_3$，求$|B|$.

解 由$A^2B-A-4B=2I_3$可知$(A^2-4I_3)B=A+2I_3$，即

$$(A+2I_3)(A-2I_3)B=A+2I_3,$$

因此

$$|A+2I_3|\cdot|A-2I_3|\cdot|B|=|A+2I_3|.$$

而

$$|\boldsymbol{A}+2\boldsymbol{I}_3|=\begin{vmatrix}4&0&1\\0&3&0\\1&2&1\end{vmatrix}=9,\quad |\boldsymbol{A}-2\boldsymbol{I}_3|=\begin{vmatrix}0&0&1\\0&-1&0\\1&2&-3\end{vmatrix}=1,$$

所以

$$|\boldsymbol{B}|=\frac{1}{|\boldsymbol{A}-2\boldsymbol{I}_3|}=1.$$

例 1.2.8 已知行列式 $D_4=\begin{vmatrix}3&0&4&0\\2&2&2&2\\0&-7&0&0\\5&3&-2&2\end{vmatrix}$,记它的$(i,j)$位置的元素的余子式和代数余子式分别为 Δ_{ij}和 $A_{ij}(i,j=1,2,3,4)$.

（1）求其第 4 行各元素的余子式之和 $\boldsymbol{\Delta}_{41}+\boldsymbol{\Delta}_{42}+\boldsymbol{\Delta}_{43}+\boldsymbol{\Delta}_{44}$;

（2）求 $A_{14}-A_{24}+2A_{44}$.

解 （1）要求的 $\Delta_{41}+\Delta_{42}+\Delta_{43}+\Delta_{44}$用代数余子式表示便是

$$\boldsymbol{\Delta}_{41}+\boldsymbol{\Delta}_{42}+\boldsymbol{\Delta}_{43}+\boldsymbol{\Delta}_{44}=-A_{41}+A_{42}-A_{43}+A_{44},$$

它就等于下面行列式按第 4 行展开：

$$\begin{vmatrix}3&0&4&0\\2&2&2&2\\0&-7&0&0\\-1&1&-1&1\end{vmatrix}=-28.$$

于是第 4 行各元素的余子式之和为 −28.

（2）$A_{14}-A_{24}+2A_{44}$可表为 $1\cdot A_{14}+(-1)\cdot A_{24}-0\cdot A_{34}+2\cdot A_{44}$,于是它就是下面的行列式按第 4 列展开：

$$A_{14}-A_{24}+2A_{44}=\begin{vmatrix}3&0&4&1\\2&2&2&-1\\0&-7&0&0\\5&3&-2&2\end{vmatrix}=-308.$$

例 1.2.9 计算行列式 $D_n=\begin{vmatrix}1&2&3&\cdots&n\\1&2&&&\\1&&3&&\\\vdots&&&\ddots&\\1&&&&n\end{vmatrix}$.

解 将行列式的第 2,第 3,…,第 n 列分别乘以 $-\frac{1}{2}$, $-\frac{1}{3}$,…, $-\frac{1}{n}$加到第 1

列，得

$$D_n = \begin{vmatrix} -(n-2) & 2 & 3 & \cdots & n \\ 0 & 2 & & & \\ 0 & & 3 & & \\ \vdots & & & \ddots & \\ 0 & & & & n \end{vmatrix} = -(n-2)n!.$$

注　本例的方法适用于计算以下"箭状"行列式：

$$\begin{vmatrix} a_1 & b_2 & \cdots & b_n \\ c_2 & a_2 & & \\ \vdots & & \ddots & \\ c_n & & & a_n \end{vmatrix}.$$

而将一个行列式的计算转化为三角阵的行列式的计算是一个最基本且简单实用的方法.

例 1.2.10　计算行列式 $D_n = \begin{vmatrix} a_1 & b_1 & 0 & \cdots & 0 & 0 \\ 0 & a_2 & b_2 & \cdots & 0 & 0 \\ \vdots & \vdots & \vdots & & \vdots & \vdots \\ 0 & 0 & 0 & \cdots & a_{n-1} & b_{n-1} \\ b_n & 0 & 0 & \cdots & 0 & a_n \end{vmatrix}$.

解　将行列式 D_n 按第一列展开得

$$D_n = a_1 \begin{vmatrix} a_2 & b_2 & 0 & \cdots & 0 & 0 \\ 0 & a_3 & b_3 & \cdots & 0 & 0 \\ \vdots & \vdots & \vdots & & \vdots & \vdots \\ 0 & 0 & 0 & \cdots & a_{n-1} & b_{n-1} \\ 0 & 0 & 0 & \cdots & 0 & a_n \end{vmatrix} + (-1)^{n+1} b_n \begin{vmatrix} b_1 & 0 & 0 & \cdots & 0 & 0 \\ a_2 & b_2 & 0 & \cdots & 0 & 0 \\ \vdots & \vdots & \vdots & & \vdots & \vdots \\ 0 & 0 & 0 & \cdots & b_{n-2} & 0 \\ 0 & 0 & 0 & \cdots & a_{n-1} & b_{n-1} \end{vmatrix}$$

$$= a_1 a_2 \cdots a_n + (-1)^{n+1} b_1 b_2 \cdots b_n.$$

例 1.2.11　计算行列式 $D_n = \begin{vmatrix} a_1 b_1 & a_1 b_2 & a_1 b_3 & \cdots & a_1 b_n \\ a_1 b_2 & a_2 b_2 & a_2 b_3 & \cdots & a_2 b_n \\ a_1 b_3 & a_2 b_3 & a_3 b_3 & \cdots & a_3 b_n \\ \vdots & \vdots & \vdots & & \vdots \\ a_1 b_n & a_2 b_n & a_3 b_n & \cdots & a_n b_n \end{vmatrix}$.

解　将第 1 行提取公因子 a_1 得

$$D_n=a_1\begin{vmatrix} b_1 & b_2 & b_3 & \cdots & b_n \\ a_1b_2 & a_2b_2 & a_2b_3 & \cdots & a_2b_n \\ a_1b_3 & a_2b_3 & a_3b_3 & \cdots & a_3b_n \\ \vdots & \vdots & \vdots & & \vdots \\ a_1b_n & a_2b_n & a_3b_n & \cdots & a_nb_n \end{vmatrix}.$$

再将第 1 行的 $-a_2,-a_3,\cdots,-a_n$ 倍分别加到第 2,第 3,$\cdots$,第 n 行,得

$$D_n=a_1\begin{vmatrix} b_1 & b_2 & b_3 & \cdots & b_{n-1} & b_n \\ a_1b_2-a_2b_1 & 0 & 0 & \cdots & 0 & 0 \\ a_1b_3-a_3b_1 & a_2b_3-a_3b_2 & 0 & \cdots & 0 & 0 \\ \vdots & \vdots & \vdots & & \vdots & \vdots \\ a_1b_{n-1}-a_{n-1}b_1 & a_2b_{n-1}-a_{n-1}b_2 & a_3b_{n-1}-a_{n-1}b_3 & \cdots & 0 & 0 \\ a_1b_n-a_nb_1 & a_2b_n-a_nb_2 & a_3b_n-a_nb_3 & \cdots & a_{n-1}b_n-a_nb_{n-1} & 0 \end{vmatrix}.$$

再按最后一列展开得

$$D_n=(-1)^{n+1}a_1b_n\begin{vmatrix} a_1b_2-a_2b_1 & 0 & 0 & \cdots & 0 \\ a_1b_3-a_3b_1 & a_2b_3-a_3b_2 & 0 & \cdots & 0 \\ \vdots & \vdots & \vdots & & \vdots \\ a_1b_{n-1}-a_{n-1}b_1 & a_2b_{n-1}-a_{n-1}b_2 & a_3b_{n-1}-a_{n-1}b_3 & \cdots & 0 \\ a_1b_n-a_nb_1 & a_2b_n-a_nb_2 & a_3b_n-a_nb_3 & \cdots & a_{n-1}b_n-a_nb_{n-1} \end{vmatrix}$$

$$=(-1)^{n+1}a_1b_n\prod_{i=1}^{n-1}(a_ib_{i+1}-a_{i+1}b_i).$$

例 1.2.12 求 $D_n=\begin{vmatrix} 1 & 2 & 3 & \cdots & n-1 & n \\ x & 1 & 2 & \cdots & n-2 & n-1 \\ x & x & 1 & \cdots & n-3 & n-2 \\ \vdots & \vdots & \vdots & & \vdots & \vdots \\ x & x & x & \cdots & 1 & 2 \\ x & x & x & \cdots & x & 1 \end{vmatrix}$.

解 从第 2 行开始,逐行乘以 -1 加到上一行,得

$$D_n=\begin{vmatrix} 1-x & 1 & 1 & \cdots & 1 & 1 \\ 0 & 1-x & 1 & \cdots & 1 & 1 \\ 0 & 0 & 1-x & \cdots & 1 & 1 \\ \vdots & \vdots & \vdots & & \vdots & \vdots \\ 0 & 0 & 0 & \cdots & 1-x & 1 \\ x & x & x & \cdots & x & 1 \end{vmatrix}.$$

再从第 $n-1$ 列开始,自右向左逐列乘以 -1 加到后一列,得

$$D_n=\begin{vmatrix}1-x & x & 0 & \cdots & 0 & 0\\ 0 & 1-x & x & \cdots & 0 & 0\\ 0 & 0 & 1-x & \cdots & 0 & 0\\ \vdots & \vdots & \vdots & & \vdots & \vdots\\ 0 & 0 & 0 & \cdots & 1-x & x\\ x & 0 & 0 & \cdots & 0 & 1-x\end{vmatrix}.$$

按第 1 列展开得

$$\begin{aligned}D_n &=(1-x)\begin{vmatrix}1-x & x & & & \\ & 1-x & x & & \\ & & 1-x & x & \\ & & & \ddots & \ddots\\ & & & & 1-x\end{vmatrix}\\ &\quad+(-1)^{n+1}x\begin{vmatrix}x & & & & \\ 1-x & x & & & \\ & 1-x & x & & \\ & & \ddots & \ddots & \\ & & & 1-x & x\end{vmatrix}\\ &=(1-x)^n+(-1)^{n+1}x^n.\end{aligned}$$

注 逐行或逐列相加减的方法是计算有一定规律的行列式的常用方法,其目的是将行列式简化,以便于计算.

例 1.2.13 计算行列式 $D_n=\begin{vmatrix}x_1+a & a & a & \cdots & a\\ a & x_2+a & a & \cdots & a\\ a & a & x_3+a & \cdots & a\\ \vdots & \vdots & \vdots & & \vdots\\ a & a & a & \cdots & x_n+a\end{vmatrix}.$

解法一 当 $x_1,x_2,\cdots,x_n$ 都不为零时,作 $n+1$ 阶行列式

$$\begin{vmatrix}1 & a & a & \cdots & a\\ 0 & x_1+a & a & \cdots & a\\ 0 & a & x_2+a & \cdots & a\\ \vdots & \vdots & \vdots & & \vdots\\ 0 & a & a & \cdots & x_n+a\end{vmatrix},$$

则它与 D_n 相等. 将这个行列式的第 1 行的 -1 倍加到下面各行,得

$$D_n=\begin{vmatrix}1 & a & a & \cdots & a\\ -1 & x_1 & 0 & \cdots & 0\\ -1 & 0 & x_2 & \cdots & 0\\ \vdots & \vdots & \vdots & & \vdots\\ -1 & 0 & 0 & \cdots & x_n\end{vmatrix}.$$

再将第 2 列的$\dfrac{1}{x_1}$倍,…,第 $n+1$ 列的$\dfrac{1}{x_n}$倍加到第 1 列,得

$$D_n=\begin{vmatrix}1+a\sum\limits_{i=1}^{n}\dfrac{1}{x_i} & a & a & \cdots & a\\ 0 & x_1 & 0 & \cdots & 0\\ 0 & 0 & x_2 & \cdots & 0\\ \vdots & \vdots & \vdots & & \vdots\\ 0 & 0 & 0 & \cdots & x_n\end{vmatrix}=x_1x_2\cdots x_n\left(1+a\sum_{i=1}^{n}\frac{1}{x_i}\right).$$

若 $x_1,x_2,\cdots,x_n$ 中有为零的,比如 $x_1=0$,则将 D_n 的第 1 行的 -1 倍加到下面各行,得

$$D_n=\begin{vmatrix}a & a & a & \cdots & a\\ a & x_2+a & a & \cdots & a\\ a & a & x_3+a & \cdots & a\\ \vdots & \vdots & \vdots & & \vdots\\ a & a & a & \cdots & x_n+a\end{vmatrix}=\begin{vmatrix}a & a & a & \cdots & a\\ 0 & x_2 & 0 & \cdots & 0\\ 0 & 0 & x_3 & \cdots & 0\\ \vdots & \vdots & \vdots & & \vdots\\ 0 & 0 & 0 & \cdots & x_n\end{vmatrix}=ax_2\cdots x_n.$$

同理,若 $x_1=0(i=2,\cdots,n)$,则将第 i 行与第 1 行互换,再将第 i 列与第 1 列互换,便化为上面的情况,此时有

$$D_n=ax_1\cdots x_{i-1}x_{i+1}\cdots x_n.$$

解法二 利用行列式关于列的性质将 D_n 拆成两个行列式:

$$D_n=\begin{vmatrix}x_1+a & a & a & \cdots & a\\ a & x_2+a & a & \cdots & a\\ a & a & x_3+a & \cdots & a\\ \vdots & \vdots & \vdots & & \vdots\\ a & a & a & \cdots & a\end{vmatrix}+\begin{vmatrix}x_1+a & a & a & \cdots & 0\\ a & x_2+a & a & \cdots & 0\\ a & a & x_3+a & \cdots & 0\\ \vdots & \vdots & \vdots & & \vdots\\ a & a & a & \cdots & x_n\end{vmatrix}$$

$$= \begin{vmatrix} x_1 & 0 & 0 & \cdots & 0 \\ 0 & x_2 & 0 & \cdots & 0 \\ 0 & 0 & x_3 & \cdots & 0 \\ \vdots & \vdots & \vdots & & \vdots \\ a & a & a & \cdots & a \end{vmatrix} + x_n \begin{vmatrix} x_1+a & a & a & \cdots & 0 \\ a & x_2+a & a & \cdots & 0 \\ a & a & x_3+a & \cdots & 0 \\ \vdots & \vdots & \vdots & & \vdots \\ a & a & a & \cdots & x_{n-1}+a \end{vmatrix}$$

$$= ax_1x_2\cdots x_{n-1} + x_nD_{n-1},$$

因此利用此递推关系式得

$$\begin{aligned} D_n &= ax_1x_2\cdots x_{n-1} + ax_1\cdots x_{n-2}x_n + x_nx_{n-1}D_{n-2} \\ &= ax_1x_2\cdots x_{n-1} + ax_1\cdots x_{n-2}x_n + \cdots + x_3\cdots x_{n-1}x_nD_2. \end{aligned}$$

而 $D_2 = \begin{vmatrix} x_1+a & a \\ a & x_2+a \end{vmatrix} = x_1x_2 + ax_1 + ax_2$，所以

$$\begin{aligned} D_n &= x_1x_2\cdots x_n + a(x_1x_2\cdots x_{n-1} + x_1\cdots x_{n-2}x_n + \cdots + x_1x_3\cdots x_n + x_2x_3\cdots x_n) \\ &= \prod_{i=1}^{n} x_i + a\sum_{i=1}^{n} x_1\cdots \hat{x}_i\cdots x_n, \end{aligned}$$

其中和式中 $x_1\cdots \hat{x}_i\cdots x_n$ 表示乘积中无 x_i 因子.

注 本例中的解法一称为“加边法”，它是在原 n 阶行列式上适当添加一行和一列，成为 $n+1$ 阶行列式，且保持行列式的值不变，目的是将这个 $n+1$ 阶行列式简化，以便于计算.

从在解法二中可以看出，若能建立起比较简单的递推关系式，则复杂问题可以迎刃而解. 下面我们还有灵活利用递推关系的例子.

例 1.2.14 计算行列式 $D_n = \begin{vmatrix} 2a & a^2 & 0 & \cdots & 0 & 0 \\ 1 & 2a & a^2 & \cdots & 0 & 0 \\ 0 & 1 & 2a & \cdots & 0 & 0 \\ \vdots & \vdots & \vdots & & \vdots & \vdots \\ 0 & 0 & 0 & \cdots & 2a & a^2 \\ 0 & 0 & 0 & \cdots & 1 & 2a \end{vmatrix}$.

解法一 将 D_n 按第 1 列拆成两个行列式：

$$D_n = \begin{vmatrix} a & a^2 & 0 & \cdots & 0 & 0 \\ 0 & 2a & a^2 & \cdots & 0 & 0 \\ 0 & 1 & 2a & \cdots & 0 & 0 \\ \vdots & \vdots & \vdots & & \vdots & \vdots \\ 0 & 0 & 0 & \cdots & 2a & a^2 \\ 0 & 0 & 0 & \cdots & 1 & 2a \end{vmatrix} + \begin{vmatrix} a & a^2 & 0 & \cdots & 0 & 0 \\ 1 & 2a & a^2 & \cdots & 0 & 0 \\ 0 & 1 & 2a & \cdots & 0 & 0 \\ \vdots & \vdots & \vdots & & \vdots & \vdots \\ 0 & 0 & 0 & \cdots & 2a & a^2 \\ 0 & 0 & 0 & \cdots & 1 & 2a \end{vmatrix}$$

$$=aD_{n-1}+\begin{vmatrix} a & a^2 & 0 & \cdots & 0 & 0 \\ 1 & 2a & a^2 & \cdots & 0 & 0 \\ 0 & 1 & 2a & \cdots & 0 & 0 \\ \vdots & \vdots & \vdots & & \vdots & \vdots \\ 0 & 0 & 0 & \cdots & 2a & a^2 \\ 0 & 0 & 0 & \cdots & 1 & 2a \end{vmatrix}.$$

对于最后一个行列式,将其第 1 列的 $-a$ 倍加到第 2 列,再把变换后的第 2 列 $-a$ 倍加到第 3 列,如此下去,得

$$\begin{vmatrix} a & a^2 & 0 & \cdots & 0 & 0 \\ 1 & 2a & a^2 & \cdots & 0 & 0 \\ 0 & 1 & 2a & \cdots & 0 & 0 \\ \vdots & \vdots & \vdots & & \vdots & \vdots \\ 0 & 0 & 0 & \cdots & 2a & a^2 \\ 0 & 0 & 0 & \cdots & 1 & 2a \end{vmatrix}=\begin{vmatrix} a & 0 & 0 & \cdots & 0 & 0 \\ 1 & a & 0 & \cdots & 0 & 0 \\ 0 & 1 & a & \cdots & 0 & 0 \\ \vdots & \vdots & \vdots & & \vdots & \vdots \\ 0 & 0 & 0 & \cdots & a & 0 \\ 0 & 0 & 0 & \cdots & 1 & a \end{vmatrix}=a^n.$$

于是得到递推公式

$$D_n=aD_{n-1}+a^n.$$

因此

$$\begin{aligned} D_n &= a(aD_{n-2}+a^{n-1})+a^n=a^2D_{n-2}+2a^n \\ &= \cdots = a^{n-1}D_1+(n-1)a^n=(n+1)a^n. \end{aligned}$$

解法二 将第 1 列的 $-\dfrac{1}{2}a$ 倍加到第 2 列,得

$$D_n=\begin{vmatrix} 2a & 0 & 0 & \cdots & 0 & 0 \\ 1 & \frac{3}{2}a & a^2 & \cdots & 0 & 0 \\ 0 & 1 & 2a & \cdots & 0 & 0 \\ \vdots & \vdots & \vdots & & \vdots & \vdots \\ 0 & 0 & 0 & \cdots & 2a & a^2 \\ 0 & 0 & 0 & \cdots & 1 & 2a \end{vmatrix}.$$

再将第 2 列的 $-\dfrac{2}{3}a$ 倍加到第 3 列,$\cdots$,最后将第 $n-1$ 列的 $-\dfrac{n-1}{n}a$ 倍加到第 n 列,得

$$D_n=\begin{vmatrix}2a&0&0&\cdots&0&0\\1&\frac{3}{2}a&0&\cdots&0&0\\0&1&\frac{4}{3}a&\cdots&0&0\\\vdots&\vdots&\vdots&&\vdots&\vdots\\0&0&0&\cdots&2a&a^2\\0&0&0&\cdots&1&2a\end{vmatrix}=\cdots=\begin{vmatrix}2a&0&0&\cdots&0&0\\1&\frac{3}{2}a&0&\cdots&0&0\\0&1&\frac{4}{3}a&\cdots&0&0\\\vdots&\vdots&\vdots&&\vdots&\vdots\\0&0&0&\cdots&\frac{n}{n-1}a&0\\0&0&0&\cdots&1&\frac{(n+1)}{n}a\end{vmatrix}$$

$$=2a\cdot\frac{3}{2}a\cdot\frac{4}{3}a\cdots\frac{n}{n-1}a\cdot\frac{n+1}{n}a=(n+1)a^n.$$

例 1.2.15 设 $x_1,x_2,\cdots,x_n$ 均不等于零,计算

$$D_n=\begin{vmatrix}x_1+a_1^2&a_1a_2&a_1a_3&\cdots&a_1a_n\\a_2a_1&x_2+a_2^2&a_2a_3&\cdots&a_2a_n\\a_3a_1&a_3a_2&x_3+a_3^2&\cdots&a_3a_n\\\vdots&\vdots&\vdots&&\vdots\\a_na_1&a_na_2&a_na_3&\cdots&x_n+a_n^2\end{vmatrix}.$$

解 利用加边法. 显然

$$D_n=\begin{vmatrix}1&a_1&a_2&\cdots&a_n\\0&x_1+a_1^2&a_1a_2&\cdots&a_1a_n\\0&a_2a_1&x_2+a_2^2&\cdots&a_2a_n\\\vdots&\vdots&\vdots&&\vdots\\0&a_na_1&a_na_2&\cdots&x_n+a_n^2\end{vmatrix}.$$

将这个行列式的第 1 行的 $-a_1,-a_2,\cdots,-a_n$ 倍分别加到第 2,第 3,$\cdots$,第 $n+1$ 行,得

$$D_n=\begin{vmatrix}1&a_1&a_2&\cdots&a_n\\-a_1&x_1&0&\cdots&0\\-a_2&0&x_2&\cdots&0\\\vdots&\vdots&\vdots&&\vdots\\-a_n&0&0&\cdots&x_n\end{vmatrix}=\begin{vmatrix}1+\sum\limits_{i=1}^{n}\frac{a_i^2}{x_i}&a_1&a_2&\cdots&a_n\\0&x_1&0&\cdots&0\\0&0&x_2&\cdots&0\\\vdots&\vdots&\vdots&&\vdots\\0&0&0&\cdots&x_n\end{vmatrix}$$

$$=\left(1+\sum_{i=1}^{n}\frac{a_i^2}{x_i}\right)\prod_{i=1}^{n}x_i.$$

例 1.2.16 设 $a\neq b$,证明当 $n\geqslant 2$ 时,对于以下 n 阶行列式成立

$$\begin{vmatrix} \lambda & a & a & \cdots & a & a \\ b & \lambda & a & \cdots & a & a \\ b & b & \lambda & \cdots & a & a \\ \vdots & \vdots & \vdots & & \vdots & \vdots \\ b & b & b & \cdots & b & \lambda \end{vmatrix} = \frac{b(\lambda-a)^n - a(\lambda-b)^n}{b-a}.$$

证法一 记左式为 D_n. 将 D_n 中的第 2 行的 -1 倍加到第 1 行,再关于第 1 行展开得

$$D_n = \begin{vmatrix} \lambda-b & a-\lambda & 0 & \cdots & 0 & 0 \\ b & \lambda & a & \cdots & a & a \\ b & b & \lambda & \cdots & a & a \\ \vdots & \vdots & \vdots & & \vdots & \vdots \\ b & b & b & \cdots & b & \lambda \end{vmatrix}$$

$$= (\lambda-b)\begin{vmatrix} \lambda & a & a & \cdots & a & a \\ b & \lambda & a & \cdots & a & a \\ b & b & \lambda & \cdots & a & a \\ \vdots & \vdots & \vdots & & \vdots & \vdots \\ b & b & b & \cdots & b & \lambda \end{vmatrix}$$

$$+ (\lambda-a)\begin{vmatrix} b & a & a & \cdots & a & a \\ b & \lambda & a & \cdots & a & a \\ b & b & \lambda & \cdots & a & a \\ \vdots & \vdots & \vdots & & \vdots & \vdots \\ b & b & b & \cdots & b & \lambda \end{vmatrix}$$

$$= (\lambda-b)D_{n-1} + (\lambda-a)b\begin{vmatrix} 1 & a & a & \cdots & a & a \\ 1 & \lambda & a & \cdots & a & a \\ 1 & b & \lambda & \cdots & a & a \\ \vdots & \vdots & \vdots & & \vdots & \vdots \\ 1 & b & b & \cdots & b & \lambda \end{vmatrix}.$$

将最后的行列式的第 1 列的 $-a$ 倍分别加到第 2,…,第 n 列,得

$$\begin{vmatrix} 1 & a & a & \cdots & a & a \\ 1 & \lambda & a & \cdots & a & a \\ 1 & b & \lambda & \cdots & a & a \\ \vdots & \vdots & \vdots & & \vdots & \vdots \\ 1 & b & b & \cdots & b & \lambda \end{vmatrix} = \begin{vmatrix} 1 & 0 & 0 & \cdots & 0 & 0 \\ 1 & \lambda-a & 0 & \cdots & 0 & 0 \\ 1 & b-a & \lambda-a & \cdots & 0 & 0 \\ \vdots & \vdots & \vdots & & \vdots & \vdots \\ 1 & b-a & b-a & \cdots & b-a & \lambda-a \end{vmatrix}$$

$$=(\lambda-a)^{n-2}.$$

于是

$$D_n=(\lambda-b)D_{n-1}+b(\lambda-a)^{n-1}.$$

由于矩阵转置的行列式与原矩阵的行列式相同,这意味着将 D_n 中的所有 a 与 b 互换,D_n 的值不变,因此同上方法又有

$$D_n=(\lambda-a)D_{n-1}+a(\lambda-b)^{n-1}.$$

从以上两式消去 D_{n-1} 便得

$$D_n=\frac{b(\lambda-a)^n-a(\lambda-b)^n}{b-a}.$$

证法二 用数学归纳法. 当 $n=2$ 时,

$$D_2=\begin{vmatrix}\lambda & a\\ b & \lambda\end{vmatrix}=\lambda^2-ab=\frac{b(\lambda-a)^2-a(\lambda-b)^2}{b-a}.$$

因此当 $n=2$ 时结论正确. 设当 $n=k$ 时结论成立,当 $n=k+1$ 时,由于(见证法一)

$$D_{k+1}=(\lambda-b)D_k+b(\lambda-a)^k,$$

则由归纳假设得

$$\begin{aligned}D_{k+1}&=(\lambda-b)\left[\frac{b(\lambda-a)^k-a(\lambda-b)^k}{b-a}\right]+b(\lambda-a)^k\\&=\frac{b(\lambda-a)^{k+1}-a(\lambda-b)^{k+1}}{b-a}.\end{aligned}$$

由归纳原理,命题得证.

注 在上例中,若 $a=b$,则

$$D_n=\begin{vmatrix}\lambda & a & a & \cdots & a & a\\ a & \lambda & a & \cdots & a & a\\ a & a & \lambda & \cdots & a & a\\ \vdots & \vdots & \vdots & & \vdots & \vdots\\ a & a & a & \cdots & a & \lambda\end{vmatrix}=\begin{vmatrix}\lambda+(n-1)a & a & a & \cdots & a & a\\ \lambda+(n-1)a & \lambda & a & \cdots & a & a\\ \lambda+(n-1)a & a & \lambda & \cdots & a & a\\ \vdots & \vdots & \vdots & & \vdots & \vdots\\ \lambda+(n-1)a & a & a & \cdots & a & \lambda\end{vmatrix}$$

$$=[\lambda+(n-1)a]\begin{vmatrix}1 & a & a & \cdots & a & a\\ 1 & \lambda & a & \cdots & a & a\\ 1 & a & \lambda & \cdots & a & a\\ \vdots & \vdots & \vdots & & \vdots & \vdots\\ 1 & a & a & \cdots & a & \lambda\end{vmatrix}$$

$$=[\lambda+(n-1)a]\begin{vmatrix}1 & 0 & 0 & \cdots & 0 & 0\\ 1 & \lambda-a & 0 & \cdots & 0 & 0\\ 1 & 0 & \lambda-a & \cdots & 0 & 0\\ \vdots & \vdots & \vdots & & \vdots & \vdots\\ 1 & 0 & 0 & \cdots & 0 & \lambda-a\end{vmatrix}$$

$$=[\lambda+(n-1)a](\lambda-a)^{n-1}.$$

这个结论也可以从例 1.2.13 中取 $x_1=x_2=\cdots=x_n=\lambda-a$ 得到.

例 1.2.17 设 $\alpha\neq\beta$,证明:

$$\begin{vmatrix} \alpha+\beta & \alpha\beta & 0 & \cdots & 0 & 0 \\ 1 & \alpha+\beta & \alpha\beta & \cdots & 0 & 0 \\ 0 & 1 & \alpha+\beta & \cdots & 0 & 0 \\ \vdots & \vdots & \vdots & & \vdots & \vdots \\ 0 & 0 & 0 & \cdots & 1 & \alpha+\beta \end{vmatrix}=\frac{\alpha^{n+1}-\beta^{n+1}}{\alpha-\beta}.$$

证法一 记左式为 D_n. 将 D_n 拆成两个行列式,得

$$D_n=\begin{vmatrix} \alpha & \alpha\beta & 0 & \cdots & 0 & 0 \\ 0 & \alpha+\beta & \alpha\beta & \cdots & 0 & 0 \\ 0 & 1 & \alpha+\beta & \cdots & 0 & 0 \\ \vdots & \vdots & \vdots & & \vdots & \vdots \\ 0 & 0 & 0 & \cdots & 1 & \alpha+\beta \end{vmatrix}+\begin{vmatrix} \beta & \alpha\beta & 0 & \cdots & 0 & 0 \\ 1 & \alpha+\beta & \alpha\beta & \cdots & 0 & 0 \\ 0 & 1 & \alpha+\beta & \cdots & 0 & 0 \\ \vdots & \vdots & \vdots & & \vdots & \vdots \\ 0 & 0 & 0 & \cdots & 1 & \alpha+\beta \end{vmatrix}$$

$$=\alpha D_{n-1}+\beta\begin{vmatrix} 1 & \alpha & 0 & \cdots & 0 & 0 \\ 1 & \alpha+\beta & \alpha\beta & \cdots & 0 & 0 \\ 0 & 1 & \alpha+\beta & \cdots & 0 & 0 \\ \vdots & \vdots & \vdots & & \vdots & \vdots \\ 0 & 0 & 0 & \cdots & 1 & \alpha+\beta \end{vmatrix}.$$

将最后的行列式的第 1 行乘以 -1 加到第 2 行,得

$$\begin{vmatrix} 1 & \alpha & 0 & \cdots & 0 & 0 \\ 1 & \alpha+\beta & \alpha\beta & \cdots & 0 & 0 \\ 0 & 1 & \alpha+\beta & \cdots & 0 & 0 \\ \vdots & \vdots & \vdots & & \vdots & \vdots \\ 0 & 0 & 0 & \cdots & 1 & \alpha+\beta \end{vmatrix}$$

$$=\begin{vmatrix} 1 & \alpha & 0 & \cdots & 0 & 0 \\ 0 & \beta & \alpha\beta & \cdots & 0 & 0 \\ 0 & 1 & \alpha+\beta & \cdots & 0 & 0 \\ \vdots & \vdots & \vdots & & \vdots & \vdots \\ 0 & 0 & 0 & \cdots & 1 & \alpha+\beta \end{vmatrix}=\begin{vmatrix} \beta & \alpha\beta & 0 & \cdots & 0 & 0 \\ 1 & \alpha+\beta & \alpha\beta & \cdots & 0 & 0 \\ 0 & 1 & \alpha+\beta & \cdots & 0 & 0 \\ \vdots & \vdots & \vdots & & \vdots & \vdots \\ 0 & 0 & 0 & \cdots & 1 & \alpha+\beta \end{vmatrix}$$

$$=\beta\begin{vmatrix} 1 & \alpha & 0 & \cdots & 0 & 0 \\ 1 & \alpha+\beta & \alpha\beta & \cdots & 0 & 0 \\ 0 & 1 & \alpha+\beta & \cdots & 0 & 0 \\ \vdots & \vdots & \vdots & & \vdots & \vdots \\ 0 & 0 & 0 & \cdots & 1 & \alpha+\beta \end{vmatrix}_{(n-1)\text{阶}}=\cdots=\beta^{n-2}\begin{vmatrix} 1 & \alpha \\ 1 & \alpha+\beta \end{vmatrix}=\beta^{n-1}.$$

于是

$$D_n=\alpha D_{n-1}+\beta^n.$$

注意到行列式关于 α,β 的对称性,可得

$$D_n=\beta D_{n-1}+\alpha^n.$$

从以上两式消去 D_{n-1}便得

$$D_n=\frac{\alpha^{n+1}-\beta^{n+1}}{\alpha-\beta}.$$

证法二 将左边的行列式 D_n 按第 1 列展开得

$$D_n=(\alpha+\beta)\begin{vmatrix}\alpha+\beta & \alpha\beta & 0 & \cdots & 0 & 0\\ 1 & \alpha+\beta & \alpha\beta & \cdots & 0 & 0\\ 0 & 1 & \alpha+\beta & \cdots & 0 & 0\\ \vdots & \vdots & \vdots & & \vdots & \vdots\\ 0 & 0 & 0 & \cdots & 1 & \alpha+\beta\end{vmatrix}$$

$$-\begin{vmatrix}\alpha\beta & 0 & 0 & \cdots & 0 & 0\\ 1 & \alpha+\beta & \alpha\beta & \cdots & 0 & 0\\ 0 & 1 & \alpha+\beta & \cdots & 0 & 0\\ \vdots & \vdots & \vdots & & \vdots & \vdots\\ 0 & 0 & 0 & \cdots & 1 & \alpha+\beta\end{vmatrix}$$

$$=(\alpha+\beta)D_{n-1}-\alpha\beta D_{n-2}.$$

因此

$$D_n-\alpha D_{n-1}=\beta(D_{n-1}-\alpha D_{n-2})=\cdots=\beta^{n-2}(D_2-\alpha D_1)$$

$$=\beta^{n-2}\left(\begin{vmatrix}\alpha+\beta & \alpha\beta\\ 1 & \alpha+\beta\end{vmatrix}-\alpha(\alpha+\beta)\right)=\beta^n.$$

由对称性可得

$$D_n-\beta D_{n-1}=\alpha^n.$$

于是

$$D_n=\frac{\alpha^{n+1}-\beta^{n+1}}{\alpha-\beta}.$$

证法三 用数学归纳法. 直接验证可知当 $n=1$ 和 $n=2$ 时结论正确.

设当 $n\leqslant k$ 时结论成立,当 $n=k+1$ 时,将 D_{k+1}按第一列展开(见证法二),并利用归纳假设得

$$D_{k+1}=(\alpha+\beta)D_k-\alpha\beta D_{k-1}$$

$$=(\alpha+\beta)\frac{\alpha^{k+1}-\beta^{k+1}}{\alpha-\beta}-\alpha\beta\frac{\alpha^k-\beta^k}{\alpha-\beta}$$

$$= \frac{\alpha^{k+2} - \beta^{k+2}}{\alpha - \beta}.$$

由归纳原理知结论正确.

注 (1) 在上例中当 $\alpha = \beta$ 时,实际上成立 $D_n = (n+1)\alpha^n$. 这可由证法一中的递推公式 $D_n = \alpha D_{n-1} + \alpha^n$ 得到.

(2) 若一个数列 $\{D_n\}$ 满足 $D_{n+1} = pD_n + qD_{n-1}$,其中 D_1 和 D_2 给定,则通过解方程组 $\alpha + \beta = p, \alpha\beta = -q$,可得到一组 α, β,此时便有 $D_{n+1} - \alpha D_n = \beta(D_n - \alpha D_{n-1})$,于是可递推得到

$$D_{n+1} - \alpha D_n = \beta^{n-1}(D_2 - \alpha D_1),$$

从而再由上式便可得 D_n 的表达式.

例 1.2.18 计算 $n+1$ 阶行列式

$$D_{n+1} = \begin{vmatrix} a^n & (a-1)^n & (a-2)^n & \cdots & (a-n)^n \\ a^{n-1} & (a-1)^{n-1} & (a-2)^{n-1} & \cdots & (a-n)^{n-1} \\ \vdots & \vdots & \vdots & & \vdots \\ a & a-1 & a-2 & \cdots & a-n \\ 1 & 1 & 1 & \cdots & 1 \end{vmatrix}.$$

解 先将最后一行与前面的行逐个交换,直到换为第 1 行;再将得到的行列式的最后一行与前面的行逐个交换,直到换为第 2 行;如此下去,得

$$D_{n+1} = (-1)^{n+(n-1)+\cdots+1} \begin{vmatrix} 1 & 1 & 1 & \cdots & 1 \\ a & a-1 & a-2 & \cdots & a-n \\ \vdots & \vdots & \vdots & & \vdots \\ a^{n-1} & (a-1)^{n-1} & (a-2)^{n-1} & \cdots & (a-n)^{n-1} \\ a^n & (a-1)^n & (a-2)^n & \cdots & (a-n)^n \end{vmatrix}.$$

于是利用关于 Vandermonde 行列式的结论得

$$D_{n+1} = (-1)^{\frac{n(n+1)}{2}} \prod_{0 \leqslant i < j \leqslant n} [(a-j) - (a-i)] = (-1)^{\frac{n(n+1)}{2}} \prod_{0 \leqslant i < j \leqslant n} (i-j)$$

$$= (-1)^{\frac{n(n+1)}{2}} \prod_{k=1}^{n} (-1)^k k! = \prod_{k=1}^{n} k!.$$

例 1.2.19 计算 n 阶行列式

$$D_n = \begin{vmatrix} 1 & 1 & 1 & \cdots & 1 \\ x_1 & x_2 & x_3 & \cdots & x_n \\ x_1^2 & x_2^2 & x_3^2 & \cdots & x_n^2 \\ \vdots & \vdots & \vdots & & \vdots \\ x_1^{n-2} & x_2^{n-2} & x_3^{n-2} & \cdots & x_n^{n-2} \\ x_1^n & x_2^n & x_3^n & \cdots & x_n^n \end{vmatrix}.$$

解 考虑多项式

$$P_n(x)=\begin{vmatrix} 1 & 1 & \cdots & 1 & 1 \\ x_1 & x_2 & \cdots & x_n & x \\ \vdots & \vdots & & \vdots & \vdots \\ x_1^{n-2} & x_2^{n-2} & \cdots & x_n^{n-2} & x^{n-2} \\ x_1^{n-1} & x_2^{n-1} & \cdots & x_n^{n-1} & x^{n-1} \\ x_1^n & x_2^n & \cdots & x_n^n & x^n \end{vmatrix},$$

它是 $n+1$ 阶 Vandermonde 行列式,因此

$$P_n(x)=(x-x_1)(x-x_2)\cdots(x-x_n)\prod_{1\leqslant i<j\leqslant n}(x_j-x_i).$$

于是在 $P_n(x)$ 的表达式中 x^{n-1} 的系数为

$$P_n(x)=-(x_1+x_2+\cdots+x_n)\prod_{1\leqslant i<j\leqslant n}(x_j-x_i).$$

再将这个 $n+1$ 阶行列式按最后一列展开,便知 $P_n(x)$ 的表达式中 x^{n-1} 的系数为 $(-1)^{n+(n+1)}D_n=-D_n$. 于是

$$D_n=(x_1+x_2+\cdots+x_n)\prod_{1\leqslant i<j\leqslant n}(x_j-x_i).$$

例 1.2.20 设 $n+1$ 阶矩阵

$$\boldsymbol{A}=\begin{pmatrix} (a_0+b_0)^n & (a_0+b_1)^n & \cdots & (a_0+b_n)^n \\ (a_1+b_0)^n & (a_1+b_1)^n & \cdots & (a_1+b_n)^n \\ \vdots & \vdots & & \vdots \\ (a_n+b_0)^n & (a_n+b_1)^n & \cdots & (a_n+b_n)^n \end{pmatrix},$$

求 $\det(\boldsymbol{A})$.

解 将矩阵 $\boldsymbol{A}$ 如下分解为两个矩阵之积

$$\boldsymbol{A}=\begin{pmatrix} 1 & \mathrm{C}_n^1a_0 & \mathrm{C}_n^2a_0^2 & \cdots & \mathrm{C}_n^na_0^n \\ 1 & \mathrm{C}_n^1a_1 & \mathrm{C}_n^2a_1^2 & \cdots & \mathrm{C}_n^na_1^n \\ \vdots & \vdots & \vdots & & \vdots \\ 1 & \mathrm{C}_n^1a_n & \mathrm{C}_n^2a_n^2 & \cdots & \mathrm{C}_n^na_n^n \end{pmatrix}\begin{pmatrix} b_0^n & b_1^n & b_2^n & \cdots & b_n^n \\ b_0^{n-1} & b_1^{n-1} & b_2^{n-1} & \cdots & b_n^{n-1} \\ \vdots & \vdots & \vdots & & \vdots \\ 1 & 1 & 1 & \cdots & 1 \end{pmatrix},$$

因此 $\det(\boldsymbol{A})$ 为等号右边两个矩阵的行列式之积. 利用关于 Vandermonde 行列式的结论,等号右边两个矩阵的行列式分别为

$$\begin{vmatrix} 1 & \mathrm{C}_n^1a_0 & \mathrm{C}_n^2a_0^2 & \cdots & \mathrm{C}_n^na_0^n \\ 1 & \mathrm{C}_n^1a_1 & \mathrm{C}_n^2a_1^2 & \cdots & \mathrm{C}_n^na_1^n \\ \vdots & \vdots & \vdots & & \vdots \\ 1 & \mathrm{C}_n^1a_n & \mathrm{C}_n^2a_n^2 & \cdots & \mathrm{C}_n^na_n^n \end{vmatrix}=\mathrm{C}_n^1\mathrm{C}_n^2\cdots\mathrm{C}_n^n\begin{vmatrix} 1 & a_0 & a_0^2 & \cdots & a_0^n \\ 1 & a_1 & a_1^2 & \cdots & a_1^n \\ \vdots & \vdots & \vdots & & \vdots \\ 1 & a_n & a_n^2 & \cdots & a_n^n \end{vmatrix}$$

$$= C_n^1 C_n^2 \cdots C_n^n \prod_{0 \leqslant i < j \leqslant n} (a_j - a_i),$$

和

$$\begin{vmatrix} b_0^n & b_1^n & b_2^n & \cdots & b_n^n \\ b_0^{n-1} & b_1^{n-1} & b_2^{n-1} & \cdots & b_n^{n-1} \\ \vdots & \vdots & \vdots & & \vdots \\ 1 & 1 & 1 & \cdots & 1 \end{vmatrix} = \prod_{0 \leqslant i < j \leqslant n} (b_i - b_j),$$

于是

$$\begin{aligned} \det(\boldsymbol{A}) &= C_n^1 C_n^2 \cdots C_n^n \prod_{0 \leqslant i < j \leqslant n} (a_j - a_i) \prod_{0 \leqslant i < j \leqslant n} (b_i - b_j) \\ &= C_n^1 C_n^2 \cdots C_n^n \prod_{0 \leqslant i < j \leqslant n} (a_j - a_i)(b_i - b_j). \end{aligned}$$

例 1.2.21 证明

$$\begin{vmatrix} a_{11}+x & a_{12}+x & \cdots & a_{1n}+x \\ a_{21}+x & a_{22}+x & \cdots & a_{2n}+x \\ \vdots & \vdots & & \vdots \\ a_{n1}+x & a_{n2}+x & \cdots & a_{nn}+x \end{vmatrix} = \begin{vmatrix} a_{11} & a_{12} & \cdots & a_{1n} \\ a_{21} & a_{22} & \cdots & a_{2n} \\ \vdots & \vdots & & \vdots \\ a_{n1} & a_{n2} & \cdots & a_{nn} \end{vmatrix} + x \sum_{i=1}^{n} \sum_{j=1}^{n} A_{ij},$$

其中 A_{ij} 为行列式 $\begin{vmatrix} a_{11} & a_{12} & \cdots & a_{1n} \\ a_{21} & a_{22} & \cdots & a_{2n} \\ \vdots & \vdots & & \vdots \\ a_{n1} & a_{n2} & \cdots & a_{nn} \end{vmatrix}$ 中 a_{ij} 的代数余子式.

证 利用加边法. 记左式为 D_n,则

$$D_n = \begin{vmatrix} 1 & x & x & \cdots & x \\ 0 & a_{11}+x & a_{12}+x & \cdots & a_{1n}+x \\ 0 & a_{21}+x & a_{22}+x & \cdots & a_{2n}+x \\ \vdots & \vdots & \vdots & & \vdots \\ 0 & a_{n1}+x & a_{n2}+x & \cdots & a_{nn}+x \end{vmatrix}.$$

将这个 $n+1$ 阶行列式中的第 1 行的 -1 倍加到下面各行,再关于第 1 行展开得

$$D_n = \begin{vmatrix} 1 & x & x & \cdots & x \\ -1 & a_{11} & a_{12} & \cdots & a_{1n} \\ -1 & a_{21} & a_{22} & \cdots & a_{2n} \\ \vdots & \vdots & \vdots & & \vdots \\ -1 & a_{n1} & a_{n2} & \cdots & a_{nn} \end{vmatrix}$$

$$
= \begin{vmatrix} a_{11} & a_{12} & \cdots & a_{1n} \\ a_{21} & a_{22} & \cdots & a_{2n} \\ \vdots & \vdots & & \vdots \\ a_{n1} & a_{n2} & \cdots & a_{nn} \end{vmatrix} - x \begin{vmatrix} -1 & a_{12} & \cdots & a_{1n} \\ -1 & a_{22} & \cdots & a_{2n} \\ \vdots & \vdots & & \vdots \\ -1 & a_{n2} & \cdots & a_{nn} \end{vmatrix}
$$

$$
+ \cdots + x(-1)^{n+2} \begin{vmatrix} -1 & a_{12} & \cdots & a_{1,n-1} \\ -1 & a_{22} & \cdots & a_{2,n-1} \\ \vdots & \vdots & & \vdots \\ -1 & a_{n2} & \cdots & a_{n,n-1} \end{vmatrix}.
$$

再将等号右边的行列式从第 2 个开始，均按第 1 列展开得

$$
D_n = \begin{vmatrix} a_{11} & a_{12} & \cdots & a_{1n} \\ a_{21} & a_{22} & \cdots & a_{2n} \\ \vdots & \vdots & & \vdots \\ a_{n1} & a_{n2} & \cdots & a_{nn} \end{vmatrix} + x \sum_{i=1}^{n} A_{i1} + \cdots + x \sum_{i=1}^{n} A_{in}
$$

$$
= \begin{vmatrix} a_{11} & a_{12} & \cdots & a_{1n} \\ a_{21} & a_{22} & \cdots & a_{2n} \\ \vdots & \vdots & & \vdots \\ a_{n1} & a_{n2} & \cdots & a_{nn} \end{vmatrix} + x \sum_{i=1}^{n} \sum_{j=1}^{n} A_{ij}.
$$

例 1.2.22 设 $a_{ij}(x)(i,j=1,2,\cdots,n)$ 为可微函数，证明：

$$
\frac{\mathrm{d}}{\mathrm{d}x} \begin{vmatrix} a_{11}(x) & a_{12}(x) & \cdots & a_{1n}(x) \\ a_{21}(x) & a_{22}(x) & \cdots & a_{2n}(x) \\ \vdots & \vdots & & \vdots \\ a_{n1}(x) & a_{n2}(x) & \cdots & a_{nn}(x) \end{vmatrix} = \sum_{j=1}^{n} \begin{vmatrix} a_{11}(x) & \cdots & \frac{\mathrm{d}}{\mathrm{d}x} a_{1j}(x) & \cdots & a_{1n}(x) \\ a_{21}(x) & \cdots & \frac{\mathrm{d}}{\mathrm{d}x} a_{2j}(x) & \cdots & a_{2n}(x) \\ \vdots & & \vdots & & \vdots \\ a_{n1}(x) & \cdots & \frac{\mathrm{d}}{\mathrm{d}x} a_{nj}(x) & \cdots & a_{nn}(x) \end{vmatrix}.
$$

证法一 记

$$
f(x) = \begin{vmatrix} a_{11}(x) & a_{12}(x) & \cdots & a_{1n}(x) \\ a_{21}(x) & a_{22}(x) & \cdots & a_{2n}(x) \\ \vdots & \vdots & & \vdots \\ a_{n1}(x) & a_{n2}(x) & \cdots & a_{nn}(x) \end{vmatrix}.
$$

显然，f 是 $a_{11}, a_{12}, \cdots, a_{1n}, \cdots, a_{n1}, a_{n2}, \cdots, a_{nn}$ 的函数，而 $a_{ij}(i,j=1,2,\cdots,n)$ 又是 x 的函数，因此 f 可以看成复合函数. 由链式求导法则得

$$
\frac{\mathrm{d}}{\mathrm{d}x} f(x) = \sum_{i=1}^{n} \sum_{j=1}^{n} \frac{\partial f}{\partial a_{ij}} \frac{\mathrm{d}a_{ij}}{\mathrm{d}x}.
$$

由于对于 $j=1,2,\cdots,n$,成立 $f(x)=\sum_{i=1}^{n} a_{ij}A_{ij}$,其中 A_{ij} 为 a_{ij} 的代数余子式,且此时各 $A_{kj}(k=1,2,\cdots,n)$ 中均无 a_{ij} 项,因此

$$\frac{\partial f}{\partial a_{ij}}=A_{ij},\quad i,j=1,2,\cdots,n.$$

于是

$$\begin{aligned}\frac{\mathrm{d}}{\mathrm{d}x}f(x)&=\sum_{i=1}^{n}\sum_{j=1}^{n}A_{ij}\frac{\mathrm{d}a_{ij}}{\mathrm{d}x}=\sum_{j=1}^{n}\sum_{i=1}^{n}\frac{\mathrm{d}a_{ij}}{\mathrm{d}x}A_{ij}\\&=\sum_{j=1}^{n}\begin{vmatrix}a_{11}(x)&\cdots&\frac{\mathrm{d}}{\mathrm{d}x}a_{1j}(x)&\cdots&a_{1n}(x)\\a_{21}(x)&\cdots&\frac{\mathrm{d}}{\mathrm{d}x}a_{2j}(x)&\cdots&a_{2n}(x)\\\vdots&&\vdots&&\vdots\\a_{n1}(x)&\cdots&\frac{\mathrm{d}}{\mathrm{d}x}a_{nj}(x)&\cdots&a_{nn}(x)\end{vmatrix}.\end{aligned}$$

证法二 用数学归纳法. 沿用证法一的记号. 当 $n=1$ 时结论显然正确. 设对于 $n-1$ 阶行列式结论正确. 下面证明在此假设下,结论对 n 阶行列式也正确.

将行列式关于第一列展开得

$$f(x)=a_{11}(x)A_{11}(x)+a_{21}(x)A_{21}(x)+\cdots+a_{n1}(x)A_{n1}(x).$$

对上式求导得

$$\begin{aligned}\frac{\mathrm{d}}{\mathrm{d}x}f(x)=&\frac{\mathrm{d}}{\mathrm{d}x}a_{11}(x)\cdot A_{11}(x)+\frac{\mathrm{d}}{\mathrm{d}x}a_{21}(x)\cdot A_{21}(x)+\cdots+\frac{\mathrm{d}}{\mathrm{d}x}a_{n1}(x)\cdot A_{n1}(x)\\&+a_{11}(x)\cdot\frac{\mathrm{d}}{\mathrm{d}x}A_{11}(x)+a_{21}(x)\cdot\frac{\mathrm{d}}{\mathrm{d}x}A_{21}(x)+\cdots+a_{n1}(x)\cdot\frac{\mathrm{d}}{\mathrm{d}x}A_{n1}(x).\end{aligned}$$

再看上式右面的前半部分:

$$\begin{aligned}&\frac{\mathrm{d}}{\mathrm{d}x}a_{11}(x)\cdot A_{11}(x)+\frac{\mathrm{d}}{\mathrm{d}x}a_{21}(x)\cdot A_{21}(x)+\cdots+\frac{\mathrm{d}}{\mathrm{d}x}a_{n1}(x)\cdot A_{n1}(x)\\&\quad=\begin{vmatrix}\frac{\mathrm{d}}{\mathrm{d}x}a_{11}(x)&\cdots&a_{1j}(x)&\cdots&a_{1n}(x)\\\frac{\mathrm{d}}{\mathrm{d}x}a_{21}(x)&\cdots&a_{2j}(x)&\cdots&a_{2n}(x)\\\vdots&&\vdots&&\vdots\\\frac{\mathrm{d}}{\mathrm{d}x}a_{n1}(x)&\cdots&a_{nj}(x)&\cdots&a_{nn}(x)\end{vmatrix}.\end{aligned}$$

而由归纳假设,得

$$a_{11}(x)\cdot\frac{\mathrm{d}}{\mathrm{d}x}A_{11}(x)+a_{21}(x)\cdot\frac{\mathrm{d}}{\mathrm{d}x}A_{21}(x)+\cdots+a_{n1}(x)\cdot\frac{\mathrm{d}}{\mathrm{d}x}A_{n1}(x)$$

$$
= a_{11}(x) \sum_{j=2}^{n} \begin{vmatrix} a_{22}(x) & \cdots & \dfrac{\mathrm{d}}{\mathrm{d}x}a_{2j}(x) & \cdots & a_{1n}(x) \\ a_{32}(x) & \cdots & \dfrac{\mathrm{d}}{\mathrm{d}x}a_{3j}(x) & \cdots & a_{3n}(x) \\ \vdots & & \vdots & & \vdots \\ a_{n2}(x) & \cdots & \dfrac{\mathrm{d}}{\mathrm{d}x}a_{nj}(x) & \cdots & a_{nn}(x) \end{vmatrix}
$$

$$
- a_{21}(x) \sum_{j=2}^{n} \begin{vmatrix} a_{12}(x) & \cdots & \dfrac{\mathrm{d}}{\mathrm{d}x}a_{1j}(x) & \cdots & a_{1n}(x) \\ a_{32}(x) & \cdots & \dfrac{\mathrm{d}}{\mathrm{d}x}a_{3j}(x) & \cdots & a_{3n}(x) \\ \vdots & & \vdots & & \vdots \\ a_{n2}(x) & \cdots & \dfrac{\mathrm{d}}{\mathrm{d}x}a_{nj}(x) & \cdots & a_{nn}(x) \end{vmatrix} + \cdots
$$

$$
+ (-1)^{n-1} a_{n1}(x) \sum_{j=2}^{n} \begin{vmatrix} a_{12}(x) & \cdots & a_{1j}(x) & \cdots & \dfrac{\mathrm{d}}{\mathrm{d}x}a_{1n}(x) \\ a_{22}(x) & \cdots & a_{2j}(x) & \cdots & \dfrac{\mathrm{d}}{\mathrm{d}x}a_{2n}(x) \\ \vdots & & \vdots & & \vdots \\ a_{n-1,2}(x) & \cdots & a_{n-1,j}(x) & \cdots & \dfrac{\mathrm{d}}{\mathrm{d}x}a_{n-1,n}(x) \end{vmatrix}
$$

$$
= \sum_{j=2}^{n} \begin{vmatrix} a_{11}(x) & \cdots & \dfrac{\mathrm{d}}{\mathrm{d}x}a_{1j}(x) & \cdots & a_{1n}(x) \\ a_{21}(x) & \cdots & \dfrac{\mathrm{d}}{\mathrm{d}x}a_{2j}(x) & \cdots & a_{2n}(x) \\ \vdots & & \vdots & & \vdots \\ a_{n1}(x) & \cdots & \dfrac{\mathrm{d}}{\mathrm{d}x}a_{nj}(x) & \cdots & a_{nn}(x) \end{vmatrix}.
$$

于是

$$
\frac{\mathrm{d}}{\mathrm{d}x} f(x) = \sum_{j=1}^{n} \begin{vmatrix} a_{11}(x) & \cdots & \dfrac{\mathrm{d}}{\mathrm{d}x}a_{1j}(x) & \cdots & a_{1n}(x) \\ a_{21}(x) & \cdots & \dfrac{\mathrm{d}}{\mathrm{d}x}a_{2j}(x) & \cdots & a_{2n}(x) \\ \vdots & & \vdots & & \vdots \\ a_{n1}(x) & \cdots & \dfrac{\mathrm{d}}{\mathrm{d}x}a_{nj}(x) & \cdots & a_{nn}(x) \end{vmatrix}.
$$

最后介绍一下 Laplace 定理. 设 n 阶行列式

$$|\boldsymbol{A}| = \begin{vmatrix} a_{11} & a_{12} & \cdots & a_{1n} \\ a_{21} & a_{22} & \cdots & a_{2n} \\ \vdots & \vdots & & \vdots \\ a_{n1} & a_{n2} & \cdots & a_{nn} \end{vmatrix},$$

取行列式$|\boldsymbol{A}|$中第$i_1,i_2,\cdots,i_k$行,第$j_1,j_2,\cdots,j_k$列($1\leqslant k<n,1\leqslant i_1<i_2<\cdots<i_k\leqslant n,1\leqslant j_1<j_2<\cdots<j_k\leqslant n$),它们交叉位置的元素按原来的相对位置形成一个$k$阶行列式,称为$|\boldsymbol{A}|$的一个**$k$阶子式**,记为

$$A\begin{pmatrix} i_1,i_2,\cdots,i_k \\ j_1,j_2,\cdots,j_k \end{pmatrix};$$

而$|\boldsymbol{A}|$中剩下的元素按原来的相对位置形成一个$n-k$阶行列式,记为

$$M\begin{pmatrix} i_1,i_2,\cdots,i_k \\ j_1,j_2,\cdots,j_k \end{pmatrix}.$$

记$p=i_1+i_2+\cdots+i_k,q=j_1+j_2+\cdots+j_k$,并记

$$\tilde{A}\begin{pmatrix} i_1,i_2,\cdots,i_k \\ j_1,j_2,\cdots,j_k \end{pmatrix}=(-1)^{p+q}M\begin{pmatrix} i_1,i_2,\cdots,i_k \\ j_1,j_2,\cdots,j_k \end{pmatrix},$$

称之为$A\begin{pmatrix} i_1,i_2,\cdots,i_k \\ j_1,j_2,\cdots,j_k \end{pmatrix}$的**代数余子式**.

Laplace 定理 在$|\boldsymbol{A}|$中取定k个行$i_1,i_2,\cdots,i_k(1\leqslant i_1<i_2<\cdots<i_k\leqslant n)$,则$|\boldsymbol{A}|$等于含这$k$个行的全部$k$阶子式与其对应的代数余子式的乘积之和,即

$$|\boldsymbol{A}|=\sum_{1\leqslant j_1<j_2<\cdots<j_k\leqslant n}A\begin{pmatrix} i_1,i_2,\cdots,i_k \\ j_1,j_2,\cdots,j_k \end{pmatrix}\tilde{A}\begin{pmatrix} i_1,i_2,\cdots,i_k \\ j_1,j_2,\cdots,j_k \end{pmatrix};$$

同样地,在$|A|$中取定k个列$j_1,j_2,\cdots,j_k(1\leqslant j_1<j_2<\cdots<j_k\leqslant n)$,有

$$|\boldsymbol{A}|=\sum_{1\leqslant i_1<i_2<\cdots<i_k\leqslant n}A\begin{pmatrix} i_1,i_2,\cdots,i_k \\ j_1,j_2,\cdots,j_k \end{pmatrix}\tilde{A}\begin{pmatrix} i_1,i_2,\cdots,i_k \\ j_1,j_2,\cdots,j_k \end{pmatrix}.$$

定理中的第一个表达式称为行列式$|\boldsymbol{A}|$按$i_1,i_2,\cdots,i_k$行展开,第二个表达式称为行列式$|\boldsymbol{A}|$按$j_1,j_2,\cdots,j_k$列展开. Laplace 定理在理论分析以及计算一些特殊行列式时有着重要的应用.

例如,设$\boldsymbol{A}$是m阶方阵,$\boldsymbol{B}$是n阶方阵,对$m+n$阶行列式$\begin{vmatrix} \boldsymbol{A} & \boldsymbol{O} \\ \boldsymbol{D} & \boldsymbol{B} \end{vmatrix}$应用Laplace定理,按前$m$行展开,注意只有前$m$行、$m$列所成的$m$阶子式为$|\boldsymbol{A}|$,而其他含前$m$行的$m$阶子式均为0,因此有

$$\begin{vmatrix} \boldsymbol{A} & \boldsymbol{O} \\ \boldsymbol{D} & \boldsymbol{B} \end{vmatrix}=|\boldsymbol{A}|\cdot(-1)^{1+2+\cdots+m+1+2+\cdots+m}|\boldsymbol{B}|=|\boldsymbol{A}|\cdot|\boldsymbol{B}|.$$

再例如，对于 $2n$ 阶行列式

$$D_{2n}=\begin{vmatrix} a_1 & & & & & & & b_1 \\ & a_2 & & & & & b_2 & \\ & & \ddots & & & \iddots & & \\ & & & a_n & b_n & & & \\ & & & c_n & d_n & & & \\ & & \iddots & & & \ddots & & \\ & c_2 & & & & & d_2 & \\ c_1 & & & & & & & d_1 \end{vmatrix},$$

将其按第一行和最后一行展开得

$$D_{2n}=\begin{vmatrix} a_1 & b_1 \\ c_1 & d_1 \end{vmatrix}\cdot(-1)^{1+2n+1+2n}\begin{vmatrix} a_2 & & & & & b_2 \\ & \ddots & & & \iddots & \\ & & a_n & b_n & & \\ & & c_n & d_n & & \\ & \iddots & & & \ddots & \\ c_2 & & & & & d_2 \end{vmatrix}$$

$$=(a_1d_1-b_1c_1)\begin{vmatrix} a_2 & & & & & b_2 \\ & \ddots & & & \iddots & \\ & & a_n & b_n & & \\ & & c_n & d_n & & \\ & \iddots & & & \ddots & \\ c_2 & & & & & d_2 \end{vmatrix}.$$

再将后一行列式按第一行和最后一行展开，如此下去，可得

$$D_{2n}=\prod_{i=1}^{n}(a_id_i-b_ic_i).$$

习　题

1. 计算下列行列式：

(1) $\begin{vmatrix} 1 & 2 & 1 & 4 \\ 0 & -1 & 2 & 1 \\ 1 & 0 & 1 & 3 \\ 0 & 1 & 3 & 1 \end{vmatrix}$；　　(2) $\begin{vmatrix} 1 & 1 & 2 & 3 \\ 1 & 2-x^2 & 2 & 3 \\ 2 & 3 & 1 & 5 \\ 2 & 3 & 1 & 9-x^2 \end{vmatrix}$；

(3) $\begin{vmatrix} 0 & a & b & a \\ a & 0 & a & b \\ b & a & 0 & a \\ a & b & a & 0 \end{vmatrix}$;　　(4) $\begin{vmatrix} 1-a & a & 0 & 0 & 0 \\ -1 & 1-a & a & 0 & 0 \\ 0 & -1 & 1-a & a & 0 \\ 0 & 0 & -1 & 1-a & a \\ 0 & 0 & 0 & -1 & 1-a \end{vmatrix}$.

2. 已知 $\begin{vmatrix} x & y & z \\ 3 & 1 & 2 \\ 1 & 2 & 1 \end{vmatrix} = 1$，求 $\begin{vmatrix} x & y & z \\ 3x+3 & 3y+1 & 3z+2 \\ 3 & 6 & 3 \end{vmatrix}$.

3. 证明

$$\begin{vmatrix} \sin 2\alpha & \sin(\alpha+\beta) & \sin(\alpha+\gamma) \\ \sin(\beta+\alpha) & \sin 2\beta & \sin(\beta+\gamma) \\ \sin(\gamma+\alpha) & \sin(\gamma+\beta) & \sin 2\gamma \end{vmatrix} = 0.$$

4. 设 $\boldsymbol{A}$ 为 3 阶方阵，且 $|\boldsymbol{A}| = 8$，求 $\left|\left(\frac{1}{2}\boldsymbol{A}\right)^2\right|$.

5. 设 $\boldsymbol{A}, \boldsymbol{B}$ 是同阶方阵，且 $\boldsymbol{A}\boldsymbol{A}^{\mathrm{T}} = \boldsymbol{I}$, $\boldsymbol{B}\boldsymbol{B}^{\mathrm{T}} = \boldsymbol{I}$, $|\boldsymbol{A}| = -|\boldsymbol{B}|$，求 $|\boldsymbol{A}+\boldsymbol{B}|$.

6. 设 $\boldsymbol{a} = (1,0,-1)^{\mathrm{T}}$，$\boldsymbol{A} = \boldsymbol{a}\boldsymbol{a}^{\mathrm{T}}$，其中 a 为实数，n 为正整数. 求 $|a\boldsymbol{I} - \boldsymbol{A}^n|$.

7. 已知 $\boldsymbol{A} = \begin{pmatrix} 1 & 0 & 1 \\ 0 & 2 & 0 \\ -2 & 0 & 1 \end{pmatrix}$，若 3 阶矩阵 $\boldsymbol{B}$ 满足 $\boldsymbol{A}^2\boldsymbol{B} - \boldsymbol{A} - \boldsymbol{B} = \boldsymbol{I}_3$，求 $|\boldsymbol{B}|$.

8. 设 n 阶实对称矩阵 $\boldsymbol{A}$ 满足 $\boldsymbol{A}^2 + 6\boldsymbol{A} + 8\boldsymbol{I} = 0$，求 $|\boldsymbol{A}+3\boldsymbol{I}|$.

9. 证明：

$$\begin{vmatrix} 1 & x_1+a_1 & x_1^2+b_1x_1+b_2 & x_1^3+c_1x_1^2+c_2x_1+c_3 \\ 1 & x_2+a_1 & x_2^2+b_1x_2+b_2 & x_2^3+c_1x_2^2+c_2x_2+c_3 \\ 1 & x_3+a_1 & x_3^2+b_1x_3+b_2 & x_3^3+c_1x_3^2+c_2x_3+c_3 \\ 1 & x_4+a_1 & x_4^2+b_1x_4+b_2 & x_4^3+c_1x_4^2+c_2x_4+c_3 \end{vmatrix} = \begin{vmatrix} 1 & x_1 & x_1^2 & x_1^3 \\ 1 & x_2 & x_2^2 & x_2^3 \\ 1 & x_3 & x_3^2 & x_3^3 \\ 1 & x_4 & x_4^2 & x_4^3 \end{vmatrix}.$$

10. 计算下列行列式（D_n 为 n 阶行列式）：

(1) $D_n = \begin{vmatrix} a & 0 & \cdots & 0 & 1 \\ 0 & a & \cdots & 0 & 0 \\ \vdots & \vdots & & \vdots & \vdots \\ 0 & 0 & \cdots & a & 0 \\ 1 & 0 & \cdots & 0 & a \end{vmatrix}$;

(2) $D_n = \begin{vmatrix} 1 & 2 & 3 & \cdots & n-1 & n \\ 2 & 3 & 4 & \cdots & n & 1 \\ 3 & 4 & 5 & \cdots & 1 & 2 \\ \vdots & \vdots & \vdots & & \vdots & \vdots \\ n-1 & n & 1 & \cdots & n-3 & n-2 \\ n & 1 & 2 & \cdots & n-2 & n-1 \end{vmatrix}$;

(3) $D_n = \begin{vmatrix} 1+a_1 & a_2 & a_3 & \cdots & a_n \\ a_1 & 1+a_2 & a_3 & \cdots & a_n \\ a_1 & a_2 & 1+a_3 & \cdots & a_n \\ \vdots & \vdots & \vdots & & \vdots \\ a_1 & a_2 & a_3 & \cdots & 1+a_n \end{vmatrix}$;

(4) $D_n = \begin{vmatrix} 2 & 1 & 0 & \cdots & 0 & 0 \\ 1 & 2 & 1 & \cdots & 0 & 0 \\ 0 & 1 & 2 & \cdots & 0 & 0 \\ \vdots & \vdots & \vdots & & \vdots & \vdots \\ 0 & 0 & 0 & \cdots & 2 & 1 \\ 0 & 0 & 0 & \cdots & 1 & 2 \end{vmatrix}$;

(5) $D_n = \begin{vmatrix} 0 & a_1+a_2 & a_1+a_3 & \cdots & a_1+a_n \\ a_2+a_1 & 0 & a_2+a_3 & \cdots & a_2+a_n \\ a_3+a_1 & a_3+a_2 & 0 & \cdots & a_3+a_n \\ \vdots & \vdots & \vdots & & \vdots \\ a_n+a_1 & a_n+a_2 & a_n+a_3 & \cdots & 0 \end{vmatrix}$ $(a_1a_2\cdots a_n \neq 0)$;

(6) $D_n = \begin{vmatrix} x_1 & a_{12} & a_{13} & \cdots & a_{1n} \\ x_1 & x_2 & a_{23} & \cdots & a_{2n} \\ x_1 & x_2 & x_3 & \cdots & a_{3n} \\ \vdots & \vdots & \vdots & & \vdots \\ x_1 & x_2 & x_3 & \cdots & x_n \end{vmatrix}$;

(7) $D_{2n} = \begin{vmatrix} a & 0 & 0 & \cdots & 0 & 0 & b \\ 0 & a & 0 & \cdots & 0 & b & 0 \\ 0 & 0 & a & \cdots & b & 0 & 0 \\ \vdots & \vdots & \vdots & & \vdots & \vdots & \vdots \\ 0 & 0 & b & \cdots & a & 0 & 0 \\ 0 & b & 0 & \cdots & 0 & a & 0 \\ b & 0 & 0 & \cdots & 0 & 0 & a \end{vmatrix}$.

11. 求方程 $\begin{vmatrix} 1 & 1 & 2 & 3 \\ 1 & 2-x^2 & 2 & 3 \\ 2 & 3 & 1 & 5 \\ 2 & 3 & 1 & 9-x^2 \end{vmatrix} = 0$ 的根.

12. 求下面方程的根：

$$\begin{vmatrix} 1 & 1 & 1 & \cdots & 1 \\ 1 & 1-x & 1 & \cdots & 1 \\ 1 & 1 & 2-x & \cdots & 1 \\ \vdots & \vdots & \vdots & & \vdots \\ 1 & 1 & 1 & \cdots & n-1-x \end{vmatrix} = 0.$$

13. 证明:n 阶行列式

$$\begin{vmatrix} 1 & 1 & \cdots & 1 & -n \\ 1 & 1 & \cdots & -n & 1 \\ \vdots & \vdots & & \vdots & \vdots \\ 1 & -n & \cdots & 1 & 1 \\ -n & 1 & \cdots & 1 & 1 \end{vmatrix} = (-1)^{\frac{n(n+1)}{2}}(n+1)^{n-1}.$$

14. 证明:若 $a_1a_2\cdots a_n \neq 0$,则 n 阶行列式

$$\begin{vmatrix} 1+a_1 & 1 & 1 & \cdots & 1 \\ 2 & 2+a_2 & 2 & \cdots & 2 \\ 3 & 3 & 3+a_3 & \cdots & 3 \\ \vdots & \vdots & \vdots & & \vdots \\ n & n & n & \cdots & n+a_n \end{vmatrix} = \left(\prod_{j=2}^{n} a_j\right)\left(a_1+1+\sum_{j=2}^{n}\frac{ja_1}{a_j}\right).$$

15. 证明:若 $\sin x \neq 0$,则 n 阶行列式

$$\begin{vmatrix} 2\cos x & 1 & & & \\ 1 & 2\cos x & 1 & & \\ & \ddots & \ddots & \ddots & \\ & & 1 & 2\cos x & 1 \\ & & & 1 & 2\cos x \end{vmatrix} = \frac{\sin(n+1)x}{\sin x}.$$

16. 已知 $\boldsymbol{A}=(a_{ij})$ 为 3 阶矩阵,记 A_{ij} 为 a_{ij} 的代数余子式,若 $a_{ij}+A_{ij}=0(i,j=1,2,3)$,求 $|\boldsymbol{A}|$.

17. 已知 n 阶矩阵 $\boldsymbol{A}=(a_{ij})$,记 A_{ij} 为 a_{ij} 的代数余子式$(i,j=1,2,\cdots,n)$. 证明:若 $|\boldsymbol{A}| \neq 0$,则

$$\begin{vmatrix} A_{11} & A_{12} & \cdots & A_{1,n-1} \\ A_{21} & A_{22} & \cdots & A_{2,n-1} \\ \vdots & \vdots & & \vdots \\ A_{n-1,1} & A_{n-1,2} & \cdots & A_{n-1,n-1} \end{vmatrix} = a_{nn}|\boldsymbol{A}|^{n-2}.$$

18. 证明:$n+1$ 阶行列式

$$\begin{vmatrix} a_1^n & a_1^{n-1}b_1 & a_1^{n-2}b_1^2 & \cdots & a_1b_1^{n-1} & b_1^n \\ a_2^n & a_2^{n-1}b_2 & a_2^{n-2}b_2^2 & \cdots & a_2b_2^{n-1} & b_2^n \\ a_3^n & a_3^{n-1}b_3 & a_3^{n-2}b_3^2 & \cdots & a_3b_3^{n-1} & b_3^n \\ \vdots & \vdots & \vdots & & \vdots & \vdots \\ a_{n+1}^n & a_{n+1}^{n-1}b_{n+1} & a_{n+1}^{n-2}b_{n+1}^2 & \cdots & a_{n+1}b_{n+1}^{n-1} & b_{n+1}^n \end{vmatrix} = \prod_{1\leq i<j\leq n+1}(a_ib_j-a_jb_i).$$

19. 证明:n 阶行列式

$$\begin{vmatrix} 1 & 1 & 1 & \cdots & 1 \\ 1 & C_2^1 & C_3^1 & \cdots & C_n^1 \\ 1 & C_3^2 & C_4^2 & \cdots & C_{n+1}^2 \\ \vdots & \vdots & \vdots & & \vdots \\ 1 & C_n^{n-1} & C_{n+1}^{n-1} & \cdots & C_{2n-2}^{n-1} \end{vmatrix} = 1.$$

20. 设 $D = \begin{vmatrix} 1 & 0 & 1 & 0 \\ -1 & 2 & -3 & 1 \\ 0 & 1 & -1 & 3 \\ 2 & 1 & 1 & 0 \end{vmatrix}$,求 $A_{41} + A_{42} + A_{43} + A_{44}$.

21. 设 $D = \begin{vmatrix} 1 & 1 & \cdots & 1 \\ 0 & 2 & \cdots & 2 \\ \vdots & \vdots & & \vdots \\ 0 & 0 & \cdots & n \end{vmatrix}$,求 D_n 中所有元素的代数余子式之和.

§1.3 逆　　阵

知识要点

一、逆阵的概念与性质

定义 1.3.1 对于 n 阶方阵 $\boldsymbol{A}$,若存在矩阵 $\boldsymbol{B}$ 满足

$$\boldsymbol{AB} = \boldsymbol{BA} = \boldsymbol{I},$$

则称 $\boldsymbol{A}$ 是**可逆矩阵**或**非奇异矩阵**,简称 $\boldsymbol{A}$ **可逆**,或 $\boldsymbol{A}$ **非奇异**,称 $\boldsymbol{B}$ 为 $\boldsymbol{A}$ 的**逆阵**,记为 $\boldsymbol{A}^{-1}$;否则,称 $\boldsymbol{A}$ 是**不可逆矩阵**,或**奇异矩阵**.

定义 1.3.2 设 n 阶方阵

$$\boldsymbol{A} = \begin{pmatrix} a_{11} & a_{12} & \cdots & a_{1n} \\ a_{21} & a_{22} & \cdots & a_{2n} \\ \vdots & \vdots & & \vdots \\ a_{n1} & a_{n2} & \cdots & a_{nn} \end{pmatrix},$$

称矩阵

$$\boldsymbol{A}^* = \begin{pmatrix} A_{11} & A_{21} & \cdots & A_{n1} \\ A_{12} & A_{22} & \cdots & A_{n2} \\ \vdots & \vdots & & \vdots \\ A_{1n} & A_{2n} & \cdots & A_{nn} \end{pmatrix}$$

为 $\boldsymbol{A}$ 的**伴随矩阵**,其中 A_{ij} 为 a_{ij} 的代数余子式($i,j=1,2,\cdots,n$).

定理 1.3.1 方阵 $\boldsymbol{A}$ 可逆的充分必要条件是 $\boldsymbol{A}$ 的行列式 $|\boldsymbol{A}|\neq 0$.

注 1 方阵 $\boldsymbol{A}$ 与其伴随矩阵 $\boldsymbol{A}^*$ 有如下关系：

$$\boldsymbol{A}^*\boldsymbol{A}=\boldsymbol{A}\boldsymbol{A}^*=|\boldsymbol{A}|\boldsymbol{I}.$$

因此，若 $|\boldsymbol{A}|\neq 0$，则 $\dfrac{\boldsymbol{A}^*}{|\boldsymbol{A}|}=\boldsymbol{A}^{-1}$.

注 2 若 $\boldsymbol{A}$ 是可逆矩阵，则 $|\boldsymbol{A}^{-1}|=\dfrac{1}{|\boldsymbol{A}|}$.

定理 1.3.2 可逆矩阵具有如下性质：

(1) 可逆矩阵的逆阵是唯一的；

(2) 若 $\boldsymbol{AB}=\boldsymbol{I}$ 或 $\boldsymbol{BA}=\boldsymbol{I}$ 之一成立，则 $\boldsymbol{A}$ 是可逆矩阵，且 $\boldsymbol{B}=\boldsymbol{A}^{-1}$；

(3) 若 $\boldsymbol{A}$ 是可逆矩阵，$\lambda\neq 0$ 为常数，则 $(\lambda\boldsymbol{A})^{-1}=\dfrac{1}{\lambda}\boldsymbol{A}^{-1}$；

(4) 若 $\boldsymbol{A}$ 是可逆矩阵，则 $\boldsymbol{A}^{\mathrm{T}}$ 和 $\boldsymbol{A}^{\mathrm{H}}$ 均是可逆矩阵，且

$$(\boldsymbol{A}^{\mathrm{T}})^{-1}=(\boldsymbol{A}^{-1})^{\mathrm{T}},\ (\boldsymbol{A}^{\mathrm{H}})^{-1}=(\boldsymbol{A}^{-1})^{\mathrm{H}};$$

(5) 若 $\boldsymbol{A},\boldsymbol{B}$ 均是可逆矩阵，则 $\boldsymbol{AB}$ 是可逆矩阵，且 $(\boldsymbol{AB})^{-1}=\boldsymbol{B}^{-1}\boldsymbol{A}^{-1}$；

(6) 若 $\boldsymbol{A},\boldsymbol{B}$ 均是可逆矩阵，则

$$\begin{pmatrix}\boldsymbol{A} & \\ & \boldsymbol{B}\end{pmatrix}^{-1}=\begin{pmatrix}\boldsymbol{A}^{-1} & \\ & \boldsymbol{B}^{-1}\end{pmatrix},\quad \begin{pmatrix} & \boldsymbol{A}\\ \boldsymbol{B} & \end{pmatrix}^{-1}=\begin{pmatrix} & \boldsymbol{B}^{-1}\\ \boldsymbol{A}^{-1} & \end{pmatrix}.$$

二、用初等变换求逆阵

定义 1.3.3 将 n 阶单位阵的第 i 行与第 j 行互换（第 i 列与第 j 列互换）得到的矩阵记为 $\boldsymbol{E}_{ij}$，称为**第一类初等矩阵**；

将 n 阶单位阵的第 i 行（第 i 列）乘上非 0 常数 λ 得到的矩阵记为 $\boldsymbol{P}_i(\lambda)$，称为**第二类初等矩阵**；

将 n 阶单位阵的第 i 行乘上常数 λ 加到第 j 行（第 j 列乘上常数 λ 加到第 i 列）得到的矩阵记为 $\boldsymbol{T}_{ij}(\lambda)$，称为**第三类初等矩阵**.

以上 3 类初等矩阵统称为**初等矩阵**. 容易验证：

$$(\boldsymbol{E}_{ij})^{-1}=\boldsymbol{E}_{ij};\quad (\boldsymbol{P}_i(\lambda))^{-1}=\boldsymbol{P}_i\left(\frac{1}{\lambda}\right);\quad (\boldsymbol{T}_{ij}(\lambda))^{-1}=\boldsymbol{T}_{ij}(-\lambda).$$

即 3 类初等矩阵都是可逆的，它们的逆阵是同类的初等矩阵.

定理 1.3.3 (1) 用 $\boldsymbol{E}_{ij}$ 左乘（右乘）矩阵 $\boldsymbol{A}$ 等于互换 $\boldsymbol{A}$ 的第 i 行（列）与第 j 行（列）；

(2) 用 $\boldsymbol{P}_i(\lambda)$ 左乘（右乘）矩阵 $\boldsymbol{A}$ 等于用 λ 乘 $\boldsymbol{A}$ 的第 i 行（列）；

(3) 用 $\boldsymbol{T}_{ij}(\lambda)$ 左乘（右乘）矩阵 $\boldsymbol{A}$ 等于将 $\boldsymbol{A}$ 的第 i 行（第 j 列）乘上常数 λ 加到 $\boldsymbol{A}$ 的第 j 行（第 i 列）.

以上 3 种关于矩阵的行(列)的变换依次称为**第一、第二、第三类初等行(列)变换**,统称为矩阵的**初等行(列)变换**.

定理 1.3.4 n 阶方阵 $\boldsymbol{A}$ 可逆的充分必要条件是:存在初等矩阵 $\boldsymbol{B}_1,\boldsymbol{B}_2,\cdots,\boldsymbol{B}_p(\boldsymbol{C}_1,\boldsymbol{C}_2,\cdots,\boldsymbol{C}_q)$,使得

$$\boldsymbol{B}_p\cdots\boldsymbol{B}_2\boldsymbol{B}_1\boldsymbol{A}=\boldsymbol{I}\ (\boldsymbol{A}\boldsymbol{C}_1\boldsymbol{C}_2\cdots\boldsymbol{C}_q=\boldsymbol{I}),$$

此时 $\boldsymbol{A}^{-1}=\boldsymbol{B}_p\cdots\boldsymbol{B}_2\boldsymbol{B}_1(\boldsymbol{A}^{-1}=\boldsymbol{C}_1\boldsymbol{C}_2\cdots\boldsymbol{C}_q)$.

推论 1.3.1 可逆矩阵可以分解为初等矩阵的乘积.

这个定理提供了一种求逆阵方法:为求矩阵 $\boldsymbol{A}$ 的逆阵,可作辅助矩阵

$$(\boldsymbol{A}\ \vdots\ \boldsymbol{I}),$$

对矩阵 $(\boldsymbol{A}\ \vdots\ \boldsymbol{I})$ 作初等行变换,将辅助矩阵左边的 $\boldsymbol{A}$ 变为单位阵,那么这些初等行变换同时也就将右边的 $\boldsymbol{I}$ 变为 $\boldsymbol{A}^{-1}$,即

$$(\boldsymbol{A}\ \vdots\ \boldsymbol{I})\xrightarrow{\text{初等行变换}}(\boldsymbol{I}\ \vdots\ \boldsymbol{A}^{-1}).$$

同样的思想,若 $\boldsymbol{A}$ 是可逆方阵,对于矩阵方程 $\boldsymbol{AX}=\boldsymbol{B}$,其解 $\boldsymbol{X}$ 可以这样得到:考虑辅助矩阵

$$(\boldsymbol{A}\ \vdots\ \boldsymbol{B}),$$

对矩阵 $(\boldsymbol{A}\ \vdots\ \boldsymbol{B})$ 作初等行变换,将辅助矩阵左边的 $\boldsymbol{A}$ 变为单位阵,那么这些初等行变换同时也就将右边的 $\boldsymbol{B}$ 变为 $\boldsymbol{X}=\boldsymbol{A}^{-1}\boldsymbol{B}$,即

$$(\boldsymbol{A}\ \vdots\ \boldsymbol{B})\xrightarrow{\text{初等行变换}}(\boldsymbol{I}\ \vdots\ \boldsymbol{X})$$

对于矩阵方程 $\boldsymbol{XA}=\boldsymbol{B}$,其解 $\boldsymbol{X}=\boldsymbol{BA}^{-1}$ 可以这样得到:作辅助矩阵

$$\begin{pmatrix}\boldsymbol{A}\\ \text{----}\\ \boldsymbol{B}\end{pmatrix},$$

再对该矩阵作初等列变换,将辅助矩阵上边的 $\boldsymbol{A}$ 变为单位阵,那么这些初等列变换同时也就将下边的 $\boldsymbol{B}$ 变为 $\boldsymbol{X}=\boldsymbol{BA}^{-1}$.

以上方法也称为**初等变换法**.

三、Cramer 法则

定理 1.3.5(Cramer 法则) 设 $\boldsymbol{A}$ 是 n 阶可逆矩阵,则对任意的 n 维向量 $\boldsymbol{b}$,方程组

$$\boldsymbol{Ax}=\boldsymbol{b}$$

有唯一解,其解的第 i 个分量

$$x_i=\frac{|\boldsymbol{A}_i|}{|\boldsymbol{A}|},\quad i=1,2,\cdots,n,$$

其中 $\boldsymbol{A}_i$ 是将 $\boldsymbol{A}$ 的第 i 列换成 $\boldsymbol{b}$ 所成的矩阵.

例题分析

例 1.3.1 求下列矩阵的逆阵：

(1) $\boldsymbol{A}=\begin{pmatrix}1&0&1\\2&1&0\\-3&2&-5\end{pmatrix}$；　　(2) $\boldsymbol{B}=\begin{pmatrix}0&0&0&1&2\\0&0&0&1&1\\1&0&1&0&0\\2&1&0&0&0\\-3&2&-5&0&0\end{pmatrix}$.

解 (1)考虑辅助矩阵

$$(\boldsymbol{A}\mid\boldsymbol{I})=\begin{pmatrix}1&0&1&1&0&0\\2&1&0&0&1&0\\-3&2&-5&0&0&1\end{pmatrix}.$$

对其进行初等变换得

$$\begin{pmatrix}1&0&1&1&0&0\\2&1&0&0&1&0\\-3&2&-5&0&0&1\end{pmatrix}$$

$$\xrightarrow{\text{第 1 行乘 }-2\text{ 加到第 2 行,第 1 行乘 3 加到第 3 行}}\begin{pmatrix}1&0&1&1&0&0\\0&1&-2&-2&1&0\\0&2&-2&3&0&1\end{pmatrix}$$

$$\xrightarrow{\text{第 2 行乘 }-2\text{ 加到第 3 行}}\begin{pmatrix}1&0&1&1&0&0\\0&1&-2&-2&1&0\\0&0&2&7&-2&1\end{pmatrix}$$

$$\xrightarrow{\text{第 3 行乘 }1/2}\begin{pmatrix}1&0&1&1&0&0\\0&1&-2&-2&1&0\\0&0&1&\frac{7}{2}&-1&\frac{1}{2}\end{pmatrix}$$

$$\xrightarrow{\text{第 3 行乘 2 加到第 2 行,第 3 行乘 }-1\text{ 加到第 1 行}}\begin{pmatrix}1&0&0&-\frac{5}{2}&1&-\frac{1}{2}\\0&1&0&5&-1&1\\0&0&1&\frac{7}{2}&-1&\frac{1}{2}\end{pmatrix}.$$

于是

$$A^{-1}=\begin{pmatrix}-\frac{5}{2} & 1 & -\frac{1}{2}\\ 5 & -1 & 1\\ \frac{7}{2} & -1 & \frac{1}{2}\end{pmatrix}.$$

（2）将 $\boldsymbol{B}$ 表为 $\boldsymbol{B}=\begin{pmatrix}\boldsymbol{O} & \boldsymbol{A}_1\\ \boldsymbol{A} & \boldsymbol{O}\end{pmatrix}$，则 $\boldsymbol{B}^{-1}=\begin{pmatrix}\boldsymbol{O} & \boldsymbol{A}^{-1}\\ \boldsymbol{A}_1^{-1} & \boldsymbol{O}\end{pmatrix}$，其中

$$\boldsymbol{A}=\begin{pmatrix}1 & 0 & 1\\ 2 & 1 & 0\\ -3 & 2 & -5\end{pmatrix},\quad \boldsymbol{A}_1=\begin{pmatrix}1 & 2\\ 1 & 1\end{pmatrix}.$$

由（1）知 $\boldsymbol{A}^{-1}=\begin{pmatrix}-\frac{5}{2} & 1 & -\frac{1}{2}\\ 5 & -1 & 1\\ \frac{7}{2} & -1 & \frac{1}{2}\end{pmatrix}$，且易知 $\boldsymbol{A}_1^{-1}=\begin{pmatrix}-1 & 2\\ 1 & -1\end{pmatrix}$. 因此

$$\boldsymbol{B}^{-1}=\begin{pmatrix}0 & 0 & -\frac{5}{2} & 1 & -\frac{1}{2}\\ 0 & 0 & 5 & -1 & 1\\ 0 & 0 & \frac{7}{2} & -1 & \frac{1}{2}\\ -1 & 2 & 0 & 0 & 0\\ 1 & -1 & 0 & 0 & 0\end{pmatrix}.$$

例 1.3.2 （1）求 $\boldsymbol{A}=\begin{pmatrix}1 & -2 & 1 & 0\\ 0 & 1 & -2 & 1\\ 0 & 0 & 1 & -2\\ 0 & 0 & 0 & 1\end{pmatrix}$ 的逆阵；

（2）证明可逆上三角阵的逆阵仍为上三角阵.

解 （1）先作辅助矩阵

$$(\boldsymbol{A}\ \vdots\ \boldsymbol{I})=\left(\begin{array}{cccc:cccc}1 & -2 & 1 & 0 & 1 & 0 & 0 & 0\\ 0 & 1 & -2 & 1 & 0 & 1 & 0 & 0\\ 0 & 0 & 1 & -2 & 0 & 0 & 1 & 0\\ 0 & 0 & 0 & 1 & 0 & 0 & 0 & 1\end{array}\right),$$

再进行行如下初等变换：

$$
\begin{pmatrix}1&-2&1&0&1&0&0&0\\0&1&-2&1&0&1&0&0\\0&0&1&-2&0&0&1&0\\0&0&0&1&0&0&0&1\end{pmatrix}
$$

$$
\xrightarrow{\text{第 4 行乘 2 加到第 3 行,第 4 行乘 }-1\text{ 加到第 2 行}}\begin{pmatrix}1&-2&1&0&1&0&0&0\\0&1&-2&0&0&1&0&-1\\0&0&1&0&0&0&1&2\\0&0&0&1&0&0&0&1\end{pmatrix}
$$

$$
\xrightarrow{\text{第 3 行乘 2 加到第 2 行,第 3 行乘 }-1\text{ 加到第 1 行}}\begin{pmatrix}1&-2&0&0&1&0&-1&-2\\0&1&0&0&0&1&2&3\\0&0&1&0&0&0&1&2\\0&0&0&1&0&0&0&1\end{pmatrix}
$$

$$
\xrightarrow{\text{第 2 行乘 2 加到第 1 行}}\begin{pmatrix}1&0&0&0&1&2&3&4\\0&1&0&0&0&1&2&3\\0&0&1&0&0&0&1&2\\0&0&0&1&0&0&0&1\end{pmatrix}.
$$

于是

$$
\boldsymbol{A}^{-1}=\begin{pmatrix}1&2&3&4\\0&1&2&3\\0&0&1&2\\0&0&0&1\end{pmatrix}.
$$

（2）记上三角阵

$$
\boldsymbol{A}=\begin{pmatrix}a_{11}&a_{12}&\cdots&a_{1n}\\&a_{22}&\cdots&a_{2n}\\&&\ddots&\vdots\\&&&a_{nn}\end{pmatrix}.
$$

因为 $\boldsymbol{A}$ 可逆,所以 $a_{11}a_{22}\cdots a_{nn}=|\boldsymbol{A}|\neq 0$.

证法一 用数学归纳法. 当 $n=1$ 时,结论自然.

当 $n=2$ 时,易知 $\boldsymbol{A}=\begin{pmatrix}a_{11}&a_{12}\\0&a_{22}\end{pmatrix}$的逆阵为 $\boldsymbol{A}=\begin{pmatrix}a_{11}^{-1}, & -a_{22}^{-1}a_{12}a_{11}^{-1}\\0&a_{22}^{-1}\end{pmatrix}$,结论也成立.

设 $n=k$ 时结论成立. 当 $n=k+1$ 时,将 $\boldsymbol{A}$ 表为

$$A=\begin{pmatrix} a_{11} & \boldsymbol{b} \\ \boldsymbol{O}_{k\times 1} & \boldsymbol{A}_1 \end{pmatrix},$$

其中 $\boldsymbol{b}$ 是 $1\times k$ 矩阵,$\boldsymbol{O}_{k\times 1}$是 $k\times 1$ 零矩阵,$\boldsymbol{A}_1$ 是 k 阶上三角阵. 由于$|\boldsymbol{A}|=a_{11}|\boldsymbol{A}_1|\neq 0$,因此 $\boldsymbol{A}_1$ 可逆. 由归纳假设,$\boldsymbol{A}_1^{-1}$ 为上三角阵. 因为

$$\begin{pmatrix} a_{11}^{-1} & -a_{11}^{-1}\boldsymbol{b}\boldsymbol{A}_1^{-1} \\ \boldsymbol{O}_{k\times 1} & \boldsymbol{A}_1^{-1} \end{pmatrix}\boldsymbol{A}=\begin{pmatrix} a_{11}^{-1} & -a_{11}^{-1}\boldsymbol{b}\boldsymbol{A}_1^{-1} \\ \boldsymbol{O}_{k\times 1} & \boldsymbol{A}_1^{-1} \end{pmatrix}\begin{pmatrix} a_{11} & \boldsymbol{b} \\ \boldsymbol{O}_{k\times 1} & \boldsymbol{A}_1 \end{pmatrix}=\begin{pmatrix} 1 & \boldsymbol{O}_{1\times k} \\ \boldsymbol{O}_{k\times 1} & \boldsymbol{I}_k \end{pmatrix}=\boldsymbol{I}_{k+1},$$

所以

$$\boldsymbol{A}^{-1}=\begin{pmatrix} a_{11}^{-1} & -a_{11}^{-1}\boldsymbol{b}\boldsymbol{A}_1^{-1} \\ \boldsymbol{O}_{k\times 1} & \boldsymbol{A}_1^{-1} \end{pmatrix},$$

它显然是上三角阵.

证法二 记 $\boldsymbol{A}$ 中元素 a_{ij}的代数余子式为 $A_{ij}(i,j=1,2,\cdots,n)$. 由于 $\boldsymbol{A}$ 是上三角阵,因此当 $1\leqslant i<j\leqslant n$ 时,a_{ij}的余子式 Δ_{ij}仍是上三角阵的行列式,但主对角线元素出现了 0,因此 $\Delta_{ij}=0$,进而 $A_{ij}=0$. 于是

$$\boldsymbol{A}^{-1}=\frac{1}{|\boldsymbol{A}|}\boldsymbol{A}^{*}=\frac{1}{|\boldsymbol{A}|}\begin{pmatrix} A_{11} & A_{21} & \cdots & A_{n1} \\ A_{12} & A_{22} & \cdots & A_{n2} \\ \vdots & \vdots & & \vdots \\ A_{1n} & A_{2n} & \cdots & A_{nn} \end{pmatrix}=\frac{1}{|\boldsymbol{A}|}\begin{pmatrix} A_{11} & A_{21} & \cdots & A_{n1} \\ 0 & A_{22} & \cdots & A_{n2} \\ \vdots & \vdots & & \vdots \\ 0 & 0 & \cdots & A_{nn} \end{pmatrix},$$

即 $\boldsymbol{A}^{-1}$是上三角阵.

例 1.3.3 设 $\boldsymbol{A}=\begin{pmatrix} 1 & 0 & 1 \\ 2 & 1 & 0 \\ -3 & 2 & -5 \end{pmatrix}$,$\boldsymbol{B}=\begin{pmatrix} 1 & 0 \\ -2 & 1 \\ 1 & 0 \end{pmatrix}$,求解矩阵方程 $\boldsymbol{AX}=\boldsymbol{B}$.

解法一 由例 1.3.1 知

$$\boldsymbol{A}^{-1}=\frac{1}{2}\begin{pmatrix} -5 & 2 & -1 \\ 10 & -2 & 2 \\ 7 & -2 & 1 \end{pmatrix}.$$

于是

$$\boldsymbol{X}=\boldsymbol{A}^{-1}\boldsymbol{B}=\frac{1}{2}\begin{pmatrix} -5 & 2 & -1 \\ 10 & -2 & 2 \\ 7 & -2 & 1 \end{pmatrix}\begin{pmatrix} 1 & 0 \\ -2 & 1 \\ 1 & 0 \end{pmatrix}=\begin{pmatrix} -5 & 1 \\ 8 & -1 \\ 6 & -1 \end{pmatrix}.$$

解法二 用初等变换法. 考虑辅助矩阵

$$(\boldsymbol{A}\,\vdots\,\boldsymbol{B})=\begin{pmatrix} 1 & 0 & 1 & 1 & 0 \\ 2 & 1 & 0 & -2 & 1 \\ -3 & 2 & -5 & 1 & 0 \end{pmatrix}.$$

对其进行初等变换得(以下不再详细说明所作的变换,读者可以自行辨认)

$$\begin{pmatrix}1&0&1&1&0\\2&1&0&-2&1\\-3&2&-5&1&0\end{pmatrix}\to\begin{pmatrix}1&0&1&1&0\\0&1&-2&-4&1\\0&2&-2&4&0\end{pmatrix}$$

$$\to\begin{pmatrix}1&0&1&1&0\\0&1&-2&-4&1\\0&0&2&12&-2\end{pmatrix}\to\begin{pmatrix}1&0&1&1&0\\0&1&-2&-4&1\\0&0&1&6&-1\end{pmatrix}$$

$$\to\begin{pmatrix}1&0&0&-5&1\\0&1&0&8&-1\\0&0&1&6&-1\end{pmatrix}.$$

于是

$$\boldsymbol{X}=\begin{pmatrix}-5&1\\8&-1\\6&-1\end{pmatrix}.$$

例 1.3.4 设 $\boldsymbol{A}=\begin{pmatrix}2&1&-1\\3&-2&0\\0&0&2\end{pmatrix},\boldsymbol{B}=\begin{pmatrix}1&0&1\\0&2&0\\0&0&0\end{pmatrix}$.

(1) 证明 $\boldsymbol{A}+2\boldsymbol{I}$ 可逆;

(2) 求 $(\boldsymbol{A}+2\boldsymbol{I})^{-1}(\boldsymbol{A}^2+5\boldsymbol{A}+6\boldsymbol{I})$;

(3) 求 $\boldsymbol{A}(\boldsymbol{I}-\boldsymbol{A}^{-1}\boldsymbol{B}^{\mathrm{T}})^{\mathrm{T}}\boldsymbol{A}^{\mathrm{T}}-\boldsymbol{A}(\boldsymbol{I}+2\boldsymbol{B}(\boldsymbol{A}^{-1})^{\mathrm{T}})\boldsymbol{A}^{\mathrm{T}}$.

解 (1) **证** 因为

$$|\boldsymbol{A}+2\boldsymbol{I}|=\begin{vmatrix}4&1&-1\\3&0&0\\0&0&4\end{vmatrix}=-12\neq0,$$

所以 $\boldsymbol{A}+2\boldsymbol{I}$ 可逆.

(2) 因为 $\boldsymbol{A}^2+5\boldsymbol{A}+6\boldsymbol{I}=(\boldsymbol{A}+2\boldsymbol{I})(\boldsymbol{A}+3\boldsymbol{I})$,所以

$$\begin{aligned}(\boldsymbol{A}+2\boldsymbol{I})^{-1}(\boldsymbol{A}^2+5\boldsymbol{A}+6\boldsymbol{I})&=(\boldsymbol{A}+2\boldsymbol{I})^{-1}(\boldsymbol{A}+2\boldsymbol{I})(\boldsymbol{A}+3\boldsymbol{I})\\&=\boldsymbol{A}+3\boldsymbol{I}=\begin{pmatrix}5&1&-1\\3&1&0\\0&0&5\end{pmatrix}.\end{aligned}$$

(3) **解法一** 因为 $(A^{-1})^{\mathrm{T}}=(\boldsymbol{A}^{\mathrm{T}})^{-1},(\boldsymbol{B}^{\mathrm{T}})^{\mathrm{T}}=\boldsymbol{B}$,所以

$$\begin{aligned}&\boldsymbol{A}(\boldsymbol{I}-\boldsymbol{A}^{-1}\boldsymbol{B}^{\mathrm{T}})^{\mathrm{T}}\boldsymbol{A}^{\mathrm{T}}-\boldsymbol{A}(\boldsymbol{I}+2\boldsymbol{B}(\boldsymbol{A}^{-1})^{\mathrm{T}})\boldsymbol{A}^{\mathrm{T}}\\&=\boldsymbol{A}[\boldsymbol{A}(\boldsymbol{I}-\boldsymbol{A}^{-1}\boldsymbol{B}^{\mathrm{T}})]^{\mathrm{T}}-\boldsymbol{A}(\boldsymbol{I}+2\boldsymbol{B}(\boldsymbol{A}^{\mathrm{T}})^{-1})\boldsymbol{A}^{\mathrm{T}}\\&=\boldsymbol{A}(\boldsymbol{A}-\boldsymbol{B}^{\mathrm{T}})^{\mathrm{T}}-\boldsymbol{A}(\boldsymbol{A}^{\mathrm{T}}+2\boldsymbol{B})\end{aligned}$$

$$=A(A^{\mathrm{T}}-B)-A(A^{\mathrm{T}}+2B)=-3AB$$

$$=-3\begin{pmatrix}2&1&-1\\3&-2&0\\0&0&2\end{pmatrix}\begin{pmatrix}1&0&1\\0&2&0\\0&0&0\end{pmatrix}=\begin{pmatrix}-6&-6&-6\\-9&12&-9\\0&0&0\end{pmatrix}.$$

解法二

$$\begin{aligned}&A(I-A^{-1}B^{\mathrm{T}})^{\mathrm{T}}A^{\mathrm{T}}-A(I+2B(A^{-1})^{\mathrm{T}})A^{\mathrm{T}}\\&=A[(I-A^{-1}B^{\mathrm{T}})^{\mathrm{T}}-(I+2B(A^{-1})^{\mathrm{T}})]A^{\mathrm{T}}\\&=A[I-(B^{\mathrm{T}})^{\mathrm{T}}(A^{-1})^{\mathrm{T}}-(I+2B(A^{-1})^{\mathrm{T}})]A^{\mathrm{T}}\\&=A[I-B(A^{-1})^{\mathrm{T}}-(I+2B(A^{-1})^{\mathrm{T}})]A^{\mathrm{T}}\\&=-3AB(A^{-1})^{\mathrm{T}}A^{\mathrm{T}}\\&=-3AB(A^{\mathrm{T}})^{-1}A^{\mathrm{T}}=-3AB\end{aligned}$$

$$=-3\begin{pmatrix}2&1&-1\\3&-2&0\\0&0&2\end{pmatrix}\begin{pmatrix}1&0&1\\0&2&0\\0&0&0\end{pmatrix}=\begin{pmatrix}-6&-6&-6\\-9&12&-9\\0&0&0\end{pmatrix}.$$

例 1.3.5 (1)设 A 为 n 阶方阵,满足 $A^3+2A^2-2A-I_n=O$,证明:$A+I_n$ 是可逆矩阵,并求其逆阵;

(2) 设 A,B 为 n 阶方阵,且 $A-I_n$ 和 B 可逆. 证明:若 $(A-I_n)^{-1}=(B-I_n)^{\mathrm{T}}$,则 A 可逆.

证 (1) 由于 $A^3+2A^2-2A-I_n=O$,则

$$A^3+2A^2-2A-3I_n=-2I_n,\text{即},(A^2+A-3I_n)(A+I_n)=-2I_n,$$

于是

$$\left[-\frac{1}{2}(A^2+A-3I_n)\right](A+I_n)=I_n,$$

因此 $A+I_n$ 可逆,且其逆阵为 $-\dfrac{1}{2}(A^2+A-3I_n)$.

(2) 因为 $A-I_n$ 可逆,所以由 $(A-I_n)^{-1}=(B-I_n)^{\mathrm{T}}$ 得

$$\begin{aligned}I_n&=(A-I_n)(A-I_n)^{-1}=(A-I_n)(B-I_n)^{\mathrm{T}}\\&=(A-I_n)(B^{\mathrm{T}}-I_n)=AB^{\mathrm{T}}-A-B^{\mathrm{T}}+I_n.\end{aligned}$$

于是

$$AB^{\mathrm{T}}-A-B^{\mathrm{T}}=O,\text{即}\ A=(A-I_n)B^{\mathrm{T}}.$$

因为 $A-I_n$ 和 B 可逆,所以

$$|A|=|(A-I_n)B^{\mathrm{T}}|=|A-I_n||B^{\mathrm{T}}|=|A-I_n||B|\neq0,$$

于是 A 可逆.

例 1.3.6 设 A,B 为 n 阶矩阵,满足 $A^2=B^2$,证明:若 $|A|\neq|B|$,则 $A+B$ 必

是不可逆矩阵.

证 由于 $\boldsymbol{A}^2=\boldsymbol{B}^2$,则

$$|\boldsymbol{A}|\cdot|\boldsymbol{A}+\boldsymbol{B}|=|\boldsymbol{A}^2+\boldsymbol{AB}|=|\boldsymbol{B}^2+\boldsymbol{AB}|=|\boldsymbol{B}+\boldsymbol{A}|\cdot|\boldsymbol{B}|=|\boldsymbol{B}|\cdot|\boldsymbol{A}+\boldsymbol{B}|,$$

因此

$$(|\boldsymbol{A}|-|\boldsymbol{B}|)|\boldsymbol{A}+\boldsymbol{B}|=0.$$

因为 $|\boldsymbol{A}|\neq|\boldsymbol{B}|$,所以 $|\boldsymbol{A}+\boldsymbol{B}|=0$,因此 $\boldsymbol{A}+\boldsymbol{B}$ 不可逆.

例 1.3.7 已知 $\boldsymbol{A},\boldsymbol{B}$ 为 3 阶方阵,且满足 $2\boldsymbol{A}^{-1}\boldsymbol{B}=\boldsymbol{B}-4\boldsymbol{I}$.

(1) 证明:矩阵 $\boldsymbol{A}-2\boldsymbol{I}$ 可逆;

(2) 若 $\boldsymbol{B}=\begin{pmatrix}1&-2&0\\1&2&0\\0&0&2\end{pmatrix}$,求 $\boldsymbol{A}$.

解 (1)**证** 对已知等式 $2\boldsymbol{A}^{-1}\boldsymbol{B}=\boldsymbol{B}-4\boldsymbol{I}$ 左乘 $\boldsymbol{A}$ 得

$$2\boldsymbol{B}=\boldsymbol{AB}-4\boldsymbol{A}.$$

于是

$$\boldsymbol{AB}-2\boldsymbol{B}-4\boldsymbol{A}+8\boldsymbol{I}=8\boldsymbol{I},\text{即}(\boldsymbol{A}-2\boldsymbol{I})\left[\frac{1}{8}(\boldsymbol{B}-4\boldsymbol{I})\right]=\boldsymbol{I},$$

所以 $\boldsymbol{A}-2\boldsymbol{I}$ 可逆.

(2) 由(1)知

$$(\boldsymbol{A}-2\boldsymbol{I})(\boldsymbol{B}-4\boldsymbol{I})=8\boldsymbol{I},$$

因此

$$\boldsymbol{A}=8(\boldsymbol{B}-4\boldsymbol{I})^{-1}+2\boldsymbol{I}.$$

直接计算得 $(\boldsymbol{B}-4\boldsymbol{I})^{-1}=\frac{1}{8}\begin{pmatrix}-2&2&0\\-1&-3&0\\0&0&-4\end{pmatrix}$,代入上式便得

$$\boldsymbol{A}=\begin{pmatrix}0&2&0\\-1&-1&0\\0&0&-2\end{pmatrix}.$$

例 1.3.8 设 $\boldsymbol{A}=\begin{pmatrix}1&2&2\\2&3&2\\2&4&5\end{pmatrix}$,$\boldsymbol{B}$ 为 3 阶方阵,且满足 $\boldsymbol{AB}+2\boldsymbol{A}+\boldsymbol{B}=\boldsymbol{I}$.

(1) 求 $(\boldsymbol{B}+2\boldsymbol{I})^{-1}$;

(2) 求 $\boldsymbol{B}$.

解 (1) 因为 $\boldsymbol{AB}+2\boldsymbol{A}+\boldsymbol{B}=\boldsymbol{I}$,所以

$$\boldsymbol{AB}+2\boldsymbol{A}+\boldsymbol{B}+2\boldsymbol{I}=3\boldsymbol{I},\text{即}(\boldsymbol{A}+\boldsymbol{I})(\boldsymbol{B}+2\boldsymbol{I})=3\boldsymbol{I}.$$

于是 $\boldsymbol{B}+2\boldsymbol{I}$ 可逆,且

$$(\boldsymbol{B}+2\boldsymbol{I})^{-1}=\frac{1}{3}(\boldsymbol{A}+\boldsymbol{I})=\frac{1}{3}\left[\begin{pmatrix}1&2&2\\2&3&2\\2&4&5\end{pmatrix}+\begin{pmatrix}1&0&0\\0&1&0\\0&0&1\end{pmatrix}\right]=\frac{2}{3}\begin{pmatrix}1&1&1\\1&2&1\\1&2&3\end{pmatrix}.$$

(2) **解法一** 由(1)得

$$\boldsymbol{B}+2\boldsymbol{I}=\left[\frac{2}{3}\begin{pmatrix}1&1&1\\1&2&1\\1&2&3\end{pmatrix}\right]^{-1}=\frac{3}{2}\begin{pmatrix}2&-\frac{1}{2}&-\frac{1}{2}\\-1&1&0\\0&-\frac{1}{2}&\frac{1}{2}\end{pmatrix}.$$

于是

$$\boldsymbol{B}=\frac{3}{2}\begin{pmatrix}2&-\frac{1}{2}&-\frac{1}{2}\\-1&1&0\\0&-\frac{1}{2}&\frac{1}{2}\end{pmatrix}-2\boldsymbol{I}=\begin{pmatrix}1&-\frac{3}{4}&-\frac{3}{4}\\-\frac{3}{2}&-\frac{1}{2}&0\\0&-\frac{3}{4}&-\frac{5}{4}\end{pmatrix}.$$

解法二 由 $\boldsymbol{AB}+2\boldsymbol{A}+\boldsymbol{B}=\boldsymbol{I}$ 得

$$(\boldsymbol{A}+\boldsymbol{I})\boldsymbol{B}=\boldsymbol{I}-2\boldsymbol{A},$$

于是

$$\boldsymbol{B}=(\boldsymbol{A}+\boldsymbol{I})^{-1}(\boldsymbol{I}-2\boldsymbol{A})=\begin{pmatrix}2&2&2\\2&4&2\\2&4&6\end{pmatrix}^{-1}\begin{pmatrix}-1&-4&-4\\-4&-5&-4\\-4&-8&-9\end{pmatrix}$$

$$=\begin{pmatrix}1&-\frac{1}{4}&-\frac{1}{4}\\-\frac{1}{2}&\frac{1}{2}&0\\0&-\frac{1}{4}&\frac{1}{4}\end{pmatrix}\begin{pmatrix}-1&-4&-4\\-4&-5&-4\\-4&-8&-9\end{pmatrix}=\begin{pmatrix}1&-\frac{3}{4}&-\frac{3}{4}\\-\frac{3}{2}&-\frac{1}{2}&0\\0&-\frac{3}{4}&-\frac{5}{4}\end{pmatrix}.$$

例 1.3.9 已知 $\boldsymbol{A}$ 和 $\boldsymbol{P}$ 是 n 阶方阵,$\boldsymbol{P}$ 可逆,且满足 $\boldsymbol{P}^{-1}\boldsymbol{AP}=\mathrm{diag}(2,\cdots,2,0,\cdots,0)$(其中有 r 个 2),求$|\boldsymbol{A}+2\boldsymbol{I}|$.

解 因为 $\boldsymbol{P}^{-1}\boldsymbol{AP}=\mathrm{diag}(2,\cdots,2,0,\cdots,0)$,所以

$$\boldsymbol{P}^{-1}(\boldsymbol{A}+2\boldsymbol{I})\boldsymbol{P}=\boldsymbol{P}^{-1}\boldsymbol{AP}+2\boldsymbol{I}=\boldsymbol{P}^{-1}\boldsymbol{AP}+\boldsymbol{P}^{-1}(2\boldsymbol{I})\boldsymbol{P}=\boldsymbol{P}^{-1}(\boldsymbol{A}+2\boldsymbol{I})\boldsymbol{P}$$
$$=\mathrm{diag}(4,\cdots,4,2,\cdots,2),$$

其中有 r 个 4. 因此

$$|\boldsymbol{A}+2\boldsymbol{I}|=|\boldsymbol{P}^{-1}(\boldsymbol{A}+2\boldsymbol{I})\boldsymbol{P}|=|\mathrm{diag}(4,\cdots,4,2,\cdots,2)|=4^r2^{n-r}.$$

例 1.3.10 设 $A=\begin{pmatrix}1&1&-1\\-1&1&1\\1&-1&1\end{pmatrix}$,矩阵 X 满足 $A^*X=A^{-1}+2X$,求 X.

解 易算得 $|A|=4$. 由 $A^*X=A^{-1}+2X$ 得

$$AA^*X=AA^{-1}+2AX, \text{即}, |A|X=I_3+2AX,$$

于是

$$(|A|I_3-2A)X=I_3.$$

由此可见矩阵 $|A|I_3-2A$ 可逆,于是

$$\begin{aligned}X&=(|A|I_3-2A)^{-1}=(4I_3-2A)^{-1}\\&=\left[2\begin{pmatrix}1&-1&1\\1&1&-1\\-1&1&1\end{pmatrix}\right]^{-1}=\frac{1}{4}\begin{pmatrix}1&1&0\\0&1&1\\1&0&1\end{pmatrix}.\end{aligned}$$

例 1.3.11 设 n 阶矩阵 $A=\begin{pmatrix}0&1&1&\cdots&1\\1&0&1&\cdots&1\\1&1&0&\cdots&1\\\vdots&\vdots&\vdots&&\vdots\\1&1&1&\cdots&0\end{pmatrix}(n\geqslant 2)$,求 A^{-1}.

解法一 作辅助矩阵

$$(A\ \vdots\ I)=\begin{pmatrix}0&1&1&\cdots&1&1&0&0&\cdots&0\\1&0&1&\cdots&1&0&1&0&\cdots&0\\1&1&0&\cdots&1&0&0&1&\cdots&0\\\vdots&\vdots&\vdots&&\vdots&\vdots&\vdots&\vdots&&\vdots\\1&1&1&\cdots&0&0&0&0&\cdots&1\end{pmatrix}.$$

对其进行行初等变换得

$$\begin{pmatrix}0&1&1&\cdots&1&1&0&0&\cdots&0\\1&0&1&\cdots&1&0&1&0&\cdots&0\\1&1&0&\cdots&1&0&0&1&\cdots&0\\\vdots&\vdots&\vdots&&\vdots&\vdots&\vdots&\vdots&&\vdots\\1&1&1&\cdots&0&0&0&0&\cdots&1\end{pmatrix}$$

$$\to\begin{pmatrix}n-1&n-1&n-1&\cdots&n-1&1&1&1&\cdots&1\\1&0&1&\cdots&1&0&1&0&\cdots&0\\1&1&0&\cdots&1&0&0&1&\cdots&0\\\vdots&\vdots&\vdots&&\vdots&\vdots&\vdots&\vdots&&\vdots\\1&1&1&\cdots&0&0&0&0&\cdots&1\end{pmatrix}$$

$$\rightarrow\begin{pmatrix}1&1&1&\cdots&1&\frac{1}{n-1}&\frac{1}{n-1}&\frac{1}{n-1}&\cdots&\frac{1}{n-1}\\1&0&1&\cdots&1&0&1&0&\cdots&0\\1&1&0&\cdots&1&0&0&1&\cdots&0\\\vdots&\vdots&\vdots&&\vdots&\vdots&\vdots&\vdots&&\vdots\\1&1&1&\cdots&0&0&0&0&\cdots&1\end{pmatrix}$$

$$\rightarrow\begin{pmatrix}1&1&1&\cdots&1&\frac{1}{n-1}&\frac{1}{n-1}&\frac{1}{n-1}&\cdots&\frac{1}{n-1}\\0&-1&0&\cdots&0&-\frac{1}{n-1}&1-\frac{1}{n-1}&-\frac{1}{n-1}&\cdots&-\frac{1}{n-1}\\0&0&-1&\cdots&0&-\frac{1}{n-1}&-\frac{1}{n-1}&1-\frac{1}{n-1}&\cdots&-\frac{1}{n-1}\\\vdots&\vdots&\vdots&&\vdots&\vdots&\vdots&\vdots&&\vdots\\0&0&0&\cdots&-1&-\frac{1}{n-1}&-\frac{1}{n-1}&-\frac{1}{n-1}&\cdots&1-\frac{1}{n-1}\end{pmatrix}$$

$$\rightarrow\begin{pmatrix}1&0&0&\cdots&0&\frac{2-n}{n-1}&\frac{1}{n-1}&\frac{1}{n-1}&\cdots&\frac{1}{n-1}\\0&-1&0&\cdots&0&-\frac{1}{n-1}&1-\frac{1}{n-1}&-\frac{1}{n-1}&\cdots&-\frac{1}{n-1}\\0&0&-1&\cdots&0&-\frac{1}{n-1}&-\frac{1}{n-1}&1-\frac{1}{n-1}&\cdots&-\frac{1}{n-1}\\\vdots&\vdots&\vdots&&\vdots&\vdots&\vdots&\vdots&&\vdots\\0&0&0&\cdots&-1&-\frac{1}{n-1}&-\frac{1}{n-1}&-\frac{1}{n-1}&\cdots&1-\frac{1}{n-1}\end{pmatrix}$$

$$\rightarrow\begin{pmatrix}1&0&0&\cdots&0&\frac{2-n}{n-1}&\frac{1}{n-1}&\frac{1}{n-1}&\cdots&\frac{1}{n-1}\\0&1&0&\cdots&0&\frac{1}{n-1}&\frac{2-n}{n-1}&\frac{1}{n-1}&\cdots&\frac{1}{n-1}\\0&0&1&\cdots&0&\frac{1}{n-1}&\frac{1}{n-1}&\frac{2-n}{n-1}&\cdots&\frac{1}{n-1}\\\vdots&\vdots&\vdots&&\vdots&\vdots&\vdots&\vdots&&\vdots\\0&0&0&\cdots&1&\frac{1}{n-1}&\frac{1}{n-1}&\frac{1}{n-1}&\cdots&\frac{2-n}{n-1}\end{pmatrix}.$$

于是

$$A^{-1}=\begin{pmatrix}\frac{2-n}{n-1} & \frac{1}{n-1} & \frac{1}{n-1} & \cdots & \frac{1}{n-1}\\ \frac{1}{n-1} & \frac{2-n}{n-1} & \frac{1}{n-1} & \cdots & \frac{1}{n-1}\\ \frac{1}{n-1} & \frac{1}{n-1} & \frac{2-n}{n-1} & \cdots & \frac{1}{n-1}\\ \vdots & \vdots & \vdots & & \vdots\\ \frac{1}{n-1} & \frac{1}{n-1} & \frac{1}{n-1} & \cdots & \frac{2-n}{n-1}\end{pmatrix}.$$

解法二 因为

$$A+I=\begin{pmatrix}1 & 1 & 1 & \cdots & 1\\ 1 & 1 & 1 & \cdots & 1\\ 1 & 1 & 1 & \cdots & 1\\ \vdots & \vdots & \vdots & & \vdots\\ 1 & 1 & 1 & \cdots & 1\end{pmatrix}=(1,1,\cdots,1)^{\mathrm{T}}(1,1,\cdots,1),$$

所以

$$\begin{aligned}(A+I)^2&=[(1,1,\cdots,1)^{\mathrm{T}}(1,1,\cdots,1)][(1,1,\cdots,1)^{\mathrm{T}}(1,1,\cdots,1)]\\&=n(1,1,\cdots,1)^{\mathrm{T}}(1,1,\cdots,1)=n(A+I).\end{aligned}$$

因此

$$A^2+(2-n)A=(n-1)I,\text{即}A[A+(2-n)I]=(n-1)I.$$

于是

$$A^{-1}=\frac{1}{n-1}A+\frac{2-n}{n-1}I=\begin{pmatrix}\frac{2-n}{n-1} & \frac{1}{n-1} & \frac{1}{n-1} & \cdots & \frac{1}{n-1}\\ \frac{1}{n-1} & \frac{2-n}{n-1} & \frac{1}{n-1} & \cdots & \frac{1}{n-1}\\ \frac{1}{n-1} & \frac{1}{n-1} & \frac{2-n}{n-1} & \cdots & \frac{1}{n-1}\\ \vdots & \vdots & \vdots & & \vdots\\ \frac{1}{n-1} & \frac{1}{n-1} & \frac{1}{n-1} & \cdots & \frac{2-n}{n-1}\end{pmatrix}.$$

例 1.3.12 设 $A=\begin{pmatrix}1 & 1 & 0\\ 2 & -1 & 1\\ 1 & -2 & 0\end{pmatrix}$.

（1）求 $\left|\left(\frac{1}{5}A\right)^{-1}-4A^*\right|$；

（2）求 $[(A^*)^{\mathrm{T}}]^{-1}$.

解 (1) 将$|A|$按最后一列展开得

$$|A|=\begin{vmatrix}1&1&0\\2&-1&1\\1&-2&0\end{vmatrix}=-\begin{vmatrix}1&1\\1&-2\end{vmatrix}=3.$$

所以 A 可逆,且 $A^*=|A|A^{-1}$. 于是

$$\left|\left(\frac{1}{5}A\right)^{-1}-4A^*\right|=|5A^{-1}-4A^*|=|5A^{-1}-4|A|A^{-1}|$$
$$=|(-7)A^{-1}|=(-7)^3|A^{-1}|$$
$$=(-7)^3|A|^{-1}=-\frac{343}{3}.$$

(2) 因为 A 可逆,且 $A^*=|A|A^{-1}$,所以

$$[(A^*)^{\mathrm{T}}]^{-1}=[(A^*)^{-1}]^{\mathrm{T}}=\left[\frac{1}{|A|}(A^{-1})^{-1}\right]^{\mathrm{T}}$$
$$=\frac{1}{|A|}A^{\mathrm{T}}=\frac{1}{3}\begin{pmatrix}1&2&1\\1&-1&-2\\0&1&0\end{pmatrix}.$$

例 1.3.13 记 n 阶方阵 A 的伴随矩阵为 A^*.

(1) 证明:若$|A|=0$,则$|A^*|=0$;

(2) 证明:$|A^*|=|A|^{n-1}$;

(3) 若 $A^*=\begin{pmatrix}1&-1&-1\\2&-1&-3\\3&2&-5\end{pmatrix}$,求 A.

解 (1)**证** 当 $A=O$ 时,结论显然. 当 A 为非零方阵时,用反证法. 若$|A|=0$,但$|A^*|\neq0$,则此时 A^* 可逆,即$(A^*)^{-1}$存在,且满足 $A^*(A^*)^{-1}=I$,于是

$$A=AA^*(A^*)^{-1}=(AA^*)(A^*)^{-1}=|A|I(A^*)^{-1}=O,$$

这与 A 为非零方阵的假设矛盾.

(2) **证** 当$|A|=0$ 时,由(1)知结论成立.

当$|A|\neq0$ 时,由于 $AA^*=|A|I$,对此式取行列式得

$$|AA^*|=||A|I|,\text{即}|A|\cdot|A^*|=|A|^n,$$

因此$|A^*|=|A|^{n-1}$.

(3) 直接计算得$|A^*|=3$,由(2)得$|A|^2=|A^*|=3$,于是$|A|=\pm\sqrt{3}$.

当$|A|=\sqrt{3}$时,

$$A^{-1}=\frac{1}{|A|}A^*=\frac{1}{\sqrt{3}}\begin{pmatrix}1&-1&-1\\2&-1&-3\\3&2&-5\end{pmatrix},$$

于是

$$A=(A^{-1})^{-1}=\left[\frac{1}{\sqrt{3}}\begin{pmatrix}1&-1&-1\\2&-1&-3\\3&2&-5\end{pmatrix}\right]^{-1}$$

$$=\sqrt{3}\begin{pmatrix}1&-1&-1\\2&-1&-3\\3&2&-5\end{pmatrix}^{-1}=\frac{\sqrt{3}}{3}\begin{pmatrix}11&-7&2\\1&-2&1\\7&-5&1\end{pmatrix}.$$

同理,当$|A|=-\sqrt{3}$时,有

$$A=-\frac{\sqrt{3}}{3}\begin{pmatrix}11&-7&2\\1&-2&1\\7&-5&1\end{pmatrix}.$$

例 1.3.14 设 A 是 n 阶可逆方阵,B 是 A 互换第 i,第 j 两行所成的矩阵.

(1) 证明 B 可逆;

(2) 求 AB^{-1}和$|AB^{-1}|$.

解 (1) **证** 由于 B 是 A 互换 i,j 两行所成矩阵,因此 $B=E_{ij}A$. 因为 E_{ij} 可逆,且由假设 A 也可逆,所以 $B=E_{ij}A$ 可逆.

解 (2)由 $B=E_{ij}A$ 得 $B^{-1}=A^{-1}E_{ij}^{-1}$,而 $E_{ij}^{-1}=E_{ij}$,因此

$$AB^{-1}=AA^{-1}E_{ij}^{-1}=(AA^{-1})E_{ij}^{-1}=I_nE_{ij}=E_{ij}.$$

于是

$$|AB^{-1}|=|E_{ij}|=-|I_n|=-1.$$

例 1.3.15 (1) 设 A,B 是 n 阶方阵,证明:

$$\begin{vmatrix}A&B\\B&A\end{vmatrix}=|A+B|\cdot|A-B|;$$

(2) 设 A,B,C,D 是 n 阶方阵,且 A 可逆,$AC=CA$,证明:

$$\begin{vmatrix}A&B\\C&D\end{vmatrix}=|AD-CB|;$$

(3) 设 A 是 $m\times n$ 矩阵,B 是 $n\times m$ 矩阵,证明:

$$|I_m-AB|=|I_n-BA|;$$

(4) 设 $a_1,a_2,\cdots,a_n$ 和 $b_1,b_2,\cdots,b_n$ 为实数($n>2$),记

$$A=\begin{pmatrix}a_1+b_1&a_1+b_2&\cdots&a_1+b_n\\a_2+b_1&a_2+b_2&\cdots&a_2+b_n\\\vdots&\vdots&&\vdots\\a_n+b_1&a_n+b_2&\cdots&a_n+b_n\end{pmatrix}$$

求$|\lambda I_n-A|$.

证 (1)因为

$$\begin{vmatrix} I_n & I_n \\ O & I_n \end{vmatrix}\begin{vmatrix} A & B \\ B & A \end{vmatrix}\begin{vmatrix} I_n & -I_n \\ O & I_n \end{vmatrix} = \left|\begin{pmatrix} I_n & I_n \\ O & I_n \end{pmatrix}\begin{pmatrix} A & B \\ B & A \end{pmatrix}\begin{pmatrix} I_n & -I_n \\ O & I_n \end{pmatrix}\right|$$

$$= \left|\begin{pmatrix} A+B & B+A \\ B & A \end{pmatrix}\begin{pmatrix} I_n & -I_n \\ O & I_n \end{pmatrix}\right|$$

$$= \begin{vmatrix} A+B & O \\ B & A-B \end{vmatrix}$$

$$= |A+B| \cdot |A-B|,$$

而$\begin{vmatrix} I_n & I_n \\ O & I_n \end{vmatrix} = 1$, $\begin{vmatrix} I_n & -I_n \\ O & I_n \end{vmatrix} = 1$,于是

$$\begin{vmatrix} A & B \\ B & A \end{vmatrix} = |A+B| \cdot |A-B|.$$

(2) 因为

$$\begin{vmatrix} I_n & O \\ -CA^{-1} & I_n \end{vmatrix}\begin{vmatrix} A & B \\ C & D \end{vmatrix} = \left|\begin{pmatrix} I_n & O \\ -CA^{-1} & I_n \end{pmatrix}\begin{pmatrix} A & B \\ C & D \end{pmatrix}\right|$$

$$= \begin{vmatrix} A & B \\ O & D-CA^{-1}B \end{vmatrix} = |A| \cdot |D-CA^{-1}B|$$

$$= |A(D-CA^{-1}B)| = |AD-ACA^{-1}B|$$

$$= |AD-CAA^{-1}B| = |AD-CB|,$$

而$\begin{vmatrix} I_n & O \\ -CA^{-1} & I_n \end{vmatrix} = 1$,因此

$$\begin{vmatrix} A & B \\ C & D \end{vmatrix} = |AD-CB|.$$

(3) 考虑

$$H = \begin{vmatrix} I_m & A \\ B & I_n \end{vmatrix}.$$

由于

$$\begin{vmatrix} I_m & O \\ -B & I_n \end{vmatrix}\begin{vmatrix} I_m & A \\ B & I_n \end{vmatrix} = \left|\begin{pmatrix} I_m & O \\ -B & I_n \end{pmatrix}\begin{pmatrix} I_m & A \\ B & I_n \end{pmatrix}\right| = \begin{vmatrix} I_m & A \\ O & I_n-BA \end{vmatrix}$$

$$= |I_m||I_n-BA| = |I_n-BA|,$$

而$\begin{vmatrix} I_m & O \\ -B & I_n \end{vmatrix} = 1$,因此

$$H=|I_n-BA|.$$

同理,由于

$$\begin{vmatrix} I_m & -A \\ O & I_n \end{vmatrix}\begin{vmatrix} I_m & A \\ B & I_n \end{vmatrix}=\left|\begin{pmatrix} I_m & -A \\ O & I_n \end{pmatrix}\begin{pmatrix} I_m & A \\ B & I_n \end{pmatrix}\right|=\begin{vmatrix} I_m-AB & O \\ B & I_n \end{vmatrix}$$

$$=|I_m-AB||I_n|=|I_m-AB|.$$

因此 $H=|I_m-AB|$. 于是

$$|I_m-AB|=|I_n-BA|.$$

(4) 记

$$B=\begin{pmatrix} a_1 & 1 \\ a_2 & 1 \\ \vdots & \vdots \\ a_n & 1 \end{pmatrix},\quad C=\begin{pmatrix} 1 & 1 & \cdots & 1 \\ b_1 & b_2 & \cdots & b_n \end{pmatrix},$$

则 $A=BC$,且

$$CB=\begin{pmatrix} \sum\limits_{i=1}^{n} a_i & n \\ \sum\limits_{i=1}^{n} a_ib_i & \sum\limits_{i=1}^{n} b_i \end{pmatrix}.$$

当 $\lambda\neq 0$ 时,由(3)得

$$|\lambda I_n-A|=\lambda^n|I_n-\lambda^{-1}A|=\lambda^n|I_n-\lambda^{-1}BC|=\lambda^n|I_2-\lambda^{-1}CB|=\lambda^{n-2}|\lambda I_2-CB|$$

$$=\lambda^{n-2}\begin{vmatrix} \lambda-\sum\limits_{i=1}^{n} a_i & -n \\ -\sum\limits_{i=1}^{n} a_ib_i & \lambda-\sum\limits_{i=1}^{n} b_i \end{vmatrix}=\lambda^{n-2}\left[\left(\lambda-\sum_{i=1}^{n} a_i\right)\left(\lambda-\sum_{i=1}^{n} b_i\right)-n\sum_{i=1}^{n} a_ib_i\right].$$

注意 $|\lambda I_n-A|$ 与 $\lambda^{n-2}\left[\left(\lambda-\sum\limits_{i=1}^{n} a_i\right)\left(\lambda-\sum\limits_{i=1}^{n} b_i\right)-n\sum\limits_{i=1}^{n} a_ib_i\right]$ 都是 λ 的连续函数,在上式中令 $\lambda\to 0$,得 $|-A|=0$(因此 $|A|=0$),即上式当 $\lambda=0$ 时也正确. 于是总有

$$|\lambda I_n-A|=\lambda^{n-2}\left[\left(\lambda-\sum_{i=1}^{n} a_i\right)\left(\lambda-\sum_{i=1}^{n} b_i\right)-n\sum_{i=1}^{n} a_ib_i\right].$$

注 在(1)的证明中,$\begin{pmatrix} I_n & I_n \\ O & I_n \end{pmatrix}$左乘$\begin{pmatrix} A & B \\ B & A \end{pmatrix}$就是将其第二行块加到第一行块上,$\begin{pmatrix} I_n & -I_n \\ O & I_n \end{pmatrix}$右乘$\begin{pmatrix} A+B & B+A \\ B & A \end{pmatrix}$就是将其第一列块乘以 $-I_n$ 加到第二列块上.

在(2)的证明中,$\begin{pmatrix} I_n & O \\ -CA^{-1} & I_n \end{pmatrix}$左乘$\begin{pmatrix} A & B \\ C & D \end{pmatrix}$就是将其第一行块乘以 $-CA^{-1}$ 加到第二行块上. 它们和初等矩阵的形式和作用都相似,是化简分块矩阵的常用方法.

从(3)还可以得到一个有趣的推论:$I_m - AB$ 和 $I_n - BA$ 同时可逆或不可逆.

例 1.3.16 设 m 阶方阵 A 和 n 阶方阵 B 皆可逆,求 $m+n$ 阶方阵$\begin{pmatrix} A & C \\ O & B \end{pmatrix}$的逆阵.

解法一 因为方阵 A 和 B 可逆,所以$\begin{vmatrix} A & C \\ O & B \end{vmatrix} = |A||B| \neq 0$,因此$\begin{pmatrix} A & C \\ O & B \end{pmatrix}$可逆. 记其逆阵为$\begin{pmatrix} X_{11} & X_{12} \\ X_{21} & X_{22} \end{pmatrix}$,其中 $X_{11}, X_{12}, X_{21}, X_{22}$ 依次为 $m\times m, m\times n, n\times m, n\times n$ 矩阵. 由逆阵的定义得

$$\begin{pmatrix} I_m & O \\ O & I_n \end{pmatrix} = I_{m+n} = \begin{pmatrix} X_{11} & X_{12} \\ X_{21} & X_{22} \end{pmatrix}\begin{pmatrix} A & C \\ O & B \end{pmatrix} = \begin{pmatrix} X_{11}A & X_{11}C + X_{12}B \\ X_{21}A & X_{21}C + X_{22}B \end{pmatrix}.$$

比较等式最两边矩阵中的块得

$$X_{11}A = I_m, \quad X_{21}A = O, \quad X_{11}C + X_{12}B = O, \quad X_{21}C + X_{22}B = I_n.$$

由于 A 和 B 可逆,从上式可解得

$$X_{11} = A^{-1}, \quad X_{21} = O, \quad X_{12} = -A^{-1}CB^{-1}, \quad X_{22} = B^{-1},$$

因此

$$\begin{pmatrix} A & C \\ O & B \end{pmatrix}^{-1} = \begin{pmatrix} A^{-1} & -A^{-1}CB^{-1} \\ O & B^{-1} \end{pmatrix}.$$

解法二 用初等变换的方法. 先将$\begin{pmatrix} A & C \\ O & B \end{pmatrix}$中右上角的块变为 O,即用$\begin{pmatrix} I_m & -CB^{-1} \\ O & I_n \end{pmatrix}$左乘:

$$\begin{pmatrix} I_m & -CB^{-1} \\ O & I_n \end{pmatrix}\begin{pmatrix} A & C \\ O & B \end{pmatrix} = \begin{pmatrix} A & O \\ O & B \end{pmatrix};$$

再将$\begin{pmatrix} A & O \\ O & B \end{pmatrix}$中对角线上的块变为单位阵,这可以用$\begin{pmatrix} A^{-1} & O \\ O & B^{-1} \end{pmatrix}$左乘:

$$\begin{pmatrix} A^{-1} & O \\ O & B^{-1} \end{pmatrix}\begin{pmatrix} I_m & -CB^{-1} \\ O & I_n \end{pmatrix}\begin{pmatrix} A & C \\ O & B \end{pmatrix} = \begin{pmatrix} A^{-1} & O \\ O & B^{-1} \end{pmatrix}\begin{pmatrix} A & O \\ O & B \end{pmatrix}$$

$$= \begin{pmatrix} I_m & O \\ O & I_n \end{pmatrix} = I_{m+n}.$$

于是

$$\begin{pmatrix} A & C \\ O & B \end{pmatrix}^{-1} = \begin{pmatrix} A^{-1} & O \\ O & B^{-1} \end{pmatrix}\begin{pmatrix} I_m & -CB^{-1} \\ O & I_n \end{pmatrix} = \begin{pmatrix} A^{-1} & -A^{-1}CB^{-1} \\ O & B^{-1} \end{pmatrix}.$$

例 1.3.17 用 Cramer 法则解下列线性方程组：

(1) $$\begin{cases} x_1 + x_2 & = 0, \\ \quad x_2 + x_3 - 2x_4 & = 1, \\ x_1 \quad + 2x_3 + x_4 & = 0, \\ x_1 + x_2 + \quad + x_4 & = 0; \end{cases}$$

(2) $$\begin{cases} x_1 + a_1x_2 + a_1^2x_3 + \cdots + a_1^{n-1}x_n = b, \\ x_1 + a_2x_2 + a_2^2x_3 + \cdots + a_2^{n-1}x_n = b, \\ \quad \cdots\cdots \\ x_1 + a_nx_2 + a_n^2x_3 + \cdots + a_n^{n-1}x_n = b, \end{cases}$$ $a_1, a_2, \cdots, a_n$ 互不相同.

解 (1) 记 $A = \begin{pmatrix} 1 & 1 & 0 & 0 \\ 0 & 1 & 1 & -2 \\ 1 & 0 & 2 & 1 \\ 1 & 1 & 0 & 1 \end{pmatrix}$, 则 $|A| = \begin{vmatrix} 1 & 1 & 0 & 0 \\ 0 & 1 & 1 & -2 \\ 1 & 0 & 2 & 1 \\ 1 & 1 & 0 & 1 \end{vmatrix} = 3.$

易计算

$$|A_1| = \begin{vmatrix} 0 & 1 & 0 & 0 \\ 1 & 1 & 1 & -2 \\ 0 & 0 & 2 & 1 \\ 0 & 1 & 0 & 1 \end{vmatrix} = -2, \quad |A_2| = \begin{vmatrix} 1 & 0 & 0 & 0 \\ 0 & 1 & 1 & -2 \\ 1 & 0 & 2 & 1 \\ 1 & 0 & 0 & 1 \end{vmatrix} = 2,$$

$$|A_3| = \begin{vmatrix} 1 & 1 & 0 & 0 \\ 0 & 1 & 1 & -2 \\ 1 & 0 & 0 & 1 \\ 1 & 1 & 0 & 1 \end{vmatrix} = 1, \quad |A_4| = \begin{vmatrix} 1 & 1 & 0 & 0 \\ 0 & 1 & 1 & 1 \\ 1 & 0 & 2 & 0 \\ 1 & 1 & 0 & 0 \end{vmatrix} = 0.$$

于是由 Cramer 法则知,线性方程组的解为

$$x_1 = \frac{|A_1|}{|A|} = -\frac{2}{3}, \quad x_2 = \frac{|A_2|}{|A|} = \frac{2}{3},$$

$$x_3=\frac{|\boldsymbol{A}_3|}{|\boldsymbol{A}|}=\frac{1}{3},\quad x_4=\frac{|\boldsymbol{A}_4|}{|\boldsymbol{A}|}=0.$$

（2）方程组的系数行列式$|\boldsymbol{A}|$是 Vandermonde 行列式，而 $a_1,a_2,\cdots,a_n$ 互不相同，于是

$$|\boldsymbol{A}|=\begin{vmatrix}1 & a_1 & a_1^2 & \cdots & a_1^{n-1}\\ 1 & a_2 & a_2^2 & \cdots & a_2^{n-1}\\ 1 & a_3 & a_3^2 & \cdots & a_3^{n-1}\\ \vdots & \vdots & \vdots & & \vdots\\ 1 & a_n & a_n^2 & \cdots & a_n^{n-1}\end{vmatrix}=\prod_{1\leqslant i<j\leqslant n}(a_j-a_i)\neq 0.$$

由于

$$|\boldsymbol{A}_1|=\begin{vmatrix}b & a_1 & a_1^2 & \cdots & a_1^{n-1}\\ b & a_2 & a_2^2 & \cdots & a_2^{n-1}\\ b & a_3 & a_3^2 & \cdots & a_3^{n-1}\\ \vdots & \vdots & \vdots & & \vdots\\ b & a_n & a_n^2 & \cdots & a_n^{n-1}\end{vmatrix}=b\prod_{1\leqslant i<j\leqslant n}(a_j-a_i),$$

$$|\boldsymbol{A}_2|=\begin{vmatrix}1 & b & a_1^2 & \cdots & a_1^{n-1}\\ 1 & b & a_2^2 & \cdots & a_2^{n-1}\\ 1 & b & a_3^2 & \cdots & a_3^{n-1}\\ \vdots & \vdots & \vdots & & \vdots\\ 1 & b & a_n^2 & \cdots & a_n^{n-1}\end{vmatrix}=0,$$

同理，$|\boldsymbol{A}_i|=0(i=3,\cdots,n)$，因此由 Cramer 法则知，线性方程组的解为

$$x_1=\frac{|\boldsymbol{A}_1|}{|\boldsymbol{A}|}=b,\quad x_i=0(i=2,\cdots,n).$$

例 1.3.18 若线性方程组

$$\begin{cases}\lambda x_1-x_2-x_3+x_4=0,\\ -x_1+\lambda x_2+x_3-x_4=0,\\ -x_1+x_2+\lambda x_3-x_4=0,\\ x_1-x_2-x_3+\lambda x_4=0\end{cases}$$

有非零解，求 λ 的值.

解 因为所给线性方程组有非零解，则其系数行列式必等于零（否则只有零解），即

$$\begin{vmatrix} \lambda & -1 & -1 & 1 \\ -1 & \lambda & 1 & -1 \\ -1 & 1 & \lambda & -1 \\ 1 & -1 & -1 & \lambda \end{vmatrix} = (\lambda - 1)^3(\lambda + 3) = 0,$$

所以 $\lambda = 1$ 或 $\lambda = -3$.

例 1.3.19 设 a,b,c,d 是不全为零的实数,证明:线性方程组

$$\begin{cases} ax_1 + bx_2 + cx_3 + dx_4 = 0, \\ bx_1 - ax_2 + dx_3 - cx_4 = 0, \\ cx_1 - dx_2 - ax_3 + bx_4 = 0, \\ dx_1 + cx_2 - bx_3 - ax_4 = 0 \end{cases}$$

只有零解.

证 显然 $x_1 = x_2 = x_3 = x_4 = 0$ 是这个方程组的解. 因为这个线性方程组的系数行列式

$$\begin{aligned} |\boldsymbol{A}| &= \begin{vmatrix} a & b & c & d \\ b & -a & d & -c \\ c & -d & -a & b \\ d & c & -b & -a \end{vmatrix} \\ &= a\begin{vmatrix} -a & d & -c \\ -d & -a & b \\ c & -b & -c \end{vmatrix} - b\begin{vmatrix} b & d & -c \\ c & -a & b \\ d & -b & -a \end{vmatrix} \\ &\quad + c\begin{vmatrix} b & -a & -c \\ c & -d & b \\ d & c & -a \end{vmatrix} - d\begin{vmatrix} b & -a & d \\ c & -d & -a \\ d & c & -b \end{vmatrix} \\ &= -(a^2 + b^2 + c^2 + d^2)^2, \end{aligned}$$

而 a,b,c,d 是不全为零的实数,所以 $|\boldsymbol{A}| \neq 0$,因此由 Cramer 法则知,这个方程组只有唯一解,于是只有零解.

例 1.3.20 设 $\boldsymbol{A}$ 是 n 阶可逆矩阵,$\boldsymbol{a},\boldsymbol{b},\boldsymbol{c}$ 是 n 维列向量. 记 $\boldsymbol{x} = (x_1, x_2, \cdots, x_n)^{\mathrm{T}}$, $\boldsymbol{y} = \boldsymbol{A}^{-1}\boldsymbol{a}$, $\boldsymbol{z} = \boldsymbol{A}^{-1}\boldsymbol{b}$. 证明:若 $a_{n+1} - \boldsymbol{c}^{\mathrm{T}}\boldsymbol{y} \neq 0$,则方程组

$$\begin{pmatrix} \boldsymbol{A} & \boldsymbol{a} \\ \boldsymbol{c}^{\mathrm{T}} & a_{n+1} \end{pmatrix}\begin{pmatrix} \boldsymbol{x} \\ x_{n+1} \end{pmatrix} = \begin{pmatrix} \boldsymbol{b} \\ b_{n+1} \end{pmatrix}$$

的解为

$$x_{n+1} = \frac{b_{n+1} - \boldsymbol{c}^{\mathrm{T}}\boldsymbol{z}}{a_{n+1} - \boldsymbol{c}^{\mathrm{T}}\boldsymbol{y}}, \quad \boldsymbol{x} = \boldsymbol{z} - x_{n+1}\boldsymbol{y}.$$

证 因为 $\boldsymbol{A}$ 可逆，所以 $\boldsymbol{A}^{-1}$ 存在. 在所给方程组两边左乘 $\begin{pmatrix} \boldsymbol{A}^{-1} & \boldsymbol{0} \\ -\boldsymbol{c}^{\mathrm{T}}\boldsymbol{A}^{-1} & 1 \end{pmatrix}$ 得

$$\begin{pmatrix} \boldsymbol{A}^{-1} & \boldsymbol{0} \\ -\boldsymbol{c}^{\mathrm{T}}\boldsymbol{A}^{-1} & 1 \end{pmatrix}\begin{pmatrix} \boldsymbol{A} & \boldsymbol{a} \\ \boldsymbol{c}^{\mathrm{T}} & a_{n+1} \end{pmatrix}\begin{pmatrix} \boldsymbol{x} \\ x_{n+1} \end{pmatrix} = \begin{pmatrix} \boldsymbol{A}^{-1} & \boldsymbol{0} \\ -\boldsymbol{c}^{\mathrm{T}}\boldsymbol{A}^{-1} & 1 \end{pmatrix}\begin{pmatrix} \boldsymbol{b} \\ b_{n+1} \end{pmatrix},$$

其中 $\boldsymbol{0}$ 是 n 维零量（看成列向量），即

$$\begin{pmatrix} \boldsymbol{I}_n & \boldsymbol{A}^{-1}\boldsymbol{a} \\ \boldsymbol{0}^{\mathrm{T}} & a_{n+1} - \boldsymbol{c}^{\mathrm{T}}\boldsymbol{A}^{-1}\boldsymbol{a} \end{pmatrix}\begin{pmatrix} \boldsymbol{x} \\ x_{n+1} \end{pmatrix} = \begin{pmatrix} \boldsymbol{x} + \boldsymbol{A}^{-1}\boldsymbol{a}x_{n+1} \\ (a_{n+1} - \boldsymbol{c}^{\mathrm{T}}\boldsymbol{A}^{-1}\boldsymbol{a})x_{n+1} \end{pmatrix} = \begin{pmatrix} \boldsymbol{A}^{-1}\boldsymbol{b} \\ b_{n+1} - \boldsymbol{c}^{\mathrm{T}}\boldsymbol{A}^{-1}\boldsymbol{b} \end{pmatrix}.$$

所以原方程组可化为以下同解方程组

$$\boldsymbol{x} + x_{n+1}\boldsymbol{A}^{-1}\boldsymbol{a} = \boldsymbol{A}^{-1}\boldsymbol{b},$$

$$(a_{n+1} - \boldsymbol{c}^{\mathrm{T}}\boldsymbol{A}^{-1}\boldsymbol{a})x_{n+1} = b_{n+1} - \boldsymbol{c}^{\mathrm{T}}\boldsymbol{A}^{-1}\boldsymbol{b}.$$

从第二式解得

$$x_{n+1} = \frac{b_{n+1} - \boldsymbol{c}^{\mathrm{T}}\boldsymbol{A}^{-1}\boldsymbol{b}}{a_{n+1} - \boldsymbol{c}^{\mathrm{T}}\boldsymbol{A}^{-1}\boldsymbol{a}} = \frac{b_{n+1} - \boldsymbol{c}^{\mathrm{T}}\boldsymbol{z}}{a_{n+1} - \boldsymbol{c}^{\mathrm{T}}\boldsymbol{y}},$$

代入第一式便解得

$$\boldsymbol{x} = \boldsymbol{z} - x_{n+1}\boldsymbol{y}.$$

习　题

1. 求下列矩阵的逆阵：

(1) $\begin{pmatrix} 1 & 0 & 1 \\ 3 & 3 & 4 \\ 2 & 2 & 3 \end{pmatrix}$；　(2) $\begin{pmatrix} 1 & 1 & 1 & 1 \\ 1 & 1 & -1 & -1 \\ 1 & -1 & 1 & -1 \\ 1 & -1 & -1 & 1 \end{pmatrix}$；　(3) $\begin{pmatrix} 5 & 2 & 0 & 0 \\ 2 & 1 & 0 & 0 \\ 0 & 0 & 1 & -2 \\ 0 & 0 & 1 & 1 \end{pmatrix}$.

2. 求 n 阶矩阵 $\boldsymbol{A} = \begin{pmatrix} 1 & 1 & \cdots & 1 \\ & 1 & \cdots & 1 \\ & & \ddots & \vdots \\ & & & 1 \end{pmatrix}$ 的逆阵，并求 $|\boldsymbol{A}|$ 中所有元素的代数余子式之和.

3. 已知 $\boldsymbol{A} = \begin{pmatrix} 1 & 1 & -1 \\ 0 & 2 & 2 \\ 1 & -1 & 0 \end{pmatrix}, \boldsymbol{B} = \begin{pmatrix} 1 & -1 & 1 \\ 1 & 1 & 0 \\ 2 & 2 & 1 \end{pmatrix}$. 若 3 阶方阵 $\boldsymbol{X}$ 满足 $\boldsymbol{XA} = \boldsymbol{B}$，求 $\boldsymbol{X}$.

4. 已知 $\boldsymbol{A} = \begin{pmatrix} 1 & 2 & 3 \\ 2 & 2 & 1 \\ 3 & 4 & 3 \end{pmatrix}, \boldsymbol{B} = \begin{pmatrix} 2 & 1 \\ 5 & 3 \end{pmatrix}, \boldsymbol{C} = \begin{pmatrix} 1 & 3 \\ 2 & 0 \\ 3 & 1 \end{pmatrix}$. 若矩阵 $\boldsymbol{X}$ 满足 $\boldsymbol{AXB} = \boldsymbol{C}$，求 $\boldsymbol{X}$.

5. 设 n 阶方阵 $\boldsymbol{A}$ 满足 $\boldsymbol{A}^2 + \boldsymbol{A} - 6\boldsymbol{I}_n = \boldsymbol{O}$，证明 $\boldsymbol{A}, \boldsymbol{A} + \boldsymbol{I}_n$ 和 $\boldsymbol{A} + 4\boldsymbol{I}_n$ 都可逆，并求它们的逆阵.

6. 设 $\boldsymbol{A}=\begin{pmatrix}1&0&1\\0&2&0\\1&0&1\end{pmatrix}$,若 3 阶矩阵 $\boldsymbol{B}$ 满足 $\boldsymbol{B}=\boldsymbol{AB}-\boldsymbol{A}^2+\boldsymbol{I}$,求 $\boldsymbol{B}$.

7. 已知 $\boldsymbol{A}=\begin{pmatrix}1&1&-1\\-1&1&1\\1&-1&1\end{pmatrix}$,3 阶矩阵 $\boldsymbol{B}$ 满足 $\boldsymbol{A}^*\boldsymbol{B}=\boldsymbol{A}^{-1}+2\boldsymbol{B}$,求 $\boldsymbol{B}$.

8. 设 $\boldsymbol{B}=\begin{pmatrix}1&-1&0&0\\0&1&-1&0\\0&0&1&-1\\0&0&0&1\end{pmatrix}$,$\boldsymbol{C}=\begin{pmatrix}2&1&3&4\\0&2&1&3\\0&0&2&1\\0&0&0&2\end{pmatrix}$,若 4 阶矩阵 $\boldsymbol{A}$ 满足 $\boldsymbol{A}(\boldsymbol{I}-\boldsymbol{C}^{-1}\boldsymbol{B})^{\mathrm{T}}\boldsymbol{C}^{\mathrm{T}}=\boldsymbol{I}$,求 $\boldsymbol{A}$.

9. 证明:对称矩阵的逆阵还是对称矩阵;反对称矩阵的逆阵还是反对称矩阵.

10. 设 $\boldsymbol{P}$ 是 $m\times n$ 矩阵,且 $\boldsymbol{PP}^{\mathrm{T}}$ 可逆. 记 $\boldsymbol{A}=\boldsymbol{I}_n-\boldsymbol{P}^{\mathrm{T}}(\boldsymbol{PP}^{\mathrm{T}})^{-1}\boldsymbol{P}$. 证明:$\boldsymbol{A}$ 是对称矩阵,且 $\boldsymbol{A}^2=\boldsymbol{A}$.

11. (1) 设 $\boldsymbol{A}$ 是可逆矩阵,证明:$(\boldsymbol{A}^{-1})^*=(\boldsymbol{A}^*)^{-1}$;

(2) 设 $\boldsymbol{A},\boldsymbol{B}$ 是同阶可逆矩阵,证明:$(\boldsymbol{AB})^*=\boldsymbol{B}^*\boldsymbol{A}^*$.

12. 设 $\boldsymbol{A},\boldsymbol{B}$ 为 n 阶矩阵,且 $|\boldsymbol{A}|=2$,$|\boldsymbol{B}|=-3$,求 $|2\boldsymbol{A}^*\boldsymbol{B}^{-1}|$.

13. 设 $\boldsymbol{A}$ 的伴随矩阵 $\boldsymbol{A}^*=\begin{pmatrix}1&0&0&0\\0&1&0&0\\1&0&1&0\\0&-3&0&8\end{pmatrix}$,若 4 阶矩阵 $\boldsymbol{B}$ 满足 $\boldsymbol{ABA}^{-1}=\boldsymbol{BA}^{-1}+3\boldsymbol{I}$,求 $\boldsymbol{B}$.

14. 设 n 维向量 $\boldsymbol{\alpha}=(a,0,\cdots,0,a)^{\mathrm{T}}(a<0)$. 记 $\boldsymbol{A}=\boldsymbol{I}_n-\boldsymbol{\alpha\alpha}^{\mathrm{T}}$,$\boldsymbol{B}=\boldsymbol{I}_n+\dfrac{1}{a}\boldsymbol{\alpha\alpha}^{\mathrm{T}}$. 若 $\boldsymbol{B}=\boldsymbol{A}^{-1}$,求 a.

15. 设 $\boldsymbol{\alpha}$ 是 n 维非零列向量,记 $\boldsymbol{A}=\boldsymbol{I}_n-\boldsymbol{\alpha\alpha}^{\mathrm{T}}$. 证明:

(1) $\boldsymbol{A}^2=\boldsymbol{A}$ 的充分必要条件是 $\boldsymbol{\alpha}^{\mathrm{T}}\boldsymbol{\alpha}=1$;

(2) 当 $\boldsymbol{\alpha}^{\mathrm{T}}\boldsymbol{\alpha}=1$ 时,$\boldsymbol{A}$ 是不可逆矩阵.

16. 设 $\boldsymbol{A},\boldsymbol{B},\boldsymbol{C}$ 是 n 阶矩阵,且 $\boldsymbol{A},\boldsymbol{B}$ 可逆,化简矩阵算式

$$(\boldsymbol{BC}^{\mathrm{T}}-\boldsymbol{I}_n)^{\mathrm{T}}(\boldsymbol{AB}^{-1})^{\mathrm{T}}+[(\boldsymbol{BA}^{-1})^{\mathrm{T}}]^{-1}.$$

17. 设可逆矩阵 $\boldsymbol{A}$ 的每行元素之和都为 a,证明:$\boldsymbol{A}^{-1}$ 的每行元素之和都为 a^{-1}.

18. (1) 设 $\boldsymbol{A}$ 是 m 阶可逆方阵,$\boldsymbol{D}$ 是 n 阶可逆方阵,$\boldsymbol{B}$ 是 $m\times n$ 矩阵,$\boldsymbol{C}$ 是 $n\times m$ 矩阵,证明**降阶公式**:$|\boldsymbol{D}||\boldsymbol{A}-\boldsymbol{BD}^{-1}\boldsymbol{C}|=|\boldsymbol{A}||\boldsymbol{D}-\boldsymbol{CA}^{-1}\boldsymbol{B}|$.

(2) 利用等式

$$\boldsymbol{A}=\begin{pmatrix}0&2&3&\cdots&n\\1&0&3&\cdots&n\\1&2&0&\cdots&n\\\vdots&\vdots&\vdots&&\vdots\\1&2&3&\cdots&0\end{pmatrix}=\begin{pmatrix}-1&&&\\&-2&&\\&&\ddots&\\&&&-n\end{pmatrix}+\begin{pmatrix}1\\1\\\vdots\\1\end{pmatrix}(1,2,\cdots,n),$$

和(1)的结论计算 $|\boldsymbol{A}|$.

(3) 利用等式

$$B=\begin{pmatrix} a_1^2 & a_1a_2+1 & \cdots & a_1a_n+1 \\ a_2a_1+1 & a_2^2 & \cdots & a_2a_n+1 \\ \vdots & \vdots & & \vdots \\ a_na_1+1 & a_na_2+1 & \cdots & a_n^2 \end{pmatrix} = -I_n+\begin{pmatrix} a_1 & 1 \\ a_2 & 1 \\ \vdots & \vdots \\ a_n & 1 \end{pmatrix} I_2^{-1}\begin{pmatrix} a_1 & a_2 & \cdots & a_n \\ 1 & 1 & \cdots & 1 \end{pmatrix}$$

和(1)的结论计算$|B|$.

19. 用 Cramer 法则解下列线性方程组:

$$\begin{cases} 2x_1+3x_2+11x_3+5x_4=6, \\ x_1+x_2+5x_3+2x_4=2, \\ 2x_1+x_2+3x_3+4x_4=2, \\ x_1+x_2+3x_3+4x_4=2. \end{cases}$$

20. 若线性方程组

$$\begin{cases} x_1+x_2+x_3+ax_4=0, \\ x_1+2x_2+x_3+x_4=0, \\ x_1+x_2-3x_3+x_4=0, \\ x_1+x_2+ax_3+bx_4=0 \end{cases}$$

有非零解,问 a,b 应满足什么条件?

21. 设 $a^2\neq b^2$,证明线性方程组

$$\begin{cases} ax_1+bx_{2n}=1, \\ ax_2+bx_{2n-1}=1, \\ \quad\cdots\cdots \\ ax_{n-1}+bx_{n+2}=1, \\ ax_n+bx_{n+1}=1, \\ bx_n+ax_{n+1}=1, \\ bx_{n-1}+ax_{n+2}=1, \\ \quad\cdots\cdots \\ bx_2+ax_{2n-1}=1, \\ bx_1+ax_{2n}=1 \end{cases}$$

有唯一解,并求其解.

第二章

线性方程组

§2.1 向量的线性关系

知识要点

一、线性相关与线性无关的概念

本节中的向量都是指列向量,读者容易理解相应的结论对行向量也是成立的;并且在本书中,若不特别指明,一个向量组中的元素都属于同一向量空间.

定义 2.1.1 设$\{\boldsymbol{a}_j\}_{j=1}^m$是 m 个 n 维向量构成的**向量组**,$\lambda_j(j=1,2,\cdots,m)$是 m 个数,则称

$$\sum_{j=1}^{m}\lambda_j\boldsymbol{a}_j$$

为这 m 个向量的**线性组合**,称$\lambda_j(j=1,2,\cdots,m)$为相应的**组合系数**.

设 $\boldsymbol{b}$ 是 n 维向量,若存在$\{\boldsymbol{a}_j\}_{j=1}^m$的线性组合,使得

$$\sum_{j=1}^{m}\lambda_j\boldsymbol{a}_j=\boldsymbol{b},$$

则称 $\boldsymbol{b}$ 可以由向量组$\{\boldsymbol{a}_j\}_{j=1}^m$**线性表示**.

定义 2.1.2 对 n 维向量组$\{\boldsymbol{a}_j\}_{j=1}^m$,若存在一组不全为 0 的组合系数$\{\lambda_j\}_{j=1}^m$,使得它们的线性组合是零向量,即

$$\sum_{j=1}^{m}\lambda_j\boldsymbol{a}_j=\boldsymbol{0},$$

则称这组向量**线性相关**,否则,称这组向量**线性无关**.

二、与线性关系有关的性质

定理 2.1.1 若向量组$\{\boldsymbol{a}_j\}_{j=1}^m$中有若干个向量线性相关,则整个向量组线性相关. 换言之,若向量组$\{\boldsymbol{a}_j\}_{j=1}^m$线性无关,则其中任意个向量线性无关.

这个结论可以简单表述为:“部分相关则全体相关,全体无关则部分无关.”

定理 2.1.2 设$\{\boldsymbol{a}_j\}_{j=1}^m$为 n 维向量组,$\{\boldsymbol{b}_j\}_{j=1}^m$为 s 维向量组. 记

$$\tilde{\boldsymbol{a}}_j=\begin{pmatrix}\boldsymbol{a}_j\\\boldsymbol{b}_j\end{pmatrix},$$

那么,若 $n+s$ 维向量组$\{\tilde{\boldsymbol{a}}_j\}_{j=1}^m$线性相关,则$\{\boldsymbol{a}_j\}_{j=1}^m$也线性相关. 换言之,若$\{\boldsymbol{a}_j\}_{j=1}^m$线性无关,则$\{\tilde{\boldsymbol{a}}_j\}_{j=1}^m$也线性无关.

定理 2.1.3 向量组$\{\boldsymbol{a}_j\}_{j=1}^m$线性相关的充分必要条件是组中至少存在一个向量可以由其他向量线性表示.

上述结论也可以等价表述为:向量组$\{\boldsymbol{a}_j\}_{j=1}^m$线性无关的充分必要条件是组中任何向量都不能由其他向量线性表示.

定理 2.1.4 若向量组$\{\boldsymbol{a}_j\}_{j=1}^m$线性无关,向量 $\boldsymbol{b}$ 可以由$\{\boldsymbol{a}_j\}_{j=1}^m$线性表示,那么表示方法必是唯一的.

定理 2.1.5 对于 n 维向量组$\{\boldsymbol{a}_j\}_{j=1}^m$($\boldsymbol{a}_j=(a_{1j},a_{2j},\cdots,a_{nj})^{\mathrm{T}}$, $j=1,2,\cdots,m$),记 $\boldsymbol{A}$ 是以$\{\boldsymbol{a}_j\}_{j=1}^m$为列构成的矩阵,即

$$\boldsymbol{A}=\begin{pmatrix}a_{11}&a_{12}&\cdots&a_{1m}\\a_{21}&a_{22}&\cdots&a_{2m}\\\vdots&\vdots&&\vdots\\a_{n1}&a_{n2}&\cdots&a_{nm}\end{pmatrix}=(\boldsymbol{a}_1,\boldsymbol{a}_2,\cdots,\boldsymbol{a}_m);$$

再记 $\boldsymbol{x}=(x_1,x_2,\cdots,x_m)^{\mathrm{T}}$,$\boldsymbol{b}=(b_1,b_2,\cdots,b_n)^{\mathrm{T}}$, 则

(1) 向量组$\{\boldsymbol{a}_j\}_{j=1}^m$线性无关的充分必要条件是齐次方程组

$$\boldsymbol{Ax}=\boldsymbol{0}$$

只有零解 $\boldsymbol{x}^*=\boldsymbol{0}$. 换言之,$\{\boldsymbol{a}_j\}_{j=1}^m$线性相关的充分必要条件是齐次方程组

$$\boldsymbol{Ax}=\boldsymbol{0}$$

有非零解,即存在 $\boldsymbol{x}^*\neq\boldsymbol{0}$ 满足上述等式.

(2) 向量 $\boldsymbol{b}$ 可以被$\{\boldsymbol{a}_j\}_{j=1}^m$线性表示的充分必要条件是方程组

$$\boldsymbol{Ax}=\boldsymbol{b}$$

有解.

推论 2.1.1 r 个 n 维向量 $\boldsymbol{b}_1,\boldsymbol{b}_2,\cdots,\boldsymbol{b}_r$ 可以被$\{\boldsymbol{a}_j\}_{j=1}^m$线性表示的充分必要条件是存在 $m\times r$ 矩阵 $\boldsymbol{D}=(d_{ij})_{m\times r}$,使得

$$(\boldsymbol{b}_1,\boldsymbol{b}_2,\cdots,\boldsymbol{b}_r)=(\boldsymbol{a}_1,\boldsymbol{a}_2,\cdots,\boldsymbol{a}_m)\begin{pmatrix}d_{11}&d_{12}&\cdots&d_{1r}\\d_{21}&d_{22}&\cdots&d_{2r}\\\vdots&\vdots&&\vdots\\d_{m1}&d_{m2}&\cdots&d_{mr}\end{pmatrix}=\boldsymbol{AD}.$$

推论 2.1.2 设 $\boldsymbol{P}_n$($\boldsymbol{Q}_m$)是 n 阶(m 阶)初等矩阵,则 $\boldsymbol{P}_n\boldsymbol{A}$($\boldsymbol{AQ}_m$)的列向量构

成的向量组与 $\boldsymbol{A}$ 的列向量构成的向量组同时线性相关或同时线性无关.

这个推论说明,若判断向量组 $\{\boldsymbol{a}_1,\boldsymbol{a}_2,\cdots,\boldsymbol{a}_m\}$ 的线性相关性,可以作以它们为列向量的矩阵 $\boldsymbol{A}$,然后作初等行变换得矩阵 $\boldsymbol{B}$,则 $\boldsymbol{B}$ 的列向量组成的向量组与 $\{\boldsymbol{a}_1,\boldsymbol{a}_2,\cdots,\boldsymbol{a}_m\}$ 同时线性相关或同时线性无关. 即在过程

$$\boldsymbol{A}=(\boldsymbol{a}_1,\boldsymbol{a}_2,\cdots,\boldsymbol{a}_m)\xrightarrow{\text{初等行变换}}(\boldsymbol{b}_1,\boldsymbol{b}_2,\cdots,\boldsymbol{b}_m)=\boldsymbol{B}$$

中,向量组 $\{\boldsymbol{b}_1,\boldsymbol{b}_2,\cdots,\boldsymbol{b}_m\}$ 与 $\{\boldsymbol{a}_1,\boldsymbol{a}_2,\cdots,\boldsymbol{a}_m\}$ 同时线性相关或同时线性无关. 通常的过程是使 $\boldsymbol{B}$ 成为行阶梯矩阵.

推论 2.1.3 设 $\boldsymbol{P}_n(\boldsymbol{Q}_m)$ 是 n 阶(m 阶)可逆矩阵,则 $\boldsymbol{P}_n\boldsymbol{A}(\boldsymbol{A}\boldsymbol{Q}_m)$ 的列向量构成的向量组与 $\boldsymbol{A}$ 的列向量构成的向量组同时线性相关或同时线性无关.

定义 2.1.3 $n\times m$ 矩阵中任意选取 r 个行 r 个列,位于这些行列交叉处的元素保持相对位置所组成的行列式

$$\begin{vmatrix} a_{i_1j_1} & a_{i_1j_2} & \cdots & a_{i_1j_r} \\ a_{i_2j_1} & a_{i_2j_2} & \cdots & a_{i_2j_r} \\ \vdots & \vdots & & \vdots \\ a_{i_rj_1} & a_{i_rj_2} & \cdots & a_{i_rj_r} \end{vmatrix}\quad(1\leqslant i_1<i_2<\cdots<i_r\leqslant n;\ 1\leqslant j_1<j_2<\cdots<j_r\leqslant m)$$

称为该矩阵的一个 **r 阶子式**.

定理 2.1.6 r 个 n 维向量($r\leqslant n$)线性无关的充分必要条件是以这 r 个向量为列组成的矩阵中至少存在一个非零的 r 阶子式.

推论 2.1.4 n 个 n 维向量 $\{\boldsymbol{a}_j\}_{j=1}^n$ 线性无关的充分必要条件是

$$\det(\boldsymbol{A})=\det(\boldsymbol{a}_1,\boldsymbol{a}_2,\cdots,\boldsymbol{a}_n)=\begin{vmatrix} a_{11} & a_{12} & \cdots & a_{1n} \\ a_{21} & a_{22} & \cdots & a_{2n} \\ \vdots & \vdots & & \vdots \\ a_{n1} & a_{n2} & \cdots & a_{nn} \end{vmatrix}\neq 0.$$

推论 2.1.5 若 n 个 n 维向量 $\{\boldsymbol{a}_j\}_{j=1}^n$ 满足 $\det(\boldsymbol{a}_1,\boldsymbol{a}_2,\cdots,\boldsymbol{a}_n)=0$,则 $\{\boldsymbol{a}_j\}_{j=1}^n$ 线性相关. 因此 $\boldsymbol{Ax}=\boldsymbol{0}$ 有非零解,其中 $\boldsymbol{A}=(\boldsymbol{a}_1,\boldsymbol{a}_2,\cdots,\boldsymbol{a}_n)$.

推论 2.1.6 当 $m>n$ 时,m 个 n 维向量 $\{\boldsymbol{a}_j\}_{j=1}^n$ 一定线性相关.

例题分析

例 2.1.1 设有 $\mathbf{R}^4$ 中向量 $\boldsymbol{a}_1=(2,4,0,0)^{\mathrm{T}}$,$\boldsymbol{a}_2=(2,5,0,0)^{\mathrm{T}}$,$\boldsymbol{a}_3=(1,2,4,2)^{\mathrm{T}}$,$\boldsymbol{a}_4=(3,1,2,2)^{\mathrm{T}}$,$\boldsymbol{b}=(-1,3,2,2)^{\mathrm{T}}$.

(1) 问 $\boldsymbol{a}_1,\boldsymbol{a}_2,\boldsymbol{a}_3,\boldsymbol{a}_4$ 是否线性无关?

(2) 问 $\boldsymbol{b}$ 是否能由 $\boldsymbol{a}_1,\boldsymbol{a}_2,\boldsymbol{a}_3,\boldsymbol{a}_4$ 线性表示? 若能表示,写出具体表示式.

解 (1)**解法一** 设 x_1,x_2,x_3,x_4 使得

$$x_1\boldsymbol{a}_1+x_2\boldsymbol{a}_2+x_3\boldsymbol{a}_3+x_4\boldsymbol{a}_4=\boldsymbol{0},$$

即

$$\begin{cases}2x_1+2x_2+x_3+3x_4=0,\\4x_1+5x_2+2x_3+x_4=0,\\4x_3+2x_4=0,\\2x_3+2x_4=0.\end{cases}$$

从方程组的后两式可得 $x_3=x_4=0$;再将此代入前两式便得 $x_1=x_2=0$,因此 $\boldsymbol{a}_1,\boldsymbol{a}_2,\boldsymbol{a}_3,\boldsymbol{a}_4$ 线性无关.

解法二 因为

$$\det(\boldsymbol{a}_1,\boldsymbol{a}_2,\boldsymbol{a}_3,\boldsymbol{a}_4)=\begin{vmatrix}2&2&1&3\\4&5&2&1\\0&0&4&2\\0&0&2&2\end{vmatrix}=\begin{vmatrix}2&2\\4&5\end{vmatrix}\cdot\begin{vmatrix}4&2\\2&2\end{vmatrix}=8\neq0,$$

所以 $\boldsymbol{a}_1,\boldsymbol{a}_2,\boldsymbol{a}_3,\boldsymbol{a}_4$ 线性无关.

解法三 对$(\boldsymbol{a}_1,\boldsymbol{a}_2,\boldsymbol{a}_3,\boldsymbol{a}_4)=\begin{pmatrix}2&2&1&3\\4&5&2&1\\0&0&4&2\\0&0&2&2\end{pmatrix}$作初等行变换,得

$$\begin{pmatrix}2&2&1&3\\4&5&2&1\\0&0&4&2\\0&0&2&2\end{pmatrix}\to\begin{pmatrix}2&2&1&3\\0&1&0&-5\\0&0&4&2\\0&0&2&2\end{pmatrix}\to\begin{pmatrix}2&2&1&3\\0&1&0&-5\\0&0&4&2\\0&0&0&1\end{pmatrix}.$$

由于最后一个矩阵的列向量线性无关,因此 $\boldsymbol{a}_1,\boldsymbol{a}_2,\boldsymbol{a}_3,\boldsymbol{a}_4$ 线性无关.

(2) $\boldsymbol{b}$ 能由 $\boldsymbol{a}_1,\boldsymbol{a}_2,\boldsymbol{a}_3,\boldsymbol{a}_4$ 线性表示,就是存在 x_1,x_2,x_3,x_4,使得

$$\boldsymbol{b}=x_1\boldsymbol{a}_1+x_2\boldsymbol{a}_2+x_3\boldsymbol{a}_3+x_4\boldsymbol{a}_4,$$

也就是说,方程组

$$\begin{cases}2x_1+2x_2+x_3+3x_4=-1,\\4x_1+5x_2+2x_3+x_4=3,\\4x_3+2x_4=2,\\2x_3+2x_4=2\end{cases}$$

有解. 而从这个方程组的后两式可解得 $x_3=0,x_4=1$;再代入前两式得 $x_1=-12$,$x_2=10$. 因此 $\boldsymbol{b}$ 能由 $\boldsymbol{a}_1,\boldsymbol{a}_2,\boldsymbol{a}_3,\boldsymbol{a}_4$ 线性表示,且具体表示式为

$$\boldsymbol{b}=-12\boldsymbol{a}_1+10\boldsymbol{a}_2+0\cdot\boldsymbol{a}_3+\boldsymbol{a}_4.$$

例 2.1.2 已知 $\boldsymbol{a}_1=(1,-1,1)^{\mathrm{T}},\boldsymbol{a}_2=(2,1,0)^{\mathrm{T}},\boldsymbol{a}_3=(-1,4,k)^{\mathrm{T}}$ 为 $\mathbf{R}^3$ 中向

量,问:当 k 为何值时,$\boldsymbol{a}_1,\boldsymbol{a}_2,\boldsymbol{a}_3$ 线性相关?当 k 为何值时,$\boldsymbol{a}_1,\boldsymbol{a}_2,\boldsymbol{a}_3$ 线性无关?

解法一 因为

$$\det(\boldsymbol{a}_1,\boldsymbol{a}_2,\boldsymbol{a}_3)=\begin{vmatrix}1&2&-1\\-1&1&4\\1&0&k\end{vmatrix}=3k+9.$$

所以当 $3k+9=0$,即当 $k=-3$ 时,$\boldsymbol{a}_1,\boldsymbol{a}_2,\boldsymbol{a}_3$ 线性相关;当 $3k+9\neq0$,即当 $k\neq-3$ 时,$\boldsymbol{a}_1,\boldsymbol{a}_2,\boldsymbol{a}_3$ 线性无关.

解法二 对矩阵$(\boldsymbol{a}_1,\boldsymbol{a}_2,\boldsymbol{a}_3)$作初等行变换,得

$$\begin{pmatrix}1&2&-1\\-1&1&4\\1&0&k\end{pmatrix}\to\begin{pmatrix}1&2&-1\\0&3&3\\0&-2&k+1\end{pmatrix}\to\begin{pmatrix}1&2&-1\\0&1&1\\0&-2&k+1\end{pmatrix}\to\begin{pmatrix}1&2&-1\\0&1&1\\0&0&k+3\end{pmatrix},$$

因此,当 $k+3=0$,即当 $k=-3$ 时,$\boldsymbol{a}_1,\boldsymbol{a}_2,\boldsymbol{a}_3$ 线性相关(因为此时$\begin{pmatrix}1&2&-1\\0&1&1\\0&0&0\end{pmatrix}$中列向量线性相关);当 $k+3\neq0$,即当 $k\neq-3$ 时,$\boldsymbol{a}_1,\boldsymbol{a}_2,\boldsymbol{a}_3$ 线性无关.

注 此例也可以用定义来判别,即考虑 $x_1\boldsymbol{a}_1+x_2\boldsymbol{a}_2+x_3\boldsymbol{a}_3=\boldsymbol{0}$ 是否有非零解,这种方法在此例中可以等价于考虑 $\det(\boldsymbol{a}_1,\boldsymbol{a}_2,\boldsymbol{a}_3)$是否为零,同解法一.

例 2.1.3 设有 $\mathbf{R}^3$ 中向量

$$\boldsymbol{a}_1=(1-\lambda,2,3)^{\mathrm{T}},\quad \boldsymbol{a}_2=(2,1-\lambda,3)^{\mathrm{T}},\quad \boldsymbol{a}_3=(3,3,6-\lambda)^{\mathrm{T}}.$$

问:

(1) 当 λ 为何值时,$\boldsymbol{a}_1,\boldsymbol{a}_2,\boldsymbol{a}_3$ 线性相关?

(2) 当 λ 为何值时,$\boldsymbol{a}_1,\boldsymbol{a}_2,\boldsymbol{a}_3$ 线性无关?

解 因为

$$\det(\boldsymbol{a}_1,\boldsymbol{a}_2,\boldsymbol{a}_3)=\begin{vmatrix}1-\lambda&2&3\\2&1-\lambda&3\\3&3&6-\lambda\end{vmatrix}=-\lambda(\lambda+1)(\lambda-9),$$

所以(1) 当 $\lambda=-1,0,9$ 时,$\det(\boldsymbol{a}_1,\boldsymbol{a}_2,\boldsymbol{a}_3)=0$,此时 $\boldsymbol{a}_1,\boldsymbol{a}_2,\boldsymbol{a}_3$ 线性相关.

(2) 当 $\lambda\neq-1$ 且 $\lambda\neq0$ 且 $\lambda\neq9$ 时,$\det(\boldsymbol{a}_1,\boldsymbol{a}_2,\boldsymbol{a}_3)\neq0$,此时 $\boldsymbol{a}_1,\boldsymbol{a}_2,\boldsymbol{a}_3$ 线性无关.

例 2.1.4 设有 $\mathbf{R}^n$ 中向量

$$\boldsymbol{a}_1=(a_{11},a_{12},\cdots,a_{1r},0\cdots,0)^{\mathrm{T}},\quad \boldsymbol{a}_2=(a_{21},a_{22},\cdots,a_{2,r+1},0,\cdots,0)^{\mathrm{T}},\quad \cdots,$$
$$\boldsymbol{a}_k=(a_{k1},a_{k2},\cdots,a_{k,r+k-1},0,\cdots,0)^{\mathrm{T}},$$

其中 $a_{1r},a_{2,r+1},\cdots,a_{k,r+k-1}$都不为零$(r+k-1\leqslant n)$,证明:$\boldsymbol{a}_1,\boldsymbol{a}_2,\cdots,\boldsymbol{a}_k$ 线性无关.

证 设有常数 $\lambda_1,\lambda_2,\cdots,\lambda_k$,使

$$\lambda\boldsymbol{a}_1+\lambda_2\boldsymbol{a}_2+\cdots+\lambda_k\boldsymbol{a}_k=\boldsymbol{0},$$

即

$$\begin{cases} a_{11}\lambda_1 + a_{21}\lambda_2 + \cdots + a_{k1}\lambda_k = 0, \\ a_{12}\lambda_1 + a_{22}\lambda_2 + \cdots + a_{k2}\lambda_k = 0, \\ \cdots\cdots \\ a_{1r}\lambda_1 + a_{2r}\lambda_2 + \cdots + a_{kr}\lambda_k = 0, \\ \qquad a_{2,r+1}\lambda_2 + \cdots + a_{k,r+1}\lambda_k = 0, \\ \cdots\cdots \\ a_{k-1,r+k-2}\lambda_{k-1} + a_{k,r+k-2}\lambda_k = 0, \\ \qquad a_{k,r+k-1}\lambda_k = 0. \end{cases}$$

因为 $a_{1r}, a_{2,r+1}, \cdots, a_{k,r+k-1}$ 都不为零,所以从方程组的最后一式开始,逐次解得

$$\lambda_k = \lambda_{k-1} = \cdots = \lambda_1 = 0.$$

因此 $\boldsymbol{a}_1, \boldsymbol{a}_2, \cdots, \boldsymbol{a}_k$ 线性无关.

注 此例说明,若以 $\boldsymbol{a}_1, \boldsymbol{a}_2, \cdots, \boldsymbol{a}_k$ 为列向量形成的矩阵为以下阶梯形式

$$\boldsymbol{A} = \begin{pmatrix} a_{11} & a_{21} & \cdots & a_{k1} \\ \vdots & \vdots & & \vdots \\ a_{1r} & a_{2r} & \cdots & a_{kr} \\ 0 & a_{2,r+1} & \cdots & a_{k,r+1} \\ \vdots & \vdots & & \vdots \\ 0 & 0 & \cdots & a_{k,r+k-1} \\ \vdots & \vdots & & \vdots \\ 0 & 0 & \cdots & 0 \end{pmatrix},$$

则 $\boldsymbol{a}_1, \boldsymbol{a}_2, \cdots, \boldsymbol{a}_k$ 线性无关.

例 2.1.5 已知 $\boldsymbol{a}_1 = (1,3,2,1)^{\mathrm{T}}, \boldsymbol{a}_2 = (2,7,5,5)^{\mathrm{T}}, \boldsymbol{a}_3 = (3,-1,-4,k)^{\mathrm{T}}$ 线性相关,求 k.

解 对矩阵$(\boldsymbol{a}_1, \boldsymbol{a}_2, \boldsymbol{a}_3)$作初等行变换,得

$$\begin{pmatrix} 1 & 2 & 3 \\ 3 & 7 & -1 \\ 2 & 5 & -4 \\ 1 & 5 & k \end{pmatrix} \to \begin{pmatrix} 1 & 2 & 3 \\ 0 & 1 & -10 \\ 0 & 1 & -10 \\ 0 & 3 & k-3 \end{pmatrix} \to \begin{pmatrix} 1 & 2 & 3 \\ 0 & 1 & -10 \\ 0 & 0 & 0 \\ 0 & 0 & k+27 \end{pmatrix} \to \begin{pmatrix} 1 & 2 & 3 \\ 0 & 1 & -10 \\ 0 & 0 & k+27 \\ 0 & 0 & 0 \end{pmatrix}.$$

由于 $\boldsymbol{a}_1, \boldsymbol{a}_2, \boldsymbol{a}_3$ 线性相关,则 $k+27=0$,即 $k=-27$.

例 2.1.6 设 $\boldsymbol{a}_i = (a, \cdots, 1, \cdots, a)^{\mathrm{T}}$(即 $\boldsymbol{a}_i$ 的第 i 个分量为 1,其余分量为 a, $i=1,2,\cdots,n$)是 $\mathbf{R}^n (n>1)$ 中的 n 个向量. 问:当 a 为何值时, $\boldsymbol{a}_1, \boldsymbol{a}_2, \cdots, \boldsymbol{a}_n$ 线性无关、线性相关?

解 因为

$$\det(\boldsymbol{a}_1,\boldsymbol{a}_2,\cdots,\boldsymbol{a}_n)=\begin{vmatrix}1&a&\cdots&a\\a&1&\cdots&a\\\vdots&\vdots&&\vdots\\a&a&\cdots&1\end{vmatrix}=\begin{vmatrix}1&a&\cdots&a\\a-1&1-a&\cdots&0\\\vdots&\vdots&&\vdots\\a-1&0&\cdots&1-a\end{vmatrix}$$

$$=\begin{vmatrix}1+(n-1)a&a&\cdots&a\\0&1-a&\cdots&0\\\vdots&\vdots&&\vdots\\0&0&\cdots&1-a\end{vmatrix}$$

$$=[1+(n-1)a](1-a)^{n-1},$$

所以当 $a\neq 1$ 且 $a\neq -\dfrac{1}{n-1}$ 时 $\det(\boldsymbol{a}_1,\boldsymbol{a}_2,\cdots,\boldsymbol{a}_n)\neq 0$. 于是当 $a\neq 1$ 且 $a\neq -\dfrac{1}{n-1}$ 时，$\boldsymbol{a}_1,\boldsymbol{a}_2,\cdots,\boldsymbol{a}_n$ 线性无关,其余情形 $\boldsymbol{a}_1,\boldsymbol{a}_2,\cdots,\boldsymbol{a}_n$ 线性相关.

例 2.1.7 设有同维向量 $\boldsymbol{a}_1,\boldsymbol{a}_2,\boldsymbol{a}_3,\boldsymbol{a}_4,\boldsymbol{a}_5$. 已知 $\boldsymbol{a}_1,\boldsymbol{a}_2,\boldsymbol{a}_3$ 线性无关,且 $\boldsymbol{a}_1,\boldsymbol{a}_2,\boldsymbol{a}_3,\boldsymbol{a}_5$ 线性无关,但 $\boldsymbol{a}_1,\boldsymbol{a}_2,\boldsymbol{a}_3,\boldsymbol{a}_4$ 线性相关. 证明:$\boldsymbol{a}_1,\boldsymbol{a}_2,\boldsymbol{a}_3,\boldsymbol{a}_5-t\boldsymbol{a}_4$ 线性无关,其中 t 为常数.

证 设有数 $\lambda_1,\lambda_2,\lambda_3,\lambda_4$,使得

$$\lambda_1\boldsymbol{a}_1+\lambda_2\boldsymbol{a}_2+\lambda_3\boldsymbol{a}_3+\lambda_4(\boldsymbol{a}_5-t\boldsymbol{a}_4)=\boldsymbol{0}.$$

因为 $\boldsymbol{a}_1,\boldsymbol{a}_2,\boldsymbol{a}_3$ 线性无关,但 $\boldsymbol{a}_1,\boldsymbol{a}_2,\boldsymbol{a}_3,\boldsymbol{a}_4$ 线性相关,所以 $\boldsymbol{a}_4$ 可由 $\boldsymbol{a}_1,\boldsymbol{a}_2,\boldsymbol{a}_3$ 线性表示,即存在 μ_1,μ_2,μ_3,使得

$$\boldsymbol{a}_4=\mu_1\boldsymbol{a}_1+\mu_2\boldsymbol{a}_2+\mu_3\boldsymbol{a}_3.$$

于是结合前一式得

$$(\lambda_1-t\lambda_4\mu_1)\boldsymbol{a}_1+(\lambda_2-t\lambda_4\mu_2)\boldsymbol{a}_2+(\lambda_3-t\lambda_4\mu_3)\boldsymbol{a}_3+\lambda_4\boldsymbol{a}_5=\boldsymbol{0}.$$

因为 $\boldsymbol{a}_1,\boldsymbol{a}_2,\boldsymbol{a}_3,\boldsymbol{a}_5$ 线性无关,所以

$$\begin{cases}\lambda_1-t\lambda_4\mu_1=0,\\\lambda_2-t\lambda_4\mu_2=0,\\\lambda_3-t\lambda_4\mu_3=0,\\\lambda_4=0.\end{cases}$$

由这个方程组解得 $\lambda_1=\lambda_2=\lambda_3=\lambda_4=0$,于是 $\boldsymbol{a}_1,\boldsymbol{a}_2,\boldsymbol{a}_3,\boldsymbol{a}_5-t\boldsymbol{a}_4$ 线性无关.

例 2.1.8 设 $\{\boldsymbol{b}_1,\boldsymbol{b}_2,\cdots,\boldsymbol{b}_m\}$ 和 $\{\boldsymbol{a}_1,\boldsymbol{a}_2,\cdots,\boldsymbol{a}_m\}$ 是 $\mathbf{R}^n$ 中两组向量,且 $\boldsymbol{b}_1,\boldsymbol{b}_2,\cdots,\boldsymbol{b}_m$ 可以被 $\boldsymbol{a}_1,\boldsymbol{a}_2,\cdots,\boldsymbol{a}_m$ 线性表示,即

$$\boldsymbol{b}_i=d_{1i}\boldsymbol{a}_1+d_{2i}\boldsymbol{a}_2+\cdots+d_{mi}\boldsymbol{a}_m,\quad i=1,2,\cdots,m.$$

记

$$\boldsymbol{D}=\begin{pmatrix} d_{11} & d_{12} & \cdots & d_{1m} \\ d_{21} & d_{22} & \cdots & d_{2m} \\ \vdots & \vdots & & \vdots \\ d_{m1} & d_{m2} & \cdots & d_{mm} \end{pmatrix},$$

则$(\boldsymbol{b}_1,\boldsymbol{b}_2,\cdots,\boldsymbol{b}_m)=(\boldsymbol{a}_1,\boldsymbol{a}_2,\cdots,\boldsymbol{a}_m)\boldsymbol{D}$.

(1) 若$\boldsymbol{a}_1,\boldsymbol{a}_2,\cdots,\boldsymbol{a}_m$线性无关,证明$\boldsymbol{b}_1,\boldsymbol{b}_2,\cdots,\boldsymbol{b}_m$线性无关的充要条件为$|\boldsymbol{D}|\neq 0$,即$\boldsymbol{D}$可逆;

(2) 证明:若$\boldsymbol{D}$可逆,则当$\boldsymbol{b}_1,\boldsymbol{b}_2,\cdots,\boldsymbol{b}_m$线性无关时,$\boldsymbol{a}_1,\boldsymbol{a}_2,\cdots,\boldsymbol{a}_m$也线性无关;

(3) 当$m=n$时,证明:若$\boldsymbol{b}_1,\boldsymbol{b}_2,\cdots,\boldsymbol{b}_n$线性无关,则$\boldsymbol{a}_1,\boldsymbol{a}_2,\cdots,\boldsymbol{a}_n$也线性无关;

(4) 已知$\boldsymbol{a}_1,\boldsymbol{a}_2,\boldsymbol{a}_3$线性无关,$\boldsymbol{b}_1=\boldsymbol{a}_1-\boldsymbol{a}_2+3\boldsymbol{a}_3$,$\boldsymbol{b}_2=3\boldsymbol{a}_1-2\boldsymbol{a}_2+\boldsymbol{a}_3$, $\boldsymbol{b}_3=2\boldsymbol{a}_1-\boldsymbol{a}_2+\boldsymbol{a}_3$,判别$\boldsymbol{b}_1,\boldsymbol{b}_2,\boldsymbol{b}_3$的线性相关性;

(5) 设$\boldsymbol{a}_1,\boldsymbol{a}_2,\cdots,\boldsymbol{a}_m$线性无关($m\geqslant 2$),$\boldsymbol{b}=\boldsymbol{a}_1+\boldsymbol{a}_2+\cdots+\boldsymbol{a}_m$. 作

$$\boldsymbol{b}_1=\boldsymbol{b}-\boldsymbol{a}_1,\quad \boldsymbol{b}_2=\boldsymbol{b}-\boldsymbol{a}_2,\quad \cdots,\quad \boldsymbol{b}_m=\boldsymbol{b}-\boldsymbol{a}_m,$$

判别$\boldsymbol{b}_1,\boldsymbol{b}_2,\cdots,\boldsymbol{b}_m$的线性相关性.

解 (1)**证** 充分性:若$\boldsymbol{D}$可逆,则由推论 2. 1. 3 知,由$\boldsymbol{a}_1,\boldsymbol{a}_2,\cdots,\boldsymbol{a}_m$线性无关可以推知$\boldsymbol{b}_1,\boldsymbol{b}_2,\cdots,\boldsymbol{b}_m$线性无关.

必要性:只要证$\boldsymbol{D}\boldsymbol{x}=\boldsymbol{0}$($\boldsymbol{x}=(x_1,x_2,\cdots,x_m)^{\mathrm{T}}$)只有零解即可. 若$\boldsymbol{D}\boldsymbol{x}=\boldsymbol{0}$,则$(\boldsymbol{a}_1,\boldsymbol{a}_2,\cdots,\boldsymbol{a}_m)\boldsymbol{D}\boldsymbol{x}=\boldsymbol{0}$. 由$(\boldsymbol{b}_1,\boldsymbol{b}_2,\cdots,\boldsymbol{b}_m)=(\boldsymbol{a}_1,\boldsymbol{a}_2,\cdots,\boldsymbol{a}_m)\boldsymbol{D}$知

$$(\boldsymbol{b}_1,\boldsymbol{b}_2,\cdots,\boldsymbol{b}_m)\boldsymbol{x}=\boldsymbol{0}.$$

由于$\boldsymbol{b}_1,\boldsymbol{b}_2,\cdots,\boldsymbol{b}_m$线性无关,因此上式只有零解,即$\boldsymbol{x}=\boldsymbol{0}$.

(2) **证** 由于当$\boldsymbol{D}$可逆时有

$$(\boldsymbol{a}_1,\boldsymbol{a}_2,\cdots,\boldsymbol{a}_n)=(\boldsymbol{b}_1,\boldsymbol{b}_2,\cdots,\boldsymbol{b}_n)\boldsymbol{D}^{-1}.$$

因此由(1)便得所需结论.

(3) **证** 由

$$(\boldsymbol{b}_1,\boldsymbol{b}_2,\cdots,\boldsymbol{b}_n)=(\boldsymbol{a}_1,\boldsymbol{a}_2,\cdots,\boldsymbol{a}_n)\boldsymbol{D},$$

取行列式得

$$\det(\boldsymbol{b}_1,\boldsymbol{b}_2,\cdots,\boldsymbol{b}_n)=\det(\boldsymbol{a}_1,\boldsymbol{a}_2,\cdots,\boldsymbol{a}_n)\det(\boldsymbol{D}).$$

因为$\boldsymbol{b}_1,\boldsymbol{b}_2,\cdots,\boldsymbol{b}_m$线性无关,所以$\det(\boldsymbol{b}_1,\boldsymbol{b}_2,\cdots,\boldsymbol{b}_n)\neq 0$,因此从上式知$\det(\boldsymbol{a}_1,\boldsymbol{a}_2,\cdots,\boldsymbol{a}_n)\neq 0$,于是$\boldsymbol{a}_1,\boldsymbol{a}_2,\cdots,\boldsymbol{a}_n$线性无关.

(4) 易知

$$(\boldsymbol{b}_1,\boldsymbol{b}_2,\boldsymbol{b}_3)=(\boldsymbol{a}_1,\boldsymbol{a}_2,\boldsymbol{a}_3)\begin{pmatrix} 1 & 3 & 2 \\ -1 & -2 & -1 \\ 3 & 1 & 1 \end{pmatrix},$$

因为

$$\det(\boldsymbol{D})=\begin{vmatrix}1&3&2\\-1&-2&-1\\3&1&1\end{vmatrix}=1,$$

所以由(1)知,$\boldsymbol{b}_1,\boldsymbol{b}_2,\boldsymbol{b}_3$ 的线性无关.

(5) 显然

$$\boldsymbol{b}_1=\boldsymbol{a}_2+\boldsymbol{a}_3+\cdots+\boldsymbol{a}_m,\quad \boldsymbol{b}_2=\boldsymbol{a}_1+\boldsymbol{a}_3+\cdots+\boldsymbol{a}_m,\quad \cdots,\quad \boldsymbol{b}_m=\boldsymbol{a}_1+\boldsymbol{a}_2+\cdots+\boldsymbol{a}_{m-1},$$

所以

$$(\boldsymbol{b}_1,\boldsymbol{b}_2,\cdots,\boldsymbol{b}_m)=(\boldsymbol{a}_1,\boldsymbol{a}_2,\cdots,\boldsymbol{a}_m)\begin{pmatrix}0&1&1&\cdots&1\\1&0&1&\cdots&1\\1&1&0&\cdots&1\\\vdots&\vdots&\vdots&&\vdots\\1&1&1&\cdots&0\end{pmatrix}.$$

而

$$\begin{vmatrix}0&1&1&\cdots&1\\1&0&1&\cdots&1\\1&1&0&\cdots&1\\\vdots&\vdots&\vdots&&\vdots\\1&1&1&\cdots&0\end{vmatrix}=\begin{vmatrix}m-1&1&1&\cdots&1\\m-1&0&1&\cdots&1\\m-1&1&0&\cdots&1\\\vdots&\vdots&\vdots&&\vdots\\m-1&1&1&\cdots&0\end{vmatrix}$$

$$=(m-1)\begin{vmatrix}1&1&1&\cdots&1\\1&0&1&\cdots&1\\1&1&0&\cdots&1\\\vdots&\vdots&\vdots&&\vdots\\1&1&1&\cdots&0\end{vmatrix}$$

$$=(m-1)\begin{vmatrix}1&1&1&\cdots&1\\0&-1&1&\cdots&1\\0&0&-1&\cdots&1\\\vdots&\vdots&\vdots&&\vdots\\0&0&0&\cdots&-1\end{vmatrix}$$

$$=(-1)^{m-1}(m-1)\neq0,$$

由(1)知,$\boldsymbol{b}_1,\boldsymbol{b}_2,\cdots,\boldsymbol{b}_m$ 线性无关.

注 从(1)可直接得到:若$|\boldsymbol{D}|=0$,即 $\boldsymbol{D}$ 不可逆,则 $\boldsymbol{b}_1,\boldsymbol{b}_2,\cdots,\boldsymbol{b}_m$ 线性相关.

例 2.1.9 已知 $\mathbf{R}^n$ 中向量 $\boldsymbol{a}_1,\boldsymbol{a}_2,\cdots,\boldsymbol{a}_m$ 线性相关($m\geqslant2$),$k_1,k_2,\cdots,k_{m-1}$是任意 $m-1$ 个数,证明:

$$\boldsymbol{b}_1=\boldsymbol{a}_1+k_1\boldsymbol{a}_2,\quad \boldsymbol{b}_2=\boldsymbol{a}_2+k_2\boldsymbol{a}_3,\quad \cdots,\quad \boldsymbol{b}_{m-1}=\boldsymbol{a}_{m-1}+k_{m-1}\boldsymbol{a}_m,\quad \boldsymbol{b}_m=\boldsymbol{a}_m$$

线性相关.

证 显然

$$(\boldsymbol{b}_1,\boldsymbol{b}_2,\cdots,\boldsymbol{b}_m)=(\boldsymbol{a}_1,\boldsymbol{a}_2,\cdots,\boldsymbol{a}_m)\begin{pmatrix}1&0&0&\cdots&0&0\\k_1&1&0&\cdots&0&0\\0&k_2&1&\cdots&0&0\\\vdots&\vdots&\vdots&&\vdots&\vdots\\0&0&0&\cdots&1&0\\0&0&0&\cdots&k_{m-1}&1\end{pmatrix}.$$

记

$$\boldsymbol{D}=\begin{pmatrix}1&0&0&\cdots&0&0\\k_1&1&0&\cdots&0&0\\0&k_2&1&\cdots&0&0\\\vdots&\vdots&\vdots&&\vdots&\vdots\\0&0&0&\cdots&1&0\\0&0&0&\cdots&k_{m-1}&1\end{pmatrix},$$

显然 $\boldsymbol{D}$ 可逆. 因为 $\boldsymbol{a}_1,\boldsymbol{a}_2,\cdots,\boldsymbol{a}_m$ 线性相关,所以存在不全为零的数 $\lambda_1,\lambda_2,\cdots,\lambda_m$,使得

$$\lambda_1\boldsymbol{a}_1+\lambda_2\boldsymbol{a}_2+\cdots+\lambda_m\boldsymbol{a}_m=\boldsymbol{0}.$$

取

$$\begin{pmatrix}\mu_1\\\mu_2\\\vdots\\\mu_m\end{pmatrix}=\boldsymbol{D}^{-1}\begin{pmatrix}\lambda_1\\\lambda_2\\\vdots\\\lambda_m\end{pmatrix},$$

因为 $\boldsymbol{D}$ 可逆,所以 $\mu_1,\mu_2,\cdots,\mu_m$ 不全为零. 此时

$$\begin{aligned}\mu_1\boldsymbol{b}_1+\mu_2\boldsymbol{b}_2+\cdots+\mu_m\boldsymbol{b}_m&=(\boldsymbol{b}_1,\boldsymbol{b}_2,\cdots,\boldsymbol{b}_m)\begin{pmatrix}\mu_1\\\mu_2\\\vdots\\\mu_m\end{pmatrix}\\&=(\boldsymbol{a}_1,\boldsymbol{a}_2,\cdots,\boldsymbol{a}_m)\boldsymbol{D}\,\boldsymbol{D}^{-1}\begin{pmatrix}\lambda_1\\\lambda_2\\\vdots\\\lambda_m\end{pmatrix}\end{aligned}$$

$$=(\boldsymbol{a}_1,\boldsymbol{a}_2,\cdots,\boldsymbol{a}_m)\begin{pmatrix}\lambda_1\\ \lambda_2\\ \vdots\\ \lambda_m\end{pmatrix}$$

$$=\lambda_1\boldsymbol{a}_1+\lambda_2\boldsymbol{a}_2+\cdots+\lambda_m\boldsymbol{a}_m=\boldsymbol{0}.$$

因此 $\boldsymbol{b}_1,\boldsymbol{b}_2,\cdots,\boldsymbol{b}_m$ 线性相关.

例 2.1.10 设 $t_1,t_2,\cdots,t_m$ 是 m 个互不相同的数,$\boldsymbol{a}_i=(1,t_i,\cdots,t_i^{n-1})^{\mathrm{T}}(i=1,2,\cdots,m)$,讨论 $\boldsymbol{a}_1,\boldsymbol{a}_2,\cdots,\boldsymbol{a}_m$ 的线性相关性.

解 当 $m>n$ 时,由于向量组中向量的个数大于向量的维数,因此 $\boldsymbol{a}_1,\boldsymbol{a}_2,\cdots,\boldsymbol{a}_m$ 的线性相关.

当 $m=n$ 时,由于 $t_1,t_2,\cdots,t_m$ 互不相同,因此

$$\det(\boldsymbol{a}_1,\boldsymbol{a}_2,\cdots,\boldsymbol{a}_m)=\begin{vmatrix}1 & 1 & \cdots & 1\\ t_1 & t_2 & \cdots & t_m\\ t_1^2 & t_2^2 & \cdots & t_m^2\\ \vdots & \vdots & & \vdots\\ t_1^{m-1} & t_2^{m-1} & \cdots & t_m^{m-1}\end{vmatrix}=\prod_{1\leqslant i<j\leqslant m}(t_j-t_i)\neq 0,$$

所以 $\boldsymbol{a}_1,\boldsymbol{a}_2,\cdots,\boldsymbol{a}_m$ 的线性无关.

当 $m<n$ 时,取 $t_{m+1},\cdots,t_n$,使 $t_1,\cdots,t_m,t_{m+1},\cdots,t_n$,互不相同,并如假设构造 $\boldsymbol{a}_{m+1},\cdots,\boldsymbol{a}_n$,则如上可知 $\boldsymbol{a}_1,\boldsymbol{a}_2,\cdots,\boldsymbol{a}_n$ 线性无关,所以减少向量后的 $\boldsymbol{a}_1,\boldsymbol{a}_2,\cdots,\boldsymbol{a}_m$ 的线性无关.

例 2.1.11 设 $\boldsymbol{a}_1,\boldsymbol{a}_2,\cdots,\boldsymbol{a}_m$ 线性无关,$\boldsymbol{b}=\boldsymbol{a}_1+2\boldsymbol{a}_2+\cdots+m\boldsymbol{a}_m$. 证明:$\boldsymbol{a}_1,\boldsymbol{a}_2,\cdots,\boldsymbol{a}_m,\boldsymbol{b}$ 中任意 m 个向量线性无关.

证 因为 $\boldsymbol{a}_1,\boldsymbol{a}_2,\cdots,\boldsymbol{a}_m$ 线性无关,只需证明 $\boldsymbol{a}_1,\cdots,\boldsymbol{a}_{i-1},\boldsymbol{a}_{i+1},\cdots,a_m$, $\boldsymbol{b}$ 线性无关即可($i=1,2,\cdots,m$). 用反证法. 设它们线性相关,由于 $\boldsymbol{a}_1,\cdots,\boldsymbol{a}_{i-1},\boldsymbol{a}_{i+1},\cdots,a_m$ 线性无关,则 $\boldsymbol{b}$ 必可由 $\boldsymbol{a}_1,\cdots,\boldsymbol{a}_{i-1},\boldsymbol{a}_{i+1},\cdots,a_m$ 线性表示,即存在常数 $\lambda_1,\cdots,\lambda_{i-1},\lambda_{i+1},\cdots,\lambda_m$,使得

$$\boldsymbol{b}=\lambda_1\boldsymbol{a}_1+\cdots+\lambda_{i-1}\boldsymbol{a}_{i-1}+\lambda_{i+1}\boldsymbol{a}_{i+1}+\cdots+\lambda_m\boldsymbol{a}_m,$$

因此由 $\boldsymbol{b}=\boldsymbol{a}_1+2\boldsymbol{a}_2+\cdots m\boldsymbol{a}_m$ 得

$$(\lambda_1-1)\boldsymbol{a}_1+\cdots+[\lambda_{i-1}-(i-1)]\boldsymbol{a}_{i-1}-i\boldsymbol{a}_i+[\lambda_{i+1}-(i+1)]\boldsymbol{a}_{i+1}+\cdots+(\lambda_m-m)\boldsymbol{a}_m=\boldsymbol{0}.$$

由于 $\boldsymbol{a}_i$ 的系数为 $i\neq 0$,因此 $\boldsymbol{a}_1,\boldsymbol{a}_2,\cdots,\boldsymbol{a}_m$ 线性相关,这与假设矛盾.

例 2.1.12 设向量 $\boldsymbol{b}$ 可由 $\boldsymbol{a}_1,\boldsymbol{a}_2,\cdots,\boldsymbol{a}_m$ 线性表示,但不能被 $\boldsymbol{a}_1,\boldsymbol{a}_2,\cdots,\boldsymbol{a}_{m-1}$ 线性表示. 证明:$\boldsymbol{a}_m$ 可由 $\boldsymbol{a}_1,\boldsymbol{a}_2,\cdots,\boldsymbol{a}_{m-1},\boldsymbol{b}$ 线性表示.

证 因为向量 $\boldsymbol{b}$ 可由 $\boldsymbol{a}_1,\boldsymbol{a}_2,\cdots,\boldsymbol{a}_m$ 线性表示,所以存在常数 $\lambda_1,\lambda_2,\cdots,\lambda_m$,

使得

$$\boldsymbol{b}=\lambda_1\boldsymbol{a}_1+\lambda_2\boldsymbol{a}_2+\cdots+\lambda_{m-1}\boldsymbol{a}_{m-1}+\lambda_m\boldsymbol{a}_m.$$

因为 $\boldsymbol{b}$ 不能被 $\boldsymbol{a}_1,\boldsymbol{a}_2,\cdots,\boldsymbol{a}_{m-1}$ 线性表示,所以 $\lambda_m\neq0$. 于是

$$\boldsymbol{a}_m=\frac{1}{\lambda_m}\boldsymbol{b}-\frac{\lambda_1}{\lambda_m}\boldsymbol{a}_1-\frac{\lambda_2}{\lambda_m}\boldsymbol{a}_2-\cdots-\frac{\lambda_{m-1}}{\lambda_m}\boldsymbol{a}_{m-1},$$

即 $\boldsymbol{a}_m$ 可由 $\boldsymbol{a}_1,\boldsymbol{a}_2,\cdots,\boldsymbol{a}_{m-1},\boldsymbol{b}$ 线性表示.

例 2.1.13 设 $\boldsymbol{a}_i=(a_{i1},a_{i2},\cdots,a_{in})^{\mathrm{T}}(i=1,2,\cdots,m,m<n)$ 是 $\mathbf{R}^n$ 中向量,且 $\boldsymbol{a}_1,\boldsymbol{a}_2,\cdots,\boldsymbol{a}_m$ 线性无关. 证明:若 $\boldsymbol{b}=(b_1,b_2,\cdots,b_n)^{\mathrm{T}}$ 是线性方程组

$$\begin{cases}a_{11}x_1+a_{12}x_2+\cdots+a_{1n}x_n=0,\\a_{21}x_1+a_{22}x_2+\cdots+a_{2n}x_n=0,\\\quad\cdots\cdots\\a_{m1}x_1+a_{m2}x_2+\cdots+a_{mn}x_n=0\end{cases}$$

的非零解,则 $\boldsymbol{a}_1,\boldsymbol{a}_2,\cdots,\boldsymbol{a}_m,\boldsymbol{b}$ 线性无关.

证 因为 $\boldsymbol{b}=(b_1,b_2,\cdots,b_n)^{\mathrm{T}}$ 是所给方程组的解,则

$$\begin{cases}a_{11}b_1+a_{12}b_2+\cdots+a_{1n}b_n=0,\\a_{21}b_1+a_{22}b_2+\cdots+a_{2n}b_n=0,\\\quad\cdots\cdots\\a_{m1}b_1+a_{m2}b_2+\cdots+a_{mn}b_n=0.\end{cases}$$

上面的第 1,第 2,…,第 m 式依次就是

$$\boldsymbol{b}^{\mathrm{T}}\boldsymbol{a}_1=0,\quad\boldsymbol{b}^{\mathrm{T}}\boldsymbol{a}_2=0,\quad\cdots,\quad\boldsymbol{b}^{\mathrm{T}}\boldsymbol{a}_m=0.$$

若有常数 $\lambda_1,\lambda_2,\cdots,\lambda_m,\lambda_{m+1}$,使得

$$\lambda_1\boldsymbol{a}_1+\lambda_2\boldsymbol{a}_2+\cdots+\lambda_m\boldsymbol{a}_m+\lambda_{m+1}\boldsymbol{b}=\boldsymbol{0},$$

那么将 $\boldsymbol{b}^{\mathrm{T}}$ 左乘上式得

$$\lambda_1\boldsymbol{b}^{\mathrm{T}}\boldsymbol{a}_1+\lambda_2\boldsymbol{b}^{\mathrm{T}}\boldsymbol{a}_2+\cdots+\lambda_m\boldsymbol{b}^{\mathrm{T}}\boldsymbol{a}_m+\lambda_{m+1}\boldsymbol{b}^{\mathrm{T}}\boldsymbol{b}=\boldsymbol{0},$$

因此 $\lambda_{m+1}\boldsymbol{b}^{\mathrm{T}}\boldsymbol{b}=\boldsymbol{0}$. 因为 $\boldsymbol{b}\neq\boldsymbol{0}$,则 $\boldsymbol{b}^{\mathrm{T}}\boldsymbol{b}>0$,于是 $\lambda_{m+1}=0$. 所以有

$$\lambda_1\boldsymbol{a}_1+\lambda_2\boldsymbol{a}_2+\cdots+\lambda_m\boldsymbol{a}_m=\boldsymbol{0},$$

由已知,$\boldsymbol{a}_1,\boldsymbol{a}_2,\cdots,\boldsymbol{a}_m$ 线性无关,所以 $\lambda_1=\lambda_2=\cdots=\lambda_m=0$. 于是 $\boldsymbol{a}_1,\boldsymbol{a}_2,\cdots,\boldsymbol{a}_m,\boldsymbol{b}$ 线性无关.

例 2.1.14 设 $\boldsymbol{A}$ 是 $n\times m$ 矩阵,$\boldsymbol{B}$ 是 $m\times n$ 矩阵($n\leqslant m$). 证明:若 $\boldsymbol{AB}=\boldsymbol{I}_n$,则 $\boldsymbol{B}$ 的列向量线性无关.

证法一 考虑线性方程组 $\boldsymbol{Bx}=\boldsymbol{0}$. 只要证明这个方程组只有零解即可. 若 $\boldsymbol{x}$ 是该方程的解,即满足 $\boldsymbol{Bx}=\boldsymbol{0}$. 在等式两边左乘 $\boldsymbol{A}$ 得 $\boldsymbol{ABx}=\boldsymbol{0}$. 因为 $\boldsymbol{AB}=\boldsymbol{I}_n$,所以 $\boldsymbol{x}=\boldsymbol{0}$. 这就是说 $\boldsymbol{Bx}=\boldsymbol{0}$ 只有零解,由定理 2.1.5,$\boldsymbol{B}$ 的列向量线性无关.

证法二 记 $\boldsymbol{B}$ 的列向量为 $\boldsymbol{b}_1,\boldsymbol{b}_2,\cdots,\boldsymbol{b}_n$. 由 $\boldsymbol{AB}=\boldsymbol{I}_n$ 得

$$\begin{aligned} AB &= A(b_1, b_2, \cdots, b_n) = (Ab_1, Ab_2, \cdots, Ab_n) \\ &= I_n = (e_1, e_2, \cdots, e_n), \end{aligned}$$

其中 $\boldsymbol{e}_i=(0,\cdots,1,\cdots,0)^{\mathrm{T}}$(第 i 个分量为1,其余分量为0,$i=1,2,\cdots,n$). 于是

$$\boldsymbol{Ab}_i=\boldsymbol{e}_i,\quad i=1,2,\cdots,n.$$

若有常数 $\lambda_1,\lambda_2,\cdots,\lambda_n$,使得

$$\lambda_1\boldsymbol{b}_1+\lambda_2\boldsymbol{b}_2+\cdots+\lambda_n\boldsymbol{b}_n=\boldsymbol{0},$$

则对上式左乘 $\boldsymbol{A}$ 得

$$\lambda_1\boldsymbol{Ab}_1+\lambda_2\boldsymbol{Ab}_2+\cdots+\lambda_n\boldsymbol{Ab}_n=\boldsymbol{0},\text{即 }\lambda_1\boldsymbol{e}_1+\lambda_2\boldsymbol{e}_2+\cdots+\lambda_n\boldsymbol{e}_n=\boldsymbol{0}.$$

因为 $\boldsymbol{e}_1,\boldsymbol{e}_2,\cdots,\boldsymbol{e}_n$ 线性无关,所以 $\lambda_1=\lambda_2=\cdots=\lambda_n=0$. 于是,$\boldsymbol{b}_1,\boldsymbol{b}_2,\cdots,\boldsymbol{b}_n$ 线性无关.

例 2.1.15 设实矩阵

$$\boldsymbol{A}=\begin{pmatrix} a_{11} & a_{12} & \cdots & a_{1n} \\ a_{21} & a_{22} & \cdots & a_{2n} \\ \vdots & \vdots & & \vdots \\ a_{n1} & a_{n2} & \cdots & a_{nn} \end{pmatrix}=(\boldsymbol{a}_1,\boldsymbol{a}_2,\cdots,\boldsymbol{a}_n),$$

其中 $\boldsymbol{a}_i=(a_{1i},a_{2i},\cdots,a_{ni})^{\mathrm{T}}(i=1,2,\cdots,n)$.

(1) 证明:若

$$|a_{ii}|>\sum_{j=1,\ j\neq i}^{n}|a_{ij}|,\quad i=1,2,\cdots,n,$$

则 $\boldsymbol{a}_1,\boldsymbol{a}_2,\cdots,\boldsymbol{a}_n$ 线性无关,因此 $|\boldsymbol{A}|\neq 0$;

(2) 证明:若

$$a_{ii}>\sum_{j=1,\ j\neq i}^{n}|a_{ij}|,\quad i=1,2,\cdots,n,$$

则 $|\boldsymbol{A}|>0$.

证 (1) 用反证法. 若 $\boldsymbol{a}_1,\boldsymbol{a}_2,\cdots,\boldsymbol{a}_n$ 线性相关,则存在不全为零的 $\lambda_1,\lambda_2,\cdots,\lambda_n$,使得

$$\lambda_1\boldsymbol{a}_1+\lambda_2\boldsymbol{a}_2+\cdots+\lambda_n\boldsymbol{a}_n=\boldsymbol{0}.$$

取 λ_i,使得

$$|\lambda_i|\geqslant|\lambda_j|,\quad j=1,2,\cdots,n\text{ 且 }j\neq i,$$

则 $|\lambda_i|>0$. 将 $\lambda_1\boldsymbol{a}_1+\lambda_2\boldsymbol{a}_2+\cdots+\lambda_n\boldsymbol{a}_n=\boldsymbol{0}$ 中第 i 个分量写出来就是

$$\lambda_1a_{i1}+\cdots+\lambda_ia_{ii}+\cdots+\lambda_na_{in}=0.$$

因此

$$|\lambda_ia_{ii}|=\left|-\sum_{j=1,\ j\neq i}^{n}\lambda_ja_{ij}\right|\leqslant\sum_{j=1,\ j\neq i}^{n}|\lambda_j||a_{ij}|,$$

于是

$$|a_{ii}| = \sum_{j=1,\, j\neq i}^{n} |a_{ij}| \frac{|\lambda_j|}{|\lambda_i|} \leqslant \sum_{j=1,\, j\neq i}^{n} |a_{ij}|.$$

这与假设矛盾. 因此 $\boldsymbol{a}_1, \boldsymbol{a}_2, \cdots, \boldsymbol{a}_n$ 线性无关.

（2）作

$$B = \begin{pmatrix} a_{11} & a_{12}x & \cdots & a_{1n}x \\ a_{21}x & a_{22} & \cdots & a_{2n}x \\ \vdots & \vdots & & \vdots \\ a_{n1}x & a_{n2}x & \cdots & a_{nn} \end{pmatrix},$$

则 $f(x) = |\boldsymbol{B}|$ 是关于 x 的实系数多项式. 当 $x \in [0,1]$ 时, 由假设知

$$a_{ii} > \sum_{j=1,\, j\neq i}^{n} |a_{ij}| \geqslant \sum_{j=1,\, j\neq i}^{n} |a_{ij}x|, \quad i = 1,2,\cdots,n,$$

因此由(1)知 $f(x) = |\boldsymbol{B}| \neq 0 (x \in [0,1])$. 显然

$$f(0) = \begin{vmatrix} a_{11} & 0 & \cdots & 0 \\ 0 & a_{22} & \cdots & 0 \\ \vdots & \vdots & & \vdots \\ 0 & 0 & \cdots & a_{nn} \end{vmatrix} = a_{11}a_{22}\cdots a_{nn} > 0.$$

若 $|\boldsymbol{A}| = f(1) < 0$, 则由连续函数的零点存在定理知, 必有 $x_0 \in (0,1)$, 使得 $f(x_0) = 0$, 这与前面得到的结论矛盾. 因此 $|\boldsymbol{A}| = f(1) > 0$.

习　题

1. 判断下列向量组是否线性无关:

(1) $\begin{pmatrix} 2 \\ 1 \\ -1 \end{pmatrix}, \begin{pmatrix} 0 \\ -4 \\ 8 \end{pmatrix}, \begin{pmatrix} 1 \\ -1 \\ 3 \end{pmatrix}$; (2) $\begin{pmatrix} 4 \\ 1 \\ 10 \\ 0 \end{pmatrix}, \begin{pmatrix} 1 \\ 2 \\ 5 \\ 1 \end{pmatrix}, \begin{pmatrix} 2 \\ 0 \\ 2 \\ 1 \end{pmatrix}, \begin{pmatrix} 4 \\ 2 \\ 0 \\ 7 \end{pmatrix}$.

2. 讨论下面向量组的线性相关性:

$$\begin{pmatrix} 1 \\ 1 \\ 2 \\ 2 \\ 1 \end{pmatrix}, \begin{pmatrix} 0 \\ 2 \\ 1 \\ 5 \\ -1 \end{pmatrix}, \begin{pmatrix} 1 \\ a \\ 4 \\ b \\ -1 \end{pmatrix}.$$

3. 设 $\boldsymbol{a}_1 = \begin{pmatrix} 1 \\ 1 \\ 1 \end{pmatrix}, \quad \boldsymbol{a}_2 = \begin{pmatrix} 1 \\ 2 \\ 3 \end{pmatrix}, \quad \boldsymbol{a}_3 = \begin{pmatrix} 1 \\ 3 \\ t \end{pmatrix}$.

（1）问当 t 为何值时，$\boldsymbol{a}_1,\boldsymbol{a}_2,\boldsymbol{a}_3$ 线性相关？

（2）问当 t 为何值时，$\boldsymbol{a}_1,\boldsymbol{a}_2,\boldsymbol{a}_3$ 线性无关？

（3）当 $\boldsymbol{a}_1,\boldsymbol{a}_2,\boldsymbol{a}_3$ 线性相关时，问 $\boldsymbol{a}_3$ 是否可以由 $\boldsymbol{a}_1,\boldsymbol{a}_2$ 线性表示？若能，写出具体表达式.

4. 设有向量组

$$\boldsymbol{a}_1=\begin{pmatrix}1+t\\1\\1\\1\end{pmatrix},\quad \boldsymbol{a}_2=\begin{pmatrix}2\\2+t\\2\\2\end{pmatrix},\quad \boldsymbol{a}_3=\begin{pmatrix}3\\3\\3+t\\3\end{pmatrix},\quad \boldsymbol{a}_4=\begin{pmatrix}4\\4\\4\\4+t\end{pmatrix}.$$

问：

（1）当 t 为何值时，$\boldsymbol{a}_1,\boldsymbol{a}_2,\boldsymbol{a}_3,\boldsymbol{a}_4$ 线性相关？

（2）当 t 为何值时，$\boldsymbol{a}_1,\boldsymbol{a}_2,\boldsymbol{a}_3,\boldsymbol{a}_4$ 线性无关？

5. 设 $\boldsymbol{a}_1,\boldsymbol{a}_2,\boldsymbol{a}_3$ 线性无关，问：当参数 l,m 满足何种关系时，$l\boldsymbol{a}_2-\boldsymbol{a}_1,m\boldsymbol{a}_3-\boldsymbol{a}_2,\boldsymbol{a}_1-\boldsymbol{a}_3$ 也线性无关？

6. 设 $\boldsymbol{a}_1,\boldsymbol{a}_2,\cdots,\boldsymbol{a}_m$ 线性无关，作

$$\boldsymbol{b}_1=\boldsymbol{a}_1+\boldsymbol{a}_2,\quad \boldsymbol{b}_2=\boldsymbol{a}_2+\boldsymbol{a}_3,\quad \cdots,\quad \boldsymbol{b}_{m-1}=\boldsymbol{a}_{m-1}+\boldsymbol{a}_m,\quad \boldsymbol{b}_m=\boldsymbol{a}_m+\boldsymbol{a}_1.$$

判别 $\boldsymbol{b}_1,\boldsymbol{b}_2,\cdots,\boldsymbol{b}_m$ 的线性相关性.

7. 设 $\boldsymbol{a}_1,\boldsymbol{a}_2$ 线性无关，$\boldsymbol{a}_1+\boldsymbol{b},\boldsymbol{a}_2+\boldsymbol{b}$ 线性相关，问 $\boldsymbol{b}$ 能否由 $\boldsymbol{a}_1,\boldsymbol{a}_2$ 线性表示？

8. 设 $\boldsymbol{a}_1,\boldsymbol{a}_2,\boldsymbol{a}_3$ 线性相关，$\boldsymbol{a}_2,\boldsymbol{a}_3,\boldsymbol{a}_4$ 线性无关. 问：

（1）$\boldsymbol{a}_1$ 能否由 $\boldsymbol{a}_2,\boldsymbol{a}_3$ 线性表示；

（2）$\boldsymbol{a}_4$ 能否由 $\boldsymbol{a}_1,\boldsymbol{a}_2,\boldsymbol{a}_3$ 线性表示.

9. 若 $\boldsymbol{b}=(0,k,k^2)^{\mathrm{T}}$ 能由 $\boldsymbol{a}_1=(1+\boldsymbol{k},1,1)^{\mathrm{T}},\boldsymbol{a}_2=(1,1+k,1)^{\mathrm{T}},\boldsymbol{a}_3=(1,1,1+k)^{\mathrm{T}}$ 唯一地线性表示，求 k.

10. 已知两个 n 维向量组 $\boldsymbol{a}_1,\boldsymbol{a}_2,\cdots,\boldsymbol{a}_m$ 和 $\boldsymbol{b}_1,\boldsymbol{b}_2,\cdots,\boldsymbol{b}_m$. 证明：若存在两组不全为零的数 $\lambda_1,\lambda_2,\cdots,\lambda_m$ 和 $\mu_1,\mu_2,\cdots,\mu_m$，使得

$$\begin{aligned}&(\lambda_1+\mu_1)\boldsymbol{a}_1+(\lambda_2+\mu_2)\boldsymbol{a}_2+\cdots+(\lambda_m+\mu_m)\boldsymbol{a}_m\\&+(\lambda_1-\mu_1)\boldsymbol{b}_1+(\lambda_2-\mu_2)\boldsymbol{b}_2+\cdots+(\lambda_m-\mu_m)\boldsymbol{b}_m=\boldsymbol{0},\end{aligned}$$

则 $\boldsymbol{a}_1+\boldsymbol{b}_1,\boldsymbol{a}_2+\boldsymbol{b}_2,\cdots,\boldsymbol{a}_{\boldsymbol{m}}+\boldsymbol{b}_{\boldsymbol{m}},\boldsymbol{a}_1-\boldsymbol{b}_1,\boldsymbol{a}_2-\boldsymbol{b}_2,\cdots,\boldsymbol{a}_m-b_m$ 线性相关.

11. 设 $\boldsymbol{a}_1,\boldsymbol{a}_2,\cdots,\boldsymbol{a}_m$ 是 n 维向量组，$\boldsymbol{A}$ 是 $m\times n$ 矩阵. 证明：若 $\boldsymbol{a}_1,\boldsymbol{a}_2,\cdots,\boldsymbol{a}_m$ 线性相关，则 $\boldsymbol{A}\boldsymbol{a}_1,\boldsymbol{A}\boldsymbol{a}_2,\cdots,\boldsymbol{A}\boldsymbol{a}_m$ 也线性相关.

12. 已知向量 $\boldsymbol{b}$ 可由 $\boldsymbol{a}_1,\boldsymbol{a}_2,\cdots,\boldsymbol{a}_m$ 线性表示，但不能被 $\boldsymbol{a}_1,\boldsymbol{a}_2,\cdots,\boldsymbol{a}_{m-1}$ 线性表示. 证明：$\boldsymbol{a}_m$ 不能被 $\boldsymbol{a}_1,\boldsymbol{a}_2,\cdots,\boldsymbol{a}_{m-1}$ 线性表示，但能被 $\boldsymbol{a}_1,\boldsymbol{a}_2,\cdots,\boldsymbol{a}_{m-1},\boldsymbol{b}$ 线性表示.

13. 设 $\boldsymbol{a}_1,\boldsymbol{a}_2,\cdots,\boldsymbol{a}_n$ 是 n 个 n 维向量，证明：$\boldsymbol{a}_1,\boldsymbol{a}_2,\cdots,\boldsymbol{a}_n$ 线性无关的充分必要条件是任何 n 维向量都可以被它们线性表示.

14. 设有向量组 $\boldsymbol{a}_1,\boldsymbol{a}_2,\cdots,\boldsymbol{a}_m$，其中任意 $m-1$ 个向量都线性无关. 证明：等式

$$x_1\boldsymbol{a}_1+x_2\boldsymbol{a}_2+\cdots+x_m\boldsymbol{a}_m=\boldsymbol{0}$$

中的系数 $x_1,x_2,\cdots,x_m$ 或者全为零，或者全不为 0.

15. 证明：线性方程组

$$\begin{cases}a_{11}x_1+a_{12}x_2+\cdots+a_{1n}x_n=b_1,\\a_{21}x_1+a_{22}x_2+\cdots+a_{2n}x_n=b_2,\\\quad\cdots\cdots\\a_{n1}x_1+a_{n2}x_2+\cdots+a_{nn}x_n=b_n\end{cases}$$

对于任何 $b_1,b_2,\cdots,b_n$ 都有解的充分必要条件是其系数行列式不等于0.

16. 设 $\boldsymbol{A}$ 为 $m\times n$ 矩阵,$\boldsymbol{B}$ 为 $n\times p$ 矩阵. 若 $\boldsymbol{AB}=\boldsymbol{C}$,且矩阵 $\boldsymbol{C}$ 的行向量线性无关,证明 $\boldsymbol{A}$ 的行向量也线性无关.

17. 设 $\boldsymbol{a}_1,\boldsymbol{a}_2,\cdots,\boldsymbol{a}_m$ 都是非零向量. 证明:若每个 $\boldsymbol{a}_j(1<j\leqslant m)$ 都不能由 $\boldsymbol{a}_1,\boldsymbol{a}_2,\cdots,\boldsymbol{a}_{j-1}$ 线性表示,则 $\boldsymbol{a}_1,\boldsymbol{a}_2,\cdots,\boldsymbol{a}_m$ 线性无关.

18. 设 $\boldsymbol{a}_1,\boldsymbol{a}_2,\cdots,\boldsymbol{a}_r$ 是线性方程组 $\boldsymbol{Ax}=\boldsymbol{0}$ 的 r 个线性无关的解. 而向量 $\boldsymbol{b}$ 不是该方程的解,即 $\boldsymbol{Ab}\neq\boldsymbol{0}$. 证明:向量组 $\boldsymbol{b},\boldsymbol{b}+\boldsymbol{a}_1,\boldsymbol{b}+\boldsymbol{a}_2,\cdots,\boldsymbol{b}+\boldsymbol{a}_r$ 线性无关.

19. 证明:n 个 n 维列向量 $\boldsymbol{a}_1,\boldsymbol{a}_2,\cdots,\boldsymbol{a}_n$ 线性无关的充分必要条件是:

$$\begin{vmatrix}\boldsymbol{a}_1^{\mathrm{T}}\boldsymbol{a}_1 & \boldsymbol{a}_1^{\mathrm{T}}\boldsymbol{a}_2 & \cdots & \boldsymbol{a}_1^{\mathrm{T}}\boldsymbol{a}_n\\\boldsymbol{a}_2^{\mathrm{T}}\boldsymbol{a}_1 & \boldsymbol{a}_2^{\mathrm{T}}\boldsymbol{a}_2 & \cdots & \boldsymbol{a}_2^{\mathrm{T}}\boldsymbol{a}_n\\\vdots & \vdots & & \vdots\\\boldsymbol{a}_n^{\mathrm{T}}\boldsymbol{a}_1 & \boldsymbol{a}_n^{\mathrm{T}}\boldsymbol{a}_2 & \cdots & \boldsymbol{a}_n^{\mathrm{T}}\boldsymbol{a}_n\end{vmatrix}\neq 0.$$

§2.2 秩

知识要点

一、向量组的秩

定义 2.2.1 设 S 为 n 维向量组. 如果

(1) S 中有 r 个向量 $\boldsymbol{a}_1,\boldsymbol{a}_2,\cdots,\boldsymbol{a}_r$ 线性无关;

(2) 对于 S 中任意向量 $\boldsymbol{a}_{r+1}$,向量组 $\{\boldsymbol{a}_1,\boldsymbol{a}_2,\cdots,\boldsymbol{a}_r,\boldsymbol{a}_{r+1}\}$ 都线性相关,那么称向量组 $\{\boldsymbol{a}_1,\boldsymbol{a}_2,\cdots,\boldsymbol{a}_r\}$ 为向量组 S 的一个**极大线性无关向量组**,简称**极大无关组**.

定理 2.2.1 (1) 向量组 S 中任何向量都可以由 S 的极大无关组线性表出;

(2) 若 $\boldsymbol{b}$ 可以用向量组 $\{\boldsymbol{a}_j\}_{j=1}^m$ 线性表示,则 $\boldsymbol{b}$ 必可以用 $\{\boldsymbol{a}_j\}_{j=1}^m$ 的极大无关组线性表示.

定理 2.2.2 一个向量组中的每个极大无关组中都含有相同个数的向量.

推论 2.2.1 若向量组 $\{\boldsymbol{a}_j\}_{j=1}^m$ 中的向量都可以用向量组 $\{\boldsymbol{b}_j\}_{j=1}^r$ 线性表示,则 $\{\boldsymbol{a}_j\}_{j=1}^m$ 的极大无关组中含有的向量的个数不超过向量组 $\{\boldsymbol{b}_j\}_{j=1}^r$ 的极大无关组中含有的向量个数.

定义 2.2.2 一个向量组 S 的极大无关组中含有的向量的个数称为该向量组的**秩**,记为 $\operatorname{rank}(S)$.

定义 2.2.3 设 S_1 和 S_2 是 $\mathbf{R}^n$ 中的两个向量组,若 S_1 中的向量都可以用向量组 S_2 线性表示,S_2 中的向量也都可以用向量组 S_1 线性表示,则称向量组 S_1 和 S_2 **等价**.

定理 2.2.3 向量组 S_1 与 S_2 等价的充分必要条件是

$$\operatorname{rank}(S_1)=\operatorname{rank}(S_2)=\operatorname{rank}(S_3),$$

其中 S_3 是 S_1 与 S_2 合起来组成的向量组.

注 以下的结论很重要,也很常用:

(1) 一个向量组与它的极大无关组等价;

(2) 一个向量组的任意两个极大无关组等价;

(3) 若 S_1 和 S_2 等价,则它们的秩相同;

(4) 若向量组 S 中的 m 个向量 $\{\boldsymbol{a}_j\}_{j=1}^m$ 线性无关,且 $\operatorname{rank}(S)=m$,则 $\{\boldsymbol{a}_j\}_{j=1}^m$ 就是 S 的一个极大无关组;

(5) 若向量组 S_1 能由向量组 S_2 线性表示(即向量组 S_1 中每个元素都能由向量组 S_2 线性表示),且 $\operatorname{rank}(S_1)=\operatorname{rank}(S_2)$,则 S_1 与 S_2 等价.

二、矩阵的秩

定义 2.2.4 由一个矩阵的列向量构成的向量组的秩称为该矩阵的**列秩**;由行向量构成的向量组的秩称为该矩阵的**行秩**.

定理 2.2.4 一个矩阵的列秩为 r 的充分必要条件是:存在一个 r 阶子式不等于零,而所有大于 r 阶的子式都为零.

推论 2.2.2 矩阵的列秩等于它的行秩.

定义 2.2.5 一个矩阵 $\boldsymbol{A}$ 的列秩(或行秩)称为该矩阵的**秩**,记为 $\operatorname{rank}(\boldsymbol{A})$.

设 $\boldsymbol{A}$ 为 $n\times m$ 矩阵,若 $\operatorname{rank}(\boldsymbol{A})=n$,则称 $\boldsymbol{A}$ 为**行满秩矩阵**;若 $\operatorname{rank}(\boldsymbol{A})=m$,则称 $\boldsymbol{A}$ 为**列满秩矩阵**;若 n 阶方阵 $\boldsymbol{A}$ 满足 $\operatorname{rank}(\boldsymbol{A})=n$,则称 $\boldsymbol{A}$ 为**满秩矩阵**.

三、矩阵的秩的性质

定理 2.2.5 (1) 设 $\boldsymbol{A}$ 为 $n\times m$ 矩阵,则

$$\operatorname{rank}(\boldsymbol{A})\leqslant\min\{n,m\};$$

(2) 设 $\boldsymbol{A}$ 为 $n\times m$ 矩阵,则

$$\operatorname{rank}(\boldsymbol{A}^{\mathrm{T}})=\operatorname{rank}(\boldsymbol{A});$$

(3) 设 $\boldsymbol{A},\boldsymbol{B}$ 为 $n\times m$ 矩阵,则

$$\operatorname{rank}(\boldsymbol{A}+\boldsymbol{B})\leqslant\operatorname{rank}(\boldsymbol{A})+\operatorname{rank}(\boldsymbol{B});$$

(4) 设 $\boldsymbol{A}$ 为 $n\times m$ 矩阵,$\boldsymbol{B}$ 为 $m\times p$ 矩阵,则

$$\operatorname{rank}(\boldsymbol{AB})\leqslant\min\{\operatorname{rank}(\boldsymbol{A}),\operatorname{rank}(\boldsymbol{B})\};$$

(5) 设 $\boldsymbol{A}$ 为 $n\times m$ 矩阵,$\boldsymbol{P}$ 和 $\boldsymbol{Q}$ 分别是 n 阶和 m 阶可逆矩阵,则

$$\operatorname{rank}(\boldsymbol{PA}) = \operatorname{rank}(\boldsymbol{AQ}) = \operatorname{rank}(\boldsymbol{A});$$

(6) 设 $\boldsymbol{A}$ 为 $n\times m$ 矩阵,$\boldsymbol{B}$ 为 $m\times l$ 矩阵,则

$$\operatorname{rank}(\boldsymbol{AB}) \geqslant \operatorname{rank}(\boldsymbol{A}) + \operatorname{rank}(\boldsymbol{B}) - m;$$

(7) 对于矩阵 $\boldsymbol{A},\boldsymbol{B}$,成立

$$\operatorname{rank}\begin{pmatrix}\boldsymbol{A} & \\ & \boldsymbol{B}\end{pmatrix} = \operatorname{rank}(\boldsymbol{A}) + \operatorname{rank}(\boldsymbol{B}).$$

推论 2.2.3 对一个矩阵进行初等变换不改变它的秩.

由这个推论可以得到一个求矩阵的秩的方法:对矩阵进行初等行变换,把它变为行阶梯矩阵,其中非零行向量的个数便是该矩阵的秩. 所谓行阶梯矩阵是指矩阵中含非零元素的行均位于全由零元素组成的行的上方,而且每个非零行中首个非零元素所在的列数随行数递增.

注 以上方法中的初等行变换可也已改为初等列变换.

求一个向量组的极大无关组,也可以用相同的思想,方法如下:

(1) 以向量组中的向量为列向量作成矩阵 $\boldsymbol{A}$;

(2) 对矩阵 $\boldsymbol{A}$ 进行初等行变换,把它变为行阶梯矩阵,其中非零行向量的个数便是该矩阵的秩,也就是向量组的秩;

(3) 行阶梯矩阵的前 r 个非零行的各行中第一个非零元所在的列共有 r 列,则 $\boldsymbol{A}$ 中与此 r 列相同位置的 r 个列向量就是所给向量组的极大无关组.

注意,由于对 $\boldsymbol{A}$ 作初等行变换相当于 $\boldsymbol{A}$ 左乘可逆矩阵,因此,若

$$\boldsymbol{A} = (\boldsymbol{a}_1,\boldsymbol{a}_2,\cdots,\boldsymbol{a}_m)\xrightarrow{\text{初等行变换}}(\boldsymbol{b}_1,\boldsymbol{b}_2,\cdots,\boldsymbol{b}_m) = \boldsymbol{B},$$

则 $\boldsymbol{PA} = \boldsymbol{B}$($\boldsymbol{P}$ 可逆),因此 $\boldsymbol{Pa}_j = \boldsymbol{b}_j(j = 1,2,\cdots,m)$. 于是,若

$$\lambda_1\boldsymbol{b}_1 + \lambda_2\boldsymbol{b}_2 + \cdots + \lambda_m\boldsymbol{b}_m = \boldsymbol{0},$$

则必有

$$\lambda_1\boldsymbol{P}^{-1}\boldsymbol{b}_1 + \lambda_2\boldsymbol{P}^{-1}\boldsymbol{b}_2 + \cdots + \lambda_m\boldsymbol{P}^{-1}\boldsymbol{b}_m = \boldsymbol{0},\text{即 } \lambda_1\boldsymbol{a}_1 + \lambda_2\boldsymbol{a}_2 + \cdots + \lambda_m\boldsymbol{b}_m = \boldsymbol{0}.$$

反之亦然. 这说明 $\boldsymbol{a}_1,\boldsymbol{a}_2,\cdots,\boldsymbol{a}_m$ 与 $\boldsymbol{b}_1,\boldsymbol{b}_2,\cdots,\boldsymbol{b}_m$ 有着相同的线性关系,因此若得到了简单向量组 $\boldsymbol{b}_1,\boldsymbol{b}_2,\cdots,\boldsymbol{b}_m$ 之间的线性关系,也就得到了 $\boldsymbol{a}_1,\boldsymbol{a}_2,\cdots,\boldsymbol{a}_m$ 之间的线性关系. 这是计算向量组中元素之间的线性关系的常用方法.

定理 2.2.6 矩阵 $\boldsymbol{A}$ 的秩为 r 的充分必要条件是存在可逆矩阵 $\boldsymbol{P},\boldsymbol{Q}$,使得

$$\boldsymbol{PAQ} = \begin{pmatrix}\boldsymbol{I}_r & \boldsymbol{O}\\ \boldsymbol{O} & \boldsymbol{O}\end{pmatrix}.$$

例题分析

例 2.2.1 求下列矩阵的秩：

（1）$\boldsymbol{A}=\begin{pmatrix}5&1&8\\0&4&2\\0&9&7\\10&3&13\end{pmatrix}$；　（2）$\boldsymbol{B}=\begin{pmatrix}2&-1&2&1&1\\1&1&0&0&2\\2&3&-4&-2&9\\3&3&-10&-5&18\end{pmatrix}$.

解 （1）显然 $\boldsymbol{A}$ 有一个 3 阶子式

$$\begin{vmatrix}5&1&8\\0&4&2\\0&9&7\end{vmatrix}=5\begin{vmatrix}4&2\\9&7\end{vmatrix}=50\neq0,$$

所以

$$\operatorname{rank}(\boldsymbol{A})=3.$$

（2）对 $\boldsymbol{B}$ 进行初等行变换. 先交换第 1 行和第 2 行：

$$\boldsymbol{B}=\begin{pmatrix}2&-1&2&1&1\\1&1&0&0&2\\2&3&-4&-2&9\\3&3&-10&-5&18\end{pmatrix}\rightarrow\begin{pmatrix}1&1&0&0&2\\2&-1&2&1&1\\2&3&-4&-2&9\\3&3&-10&-5&18\end{pmatrix},$$

将第 1 行乘适当倍加到第 2，第 3，第 4 行，得

$$\begin{pmatrix}1&1&0&0&2\\0&-3&2&1&-3\\0&1&-4&-2&5\\0&0&-10&-5&12\end{pmatrix},$$

交换第 2 行和第 3 行，得

$$\begin{pmatrix}1&1&0&0&2\\0&1&-4&-2&5\\0&-3&2&1&-3\\0&0&-10&-5&12\end{pmatrix},$$

将第 2 行乘以 3 加到第 3 行，得

$$\begin{pmatrix}1&1&0&0&2\\0&1&-4&-2&5\\0&0&-10&-5&12\\0&0&-10&-5&12\end{pmatrix},$$

将第 3 行乘以 -1 加到第 4 行,得

$$\begin{pmatrix} 1 & -1 & 11 & 7 & -6 \\ 0 & 1 & -4 & -2 & 5 \\ 0 & 0 & -10 & -5 & 12 \\ 0 & 0 & 0 & 0 & 0 \end{pmatrix}.$$

因此

$$\text{rank}(\boldsymbol{B}) = 3.$$

例 2.2.2 设矩阵 $\boldsymbol{A} = \begin{pmatrix} k & 1 & 1 & 1 \\ 1 & k & 1 & 1 \\ 1 & 1 & k & 1 \\ 1 & 1 & 1 & k \end{pmatrix}$的秩为 3,求 k.

解 直接计算得

$$|\boldsymbol{A}| = \begin{vmatrix} k & 1 & 1 & 1 \\ 1 & k & 1 & 1 \\ 1 & 1 & k & 1 \\ 1 & 1 & 1 & k \end{vmatrix} = \begin{vmatrix} k+3 & 1 & 1 & 1 \\ k+3 & k & 1 & 1 \\ k+3 & 1 & k & 1 \\ k+3 & 1 & 1 & k \end{vmatrix} = (k+3)\begin{vmatrix} 1 & 1 & 1 & 1 \\ 1 & k & 1 & 1 \\ 1 & 1 & k & 1 \\ 1 & 1 & 1 & k \end{vmatrix}$$

$$= (k+3)\begin{vmatrix} 1 & 0 & 0 & 0 \\ 1 & k-1 & 0 & 0 \\ 1 & 0 & k-1 & 0 \\ 1 & 0 & 0 & k-1 \end{vmatrix} = (k+3)(k-1)^3.$$

而由已知 $\text{rank}(\boldsymbol{A}) = 3$,所以 $|\boldsymbol{A}| = 0$,因此 $k=1$ 或 $k=-3$. 而当 $k=1$ 时,显然 $\boldsymbol{A}$ 的秩为 1,所以 $k=-3$.

例 2.2.3 证明 n 阶非零矩阵 $\boldsymbol{A}$ 的秩为 1 的充分必要条件为:存在 n 维列向量 $\boldsymbol{a}, \boldsymbol{b}$,使得 $\boldsymbol{A} = \boldsymbol{a}\boldsymbol{b}^{\mathrm{T}}$.

证 充分性:因为 $\boldsymbol{A} = \boldsymbol{a}\boldsymbol{b}^{\mathrm{T}}$,所以

$$\text{rank}(\boldsymbol{A}) = \text{rank}(\boldsymbol{a}\boldsymbol{b}^{\mathrm{T}}) \leqslant \min\{\text{rank}(\boldsymbol{a}),\ \text{rank}(\boldsymbol{b}^{\mathrm{T}})\} = 1.$$

而 $\boldsymbol{A}$ 是非零矩阵,因此 $\text{rank}(\boldsymbol{A}) \geqslant 1$,于是 $\text{rank}(\boldsymbol{A}) = 1$.

必要性:若 $\boldsymbol{A}$ 的秩为 1,则 $\boldsymbol{A}$ 的任意两行线性相关,因此它们只差一个常数倍,于是 $\boldsymbol{A}$ 可表示为

$$\boldsymbol{A} = \begin{pmatrix} a_1 b_1 & a_1 b_2 & \cdots & a_1 b_n \\ a_2 b_1 & a_2 b_2 & \cdots & a_2 b_n \\ \vdots & \vdots & & \vdots \\ a_n b_1 & a_n b_2 & \cdots & a_n b_n \end{pmatrix} = \begin{pmatrix} a_1 \\ a_2 \\ \vdots \\ a_n \end{pmatrix}(b_1, b_2, \cdots, b_n).$$

取 $\boldsymbol{a} = (a_1, a_2, \cdots, a_n)^{\mathrm{T}}$,$\boldsymbol{b} = (b_1, b_2, \cdots, b_n)^{\mathrm{T}}$,便有 $\boldsymbol{A} = \boldsymbol{a}\boldsymbol{b}^{\mathrm{T}}$.

例 2.2.4 求向量组

$$\boldsymbol{a}_1=(2,1,1,1)^{\mathrm{T}},\quad \boldsymbol{a}_2=(-1,1,2,3)^{\mathrm{T}},\quad \boldsymbol{a}_3=(1,1,-1,4)^{\mathrm{T}},$$
$$\boldsymbol{a}_4=(12,5,9,-1)^{\mathrm{T}},\quad \boldsymbol{a}_5=(6,2,3,-1)^{\mathrm{T}}$$

的秩,找出它的一个极大无关组,并将其余向量用此极大无关组线性表示.

解 以这 5 个向量为列向量构造矩阵

$$\boldsymbol{A}=\begin{pmatrix}2 & -1 & 1 & 12 & 6\\ 1 & 1 & 1 & 5 & 2\\ 1 & 2 & -1 & 9 & 3\\ 1 & 3 & 4 & -1 & -1\end{pmatrix},$$

对其进行初等行变换:交换第 1 行与第 2 行,得

$$\begin{pmatrix}1 & 1 & 1 & 5 & 2\\ 2 & -1 & 1 & 12 & 6\\ 1 & 2 & -1 & 9 & 3\\ 1 & 3 & 4 & -1 & -1\end{pmatrix},$$

将第 1 行乘适当倍加到第 2,第 3,第 4 行,得

$$\begin{pmatrix}1 & 1 & 1 & 5 & 2\\ 0 & -3 & -1 & 2 & 2\\ 0 & 1 & -2 & 4 & 1\\ 0 & 2 & 3 & -6 & -3\end{pmatrix},$$

交换第 2 行与第 3 行,得

$$\begin{pmatrix}1 & 1 & 1 & 5 & 2\\ 0 & 1 & -2 & 4 & 1\\ 0 & -3 & -1 & 2 & 2\\ 0 & 2 & 3 & -6 & -3\end{pmatrix},$$

将第 2 行乘 3 加到第 3 行,再乘 -2 加到第 4 行,得

$$\begin{pmatrix}1 & 1 & 1 & 5 & 2\\ 0 & 1 & -2 & 4 & 1\\ 0 & 0 & -7 & 14 & 5\\ 0 & 0 & 7 & -14 & -5\end{pmatrix},$$

将第 3 行乘 -1 加到第 3 行,得

$$\begin{pmatrix}1 & 1 & 1 & 5 & 2\\ 0 & 1 & -2 & 4 & 1\\ 0 & 0 & -7 & 14 & 5\\ 0 & 0 & 0 & 0 & 0\end{pmatrix}.$$

因此所给向量组的秩为 3，且 $\boldsymbol{a}_1,\boldsymbol{a}_2,\boldsymbol{a}_3$ 就是它的一个极大无关组.

再继续进行行初等变换得

$$\boldsymbol{A}\to\begin{pmatrix}1&1&1&5&2\\0&1&-2&4&1\\0&0&-7&14&5\\0&0&0&0&0\end{pmatrix}\to\begin{pmatrix}1&0&3&1&1\\0&1&-2&4&1\\0&0&-7&14&5\\0&0&0&0&0\end{pmatrix}$$

$$\to\begin{pmatrix}1&0&3&1&1\\0&1&-2&4&1\\0&0&1&-2&-\frac{5}{7}\\0&0&0&0&0\end{pmatrix}\to\begin{pmatrix}1&0&0&7&\frac{22}{7}\\0&1&0&0&-\frac{3}{7}\\0&0&1&-2&-\frac{5}{7}\\0&0&0&0&0\end{pmatrix}.$$

于是利用最后一个矩阵各列之间的线性关系可知

$$\boldsymbol{a}_4=7\boldsymbol{a}_1-2\boldsymbol{a}_3,\quad \boldsymbol{a}_5=\frac{22}{7}\boldsymbol{a}_1-\frac{3}{7}\boldsymbol{a}_2-\frac{5}{7}\boldsymbol{a}_3.$$

例 2.2.5 考察向量组

$\boldsymbol{a}_1=(2,-1,-1,0)^{\mathrm{T}}$, $\boldsymbol{a}_2=(1,1,0,1)^{\mathrm{T}}$, $\boldsymbol{a}_3=(0,3,1,2)^{\mathrm{T}}$, $\boldsymbol{a}_4=(4,4,0,4)^{\mathrm{T}}$

的线性相关性.

解 以这 4 个向量为列向量构造矩阵

$$\boldsymbol{A}=\begin{pmatrix}2&1&0&4\\-1&1&3&4\\-1&0&1&0\\0&1&2&4\end{pmatrix}.$$

对其进行初等行变换：

$$\boldsymbol{A}=\begin{pmatrix}2&1&0&4\\-1&1&3&4\\-1&0&1&0\\0&1&2&4\end{pmatrix}\to\begin{pmatrix}-1&1&3&4\\2&1&0&4\\-1&0&1&0\\0&1&2&4\end{pmatrix}\to\begin{pmatrix}1&-1&-3&-4\\2&1&0&4\\-1&0&1&0\\0&1&2&4\end{pmatrix}$$

$$\to\begin{pmatrix}1&-1&-3&-4\\0&3&6&12\\0&-1&-2&-4\\0&1&2&4\end{pmatrix}\to\begin{pmatrix}1&-1&-3&-4\\0&3&6&12\\0&-1&-2&-4\\0&0&0&0\end{pmatrix}$$

$$\rightarrow\begin{pmatrix}1 & -1 & -3 & -4\\0 & 1 & 2 & 4\\0 & 0 & 0 & 0\\0 & 0 & 0 & 0\end{pmatrix}.$$

于是 $\operatorname{rank}(\boldsymbol{A})=2$,所以向量组 $\boldsymbol{a}_1,\boldsymbol{a}_2,\boldsymbol{a}_3,\boldsymbol{a}_4$ 线性相关.

例 2.2.6 设

$$\boldsymbol{A}=\begin{pmatrix}1 & 1 & 2 & 2\\3 & 2 & a & 7\\1 & 0 & 1 & 3\\-1 & 2 & 1 & b\end{pmatrix}=(\boldsymbol{a}_1,\boldsymbol{a}_2,\boldsymbol{a}_3,\boldsymbol{a}_4),$$

其中 $\boldsymbol{a}_j(j=1,2,3,4)$ 为 $\boldsymbol{A}$ 的列向量. 求矩阵 $\boldsymbol{A}$ 的秩,并求向量组 $\boldsymbol{a}_1,\boldsymbol{a}_2,\boldsymbol{a}_3,\boldsymbol{a}_4$ 的一个极大无关组.

解 对 $\boldsymbol{A}$ 作初等行变换得

$$\boldsymbol{A}=\begin{pmatrix}1 & 1 & 2 & 2\\3 & 2 & a & 7\\1 & 0 & 1 & 3\\-1 & 2 & 1 & b\end{pmatrix}\rightarrow\begin{pmatrix}1 & 1 & 2 & 2\\0 & -1 & a-6 & 1\\0 & -1 & -1 & 1\\0 & 3 & 3 & b+2\end{pmatrix}$$

$$\rightarrow\begin{pmatrix}1 & 1 & 2 & 2\\0 & -1 & -1 & 1\\0 & -1 & a-6 & 1\\0 & 3 & 3 & b+2\end{pmatrix}\rightarrow\begin{pmatrix}1 & 1 & 2 & 2\\0 & -1 & -1 & 1\\0 & 0 & a-5 & 0\\0 & 0 & 0 & b+5\end{pmatrix}.$$

于是

当 $a=5,b=-5$ 时,$\operatorname{rank}(\boldsymbol{A})=2$. $\boldsymbol{a}_1,\boldsymbol{a}_2$ 是一个极大无关组;

当 $a=5,b\neq-5$ 时,$\operatorname{rank}(\boldsymbol{A})=3$. $\boldsymbol{a}_1,\boldsymbol{a}_2,\boldsymbol{a}_4$ 是一个极大无关组;

当 $a\neq5,b=-5$ 时,$\operatorname{rank}(\boldsymbol{A})=3$. $\boldsymbol{a}_1,\boldsymbol{a}_2,\boldsymbol{a}_3$ 是一个极大无关组;

当 $a\neq5,b\neq-5$ 时,$\operatorname{rank}(\boldsymbol{A})=4$. $\boldsymbol{a}_1,\boldsymbol{a}_2,\boldsymbol{a}_3,\boldsymbol{a}_4$ 就是一个极大无关组.

例 2.2.7 设向量组 $\boldsymbol{a}_1,\boldsymbol{a}_2,\cdots,\boldsymbol{a}_m$ 的秩为 r,证明:$\boldsymbol{a}_1,\boldsymbol{a}_2,\cdots,\boldsymbol{a}_m$ 中任意 r 个线性无关的向量组也构成它的极大无关组.

证 对于 $\boldsymbol{a}_1,\boldsymbol{a}_2,\cdots,\boldsymbol{a}_m$ 任意 r 个线性无关的向量组,不妨设它为 $\boldsymbol{a}_1,\boldsymbol{a}_2,\cdots,\boldsymbol{a}_r$. 对于 $\boldsymbol{a}_j(j=r+1,r+2,\cdots,m)$,可知 $\boldsymbol{a}_1,\boldsymbol{a}_2,\cdots,\boldsymbol{a}_r,\boldsymbol{a}_j$ 线性相关,否则 $\boldsymbol{a}_1,\boldsymbol{a}_2,\cdots,\boldsymbol{a}_m$ 的秩不小于 $r+1$. 而 $\boldsymbol{a}_1,\boldsymbol{a}_2,\cdots,\boldsymbol{a}_r$ 线性无关,所以 $\boldsymbol{a}_j$ 可以由 $\boldsymbol{a}_1,\boldsymbol{a}_2,\cdots,\boldsymbol{a}_r$ 线性表示 $(j=r+1,r+2,\cdots,m)$. 从而由定义可知,$\boldsymbol{a}_1,\boldsymbol{a}_2,\cdots,\boldsymbol{a}_r$ 是 $\boldsymbol{a}_1,\boldsymbol{a}_2,\cdots,\boldsymbol{a}_m$ 的极大无关组.

例 2.2.8 设 n 维向量组 $\boldsymbol{a}_1,\boldsymbol{a}_2,\cdots,\boldsymbol{a}_m$ 线性无关,且 n 维向量组 $\boldsymbol{b}_1,\boldsymbol{b}_2,\cdots,\boldsymbol{b}_r$

可以被 $\boldsymbol{a}_1,\boldsymbol{a}_2,\cdots,\boldsymbol{a}_m$ 线性表示,即存在 $m\times r$ 矩阵 $\boldsymbol{D}=(d_{ij})_{m\times r}$,使得

$$(\boldsymbol{b}_1,\boldsymbol{b}_2,\cdots,\boldsymbol{b}_r)=(\boldsymbol{a}_1,\boldsymbol{a}_2,\cdots,\boldsymbol{a}_m)\begin{pmatrix} d_{11} & d_{12} & \cdots & d_{1r} \\ d_{21} & d_{22} & \cdots & d_{2r} \\ \vdots & \vdots & & \vdots \\ d_{m1} & d_{m2} & \cdots & d_{mr} \end{pmatrix}.$$

证明:向量组 $\boldsymbol{b}_1,\boldsymbol{b}_2,\cdots,\boldsymbol{b}_r$ 的秩等于矩阵 $\boldsymbol{D}$ 的秩. 换句话说,矩阵$(\boldsymbol{b}_1,\boldsymbol{b}_2,\cdots,\boldsymbol{b}_r)$的秩等于矩阵 $\boldsymbol{D}$ 的秩.

证 因为

$$(\boldsymbol{b}_1,\boldsymbol{b}_2,\cdots,\boldsymbol{b}_r)=(\boldsymbol{a}_1,\boldsymbol{a}_2,\cdots,\boldsymbol{a}_m)\boldsymbol{D},$$

所以由定理 2.2.5 的(4)得

$$\operatorname{rank}(\boldsymbol{b}_1,\boldsymbol{b}_2,\cdots,\boldsymbol{b}_r)\leqslant\min\{\operatorname{rank}(\boldsymbol{a}_1,\boldsymbol{a}_2,\cdots,\boldsymbol{a}_m),\operatorname{rank}(\boldsymbol{D})\}.$$

因为 $\boldsymbol{a}_1,\boldsymbol{a}_2,\cdots,\boldsymbol{a}_m$ 线性无关,所以 $\operatorname{rank}(\boldsymbol{a}_1,\boldsymbol{a}_2,\cdots,\boldsymbol{a}_m)=m$. 显然 $\operatorname{rank}(\boldsymbol{D})\leqslant m$,于是

$$\operatorname{rank}(\boldsymbol{b}_1,\boldsymbol{b}_2,\cdots,\boldsymbol{b}_r)\leqslant\operatorname{rank}(\boldsymbol{D}).$$

又由定理 2.2.5 的(6)得

$$\begin{aligned}\operatorname{rank}(\boldsymbol{b}_1,\boldsymbol{b}_2,\cdots,\boldsymbol{b}_r)&\geqslant\operatorname{rank}(\boldsymbol{a}_1,\boldsymbol{a}_2,\cdots,\boldsymbol{a}_m)+\operatorname{rank}(\boldsymbol{D})-m\\&=m+\operatorname{rank}(\boldsymbol{D})-m=\operatorname{rank}(\boldsymbol{D}).\end{aligned}$$

所以

$$\operatorname{rank}(\boldsymbol{b}_1,\boldsymbol{b}_2,\cdots,\boldsymbol{b}_r)=\operatorname{rank}(\boldsymbol{D}).$$

例 2.2.9 设向量组 $\boldsymbol{a}_1,\boldsymbol{a}_2,\boldsymbol{a}_3$ 线性无关,$\boldsymbol{b}_1=\boldsymbol{a}_1+3\boldsymbol{a}_2-\boldsymbol{a}_3$,$\boldsymbol{b}_3=2\boldsymbol{a}_1+4\boldsymbol{a}_2-4\boldsymbol{a}_3$,$\boldsymbol{b}_3=-\boldsymbol{a}_1+2\boldsymbol{a}_2+6\boldsymbol{a}_3$,求向量组 $\boldsymbol{b}_1,\boldsymbol{b}_2,\boldsymbol{b}_3$ 的秩,并说明 $\boldsymbol{b}_1,\boldsymbol{b}_2,\boldsymbol{b}_3$ 的线性相关性.

解 由已知

$$(\boldsymbol{b}_1,\boldsymbol{b}_2,\boldsymbol{b}_3)=(\boldsymbol{a}_1,\boldsymbol{a}_2,\boldsymbol{a}_3)\begin{pmatrix} 1 & 2 & -1 \\ 3 & 4 & 2 \\ -1 & -4 & 6 \end{pmatrix}.$$

因为经行初等变换得

$$\begin{pmatrix} 1 & 2 & -1 \\ 3 & 4 & 2 \\ -1 & -4 & 6 \end{pmatrix}\to\begin{pmatrix} 1 & 2 & -1 \\ 0 & -2 & 5 \\ 0 & -2 & 5 \end{pmatrix}\to\begin{pmatrix} 1 & 2 & -1 \\ 0 & -2 & 5 \\ 0 & 0 & 0 \end{pmatrix},$$

所以

$$\operatorname{rank}\begin{pmatrix} 1 & 2 & -1 \\ 3 & 4 & 2 \\ -1 & 1 & 1 \end{pmatrix}=2.$$

因此由上例知,向量组 $\boldsymbol{b}_1,\boldsymbol{b}_2,\boldsymbol{b}_3$ 的秩为 2. 于是 $\boldsymbol{b}_1,\boldsymbol{b}_2,\boldsymbol{b}_3$ 线性相关.

例 2.2.10 设有向量组 $\boldsymbol{a}_1\neq 0,\boldsymbol{a}_2=(2,1,0,1)^{\mathrm{T}},\boldsymbol{a}_3=(4,1,4,1)^{\mathrm{T}},\boldsymbol{a}_4=(1,0,2,0)^{\mathrm{T}}$. 若向量组 $\boldsymbol{b}_1,\boldsymbol{b}_2,\boldsymbol{b}_3,\boldsymbol{b}_4$ 可由 $\boldsymbol{a}_1,\boldsymbol{a}_2,\boldsymbol{a}_3,\boldsymbol{a}_4$ 线性表示,问 $\boldsymbol{b}_1,\boldsymbol{b}_2,\boldsymbol{b}_3,\boldsymbol{b}_4$ 是否线性相关?

解 作初等行变换

$$(\boldsymbol{a}_2,\boldsymbol{a}_3,\boldsymbol{a}_4)=\begin{pmatrix}2&4&1\\1&1&0\\0&4&2\\1&1&0\end{pmatrix}\to\begin{pmatrix}1&1&0\\2&4&1\\0&4&2\\1&1&0\end{pmatrix}\to\begin{pmatrix}1&1&0\\0&2&1\\0&4&2\\0&0&0\end{pmatrix}\to\begin{pmatrix}1&1&0\\0&2&1\\0&0&0\\0&0&0\end{pmatrix}.$$

由此可知向量组 $\boldsymbol{a}_2,\boldsymbol{a}_3,\boldsymbol{a}_4$ 的秩为 2,所以 $\boldsymbol{a}_2,\boldsymbol{a}_3,\boldsymbol{a}_4$ 线性相关. 于是向量组 $\boldsymbol{a}_1,\boldsymbol{a}_2,\boldsymbol{a}_3,\boldsymbol{a}_4$ 线性相关,因此向量组 $\boldsymbol{a}_1,\boldsymbol{a}_2,\boldsymbol{a}_3,\boldsymbol{a}_4$ 的秩小于4. 由于向量组 $\boldsymbol{b}_1,\boldsymbol{b}_2,\boldsymbol{b}_3,\boldsymbol{b}_4$ 可由 $\boldsymbol{a}_1,\boldsymbol{a}_2,\boldsymbol{a}_3,\boldsymbol{a}_4$ 线性表示,因此由推论 2.2.1 可知,向量组 $\boldsymbol{b}_1,\boldsymbol{b}_2,\boldsymbol{b}_3,\boldsymbol{b}_4$ 的秩不超过向量组 $\boldsymbol{a}_1,\boldsymbol{a}_2,\boldsymbol{a}_3,\boldsymbol{a}_4$ 的秩,于是 $\boldsymbol{b}_1,\boldsymbol{b}_2,\boldsymbol{b}_3,\boldsymbol{b}_4$ 线性相关.

例 2.2.11 设有两个向量组(Ⅰ):

$$\boldsymbol{a}_1=(0,1,2)^{\mathrm{T}},\quad \boldsymbol{a}_2=(3,0,6)^{\mathrm{T}},\ \boldsymbol{a}_3=(2,3,10)^{\mathrm{T}},$$

(Ⅱ):

$$\boldsymbol{b}_1=(2,1,6)^{\mathrm{T}},\quad \boldsymbol{b}_2=(0,-2,-4)^{\mathrm{T}},\ \boldsymbol{b}_3=(4,4,16)^{\mathrm{T}}.$$

问它们是否等价?

解 以 $\boldsymbol{a}_1,\boldsymbol{a}_2,\boldsymbol{a}_3$ 和 $\boldsymbol{b}_1,\boldsymbol{b}_2,\boldsymbol{b}_3$ 为列向量作矩阵 $(\boldsymbol{a}_1,\boldsymbol{a}_2,\boldsymbol{a}_3,\boldsymbol{b}_1,\boldsymbol{b}_2,\boldsymbol{b}_3)$,对其作初等行变换得

$$\begin{aligned}(\boldsymbol{a}_1,\boldsymbol{a}_2,\boldsymbol{a}_3,\boldsymbol{b}_1,\boldsymbol{b}_2,\boldsymbol{b}_3)&=\begin{pmatrix}0&3&2&2&0&4\\1&0&3&1&-2&4\\2&6&10&6&-4&16\end{pmatrix}\\&\to\begin{pmatrix}1&0&3&1&-2&4\\0&3&2&2&0&4\\2&6&10&6&-4&16\end{pmatrix}\\&\to\begin{pmatrix}1&0&3&1&-2&4\\0&3&2&2&0&4\\0&6&4&4&0&8\end{pmatrix}\\&\to\begin{pmatrix}1&0&3&1&-2&4\\0&3&2&2&0&4\\0&0&0&0&0&0\end{pmatrix}.\end{aligned}$$

显然有

$$\operatorname{rank}(\boldsymbol{a}_1,\boldsymbol{a}_2,\boldsymbol{a}_3)=\operatorname{rank}(\boldsymbol{a}_1,\boldsymbol{a}_2,\boldsymbol{a}_3,\boldsymbol{b}_1,\boldsymbol{b}_2,\boldsymbol{b}_3)=\operatorname{rank}(\boldsymbol{b}_1,\boldsymbol{b}_2,\boldsymbol{b}_3)=2,$$

因此向量组(Ⅰ)与向量组(Ⅱ)等价.

例 2.2.12 设有两个向量组(Ⅰ):

$$\boldsymbol{a}_1=(1,0,2)^{\mathrm T},\quad \boldsymbol{a}_2=(1,1,3)^{\mathrm T},\quad \boldsymbol{a}_3=(1,-1,a+2)^{\mathrm T},$$

(Ⅱ):

$$\boldsymbol{b}_1=(1,2,a+3)^{\mathrm T},\quad \boldsymbol{b}_2=(2,1,a+6)^{\mathrm T},\quad \boldsymbol{b}_3=(2,2,a+4)^{\mathrm T}.$$

问:

(1)当 a 为何值时,向量组(Ⅰ)与向量组(Ⅱ)等价?当 a 为何值时,向量组(Ⅰ)与向量组(Ⅱ)不等价?

(2)当 a 为何值时,向量组(Ⅰ)能由向量组(Ⅱ)线性表示,但向量组(Ⅱ)不能由向量组(Ⅰ)线性表示?

解 (1)以 $\boldsymbol{a}_1,\boldsymbol{a}_2,\boldsymbol{a}_3$ 和 $\boldsymbol{b}_1,\boldsymbol{b}_2,\boldsymbol{b}_3$ 为列向量作矩阵 $(\boldsymbol{a}_1,\boldsymbol{a}_2,\boldsymbol{a}_3,\boldsymbol{b}_1,\boldsymbol{b}_2,\boldsymbol{b}_3)$,对其作初等行变换得

$$(\boldsymbol{a}_1,\boldsymbol{a}_2,\boldsymbol{a}_3,\boldsymbol{b}_1,\boldsymbol{b}_2,\boldsymbol{b}_3)=\begin{pmatrix}1&1&1&1&2&2\\0&1&-1&2&1&2\\2&3&a+2&a+3&a+6&a+4\end{pmatrix}$$

$$\to\begin{pmatrix}1&1&1&1&2&2\\0&1&-1&2&1&2\\0&1&a&a+1&a+2&a\end{pmatrix}$$

$$\to\begin{pmatrix}1&1&1&1&2&2\\0&1&-1&2&1&2\\0&0&a+1&a-1&a+1&a-2\end{pmatrix}.$$

当 $a\neq-1$ 时,显然有

$$\operatorname{rank}(\boldsymbol{a}_1,\boldsymbol{a}_2,\boldsymbol{a}_3)=\operatorname{rank}(\boldsymbol{a}_1,\boldsymbol{a}_2,\boldsymbol{a}_3,\boldsymbol{b}_1,\boldsymbol{b}_2,\boldsymbol{b}_3)=3,$$

且因为只作了第三类初等行变换,所以此时有

$$|(\boldsymbol{b}_1,\boldsymbol{b}_2,\boldsymbol{b}_3)|=\begin{vmatrix}1&2&2\\2&1&2\\a-1&a+1&a-2\end{vmatrix}=\begin{vmatrix}1&0&0\\2&-3&-2\\a-1&3-a&-a\end{vmatrix}=6+a,$$

因此有:

当 $a\neq-1$ 且 $a\neq-6$ 时,$\operatorname{rank}(\boldsymbol{a}_1,\boldsymbol{a}_2,\boldsymbol{a}_3)=\operatorname{rank}(\boldsymbol{b}_1,\boldsymbol{b}_2,\boldsymbol{b}_3)=3$,向量组(Ⅰ)与向量组(Ⅱ)等价.

当 $a=-6$ 时,$\operatorname{rank}(\boldsymbol{a}_1,\boldsymbol{a}_2,\boldsymbol{a}_3)=3$,$\operatorname{rank}(\boldsymbol{b}_1,\boldsymbol{b}_2,\boldsymbol{b}_3)<3$,向量组(Ⅰ)与向量组(Ⅱ)不等价.

当 $a=-1$ 时,显然有 $\operatorname{rank}(\boldsymbol{a}_1,\boldsymbol{a}_2,\boldsymbol{a}_3)=2$,$\operatorname{rank}(\boldsymbol{a}_1,\boldsymbol{a}_2,\boldsymbol{a}_3,\boldsymbol{b}_1,\boldsymbol{b}_2,\boldsymbol{b}_3)=3$,向量组(Ⅰ)与向量组(Ⅱ)不等价.

综上所述,当 $a\neq -1$ 且 $a\neq -6$ 时,向量组(Ⅰ)与(Ⅱ)等价;其余情形向量组(Ⅰ)与向量组(Ⅱ)不等价.

(2) 问题只能从向量组(Ⅰ)与向量组(Ⅱ)不等价的情形中考虑. 由(1)的计算知:

当 $a=-6$ 时,由于 $\text{rank}(\boldsymbol{a}_1,\boldsymbol{a}_2,\boldsymbol{a}_3)=3$,$\text{rank}(\boldsymbol{b}_1,\boldsymbol{b}_2,\boldsymbol{b}_3)<3$,此时向量组(Ⅰ)不能由向量组(Ⅱ)线性表示.

当 $a=-1$ 时,$\text{rank}(\boldsymbol{a}_1,\boldsymbol{a}_2,\boldsymbol{a}_3)=2$,$\text{rank}(\boldsymbol{b}_1,\boldsymbol{b}_2,\boldsymbol{b}_3)=3$,而考虑的向量的维数是3,所以向量组(Ⅰ)可以由向量组(Ⅱ)线性表示,且显然向量组(Ⅱ)不能由向量组(Ⅰ)线性表示.

综上所述,当 $a=-1$ 时,向量组(Ⅰ)能由向量组(Ⅱ)线性表示,但向量组(Ⅱ)不能由向量组(Ⅰ)线性表示.

例 2.2.13 设有两个 n 维向量组(Ⅰ):$\boldsymbol{a}_1,\boldsymbol{a}_2,\cdots,\boldsymbol{a}_m(m\leqslant n)$ 和(Ⅱ):

$$\boldsymbol{b}_1=\boldsymbol{a}_1,\quad \boldsymbol{b}_2=\boldsymbol{a}_1+\boldsymbol{a}_2,\quad \cdots,\quad \boldsymbol{b}_m=\boldsymbol{a}_1+\boldsymbol{a}_2+\cdots+\boldsymbol{a}_m,$$

证明:向量组(Ⅰ)与向量组(Ⅱ)等价.

证 由已知条件知道,(Ⅱ)可以由(Ⅰ)线性表示,且

$$(\boldsymbol{b}_1,\boldsymbol{b}_2,\cdots,\boldsymbol{b}_m)=(\boldsymbol{a}_1,\boldsymbol{a}_2,\cdots,\boldsymbol{a}_m)\begin{pmatrix}1 & 1 & \cdots & 1\\ & 1 & \cdots & 1\\ & & \ddots & \vdots\\ & & & 1\end{pmatrix}\xlongequal{\text{记为}}(\boldsymbol{a}_1,\boldsymbol{a}_2,\cdots,\boldsymbol{a}_m)\boldsymbol{D}.$$

由于 $|\boldsymbol{D}|=1$,因此 $\boldsymbol{D}$ 可逆,且 $(\boldsymbol{a}_1,\boldsymbol{a}_2,\cdots,\boldsymbol{a}_m)=(\boldsymbol{b}_1,\boldsymbol{b}_2,\cdots,\boldsymbol{b}_m)\boldsymbol{D}^{-1}$. 这说明向量组(Ⅰ)也可以由向量组(Ⅱ)线性表示. 从而向量组(Ⅰ)与向量组(Ⅱ)等价.

例 2.2.14 设 $\boldsymbol{A}$ 为 $m\times n$ 矩阵,$\boldsymbol{B}$ 为 $p\times n$ 矩阵,证明:

$$\max\{\text{rank}(\boldsymbol{A}),\ \text{rank}(\boldsymbol{B})\}\leqslant\text{rank}\begin{pmatrix}\boldsymbol{A}\\ \boldsymbol{B}\end{pmatrix}\leqslant\text{rank}(\boldsymbol{A})+\text{rank}(\boldsymbol{B}).$$

证法一 因为矩阵 $\boldsymbol{A}$ 和 $\boldsymbol{B}$ 的列数相同,所以矩阵 $\begin{pmatrix}\boldsymbol{A}\\ \boldsymbol{B}\end{pmatrix}$ 可视为由矩阵 $\boldsymbol{A}$ 扩充行向量而成. 显然 $\boldsymbol{A}$ 中行向量均可由 $\begin{pmatrix}\boldsymbol{A}\\ \boldsymbol{B}\end{pmatrix}$ 中的行向量线性表示,于是 $\boldsymbol{A}$ 的行秩不超过 $\begin{pmatrix}\boldsymbol{A}\\ \boldsymbol{B}\end{pmatrix}$ 的行秩,即

$$\text{rank}(\boldsymbol{A})\leqslant\text{rank}\begin{pmatrix}\boldsymbol{A}\\ \boldsymbol{B}\end{pmatrix}.$$

同理，$\operatorname{rank}(\boldsymbol{B}) \leqslant \operatorname{rank}\begin{pmatrix}\boldsymbol{A}\\\boldsymbol{B}\end{pmatrix}$. 于是

$$\max\{\operatorname{rank}(\boldsymbol{A}),\ \operatorname{rank}(\boldsymbol{B})\} \leqslant \operatorname{rank}\begin{pmatrix}\boldsymbol{A}\\\boldsymbol{B}\end{pmatrix}.$$

设 $\operatorname{rank}(\boldsymbol{A})=r$，$\boldsymbol{a}_{k_1},\boldsymbol{a}_{k_2},\cdots,\boldsymbol{a}_{k_r}$是 $\boldsymbol{A}$ 的行向量的极大无关组；设 $\operatorname{rank}(\boldsymbol{B})=s$，$\boldsymbol{b}_{j_1},\boldsymbol{b}_{j_2},\cdots,\boldsymbol{b}_{j_s}$是 $\boldsymbol{B}$ 的行向量的极大无关组，则对$\begin{pmatrix}\boldsymbol{A}\\\boldsymbol{B}\end{pmatrix}$中的任意一个行向量 $\boldsymbol{c}$，当它是 $\boldsymbol{A}$ 的行向量时，它可以 $\boldsymbol{a}_{k_1},\boldsymbol{a}_{k_2},\cdots,\boldsymbol{a}_{k_r}$线性表示；当它是 $\boldsymbol{B}$ 的行向量时，它可以 $\boldsymbol{b}_{j_1},\boldsymbol{b}_{j_2},\cdots,\boldsymbol{b}_{j_s}$线性表示；这就是说，$\begin{pmatrix}\boldsymbol{A}\\\boldsymbol{B}\end{pmatrix}$中的任意一个行向量都可以由 $\boldsymbol{a}_{k_1},\boldsymbol{a}_{k_2},\cdots,\boldsymbol{a}_{k_r},\boldsymbol{b}_{j_1},\boldsymbol{b}_{j_2},\cdots,\boldsymbol{b}_{j_s}$线性表示. 因而

$$\operatorname{rank}\begin{pmatrix}\boldsymbol{A}\\\boldsymbol{B}\end{pmatrix} \leqslant r+s=\operatorname{rank}(\boldsymbol{A})+\operatorname{rank}(\boldsymbol{B}).$$

证法二　因为$\begin{pmatrix}\boldsymbol{A}\\\boldsymbol{B}\end{pmatrix}$中的列向量可视为 $\boldsymbol{A}$ 中列向量加长后的向量. 由于一组向量线性无关，则加长后也线性无关，因此

$$\operatorname{rank}(\boldsymbol{A}) \leqslant \operatorname{rank}\begin{pmatrix}\boldsymbol{A}\\\boldsymbol{B}\end{pmatrix}.$$

同理，$\operatorname{rank}(\boldsymbol{B}) \leqslant \operatorname{rank}\begin{pmatrix}\boldsymbol{A}\\\boldsymbol{B}\end{pmatrix}$.

因为

$$\begin{pmatrix}\boldsymbol{A}\\\boldsymbol{B}\end{pmatrix}=\begin{pmatrix}\boldsymbol{A}&\boldsymbol{O}\\\boldsymbol{O}&\boldsymbol{B}\end{pmatrix}\begin{pmatrix}\boldsymbol{I}_n\\\boldsymbol{I}_n\end{pmatrix},$$

所以

$$\operatorname{rank}\begin{pmatrix}\boldsymbol{A}\\\boldsymbol{B}\end{pmatrix} \leqslant \operatorname{rank}\begin{pmatrix}\boldsymbol{A}&\boldsymbol{O}\\\boldsymbol{O}&\boldsymbol{B}\end{pmatrix}=\operatorname{rank}(\boldsymbol{A})+\operatorname{rank}(\boldsymbol{B}).$$

注　用同样的方法可以得到

$$\max\{\operatorname{rank}(\boldsymbol{A}),\ \operatorname{rank}(\boldsymbol{B})\} \leqslant \operatorname{rank}(\boldsymbol{A}\quad\boldsymbol{B}) \leqslant \operatorname{rank}(\boldsymbol{A})+\operatorname{rank}(\boldsymbol{B}).$$

例 2.2.15　设 $\boldsymbol{A}$ 为 $m\times n$ 矩阵，$\boldsymbol{B}$ 为 $p\times q$ 矩阵，$\boldsymbol{C}$ 为 $p\times n$ 矩阵. 证明：

$$\operatorname{rank}\begin{pmatrix}\boldsymbol{A}&\boldsymbol{O}\\\boldsymbol{C}&\boldsymbol{B}\end{pmatrix} \geqslant \operatorname{rank}(\boldsymbol{A})+\operatorname{rank}(\boldsymbol{B}).$$

证 设矩阵 $\boldsymbol{A}$ 的秩为 r,矩阵 $\boldsymbol{B}$ 的秩为 s,由定理 2.2.6 可知,存在 m 阶可逆矩阵 $\boldsymbol{P}_1$,n 阶可逆矩阵 $\boldsymbol{Q}_1$,p 阶可逆矩阵 $\boldsymbol{P}_2$,q 阶可逆矩阵 $\boldsymbol{Q}_2$,使得

$$\boldsymbol{P}_1\boldsymbol{A}\boldsymbol{Q}_1=\begin{pmatrix}\boldsymbol{I}_r & \boldsymbol{O}\\ \boldsymbol{O} & \boldsymbol{O}\end{pmatrix},\quad \boldsymbol{P}_2\boldsymbol{B}\boldsymbol{Q}_2=\begin{pmatrix}\boldsymbol{I}_s & \boldsymbol{O}\\ \boldsymbol{O} & \boldsymbol{O}\end{pmatrix}.$$

所以

$$\begin{pmatrix}\boldsymbol{P}_1 & \boldsymbol{O}\\ \boldsymbol{O} & \boldsymbol{P}_2\end{pmatrix}\begin{pmatrix}\boldsymbol{A} & \boldsymbol{O}\\ \boldsymbol{C} & \boldsymbol{B}\end{pmatrix}\begin{pmatrix}\boldsymbol{Q}_1 & \boldsymbol{O}\\ \boldsymbol{O} & \boldsymbol{Q}_2\end{pmatrix}=\begin{pmatrix}\boldsymbol{P}_1\boldsymbol{A}\boldsymbol{Q}_1 & \boldsymbol{O}\\ \boldsymbol{P}_2\boldsymbol{C}\boldsymbol{Q}_1 & \boldsymbol{P}_2\boldsymbol{B}\boldsymbol{Q}_2\end{pmatrix}=\begin{pmatrix}\begin{matrix}\boldsymbol{I}_r & \boldsymbol{O}\\ \boldsymbol{O} & \boldsymbol{O}\end{matrix} & \\ \boldsymbol{P}_2\boldsymbol{C}\boldsymbol{Q}_1 & \begin{matrix}\boldsymbol{I}_s & \boldsymbol{O}\\ \boldsymbol{O} & \boldsymbol{O}\end{matrix}\end{pmatrix}.$$

显然,最后一个矩阵的秩不小于 $r+s$. 而$\begin{pmatrix}\boldsymbol{P}_1 & \boldsymbol{O}\\ \boldsymbol{O} & \boldsymbol{P}_2\end{pmatrix}$和$\begin{pmatrix}\boldsymbol{Q}_1 & \boldsymbol{O}\\ \boldsymbol{O} & \boldsymbol{Q}_2\end{pmatrix}$是可逆矩阵,因此左面的乘积矩阵的秩与$\begin{pmatrix}\boldsymbol{A} & \boldsymbol{O}\\ \boldsymbol{C} & \boldsymbol{B}\end{pmatrix}$的秩相同. 于是

$$\operatorname{rank}\begin{pmatrix}\boldsymbol{A} & \boldsymbol{O}\\ \boldsymbol{C} & \boldsymbol{B}\end{pmatrix}\geqslant r+s=\operatorname{rank}(\boldsymbol{A})+\operatorname{rank}(\boldsymbol{B}).$$

例 2.2.16 设 $\boldsymbol{A}$ 为 $m\times n$ 矩阵,$\boldsymbol{B}$ 为 $n\times p$ 矩阵,$\boldsymbol{C}$ 为 $p\times q$ 矩阵. 证明:

$$\operatorname{rank}(\boldsymbol{ABC})\geqslant\operatorname{rank}(\boldsymbol{AB})+\operatorname{rank}(\boldsymbol{BC})-\operatorname{rank}(\boldsymbol{B}).$$

证法一 作辅助矩阵$\begin{pmatrix}\boldsymbol{ABC} & \boldsymbol{O}\\ \boldsymbol{O} & \boldsymbol{B}\end{pmatrix}$,对其进行初等变换得

$$\begin{pmatrix}\boldsymbol{ABC} & \boldsymbol{O}\\ \boldsymbol{O} & \boldsymbol{B}\end{pmatrix}\to\begin{pmatrix}\boldsymbol{ABC} & \boldsymbol{AB}\\ \boldsymbol{O} & \boldsymbol{B}\end{pmatrix}\to\begin{pmatrix}\boldsymbol{O} & \boldsymbol{AB}\\ -\boldsymbol{BC} & \boldsymbol{B}\end{pmatrix}\to\begin{pmatrix}\boldsymbol{AB} & \boldsymbol{O}\\ \boldsymbol{B} & \boldsymbol{BC}\end{pmatrix}.$$

于是

$$\operatorname{rank}\begin{pmatrix}\boldsymbol{ABC} & \boldsymbol{O}\\ \boldsymbol{O} & \boldsymbol{B}\end{pmatrix}=\operatorname{rank}\begin{pmatrix}\boldsymbol{AB} & \boldsymbol{O}\\ \boldsymbol{B} & \boldsymbol{BC}\end{pmatrix}.$$

注意到

$$\operatorname{rank}\begin{pmatrix}\boldsymbol{ABC} & \boldsymbol{O}\\ \boldsymbol{O} & \boldsymbol{B}\end{pmatrix}=\operatorname{rank}(\boldsymbol{ABC})+\operatorname{rank}(\boldsymbol{B}),$$

且由上题的结论有

$$\operatorname{rank}\begin{pmatrix}\boldsymbol{AB} & \boldsymbol{O}\\ \boldsymbol{B} & \boldsymbol{BC}\end{pmatrix}\geqslant\operatorname{rank}(\boldsymbol{AB})+\operatorname{rank}(\boldsymbol{BC}),$$

便可得结论.

注 矩阵的秩在初等变换下保持不变,这个性质在考察矩阵的秩的问题中起着重要作用. 但要注意的是,在进行块初等变换时,由于矩阵 $\boldsymbol{B}$ 不一定可逆,因此不一定能进行如下的初等块变换:

$$\begin{pmatrix} \boldsymbol{AB} & \boldsymbol{O} \\ \boldsymbol{B} & \boldsymbol{BC} \end{pmatrix} \rightarrow \begin{pmatrix} \boldsymbol{AB} & \boldsymbol{O} \\ \boldsymbol{I} & \boldsymbol{C} \end{pmatrix}.$$

因此,在进行第二类初等块变换时,要特别注意.

证法二 设 $\text{rank}(\boldsymbol{B})=r$. 由定理 2.2.6 知,存在 n 阶可逆矩阵 $\boldsymbol{P}$,p 阶可逆矩阵 $\boldsymbol{Q}$,使

$$\boldsymbol{B}=\boldsymbol{P}\begin{pmatrix} \boldsymbol{I}_r & \boldsymbol{O} \\ \boldsymbol{O} & \boldsymbol{O} \end{pmatrix}\boldsymbol{Q}.$$

记 $\boldsymbol{P}=(\boldsymbol{M},\boldsymbol{S})$,$\boldsymbol{Q}=\begin{pmatrix} \boldsymbol{N} \\ \boldsymbol{T} \end{pmatrix}$,其中 $\boldsymbol{M}$ 为 $n\times r$ 矩阵,$\boldsymbol{N}$ 为 $r\times p$ 矩阵, 则

$$\boldsymbol{B}=(\boldsymbol{M},\boldsymbol{S})\begin{pmatrix} \boldsymbol{I}_r & \boldsymbol{O} \\ \boldsymbol{O} & \boldsymbol{O} \end{pmatrix}\begin{pmatrix} \boldsymbol{N} \\ \boldsymbol{T} \end{pmatrix}=\boldsymbol{MN}.$$

于是由定理 2.2.5 的(6)和(4)得

$$\begin{aligned}\text{rank}(\boldsymbol{ABC}) &= \text{rank}((\boldsymbol{AM})(\boldsymbol{NC})) \geqslant \text{rank}(\boldsymbol{AM})+\text{rank}(\boldsymbol{NC})-r \\ &\geqslant \text{rank}(\boldsymbol{AMN})+\text{rank}(\boldsymbol{MNC})-r=\text{rank}(\boldsymbol{AB})+\text{rank}(\boldsymbol{BC})-\text{rank}(\boldsymbol{B}).\end{aligned}$$

例 2.2.17 设 $\boldsymbol{A}$ 和 $\boldsymbol{B}$ 为 n 阶方阵,证明

$$\text{rank}(\boldsymbol{AB}-\boldsymbol{I}_n)\leqslant \text{rank}(\boldsymbol{A}-\boldsymbol{I}_n)+\text{rank}(\boldsymbol{B}-\boldsymbol{I}_n).$$

证 显然

$$\boldsymbol{AB}-\boldsymbol{I}_n=(\boldsymbol{A}-\boldsymbol{I}_n)(\boldsymbol{B}-\boldsymbol{I}_n)+(\boldsymbol{A}-\boldsymbol{I}_n)+(\boldsymbol{B}-\boldsymbol{I}_n).$$

注意 $(\boldsymbol{A}-\boldsymbol{I}_n)(\boldsymbol{B}-\boldsymbol{I}_n)$ 的列向量可由 $\boldsymbol{A}-\boldsymbol{I}_n$ 的列向量线性表示,所以上式说明 $\boldsymbol{AB}-\boldsymbol{I}_n$ 的列向量可由 $\boldsymbol{A}-\boldsymbol{I}_n$ 和 $\boldsymbol{B}-\boldsymbol{I}_n$ 的列向量线性表示,因而由推论 2.2.1 可知,$\boldsymbol{AB}-\boldsymbol{I}_n$ 的列向量组成的向量组的秩不超过 $\boldsymbol{A}-\boldsymbol{I}_n$ 和 $\boldsymbol{B}-\boldsymbol{I}_n$ 的列向量组成的向量组的秩,而后者显然不超过 $\text{rank}(\boldsymbol{A}-\boldsymbol{I}_n)+\text{rank}(\boldsymbol{B}-\boldsymbol{I}_n)$,于是有

$$\text{rank}(\boldsymbol{AB}-\boldsymbol{I}_n)\leqslant \text{rank}(\boldsymbol{A}-\boldsymbol{I}_n)+\text{rank}(\boldsymbol{B}-\boldsymbol{I}_n).$$

例 2.2.18 设 $\boldsymbol{A}$ 为 n 阶方阵,记它的伴随阵为 $\boldsymbol{A}^*$. 证明:

(1) 当 $\text{rank}(\boldsymbol{A})=n$ 时,$\text{rank}(\boldsymbol{A}^*)=n$;

(2) 当 $\text{rank}(\boldsymbol{A})=n-1$ 时,$\text{rank}(\boldsymbol{A}^*) = 1$;

(3) 当 $\text{rank}(\boldsymbol{A})<n-1$ 时,$\text{rank}(\boldsymbol{A}^*) = 0$.

证 (1)因为当 $\text{rank}(\boldsymbol{A})=n$ 时,$|\boldsymbol{A}|\neq 0$,所以对 $\boldsymbol{AA}^* = |\boldsymbol{A}|\boldsymbol{I}_n$ 取行列式得 $|\boldsymbol{A}|\cdot|\boldsymbol{A}^*|=|\boldsymbol{A}|^n\neq 0$,因此 $|\boldsymbol{A}^*|\neq 0$,于是 $\text{rank}(\boldsymbol{A}^*)=n$.

(2) 当 $\mathrm{rank}(\boldsymbol{A})=n-1$ 时,则 $\boldsymbol{A}$ 至少有一个 $n-1$ 阶子式不等于零,因此

$$\mathrm{rank}(\boldsymbol{A}^*)\geqslant 1.$$

因为此时 $|\boldsymbol{A}|=0$,所以 $\boldsymbol{A}\boldsymbol{A}^*=|\boldsymbol{A}|\boldsymbol{I}_n=\boldsymbol{O}$. 因此由定理 2.2.5 的(6)得

$$0=\mathrm{rank}(\boldsymbol{A}\boldsymbol{A}^*)\geqslant \mathrm{rank}(\boldsymbol{A})+\mathrm{rank}(\boldsymbol{A}^*)-n=\mathrm{rank}(\boldsymbol{A}^*)-1.$$

因此 $\mathrm{rank}(\boldsymbol{A}^*)\leqslant 1$. 于是 $\mathrm{rank}(\boldsymbol{A}^*)=1$.

(3) $\mathrm{rank}(\boldsymbol{A})<n-1$ 意味着 $|\boldsymbol{A}|$ 的所有代数余子式 $A_{ij}=0$,因此 $\boldsymbol{A}^*=\boldsymbol{O}$. 所以

$$\mathrm{rank}(\boldsymbol{A}^*)=0.$$

例 2.2.19 证明:(1) m 个秩为 1 的同型矩阵的和的秩不大于 m;

(2) 任何秩为 m 的矩阵可以表示成 m 个秩为 1 的矩阵的和.

证 (1) 设 $\boldsymbol{A}_1,\boldsymbol{A}_2,\cdots,\boldsymbol{A}_m$ 是秩为 1 的同型矩阵, 则

$$\begin{aligned}\mathrm{rank}(\boldsymbol{A}_1+\boldsymbol{A}_2+\cdots+\boldsymbol{A}_m)&\leqslant \mathrm{rank}(\boldsymbol{A}_1)+\mathrm{rank}(\boldsymbol{A}_2+\cdots+\boldsymbol{A}_m)\\&\leqslant \mathrm{rank}(\boldsymbol{A}_1)+\mathrm{rank}(\boldsymbol{A}_2)+\cdots+\mathrm{rank}(\boldsymbol{A}_m)=m.\end{aligned}$$

(2) 设 $\boldsymbol{A}$ 的秩为 m,则由定理 2.2.6 知,存在可逆矩阵 $\boldsymbol{P},\boldsymbol{Q}$,使得

$$\boldsymbol{PAQ}=\begin{pmatrix}\boldsymbol{I}_m & \boldsymbol{O}\\ \boldsymbol{O} & \boldsymbol{O}\end{pmatrix}.$$

记与 $\boldsymbol{A}$ 同型的矩阵

$$\boldsymbol{B}_j=\begin{pmatrix}0 &&&&&&\\ &\ddots&&&&&\\ &&0&&&&\\ &&&1&&&\\ &&&&0&&\\ &&&&&\ddots&\\ &&&&&&0\end{pmatrix} j\text{ 行}.$$

$$j\text{ 列}$$

显然 $\mathrm{rank}(\boldsymbol{B}_j)=1\,(j=1,2,\cdots,m)$,且

$$\begin{pmatrix}\boldsymbol{I}_m & \boldsymbol{O}\\ \boldsymbol{O} & \boldsymbol{O}\end{pmatrix}=\sum_{j=1}^{m}\boldsymbol{B}_j.$$

由于 $\boldsymbol{P},\boldsymbol{Q}$ 可逆,因此 $\mathrm{rank}(\boldsymbol{P}^{-1}\boldsymbol{B}_j\boldsymbol{Q}^{-1})=1$, 且此时有

$$\boldsymbol{A}=\boldsymbol{P}^{-1}\begin{pmatrix}\boldsymbol{I}_m & \boldsymbol{O}\\ \boldsymbol{O} & \boldsymbol{O}\end{pmatrix}\boldsymbol{Q}^{-1}=\sum_{j=1}^{m}\boldsymbol{P}^{-1}\boldsymbol{B}_j\boldsymbol{Q}^{-1}.$$

例 2.2.20 设 $\boldsymbol{A}$ 为 $m\times n$ 矩阵($m<n$),且 $\mathrm{rank}(\boldsymbol{A})=m$. 证明:存在 $n\times m$ 矩阵$\boldsymbol{B}$,使得 $\boldsymbol{AB}=\boldsymbol{I}_m$.

证 因为 $\boldsymbol{A}$ 为 $m\times n$ 矩阵($m<n$),且 $\mathrm{rank}(\boldsymbol{A})=m$,由定理 2.2.6 知,存在 m

阶可逆矩阵 $\boldsymbol{P}$, n 阶可逆矩阵 $\boldsymbol{Q}$,使得

$$\boldsymbol{PAQ}=(\boldsymbol{I}_m,\boldsymbol{O}_{m\times(n-m)}).$$

作 $n\times m$ 矩阵

$$\boldsymbol{B}=\boldsymbol{Q}\begin{pmatrix}\boldsymbol{I}_m\\ \boldsymbol{O}_{(n-m)\times m}\end{pmatrix}\boldsymbol{P},$$

则

$$\begin{aligned}\boldsymbol{AB}&=\boldsymbol{P}^{-1}(\boldsymbol{I}_m,\boldsymbol{O}_{m\times(n-m)})\boldsymbol{Q}^{-1}\boldsymbol{Q}\begin{pmatrix}\boldsymbol{I}_m\\ \boldsymbol{O}_{(n-m)\times m}\end{pmatrix}\boldsymbol{P}\\&=\boldsymbol{P}^{-1}(\boldsymbol{I}_m,\boldsymbol{O}_{m\times(n-m)})\begin{pmatrix}\boldsymbol{I}_m\\ \boldsymbol{O}_{(n-m)\times m}\end{pmatrix}\boldsymbol{P}=\boldsymbol{P}^{-1}\boldsymbol{I}_m\boldsymbol{P}=\boldsymbol{I}_m.\end{aligned}$$

例 2.2.21 证明:(1) 设 $\boldsymbol{A},\boldsymbol{B}$ 为 n 阶方阵,若 $\boldsymbol{AB}=\boldsymbol{O}$,则

$$\operatorname{rank}(\boldsymbol{A})+\operatorname{rank}(\boldsymbol{B})\leqslant n;$$

(2) 设 $\boldsymbol{A}$ 为 n 阶方阵,则对于每个 $k(\operatorname{rank}(\boldsymbol{A})\leqslant k\leqslant n)$,必存在 n 阶方阵 $\boldsymbol{B}$,满足 $\boldsymbol{AB}=\boldsymbol{O}$,且

$$\operatorname{rank}(\boldsymbol{A})+\operatorname{rank}(\boldsymbol{B})=k.$$

证 (1) 若 $\boldsymbol{AB}=\boldsymbol{O}$,则由定理 2.2.5 的(6)得

$$0=\operatorname{rank}(\boldsymbol{AB})\geqslant\operatorname{rank}(\boldsymbol{A})+\operatorname{rank}(\boldsymbol{B})-n.$$

因此

$$\operatorname{rank}(\boldsymbol{A})+\operatorname{rank}(\boldsymbol{B})\leqslant n.$$

(2) 设 $\boldsymbol{A}$ 的秩为 r,则由定理 2.2.6 知,存在 n 阶可逆矩阵 $\boldsymbol{P},\boldsymbol{Q}$,使得

$$\boldsymbol{PAQ}=\begin{pmatrix}\boldsymbol{I}_r&\boldsymbol{O}\\ \boldsymbol{O}&\boldsymbol{O}\end{pmatrix}.$$

作 n 阶方阵

$$\boldsymbol{B}=\boldsymbol{Q}\begin{pmatrix}\boldsymbol{O}_{r\times r}&&\\&\boldsymbol{I}_{k-r}&\\&&\boldsymbol{O}_{n-k,n-k}\end{pmatrix}\boldsymbol{P},$$

显然 $\operatorname{rank}(\boldsymbol{B})=k-r$,以及 $\operatorname{rank}(\boldsymbol{A})+\operatorname{rank}(\boldsymbol{B})=k$. 且此时还有

$$\boldsymbol{AB}=\boldsymbol{P}^{-1}\begin{pmatrix}\boldsymbol{I}_r&\boldsymbol{O}\\ \boldsymbol{O}&\boldsymbol{O}\end{pmatrix}\boldsymbol{Q}^{-1}\boldsymbol{Q}\begin{pmatrix}\boldsymbol{O}_{r\times r}&&\\&\boldsymbol{I}_{k-r}&\\&&\boldsymbol{O}_{n-k,n-k}\end{pmatrix}\boldsymbol{P}$$

$$=\boldsymbol{P}^{-1}\begin{pmatrix}\boldsymbol{I}_r & \boldsymbol{O}\\ \boldsymbol{O} & \boldsymbol{O}\end{pmatrix}\begin{pmatrix}\boldsymbol{O}_{r\times r} & & \\ & \boldsymbol{I}_{k-r} & \\ & & \boldsymbol{O}_{n-k,n-k}\end{pmatrix}\boldsymbol{P}=\boldsymbol{O}_{n\times n}.$$

习　题

1. 求下列矩阵的秩：

(1) $\begin{pmatrix}1 & -2 & 3 & 1\\ 3 & -1 & 5 & 6\\ 2 & 1 & 2 & 3\end{pmatrix}$; (2) $\begin{pmatrix}2 & 1 & 11 & 2\\ 1 & 0 & 4 & -1\\ 11 & 4 & 56 & 5\\ 2 & -1 & 5 & -6\end{pmatrix}$; (3) $\begin{pmatrix}0 & & & & a_n\\ -1 & 0 & & & a_{n-1}\\ & \ddots & \ddots & & \vdots\\ & & -1 & 0 & a_2\\ & & & -1 & a_1\end{pmatrix}$.

2. 设矩阵$\begin{pmatrix}1 & 2 & -1 & 1\\ 2 & 0 & t & 0\\ 0 & -4 & 5 & -2\end{pmatrix}$的秩为 2，求 t.

3. 判定下述向量组是否线性相关：

(1) $\begin{pmatrix}3\\-4\\1\\1\end{pmatrix}$, $\begin{pmatrix}4\\-2\\1\\0\end{pmatrix}$, $\begin{pmatrix}-1\\-2\\0\\1\end{pmatrix}$; (2) $\begin{pmatrix}2\\1\\-3\\3\end{pmatrix}$, $\begin{pmatrix}-1\\0\\1\\2\end{pmatrix}$, $\begin{pmatrix}0\\2\\1\\0\end{pmatrix}$, $\begin{pmatrix}1\\3\\-1\\2\end{pmatrix}$.

4. 求向量组

$$\boldsymbol{a}_1=\begin{pmatrix}2\\3\\5\\2\end{pmatrix},\quad \boldsymbol{a}_2=\begin{pmatrix}1\\-2\\1\\-1\end{pmatrix},\quad \boldsymbol{a}_3=\begin{pmatrix}-1\\2\\-1\\1\end{pmatrix},\quad \boldsymbol{a}_4=\begin{pmatrix}1\\-3\\2\\-3\end{pmatrix},\quad \boldsymbol{a}_5=\begin{pmatrix}1\\2\\-1\\4\end{pmatrix}$$

的秩与一个极大无关组.

5. 设有向量组：

$\boldsymbol{a}_1=(1+a,1,1,1)^{\mathrm T}$, $\boldsymbol{a}_2=(2,2+a,2,2)^{\mathrm T}$, $\boldsymbol{a}_3=(3,3,3+a,3)^{\mathrm T}$, $\boldsymbol{a}_4=(4,4,4,4+a)^{\mathrm T}$.

问：当 a 为何值时，$\boldsymbol{a}_1,\boldsymbol{a}_2,\boldsymbol{a}_3,\boldsymbol{a}_4$ 线性相关？当 $\boldsymbol{a}_1,\boldsymbol{a}_2,\boldsymbol{a}_3,\boldsymbol{a}_4$ 线性相关时，求其一个极大无关组，并将其余向量用该极大无关组线性表示.

6. 证明：若向量组 S_1 能由向量组 S_2 线性表示，且 $\mathrm{rank}(S_1)=\mathrm{rank}(S_2)$，则 S_1 与 S_2 等价.

7. 设有两个向量组(Ⅰ)：$\boldsymbol{a}_1=(1,0,1,-1)^{\mathrm T}$，$\boldsymbol{a}_2=(1,1,-2,0)^{\mathrm T}$，$\boldsymbol{a}_3=(-1,-3,8,-2)^{\mathrm T}$；

(Ⅱ)：$\boldsymbol{b}_1=(1,1,-1,0)^{\mathrm T}$，$\boldsymbol{b}_2=(0,1,0,1)^{\mathrm T}$，$\boldsymbol{b}_3=(2,1,-2,-1)^{\mathrm T}$.

问它们是否等价？

8. 设有两个向量组 $\boldsymbol{a}_1=(1,1,a)^{\mathrm T}$，$\boldsymbol{a}_2=(1,a,1)^{\mathrm T}$，$\boldsymbol{a}_3=(a,1,1)^{\mathrm T}$ 和 $\boldsymbol{b}_1=(1,1,a)^{\mathrm T}$，$\boldsymbol{b}_2=(-2,a,4)^{\mathrm T}$，$\boldsymbol{b}_3=(-2,a,a)^{\mathrm T}$. 问：当 a 为何值时，$\boldsymbol{a}_1,\boldsymbol{a}_2,\boldsymbol{a}_3$ 可以由 $\boldsymbol{b}_1,\boldsymbol{b}_2,\boldsymbol{b}_3$ 线性表示，但 $\boldsymbol{b}_1,\boldsymbol{b}_2,\boldsymbol{b}_3$ 不能由 $\boldsymbol{a}_1,\boldsymbol{a}_2,\boldsymbol{a}_3$ 线性表示？

9. 设有两个向量组

（Ⅰ）：$\boldsymbol{a}_1=(1,1,0,0)^{\mathrm{T}},\boldsymbol{a}_2=(0,1,1,0)^{\mathrm{T}},\boldsymbol{a}_3=(0,0,1,1)^{\mathrm{T}}$；

（Ⅱ）：$\boldsymbol{b}_1=(1,a,b,1)^{\mathrm{T}},\boldsymbol{b}_2=(2,1,1,2)^{\mathrm{T}},\boldsymbol{b}_3=(0,1,2,1)^{\mathrm{T}}$.

问当 a,b 为何值时，它们会等价？

10. 设有两个 n 维向量组（Ⅰ）：$\boldsymbol{a}_1,\boldsymbol{a}_2,\cdots,\boldsymbol{a}_m$ 和（Ⅱ）：$\boldsymbol{b}_1,\boldsymbol{b}_2,\cdots,\boldsymbol{b}_m$（$m\leqslant n$），证明：若（Ⅰ）可以由（Ⅱ）线性表示，且 $\boldsymbol{a}_1,\boldsymbol{a}_2,\cdots,\boldsymbol{a}_m$ 线性无关，则 $\boldsymbol{b}_1,\boldsymbol{b}_2,\cdots,\boldsymbol{b}_m$ 也线性无关.

11. 设 $\boldsymbol{A},\boldsymbol{B}$ 为 n 阶方阵，满足 $\boldsymbol{A}^2=\boldsymbol{A},\boldsymbol{B}^2=\boldsymbol{B}$，且 $\boldsymbol{I}-\boldsymbol{A}-\boldsymbol{B}$ 可逆. 证明：

$$\operatorname{rank}(\boldsymbol{A})=\operatorname{rank}(\boldsymbol{B}).$$

12. 设 $\boldsymbol{A}_1,\boldsymbol{A}_2,\cdots,\boldsymbol{A}_m$ 为 m 个 n 阶方阵，若 $\boldsymbol{A}_1\boldsymbol{A}_2\cdots\boldsymbol{A}_m=\boldsymbol{O}$. 试证：

$$\operatorname{rank}(\boldsymbol{A}_1)+\operatorname{rank}(\boldsymbol{A}_2)+\cdots+\operatorname{rank}(\boldsymbol{A}_m)\leqslant(m-1)n.$$

13. 设 $\boldsymbol{A},\boldsymbol{B}$ 为 n 阶方阵，满足 $\boldsymbol{ABA}=\boldsymbol{B}^{-1}$. 证明：$\operatorname{rank}(\boldsymbol{I}-\boldsymbol{AB})+\operatorname{rank}(\boldsymbol{I}+\boldsymbol{AB})\leqslant n$.

14. 设 $\boldsymbol{A}$ 为 $m\times n$ 矩阵，$\boldsymbol{B}$ 为 $n\times m$ 矩阵，证明：

(1) 若 $\operatorname{rank}(\boldsymbol{A})=n$，则 $\operatorname{rank}(\boldsymbol{AB})=\operatorname{rank}(\boldsymbol{B})$；

(2) 若 $\operatorname{rank}(\boldsymbol{B})=n$，则 $\operatorname{rank}(\boldsymbol{AB})=\operatorname{rank}(\boldsymbol{A})$.

15. 设 $\boldsymbol{A}=\begin{pmatrix}1&2&3\\2&4&7\\3&6&9\end{pmatrix}$，3 阶非零矩阵 $\boldsymbol{B}$ 满足 $\boldsymbol{BA}=\boldsymbol{O}$，求 $\operatorname{rank}(\boldsymbol{B})$.

16. 设 $\boldsymbol{A}$ 是 $m\times n$ 矩阵，证明：

(1) $\boldsymbol{A}$ 是列满秩矩阵的充分必要条件是存在 m 阶可逆矩阵 $\boldsymbol{P}$，使得 $\boldsymbol{A}=\boldsymbol{P}\begin{pmatrix}\boldsymbol{I}_n\\\boldsymbol{O}\end{pmatrix}$.

(2) $\boldsymbol{A}$ 是行满秩矩阵的充分必要条件是存在 n 阶可逆矩阵 $\boldsymbol{Q}$，使得 $\boldsymbol{A}=(\boldsymbol{I}_m,\boldsymbol{O})\boldsymbol{Q}$.

17. 设 $\boldsymbol{A}$ 为 $m\times n$ 矩阵，且有 $\operatorname{rank}(\boldsymbol{A})=r$. 证明：存在 $m\times r$ 矩阵 $\boldsymbol{B}$ 和 $r\times n$ 矩阵 $\boldsymbol{C}$，满足 $\operatorname{rank}(\boldsymbol{B})=\operatorname{rank}(\boldsymbol{C})=r$，使得 $\boldsymbol{A}=\boldsymbol{BC}$.

§2.3 线性方程组

知识要点

线性方程组

$$\begin{cases}a_{11}x_1+a_{12}x_2+\cdots+a_{1n}x_n=b_1,\\a_{21}x_1+a_{22}x_2+\cdots+a_{2n}x_n=b_2,\\\qquad\cdots\cdots\\a_{m1}x_1+a_{m2}x_2+\cdots+a_{mn}x_n=b_m\end{cases}$$

可表为

$$\boldsymbol{Ax}=\boldsymbol{b},$$

其中

$$A=\begin{pmatrix} a_{11} & a_{12} & \cdots & a_{1n} \\ a_{21} & a_{22} & \cdots & a_{2n} \\ \vdots & \vdots & & \vdots \\ a_{m1} & a_{m2} & \cdots & a_{mn} \end{pmatrix},\quad x=\begin{pmatrix} x_1 \\ x_2 \\ \vdots \\ x_n \end{pmatrix},\quad b=\begin{pmatrix} b_1 \\ b_2 \\ \vdots \\ b_m \end{pmatrix}.$$

一、齐次线性方程组

方程组 $\boldsymbol{Ax}=\boldsymbol{b}$ 当 $\boldsymbol{b}=\boldsymbol{0}$ 时称为**齐次方程组**,否则称为**非齐次方程组**. 显然,齐次方程组至少有平凡解 $\boldsymbol{x}=\boldsymbol{0}$.

定理 2.3.1 设 $\boldsymbol{A}$ 是 $m\times n$ 矩阵,则齐次线性方程组

$$\boldsymbol{Ax}=\boldsymbol{0}$$

的解存在且唯一(即只有零解)的充分必要条件是

$$\operatorname{rank}(\boldsymbol{A})=n,$$

即 $\boldsymbol{A}$ 是列满秩的.

推论 2.3.1 若齐次线性方程组中的方程个数少于未知量个数(即 $m<n$),则其必有非零解.

定义 2.3.1 若向量组 $\boldsymbol{x}^{(1)},\boldsymbol{x}^{(2)},\cdots,\boldsymbol{x}^{(p)}$ 满足:

(1) 每一个向量 $\boldsymbol{x}^{(i)}(i=1,2,\cdots,p)$ 都是齐次线性方程组 $\boldsymbol{Ax}=\boldsymbol{0}$ 的解;

(2) 向量组 $\boldsymbol{x}^{(1)},\boldsymbol{x}^{(2)},\cdots,\boldsymbol{x}^{(p)}$ 线性无关;

(3) $\boldsymbol{Ax}=\boldsymbol{0}$ 的任意一个解都能够用 $\boldsymbol{x}^{(1)},\boldsymbol{x}^{(2)},\cdots,\boldsymbol{x}^{(p)}$ 线性表示,

则称 $\boldsymbol{x}^{(1)},\boldsymbol{x}^{(2)},\cdots,\boldsymbol{x}^{(p)}$ 为该齐次线性方程组的一个**基础解系**,而称

$$\boldsymbol{x}=\sum_{i=1}^{p} c_i\boldsymbol{x}^{(i)}\quad(c_i\text{ 是任意常数})$$

为该齐次线性方程组的**通解**.

定理 2.3.2 设 $\boldsymbol{A}$ 是 $m\times n$ 矩阵,其秩为 $r(r<n)$. 那么齐次线性方程组

$$\boldsymbol{Ax}=\boldsymbol{0}$$

的每个基础解系中恰有 $n-r$ 个解 $\boldsymbol{x}^{(1)},\boldsymbol{x}^{(2)},\cdots,\boldsymbol{x}^{(n-r)}$,而且该方程组的任何一个解 $\boldsymbol{x}$ 都可以表为

$$\boldsymbol{x}=\sum_{i=1}^{n-r} c_i\boldsymbol{x}^{(i)},$$

其中 $c_i(i=1,2,\cdots,n-r)$ 是常数.

推论 2.3.2 设 $\boldsymbol{A}$ 是 $m\times n$ 矩阵,则齐次线性方程组

$$\boldsymbol{Ax}=\boldsymbol{0}$$

当 $\operatorname{rank}(\boldsymbol{A})=n$ 时只有唯一解 $\boldsymbol{x}=\boldsymbol{0}$;当 $\operatorname{rank}(\boldsymbol{A})<n$ 时有无穷多组解.

对于齐次线性方程组求解,常用初等行变换的方法,详细过程请参见有关教

材，这里不再赘述，只举例说明.

二、非齐次线性方程组

设 $\boldsymbol{A}$ 是 $m\times n$ 矩阵，$\operatorname{rank}(\boldsymbol{A})=r$，$\boldsymbol{b}$ 为 m 维列向量.

定义 2.3.2 矩阵 $(\boldsymbol{A}\mid\boldsymbol{b})$ 称为线性方程组

$$\boldsymbol{Ax}=\boldsymbol{b}$$

的增广矩阵.

定理 2.3.3 线性方程组

$$\boldsymbol{Ax}=\boldsymbol{b}$$

的解存在的充分必要条件是：其系数矩阵的秩等于其增广矩阵的秩，即

$$\operatorname{rank}(\boldsymbol{A})=\operatorname{rank}(\boldsymbol{A}\mid\boldsymbol{b}).$$

若 $\boldsymbol{x}_0$ 满足 $\boldsymbol{Ax}_0=\boldsymbol{b}$，则称其为线性方程组 $\boldsymbol{Ax}=\boldsymbol{b}$ 的一个**特解**. 当 $r<n$ 时，方程组 $\boldsymbol{Ax}=\boldsymbol{b}$ 的解为

$$\boldsymbol{x}=\boldsymbol{x}_0+\sum_{i=1}^{n-r}c_i\boldsymbol{x}^{(i)}\quad(c_i\text{ 是任意常数}),$$

其中 $\boldsymbol{x}^{(1)},\boldsymbol{x}^{(2)},\cdots,\boldsymbol{x}^{(n-r)}$ 为齐次线性方程组 $\boldsymbol{Ax}=\boldsymbol{0}$ 的一个基础解系. 它也称为非齐次线性方程组的**通解**. 这说明，非齐次线性方程组的通解等于其相应的齐次线性方程组的通解加上该非齐次线性方程组的一个特解.

推论 2.3.3 设 $\boldsymbol{A}$ 是 $m\times n$ 矩阵，则非齐次线性方程组

$$\boldsymbol{Ax}=\boldsymbol{b}$$

当 $\operatorname{rank}(\boldsymbol{A})=\operatorname{rank}(\boldsymbol{A}\mid\boldsymbol{b})$ 时有解. 此时，当 $\operatorname{rank}(\boldsymbol{A})=n$ 时只有唯一解；当 $\operatorname{rank}(\boldsymbol{A})<n$ 时有无穷多组解.

对于非齐次线性方程组求解，也常用初等行变换的方法，这里不再赘述，只举例说明.

例题分析

例 2.3.1 求齐次线性方程组

$$\begin{cases}2x_1+x_2+3x_3-x_4+x_5=0,\\2x_1-x_2+x_3+x_4-x_5=0,\\x_2+x_3-x_4+x_5=0,\\2x_1+3x_2+5x_3-3x_4+3x_5=0\end{cases}$$

的一个基础解系和通解.

解 对系数矩阵作初等行变换：

$$
A=\begin{pmatrix}2&1&3&-1&1\\2&-1&1&1&-1\\0&1&1&-1&1\\2&3&5&-3&3\end{pmatrix}\to\begin{pmatrix}2&1&3&-1&1\\0&-2&-2&2&-2\\0&1&1&-1&1\\0&2&2&-2&2\end{pmatrix}
$$

$$
\to\begin{pmatrix}2&1&3&-1&1\\0&1&1&-1&1\\0&0&0&0&0\\0&0&0&0&0\end{pmatrix}\to\begin{pmatrix}2&0&2&0&0\\0&1&1&-1&1\\0&0&0&0&0\\0&0&0&0&0\end{pmatrix}
$$

$$
\to\begin{pmatrix}1&0&1&0&0\\0&1&1&-1&1\\0&0&0&0&0\\0&0&0&0&0\end{pmatrix},
$$

便得原方程组的同解方程组

$$
\begin{cases}x_1=-x_3\\x_2=-x_3+x_4-x_5.\end{cases}
$$

分别取 $x_3=1,x_4=0,x_5=0$; $x_3=0,x_4=1,x_5=0$; $x_3=0,x_4=0,x_5=1$,便得原方程组一个基础解系

$$
\boldsymbol{x}^{(1)}=\begin{pmatrix}-1\\-1\\1\\0\\0\end{pmatrix},\quad \boldsymbol{x}^{(2)}=\begin{pmatrix}0\\1\\0\\1\\0\end{pmatrix},\quad \boldsymbol{x}^{(3)}=\begin{pmatrix}0\\-1\\0\\0\\1\end{pmatrix}.
$$

于是原方程组的通解为

$$
\boldsymbol{x}=c_1\boldsymbol{x}^{(1)}+c_2\boldsymbol{x}^{(2)}+c_3\boldsymbol{x}^{(3)},\quad c_1,c_2,c_3\text{ 是任意常数.}
$$

注 上例也可以这样解:当通过初等行变换得到同解方程组

$$
\begin{cases}x_1=-x_3,\\x_2=-x_3+x_4-x_5\end{cases}
$$

后,将 x_3,x_4,x_5 看成自由变量,令 $x_3=c_1,x_4=c_2,x_5=c_3$,便得

$$
\begin{cases}x_1=-c_1,\\x_2=-c_1+c_2-c_3\\x_3=c_1,\\x_4=c_2,\\x_5=c_3,\end{cases}
$$

即原方程组的通解为

$$\begin{pmatrix} x_1 \\ x_2 \\ x_3 \\ x_4 \\ x_5 \end{pmatrix} = c_1 \begin{pmatrix} -1 \\ -1 \\ 1 \\ 0 \\ 0 \end{pmatrix} + c_2 \begin{pmatrix} 0 \\ 1 \\ 0 \\ 1 \\ 0 \end{pmatrix} + c_3 \begin{pmatrix} 0 \\ -1 \\ 0 \\ 0 \\ 1 \end{pmatrix}, \quad c_1, c_2, c_3 \text{ 是任意常数.}$$

例 2.3.2 设 $\boldsymbol{A} = \begin{pmatrix} \lambda-1 & 1 & \lambda \\ 1 & \lambda-1 & 0 \\ \lambda & 1 & \lambda-1 \end{pmatrix}$. 若存在非零 3 阶矩阵 $\boldsymbol{B}$，使得 $\boldsymbol{AB} = \boldsymbol{O}$，

(1) 求 λ 的值；

(2) 求齐次线性方程组 $\boldsymbol{Ax} = \boldsymbol{0}$ 的通解；

(3) 求 $|\boldsymbol{B}|$.

解 (1) 设 $\boldsymbol{B}$ 用其列向量表示为 $\boldsymbol{B} = (\boldsymbol{b}_1, \boldsymbol{b}_2, \boldsymbol{b}_3)$，则

$$\boldsymbol{AB} = \boldsymbol{A}(\boldsymbol{b}_1, \boldsymbol{b}_2, \boldsymbol{b}_3) = (\boldsymbol{Ab}_1, \boldsymbol{Ab}_2, \boldsymbol{Ab}_3) = \boldsymbol{O}.$$

因此 $\boldsymbol{Ab}_j = \boldsymbol{0}(j = 1,2,3)$，即 $\boldsymbol{b}_1, \boldsymbol{b}_2, \boldsymbol{b}_3$ 是方程组 $\boldsymbol{Ax} = \boldsymbol{0}$ 的解. 因为 $\boldsymbol{B} \neq \boldsymbol{O}$，所以该方程有非零解，因此

$$|\boldsymbol{A}| = \begin{vmatrix} \lambda-1 & 1 & \lambda \\ 1 & \lambda-1 & 0 \\ \lambda & 1 & \lambda-1 \end{vmatrix} = 0, \text{即 } \lambda(3-2\lambda) = 0.$$

于是 $\lambda = 0$ 或 $\lambda = \dfrac{3}{2}$.

(2) 当 $\lambda = 0$ 时，$\boldsymbol{A} = \begin{pmatrix} -1 & 1 & 0 \\ 1 & -1 & 0 \\ 0 & 1 & -1 \end{pmatrix}$. 对齐次线性方程组 $\boldsymbol{Ax} = \boldsymbol{0}$ 的系数矩阵作初等行变换：

$$\boldsymbol{A} = \begin{pmatrix} -1 & 1 & 0 \\ 1 & -1 & 0 \\ 0 & 1 & -1 \end{pmatrix} \to \begin{pmatrix} -1 & 1 & 0 \\ 0 & 0 & 0 \\ 0 & 1 & -1 \end{pmatrix}.$$

由此得该方程组 $\boldsymbol{Ax} = \boldsymbol{0}$ 的一个基础解系 $\boldsymbol{x}_1 = (1,1,1)^{\mathrm{T}}$. 于是该方程组的通解为 $\boldsymbol{x} = c\boldsymbol{x}_1$（$c$ 为任意常数）.

当 $\lambda = \dfrac{3}{2}$ 时，有

$$A=\begin{pmatrix}\frac{1}{2} & 1 & \frac{3}{2}\\ 1 & \frac{1}{2} & 0\\ \frac{3}{2} & 1 & \frac{1}{2}\end{pmatrix}.$$

对齐次线性方程组 $\boldsymbol{A}\boldsymbol{x}=\boldsymbol{0}$ 的系数矩阵作初等行变换：

$$A=\begin{pmatrix}\frac{1}{2} & 1 & \frac{3}{2}\\ 1 & \frac{1}{2} & 0\\ \frac{3}{2} & 1 & \frac{1}{2}\end{pmatrix}\to\begin{pmatrix}1 & 2 & 3\\ 2 & 1 & 0\\ 3 & 2 & 1\end{pmatrix}\to\begin{pmatrix}1 & 2 & 3\\ 0 & -3 & -6\\ 0 & -4 & -8\end{pmatrix}\to\begin{pmatrix}1 & 2 & 3\\ 0 & 1 & 2\\ 0 & 0 & 0\end{pmatrix}.$$

由此得方程组 $\boldsymbol{A}\boldsymbol{x}=\boldsymbol{0}$ 的一个基础解系 $\boldsymbol{x}_2=(1,-2,1)^{\mathrm{T}}$. 于是该方程组的通解为 $\boldsymbol{x}=c\boldsymbol{x}_2$（$c$ 为任意常数）.

（3）当 $\lambda=0$ 或 $\lambda=\frac{3}{2}$时，由（2）知 $\operatorname{rank}(\boldsymbol{A})=2$. 因此齐次线性方程组 $\boldsymbol{A}\boldsymbol{x}=\boldsymbol{0}$ 在每种情形的基础解系均只含有一个非零向量. 若 $\boldsymbol{B}$ 用其列向量表示为 $\boldsymbol{B}=(\boldsymbol{b}_1,\boldsymbol{b}_2,\boldsymbol{b}_3)$，则 $\boldsymbol{b}_1,\boldsymbol{b}_2,\boldsymbol{b}_3$ 均是方程组 $\boldsymbol{A}\boldsymbol{x}=\boldsymbol{0}$ 的解，此时 $\boldsymbol{B}$ 的 3 个列向量 $\boldsymbol{b}_1,\boldsymbol{b}_2,\boldsymbol{b}_3$ 必线性相关（实际上 $\operatorname{rank}(\boldsymbol{B})=1$），于是 $|\boldsymbol{B}|=0$.

例 2.3.3 已知齐次线性方程组 $\boldsymbol{A}\boldsymbol{x}=\boldsymbol{0}$ 的通解为

$$\boldsymbol{x}=c_1\begin{pmatrix}1\\0\\2\\3\end{pmatrix}+c_2\begin{pmatrix}0\\1\\-1\\1\end{pmatrix},\ c_1,c_2 \text{ 是任意常数},$$

求此线性方程组.

解 由已知 $\boldsymbol{b}_1=(1,0,2,3)^{\mathrm{T}}$，$\boldsymbol{b}_2=(0,1,-1,1)^{\mathrm{T}}$ 是方程组的基础解系. 而方程组的未知量个数为 4，因此 $\operatorname{rank}(\boldsymbol{A})=4-2=2$. 可取 $\boldsymbol{A}$ 为 2×4 矩阵. 记

$$\boldsymbol{B}=(\boldsymbol{b}_1,\boldsymbol{b}_2)=\begin{pmatrix}1 & 0\\ 0 & 1\\ 2 & -1\\ 3 & 1\end{pmatrix},$$

显然

$$\boldsymbol{A}\boldsymbol{B}=\boldsymbol{A}(\boldsymbol{b}_1,\boldsymbol{b}_2)=(\boldsymbol{A}\boldsymbol{b}_1,\boldsymbol{A}\boldsymbol{b}_2)=\boldsymbol{O}.$$

记 $\boldsymbol{A}=\begin{pmatrix}\boldsymbol{a}_1^{\mathrm{T}}\\ \boldsymbol{a}_2^{\mathrm{T}}\end{pmatrix}$，因此从 $\boldsymbol{A}\boldsymbol{B}=\begin{pmatrix}\boldsymbol{a}_1^{\mathrm{T}}\\ \boldsymbol{a}_2^{\mathrm{T}}\end{pmatrix}\boldsymbol{B}=\boldsymbol{O}$ 得

$$\boldsymbol{B}^{\mathrm{T}}(\boldsymbol{a}_1,\boldsymbol{a}_2)=\boldsymbol{O}.$$

这就是说 $\boldsymbol{a}_1,\boldsymbol{a}_2$ 是线性方程组 $\boldsymbol{B}^{\mathrm{T}}\boldsymbol{y}=\boldsymbol{0}$ 的两个解向量. 注意到 $\boldsymbol{A}$ 的秩为 2,所以 $\boldsymbol{a}_1,\boldsymbol{a}_2$ 应线性无关.

方程组 $\boldsymbol{B}^{\mathrm{T}}\boldsymbol{y}=\boldsymbol{0}$ 就是

$$\begin{cases}y_1+2y_3+3y_4=0,\\ y_2-y_3+y_4=0.\end{cases}$$

易知此方程组的基础解系为

$$\boldsymbol{y}^{(1)}=\begin{pmatrix}-2\\1\\1\\0\end{pmatrix},\quad \boldsymbol{y}^{(2)}=\begin{pmatrix}-3\\-1\\0\\1\end{pmatrix}.$$

取 $\boldsymbol{a}_1=\boldsymbol{y}^{(1)},\boldsymbol{a}_2=\boldsymbol{y}^{(2)}$ 便得

$$\boldsymbol{A}=\begin{pmatrix}\boldsymbol{a}_1^{\mathrm{T}}\\ \boldsymbol{a}_2^{\mathrm{T}}\end{pmatrix}=\begin{pmatrix}-2&1&1&0\\ -3&-1&0&1\end{pmatrix}.$$

所求方程组为

$$\begin{cases}-2x_1+x_2+x_3=0,\\ -3x_1-x_2+x_4=0.\end{cases}$$

注 由于基础解系等不唯一,因此此题的答案不唯一.

例 2.3.4 设有齐次线性方程

$$\begin{cases}(a_1+b)x_1+a_2x_2+\cdots+a_nx_n=0,\\ a_1x_1+(a_2+b)x_2+\cdots+a_nx_n=0,\\ \qquad\cdots\cdots\\ a_1x_1+a_2x_2+\cdots+(a_n+b)x_n=0,\end{cases}$$

其中 $\sum\limits_{i=1}^{n}a_i\neq0$. 试讨论 $a_1,a_2,\cdots,a_n$ 和 b 满足何种条件时,

(1) 该方程组仅有零解?

(2) 该方程组有非零解? 在有非零解时,指出它的一个基础解系.

解 记所给方程组的系数矩阵为 $\boldsymbol{A}$,则

$$|\boldsymbol{A}|=\begin{vmatrix}a_1+b&a_2&\cdots&a_n\\ a_1&a_2+b&\cdots&a_n\\ \vdots&\vdots&&\vdots\\ a_1&a_2&\cdots&a_n+b\end{vmatrix}=\left(b+\sum_{i=1}^{n}a_i\right)\begin{vmatrix}1&a_2&\cdots&a_n\\ 1&a_2+b&\cdots&a_n\\ \vdots&\vdots&&\vdots\\ 1&a_2&\cdots&a_n+b\end{vmatrix}$$

$$= \left(b + \sum_{i=1}^{n} a_i\right) \begin{vmatrix} 1 & a_2 & \cdots & a_n \\ 0 & b & \cdots & 0 \\ \vdots & \vdots & & \vdots \\ 0 & 0 & \cdots & b \end{vmatrix} = b^{n-1}\left(b + \sum_{i=1}^{n} a_i\right).$$

（1）当 $|\boldsymbol{A}| \neq 0$，即 $b \neq 0$ 且 $b + \sum\limits_{i=1}^{n} a_i \neq 0$ 时，方程组仅有零解.

（2）当 $|\boldsymbol{A}| = 0$，即 $b = 0$ 或 $b + \sum\limits_{i=1}^{n} a_i = 0$ 时，方程组有非零解. 分两种情形考虑：

i）当 $b = 0$ 时，显然原方程组与方程

$$a_1x_1 + a_2x_2 + \cdots + a_nx_n = 0$$

同解. 因为 $\sum\limits_{i=1}^{n} a_i \neq 0$，所以 $a_1, a_2, \cdots, a_n$ 不全为零. 不妨设 $a_1 \neq 0$，则原方程的一个基础解系为

$$\boldsymbol{x}^{(1)} = \left(-\frac{a_2}{a_1}, 1, 0, \cdots, 0\right)^{\mathrm{T}}, \boldsymbol{x}^{(2)} = \left(-\frac{a_3}{a_1}, 0, 1, \cdots, 0\right)^{\mathrm{T}}, \cdots, \boldsymbol{x}^{(n-1)} = \left(-\frac{a_n}{a_1}, 0, 0, \cdots, 1\right)^{\mathrm{T}}.$$

ii）当 $b + \sum\limits_{i=1}^{n} a_i = 0$ 时，$b = -\sum\limits_{i=1}^{n} a_i \neq 0$，此时对原方程的系数矩阵作初等行变换得

$$\boldsymbol{A} = \begin{pmatrix} a_1 + b & a_2 & \cdots & a_n \\ a_1 & a_2 + b & \cdots & a_n \\ \vdots & \vdots & & \vdots \\ a_1 & a_2 & \cdots & a_n + b \end{pmatrix} \to \begin{pmatrix} a_1 + b & a_2 & \cdots & a_n \\ -b & b & \cdots & 0 \\ \vdots & \vdots & & \vdots \\ -b & 0 & \cdots & b \end{pmatrix}$$

$$\to \begin{pmatrix} a_1 - \sum\limits_{i=1}^{n} a_i & a_2 & \cdots & a_n \\ -1 & 1 & \cdots & 0 \\ \vdots & \vdots & & \vdots \\ -1 & 0 & \cdots & 1 \end{pmatrix} \to \begin{pmatrix} 0 & 0 & \cdots & 0 \\ -1 & 1 & \cdots & 0 \\ \vdots & \vdots & & \vdots \\ -1 & 0 & \cdots & 1 \end{pmatrix}.$$

由此得原方程的同解方程组

$$\begin{cases} x_2 = x_1, \\ x_3 = x_1, \\ \cdots\cdots \\ x_n = x_1. \end{cases}$$

因此原方程组的一个基础解系为

$$x^{(1)}=(1,1,\cdots,1)^{\mathrm{T}}.$$

例 2.3.5 求非齐次线性方程组

$$\begin{cases}x_1-x_2+5x_3-x_4=1,\\x_1+x_2-2x_3+3x_4=3,\\3x_1-x_2+8x_3+x_4=5,\\x_1+3x_2-9x_3+7x_4=5\end{cases}$$

的通解.

解 对增广矩阵作初等行变换

$$(\boldsymbol{A}\mid\boldsymbol{b})=\begin{pmatrix}1&-1&5&-1&1\\1&1&-2&3&3\\3&-1&8&1&5\\1&3&-9&7&5\end{pmatrix}\rightarrow\begin{pmatrix}1&-1&5&-1&1\\0&2&-7&4&2\\0&2&-7&4&2\\0&4&-14&8&4\end{pmatrix}$$

$$\rightarrow\begin{pmatrix}1&-1&5&-1&1\\0&2&-7&4&2\\0&0&0&0&0\\0&0&0&0&0\end{pmatrix}\rightarrow\begin{pmatrix}1&0&\frac{3}{2}&1&2\\0&1&-\frac{7}{2}&2&1\\0&0&0&0&0\\0&0&0&0&0\end{pmatrix},$$

便得原方程组的同解方程组

$$\begin{cases}x_1=2-\frac{3}{2}x_3-x_4,\\x_2=1+\frac{7}{2}x_3-2x_4.\end{cases}$$

令 $x_3=x_4=0$,便得原方程组的一个特解

$$\boldsymbol{x}_0=\begin{pmatrix}2\\1\\0\\0\end{pmatrix}.$$

解其齐次方程组

$$\begin{cases}x_1=-\frac{3}{2}x_3-x_4,\\x_2=\frac{7}{2}x_3-2x_4,\end{cases}$$

便可得原方程组对应的齐次方程组的基础解系

$$\boldsymbol{x}^{(1)}=\begin{pmatrix}-\frac{3}{2}\\ \frac{7}{2}\\ 1\\ 0\end{pmatrix},\quad \boldsymbol{x}^{(2)}=\begin{pmatrix}-1\\ -2\\ 0\\ 1\end{pmatrix}.$$

从而原非齐次线性方程组的通解为

$$\boldsymbol{x}=\boldsymbol{x}_0+c_1 x^{(1)}+c_2\boldsymbol{x}^{(2)},\quad c_1\ c_2,是任意常数.$$

注 上例也可以这样解:当通过行初等变换得到同解方程组

$$\begin{cases}x_1=2-\frac{3}{2}x_3-x_4,\\ x_2=1+\frac{7}{2}x_3-2x_4\end{cases}$$

后,将 x_3,x_4 看成自由变量,令 $x_3=c_1,x_4=c_2$,便得

$$\begin{cases}x_1=2-\frac{3}{2}c_1-c_2,\\ x_2=1+\frac{7}{2}c_1-2c_2,\\ x_3=c_1,\\ x_4=c_2,\end{cases}$$

即原方程组的通解为

$$\begin{pmatrix}x_1\\ x_2\\ x_3\\ x_4\end{pmatrix}=\begin{pmatrix}2\\ 1\\ 0\\ 0\end{pmatrix}+c_1\begin{pmatrix}-\frac{3}{2}\\ \frac{7}{2}\\ 1\\ 0\end{pmatrix}+c_2\begin{pmatrix}-1\\ -2\\ 0\\ 1\end{pmatrix},\quad c_1,c_2 是任意常数.$$

例 2.3.6 已知 $\boldsymbol{x}_1=(1,-2,0,1)^{\mathrm{T}},\boldsymbol{x}_2=(1,0,1,0)^{\mathrm{T}},\boldsymbol{x}_3=(2,3,7,1)^{\mathrm{T}}$ 是方程组

$$\begin{cases}a_1x_1+x_2+a_3x_3+x_4=d_1,\\ 3x_1+b_2x_2+x_3+b_4x_4=d_2,\\ x_1+4x_2-3x_3+5x_4=-2\end{cases}$$

的解,求该方程组的通解,并求出该方程组.

解 因为方程组的系数矩阵

$$
\boldsymbol{A}=\begin{pmatrix} a_1 & 1 & a_3 & 1 \\ 3 & b_2 & 1 & b_4 \\ 1 & 4 & -3 & 5 \end{pmatrix}
$$

有一个二阶子式 $\begin{vmatrix} 3 & 1 \\ 1 & -3 \end{vmatrix}=-10\neq 0$,所以 $\operatorname{rank}(\boldsymbol{A})\geqslant 2$.

显然

$$
\boldsymbol{x}_1-\boldsymbol{x}_2=(0,-2,-1,1)^{\mathrm{T}},\quad \boldsymbol{x}_1-\boldsymbol{x}_3=(-1,-5,-7,0)^{\mathrm{T}}
$$

是齐次方程组 $\boldsymbol{Ax}=\boldsymbol{0}$ 的两个线性无关的解,所以

$$
4-\operatorname{rank}(\boldsymbol{A})\geqslant 2,\text{即 }\operatorname{rank}(\boldsymbol{A})\leqslant 2,
$$

于是 $\operatorname{rank}(\boldsymbol{A})=2$, 从而 $\boldsymbol{x}_1-\boldsymbol{x}_2,\boldsymbol{x}_1-\boldsymbol{x}_3$ 就是 $\boldsymbol{Ax}=\boldsymbol{0}$ 的基础解系. 于是所给方程组的通解为

$$
\begin{aligned}
\boldsymbol{x}&=\boldsymbol{x}_1+c_1(\boldsymbol{x}_1-\boldsymbol{x}_2)+c_2(\boldsymbol{x}_1-\boldsymbol{x}_3)\\
&=\begin{pmatrix}1\\-2\\0\\1\end{pmatrix}+c_1\begin{pmatrix}0\\-2\\-1\\1\end{pmatrix}+c_2\begin{pmatrix}-1\\-5\\-7\\0\end{pmatrix},\quad c_1,c_2\text{ 是任意常数.}
\end{aligned}
$$

由于 $\boldsymbol{x}_1-\boldsymbol{x}_2=(0,-2,-1,1)^{\mathrm{T}},\boldsymbol{x}_1-\boldsymbol{x}_3=(-1,5,-7,0)^{\mathrm{T}}$ 是齐次方程组 $\boldsymbol{Ax}=\boldsymbol{0}$的两个的解,分别代入方程 $\boldsymbol{Ax}=\boldsymbol{0}$ 得

$$
\begin{cases}
-1-a_3=0,\\
-2b_2-1+b_4=0,\\
-a_1-5-7a_3=0,\\
-10-5b_2=0.
\end{cases}
$$

解此方程组得

$$
a_1=2,\quad a_3=-1,\quad b_2=-2,\quad b_4=-3.
$$

再将 $\boldsymbol{x}_1=(1,-2,0,1)^{\mathrm{T}}$ 代入原方程组得 $d_1=1,d_2=4$. 于是原方程组为

$$
\begin{cases}
2x_1+x_2-x_3+x_4=1,\\
3x_1-2x_2+x_3-3x_4=4,\\
x_1+4x_2-3x_3+5x_4=-2.
\end{cases}
$$

例 2.3.7 讨论当 a 为何值时,非齐次线性方程组

$$
\begin{cases}
6x_1+4x_2+x_3-x_4+2x_5=a-4,\\
x_1+2x_3+3x_4-4x_5=1,\\
x_1+4x_2-9x_3-16x_4+22x_5=2,\\
7x_1+x_2+ax_3-x_4+(a+3)x_5=a+2
\end{cases}
$$

有解或无解. 在有解时,求出其解.

解 对增广矩阵作初等行变换

$$(\boldsymbol{A} \mid \boldsymbol{b})=\begin{pmatrix}6 & 4 & 1 & -1 & 2 & a-4\\ 1 & 0 & 2 & 3 & -4 & 1\\ 1 & 4 & -9 & -16 & 22 & 2\\ 7 & 1 & a & -1 & a+3 & a+2\end{pmatrix}$$

$$\to\begin{pmatrix}1 & 0 & 2 & 3 & -4 & 1\\ 1 & 4 & -9 & -16 & 22 & 2\\ 6 & 4 & 1 & -1 & 2 & a-4\\ 7 & 1 & a & -1 & a+3 & a+2\end{pmatrix}$$

$$\to\begin{pmatrix}1 & 0 & 2 & 3 & -4 & 1\\ 0 & 4 & -11 & -19 & 26 & 1\\ 0 & 4 & -11 & -19 & 26 & a-10\\ 0 & 1 & a-14 & -22 & a+31 & a-5\end{pmatrix}$$

$$\to\begin{pmatrix}1 & 0 & 2 & 3 & -4 & 1\\ 0 & 4 & -11 & -19 & 26 & 1\\ 0 & 0 & 0 & 0 & 0 & a-11\\ 0 & 1 & a-14 & -22 & a+31 & a-5\end{pmatrix}$$

$$\to\begin{pmatrix}1 & 0 & 2 & 3 & -4 & 1\\ 0 & 1 & a-14 & -22 & a+31 & a-5\\ 0 & 4 & -11 & -19 & 26 & 1\\ 0 & 0 & 0 & 0 & 0 & a-11\end{pmatrix}$$

$$\to\begin{pmatrix}1 & 0 & 2 & 3 & -4 & 1\\ 0 & 1 & a-14 & -22 & a+31 & a-5\\ 0 & 0 & -4a+45 & 69 & -4a-98 & -4a+21\\ 0 & 0 & 0 & 0 & 0 & a-11\end{pmatrix}.$$

显然当 $a\neq 11$ 时,$\operatorname{rank}(\boldsymbol{A})=3$,$\operatorname{rank}(\boldsymbol{A} \mid \boldsymbol{b})=4$,方程组无解.

当 $a=11$ 时,$\operatorname{rank}(\boldsymbol{A})=\operatorname{rank}(\boldsymbol{A} \mid \boldsymbol{b})=3$,方程组有解,此时根据以上初等行变换继续下去得

$$(\boldsymbol{A} \mid \boldsymbol{b})\to\begin{pmatrix}1 & 0 & 2 & 3 & -4 & 1\\ 0 & 1 & -3 & -22 & 44 & 6\\ 0 & 0 & 1 & 69 & 142 & -23\\ 0 & 0 & 0 & 0 & 0 & 0\end{pmatrix}\to\begin{pmatrix}1 & 0 & 0 & -135 & 280 & 47\\ 0 & 1 & 0 & 185 & -384 & -63\\ 0 & 0 & 1 & 69 & -142 & -23\\ 0 & 0 & 0 & 0 & 0 & 0\end{pmatrix}.$$

因此方程组的解为

$$\boldsymbol{x}=\begin{pmatrix}47\\-63\\-23\\0\\0\end{pmatrix}+c_1\begin{pmatrix}135\\-185\\-69\\1\\0\end{pmatrix}+c_2\begin{pmatrix}-280\\384\\142\\0\\1\end{pmatrix},\quad c_1\ c_2,\text{是任意常数}.$$

例 2.3.8 讨论 a,b 为何值时,非齐次线性方程组

$$\begin{cases}x_1-x_2+2x_3=1,\\2x_1-x_2+3x_3-x_4=4,\\x_2+ax_3+bx_4=b,\\x_1-3x_2+(3-a)x_3=-4\end{cases}$$

有解或无解. 在有解时,求出其解.

解 对增广矩阵作初等行变换

$$(\boldsymbol{A}\mid\boldsymbol{b})=\left(\begin{array}{ccccc}1&-1&2&0&1\\2&-1&3&-1&4\\0&1&a&b&b\\1&-3&3-a&0&-4\end{array}\right)\to\left(\begin{array}{ccccc}1&-1&2&0&1\\0&1&-1&-1&2\\0&1&a&b&b\\0&-2&1-a&0&-5\end{array}\right)$$

$$\to\left(\begin{array}{ccccc}1&-1&2&0&1\\0&1&-1&-1&2\\0&0&a+1&b+1&b-2\\0&0&-1-a&-2&-1\end{array}\right)$$

$$\to\left(\begin{array}{ccccc}1&-1&2&0&1\\0&1&-1&-1&2\\0&0&a+1&b+1&b-2\\0&0&0&b-1&b-3\end{array}\right).$$

由此可见:

(1) 当 $a\neq-1$ 且 $b\neq1$ 时,$\operatorname{rank}(\boldsymbol{A})=\operatorname{rank}(\boldsymbol{A}\mid\boldsymbol{b})=4$,方程有唯一解

$$x_1=-\frac{5-b}{(a+1)(b-1)}+\frac{2(2b-3)}{b-1},\quad x_2=\frac{5-b}{(a+1)(b-1)}+\frac{3b-5}{b-1},$$

$$x_3=\frac{5-b}{(a+1)(b-1)},\quad x_4=\frac{b-3}{b-1}.$$

(2) 当 $a\neq-1,b=1$ 时,$\operatorname{rank}(\boldsymbol{A})=3$,$\operatorname{rank}(\boldsymbol{A}\mid\boldsymbol{b})=4$,方程组无解.

(3) 当 $a=-1,b=1$ 时,$\operatorname{rank}(\boldsymbol{A})=3$,$\operatorname{rank}(\boldsymbol{A}\mid\boldsymbol{b})=4$,方程组无解.

(4) 当 $a=-1,b\neq1$ 时,继续初等行变换得

$$(\boldsymbol{A} \vdots \boldsymbol{b}) \to \begin{pmatrix} 1 & -1 & 2 & 0 & 1 \\ 0 & 1 & -1 & -1 & 2 \\ 0 & 0 & 0 & b+1 & b-2 \\ 0 & 0 & 0 & 1 & \dfrac{b-3}{b-1} \end{pmatrix} \to \begin{pmatrix} 1 & -1 & 2 & 0 & 1 \\ 0 & 1 & -1 & -1 & 2 \\ 0 & 0 & 0 & 1 & \dfrac{b-3}{b-1} \\ 0 & 0 & 0 & 0 & \dfrac{5-b}{b-1} \end{pmatrix}.$$

由此可见，当 $b \neq 5$ 时，$\operatorname{rank}(\boldsymbol{A}) \neq \operatorname{rank}(\boldsymbol{A} \vdots \boldsymbol{b})$，方程组无解.

当 $b=5$ 时，$\operatorname{rank}(\boldsymbol{A}) = \operatorname{rank}(\boldsymbol{A} \vdots \boldsymbol{b}) = 3$，方程组有解. 此时继续初等行变换得

$$(\boldsymbol{A} \vdots \boldsymbol{b}) \to \begin{pmatrix} 1 & -1 & 2 & 0 & 1 \\ 0 & 1 & -1 & -1 & 2 \\ 0 & 0 & 0 & 1 & \dfrac{1}{2} \\ 0 & 0 & 0 & 0 & 0 \end{pmatrix} \to \begin{pmatrix} 1 & 0 & 1 & 0 & \dfrac{7}{2} \\ 0 & 1 & -1 & 0 & \dfrac{5}{2} \\ 0 & 0 & 0 & 1 & \dfrac{1}{2} \\ 0 & 0 & 0 & 0 & 0 \end{pmatrix}.$$

因此得原方程组的同解方程组

$$\begin{cases} x_1 + x_3 = \dfrac{7}{2}, \\ x_2 - x_3 = \dfrac{5}{2}, \\ x_4 = \dfrac{1}{2}. \end{cases}$$

于是，可得原方程的通解

$$\boldsymbol{x} = \begin{pmatrix} \dfrac{7}{2} \\ \dfrac{5}{2} \\ 0 \\ \dfrac{1}{2} \end{pmatrix} + c_1 \begin{pmatrix} -1 \\ 1 \\ 1 \\ 0 \end{pmatrix}, \quad c_1 \text{ 是任意常数.}$$

例 2.3.9 设 $\boldsymbol{a}_1 = (1,2,3,0)^{\mathrm{T}}, \boldsymbol{a}_2 = (-1,-3,5,1)^{\mathrm{T}}, \boldsymbol{a}_3 = (1,-2,33,\alpha)^{\mathrm{T}}, \boldsymbol{a}_4 = (-2,-6,6,\alpha-2)^{\mathrm{T}}, \boldsymbol{b} = (3,1,41+2\alpha,6)^{\mathrm{T}}$. 问：

（1）当 α 为何值时，$\boldsymbol{b}$ 能由 $\boldsymbol{a}_1,\boldsymbol{a}_2,\boldsymbol{a}_3,\boldsymbol{a}_4$ 线性表示？并写出表达式. 此时 $\boldsymbol{a}_1,\boldsymbol{a}_2,\boldsymbol{a}_3,\boldsymbol{a}_4$ 是否线性相关？

（2）当 α 为何值时，$\boldsymbol{b}$ 不能由 $\boldsymbol{a}_1,\boldsymbol{a}_2,\boldsymbol{a}_3,\boldsymbol{a}_4$ 线性表示？并指出此时 $\boldsymbol{a}_1,\boldsymbol{a}_2,\boldsymbol{a}_3,\boldsymbol{a}_4$ 的一个极大无关组.

解 （1）向量 $\boldsymbol{b}$ 能否用 $\boldsymbol{a}_1,\boldsymbol{a}_2,\boldsymbol{a}_3,\boldsymbol{a}_4$ 线性表示，即 $\boldsymbol{b} = x_1\boldsymbol{a}_1 + x_2\boldsymbol{a}_2 + x_3\boldsymbol{a}_3 + x_4\boldsymbol{a}_4$

是否有解. 这个关系式按分量写出来就是

$$\begin{cases}x_1-x_2+x_3-2x_4=3,\\2x_1-3x_2-2x_3-6x_4=1,\\3x_1+5x_2+33x_3+6x_4=41+2\alpha,\\x_2+\alpha x_3+(\alpha-2)x_4=6.\end{cases}$$

考虑增广矩阵

$$(\boldsymbol{A}\mid\boldsymbol{b})=\begin{pmatrix}1&-1&1&-2&3\\2&-3&-2&-6&1\\3&5&33&6&41+2\alpha\\0&1&\alpha&\alpha-2&6\end{pmatrix},$$

对它作如下初等行变换:

$$\begin{pmatrix}1&-1&1&-2&3\\2&-3&-2&-6&1\\3&5&33&6&41+2\alpha\\0&1&\alpha&\alpha-2&6\end{pmatrix}\to\begin{pmatrix}1&-1&1&-2&3\\0&-1&-4&-2&-5\\0&8&30&12&32+2\alpha\\0&1&\alpha&\alpha-2&6\end{pmatrix}$$

$$\to\begin{pmatrix}1&-1&1&-2&3\\0&-1&-4&-2&-5\\0&0&-2&-4&-8+2\alpha\\0&0&\alpha-4&\alpha-4&1\end{pmatrix}$$

$$\to\begin{pmatrix}1&-1&1&-2&3\\0&-1&-4&-2&-5\\0&0&1&2&4-\alpha\\0&0&0&4-\alpha&(4-\alpha)^2+1\end{pmatrix}.$$

因此,当 $\alpha\neq4$ 时,$\operatorname{rank}(\boldsymbol{A})=\operatorname{rank}(\boldsymbol{A}\mid\boldsymbol{b})=4$,方程组有唯一解,其解为

$$x_1=28-5\alpha+\frac{10}{4-\alpha},\quad x_2=13-2\alpha+\frac{6}{4-\alpha},$$

$$x_3=-4+\alpha-\frac{2}{4-\alpha},\quad x_4=4-\alpha+\frac{1}{4-\alpha}.$$

于是 $\boldsymbol{b}$ 能由 $\boldsymbol{a}_1,\boldsymbol{a}_2,\boldsymbol{a}_3,\boldsymbol{a}_4$ 线性表示,且

$$\boldsymbol{b}=\left(28-5\alpha+\frac{10}{4-\alpha}\right)\boldsymbol{a}_1+\left(13-2\alpha+\frac{6}{4-\alpha}\right)\boldsymbol{a}_2$$

$$+\left(-4+\alpha-\frac{2}{4-\alpha}\right)\boldsymbol{a}_3+\left(4-\alpha+\frac{1}{4-\alpha}\right)\boldsymbol{a}_4.$$

此时 $\boldsymbol{a}_1,\boldsymbol{a}_2,\boldsymbol{a}_3,\boldsymbol{a}_4$ 线性无关.

(2) 当 $\alpha=4$ 时,$\operatorname{rank}(\boldsymbol{A})=3$,$\operatorname{rank}(\boldsymbol{A}\mid\boldsymbol{b})=4$,方程组无解,因此 $\boldsymbol{b}$ 不能由 $\boldsymbol{a}_1$,

$\boldsymbol{a}_2,\boldsymbol{a}_3,\boldsymbol{a}_4$ 线性表示. 此时 $\boldsymbol{a}_1,\boldsymbol{a}_2,\boldsymbol{a}_3$ 是 $\boldsymbol{a}_1,\boldsymbol{a}_2,\boldsymbol{a}_3,\boldsymbol{a}_4$ 的极大无关组.

例 2.3.10 设 $\boldsymbol{a}_1=(\alpha,1,1)^{\mathrm{T}},\boldsymbol{a}_2=(1,\beta,3\beta)^{\mathrm{T}},\boldsymbol{a}_3=(1,1,1)^{\mathrm{T}},\boldsymbol{b}=(4,3,9)^{\mathrm{T}}$. 讨论 α,β 为何值时,

(1) $\boldsymbol{b}$ 不能由 $\boldsymbol{a}_1,\boldsymbol{a}_2,\boldsymbol{a}_3$ 线性表示;

(2) $\boldsymbol{b}$ 能由 $\boldsymbol{a}_1,\boldsymbol{a}_2,\boldsymbol{a}_3$ 线性表示,且表达式唯一;

(3) $\boldsymbol{b}$ 能由 $\boldsymbol{a}_1,\boldsymbol{a}_2,\boldsymbol{a}_3$ 线性表示,但表达式不唯一,并指出一般表达式.

解 向量 $\boldsymbol{b}$ 能否用 $\boldsymbol{a}_1,\boldsymbol{a}_2,\boldsymbol{a}_3$ 线性表示,即 $\boldsymbol{b}=x_1\boldsymbol{a}_1+x_2\boldsymbol{a}_2+x_3\boldsymbol{a}_3$ 是否有解. 这个关系式按分量写出来就是

$$\begin{cases}\alpha x_1+x_2+x_3=4,\\ x_1+\beta x_2+x_3=3,\\ x_1+3\beta x_2+x_3=9.\end{cases}$$

考虑增广矩阵

$$(\boldsymbol{A}\mid\boldsymbol{b})=\begin{pmatrix}\alpha&1&1&4\\1&\beta&1&3\\1&3\beta&1&9\end{pmatrix},$$

对它作如下初等行变换:

$$\begin{pmatrix}\alpha&1&1&4\\1&\beta&1&3\\1&3\beta&1&9\end{pmatrix}\to\begin{pmatrix}1&\beta&1&3\\1&3\beta&1&9\\\alpha&1&1&4\end{pmatrix}\to\begin{pmatrix}1&\beta&1&3\\0&2\beta&0&6\\0&1-\alpha\beta&1-\alpha&4-3\alpha\end{pmatrix}$$

$$\to\begin{pmatrix}1&\beta&1&3\\0&\beta&0&3\\0&1-\alpha\beta&1-\alpha&4-3\alpha\end{pmatrix}\to\begin{pmatrix}1&0&1&0\\0&\beta&0&3\\0&1-\alpha\beta&1-\alpha&4-3\alpha\end{pmatrix}.$$

(1) 当 $\beta=0$ 时,显然 $\operatorname{rank}(\boldsymbol{A})=2,\operatorname{rank}(\boldsymbol{A}\mid\boldsymbol{b})=3$. 此时方程组无解,$\boldsymbol{b}$ 不能由 $\boldsymbol{a}_1,\boldsymbol{a}_2,\boldsymbol{a}_3$ 线性表示.

当 $\beta\neq0$ 时,对增广矩阵进一步作初等行变换得

$$(\boldsymbol{A}\mid\boldsymbol{b})\to\begin{pmatrix}1&0&1&0\\0&\beta&0&3\\0&0&1-\alpha&\dfrac{4\beta-3}{\beta}\end{pmatrix}.$$

因此,若 $\alpha=1$ 且 $\beta\neq\dfrac{3}{4}$,则 $\operatorname{rank}(\boldsymbol{A})=2,\operatorname{rank}(\boldsymbol{A}\mid\boldsymbol{b})=3$. 此时方程组无解,$\boldsymbol{b}$ 不能由 $\boldsymbol{a}_1,\boldsymbol{a}_2,\boldsymbol{a}_3$ 线性表示.

(2) 当 $\beta\neq0$ 且 $\alpha\neq1$ 时,有 $\operatorname{rank}(\boldsymbol{A})=\operatorname{rank}(\boldsymbol{A}\mid\boldsymbol{b})=3$,方程组有唯一解

$$x_1=\frac{3-4\beta}{\beta(1-\alpha)},\quad x_2=\frac{3}{\beta},\quad x_3=\frac{4\beta-3}{\beta(1-\alpha)},$$

此时 $\boldsymbol{b}$ 有唯一表示

$$\boldsymbol{b}=\frac{3-4\beta}{\beta(1-\alpha)}\boldsymbol{a}_1+\frac{3}{\beta}\boldsymbol{a}_2+\frac{4\beta-3}{\beta(1-\alpha)}\boldsymbol{a}_3.$$

(3) 当 $\beta\neq 0$，且 $\alpha=1,\beta=\frac{3}{4}$ 时，有 $\operatorname{rank}(\boldsymbol{A})=\operatorname{rank}(\boldsymbol{A}\mid\boldsymbol{b})=2$，方程组有无穷多解. 此时继续(1)中的初等行变换便得

$$(\boldsymbol{A}\mid\boldsymbol{b})\begin{pmatrix}1&0&1&0\\0&\frac{3}{4}&0&3\\0&0&0&0\end{pmatrix}\to\begin{pmatrix}1&0&1&0\\0&1&0&4\\0&0&0&0\end{pmatrix}.$$

由此得方程组的通解为

$$\boldsymbol{x}=(0,4,0)^{\mathrm{T}}+c(-1,0,1)^{\mathrm{T}},\quad c\text{ 为任意常数.}$$

此时 $\boldsymbol{b}$ 的一般表达式为

$$\boldsymbol{b}=(-c)\boldsymbol{a}_1+4\boldsymbol{a}_2+c\boldsymbol{a}_3,\quad c\text{ 为任意常数.}$$

例 2.3.11 设有方程组

$$\begin{cases}x_1+\lambda x_2+\mu x_3+2x_4=0,\\x_1+x_2+x_3+x_4=1,\\3x_1+(2+\lambda)x_2+(4+\mu)x_3+4x_4=4,\end{cases}$$

已知 $(2,-1,1,-1)^{\mathrm{T}}$ 是该方程的一个解. 试求:

(1) 该方程组的全部解;

(2) 该方程组满足 $x_2=x_3$ 的解.

解 将 $\boldsymbol{x}=(2,-1,1,-1)^{\mathrm{T}}$ 代入方程组得

$$\lambda=\mu.$$

对增广矩阵作如下初等行变换:

$$(\boldsymbol{A}\mid\boldsymbol{b})=\begin{pmatrix}1&\lambda&\lambda&2&0\\1&1&1&1&1\\3&2+\lambda&4+\lambda&4&4\end{pmatrix}\to\begin{pmatrix}1&\lambda&\lambda&2&0\\1&1&1&1&1\\2&2&4&2&4\end{pmatrix}$$

$$\to\begin{pmatrix}1&1&1&1&1\\2&2&4&2&4\\1&\lambda&\lambda&2&0\end{pmatrix}\to\begin{pmatrix}1&1&1&1&1\\0&0&1&0&1\\0&\lambda-1&\lambda-1&1&-1\end{pmatrix}.$$

(1) 当 $\lambda=1$ 时，从以上行初等变换得同解方程组

$$\begin{cases}x_1+x_2+x_3+x_4=1,\\x_3=1,\\x_4=-1.\end{cases}$$

由此得原方程的解为

$$x=\begin{pmatrix}0\\1\\1\\-1\end{pmatrix}+c_1\begin{pmatrix}-1\\1\\0\\0\end{pmatrix},\ c_1 \text{ 为任意常数.}$$

当 $\lambda\neq 1$ 时,对增广矩阵继续作初等行变换得

$$(A\ \vdots\ b)\to\begin{pmatrix}1&1&1&1&1\\0&0&1&0&1\\0&\lambda-1&\lambda-1&1&-1\end{pmatrix}$$

$$\to\begin{pmatrix}1&1&1&1&1\\0&\lambda-1&\lambda-1&1&-1\\0&0&1&0&1\end{pmatrix}\to\begin{pmatrix}1&1&0&1&0\\0&\lambda-1&0&1&-\lambda\\0&0&1&0&1\end{pmatrix}.$$

由此得原方程的同解方程组

$$\begin{cases}x_1+x_2+x_4=0,\\(\lambda-1)x_2+x_4=-\lambda,\\x_3=1.\end{cases}$$

于是得原方程的解为

$$x=\begin{pmatrix}\dfrac{\lambda}{\lambda-1}\\-\dfrac{\lambda}{\lambda-1}\\1\\0\end{pmatrix}+c_1\begin{pmatrix}\dfrac{\lambda-2}{1-\lambda}\\\dfrac{1}{1-\lambda}\\0\\1\end{pmatrix},\ c_1 \text{ 为任意常数.}$$

(2)若要求 $x_2=x_3$. 当 $\lambda=1$ 时,由解的表达式得

$$1+c_1=1,\text{即 } c_1=0,$$

于是满足要求的解为

$$x=\begin{pmatrix}0\\1\\1\\-1\end{pmatrix}.$$

当 $\lambda\neq 1$ 时,由解的表达式得

$$-\frac{\lambda}{\lambda-1}+c_1\frac{1}{1-\lambda}=1,\text{即 } c_1=1-2\lambda,$$

于是满足要求的解为

$$x=\begin{pmatrix}2\lambda-2\\1\\1\\1-2\lambda\end{pmatrix}.$$

例 2.3.12 设 $A=\begin{pmatrix}1&-1&-1\\-1&1&1\\0&-4&-2\end{pmatrix}$，$x_1=\begin{pmatrix}-1\\1\\-2\end{pmatrix}$.

（1）求解线性方程组 $Ax=x_1$；

（2）求解线性方程组 $A^2x=x_1$；

（3）对于任意(1)中的解向量 x_2 和(2)中的解向量 x_3，证明 x_1,x_2,x_3 线性无关.

解 （1）对于增广矩阵$(A\,\vdots\,x_1)$作行初等变换：

$$(A\,\vdots\,x_1)=\begin{pmatrix}1&-1&-1&-1\\-1&1&1&1\\0&-4&-2&-2\end{pmatrix}\to\begin{pmatrix}1&-1&-1&-1\\0&-4&-2&-2\\0&0&0&0\end{pmatrix}$$
$$\to\begin{pmatrix}1&-1&-1&-1\\0&2&1&1\\0&0&0&0\end{pmatrix},$$

由此得线性方程组 $Ax=x_1$ 的通解为

$$x_2=(0,0,1)^{\mathrm T}+c_1(1,-1,2)^{\mathrm T},\quad c_1\text{ 是任意常数.}$$

（2）计算得

$$A^2=\begin{pmatrix}2&2&0\\-2&-2&0\\4&4&0\end{pmatrix}.$$

对于增广矩阵$(A^2\,\vdots\,x_1)$作行初等变换：

$$(A^2\,\vdots\,x_1)=\begin{pmatrix}2&2&0&-1\\-2&-2&0&1\\4&4&0&-2\end{pmatrix}\to\begin{pmatrix}2&2&0&-1\\0&0&0&0\\0&0&0&0\end{pmatrix},$$

由此得线性方程组 $A^2x=x_1$ 的通解为

$$x_3=\left(-\frac{1}{2},0,0\right)^{\mathrm T}+c_2(-1,1,0)^{\mathrm T}+c_3(0,0,1)^{\mathrm T},\quad c_2,c_3\text{ 是任意常数.}$$

（3）对于任意(1)中的解向量 x_2 和(2)中的解向量 x_3，设有 $\lambda_1,\lambda_2,\lambda_3$，使得

$$\lambda_1x_1+\lambda_2x_2+\lambda_3x_3=\mathbf{0}.$$

易知 $Ax_1=\mathbf{0}$. 对上式左乘 A^2，注意 $A^2x_2=A(Ax_2)=Ax_1=\mathbf{0}$，得

$$\lambda_1 A^2 x_1 + \lambda_2 A^2 x_2 + \lambda_3 A^2 x_3 = \mathbf{0}, \text{即 } \lambda_3 x_1 = \mathbf{0}.$$

因为 $x_1 \neq \mathbf{0}$,所以 $\lambda_3 = 0$.

此时 $\lambda_1 x_1 + \lambda_2 x_2 = \mathbf{0}$. 再对此式左乘 A,得

$$\lambda_1 A x_1 + \lambda_2 A x_2 = \mathbf{0}, \text{即 } \lambda_2 x_1 = \mathbf{0}.$$

于是 $\lambda_2 = 0$. 进而 $\lambda_1 x_1 = \mathbf{0}$,于是 $\lambda_1 = 0$. 从而 x_1, x_2, x_3 线性无关.

例 2.3.13 若齐次线性方程组

$$(\text{Ⅰ}): \begin{cases} x_1 + 2x_2 + 3x_3 = 0, \\ 2x_1 + 3x_2 + 5x_3 = 0, \\ x_1 + x_2 + ax_3 = 0 \end{cases} \text{和 } (\text{Ⅱ}): \begin{cases} x_1 + bx_2 + cx_3 = 0, \\ 2x_1 + b^2 x_2 + (c+1)x_3 = 0 \end{cases}$$

同解,求 a, b, c.

解 因为方程组(Ⅱ)的未知量个数大于方程个数,所以它有无穷多解. 由假设方程组(Ⅰ)与方程组(Ⅱ)同解,所以方程组(Ⅰ)的系数矩阵的秩小于3.

对方程组(Ⅰ)的系数矩阵作初等行变换,得

$$\begin{pmatrix} 1 & 2 & 3 \\ 2 & 3 & 5 \\ 1 & 1 & a \end{pmatrix} \to \begin{pmatrix} 1 & 2 & 3 \\ 0 & -1 & -1 \\ 0 & -1 & a-3 \end{pmatrix} \to \begin{pmatrix} 1 & 2 & 3 \\ 0 & -1 & -1 \\ 0 & 0 & a-2 \end{pmatrix} \to \begin{pmatrix} 1 & 0 & 1 \\ 0 & 1 & 1 \\ 0 & 0 & a-2 \end{pmatrix}.$$

所以 $a = 2$. 且此时方程组(Ⅰ)的一个基础解系为

$$(-1, -1, 1)^{\mathrm{T}}.$$

由于方程组(Ⅰ)与方程组(Ⅱ)同解,将此代入方程组(Ⅱ),得

$$b = 1, c = 2, \text{ 或, } b = 0, c = 1.$$

当 $b = 1, c = 2$ 时,对方程组(Ⅱ)的系数矩阵作初等行变换得

$$\begin{pmatrix} 1 & 1 & 2 \\ 2 & 1 & 3 \end{pmatrix} \to \begin{pmatrix} 1 & 1 & 2 \\ 0 & -1 & -1 \end{pmatrix} \to \begin{pmatrix} 1 & 0 & 1 \\ 0 & 1 & 1 \end{pmatrix}.$$

由此可看出方程组(Ⅱ)与方程组(Ⅰ)同解.

当 $b = 0, c = 1$ 时,对方程组(Ⅱ)的系数矩阵作初等行变换,得

$$\begin{pmatrix} 1 & 0 & 1 \\ 2 & 0 & 2 \end{pmatrix} \to \begin{pmatrix} 1 & 0 & 1 \\ 0 & 0 & 0 \end{pmatrix}.$$

由此可看出方程组(Ⅱ)与方程组(Ⅰ)不同解.

综上所述:$a = 2, b = 1, c = 2$.

例 2.3.14 若齐次线性方程组(Ⅰ):$\begin{cases} x_1 + x_2 + 3x_3 = 0, \\ x_1 + 3x_2 + ax_3 = 0, \\ 3x_1 + 9x_2 + a^2 x_3 = 0 \end{cases}$ 和方程(Ⅱ):$x_1 + 3x_2 + 3x_3 = a^2 - 9$ 有公共解,求 a 的值及所有公共解.

解 将方程组(Ⅰ)和方程(Ⅱ)合并,即

$$\begin{cases} x_1+x_2+3x_3=0, \\ x_1+3x_2+ax_3=0, \\ 3x_1+9x_2+a^2x_3=0, \\ x_1+3x_2+3x_3=a^2-9, \end{cases}$$

所得的解就是公共解. 对这个方程组的增广矩阵作初等行变换,得

$$(\boldsymbol{A}\,\vdots\,\boldsymbol{b})\to\begin{pmatrix}1&1&3&0\\1&3&a&0\\3&9&a^2&0\\1&3&3&a^2-9\end{pmatrix}\to\begin{pmatrix}1&1&3&0\\0&2&a-3&0\\0&6&a^2-9&0\\0&2&0&a^2-9\end{pmatrix}$$

$$\to\begin{pmatrix}1&1&3&0\\0&2&a-3&0\\0&0&a(a-3)&0\\0&0&3-a&a^2-9\end{pmatrix}\to\begin{pmatrix}1&1&3&0\\0&2&a-3&0\\0&0&3-a&a^2-9\\0&0&a(a-3)&0\end{pmatrix}.$$

显然,当 $a\neq0$ 且 $a\neq3$ 时无公共解.

当 $a=0$ 时,以上变换就是

$$(\boldsymbol{A}\,\vdots\,\boldsymbol{b})\to\begin{pmatrix}1&1&3&0\\0&2&-3&0\\0&0&3&-9\\0&0&0&0\end{pmatrix}.$$

于是得所有公共解

$$\boldsymbol{x}=\begin{pmatrix}\dfrac{27}{2}\\-\dfrac{9}{2}\\-3\end{pmatrix}.$$

当 $a=3$ 时,以上变换就是

$$(\boldsymbol{A}\,\vdots\,\boldsymbol{b})\to\begin{pmatrix}1&1&3&0\\0&2&0&0\\0&0&0&0\\0&0&0&0\end{pmatrix}.$$

于是得所有公共解

$$\boldsymbol{x}=c_1\begin{pmatrix}-3\\0\\1\end{pmatrix},\quad c_1\text{ 是任意常数}.$$

例 2.3.15 已知$\boldsymbol{\beta}$是线性方程组$\boldsymbol{Ax}=\boldsymbol{b}(\boldsymbol{b}\neq\boldsymbol{0})$的解，$\boldsymbol{\alpha}_1,\boldsymbol{\alpha}_2,\cdots,\boldsymbol{\alpha}_r$是齐次方程$\boldsymbol{Ax}=\boldsymbol{0}$的$r$个线性无关解. 证明：$\boldsymbol{\beta},\boldsymbol{\alpha}_1+\boldsymbol{\beta},\boldsymbol{\alpha}_2+\boldsymbol{\beta},\cdots,\boldsymbol{\alpha}_r+\boldsymbol{\beta}$是$\boldsymbol{Ax}=\boldsymbol{b}$的$r+1$个线性无关的解.

证 显然

$$\boldsymbol{A}(\boldsymbol{\alpha}_i+\boldsymbol{\beta})=\boldsymbol{A\alpha}_i+\boldsymbol{A\beta}=\boldsymbol{0}+\boldsymbol{b}=\boldsymbol{b},\quad i=1,2,\cdots,r,$$

因此$\boldsymbol{\beta},\boldsymbol{\alpha}_1+\boldsymbol{\beta},\boldsymbol{\alpha}_2+\boldsymbol{\beta},\cdots,\boldsymbol{\alpha}_r+\boldsymbol{\beta}$都是$\boldsymbol{Ax}=\boldsymbol{b}$的解. 现证明它们线性无关. 设有常数$\lambda_0,\lambda_1,\lambda_2,\cdots,\lambda_r$，使得

$$\lambda_0\boldsymbol{\beta}+\lambda_1(\boldsymbol{\alpha}_1+\boldsymbol{\beta})+\lambda_2(\boldsymbol{\alpha}_2+\boldsymbol{\beta})+\cdots+\lambda_r(\boldsymbol{\alpha}_r+\boldsymbol{\beta})=\boldsymbol{0},$$

即

$$\left(\sum_{i=0}^{r}\lambda_i\right)\boldsymbol{\beta}+\sum_{i=1}^{r}\lambda_i\boldsymbol{\alpha}=\boldsymbol{0}.$$

将$\boldsymbol{A}$左乘上式，由于$\boldsymbol{A\alpha}_i=\boldsymbol{0}(i=1,2,\cdots,r)$，因此$\left(\sum\limits_{i=0}^{r}\lambda_i\right)\boldsymbol{A\beta}=\boldsymbol{0}$. 因为$\boldsymbol{A\beta}=\boldsymbol{b}\neq\boldsymbol{0}$，所以$\sum\limits_{i=0}^{r}\lambda_i=0$. 因此上式化为

$$\sum_{i=1}^{r}\lambda_i\boldsymbol{\alpha}=\boldsymbol{0}.$$

由假设$\boldsymbol{\alpha}_1,\boldsymbol{\alpha}_2,\cdots,\boldsymbol{\alpha}_r$是线性无关的，所以$\lambda_1=\lambda_2=\cdots=\lambda_r=0$，再代入$\sum\limits_{i=0}^{r}\lambda_i=0$得$\lambda_0=0$. 于是$\boldsymbol{\beta},\boldsymbol{\alpha}_1+\boldsymbol{\beta},\boldsymbol{\alpha}_2+\boldsymbol{\beta},\cdots,\boldsymbol{\alpha}_r+\boldsymbol{\beta}$线性无关.

例 2.3.16 证明：(1) 设$\boldsymbol{A}$为n阶方阵，则$\mathrm{rank}(\boldsymbol{A}^n)=\mathrm{rank}(\boldsymbol{A}^{n+1})$；

(2) 设$\boldsymbol{A}$为$m\times n$矩阵，则$\mathrm{rank}(\boldsymbol{A}^{\mathrm{T}}\boldsymbol{A})=\mathrm{rank}(\boldsymbol{A})$；

(3) 设$\boldsymbol{A}$为$m\times n$矩阵，$\boldsymbol{b}$是m维列向量，则线性方程组$\boldsymbol{A}^{\mathrm{T}}\boldsymbol{Ax}=\boldsymbol{A}^{\mathrm{T}}\boldsymbol{b}$必有解.

证 (1) 只要证明方程组$\boldsymbol{A}^n\boldsymbol{x}=\boldsymbol{0}$与$\boldsymbol{A}^{n+1}\boldsymbol{x}=\boldsymbol{0}$同解即可.（这样$\boldsymbol{A}^n$与$\boldsymbol{A}^{n+1}$的秩都会等于$n-r$，其中$r$为所有解向量的秩.）

显然$\boldsymbol{A}^n\boldsymbol{x}=\boldsymbol{0}$的解一定是$\boldsymbol{A}^{n+1}\boldsymbol{x}=\boldsymbol{0}$的解. 反之，设$\boldsymbol{\alpha}$是$\boldsymbol{A}^{n+1}\boldsymbol{x}=\boldsymbol{0}$的解，若$\boldsymbol{\alpha}$不是$\boldsymbol{A}^n\boldsymbol{x}=\boldsymbol{0}$的解，即$\boldsymbol{A}^n\boldsymbol{\alpha}\neq\boldsymbol{0}$，则会得出$\boldsymbol{\alpha},\boldsymbol{A\alpha},\boldsymbol{A}^2\boldsymbol{\alpha},\cdots,\boldsymbol{A}^n\boldsymbol{\alpha}$线性无关. 事实上，设有常数$\lambda_0,\lambda_1,\lambda_2,\cdots,\lambda_n$，使得

$$\lambda_0\boldsymbol{\alpha}+\lambda_1\boldsymbol{A\alpha}+\lambda_2\boldsymbol{A}^2\boldsymbol{\alpha}+\cdots+\lambda_n\boldsymbol{A}^n\boldsymbol{\alpha}=\boldsymbol{0},$$

对上式左乘$\boldsymbol{A}^n$得$\lambda_0\boldsymbol{A}^n\boldsymbol{x}=\boldsymbol{0}$，而$\boldsymbol{A}^n\boldsymbol{\alpha}\neq\boldsymbol{0}$，因此$\lambda_0=0$. 同理可得$\lambda_1=\lambda_2=\cdots=\lambda_n=0$，因此$\boldsymbol{\alpha},\boldsymbol{A\alpha},\boldsymbol{A}^2\boldsymbol{\alpha},\cdots,\boldsymbol{A}^n\boldsymbol{\alpha}$线性无关. 但这是$n+1$个$n$维向量，必线性相关，这就导出矛盾. 因此$\boldsymbol{A}^n\boldsymbol{\alpha}=\boldsymbol{0}$.

因此方程组$\boldsymbol{A}^n\boldsymbol{x}=\boldsymbol{0}$与$\boldsymbol{A}^{n+1}\boldsymbol{x}=\boldsymbol{0}$同解，从而$\mathrm{rank}(\boldsymbol{A}^n)=\mathrm{rank}(\boldsymbol{A}^{n+1})$.

(2) 因为$\boldsymbol{A}^{\mathrm{T}}\boldsymbol{Ax}=\boldsymbol{0}$与$\boldsymbol{Ax}=\boldsymbol{0}$同解（见例 1.1.8），所以

$$\mathrm{rank}(\boldsymbol{A}^{\mathrm{T}}\boldsymbol{A})=\mathrm{rank}(\boldsymbol{A}).$$

(3) 只要证明 $\operatorname{rank}(\boldsymbol{A}^{\mathrm{T}}\boldsymbol{A},\boldsymbol{A}^{\mathrm{T}}\boldsymbol{b})=\operatorname{rank}(\boldsymbol{A}^{\mathrm{T}}\boldsymbol{A})$ 即可.

显然,$\operatorname{rank}(\boldsymbol{A}^{\mathrm{T}}\boldsymbol{A},\ \boldsymbol{A}^{\mathrm{T}}\boldsymbol{b})\geqslant\operatorname{rank}(\boldsymbol{A}^{\mathrm{T}}\boldsymbol{A})$.

记 $\boldsymbol{A}^{\mathrm{T}}=(\boldsymbol{\alpha}_1,\boldsymbol{\alpha}_2,\cdots,\boldsymbol{\alpha}_m)$,$\boldsymbol{b}=(b_1,b_2,\cdots,b_m)^{\mathrm{T}}$,则

$$\boldsymbol{A}^{\mathrm{T}}\boldsymbol{b}=(\boldsymbol{\alpha}_1,\boldsymbol{\alpha}_2,\cdots,\boldsymbol{\alpha}_m)\begin{pmatrix}b_1\\b_2\\\vdots\\b_m\end{pmatrix}=b_1\boldsymbol{\alpha}_1+b_2\boldsymbol{\alpha}_2+\cdots+b_m\boldsymbol{\alpha}_m,$$

即 $\boldsymbol{A}^{\mathrm{T}}\boldsymbol{b}$ 可以由 $\boldsymbol{\alpha}_1,\boldsymbol{\alpha}_2,\cdots,\boldsymbol{\alpha}_m$ 线性表示.

记 $\boldsymbol{A}=\begin{pmatrix}a_{11}&a_{12}&\cdots&a_{1n}\\a_{21}&a_{22}&\cdots&a_{2n}\\\vdots&\vdots&&\vdots\\a_{m1}&a_{m2}&\cdots&a_{mn}\end{pmatrix}$. $\boldsymbol{A}^{\mathrm{T}}\boldsymbol{A}=(\boldsymbol{\beta}_1,\boldsymbol{\beta}_2,\cdots,\boldsymbol{\beta}_n)$,则

$$(\boldsymbol{\beta}_1,\boldsymbol{\beta}_2,\cdots,\boldsymbol{\beta}_n)=\boldsymbol{A}^{\mathrm{T}}\boldsymbol{A}=(\boldsymbol{\alpha}_1,\boldsymbol{\alpha}_2,\cdots,\boldsymbol{\alpha}_m)\begin{pmatrix}a_{11}&a_{12}&\cdots&a_{1n}\\a_{21}&a_{22}&\cdots&a_{2n}\\\vdots&\vdots&&\vdots\\a_{m1}&a_{m2}&\cdots&a_{mn}\end{pmatrix}.$$

于是

$$\boldsymbol{\beta}_i=\sum_{j=1}^{m}a_{ji}\boldsymbol{\alpha}_j,\quad i=1,2,\cdots,n.$$

这说明 $\boldsymbol{A}^{\mathrm{T}}\boldsymbol{A}$ 的每个列向量都可以用 $\boldsymbol{\alpha}_1,\boldsymbol{\alpha}_2,\cdots,\boldsymbol{\alpha}_m$ 线性表示. 因此$(\boldsymbol{A}^{\mathrm{T}}\boldsymbol{A},\boldsymbol{A}^{\mathrm{T}}\boldsymbol{b})$的每个列向量都可以用 $\boldsymbol{A}^{\mathrm{T}}$ 的列向量 $\boldsymbol{\alpha}_1,\boldsymbol{\alpha}_2,\cdots,\boldsymbol{\alpha}_m$ 线性表示,所以

$$\operatorname{rank}(\boldsymbol{A}^{\mathrm{T}}\boldsymbol{A},\boldsymbol{A}^{\mathrm{T}}\boldsymbol{b})\leqslant\operatorname{rank}(\boldsymbol{A}^{\mathrm{T}}).$$

由(2)可知 $\operatorname{rank}(\boldsymbol{A}^{\mathrm{T}}\boldsymbol{A})=\operatorname{rank}(\boldsymbol{A})=\operatorname{rank}(\boldsymbol{A}^{\mathrm{T}})$,所以

$$\operatorname{rank}(\boldsymbol{A}^{\mathrm{T}}\boldsymbol{A},\boldsymbol{A}^{\mathrm{T}}\boldsymbol{b})\leqslant\operatorname{rank}(\boldsymbol{A}^{\mathrm{T}}\boldsymbol{A}).$$

于是 $\operatorname{rank}(\boldsymbol{A}^{\mathrm{T}}\boldsymbol{A},\boldsymbol{A}^{\mathrm{T}}\boldsymbol{b})=\operatorname{rank}(\boldsymbol{A}^{\mathrm{T}}\boldsymbol{A})$, 从而线性方程组 $\boldsymbol{A}^{\mathrm{T}}\boldsymbol{A}\boldsymbol{x}=\boldsymbol{A}^{\mathrm{T}}\boldsymbol{b}$ 有解.

例 2.3.17 设有 4 个方程(组)

$$(\mathrm{I}):\begin{cases}a_{11}x_1+a_{12}x_2+\cdots+a_{1n}x_n=b_1,\\a_{21}x_1+a_{22}x_2+\cdots+a_{2n}x_n=b_2,\\\quad\cdots\cdots\\a_{m1}x_1+a_{m2}x_2+\cdots+a_{mn}x_n=b_m;\end{cases}$$

$$(\mathrm{II}):\begin{cases}a_{11}x_1+a_{21}x_2+\cdots+a_{m1}x_m=0,\\a_{12}x_1+a_{22}x_2+\cdots+a_{m2}x_m=0,\\\quad\cdots\cdots\\a_{1n}x_1+a_{2n}x_2+\cdots+a_{mn}x_m=0;\end{cases}$$

$$(\text{Ⅲ}): b_1x_1+b_2x_2+\cdots+b_mx_m=1;$$

$$(\text{Ⅳ}): b_1x_1+b_2x_2+\cdots+b_mx_m=0.$$

证明：

(1) 若方程组(Ⅰ)有解，则方程组(Ⅱ)的解必是方程(Ⅳ)的解；

(2) 方程组(Ⅰ)有解的充分必要条件是方程组(Ⅱ)和方程(Ⅲ)无公共解.

证 记 $\boldsymbol{A}=\begin{pmatrix} a_{11} & a_{12} & \cdots & a_{1n} \\ a_{21} & a_{22} & \cdots & a_{2n} \\ \vdots & \vdots & & \vdots \\ a_{m1} & a_{m2} & \cdots & a_{mn} \end{pmatrix}, \boldsymbol{b}=\begin{pmatrix} b_1 \\ b_2 \\ \vdots \\ b_m \end{pmatrix}$.

(1) 若方程组(Ⅰ)有解，设 $\boldsymbol{y}=(y_1,y_2,\cdots,y_n)^{\mathrm{T}}$ 为方程组(Ⅰ)的解，即它满足

$$\boldsymbol{Ay}=\boldsymbol{b}.$$

若 $\boldsymbol{x}=(x_1,x_2,\cdots,x_m)^{\mathrm{T}}$ 为方程组(Ⅱ)的解，即满足 $\boldsymbol{A}^{\mathrm{T}}\boldsymbol{x}=\boldsymbol{0}$，则

$$b_1x_1+b_2x_2+\cdots+b_mx_m=\boldsymbol{b}^{\mathrm{T}}\boldsymbol{x}=(\boldsymbol{y}^{\mathrm{T}}\boldsymbol{A}^{\mathrm{T}})\boldsymbol{x}=\boldsymbol{y}^{\mathrm{T}}(\boldsymbol{A}^{\mathrm{T}}\boldsymbol{x})=\boldsymbol{y}^{\mathrm{T}}\boldsymbol{0}=0,$$

所以方程组(Ⅱ)的解是方程(Ⅳ)的解.

(2) 方程组(Ⅱ)和方程(Ⅲ)的公共解就是方程组

$$(\text{Ⅴ}): \begin{cases} a_{11}x_1+a_{21}x_2+\cdots+a_{m1}x_m=0, \\ a_{12}x_1+a_{22}x_2+\cdots+a_{m2}x_m=0, \\ \quad\cdots\cdots \\ a_{1n}x_1+a_{2n}x_2+\cdots+a_{mn}x_m=0, \\ b_1x_1+b_2x_2+\cdots+b_mx_m=1 \end{cases}$$

的解，所以只要证明：方程组(Ⅰ)有解的充分必要条件是方程组(Ⅴ)无解. 方程组(Ⅴ)的系数矩阵为 $\boldsymbol{B}=\begin{pmatrix} \boldsymbol{A}^{\mathrm{T}} \\ \boldsymbol{b}^{\mathrm{T}} \end{pmatrix}$，增广矩阵为

$$\tilde{\boldsymbol{B}}=\begin{pmatrix} \boldsymbol{A}^{\mathrm{T}} & \boldsymbol{0} \\ \boldsymbol{b}^{\mathrm{T}} & 1 \end{pmatrix}.$$

显然(经初等列变换：$\tilde{\boldsymbol{B}}=\begin{pmatrix} \boldsymbol{A}^{\mathrm{T}} & \boldsymbol{0} \\ \boldsymbol{b}^{\mathrm{T}} & 1 \end{pmatrix} \to \begin{pmatrix} \boldsymbol{A}^{\mathrm{T}} & \boldsymbol{0} \\ \boldsymbol{0}^{\mathrm{T}} & 1 \end{pmatrix}$便可看出)

$$\operatorname{rank}(\tilde{\boldsymbol{B}})=\operatorname{rank}(\boldsymbol{A}^{\mathrm{T}})+1=\operatorname{rank}(\boldsymbol{A})+1.$$

若方程组(Ⅰ)有解，则 $\operatorname{rank}(\boldsymbol{A})=\operatorname{rank}(\boldsymbol{A},\boldsymbol{b})=\operatorname{rank}\begin{pmatrix} \boldsymbol{A}^{\mathrm{T}} \\ \boldsymbol{b}^{\mathrm{T}} \end{pmatrix}=\operatorname{rank}(\boldsymbol{B})$，于是 $\operatorname{rank}(\tilde{\boldsymbol{B}})\neq\operatorname{rank}(\boldsymbol{B})$，所以方程组(Ⅴ)无解.

若方程组(Ⅰ)无解,则 $\operatorname{rank}(\boldsymbol{A},\boldsymbol{b})=\operatorname{rank}(\boldsymbol{A})+1$. 注意到

$$\operatorname{rank}(\boldsymbol{A},\boldsymbol{b})=\operatorname{rank}\begin{pmatrix}\boldsymbol{A}^{\mathrm{T}}\\ \boldsymbol{b}^{\mathrm{T}}\end{pmatrix}=\operatorname{rank}(\boldsymbol{B}),$$

便知 $\operatorname{rank}(\tilde{\boldsymbol{B}})=\operatorname{rank}(\boldsymbol{B})$,因此方程组(Ⅴ)有解.

这就证明了,方程组(Ⅰ)有解的充分必要条件是方程组(Ⅴ)无解.

例 2.3.18 设 $\boldsymbol{A}$ 为 $(n-1)\times n$ 矩阵,$|\boldsymbol{A}_j|$ 表示 $\boldsymbol{A}$ 中划去第 j 列所成矩阵 $\boldsymbol{A}_j$ 的行列式 $(j=1,2,\cdots,n)$. 证明:

(1) $(-|\boldsymbol{A}_1|,|\boldsymbol{A}_2|,\cdots,(-1)^n|\boldsymbol{A}_n|)^{\mathrm{T}}$ 是方程组 $\boldsymbol{Ax}=\boldsymbol{0}$ 的一个解;

(2) 若 $|\boldsymbol{A}_j|(j=1,2,\cdots,n)$ 不全为零,则(1)中的解就是 $\boldsymbol{Ax}=\boldsymbol{0}$ 的一个基础解系.

证 记

$$\boldsymbol{A}=\begin{pmatrix}a_{11}&a_{12}&\cdots&a_{1n}\\a_{21}&a_{22}&\cdots&a_{2n}\\\vdots&\vdots&&\vdots\\a_{n-1,1}&a_{n-1,2}&\cdots&a_{n-1,n}\end{pmatrix},$$

在 $\boldsymbol{A}$ 的第一行之上再添加其第一行所成矩阵记为 $\boldsymbol{B}$,即

$$\boldsymbol{B}=\begin{pmatrix}a_{11}&a_{12}&\cdots&a_{1n}\\a_{11}&a_{12}&\cdots&a_{1n}\\a_{21}&a_{22}&\cdots&a_{2n}\\\vdots&\vdots&&\vdots\\a_{n-1,1}&a_{n-1,2}&\cdots&a_{n-1,n}\end{pmatrix}.$$

注意 $\boldsymbol{B}$ 的第二行各元素的代数余子式为

$$B_{21}=-|\boldsymbol{A}_1|,\quad B_{22}=|\boldsymbol{A}_2|,\quad \cdots,\quad B_{2n}=(-1)^n|\boldsymbol{A}_n|,$$

且显然 $|\boldsymbol{B}|=0$,于是将 $|\boldsymbol{B}|$ 按第二行展开得

$$|\boldsymbol{B}|=a_{11}(-|\boldsymbol{A}_1|)+a_{12}|\boldsymbol{A}_2|+\cdots+a_{1n}(-1)^n|\boldsymbol{A}_n|=0.$$

又由行列式性质得($|\boldsymbol{B}|$ 中第 $3,\cdots,n$ 行元素乘以第二行对应元素的代数余子式之和为零)

$$a_{j1}B_{21}+a_{j2}B_{22}+\cdots+a_{jn}B_{2n}=0,\quad j=2,\cdots,n,$$

即

$$a_{j1}(-|\boldsymbol{A}_1|)+a_{j2}|\boldsymbol{A}_2|+\cdots+a_{jn}(-1)^n|\boldsymbol{A}_n|=0,\quad j=2,\cdots,n.$$

因此 $(-|\boldsymbol{A}_1|,|\boldsymbol{A}_2|,\cdots,(-1)^n|\boldsymbol{A}_n|)^{\mathrm{T}}$ 是方程组 $\boldsymbol{Ax}=\boldsymbol{0}$ 的一个解.

(2) 若 $|\boldsymbol{A}_j|(j=1,2,\cdots,n)$ 不全为零,则 $\boldsymbol{A}$ 至少有一个 $n-1$ 阶子式不为零,而 $\boldsymbol{A}$ 是 $(n-1)\times n$ 矩阵,所以 $\operatorname{rank}(\boldsymbol{A})=n-1$. 因此线性方程组 $\boldsymbol{Ax}=\boldsymbol{0}$ 的基础解系

中所含元素个数为 $n-\operatorname{rank}(\boldsymbol{A})=1$，而由(1)知

$$(-|\boldsymbol{A}_1|,|\boldsymbol{A}_2|,\cdots,(-1)^n|\boldsymbol{A}_n|)^{\mathrm{T}}$$

就是方程组的一个非零解，所以它就是一个基础解系.

习　题

1. 求下列线性方程组的通解：

(1) $\begin{cases} x_1+x_2+x_3+x_4+x_5=0, \\ 3x_1+2x_2+x_3+x_4-3x_5=0, \\ x_2+2x_3+2x_4+6x_5=0, \\ 5x_1+4x_2+3x_3+3x_4-x_5=0; \end{cases}$

(2) $\begin{cases} x_1+2x_2+x_3-x_4=6, \\ 2x_1-x_2+x_3+3x_4+4x_5=-7, \\ 2x_1-x_2+2x_3+x_4-2x_5=-4, \\ 2x_1-3x_2+x_3+2x_4-2x_5=-9, \\ x_1+x_3-2x_4-6x_5=4; \end{cases}$

(3) $\begin{cases} 2x_1-x_2-2x_3+x_4=0, \\ x_1+2x_2+2x_3+x_4=6, \\ 3x_1+x_2-x_3-2x_4=1, \\ x_1+2x_2+x_3-3x_4=2, \\ 2x_1+4x_2+3x_3-2x_4=7. \end{cases}$

2. 问当 a,b 为何值时，齐次线性方程组

$$\begin{cases} x_1+x_2+x_3=0, \\ x_1+ax_2+x_3=0, \\ x_1+x_2+bx_3=0 \end{cases}$$

有非零解，此时求出其解.

3. 若已知线性方程组$\begin{pmatrix} a & 1 & 1 \\ 1 & a & 1 \\ 1 & 1 & a \end{pmatrix}\begin{pmatrix} x_1 \\ x_2 \\ x_3 \end{pmatrix}=\begin{pmatrix} 1 \\ 1 \\ -2 \end{pmatrix}$有无穷多解，求 a.

4. 求线性方程组

$$\begin{cases} x_1-x_2+2x_3+x_4=1, \\ 2x_1-x_2+x_3+2x_4=3, \\ x_1-x_3+x_4=2, \\ 3x_1-x_2+3x_4=5 \end{cases}$$

的通解，并求出满足 $x_1^2=x_2^2$ 的全部解.

5. 已知三阶方阵 $\boldsymbol{A}$ 的第一行是(a,b,c)，且 $a\neq 0$，矩阵 $\boldsymbol{B}=\begin{pmatrix} 1 & 2 & 3 \\ 2 & 4 & 6 \\ 3 & 6 & k \end{pmatrix}$($k$ 为常数)满足 $\boldsymbol{AB}$

$=\boldsymbol{O}$. 求线性方程组 $\boldsymbol{Ax}=\boldsymbol{0}$ 的通解.

6. 设 $\boldsymbol{A}=\begin{pmatrix}1 & 2 & 1\\ 1 & a+2 & a+1\\ -1 & a-2 & 2a-3\end{pmatrix}$. 若存在3阶非零矩阵 $\boldsymbol{B}$,使得 $\boldsymbol{AB}=\boldsymbol{O}$,

(1) 求 a 的值;

(2) 求线性方程组 $\boldsymbol{Ax}=\boldsymbol{0}$ 的通解.

7. 问当 λ 为何值时,线性方程组

$$\begin{cases}\lambda x_1+x_2+x_3=\lambda-3,\\ x_1+\lambda x_2+x_3=-2,\\ x+x_2+\lambda x_3=-2\end{cases}$$

有唯一解、有无穷多解、无解? 在方程组有无穷多解时,求出解.

8. 问:当 a,b 为何值时,线性方程组

$$\begin{cases}x_1+x_2+x_3+x_4=0,\\ x_2+2x_3+2x_4=1,\\ -x_2+(a-3)x_3-2x_4=b,\\ 3x_1+2x_2+x_3+ax_4=-1\end{cases}$$

有唯一解、有无穷多解、无解? 在方程组有解时,求出解.

9. 设 $\boldsymbol{\alpha}=(1,2,1)^{\mathrm{T}}$,$\boldsymbol{\beta}=(1,1/2,0)^{\mathrm{T}}$,$\boldsymbol{\gamma}=(0,0,8)^{\mathrm{T}}$,$\boldsymbol{A}=\boldsymbol{\alpha\beta}^{\mathrm{T}}$,$\boldsymbol{B}=\boldsymbol{\beta}^{\mathrm{T}}\boldsymbol{\alpha}$,求解方程

$$2\boldsymbol{B}^2\boldsymbol{A}^2\boldsymbol{x}=\boldsymbol{A}^4\boldsymbol{x}+\boldsymbol{B}^4\boldsymbol{x}+\boldsymbol{\gamma}.$$

10. 已知线性方程组

$$\begin{cases}x_1+x_2+x_3+x_4=-1,\\ 4x_1+3x_2+5x_3-x_4=-1,\\ \lambda x_1+x_2+3x_3+\mu x_4=1\end{cases}$$

有3个线性无关的解.

(1) 证明该方程组的系数矩阵的秩为2;

(2) 求 λ,μ 的值及该方程组的通解.

11. 设有 n 元线性方程组 $\boldsymbol{Ax}=\boldsymbol{b}$,其中

$$\boldsymbol{A}=\begin{pmatrix}2a & 1 & & & \\ a^2 & 2a & 1 & & \\ & a^2 & 2a & \ddots & \\ & & \ddots & \ddots & 1\\ & & & a^2 & 2a\end{pmatrix},\ \boldsymbol{b}=\begin{pmatrix}1\\0\\0\\ \vdots\\0\end{pmatrix}.$$

问:

(1) 当 a 为何值时,该方程组有唯一解 $\boldsymbol{x}=(x_1,x_2,\cdots,x_n)^{\mathrm{T}}$,并求出 x_1;

(2) 当 a 为何值时,该方程组有无穷多解,并求出通解.

12. 设

$\boldsymbol{a}_1=(1,4,0,2)^{\mathrm{T}}$, $\boldsymbol{a}_2=(2,7,1,3)^{\mathrm{T}}$, $\boldsymbol{a}_3=(0,1,-1,a)^{\mathrm{T}}$, $\boldsymbol{b}=(3,10,b,4)^{\mathrm{T}}$.

问：a,b 为何值时，

（1）$\boldsymbol{b}$ 不能由 $\boldsymbol{a}_1,\boldsymbol{a}_2,\boldsymbol{a}_3$ 线性表示？

（2）$\boldsymbol{b}$ 能由 $\boldsymbol{a}_1,\boldsymbol{a}_2,\boldsymbol{a}_3$ 线性表示？并写出表达式.

13. 设

$$\boldsymbol{a}_1=(1,0,0,3)^{\mathrm{T}},\quad \boldsymbol{a}_2=(1,1,-1,2)^{\mathrm{T}},\quad \boldsymbol{a}_3=(1,2,\alpha-3,1)^{\mathrm{T}},$$
$$\boldsymbol{a}_4=(1,2,-2,\alpha)^{\mathrm{T}},\quad \boldsymbol{b}=(0,1,\beta,-1)^{\mathrm{T}}.$$

讨论 α,β 为何值时，

（1）$\boldsymbol{b}$ 能由 $\boldsymbol{a}_1,\boldsymbol{a}_2,\boldsymbol{a}_3,\boldsymbol{a}_4$ 线性表示，且表达式唯一；

（2）$\boldsymbol{b}$ 不能由 $\boldsymbol{a}_1,\boldsymbol{a}_2,\boldsymbol{a}_3,\boldsymbol{a}_4$ 线性表示；

（3）$\boldsymbol{b}$ 能由 $\boldsymbol{a}_1,\boldsymbol{a}_2,\boldsymbol{a}_3,\boldsymbol{a}_4$ 线性表示，但表达式不唯一，并给出一般表达式.

14. 设有四元齐次线性方程组（Ⅰ）：$\begin{cases}x_1+x_2=0,\\x_2-x_4=0\end{cases}$和（Ⅱ）：$\begin{cases}x_1-x_2+x_3=0,\\x_2-x_3+x_4=0.\end{cases}$

（1）分别求方程组（Ⅰ）和方程组（Ⅱ）的基础解系；

（2）求方程组（Ⅰ）和方程组（Ⅱ）的公共解.

15. 已知齐次线性方程组（Ⅰ）：$\begin{cases}x_1+x_2+x_3=0,\\x_1+2x_2+ax_3=0,\\x_1+4x_2+a^2x_3=0\end{cases}$和方程（Ⅱ）：$x_1+2x_2+x_3=a-1$ 有公共解.

（1）求 a 的值；

（2）求所有公共解.

16. 设有四元齐次线性方程组（Ⅰ）：$\begin{cases}2x_1+3x_2-x_3=0,\\x_1+2x_2+x_3-x_4=0.\end{cases}$又已知另一四元齐次线性方程组（Ⅱ）的一个基础解系为 $\boldsymbol{\alpha}_1=(2,-1,\alpha+2,1)^{\mathrm{T}},\boldsymbol{\alpha}_2=(-1,2,4,\alpha+8)^{\mathrm{T}}$.

（1）求方程组（Ⅰ）的一个基础解系；

（2）问 α 何值时，方程组（Ⅰ）与方程组（Ⅱ）有非零公共解？在有非零公共解时，求出全部公共解.

17. 已知两个线性方程组

$$(\text{Ⅰ}):\begin{cases}x_1+x_2-2x_4=-6,\\4x_1-x_2-x_3-x_4=1,\\3x_1-x_2-x_3=3,\end{cases}(\text{Ⅱ}):\begin{cases}x_1+mx_2-x_3-x_4=-5,\\nx_2-x_3-2x_4=-11,\\x_3-2x_4=-t+1.\end{cases}$$

（1）求方程组（Ⅰ）的通解；

（2）问：当 m,n,t 为何值时，方程组（Ⅰ）和方程组（Ⅱ）同解？

18. 已知线性方程组

$$\begin{cases}x_1+a_1x_2+a_1^2x_3=a_1^3,\\x_1+a_2x_2+a_2^2x_3=a_2^3,\\x_1+a_3x_2+a_3^2x_3=a_3^3,\\x_1+a_4x_2+a_4^2x_3=a_4^3.\end{cases}$$

(1) 若 a_1,a_2,a_3,a_4 互不相同,证明该方程组无解;

(2) 若 $a_1=a_3=k,a_2=a_4=-k(k\neq 0)$,证明该方程组有解,并求其的通解.

19. 已知线性方程组

$$\begin{cases} a_{11}x_1+a_{12}x_2+\cdots+a_{1n}x_n=0, \\ a_{21}x_1+a_{22}x_2+\cdots+a_{2n}x_n=0, \\ \quad\cdots\cdots \\ a_{n1}x_1+a_{n2}x_2+\cdots+a_{nn}x_n=0 \end{cases}$$

的系数矩阵 $\boldsymbol{A}$ 的行列式 $|\boldsymbol{A}|=0$. 证明:若 $\boldsymbol{A}$ 的某个元素的代数余子式 $A_{ij}\neq 0$,则 $(A_{i1},A_{i2},\cdots,A_{in})^{\mathrm{T}}$ 是所给方程组的一个基础解系.

20. 设 $\boldsymbol{A}$ 为 $m\times n$ 矩阵,$\boldsymbol{B}$ 为 $p\times n$ 矩阵,证明:方程组 $\boldsymbol{Ax}=\boldsymbol{0}$ 与 $\boldsymbol{Bx}=\boldsymbol{0}$ 同解的充分必要条件为 $\boldsymbol{A}$ 的行向量组与 $\boldsymbol{B}$ 的行向量组等价.

21. 设 $\boldsymbol{A},\boldsymbol{B}$ 均为 n 阶方阵,且 $\mathrm{rank}(\boldsymbol{A})+\mathrm{rank}(\boldsymbol{B})<n$,证明:方程组 $\boldsymbol{Ax}=\boldsymbol{0}$ 与 $\boldsymbol{Bx}=\boldsymbol{0}$ 有非零公共解.

22. 设 $\boldsymbol{\beta}_1,\boldsymbol{\beta}_2$ 是非齐次方程 $\boldsymbol{Ax}=\boldsymbol{b}(\boldsymbol{b}\neq\boldsymbol{0})$ 的解,$\boldsymbol{\alpha}_1,\boldsymbol{\alpha}_2,\cdots,\boldsymbol{\alpha}_m$($m$ 为奇数)为 $\boldsymbol{Ax}=\boldsymbol{0}$ 的一个基础解系. 证明:方程组 $\boldsymbol{Ax}=\boldsymbol{b}$ 的任一解都可以表为

$$\boldsymbol{x}=\frac{\boldsymbol{\beta}_1+\boldsymbol{\beta}_2}{2}+c_1(\boldsymbol{\alpha}_1+\boldsymbol{\alpha}_2)+c_2(\boldsymbol{\alpha}_2+\boldsymbol{\alpha}_3)+\cdots+c_m(\boldsymbol{\alpha}_m+\boldsymbol{\alpha}_1),$$

其中 $c_1,c_2,\cdots,c_m$ 为常数.

23. 设 $\boldsymbol{\xi}$ 是 n 维列向量,满足 $\boldsymbol{\xi}^{\mathrm{T}}\boldsymbol{\xi}=1$,记 $\boldsymbol{A}=\boldsymbol{I}_n-\boldsymbol{\xi}\boldsymbol{\xi}^{\mathrm{T}}$,证明线性方程 $\boldsymbol{Ax}=\boldsymbol{0}$ 必有非零解.

第三章
线性空间与线性变换

§3.1 线性空间

知识要点

一、线性空间的概念

定义 3.1.1 设 V 是一个非空集合，$\mathbf{K}$ 是 $\mathbf{R}$ 或 $\mathbf{C}$. 若在 V 中元素之间定义了加法运算，即对 V 中任何两元素 $\boldsymbol{x},\boldsymbol{y}$，存在 V 中唯一的元素与之对应，记作 $\boldsymbol{x}+\boldsymbol{y}$；而且在 $\mathbf{K}$ 中元素和 V 中元素之间定义了数乘运算，即对 V 中任何元素 x 和 $\mathbf{K}$ 中任何元素 λ，存在 V 中唯一的元素与之对应，记作 $\lambda\boldsymbol{x}$. 它们满足：

(1)（**加法交换律**）对于任意 $\boldsymbol{x},\boldsymbol{y}\in V$，$\boldsymbol{x}+\boldsymbol{y}=\boldsymbol{y}+\boldsymbol{x}$；

(2)（**加法结合律**）对于任意 $\boldsymbol{x},\boldsymbol{y},z\in V$，$(\boldsymbol{x}+\boldsymbol{y})+z=\boldsymbol{x}+(\boldsymbol{y}+z)$；

(3)（**零元**）存在 $\mathbf{0}\in V$，使得对于任意 $\boldsymbol{x}\in V$，$\boldsymbol{x}+\mathbf{0}=\mathbf{0}+\boldsymbol{x}=\boldsymbol{x}$；

(4)（**负元**）对于任意 $\boldsymbol{x}\in V$，存在 $\boldsymbol{x}$ 的**负元** $\boldsymbol{y}\in V$，使得 $\boldsymbol{x}+\boldsymbol{y}=\boldsymbol{y}+\boldsymbol{x}=\mathbf{0}$；

(5)（**恒等数乘**）对于任意 $\boldsymbol{x}\in V$，$1\boldsymbol{x}=\boldsymbol{x}$；

(6)（**数乘结合律**）对于任意 $\lambda,\mu\in\mathbf{K}$ 和 $x\in V$，

$$(\lambda\mu)\boldsymbol{x}=\lambda(\mu\boldsymbol{x});$$

(7)（**数乘关于加法的分配律**）对于任意 $\lambda,\mu\in\mathbf{K}$ 和 $\boldsymbol{x},\boldsymbol{y}\in V$，

$$(\lambda+\mu)\boldsymbol{x}=\lambda\boldsymbol{x}+\mu\boldsymbol{x};$$

$$\lambda(\boldsymbol{x}+\boldsymbol{y})=\lambda\boldsymbol{x}+\lambda\boldsymbol{y};$$

则称 V 为（$\mathbf{K}$ 上的）**线性空间**.

若非空子集 $V_1\subset V$，且 V_1 关于 V 中定义的加法和数乘运算封闭，即对任意的 $\boldsymbol{x},\boldsymbol{y}\in V_1$ 和 $\lambda\in\mathbf{K}$，有 $\boldsymbol{x}+\boldsymbol{y}\in V_1$，$\lambda\boldsymbol{x}\in V_1$，则称 V_1 为 V 的一个**线性子空间**（简称**子空间**）.

二、线性空间的性质

定理 3.1.1 若 V 是 $\mathbf{K}$ 上的线性空间（$\mathbf{K}$ 是 $\mathbf{R}$ 或 $\mathbf{C}$），则

(1) V 中的零元 $\mathbf{0}$ 是唯一的；

(2) 对于任意 $\boldsymbol{x}\in V$,$\boldsymbol{x}$ 的负元是唯一的;

(3) 对于任意 $\boldsymbol{x}\in V, 0\boldsymbol{x}=\boldsymbol{0}, (-1)\boldsymbol{x}=-\boldsymbol{x}$;

(4) 对于任意 $\lambda\in\mathbf{K}, \lambda\boldsymbol{0}=\boldsymbol{0}$. 如果对于某个 $\lambda\in\mathbf{K}$ 和 $\boldsymbol{x}\in V$ 成立 $\lambda\boldsymbol{x}=\boldsymbol{0}$,则 $\lambda=0$ 或 $\boldsymbol{x}=\boldsymbol{0}$.

由于线性空间是通常向量空间在更一般意义上的推广,因此也常称线性空间为**向量空间**. 称线性空间的元素为**向量**. 称零元为**零向量**;称一个向量的负元为其**负向量**.

注 对于矩阵 $\boldsymbol{A}\in\mathbf{R}^{m\times n}$,以 $\boldsymbol{A}$ 为系数矩阵的齐次方程组 $\boldsymbol{A}\boldsymbol{x}=\boldsymbol{0}$ 的解全体

$$\{\boldsymbol{x}\in\mathbf{R}^n \mid \boldsymbol{A}\boldsymbol{x}=\boldsymbol{0}\}$$

构成 $\mathbf{R}^n$ 的一个子空间,称作 $\boldsymbol{A}$ 的**零空间**或方程组 $\boldsymbol{A}\boldsymbol{x}=\boldsymbol{0}$ 的**解空间**,记为 $N(\boldsymbol{A})$.

但当 $\boldsymbol{b}\neq\boldsymbol{0}\in\mathbf{R}^m$ 时,非齐次方程组 $\boldsymbol{A}\boldsymbol{x}=\boldsymbol{b}$ 的解全体

$$\{\boldsymbol{x}\in\mathbf{R}^n \mid \boldsymbol{A}\boldsymbol{x}=\boldsymbol{b}\}$$

却不是 $\mathbf{R}^n$ 的子空间

三、线性空间的基与坐标

定义 3.1.2 (1) 设 $\{\boldsymbol{a}_j\}_{j=1}^m$ 是线性空间 V 中的一组向量,$\lambda_j\in\mathbf{K}(j=1,2,\cdots,m$,$\mathbf{K}$ 是 $\mathbf{R}$ 或 $\mathbf{C})$,称

$$\sum_{j=1}^m \lambda_j\boldsymbol{a}_j$$

为这组向量的**线性组合**,称 λ_j 为相应的**组合系数**. 记

$$\mathrm{Span}\{\boldsymbol{a}_1,\cdots,\boldsymbol{a}_m\}=\left\{\sum_{j=1}^m \lambda_j\boldsymbol{a}_j \mid \lambda_j\in\mathbf{K},\quad j=1,\cdots,m\right\},$$

它称为 $\boldsymbol{a}_1,\cdots,\boldsymbol{a}_m$ **张成的子空间**(可以证明它确实是 V 的子空间).

对 $\boldsymbol{b}\in V$,若存在 $\{\boldsymbol{a}_j\}_{j=1}^m$ 的线性组合,使得

$$\boldsymbol{b}=\sum_{j=1}^m \lambda_j\boldsymbol{a}_j,$$

则称 $\boldsymbol{b}$ 可以由向量组 $\{\boldsymbol{a}_j\}_{j=1}^m$ **线性表示**.

(2) 对向量组 $\{\boldsymbol{a}_j\}_{j=1}^m$,若存在一组不全为 0 的组合系数 $\{\lambda_j\}_{j=1}^m$,使得它们的线性组合是 V 中的零向量,即

$$\sum_{j=1}^m \lambda_j\boldsymbol{a}_j=\boldsymbol{0},$$

则称这组向量**线性相关**,否则称这组向量**线性无关**.

定义 3.1.3 设 $\{\boldsymbol{a}_j\}_{j=1}^k$ 是线性空间 V 中的一组向量,满足:

(1) $\{\boldsymbol{a}_j\}_{j=1}^k$ 线性无关;

(2) V 中的任何一个向量 $\boldsymbol{x}$ 都可以用 $\{\boldsymbol{a}_j\}_{j=1}^k$ 线性表示，即存在一组组合系数 $\alpha_1,\alpha_2,\cdots,\alpha_k$，使得

$$\boldsymbol{x}=\alpha_1\boldsymbol{a}_1+\alpha_2\boldsymbol{a}_2+\cdots+\alpha_k\boldsymbol{a}_k,$$

则称 $\{\boldsymbol{a}_j\}_{j=1}^k$ 为 V 中的一组**基**，称 $(\alpha_1,\alpha_2,\cdots,\alpha_k)^{\mathrm{T}}$ 为 $\boldsymbol{x}$ 在基 $\{\boldsymbol{a}_j\}_{j=1}^k$ 下的**坐标向量**(简称**坐标**). $\{\boldsymbol{a}_j\}_{j=1}^k$ 中的向量个数 k 称为线性空间 V 的**维数**，记为 $\dim V$，即 $\dim V=k$. 这时也称 V 为 **k 维线性空间**.

对于 $\mathbf{R}^n$，其基可取为 $\{\boldsymbol{e}_1,\boldsymbol{e}_2,\cdots,\boldsymbol{e}_n\}$，它也称为 $\mathbf{R}^n$ 的**自然基**.

定理 3.1.2 设 V 是 n 维线性空间，则 V 中向量之间的线性相关性与它们在同一个基下的坐标向量之间的线性相关性完全一致.

四、基变换与坐标变换

设 $\{\boldsymbol{a}_j\}_{j=1}^k$ 和 $\{\boldsymbol{b}_j\}_{j=1}^k$ 都是 k 维线性空间 V 的基，则

$$(\boldsymbol{b}_1,\boldsymbol{b}_2,\cdots,\boldsymbol{b}_k)=(\boldsymbol{a}_1,\boldsymbol{a}_2,\cdots,\boldsymbol{a}_k)\begin{pmatrix}t_{11}&t_{12}&\cdots&t_{1k}\\t_{21}&t_{22}&\cdots&t_{2k}\\\vdots&\vdots&&\vdots\\t_{k1}&t_{k2}&\cdots&t_{kk}\end{pmatrix}.$$

记 $k\times k$ 矩阵 $\boldsymbol{T}=(t_{ij})_{k\times k}$，就有

$$(\boldsymbol{b}_1,\boldsymbol{b}_2,\cdots,\boldsymbol{b}_k)=(\boldsymbol{a}_1,\boldsymbol{a}_2,\cdots,\boldsymbol{a}_k)\boldsymbol{T}.$$

这里 $\boldsymbol{T}$ 称为从基 $\{\boldsymbol{a}_j\}_{j=1}^k$ 到基 $\{\boldsymbol{b}_j\}_{j=1}^k$ 的**过渡矩阵**. 可以证明，从基 $\{\boldsymbol{b}_j\}_{j=1}^k$ 到基 $\{\boldsymbol{a}_j\}_{j=1}^k$ 的过渡矩阵恰为 $\boldsymbol{T}^{-1}$. 若 V 中的向量 $\boldsymbol{x}$ 在基 $\{\boldsymbol{a}_j\}_{j=1}^k$ 下的坐标是 $(\alpha_1,\alpha_2,\cdots,\alpha_k)^{\mathrm{T}}$，在基 $\{\boldsymbol{b}_j\}_{j=1}^k$ 下的坐标是 $(\beta_1,\beta_2,\cdots,\beta_k)^{\mathrm{T}}$，则 $\boldsymbol{x}$ 在这两个基下的坐标之间的关系为

$$\begin{pmatrix}\alpha_1\\\alpha_2\\\vdots\\\alpha_k\end{pmatrix}=\boldsymbol{T}\begin{pmatrix}\beta_1\\\beta_2\\\vdots\\\beta_k\end{pmatrix},\ \text{或}\begin{pmatrix}\beta_1\\\beta_2\\\vdots\\\beta_k\end{pmatrix}=\boldsymbol{T}^{-1}\begin{pmatrix}\alpha_1\\\alpha_2\\\vdots\\\alpha_k\end{pmatrix}.$$

例题分析

例 3.1.1 判断下列 $\mathbf{R}^3$ 的子集是否构成 $\mathbf{R}^3$ 的子空间？并说明它们的几何意义：

(1) $V_1=\{(2,-1,z)\mid z\in\mathbf{R}\}$；

(2) $V_2=\left\{(x,y,z)\,\middle|\,\dfrac{x}{5}=\dfrac{y}{-1}=\dfrac{z}{3}\right\}$；

(3) $V_3=\left\{(x,y,z)\,\middle|\,\frac{x-1}{5}=\frac{y-2}{-1}=\frac{z+1}{3}\right\}$.

解 (1) V_1 不是 $\mathbf{R}^3$ 的子空间. 事实上,若 $\boldsymbol{a}=(2,-1,z)\in V_1$,则 $2\boldsymbol{a}\notin V_1$,即 V_1 对数乘不封闭.

V_1 表示的是空间中过$(2,-1,0)$点且与 z 轴平行的直线.

(2) V_2 是 $\mathbf{R}^3$ 的子空间. 事实上,V_2 是齐次线性方程组$\begin{cases}x+5y=0,\\3y+z=0\end{cases}$的解空间,它对向量的加法和数乘封闭,因此 V_2 是 $\mathbf{R}^3$ 的子空间.

V_2 表示的是空间中过原点$(0,0,0)$且以$(5,-1,3)$为方向的直线.

(3) V_3 不是 $\mathbf{R}^3$ 的子空间. 事实上,V_3 是非齐次线性方程组$\begin{cases}x+5y=11,\\3y+z=5\end{cases}$的解空间,它对向量的加法和数乘都不封闭,因此 V_3 不是 $\mathbf{R}^3$ 的子空间.

V_3 表示的是空间中过原点$(1,2,-1)$且以$(5,-1,3)$为方向的直线.

注 对于(2),可以通过定义直接说明 V_2 对向量的加法和数乘封闭. 对于(3),取$(1,2,-1)\in V_3$,$(6,1,2)\in V_3$,但$(1,2,-1)+(6,1,2)=(7,3,1)\notin V_3$,所以 V_3 对向量的加法不封闭.

例 3.1.2 判断下列向量集合关于向量的加法和数乘是否构成 $\mathbf{R}$ 上的线性空间? 若是线性空间,指出其维数:

(1) $V_1=\{\boldsymbol{x}=(x_1,x_2,\cdots,x_n)\in\mathbf{R}^n \mid a_1x_1+a_2x_2+\cdots+a_nx_n=0\}$,$a_1,a_2,\cdots,a_n\in\mathbf{R}$ 且不全为零;

(2) $V_2=\{\boldsymbol{x}=(x_1,x_2,\cdots,x_n)\in\mathbf{R}^n \mid a_1x_1+a_2x_2+\cdots+a_nx_n=1\}$,$a_1,a_2,\cdots,a_n\in\mathbf{R}$ 且不全为零;

(3) $V_3=\{\boldsymbol{x}=(x_1,0,\cdots,0,x_n)\in\mathbf{R}^n\}$.

解 (1)显然$(0,0,\cdots,0)\in V_1$,所以 V_1 非空.

又对于任意 $\boldsymbol{x}=(x_1,x_2,\cdots,x_n)\in V_1$,$\boldsymbol{y}=(y_1,y_2,\cdots,y_n)\in V_1$,$\lambda\in\mathbf{R}$,有

$$\boldsymbol{x}+\boldsymbol{y}=(x_1+y_1,x_2+y_2,\cdots,x_n+y_n),\quad \lambda\boldsymbol{x}=(\lambda x_1,\lambda x_2,\cdots,\lambda x_n).$$

因为此时

$$\begin{aligned}&a_1(x_1+y_1)+a_2(x_2+y_2)+\cdots+a_n(x_n+y_n)\\&=(a_1x_1+a_2y_2+\cdots+a_nx_n)+(a_1y_1+a_2y_2+\cdots+a_ny_n)=0,\end{aligned}$$

且

$$a_1(\lambda x_1)+a_2(\lambda x_2)+\cdots+a_n(\lambda x_n)=\lambda(a_1x_1+a_2x_2+\cdots+a_nx_n)=0,$$

所以

$$\boldsymbol{x}+\boldsymbol{y}\in V_1,\quad \lambda\boldsymbol{x}\in V_1.$$

因此 V_1 是 $\mathbf{R}^n$ 的子空间,从而也是线性空间.

V_1 就是齐次线性方程 $a_1x_1+a_2x_2+\cdots+a_nx_n=0$ 的解集. 因为 $a_1,a_2,\cdots,a_n$ 不

全为零，所以该方程的系数矩阵的秩为 1，所以其基础解系恰含有 $n-1$ 个线性无关的向量，因此 V_1 的维数为 $n-1$.

（2）因为 $a_1,a_2,\cdots,a_n$ 不全为零，不妨设 $a_1\neq 0$. 取 $\boldsymbol{x}=\left(\frac{1}{a_1},0,\cdots,0\right)$，则显然有 $\boldsymbol{x}\in V_2$. 但 $(-1)\boldsymbol{x}=\left(-\frac{1}{a_1},0,\cdots,0\right)$ 却满足

$$a_1\left(-\frac{1}{a_1}\right)+a_2\cdot 0+\cdots+a_n\cdot 0=-1,$$

因此 V_2 关于数乘运算不封闭，所以 V_2 不是线性空间.

（3）显然 $(0,0,\cdots,0)\in V_3$，所以 V_3 非空.

又对于任意 $\boldsymbol{x}=(x_1,0,\cdots,0,x_n)\in V_3$，$\boldsymbol{y}=(y_1,0,\cdots,0,y_n)\in V_3$，$\lambda\in\mathbf{R}$，有

$$\boldsymbol{x}+\boldsymbol{y}=(x_1+y_1,0,\cdots,0,x_n+y_n),\ \lambda\boldsymbol{x}=(\lambda x_1,0,\cdots,0,\lambda x_n),$$

所以 $\boldsymbol{x}+\boldsymbol{y}\in V_3$，$\lambda\boldsymbol{x}\in V_3$. 因此 V_3 是 $\mathbf{R}^n$ 的子空间，从而是线性空间.

取 $\boldsymbol{\varepsilon}_1=(1,0,\cdots,0,0)\in V_3$，$\boldsymbol{\varepsilon}_2=(0,0,\cdots,0,1)\in V_3$，显然 $\boldsymbol{\varepsilon}_1,\boldsymbol{\varepsilon}_2$ 线性无关. 对于任意 $\boldsymbol{x}=(x_1,0,\cdots,0,x_n)\in V_3$，显然有

$$\boldsymbol{x}=x_1\boldsymbol{\varepsilon}_1+\boldsymbol{x}_2\boldsymbol{\varepsilon}_2,$$

因此 V_3 的维数为 2.

例 3.1.3 指出 $m\times n$ 实矩阵全体 $\mathbf{R}^{m\times n}$（它关于矩阵的加法和数乘成为 $\mathbf{R}$ 上的线性空间）的一个基和维数.

解 取 $m\times n$ 矩阵 $\boldsymbol{B}_{ij}=\begin{pmatrix}0&\cdots&0&\cdots&0\\ \vdots&&\vdots&&\vdots\\ 0&\cdots&1&\cdots&0\\ \vdots&&\vdots&&\vdots\\ 0&\cdots&0&\cdots&0\end{pmatrix}i$ 行，

j 列

即 $\boldsymbol{B}_{ij}$的元素只有在第 i 行第 j 列位置的元素为 1，其他为 0（$i=1,2,\cdots m$；$j=1,2,\cdots,n$）. 先说明它们线性无关. 设有 $\lambda_{ij}(i=1,2,\cdots m,j=1,2,\cdots,n)$，使得

$$\sum_{i=1}^{m}\sum_{j=1}^{n}\lambda_{ij}\boldsymbol{B}_{ij}=\boldsymbol{O},$$

即

$$\begin{pmatrix}\lambda_{11}&\lambda_{12}&\cdots&\lambda_{1n}\\ \lambda_{21}&\lambda_{22}&\cdots&\lambda_{2n}\\ \vdots&\vdots&&\vdots\\ \lambda_{m1}&\lambda_{m2}&\cdots&\lambda_{mn}\end{pmatrix}=\boldsymbol{O}.$$

于是 $\lambda_{ij}=0(i=1,2,\cdots m;\ j=1,2,\cdots,n)$，因此 $\boldsymbol{B}_{ij}(i=1,2,\cdots m;\ j=1,2,\cdots,n)$ 线

性无关.

又由于对于每个 $\boldsymbol{A}=(a_{ij})_{m\times n}\in\mathbf{R}^{m\times n}$,成立

$$\boldsymbol{A}=\sum_{i=1}^{m}\sum_{j=1}^{n}a_{ij}\boldsymbol{B}_{ij},$$

因此 $\boldsymbol{B}_{ij}(i=1,2,\cdots,m;\ j=1,2,\cdots,n)$ 是 $\mathbf{R}^{m\times n}$ 的一个基,$\mathbf{R}^{m\times n}$ 的维数为 mn.

例 3.1.4 设 $\omega=\dfrac{-1+\sqrt{3}\mathrm{i}}{2}$,$\boldsymbol{A}=\begin{pmatrix}1&0&0\\0&\omega&0\\0&0&\omega^2\end{pmatrix}$. 记

$$V=\{a_n\boldsymbol{A}^n+a_{n-1}\boldsymbol{A}^{n-1}+\cdots+a_1\boldsymbol{A}+a_0\boldsymbol{I}\mid a_0,a_1,\cdots,a_n\in\mathbf{R}\},$$

即 V 是 $\boldsymbol{A}$ 的实系数多项式全体.

(1) 说明 V 按普通矩阵的加法和数乘成为 $\mathbf{R}$ 上的线性空间;

(2) 求出 V 的一个基和维数.

解 显然 $\boldsymbol{A}$ 的实系数多项式相加也是 $\boldsymbol{A}$ 的实系数多项式,与实数的相乘也是 $\boldsymbol{A}$ 的实系数多项式.

对于每个 $a_n\boldsymbol{A}^n+a_{n-1}\boldsymbol{A}^{n-1}+\cdots+a_1\boldsymbol{A}+a_0\boldsymbol{I}\in V$,显然有

$$\begin{aligned}&(a_n\boldsymbol{A}^n+a_{n-1}\boldsymbol{A}^{n-1}+\cdots+a_1\boldsymbol{A}+a_0\boldsymbol{I})+\boldsymbol{O}\\=&\boldsymbol{O}+(a_n\boldsymbol{A}^n+a_{n-1}\boldsymbol{A}^{n-1}+\cdots+a_1\boldsymbol{A}+a_0\boldsymbol{I})=a_n\boldsymbol{A}^n+a_{n-1}\boldsymbol{A}^{n-1}+\cdots+a_1\boldsymbol{A}+a_0\boldsymbol{I};\end{aligned}$$

其中 $\boldsymbol{O}\in V$ 是三阶零矩阵, 且对于 $1\in\mathbf{R}$,成立

$$1\cdot(a_n\boldsymbol{A}^n+a_{n-1}\boldsymbol{A}^{n-1}+\cdots+a_1\boldsymbol{A}+a_0\boldsymbol{I})=a_n\boldsymbol{A}^n+a_{n-1}\boldsymbol{A}^{n-1}+\cdots+a_1\boldsymbol{A}+a_0\boldsymbol{I};$$

进一步

$$(-a_n\boldsymbol{A}^n-a_{n-1}\boldsymbol{A}^{n-1}-\cdots-a_1\boldsymbol{A}-a_0\boldsymbol{I})+(a_n\boldsymbol{A}^n+a_{n-1}\boldsymbol{A}^{n-1}+\cdots+a_1\boldsymbol{A}+a_0\boldsymbol{I})=\boldsymbol{O}.$$

不难验证,V 皆满足线性空间定义中的(1)—(7),于是 V 是 $\mathbf{R}$ 上的线性空间.

(2) 因为 $\omega=\dfrac{-1+\sqrt{3}\mathrm{i}}{2}$满足 $\omega^2=\dfrac{-1-\sqrt{3}\mathrm{i}}{2}$,$\omega^3=1$,所以

$$\boldsymbol{A}^2=\begin{pmatrix}1&0&0\\0&\omega&0\\0&0&\omega^2\end{pmatrix}\begin{pmatrix}1&0&0\\0&\omega&0\\0&0&\omega^2\end{pmatrix}=\begin{pmatrix}1&0&0\\0&\omega^2&0\\0&0&\omega^4\end{pmatrix}=\begin{pmatrix}1&0&0\\0&\omega^2&0\\0&0&\omega\end{pmatrix},$$

$$\boldsymbol{A}^3=\boldsymbol{A}^2\boldsymbol{A}=\begin{pmatrix}1&0&0\\0&\omega^3&0\\0&0&\omega^3\end{pmatrix}=\begin{pmatrix}1&0&0\\0&1&0\\0&0&1\end{pmatrix}=\boldsymbol{I}.$$

于是

$$\boldsymbol{A}^n=\begin{cases}\boldsymbol{I}, & n=3k,\\ \boldsymbol{A}, & n=3k+1,\\ \boldsymbol{A}^2, & n=3k+2.\end{cases}$$

因此 $\boldsymbol{A}$ 的实系数多项式都可以表示为 $\boldsymbol{I},\boldsymbol{A},\boldsymbol{A}^2$ 的线性组合.

现证明 $\boldsymbol{I},\boldsymbol{A},\boldsymbol{A}^2$ 线性无关. 设有 $\lambda_1,\lambda_3,\lambda_3$,使得

$$\lambda_1\boldsymbol{I}+\lambda_2\boldsymbol{A}+\lambda_3\boldsymbol{A}^2=\boldsymbol{O},$$

即

$$\lambda_1\begin{pmatrix}1&0&0\\0&1&0\\0&0&1\end{pmatrix}+\lambda_2\begin{pmatrix}1&0&0\\0&\omega&0\\0&0&\omega^2\end{pmatrix}+\lambda_3\begin{pmatrix}1&0&0\\0&\omega^2&0\\0&0&\omega\end{pmatrix}=\begin{pmatrix}0&0&0\\0&0&0\\0&0&0\end{pmatrix},$$

所以

$$\begin{cases}\lambda_1+\lambda_2+\lambda_3=0,\\ \lambda_1+\lambda_2\omega+\lambda_3\omega^2=0,\\ \lambda_1+\lambda_2\omega^2+\lambda_3\omega=0.\end{cases}$$

易知这个方程组的系数行列式 $\begin{vmatrix}1&1&1\\1&\omega&\omega^2\\1&\omega^2&\omega\end{vmatrix}=3\omega(1-\omega)\neq0$,因此 $\lambda_1=\lambda_2=\lambda_3=0$.
所以 $\boldsymbol{I},\boldsymbol{A},\boldsymbol{A}^2$ 线性无关.

综上所述,V 的一个基为 $\boldsymbol{I},\boldsymbol{A},\boldsymbol{A}^2$,维数为 3.

例 3.1.5 已知 $\mathbf{R}^4$ 中向量

$$\boldsymbol{a}_1=(2,1,3,4)^{\mathrm{T}},\quad \boldsymbol{a}_2=(3,-2,8,-1)^{\mathrm{T}},$$
$$\boldsymbol{a}_3=(1,4,-2,9)^{\mathrm{T}},\quad \boldsymbol{a}_4=(4,-5,13,-6)^{\mathrm{T}},$$

求 $\mathrm{Span}\{\boldsymbol{a}_1,\boldsymbol{a}_2,\boldsymbol{a}_3,\boldsymbol{a}_4\}$ 的一个基和维数.

解 以这 4 个向量为列向量作矩阵,并对其进行初等行变换:

$$\begin{pmatrix}2&3&1&4\\1&-2&4&-5\\3&8&-2&13\\4&-1&9&-6\end{pmatrix}\rightarrow\begin{pmatrix}1&-2&4&-5\\2&3&1&4\\3&8&-2&13\\4&-1&9&-6\end{pmatrix}$$
$$\rightarrow\begin{pmatrix}1&-2&4&-5\\0&7&-7&14\\0&14&-14&28\\0&7&-7&14\end{pmatrix}\rightarrow\begin{pmatrix}1&-2&4&-5\\0&7&-7&14\\0&0&0&0\\0&0&0&0\end{pmatrix}.$$

这说明 $\boldsymbol{a}_1,\boldsymbol{a}_2$ 是 $\boldsymbol{a}_1,\boldsymbol{a}_2,\boldsymbol{a}_3,\boldsymbol{a}_4$ 的一个极大无关组. 因为 $\mathrm{Span}\{\boldsymbol{a}_1,\boldsymbol{a}_2,\boldsymbol{a}_3,\boldsymbol{a}_4\}$ 是 $\boldsymbol{a}_1,\boldsymbol{a}_2,\boldsymbol{a}_3,\boldsymbol{a}_4$ 的线性组合的全体,所以它的每个元素也都可以由 $\boldsymbol{a}_1,\boldsymbol{a}_2$ 线性表示,于是 $\mathrm{Span}\{\boldsymbol{a}_1,\boldsymbol{a}_2,\boldsymbol{a}_3,\boldsymbol{a}_4\}$ 的维数为 2;$\boldsymbol{a}_1,\boldsymbol{a}_2$ 就是它的一个基.

例 3.1.6 已知矩阵

$$A=\begin{pmatrix}1 & 0 & 2 & 3\\ 2 & -4 & 0 & -2\\ -1 & 5 & t & t+4\\ 1 & -2 & 0 & -1\end{pmatrix}=(\boldsymbol{a}_1,\boldsymbol{a}_2,\boldsymbol{a}_3,\boldsymbol{a}_4).$$

(1) 求 $\boldsymbol{A}$ 的零空间 $N(\boldsymbol{A})=\{\boldsymbol{x}\in\mathbf{R}^4 \mid \boldsymbol{Ax}=\mathbf{0}\}$ 的基与维数；

(2) 求 $\mathrm{Span}\{\boldsymbol{a}_1,\boldsymbol{a}_2,\boldsymbol{a}_3,\boldsymbol{a}_4\}$ 一个基和维数.

解 对矩阵 $\boldsymbol{A}$ 作初等行变换得

$$A=\begin{pmatrix}1 & 0 & 2 & 3\\ 2 & -4 & 0 & -2\\ -1 & 5 & t & t+4\\ 1 & -2 & 0 & -1\end{pmatrix}\rightarrow\begin{pmatrix}1 & 0 & 2 & 3\\ 0 & -4 & -4 & -8\\ 0 & 5 & t+2 & t+7\\ 0 & -2 & -2 & -4\end{pmatrix}$$

$$\rightarrow\begin{pmatrix}1 & 0 & 2 & 3\\ 0 & 1 & 1 & 2\\ 0 & 5 & t+2 & t+7\\ 0 & -2 & -2 & -4\end{pmatrix}\rightarrow\begin{pmatrix}1 & 0 & 2 & 3\\ 0 & 1 & 1 & 2\\ 0 & 0 & t-3 & t-3\\ 0 & 0 & 0 & 0\end{pmatrix}.$$

(1) 当 $t=3$ 时，$\mathrm{rank}(\boldsymbol{A})=2$，且从上式可求得 $\boldsymbol{Ax}=\mathbf{0}$ 的一个基础解系为

$$\boldsymbol{\xi}_1=(-2,-1,1,0)^{\mathrm{T}},\quad \boldsymbol{\xi}_1=(-3,-2,0,1)^{\mathrm{T}}.$$

它就是 $N(\boldsymbol{A})$ 的一个基，且 $N(\boldsymbol{A})$ 的维数为 2.

当 $t\neq 3$ 时，$\mathrm{rank}(\boldsymbol{A})=3$. 此时对 $\boldsymbol{A}$ 继续作初等行变换得

$$A\rightarrow\begin{pmatrix}1 & 0 & 2 & 3\\ 0 & 1 & 1 & 2\\ 0 & 0 & 1 & 1\\ 0 & 0 & 0 & 0\end{pmatrix}\rightarrow\begin{pmatrix}1 & 0 & 0 & 1\\ 0 & 1 & 0 & 1\\ 0 & 0 & 1 & 1\\ 0 & 0 & 0 & 0\end{pmatrix}.$$

从上式可求得 $\boldsymbol{Ax}=\mathbf{0}$ 的一个基础解系为

$$\boldsymbol{\xi}_1=(-1,-1,-1,1)^{\mathrm{T}}.$$

它就是 $N(\boldsymbol{A})$ 的一个基，且 $N(\boldsymbol{A})$ 的维数为 1.

(2) 当 $t=3$ 时，从上面的初等变换可知 $\boldsymbol{a}_1,\boldsymbol{a}_2$ 是 $\boldsymbol{a}_1,\boldsymbol{a}_2,\boldsymbol{a}_3,\boldsymbol{a}_4$ 的一个极大无关组，因此 $\mathrm{Span}\{\boldsymbol{a}_1,\boldsymbol{a}_2,\boldsymbol{a}_3,\boldsymbol{a}_4\}$ 一个基为 $\boldsymbol{a}_1,\boldsymbol{a}_2$，维数为 2.

当 $t\neq 3$ 时，从上面的初等变换可知 $\boldsymbol{a}_1,\boldsymbol{a}_2,\boldsymbol{a}_3$ 是 $\boldsymbol{a}_1,\boldsymbol{a}_2,\boldsymbol{a}_3,\boldsymbol{a}_4$ 的一个极大无关组，因此 $\mathrm{Span}\{\boldsymbol{a}_1,\boldsymbol{a}_2,\boldsymbol{a}_3,\boldsymbol{a}_4\}$ 一个基为 $\boldsymbol{a}_1,\boldsymbol{a}_2,\boldsymbol{a}_3$，维数为 3.

例 3.1.7 设 $\boldsymbol{a}_1,\boldsymbol{a}_2,\cdots,\boldsymbol{a}_n$ 是 n 维线性空间 V 的一个基，$\boldsymbol{b}_1,\boldsymbol{b}_2,\cdots,\boldsymbol{b}_m$ 是 V 中的一组向量，则

$$(\boldsymbol{b}_1,\boldsymbol{b}_2,\cdots,\boldsymbol{b}_m)=(\boldsymbol{a}_1,\boldsymbol{a}_2,\cdots,\boldsymbol{a}_n)\begin{pmatrix} t_{11} & t_{12} & \cdots & t_{1m} \\ t_{21} & t_{22} & \cdots & t_{2m} \\ \vdots & \vdots & & \vdots \\ t_{n1} & t_{n2} & \cdots & t_{nm} \end{pmatrix}.$$

记矩阵 $\boldsymbol{T}=(t_{ij})_{n\times m}$,证明

$$\dim \operatorname{Span}\{\boldsymbol{b}_1,\boldsymbol{b}_2,\cdots,\boldsymbol{b}_m\}=\operatorname{rank}(\boldsymbol{T}).$$

证 设 $\operatorname{rank}(\boldsymbol{T})=k$,不妨设 $\boldsymbol{T}$ 的前 k 列线性无关.(这可以通过改变 $\boldsymbol{b}_1$,$\boldsymbol{b}_2,\cdots,\boldsymbol{b}_m$ 的次序做到,但不会影响其线性相关性.)先证明 $\boldsymbol{b}_1,\boldsymbol{b}_2,\cdots,\boldsymbol{b}_k$ 线性无关.

设有 $\lambda_1,\lambda_2,\cdots,\lambda_k$,使得

$$\lambda_1\boldsymbol{b}_1+\lambda_2\boldsymbol{b}_2+\cdots+\lambda_k\boldsymbol{b}_k=\boldsymbol{0}.$$

由于 $\boldsymbol{b}_i=\sum\limits_{j=1}^{n}t_{ji}\boldsymbol{a}_j(i=1,2,\cdots,m)$,因此上式可表为

$$\sum_{j=1}^{n}\left(\sum_{i=1}^{k}\lambda_i t_{ji}\right)\boldsymbol{a}_j=0.$$

又由于 $\boldsymbol{a}_1,\boldsymbol{a}_2,\cdots,\boldsymbol{a}_n$ 是 V 的基,因此 $\sum\limits_{i=1}^{k}\lambda_i t_{ji}=0(j=1,2,\cdots,n)$,即

$$\begin{cases}\lambda_1 t_{11}+\lambda_2 t_{12}+\cdots+\lambda_k t_{1k}=0,\\ \lambda_1 t_{21}+\lambda_2 t_{22}+\cdots+\lambda_k t_{2k}=0,\\ \qquad\cdots\cdots \\ \lambda_1 t_{n1}+\lambda_2 t_{n2}+\cdots+\lambda_k t_{nk}=0.\end{cases}$$

将 $\lambda_1,\lambda_2,\cdots,\lambda_k$ 看成未知量,由于 $\boldsymbol{T}$ 的前 k 列线性无关,此方程组的系数矩阵的秩为 k(实际上,此方程组的系数矩阵就是 $\boldsymbol{T}$ 的前 k 列组成的矩阵),因此 $\lambda_1=\lambda_2=\cdots=\lambda_k=0$. 所以 $\boldsymbol{b}_1,\boldsymbol{b}_2,\cdots,\boldsymbol{b}_k$ 线性无关.

再证明 $\boldsymbol{b}_{k+1},\cdots,\boldsymbol{b}_m$可以由 $\boldsymbol{b}_1,\boldsymbol{b}_2,\cdots,\boldsymbol{b}_k$线性表示. 记 $\boldsymbol{T}=(\boldsymbol{t}_1,\boldsymbol{t}_2,\cdots,\boldsymbol{t}_m)$,因为 $\boldsymbol{t}_1,\boldsymbol{t}_2,\cdots,\boldsymbol{t}_k$是 $\boldsymbol{t}_1,\boldsymbol{t}_2,\cdots,\boldsymbol{t}_m$的极大无关组,所以

$$\boldsymbol{t}_i=\sum_{j=1}^{k}l_{ij}\boldsymbol{t}_j,\text{即}\begin{pmatrix} t_{1i}\\ t_{2i}\\ \vdots\\ t_{ni}\end{pmatrix}=\sum_{j=1}^{k}l_{ij}\begin{pmatrix} t_{1j}\\ t_{2j}\\ \vdots\\ t_{nj}\end{pmatrix},\ i=k+1,\cdots,m.$$

于是,对于 $i=k+1,\cdots,m$,有

$$\boldsymbol{b}_i=\sum_{j=1}^{n}t_{ji}\boldsymbol{a}_j=(\boldsymbol{a}_1,\boldsymbol{a}_2,\cdots,\boldsymbol{a}_m)\begin{pmatrix} t_{1i}\\ t_{2i}\\ \vdots\\ t_{ni}\end{pmatrix}=\sum_{j=1}^{k}l_{ij}(\boldsymbol{a}_1,\boldsymbol{a}_2,\cdots,\boldsymbol{a}_m)\begin{pmatrix} t_{1j}\\ t_{2j}\\ \vdots\\ t_{nj}\end{pmatrix}=\sum_{j=1}^{k}l_{ij}\boldsymbol{b}_j.$$

所以 $\boldsymbol{b}_{k+1},\cdots,\boldsymbol{b}_m$ 可以由 $\boldsymbol{b}_1,\boldsymbol{b}_2,\cdots,\boldsymbol{b}_k$ 线性表示.

因此 $\boldsymbol{b}_1,\boldsymbol{b}_2,\cdots,\boldsymbol{b}_m$，进而 $\mathrm{Span}\{\boldsymbol{b}_1,\boldsymbol{b}_2,\cdots,\boldsymbol{b}_m\}$ 可以由 $\boldsymbol{b}_1,\boldsymbol{b}_2,\cdots,\boldsymbol{b}_k$ 线性表示，于是

$$\dim\mathrm{Span}\{\boldsymbol{b}_1,\boldsymbol{b}_2,\cdots,\boldsymbol{b}_m\}=k=\mathrm{rank}(\boldsymbol{T}).$$

注 从上例可以直接推出：设 $\boldsymbol{a}_1,\boldsymbol{a}_2,\cdots,\boldsymbol{a}_n$ 是 n 维线性空间 V 的一个基，$\boldsymbol{b}_1,\boldsymbol{b}_2,\cdots,\boldsymbol{b}_n$ 是 V 中的一组向量，若

$$(\boldsymbol{b}_1,\boldsymbol{b}_2,\cdots,\boldsymbol{b}_n)=(\boldsymbol{a}_1,\boldsymbol{a}_2,\cdots,\boldsymbol{a}_n)\boldsymbol{T},$$

则 $\boldsymbol{b}_1,\boldsymbol{b}_2,\cdots,\boldsymbol{b}_n$ 是 V 的基的充分必要条件是 n 阶矩阵 $\boldsymbol{T}$ 可逆.

例 3.1.8 记 $\mathbf{R}[x]_3$ 为次数小于 3 的实系数多项式全体再添上 0，即

$$\mathbf{R}[x]_3=\{a_2x^2+a_1x+a_0\mid a_0,a_1,a_2\in\mathbf{R}\},$$

规定 $\mathbf{R}[x]_3$ 中的加法和数乘即为普通的多项式加法和多项式与实数相乘，它就成为 $\mathbf{R}$ 上的线性空间.

(1) 证明 $x^2+x,x^2-x,x+1$ 是该线性空间的一个基，并求从基 $x^2+x,x^2-x,x+1$ 到基 $1,x,x^2$ 的过渡矩阵；

(2) 求 $2x^2+7x+11$ 在基下 $x^2+x,x^2-x,x+1$ 的坐标.

解 显然 $1,x,x^2$ 是 $\mathbf{R}[x]_3$ 的一个基. 由于

$$(x^2+x,x^2-x,x+1)=(1,x,x^2)\begin{pmatrix}0&0&1\\1&-1&1\\1&1&0\end{pmatrix},$$

且 $\begin{vmatrix}0&0&1\\1&-1&1\\1&1&0\end{vmatrix}=2$，因此 $\begin{pmatrix}0&0&1\\1&-1&1\\1&1&0\end{pmatrix}$ 可逆，由上例可知 $x^2+x,x^2-x,x+1$ 是 $\mathbf{R}[x]_3$ 的一个基.

由上式得

$$(1,x,x^2)=(x^2+x,x^2-x,x+1)\begin{pmatrix}0&0&1\\1&-1&1\\1&1&0\end{pmatrix}^{-1}$$

$$=(x^2+x,x^2-x,x+1)\begin{pmatrix}-\frac{1}{2}&\frac{1}{2}&\frac{1}{2}\\\frac{1}{2}&-\frac{1}{2}&\frac{1}{2}\\1&0&0\end{pmatrix}.$$

所以从基 $x^2+x,x^2-x,x+1$ 到基 $1,x,x^2$ 的过渡矩阵为 $\begin{pmatrix} -\frac{1}{2} & \frac{1}{2} & \frac{1}{2} \\ \frac{1}{2} & -\frac{1}{2} & \frac{1}{2} \\ 1 & 0 & 0 \end{pmatrix}$.

（2）因为

$$
\begin{aligned}
2x^2+7x+11 &= (1,x,x^2)\begin{pmatrix} 11 \\ 7 \\ 2 \end{pmatrix} \\
&= (x^2+x,x^2-x,x+1)\begin{pmatrix} -\frac{1}{2} & \frac{1}{2} & \frac{1}{2} \\ \frac{1}{2} & -\frac{1}{2} & \frac{1}{2} \\ 1 & 0 & 0 \end{pmatrix}\begin{pmatrix} 11 \\ 7 \\ 2 \end{pmatrix} \\
&= (x^2+x,x^2-x,x+1)\begin{pmatrix} -1 \\ 3 \\ 11 \end{pmatrix},
\end{aligned}
$$

所以 $2x^2+7x+11$ 在基下 $x^2+x,x^2-x,x+1$ 的坐标为 $(-1,3,11)^{\mathrm{T}}$.

注 也可以从定义出发来说明 $x^2+x,x^2-x,x+1$ 线性无关,即从

$$\lambda_1(x^2+x)+\lambda_2(x^2-x)+\lambda_3(x+1)=0$$

得到

$$\begin{cases} \lambda_1+\lambda_2=0, \\ \lambda_1-\lambda_2+\lambda_3=0, \\ \lambda_3=0, \end{cases}$$

从而得出 $\lambda_1=\lambda_2=\lambda_3=0$.

求 $2x^2+7x+11$ 在基下 $x^2+x,x^2-x,x+1$ 的坐标也可以用待定系数法来得到,即令

$$2x^2+7x+11=a(x^2+x)+b(x^2-x)+c(x+1),$$

比较 x 的同次项的系数可得 $a=-1,b=2,c=11$,即坐标为 $(-1,3,11)^{\mathrm{T}}$.

例 3.1.9 记 $\mathbf{R}[x]_n$ 为次数小于 n 的实系数多项式全体再添上 0 所成的 $\mathbf{R}$ 上的线性空间.

（1）证明:$1,x-a,\cdots,(x-a)^{n-1}$ 是 $\mathbf{R}[x]_n$ 的一个基, 并求每个 $f(x)\in\mathbf{R}[x]_n$ 在该基下的坐标;

（2）求从基 $1,x-a,\cdots,(x-a)^{n-1}$ 到基 $1,x,\cdots,x^{n-1}$ 的过渡矩阵.

证 若 $f(x)\in\mathbf{R}[x]_n$,则显然有 $f^{(n)}(x)=0$,因此由 Taylor 公式得

$$f(x)=f(a)+f'(a)(x-a)+\cdots+\frac{f^{(n-1)}(a)}{(n-1)!}(x-a)^{n-1}.$$

分别取 $f(x)=1,x,\cdots,x^{n-1}$，便知 $\mathbf{R}[x]_n$ 的基 $1,x,\cdots,x^{n-1}$ 可以由 $1,x-a,\cdots,(x-a)^{n-1}$ 线性表示，而显然 $1,x-a,\cdots,(x-a)^{n-1}$ 可以由 $1,x,\cdots,x^{n-1}$ 线性表示，于是 $1,x-a,\cdots,(x-a)^{n-1}$ 与 $1,x,\cdots,x^{n-1}$ 等价. 因此 $1,x-a,\cdots,(x-a)^{n-1}$ 是 $\mathbf{R}[x]_n$ 的一个基.

对于每个 $f(x)\in\mathbf{R}[x]_n$，由上面给出的 Taylor 公式知，它在基 $1,x-a,\cdots,(x-a)^{n-1}$ 下的坐标为

$$\left(f(a),f'(a),\cdots,\frac{f^{(n-1)}(a)}{(n-1)!}\right)^{\mathrm{T}}.$$

(2) **解法一** 由于 $(x^k)^{(m)}=k(k-1)\cdots(k-m+1)x^{k-m}(k=1,2,\cdots n-1,m\leqslant k)$，因此代入(1)中的 Taylor 公式得

$$(1,x,\cdots,x^{n-1})=(1,x-a,\cdots,(x-a)^{n-1})\begin{pmatrix}1 & a & a^2 & \cdots & a^{n-1}\\ 0 & 1 & 2a & \cdots & (n-1)a^{n-2}\\ 0 & 0 & 1 & \cdots & \dfrac{(n-1)(n-2)}{2}a^{n-3}\\ \vdots & \vdots & \vdots & & \vdots\\ 0 & 0 & 0 & \cdots & 1\end{pmatrix}.$$

最右面的矩阵便是所求的过渡矩阵.

解法二 由二项式定理得

$$x^k=[(x-a)+a]^k=\sum_{j=0}^{k}\mathrm{C}_k^j a^{k-j}(x-a)^j,\ k=1,2,\cdots,n-1,$$

由此便可得解法一中的结论.

例 3.1.10 记 $C(-\infty,+\infty)$ 为 $(-\infty,+\infty)$ 上实连续的函数全体，易知它按函数的加法和数乘成为实线性空间. 证明：$C(-\infty,+\infty)$ 中元素 $\sin x,\cos x,x\sin x,x\cos x$ 线性无关.

解 设有实数 $\lambda_1,\lambda_2,\lambda_3,\lambda_4$，使得

$$\lambda_1\sin x+\lambda_2\cos x+\lambda_3 x\sin x+\lambda_4 x\cos x=0,\quad x\in(-\infty,+\infty).$$

分别取 $x=0$ 和 $x=\pi$，便得

$$\begin{cases}\lambda_2=0,\\ -\lambda_2-\lambda_4\pi=0.\end{cases}$$

因此 $\lambda_2=\lambda_4=0$.

此时有 $\lambda_1\sin x+\lambda_3 x\sin x=0(x\in(-\infty,+\infty))$. 再分别取 $x=\dfrac{\pi}{2}$ 和 $x=\dfrac{\pi}{4}$，得

$$\begin{cases}\lambda_1+\lambda_3\dfrac{\pi}{2}=0,\\ \lambda_1\dfrac{\sqrt{2}}{2}-\lambda_3\dfrac{\pi\sqrt{2}}{8}=0.\end{cases}$$

从而 $\lambda_1=\lambda_3=0$.

因此 $\sin x,\cos x,x\sin x,x\cos x$ 线性无关.

例 3.1.11 记 $C^{\infty}(-\infty,+\infty)$ 为 $(-\infty,+\infty)$ 上具有任意阶连续导数的函数全体,则易知它是 $C(-\infty,+\infty)$ 的子空间. 证明:$C^{\infty}(-\infty,+\infty)$ 中元素 e^x, $e^{2x},\cdots,e^{nx}$ 线性无关.

证 设有常数 $\lambda_1,\lambda_2,\cdots,\lambda_n$,使得

$$\lambda_1e^x+\lambda_2e^{2x}+\cdots+\lambda_ne^{nx}=0,\quad x\in(-\infty,+\infty),$$

对上式连续求导 $n-1$ 次分别得,在 $(-\infty,+\infty)$ 上成立

$$\lambda_1e^x+\lambda_2 2e^{2x}+\cdots+\lambda_n ne^{nx}=0,$$

$$\lambda_1e^x+\lambda_2 2^2e^{2x}+\cdots+\lambda_n n^2e^{nx}=0,$$

$$\cdots\cdots\cdots\cdots$$

$$\lambda_1e^x+\lambda_2 2^{n-1}e^{2x}+\cdots+\lambda_n n^{n-1}e^{nx}=0.$$

将这 n 个等式看成未知量 $\lambda_1,\lambda_2,\cdots,\lambda_n$ 的线性方程组,其系数行列式

$$\begin{vmatrix}e^x & e^{2x} & \cdots & e^{nx}\\ e^x & 2e^{2x} & \cdots & ne^{nx}\\ \vdots & \vdots & & \vdots\\ e^x & 2^{n-1}e^{2x} & \cdots & n^{n-1}e^{nx}\end{vmatrix}=e^xe^{2x}\cdots e^{nx}\begin{vmatrix}1 & 1 & \cdots & 1\\ 1 & 2 & \cdots & n\\ \vdots & \vdots & & \vdots\\ 1 & 2^{n-1} & \cdots & n^{n-1}\end{vmatrix}=e^{\frac{n(n+1)}{2}x}\prod_{k=1}^{n-1}k!\ \neq 0,$$

因此 $\lambda_1=\lambda_2=\cdots=\lambda_n=0$,所以 $e^x,e^{2x},\cdots,e^{nx}$ 线性无关.

例 3.1.12 已知三维线性空间 V 中的基 $\boldsymbol{a}_1,\boldsymbol{a}_2,\boldsymbol{a}_3$ 到基 $\boldsymbol{b}_1,\boldsymbol{b}_2,\boldsymbol{b}_3$ 的过渡矩阵为 $\begin{pmatrix}3 & 1 & 1\\ 2 & 1 & 2\\ 1 & 2 & 3\end{pmatrix}$,从基 $\boldsymbol{b}_1,\boldsymbol{b}_2,\boldsymbol{b}_3$ 到基 $\boldsymbol{c}_1,\boldsymbol{c}_2,\boldsymbol{c}_3$ 的过渡矩阵为 $\begin{pmatrix}-1 & 1 & 1\\ 1 & 2 & -1\\ 1 & 1 & 0\end{pmatrix}$.

(1) 求从基 $\boldsymbol{a}_1,\boldsymbol{a}_2,\boldsymbol{a}_3$ 到基 $\boldsymbol{c}_1,\boldsymbol{c}_2,\boldsymbol{c}_3$ 的过渡矩阵;

(2) 若向量 $\boldsymbol{\xi}$ 在基 $\boldsymbol{c}_1,\boldsymbol{c}_2,\boldsymbol{c}_3$ 下的坐标为 $(2,-1,1)^{\mathrm{T}}$,求它在基 $\boldsymbol{a}_1,\boldsymbol{a}_2,\boldsymbol{a}_3$ 下的坐标.

解 (1) 由已知

$$(\boldsymbol{b}_1,\boldsymbol{b}_2,\boldsymbol{b}_3)=(\boldsymbol{a}_1,\boldsymbol{a}_2,\boldsymbol{a}_3)\begin{pmatrix}3 & 1 & 1\\ 2 & 1 & 2\\ 1 & 2 & 3\end{pmatrix},$$

$$(\boldsymbol{c}_1,\boldsymbol{c}_2,\boldsymbol{c}_3)=(\boldsymbol{b}_1,\boldsymbol{b}_2,\boldsymbol{b}_3)\begin{pmatrix}-1&1&1\\1&2&-1\\1&1&0\end{pmatrix},$$

因此

$$(\boldsymbol{c}_1,\boldsymbol{c}_2,\boldsymbol{c}_3)=(\boldsymbol{a}_1,\boldsymbol{a}_2,\boldsymbol{a}_3)\begin{pmatrix}3&1&1\\2&1&2\\1&2&3\end{pmatrix}\begin{pmatrix}-1&1&1\\1&2&-1\\1&1&0\end{pmatrix}$$

$$=(\boldsymbol{a}_1,\boldsymbol{a}_2,\boldsymbol{a}_3)\begin{pmatrix}-1&6&2\\1&6&1\\4&8&-1\end{pmatrix}.$$

所以从基 $\boldsymbol{a}_1,\boldsymbol{a}_2,\boldsymbol{a}_3$ 到基 $\boldsymbol{c}_1,\boldsymbol{c}_2,\boldsymbol{c}_3$ 的过渡矩阵为

$$\begin{pmatrix}-1&6&2\\1&6&1\\4&8&-1\end{pmatrix}.$$

(2) 由已知及(1),得

$$\boldsymbol{\xi}=(\boldsymbol{c}_1,\boldsymbol{c}_2,\boldsymbol{c}_3)\begin{pmatrix}2\\-1\\1\end{pmatrix}=(\boldsymbol{a}_1,\boldsymbol{a}_2,\boldsymbol{a}_3)\begin{pmatrix}-1&6&2\\1&6&1\\4&8&-1\end{pmatrix}\begin{pmatrix}2\\-1\\1\end{pmatrix}$$

$$=(\boldsymbol{a}_1,\boldsymbol{a}_2,\boldsymbol{a}_3)\begin{pmatrix}-6\\-3\\-1\end{pmatrix}.$$

所以 $\boldsymbol{\xi}$ 在基 $\boldsymbol{a}_1,\boldsymbol{a}_2,\boldsymbol{a}_3$ 下的坐标为 $(-6,-3,-1)^{\mathrm{T}}$.

例 3.1.13 已知 $\mathbf{R}^3$ 中的两组基为

$$\boldsymbol{a}_1=(1,0,0)^{\mathrm{T}},\quad \boldsymbol{a}_2=(0,2,1)^{\mathrm{T}},\quad \boldsymbol{a}_3=(0,5,3)^{\mathrm{T}},$$

和

$$\boldsymbol{b}_1=(1,2,0)^{\mathrm{T}},\quad \boldsymbol{b}_2=(1,3,0)^{\mathrm{T}},\quad \boldsymbol{b}_3=(0,0,2)^{\mathrm{T}}.$$

(1) 求向量 $\boldsymbol{x}=(2,3,4)^{\mathrm{T}}$ 在基 $\boldsymbol{a}_1,\boldsymbol{a}_2,\boldsymbol{a}_3$ 下的坐标;

(2) 求从基 $\boldsymbol{a}_1,\boldsymbol{a}_2,\boldsymbol{a}_3$ 到基 $\boldsymbol{b}_1,\boldsymbol{b}_2,\boldsymbol{b}_3$ 的过渡矩阵;

(3) 求向量 $\boldsymbol{y}=2\boldsymbol{a}_1-3\boldsymbol{a}_2-\boldsymbol{a}_3$ 在基 $\boldsymbol{b}_1,\boldsymbol{b}_2,\boldsymbol{b}_3$ 下的坐标;

(4) 求向量 $\boldsymbol{z}=2\boldsymbol{b}_1-3\boldsymbol{b}_2-\boldsymbol{b}_3$ 在基 $\boldsymbol{a}_1,\boldsymbol{a}_2,\boldsymbol{a}_3$ 下的坐标.

解 (1) 向量 $\boldsymbol{x}=(2,3,4)^{\mathrm{T}}$ 在基 $\boldsymbol{a}_1,\boldsymbol{a}_2,\boldsymbol{a}_3$ 下的坐标为 $(x_1,x_2,x_3)^{\mathrm{T}}$,即

$$\boldsymbol{x}=(\boldsymbol{a}_1,\boldsymbol{a}_2,\boldsymbol{a}_3)\begin{pmatrix}x_1\\x_2\\x_3\end{pmatrix},$$

也就是

$$\begin{pmatrix}2\\3\\4\end{pmatrix}=\begin{pmatrix}1&0&0\\0&2&5\\0&1&3\end{pmatrix}\begin{pmatrix}x_1\\x_2\\x_3\end{pmatrix}.$$

因此

$$\begin{pmatrix}x_1\\x_2\\x_3\end{pmatrix}=\begin{pmatrix}1&0&0\\0&2&5\\0&1&3\end{pmatrix}^{-1}\begin{pmatrix}2\\3\\4\end{pmatrix}=\begin{pmatrix}1&0&0\\0&3&-5\\0&-1&2\end{pmatrix}\begin{pmatrix}2\\3\\4\end{pmatrix}=\begin{pmatrix}2\\-11\\5\end{pmatrix},$$

即

$$\boldsymbol{x}=2\boldsymbol{a}_1-11\boldsymbol{a}_2+5\boldsymbol{a}_3.$$

（2）**解法一**　记从基 $\boldsymbol{a}_1,\boldsymbol{a}_2,\boldsymbol{a}_3$ 到基 $\boldsymbol{b}_1,\boldsymbol{b}_2,\boldsymbol{b}_3$ 的过渡矩阵为 $\boldsymbol{T}$,即

$$(\boldsymbol{b}_1,\boldsymbol{b}_2,\boldsymbol{b}_3)=(\boldsymbol{a}_1,\boldsymbol{a}_2,\boldsymbol{a}_3)\boldsymbol{T},$$

也就是

$$\begin{pmatrix}1&1&0\\2&3&0\\0&0&2\end{pmatrix}=\begin{pmatrix}1&0&0\\0&2&5\\0&1&3\end{pmatrix}\boldsymbol{T}.$$

因此

$$\boldsymbol{T}=\begin{pmatrix}1&0&0\\0&2&5\\0&1&3\end{pmatrix}^{-1}\begin{pmatrix}1&1&0\\2&3&0\\0&0&2\end{pmatrix}$$
$$=\begin{pmatrix}1&0&0\\0&3&-5\\0&-1&2\end{pmatrix}\begin{pmatrix}1&1&0\\2&3&0\\0&0&2\end{pmatrix}=\begin{pmatrix}1&1&0\\6&9&-10\\-2&-3&4\end{pmatrix}.$$

解法二　对于 $\mathbf{R}^3$ 的自然基 $\boldsymbol{e}_1=(1,0,0)^{\mathrm{T}},\boldsymbol{e}_1=(0,1,0)^{\mathrm{T}},\boldsymbol{e}_1=(0,0,1)^{\mathrm{T}}$,显然有

$$(\boldsymbol{a}_1,\boldsymbol{a}_2,\boldsymbol{a}_3)=(\boldsymbol{e}_1,\boldsymbol{e}_2,\boldsymbol{e}_3)\begin{pmatrix}1&0&0\\0&2&5\\0&1&3\end{pmatrix},$$

因此

$$(\boldsymbol{e}_1,\boldsymbol{e}_2,\boldsymbol{e}_3)=(\boldsymbol{a}_1,\boldsymbol{a}_2,\boldsymbol{a}_3)\begin{pmatrix}1&0&0\\0&2&5\\0&1&3\end{pmatrix}^{-1}.$$

所以

$$(\boldsymbol{b}_1,\boldsymbol{b}_2,\boldsymbol{b}_3)=(\boldsymbol{e}_1,\boldsymbol{e}_2,\boldsymbol{e}_3)\begin{pmatrix}1&1&0\\2&3&0\\0&0&2\end{pmatrix}$$

$$=(\boldsymbol{a}_1,\boldsymbol{a}_2,\boldsymbol{a}_3)\begin{pmatrix}1&0&0\\0&2&5\\0&1&3\end{pmatrix}^{-1}\begin{pmatrix}1&1&0\\2&3&0\\0&0&2\end{pmatrix}$$

$$=(\boldsymbol{a}_1,\boldsymbol{a}_2,\boldsymbol{a}_3)\begin{pmatrix}1&1&0\\6&9&-10\\-2&-3&4\end{pmatrix}.$$

因此从基 $\boldsymbol{a}_1,\boldsymbol{a}_2,\boldsymbol{a}_3$ 到基 $\boldsymbol{b}_1,\boldsymbol{b}_2,\boldsymbol{b}_3$ 的过渡矩阵为$\begin{pmatrix}1&1&0\\6&9&-10\\-2&-3&4\end{pmatrix}$.

(3) 显然向量 $\boldsymbol{y}=2\boldsymbol{a}_1-3\boldsymbol{a}_2-\boldsymbol{a}_3$ 在基 $\boldsymbol{a}_1,\boldsymbol{a}_2,\boldsymbol{a}_3$ 下的坐标为$(2,-3,-1)^{\mathrm{T}}$,因此它在 $\boldsymbol{b}_1,\boldsymbol{b}_2,\boldsymbol{b}_3$ 下的坐标$(y_1,y_2,y_3)^{\mathrm{T}}$ 为

$$\begin{pmatrix}y_1\\y_2\\y_3\end{pmatrix}=\boldsymbol{T}^{-1}\begin{pmatrix}2\\-3\\-1\end{pmatrix}=\begin{pmatrix}1&1&0\\6&9&-10\\-2&-3&4\end{pmatrix}^{-1}\begin{pmatrix}2\\-3\\-1\end{pmatrix}$$

$$=\begin{pmatrix}3&-2&-5\\-2&2&5\\0&\frac{1}{2}&\frac{3}{2}\end{pmatrix}\begin{pmatrix}2\\-3\\-1\end{pmatrix}=\begin{pmatrix}17\\-15\\-3\end{pmatrix}.$$

(4) 显然向量 $\boldsymbol{z}=2\boldsymbol{b}_1-3\boldsymbol{b}_2-\boldsymbol{b}_3$ 在基 $\boldsymbol{b}_1,\boldsymbol{b}_2,\boldsymbol{b}_3$ 下的坐标为$(2,-3,-1)^{\mathrm{T}}$,因此它在 $\boldsymbol{a}_1,\boldsymbol{a}_2,\boldsymbol{a}_3$ 下的坐标$(z_1,z_2,z_3)^{\mathrm{T}}$ 为

$$\begin{pmatrix}z_1\\z_2\\z_3\end{pmatrix}=\boldsymbol{T}\begin{pmatrix}2\\-3\\-1\end{pmatrix}=\begin{pmatrix}1&1&0\\6&9&-10\\-2&-3&4\end{pmatrix}\begin{pmatrix}2\\-3\\-1\end{pmatrix}=\begin{pmatrix}-1\\-5\\1\end{pmatrix}.$$

例 3.1.14 已知 $\mathbf{R}^3$ 中一个基 $\boldsymbol{a}_1=(1,0,0)^{\mathrm{T}},\boldsymbol{a}_2=(1,0,1)^{\mathrm{T}},\boldsymbol{a}_3=(1,1,1)^{\mathrm{T}}$,3 阶矩阵 $\boldsymbol{S}$ 满足

$$\boldsymbol{S}\boldsymbol{a}_1=\boldsymbol{a}_1+2\boldsymbol{a}_2-\boldsymbol{a}_3,\quad \boldsymbol{S}\boldsymbol{a}_2=\boldsymbol{a}_2-\boldsymbol{a}_1,\quad \boldsymbol{S}\boldsymbol{a}_3=\boldsymbol{a}_3-\boldsymbol{a}_1.$$

(1) 求 $\boldsymbol{S}$;

(2) 若 $\boldsymbol{b}=(2,0,-1)^{\mathrm{T}}$,求 $\boldsymbol{S}\boldsymbol{b}$ 在基 $\boldsymbol{a}_1,\boldsymbol{a}_2,\boldsymbol{a}_3$ 下的坐标.

解 (1)由已知得

$$\boldsymbol{S}(\boldsymbol{a}_1,\boldsymbol{a}_2,\boldsymbol{a}_3)=(\boldsymbol{a}_1,\boldsymbol{a}_2,\boldsymbol{a}_3)\begin{pmatrix}1&-1&-1\\2&1&0\\-1&0&1\end{pmatrix},$$

即

$$S\begin{pmatrix}1&1&1\\0&0&1\\0&1&1\end{pmatrix}=\begin{pmatrix}1&1&1\\0&0&1\\0&1&1\end{pmatrix}\begin{pmatrix}1&-1&-1\\2&1&0\\-1&0&1\end{pmatrix}.$$

所以

$$\begin{aligned}S&=\begin{pmatrix}1&1&1\\0&0&1\\0&1&1\end{pmatrix}\begin{pmatrix}1&-1&-1\\2&1&0\\-1&0&1\end{pmatrix}\begin{pmatrix}1&1&1\\0&0&1\\0&1&1\end{pmatrix}^{-1}\\&=\begin{pmatrix}1&1&1\\0&0&1\\0&1&1\end{pmatrix}\begin{pmatrix}1&-1&-1\\2&1&0\\-1&0&1\end{pmatrix}\begin{pmatrix}1&0&-1\\0&-1&1\\0&1&0\end{pmatrix}\\&=\begin{pmatrix}2&0&-2\\-1&1&1\\1&0&0\end{pmatrix}.\end{aligned}$$

(2) **解法一** 利用(1)的结论. 设 $\boldsymbol{Sb}$ 在基 $\boldsymbol{a}_1,\boldsymbol{a}_2,\boldsymbol{a}_3$ 下的坐标为 $(x_1,x_2,x_3)^{\mathrm{T}}$,即

$$\boldsymbol{Sb}=(\boldsymbol{a}_1,\boldsymbol{a}_2,\boldsymbol{a}_3)\begin{pmatrix}x_1\\x_2\\x_3\end{pmatrix},$$

则

$$\begin{aligned}\begin{pmatrix}x_1\\x_2\\x_3\end{pmatrix}&=(\boldsymbol{a}_1,\boldsymbol{a}_2,\boldsymbol{a}_3)^{-1}\boldsymbol{Sb}=\begin{pmatrix}1&1&1\\0&0&1\\0&1&1\end{pmatrix}^{-1}\begin{pmatrix}2&0&-2\\-1&1&1\\1&0&0\end{pmatrix}\begin{pmatrix}2\\0\\-1\end{pmatrix}\\&=\begin{pmatrix}1&0&-1\\0&-1&1\\0&1&0\end{pmatrix}\begin{pmatrix}2&0&-2\\-1&1&1\\1&0&0\end{pmatrix}\begin{pmatrix}2\\0\\-1\end{pmatrix}=\begin{pmatrix}4\\5\\-3\end{pmatrix}.\end{aligned}$$

解法二 设 $\boldsymbol{b}$ 基 $\boldsymbol{a}_1,\boldsymbol{a}_2,\boldsymbol{a}_3$ 下的坐标为 $(y_1,y_2,y_3)^{\mathrm{T}}$,即

$$\boldsymbol{b}=(\boldsymbol{a}_1,\boldsymbol{a}_2,\boldsymbol{a}_3)\begin{pmatrix}y_1\\y_2\\y_3\end{pmatrix},$$

因此

$$\begin{pmatrix}y_1\\y_2\\y_3\end{pmatrix}=(\boldsymbol{a}_1,\boldsymbol{a}_2,\boldsymbol{a}_3)^{-1}\boldsymbol{b}=\begin{pmatrix}1&1&1\\0&0&1\\0&1&1\end{pmatrix}^{-1}\begin{pmatrix}2\\0\\-1\end{pmatrix}=\begin{pmatrix}1&0&-1\\0&-1&1\\0&1&0\end{pmatrix}\begin{pmatrix}2\\0\\-1\end{pmatrix}=\begin{pmatrix}3\\-1\\0\end{pmatrix}.$$

于是

$$
\begin{aligned}
\boldsymbol{Sb} &= \boldsymbol{S}(\boldsymbol{a}_1,\boldsymbol{a}_2,\boldsymbol{a}_3)\begin{pmatrix}3\\-1\\0\end{pmatrix}\\
&=(\boldsymbol{a}_1,\boldsymbol{a}_2,\boldsymbol{a}_3)\begin{pmatrix}1&-1&-1\\2&1&0\\-1&0&1\end{pmatrix}\begin{pmatrix}3\\-1\\0\end{pmatrix}\\
&=(\boldsymbol{a}_1,\boldsymbol{a}_2,\boldsymbol{a}_3)\begin{pmatrix}4\\5\\-3\end{pmatrix}.
\end{aligned}
$$

于是 $\boldsymbol{Sb}$ 在基 $\boldsymbol{a}_1,\boldsymbol{a}_2,\boldsymbol{a}_3$ 下的坐标为$(4,5,-3)^{\mathrm{T}}$.

例 3.1.15 已知 $\mathbf{R}^4$ 中的一个基为 $\boldsymbol{a}_1,\boldsymbol{a}_2,\boldsymbol{a}_3,\boldsymbol{a}_4$,且

$$\boldsymbol{b}_1=\boldsymbol{a}_1+\boldsymbol{a}_2+\boldsymbol{a}_3,\quad \boldsymbol{b}_2=\boldsymbol{a}_2+\boldsymbol{a}_3+\boldsymbol{a}_4,\quad \boldsymbol{b}_3=\boldsymbol{a}_3+\boldsymbol{a}_4,\quad \boldsymbol{b}_4=\boldsymbol{a}_4.$$

(1) 证明 $\boldsymbol{b}_1,\boldsymbol{b}_2,\boldsymbol{b}_3,\boldsymbol{b}_4$ 也是 $\mathbf{R}^4$ 的一个基,并指出从 $\boldsymbol{a}_1,\boldsymbol{a}_2,\boldsymbol{a}_3,\boldsymbol{a}_4$ 到 $\boldsymbol{b}_1,\boldsymbol{b}_2,\boldsymbol{b}_3,\boldsymbol{b}_4$ 的过渡矩阵;

(2) 指出从 $\boldsymbol{b}_1,\boldsymbol{b}_2,\boldsymbol{b}_3,\boldsymbol{b}_4$ 到 $\boldsymbol{a}_1,\boldsymbol{a}_2,\boldsymbol{a}_3,\boldsymbol{a}_4$ 的过渡矩阵;

(3) 求在这两组下具有相同坐标的全部向量.

解 (1) **证** 由已知 $\boldsymbol{b}_1=\boldsymbol{a}_1+\boldsymbol{a}_2+\boldsymbol{a}_3,\boldsymbol{b}_2=\boldsymbol{a}_2+\boldsymbol{a}_3+\boldsymbol{a}_4,\boldsymbol{b}_3=\boldsymbol{a}_3+\boldsymbol{a}_4,\boldsymbol{b}_4=\boldsymbol{a}_4$,即

$$(\boldsymbol{b}_1,\boldsymbol{b}_2,\boldsymbol{b}_3,\boldsymbol{b}_4)=(\boldsymbol{a}_1,\boldsymbol{a}_2,\boldsymbol{a}_3,\boldsymbol{a}_4)\begin{pmatrix}1&0&0&0\\1&1&0&0\\1&1&1&0\\0&1&1&1\end{pmatrix}.$$

因为$\begin{vmatrix}1&0&0&0\\1&1&0&0\\1&1&1&0\\0&1&1&1\end{vmatrix}=1\neq0$,所以 $\boldsymbol{b}_1,\boldsymbol{b}_2,\boldsymbol{b}_3,\boldsymbol{b}_4$ 也是 $\mathbf{R}^4$ 的一个基,且从 $\boldsymbol{a}_1,\boldsymbol{a}_2,\boldsymbol{a}_3,\boldsymbol{a}_4$ 到 $\boldsymbol{b}_1,\boldsymbol{b}_2,\boldsymbol{b}_3,\boldsymbol{b}_4$ 的过渡矩阵为

$$\boldsymbol{T}=\begin{pmatrix}1&0&0&0\\1&1&0&0\\1&1&1&0\\0&1&1&1\end{pmatrix}.$$

(2) 由(1)知,从 $\boldsymbol{b}_1,\boldsymbol{b}_2,\boldsymbol{b}_3,\boldsymbol{b}_4$ 到 $\boldsymbol{a}_1,\boldsymbol{a}_2,\boldsymbol{a}_3,\boldsymbol{a}_4$ 的过渡矩阵为

$$T^{-1}=\begin{pmatrix}1&0&0&0\\-1&1&0&0\\0&-1&1&0\\0&0&-1&1\end{pmatrix}.$$

(3) 若 $\mathbf{R}^4$ 中的向量 $\boldsymbol{x}$ 在基 $\boldsymbol{a}_1,\boldsymbol{a}_2,\boldsymbol{a}_3,\boldsymbol{a}_4$ 和 $\boldsymbol{b}_1,\boldsymbol{b}_2,\boldsymbol{b}_3,\boldsymbol{b}_4$ 下的坐标相同,设坐标为 $(x_1,x_2,x_3,x_4)^{\mathrm{T}}$,即

$$\boldsymbol{x}=(\boldsymbol{a}_1,\boldsymbol{a}_2,\boldsymbol{a}_3,\boldsymbol{a}_4)\begin{pmatrix}x_1\\x_2\\x_3\\x_4\end{pmatrix}=(\boldsymbol{b}_1,\boldsymbol{b}_2,\boldsymbol{b}_3,\boldsymbol{b}_4)\begin{pmatrix}x_1\\x_2\\x_3\\x_4\end{pmatrix},$$

则

$$(\boldsymbol{a}_1,\boldsymbol{a}_2,\boldsymbol{a}_3,\boldsymbol{a}_4)\begin{pmatrix}x_1\\x_2\\x_3\\x_4\end{pmatrix}=(\boldsymbol{a}_1,\boldsymbol{a}_2,\boldsymbol{a}_3,\boldsymbol{a}_4)\boldsymbol{T}\begin{pmatrix}x_1\\x_2\\x_3\\x_4\end{pmatrix}.$$

由于 $\boldsymbol{a}_1,\boldsymbol{a}_2,\boldsymbol{a}_3,\boldsymbol{a}_4$ 是基,因此从上式得 $(x_1,x_2,x_3,x_4)^{\mathrm{T}}$ 满足的关系,即有齐次线性方程组

$$(\boldsymbol{I}_4-\boldsymbol{T})\begin{pmatrix}x_1\\x_2\\x_3\\x_4\end{pmatrix}=\boldsymbol{0}.$$

对 $\boldsymbol{I}_4-\boldsymbol{T}$ 作初等行变换:

$$\boldsymbol{I}_4-\boldsymbol{T}=\begin{pmatrix}0&0&0&0\\-1&0&0&0\\-1&-1&0&0\\0&-1&-1&0\end{pmatrix}\rightarrow\begin{pmatrix}0&0&0&0\\-1&0&0&0\\0&-1&0&0\\0&0&-1&0\end{pmatrix}.$$

由此得该齐次方程组的一个基础解系 $\boldsymbol{\xi}=(0,0,0,1)^{\mathrm{T}}$,因此 $(x_1,x_2,x_3,x_4)^{\mathrm{T}}$ 就有形式 $c\boldsymbol{\xi}$(c 是任意常数),所以在两个基下具有相同坐标的向量为

$$\boldsymbol{x}=0\cdot\boldsymbol{a}_1+0\cdot\boldsymbol{a}_2+0\cdot\boldsymbol{a}_3+c\boldsymbol{a}_4=c\boldsymbol{a}_4,\quad c\ \text{是任意常数}.$$

例 3.1.16 2 阶实方阵全体 $\mathbf{R}^{2\times 2}$ 关于矩阵的加法和数乘成为 $\mathbf{R}$ 上的线性空间,已知它的一组基为(见例 3.1.3)

$$\boldsymbol{a}_1=\begin{pmatrix}1&0\\0&0\end{pmatrix},\quad \boldsymbol{a}_2=\begin{pmatrix}0&1\\0&0\end{pmatrix},\quad \boldsymbol{a}_3=\begin{pmatrix}0&0\\1&0\end{pmatrix},\quad \boldsymbol{a}_4=\begin{pmatrix}0&0\\0&1\end{pmatrix}.$$

若 $\mathbf{R}^{2\times 2}$ 的另一组基为 $\boldsymbol{b}_1,\boldsymbol{b}_2,\boldsymbol{b}_3,\boldsymbol{b}_4$，且已知由基 $\boldsymbol{a}_1,\boldsymbol{a}_2,\boldsymbol{a}_3,\boldsymbol{a}_4$ 到基 $\boldsymbol{b}_1,\boldsymbol{b}_2,\boldsymbol{b}_3,\boldsymbol{b}_4$ 的过渡矩阵为

$$\boldsymbol{A}=\begin{pmatrix}0&1&1&1\\1&0&1&1\\1&1&0&1\\1&1&1&0\end{pmatrix}.$$

（1）求 $\boldsymbol{b}_1,\boldsymbol{b}_2,\boldsymbol{b}_3,\boldsymbol{b}_4$；

（2）求 $\boldsymbol{c}=\begin{pmatrix}0&1\\2&-3\end{pmatrix}$ 在基 $\boldsymbol{b}_1,\boldsymbol{b}_2,\boldsymbol{b}_3,\boldsymbol{b}_4$ 下的坐标.

解 （1）由于基 $\boldsymbol{a}_1,\boldsymbol{a}_2,\boldsymbol{a}_3,\boldsymbol{a}_4$ 到基 $\boldsymbol{b}_1,\boldsymbol{b}_2,\boldsymbol{b}_3,\boldsymbol{b}_4$ 的过渡矩阵为 $\boldsymbol{A}$，即

$$(\boldsymbol{b}_1,\boldsymbol{b}_2,\boldsymbol{b}_3,\boldsymbol{b}_4)=(\boldsymbol{a}_1,\boldsymbol{a}_2,\boldsymbol{a}_3,\boldsymbol{a}_4)\begin{pmatrix}0&1&1&1\\1&0&1&1\\1&1&0&1\\1&1&1&0\end{pmatrix},$$

所以

$$\boldsymbol{b}_1=\boldsymbol{a}_2+\boldsymbol{a}_3+\boldsymbol{a}_4=\begin{pmatrix}0&1\\0&0\end{pmatrix}+\begin{pmatrix}0&0\\1&0\end{pmatrix}+\begin{pmatrix}0&0\\0&1\end{pmatrix}=\begin{pmatrix}0&1\\1&1\end{pmatrix},$$

$$\boldsymbol{b}_2=\boldsymbol{a}_1+\boldsymbol{a}_3+\boldsymbol{a}_4=\begin{pmatrix}1&0\\0&0\end{pmatrix}+\begin{pmatrix}0&0\\1&0\end{pmatrix}+\begin{pmatrix}0&0\\0&1\end{pmatrix}=\begin{pmatrix}1&0\\1&1\end{pmatrix},$$

$$\boldsymbol{b}_3=\boldsymbol{a}_1+\boldsymbol{a}_2+\boldsymbol{a}_4=\begin{pmatrix}1&0\\0&0\end{pmatrix}+\begin{pmatrix}0&1\\0&0\end{pmatrix}+\begin{pmatrix}0&0\\0&1\end{pmatrix}=\begin{pmatrix}1&1\\0&1\end{pmatrix},$$

$$\boldsymbol{b}_4=\boldsymbol{a}_1+\boldsymbol{a}_2+\boldsymbol{a}_3=\begin{pmatrix}1&0\\0&0\end{pmatrix}+\begin{pmatrix}0&1\\0&0\end{pmatrix}+\begin{pmatrix}0&0\\1&0\end{pmatrix}=\begin{pmatrix}1&1\\1&0\end{pmatrix}.$$

（2）设 $\boldsymbol{c}=\begin{pmatrix}0&1\\2&-3\end{pmatrix}$ 在基 $\boldsymbol{b}_1,\boldsymbol{b}_2,\boldsymbol{b}_3,\boldsymbol{b}_4$ 下的坐标为 $(x_1,x_2,x_3,x_4)^{\mathrm{T}}$，即

$$\boldsymbol{c}=x_1\boldsymbol{b}_1+x_2\boldsymbol{b}_2+x_3\boldsymbol{b}_3+x_4\boldsymbol{b}_4,$$

即

$$\begin{pmatrix}0&1\\2&-3\end{pmatrix}=x_1\begin{pmatrix}0&1\\1&1\end{pmatrix}+x_2\begin{pmatrix}1&0\\1&1\end{pmatrix}+x_3\begin{pmatrix}1&1\\0&1\end{pmatrix}+x_4\begin{pmatrix}1&1\\1&0\end{pmatrix},$$

即

$$\begin{pmatrix}0&1\\2&-3\end{pmatrix}=\begin{pmatrix}x_2+x_3+x_4&x_1+x_3+x_4\\x_1+x_2+x_4&x_1+x_2+x_3\end{pmatrix}.$$

于是

$$\begin{cases} x_2+x_3+x_4=0, \\ x_1+x_3+x_4=1, \\ x_1+x_2+x_4=2, \\ x_1+x_2+x_3=-3. \end{cases}$$

解之得 $x_1=0$, $x_2=-1$, $x_3=-2$, $x_4=3$,即坐标为 $(0,-1,-2,3)^{\mathrm{T}}$.

习　题

1. 设 $V=\{\boldsymbol{x}=(x_1,x_2,\cdots,x_n)\in\mathbf{R}^n \mid x_1=x_2=\cdots=x_n\}$ 是否按向量的加法和数乘构成 $\mathbf{R}$ 上的线性空间？若是,求出它的维数和一个基.

2. 设 $V=\left\{\begin{pmatrix} a & b \\ c & d \end{pmatrix}\in\mathbf{R}^{2\times 2} \mid a+b+c+d=0\right\}$ 是否按矩阵的加法和数乘构成 $\mathbf{R}$ 上的线性空间？若是,求出它的维数和一个基.

3. 证明:n 阶实对称矩阵全体 V_1 和 n 阶实反对称矩阵全体 V_2 均构成 $\mathbf{R}^{n\times n}$ 的子空间,并求它们的维数.

4. 已知 $\mathbf{R}^4$ 中向量

$$\boldsymbol{a}_1=(1,2,3,1)^{\mathrm{T}},\quad \boldsymbol{a}_2=(1,1,2,-1)^{\mathrm{T}},$$
$$\boldsymbol{a}_3=(-2,-6,1,-6)^{\mathrm{T}},\quad \boldsymbol{a}_4=(3,4,7,-1)^{\mathrm{T}},$$

求 $\mathrm{Span}\{\boldsymbol{a}_1,\boldsymbol{a}_2,\boldsymbol{a}_3,\boldsymbol{a}_4\}$ 的一个基和维数.

5. 已知矩阵

$$\boldsymbol{A}=\begin{pmatrix} 1 & 2 & 1 & 2 \\ 0 & 1 & k & k \\ 1 & k & 0 & 1 \end{pmatrix}=(\boldsymbol{a}_1,\boldsymbol{a}_2,\boldsymbol{a}_3,\boldsymbol{a}_4).$$

(1) 求 $\boldsymbol{A}$ 的零空间 $N(\boldsymbol{A})=\{\boldsymbol{x}\in\mathbf{R}^4 \mid \boldsymbol{A}\boldsymbol{x}=\boldsymbol{0}\}$ 的基与维数;

(2) 求 $\boldsymbol{A}^{\mathrm{T}}$ 的零空间 $N(\boldsymbol{A}^{\mathrm{T}})=\{\boldsymbol{x}\in\mathbf{R}^3 \mid \boldsymbol{A}^{\mathrm{T}}\boldsymbol{x}=\boldsymbol{0}\}$ 的基与维数;

(3) 求 $\mathrm{Span}\{\boldsymbol{a}_1,\boldsymbol{a}_2,\boldsymbol{a}_3,\boldsymbol{a}_4\}$ 一个基和维数.

6. 已知 $\mathbf{R}^3$ 中的两组基为

$$\boldsymbol{a}_1=(1,1,1)^{\mathrm{T}},\quad \boldsymbol{a}_2=(1,0,-1)^{\mathrm{T}},\quad \boldsymbol{a}_3=(1,0,1)^{\mathrm{T}},$$

和

$$\boldsymbol{b}_1=(1,2,1)^{\mathrm{T}},\quad \boldsymbol{b}_2=(2,3,4)^{\mathrm{T}},\quad \boldsymbol{b}_3=(3,4,3)^{\mathrm{T}}.$$

(1) 求向量 $\boldsymbol{x}=(2,2,4)^{\mathrm{T}}$ 在基 $\boldsymbol{a}_1,\boldsymbol{a}_2,\boldsymbol{a}_3$ 下的坐标;

(2) 求从基 $\boldsymbol{a}_1,\boldsymbol{a}_2,\boldsymbol{a}_3$ 到基 $\boldsymbol{b}_1,\boldsymbol{b}_2,\boldsymbol{b}_3$ 的过渡矩阵;

(3) 求向量 $\boldsymbol{z}=\boldsymbol{b}_1+2\boldsymbol{b}_2-\boldsymbol{b}_3$ 在基 $\boldsymbol{a}_1,\boldsymbol{a}_2,\boldsymbol{a}_3$ 下的坐标;

(4) 求向量 $\boldsymbol{y}=4\boldsymbol{a}_1+2\boldsymbol{a}_2-4\boldsymbol{a}_3$ 在基 $\boldsymbol{b}_1,\boldsymbol{b}_2,\boldsymbol{b}_3$ 下的坐标.

7. 已知 $\mathbf{R}^3$ 中的两组基为

$$\boldsymbol{a}_1=(1,0,1)^{\mathrm{T}},\quad \boldsymbol{a}_2=(1,1,-1)^{\mathrm{T}},\quad \boldsymbol{a}_3=(1,-1,1)^{\mathrm{T}},$$

和

$$\boldsymbol{b}_1=(3,0,1)^{\mathrm{T}},\quad \boldsymbol{b}_2=(2,0,0)^{\mathrm{T}},\quad \boldsymbol{b}_3=(0,2,-2)^{\mathrm{T}}.$$

(1) 求从基 $\boldsymbol{a}_1,\boldsymbol{a}_2,\boldsymbol{a}_3$ 到基 $\boldsymbol{b}_1,\boldsymbol{b}_2,\boldsymbol{b}_3$ 的过渡矩阵；

(2) 已知向量 $\boldsymbol{x}$ 在 $\boldsymbol{b}_1,\boldsymbol{b}_2,\boldsymbol{b}_3$ 下的坐标为 $(1,2,0)^{\mathrm{T}}$，求 $\boldsymbol{x}$ 在基 $\boldsymbol{a}_1,\boldsymbol{a}_2,\boldsymbol{a}_3$ 下的坐标；

(3) 求在基 $\boldsymbol{a}_1,\boldsymbol{a}_2,\boldsymbol{a}_3$ 和 $\boldsymbol{b}_1,\boldsymbol{b}_2,\boldsymbol{b}_3$ 下具有相同坐标的全部向量.

8. 已知 $\boldsymbol{a}_1,\boldsymbol{a}_2,\boldsymbol{a}_3$ 是三维线性空间 V 的一个基，且

$$\boldsymbol{b}_1=\boldsymbol{a}_1+\boldsymbol{a}_2-\boldsymbol{a}_3,\quad \boldsymbol{b}_2=-\boldsymbol{a}_1-2\boldsymbol{a}_2+2\boldsymbol{a}_3,\quad \boldsymbol{b}_3=3\boldsymbol{a}_1+4\boldsymbol{a}_2-3\boldsymbol{a}_3.$$

(1) 证明：$\boldsymbol{b}_1,\boldsymbol{b}_2,\boldsymbol{b}_3$ 也是 V 的一个基；

(2) 求向量 $\boldsymbol{\xi}=\boldsymbol{a}_1+\boldsymbol{a}_2+\boldsymbol{a}_3$ 在基 $\boldsymbol{b}_1,\boldsymbol{b}_2,\boldsymbol{b}_3$ 下的坐标.

9. 设 $P(x)$ 是在 $\mathbf{R}[x]_{n+1}$ 中的一个 n 次多项式，证明：$P(x),P'(x),\cdots,P^{(n)}(x)$ 是 $\mathbf{R}[x]_{n+1}$ 的一个基.

10. 记 $\mathbf{C}[x]_n$ 为次数小于 n 的复系数多项式全体再添上 0 所成的复线性空间. 证明：

(1) $P_i(x)=(x-a_1)\cdots(x-a_{i-1})(x-a_{i+1})\cdots(x-a_n)\ (i=1,2,\cdots,n)$ 是 $\mathbf{C}[x]_n$ 的一个基，其中 $a_1,a_2,\cdots,a_n$ 是互不相同的数；

(2) 若 $a_1,a_2,\cdots,a_n$ 全是 n 次单位根(即满足 $x^n=1$)，求基 $1,x,\cdots,x^{n-1}$ 到 $P_1(x)$，$P_2(x),\cdots,P_n(x)$ 的过渡矩阵.

11. 已知二阶实方阵全体 $\mathbf{R}^{2\times2}$ 关于矩阵的加法和数乘成为 $\mathbf{R}$ 上的线性空间.

(1) 分别证明

$$\boldsymbol{a}_1=\begin{pmatrix}1&0\\0&0\end{pmatrix},\quad \boldsymbol{a}_2=\begin{pmatrix}1&1\\0&0\end{pmatrix},\quad \boldsymbol{a}_3=\begin{pmatrix}1&1\\1&0\end{pmatrix},\quad \boldsymbol{a}_4=\begin{pmatrix}1&1\\1&1\end{pmatrix}$$

和

$$\boldsymbol{b}_1=\begin{pmatrix}-1&1\\1&1\end{pmatrix},\quad \boldsymbol{b}_2=\begin{pmatrix}1&-1\\1&1\end{pmatrix},\quad \boldsymbol{b}_3=\begin{pmatrix}1&1\\-1&1\end{pmatrix},\quad \boldsymbol{b}_4=\begin{pmatrix}1&1\\1&-1\end{pmatrix}$$

均为 $\mathbf{R}^{2\times2}$ 的基；

(2) 求基 $\boldsymbol{a}_1,\boldsymbol{a}_2,\boldsymbol{a}_3,\boldsymbol{a}_4$ 到基 $\boldsymbol{b}_1,\boldsymbol{b}_2,\boldsymbol{b}_3,\boldsymbol{b}_4$ 的过渡矩阵.

12. 设 $\boldsymbol{a}_1,\boldsymbol{a}_2,\cdots,\boldsymbol{a}_n$ 为 n 维线性空间 V 的一组基，又设 V 中的向量 $\boldsymbol{a}_{n+1}$ 在这组基下的坐标为 $(x_1,x_2,\cdots,x_n)^{\mathrm{T}}$，其中 $x_1\neq0$. 证明：$\boldsymbol{a}_2,\boldsymbol{a}_3,\cdots,\boldsymbol{a}_n,\boldsymbol{a}_{n+1}$ 也是 V 的一组基，并求 $\boldsymbol{a}_1$ 在这组基下的坐标.

13. 设一元函数 $f_1,f_2,\cdots,f_n$ 在 $[a,b]$ 上具有 $n-1$ 阶连续导数，定义 $f_1,f_2,\cdots,f_n$ 的 **Wronsky行列式**为

$$W[f_1,f_2,\cdots,f_n]=\begin{vmatrix}f_1&f_2&\cdots&f_n\\f_1'&f_2'&\cdots&f_n'\\\vdots&\vdots&&\vdots\\f_1^{(n-1)}&f_2^{(n-1)}&\cdots&f_n^{(n-1)}\end{vmatrix}.$$

证明：若有 $x_0\in[a,b]$，使得 $W[f_1,f_2,\cdots,f_n](x_0)\neq0$，则 $f_1,f_2,\cdots,f_n$ 在 $[a,b]$ 上线性无关.

§3.2 线性变换及其矩阵表示

知识要点

一、线性变换概念及其矩阵表示

定义 3.2.1 设 U,V 是 $\mathbf{K}$ 上的线性空间,$\mathbf{K}$ 为 $\mathbf{R}$ 或 $\mathbf{C}$,A 是 U 到 V 的映射,即对于任意 $\boldsymbol{x}\in U$,存在唯一的像 $z\in V$,使得 $A(\boldsymbol{x})=z$.

若 A 满足线性性质,即对于任意 $\boldsymbol{x},\boldsymbol{y}\in U$ 及 $\lambda,\mu\in\mathbf{K}$,成立

$$A(\lambda\boldsymbol{x}+\mu\boldsymbol{y})=\lambda A(\boldsymbol{x})+\mu A(\boldsymbol{y}),$$

则称 A 为线性空间 U 到 V 的一个**线性变换**.

特别地,从线性空间 U 到其自身的线性变换称为 U 上的线性变换.

注 两个最简单的线性变换是:

(1) 线性空间 U 上的**恒等变换**(**单位变换**)I:对于任意 $\boldsymbol{x}\in U,I(\boldsymbol{x})=\boldsymbol{x}$.

(2) 线性空间 U 到 V 的**零变换** 0:对于任意 $\boldsymbol{x}\in U,0(\boldsymbol{x})=\boldsymbol{0}$.

定义 3.2.2 设 A 是线性空间 U 到 V 的线性变换,B 是线性空间 V 到 W 的线性变换,称**复合变换**

$$\boldsymbol{x}\to B(A(\boldsymbol{x})),\quad \boldsymbol{x}\in U$$

为 B 和 A 的**乘积变换**,记为 BA.

显然,BA 是 U 到 W 的线性变换.

定义 3.2.3 设 A 是 U 上的线性变换,若存在 U 上的线性变换 B,使得

$$BA(\boldsymbol{x})=\boldsymbol{x},\quad AB(\boldsymbol{x})=\boldsymbol{x},\quad \boldsymbol{x}\in U,$$

即 BA 和 AB 都是恒等变换,则称 A 是**可逆变换**,B 称为 A 的**逆变换**,记为

$$B=A^{-1}.$$

线性变换有下列性质.

定理 3.2.1 设 A 是线性空间 U 到 V 的任意一个线性变换,则成立

(1) $A(\boldsymbol{0})=\boldsymbol{0},A(-\boldsymbol{x})=-A(\boldsymbol{x})$;

(2) 若 $\{\boldsymbol{a}_j\}_{j=1}^{k}$ 是 U 中一组线性相关的向量,则 $\{A\boldsymbol{a}_j\}_{j=1}^{k}$ 也是 V 中一组线性相关的向量;

(3) 将 U 中所有向量在线性变换 A 下的像记为 $\mathrm{Im}A$ 或 $A(U)$,即

$$\mathrm{Im}A=A(U)=\{\boldsymbol{y}\in V\mid \boldsymbol{y}=A(\boldsymbol{x}),\boldsymbol{x}\in U\},$$

则 $\mathrm{Im}A$ 是 V 的线性子空间(称 A 为的**像空间**);

(4) 将 V 中零向量在线性变换 A 下的原像记为 $\mathrm{Ker}A$ 或 $N(A)$,即

$$\mathrm{Ker}A=N(A)=\{\boldsymbol{x}\in U\mid A(\boldsymbol{x})=\boldsymbol{0}\},$$

则 Ker$A$ 是 U 的线性子空间(称为 A 的**核空间**).

二、线性变换的矩阵表示

设$\{\boldsymbol{a}_i\}_{i=1}^m$和$\{\boldsymbol{b}_j\}_{j=1}^n$分别是 m 维线性空间 U 和 n 维线性空间 V 中的一个基,A 是 U 到 V 的线性变换. 由于对于 $i=1,2,\cdots,m$,$A(\boldsymbol{a}_i)\in V$,因此

$$A(\boldsymbol{a}_i)=a_{1i}\boldsymbol{b}_1+a_{2i}\boldsymbol{b}_2+\cdots+a_{ni}\boldsymbol{b}_n=(\boldsymbol{b}_1,\boldsymbol{b}_2,\cdots,\boldsymbol{b}_n)\begin{pmatrix}a_{1i}\\a_{2i}\\\vdots\\a_{ni}\end{pmatrix},\ i=1,2,\cdots,m.$$

记$\boldsymbol{A}=\begin{pmatrix}a_{11}&a_{12}&\cdots&a_{1m}\\a_{21}&a_{22}&\cdots&a_{2m}\\\vdots&\vdots&&\vdots\\a_{n1}&a_{n2}&\cdots&a_{nm}\end{pmatrix}$,则

$$\begin{aligned}&(A(\boldsymbol{a}_1),A(\boldsymbol{a}_2),\cdots,A(\boldsymbol{a}_m))\\&=(\boldsymbol{b}_1,\boldsymbol{b}_2,\cdots,\boldsymbol{b}_n)\begin{pmatrix}a_{11}&a_{12}&\cdots&a_{1m}\\a_{21}&a_{22}&\cdots&a_{2m}\\\vdots&\vdots&&\vdots\\a_{n1}&a_{n2}&\cdots&a_{nm}\end{pmatrix}=(\boldsymbol{b}_1,\boldsymbol{b}_2,\cdots,\boldsymbol{b}_n)\boldsymbol{A}.\end{aligned}$$

进一步,设 U 中向量 $\boldsymbol{x}$ 用基$\{\boldsymbol{a}_i\}_{i=1}^m$表示为 $\boldsymbol{x}=\alpha_1\boldsymbol{a}_1+\alpha_2\boldsymbol{a}_2+\cdots+\alpha_m\boldsymbol{a}_m$,则

$$A(\boldsymbol{x})=\alpha_1A(\boldsymbol{a}_1)+\alpha_2A(\boldsymbol{a}_2)+\cdots+\alpha_mA(\boldsymbol{a}_m)=(\boldsymbol{b}_1,\boldsymbol{b}_2,\cdots,\boldsymbol{b}_n)\boldsymbol{A}\begin{pmatrix}\alpha_1\\\alpha_2\\\vdots\\\alpha_m\end{pmatrix}.$$

称矩阵 $\boldsymbol{A}$ 为线性变换 A 在基$\{\boldsymbol{a}_i\}_{i=1}^m$和$\{\boldsymbol{b}_j\}_{j=1}^n$下的**表示矩阵**. 上式说明:当 $\boldsymbol{x}$ 在基$\{\boldsymbol{a}_i\}_{i=1}^m$下的坐标为$(\alpha_1,\alpha_2,\cdots,\alpha_m)^{\mathrm{T}}$时,$A(\boldsymbol{x})$在基$\{\boldsymbol{b}_j\}_{j=1}^n$下的坐标便是$\boldsymbol{A}(\alpha_1,\alpha_2,\cdots,\alpha_m)^{\mathrm{T}}$.

定理 3.2.2 设 U 是 m 维线性空间,V 是线性空间. $\{\boldsymbol{a}_j\}_{j=1}^m$是 U 的一个基,$\{\boldsymbol{b}_j\}_{j=1}^m$是 V 中任意 m 个向量(可以有相同的),则存在唯一的从 U 到 V 的线性变换 A,使得

$$A(\boldsymbol{a}_j)=\boldsymbol{b}_j,\quad j=1,2,\cdots,m.$$

三、不同基下表示矩阵的关系

定理 3.2.3 设 A 是 m 维线性空间 U 上的任意一个线性变换,$\{\boldsymbol{a}_i\}_{i=1}^m$和

$\{\boldsymbol{b}_i\}_{i=1}^m$是 U 的两个基,从$\{\boldsymbol{a}_i\}_{i=1}^m$到$\{\boldsymbol{b}_i\}_{i=1}^m$的过渡矩阵为 $\boldsymbol{T}$. 若 A 在基$\{\boldsymbol{a}_i\}_{i=1}^m$和$\{\boldsymbol{b}_i\}_{i=1}^m$下的表示矩阵分别是 $\boldsymbol{A}$ 和 $\boldsymbol{B}$,则成立

$$\boldsymbol{B}=\boldsymbol{T}^{-1}\boldsymbol{A}\boldsymbol{T}.$$

下表列出了关于 U 上的线性变换 A,U 中的向量 $\boldsymbol{x}$ 的坐标变化情况:

向量	在基$\{\boldsymbol{a}_i\}_{i=1}^m$下的坐标	在基$\{\boldsymbol{b}_i\}_{i=1}^m$下的坐标
$\boldsymbol{x}$	$\boldsymbol{\xi}$	$\boldsymbol{T}^{-1}\boldsymbol{\xi}$
$\boldsymbol{A}(\boldsymbol{x})$	$\boldsymbol{A}\boldsymbol{\xi}$	$\boldsymbol{T}^{-1}\boldsymbol{A}\boldsymbol{\xi}$

注 1 在 m 维线性空间 U 上取定一个基后,U 上的线性变换与 $m\times m$ 矩阵的全体就存在一个一一对应,即 U 上的线性变换 A 与它的表示矩阵 $\boldsymbol{A}$ 是一一对应. 进一步,这个对应保持着加法、数乘和乘法,即若线性变换 A 的表示矩阵为 $\boldsymbol{A}$,线性变换 B 的表示矩阵为 $\boldsymbol{B}$,则线性变换 $A+B$ 的表示矩阵为 $\boldsymbol{A}+\boldsymbol{B}$,线性变换 kA(k 是数)的表示矩阵为 $k\boldsymbol{A}$,线性变换 AB 的表示矩阵为 $\boldsymbol{AB}$.

注 2 设 U 是 m 维线性空间,A 是 U 上的线性变换,在某个基下的表示矩阵为 $\boldsymbol{A}$,则 A 是可逆线性变换的充分必要条件为:$\boldsymbol{A}$ 是可逆矩阵. 此时 A^{-1}在该基下的表示矩阵就是 $\boldsymbol{A}^{-1}$.

例题分析

例 3.2.1 判断下列映射中哪些是线性变换,哪些不是:

(1) $A:\mathbf{R}^3\to\mathbf{R}^3$ 定义为,若 $\boldsymbol{x}=(x_1,x_2,x_3)^{\mathrm{T}}$,则

$$A(\boldsymbol{x})=(2x_1+1,2x_2+1,2x_3+1)^{\mathrm{T}};$$

(2) $A:\mathbf{R}^3\to\mathbf{R}^3$ 定义为,若 $\boldsymbol{x}=(x_1,x_2,x_3)^{\mathrm{T}}$,则

$$A(\boldsymbol{x})=(x_1^2,x_2^2,x_3^2)^{\mathrm{T}};$$

(3) 设 $\boldsymbol{P}$ 为 n 阶可逆实方阵,$\sigma:\mathbf{R}^{n\times n}\to\mathbf{R}^{n\times n}$定义为

$$\sigma(\boldsymbol{A})=\boldsymbol{P}^{-1}\boldsymbol{AP},\ \boldsymbol{A}\in\mathbf{R}^{n\times n}.$$

解 (1) 因为对于 $\boldsymbol{x}=(x_1,x_2,x_3)^{\mathrm{T}},\boldsymbol{y}=(y_1,y_2,y_3)^{\mathrm{T}}\in\mathbf{R}^3$,所以

$$\boldsymbol{x}+\boldsymbol{y}=(x_1+y_1,x_2+y_2,x_3+y_3)^{\mathrm{T}},$$

且

$$\begin{aligned}A(\boldsymbol{x}+\boldsymbol{y})&=(2(x_1+y_1)+1,2(x_2+y_2)+1,2(x_3+y_3)+1)^{\mathrm{T}}\\&=A(\boldsymbol{x})+2\boldsymbol{y}\neq A(\boldsymbol{x})+A(\boldsymbol{y}),\end{aligned}$$

因此 A 不是线性变换.

(2) 取 $\boldsymbol{x}=(1,1,1)^{\mathrm{T}}\in\mathbf{R}^3,\lambda=2$,则 $\lambda\boldsymbol{x}=(2,2,2)^{\mathrm{T}}$,且

$$A(\lambda\boldsymbol{x})=(4,4,4)^{\mathrm{T}}\neq\lambda A(\boldsymbol{x})=(2,2,2)^{\mathrm{T}}.$$

因此 A 不是线性变换.

(3) 由于对于任意 $\boldsymbol{A},\boldsymbol{B}\in\mathbf{R}^{n\times n}$ 及 $\lambda,\mu\in\mathbf{R}$,成立

$$\sigma(\lambda\boldsymbol{A}+\mu\boldsymbol{B})=\boldsymbol{P}^{-1}(\lambda\boldsymbol{A}+\mu\boldsymbol{B})\boldsymbol{P}=\lambda\boldsymbol{P}^{-1}\boldsymbol{A}\boldsymbol{P}+\mu\boldsymbol{P}^{-1}\boldsymbol{B}\boldsymbol{P}=\lambda\sigma(\boldsymbol{A})+\mu\sigma(\boldsymbol{B}),$$

因此 σ 是线性变换.

例 3.2.2 线性变换 $A:\mathbf{R}^4\to\mathbf{R}^3$ 定义为:若 $\boldsymbol{x}=(x_1,x_2,x_3,x_4)^{\mathrm{T}}$,则

$$A(\boldsymbol{x})=(x_1+2x_2+x_3-x_4,3x_1+6x_2-x_3-3x_4,5x_1+10x_2+x_3-5x_4)^{\mathrm{T}},$$

求 Ker$A$ 和 ImA.

解 $A(\boldsymbol{x})=\boldsymbol{0}$ 等价于

$$\begin{cases}x_1+2x_2+x_3-x_4=0,\\3x_1+6x_2-x_3-3x_4=0,\\5x_1+10x_2+x_3-5x_4=0.\end{cases}$$

对这个齐次线性方程组的系数矩阵作初等行变换:

$$\begin{pmatrix}1&2&1&-1\\3&6&-1&-3\\5&10&1&-5\end{pmatrix}\to\begin{pmatrix}1&2&1&-1\\0&0&-4&0\\0&0&-4&0\end{pmatrix}\to\begin{pmatrix}1&2&0&-1\\0&0&1&0\\0&0&0&0\end{pmatrix},$$

可知其解为

$$\boldsymbol{x}=c_1(-2,1,0,0)^{\mathrm{T}}+c_2(1,0,0,1)^{\mathrm{T}},\ c_1,c_2\text{ 为任意常数},$$

因此

$$\mathrm{Ker}A=\{\boldsymbol{x}\in\mathbf{R}^4\mid\boldsymbol{x}=c_1(-2,1,0,0)^{\mathrm{T}}+c_2(1,0,0,1)^{\mathrm{T}},c_1,c_2\in\mathbf{R}\}.$$

显然,ImA 就是 Span$\{A(\boldsymbol{e}_1),A(\boldsymbol{e}_2),A(\boldsymbol{e}_3),A(\boldsymbol{e}_4)\}$($\boldsymbol{e}_1,\boldsymbol{e}_2,\boldsymbol{e}_3,\boldsymbol{e}_4$ 是 $\mathbf{R}^4$ 的自然基). 由线性变换 A 的定义知

$$\begin{aligned}A(\boldsymbol{e}_1)&=(1,3,5)^{\mathrm{T}},\\A(\boldsymbol{e}_2)&=(2,6,10)^{\mathrm{T}},\\A(\boldsymbol{e}_3)&=(1,-1,1)^{\mathrm{T}},\\A(\boldsymbol{e}_4)&=(-1,-3,-5)^{\mathrm{T}}.\end{aligned}$$

而经初等行变换得

$$(A(\boldsymbol{e}_1),A(\boldsymbol{e}_2),A(\boldsymbol{e}_3),A(\boldsymbol{e}_4))=\begin{pmatrix}1&2&1&-1\\3&6&-1&-3\\5&10&1&-5\end{pmatrix}\to\begin{pmatrix}1&2&0&-1\\0&0&1&0\\0&0&0&0\end{pmatrix},$$

所以 $A(\boldsymbol{e}_1),A(\boldsymbol{e}_3)$ 是 $A(\boldsymbol{e}_1),A(\boldsymbol{e}_2),A(\boldsymbol{e}_3),A(\boldsymbol{e}_4)$ 的一个极大无关组,于是

$$\begin{aligned}\mathrm{Im}A&=\mathrm{Span}\{A(\boldsymbol{e}_1),A(\boldsymbol{e}_2),A(\boldsymbol{e}_3),A(\boldsymbol{e}_4)\}=\mathrm{Span}\{A(\boldsymbol{e}_1),A(\boldsymbol{e}_3)\}\\&=\{\boldsymbol{y}\in\mathbf{R}^3\mid\boldsymbol{y}=c_1(1,3,5)^{\mathrm{T}}+c_2(1,-1,1)^{\mathrm{T}},c_1,c_2\in\mathbf{R}\}.\end{aligned}$$

例 3.2.3 已知映射 $A:\mathbf{R}^3\to\mathbf{R}^3$ 定义为,若 $\boldsymbol{x}=(x_1,x_2,x_3)^{\mathrm{T}}$,则

$$A(\boldsymbol{x})=(2x_1-x_2,3x_2+x_3,x_3+x_1)^{\mathrm{T}}.$$

（1）验证 A 是线性变换；

（2）求 A 在 $\mathbf{R}^3$ 的自然基 $\boldsymbol{e}_1=(1,0,0)^{\mathrm{T}}$，$\boldsymbol{e}_2=(0,1,0)^{\mathrm{T}}$，$\boldsymbol{e}_3=(0,0,1)^{\mathrm{T}}$ 下的表示矩阵.

解　(1) **证**　因为对于任意 $\boldsymbol{x}=(x_1,x_2,x_3)^{\mathrm{T}},\boldsymbol{y}=(y_1,y_2,y_3)^{\mathrm{T}}\in\mathbf{R}^3$ 及 $\lambda,\mu\in\mathbf{R}$，有

$$\lambda\boldsymbol{x}+\mu\boldsymbol{y}=(\lambda x_1+\mu y_1,\lambda x_2+\mu y_2,\lambda x_3+\mu y_3)^{\mathrm{T}},$$

且成立

$$\begin{aligned}
&A(\lambda\boldsymbol{x}+\mu\boldsymbol{y})\\
&=(2(\lambda x_1+\mu y_1)-(\lambda x_2+\mu y_2),3(\lambda x_2+\mu y_2)\\
&\quad+(\lambda x_3+\mu y_3),(\lambda x_3+\mu y_3)+(\lambda x_1+\mu y_1))^{\mathrm{T}}\\
&=\lambda(2x_1-x_2,3x_2+x_3,x_3+x_1)^{\mathrm{T}}+\mu(2y_1-y_2,3y_2+y_3,y_3+y_1)^{\mathrm{T}}\\
&=\lambda A(\boldsymbol{x})+\mu A(\boldsymbol{y}),
\end{aligned}$$

所以 A 是线性变换.

（2）由 A 的定义知

$$A(\boldsymbol{e}_1)=(2,0,1)^{\mathrm{T}},\quad A(\boldsymbol{e}_2)=(-1,3,0)^{\mathrm{T}},\quad A(\boldsymbol{e}_3)=(0,1,1)^{\mathrm{T}},$$

所以

$$(A(\boldsymbol{e}_1),A(\boldsymbol{e}_2),A(\boldsymbol{e}_3))=(\boldsymbol{e}_1,\boldsymbol{e}_2,\boldsymbol{e}_3)\begin{pmatrix}2&-1&0\\0&3&1\\1&0&1\end{pmatrix},$$

因此 A 在基 $\boldsymbol{e}_1,\boldsymbol{e}_2,\boldsymbol{e}_3$ 下的表示矩阵为

$$\begin{pmatrix}2&-1&0\\0&3&1\\1&0&1\end{pmatrix}.$$

例 3.2.4　设 $\boldsymbol{P}=\begin{pmatrix}1&2\\0&1\end{pmatrix}$，求线性变换 $\sigma(\boldsymbol{A})=\boldsymbol{P}^{-1}\boldsymbol{A}\boldsymbol{P}(\boldsymbol{A}\in\mathbf{R}^{2\times2})$ 在基 $\boldsymbol{B}_{11}$，$\boldsymbol{B}_{12},\boldsymbol{B}_{21},\boldsymbol{B}_{22}$（它们的定义见例 3.1.3）下的表示矩阵.

解　易知 $\boldsymbol{P}^{-1}=\begin{pmatrix}1&-2\\0&1\end{pmatrix}$. 所以

$$\sigma(\boldsymbol{B}_{11})=\boldsymbol{P}^{-1}\boldsymbol{B}_{11}\boldsymbol{P}=\begin{pmatrix}1&-2\\0&1\end{pmatrix}\begin{pmatrix}1&0\\0&0\end{pmatrix}\begin{pmatrix}1&2\\0&1\end{pmatrix}=\begin{pmatrix}1&2\\0&0\end{pmatrix}=\boldsymbol{B}_{11}+2\boldsymbol{B}_{12}.$$

同理，有

$$\sigma(\boldsymbol{B}_{12})=\boldsymbol{B}_{12},\ \sigma(\boldsymbol{B}_{21})=-2\boldsymbol{B}_{11}-4\boldsymbol{B}_{12}+\boldsymbol{B}_{21}+2\boldsymbol{B}_{22},\ \sigma(\boldsymbol{B}_{22})=-2\boldsymbol{B}_{12}+\boldsymbol{B}_{22}.$$

于是 σ 在 $\boldsymbol{B}_{11},\boldsymbol{B}_{12},\boldsymbol{B}_{21},\boldsymbol{B}_{22}$ 下的表示矩阵为

$$\begin{pmatrix}1&0&-2&0\\2&1&-4&-2\\0&0&1&0\\0&0&2&1\end{pmatrix}.$$

例 3.2.5 已知 $\mathbf{R}^3$ 中的一组基为 $\boldsymbol{a}_1=(1,0,0)^{\mathrm{T}},\boldsymbol{a}_2=(0,2,1)^{\mathrm{T}},\boldsymbol{a}_3=(0,5,3)^{\mathrm{T}}$. 若 $\mathbf{R}^3$ 上的线性变换 A 关于这组基的像为

$$A\boldsymbol{a}_1=(1,2,1)^{\mathrm{T}},\quad A\boldsymbol{a}_2=(0,2,3)^{\mathrm{T}},\quad A\boldsymbol{a}_3=(0,0,1)^{\mathrm{T}},$$

(1) 求 A 在基 $\boldsymbol{a}_1,\boldsymbol{a}_2,\boldsymbol{a}_3$ 下的表示矩阵;

(2) 求 A 在 $\mathbf{R}^3$ 的自然基 $\boldsymbol{e}_1,\boldsymbol{e}_2,\boldsymbol{e}_3$ 下的表示矩阵;

(3) 设 $\boldsymbol{\xi}=(-1,3,2)^{\mathrm{T}}$,求 $A\boldsymbol{\xi}$.

解 (1) 由假设知

$$\begin{aligned}(A(\boldsymbol{a}_1),A(\boldsymbol{a}_2),A(\boldsymbol{a}_3))&=(\boldsymbol{e}_1,\boldsymbol{e}_2,\boldsymbol{e}_3)\begin{pmatrix}1&0&0\\2&2&0\\1&3&1\end{pmatrix}\\&=(\boldsymbol{a}_1,\boldsymbol{a}_2,\boldsymbol{a}_3)(\boldsymbol{a}_1,\boldsymbol{a}_2,\boldsymbol{a}_3)^{-1}\begin{pmatrix}1&0&0\\2&2&0\\1&3&1\end{pmatrix}\\&=(\boldsymbol{a}_1,\boldsymbol{a}_2,\boldsymbol{a}_3)\begin{pmatrix}1&0&0\\0&2&5\\0&1&3\end{pmatrix}^{-1}\begin{pmatrix}1&0&0\\2&2&0\\1&3&1\end{pmatrix}\\&=(\boldsymbol{a}_1,\boldsymbol{a}_2,\boldsymbol{a}_3)\begin{pmatrix}1&0&0\\0&3&-5\\0&-1&2\end{pmatrix}\begin{pmatrix}1&0&0\\2&2&0\\1&3&1\end{pmatrix}\\&=(\boldsymbol{a}_1,\boldsymbol{a}_2,\boldsymbol{a}_3)\begin{pmatrix}1&0&0\\0&-9&-5\\0&4&2\end{pmatrix},\end{aligned}$$

所以 A 在基 $\boldsymbol{a}_1,\boldsymbol{a}_2,\boldsymbol{a}_3$ 下的表示矩阵为

$$A=\begin{pmatrix}1&0&0\\1&-9&-5\\0&4&2\end{pmatrix}.$$

(2) 记 $\boldsymbol{a}_1,\boldsymbol{a}_2,\boldsymbol{a}_3$ 到 $\boldsymbol{e}_1,\boldsymbol{e}_2,\boldsymbol{e}_3$ 的过渡矩阵为 $\boldsymbol{T}$,则

$$(\boldsymbol{a}_1,\boldsymbol{a}_2,\boldsymbol{a}_3)=(\boldsymbol{e}_1,\boldsymbol{e}_2,\boldsymbol{e}_3)\begin{pmatrix}1&0&0\\0&2&5\\0&1&3\end{pmatrix}=(\boldsymbol{e}_1,\boldsymbol{e}_2,\boldsymbol{e}_3)\boldsymbol{T}^{-1},$$

所以 $\mathscr{A}$ 在 $\mathbf{R}^3$ 的自然基 $\boldsymbol{e}_1,\boldsymbol{e}_2,\boldsymbol{e}_3$ 下的表示矩阵为

$$\boldsymbol{B}=\boldsymbol{T}^{-1}\boldsymbol{A}\boldsymbol{T}=\begin{pmatrix}1&0&0\\0&2&5\\0&1&3\end{pmatrix}\begin{pmatrix}1&0&0\\1&-9&-5\\0&4&2\end{pmatrix}\begin{pmatrix}1&0&0\\0&2&5\\0&1&3\end{pmatrix}^{-1}$$

$$=\begin{pmatrix}1&0&0\\0&2&5\\0&1&3\end{pmatrix}\begin{pmatrix}1&0&0\\1&-9&-5\\0&4&2\end{pmatrix}\begin{pmatrix}1&0&0\\0&3&-5\\0&-1&2\end{pmatrix}$$

$$=\begin{pmatrix}1&0&0\\2&6&-10\\1&8&-13\end{pmatrix}.$$

(3) **解法一** 由于 $\boldsymbol{\xi}=(-1,3,2)^{\mathrm{T}}$ 在基 $\boldsymbol{e}_1,\boldsymbol{e}_2,\boldsymbol{e}_3$ 下的坐标就是 $(-1,3,2)^{\mathrm{T}}$，因此

$$\mathscr{A}\boldsymbol{\xi}=\mathscr{A}(\boldsymbol{e}_1,\boldsymbol{e}_2,\boldsymbol{e}_3)\begin{pmatrix}-1\\3\\2\end{pmatrix}=(\boldsymbol{e}_1,\boldsymbol{e}_2,\boldsymbol{e}_3)\boldsymbol{B}\begin{pmatrix}-1\\3\\2\end{pmatrix}$$

$$=(\boldsymbol{e}_1,\boldsymbol{e}_2,\boldsymbol{e}_3)\begin{pmatrix}1&0&0\\2&6&-10\\1&8&-13\end{pmatrix}\begin{pmatrix}-1\\3\\2\end{pmatrix}$$

$$=(\boldsymbol{e}_1,\boldsymbol{e}_2,\boldsymbol{e}_3)\begin{pmatrix}-1\\-4\\-3\end{pmatrix}=\begin{pmatrix}-1\\-4\\-3\end{pmatrix}.$$

解法二 由于 $\boldsymbol{\xi}=(-1,3,2)^{\mathrm{T}}$ 在基 $\boldsymbol{e}_1,\boldsymbol{e}_2,\boldsymbol{e}_3$ 下的坐标就是 $(-1,3,2)^{\mathrm{T}}$，$\boldsymbol{e}_1,\boldsymbol{e}_2,\boldsymbol{e}_3$ 到 $\boldsymbol{a}_1,\boldsymbol{a}_2,\boldsymbol{a}_3$ 到的过渡矩阵为 $\begin{pmatrix}1&0&0\\0&2&5\\0&1&3\end{pmatrix}$，因此 $\boldsymbol{\xi}=(-1,3,2)^{\mathrm{T}}$ 在 $\boldsymbol{a}_1,\boldsymbol{a}_2,\boldsymbol{a}_3$ 下的坐标为

$$\begin{pmatrix}1&0&0\\0&2&5\\0&1&3\end{pmatrix}^{-1}\begin{pmatrix}-1\\3\\2\end{pmatrix}=\begin{pmatrix}1&0&0\\0&3&-5\\0&-1&2\end{pmatrix}\begin{pmatrix}-1\\3\\2\end{pmatrix}=\begin{pmatrix}-1\\-1\\1\end{pmatrix}.$$

而由(1)，$\mathscr{A}$ 在基 $\boldsymbol{a}_1,\boldsymbol{a}_2,\boldsymbol{a}_3$ 下的表示矩阵为 $\boldsymbol{A}=\begin{pmatrix}1&0&0\\1&-9&-5\\0&4&2\end{pmatrix}$，所以

$$\mathscr{A}\boldsymbol{\xi}=\mathscr{A}(\boldsymbol{a}_1,\boldsymbol{a}_2,\boldsymbol{a}_3)\begin{pmatrix}-1\\-1\\1\end{pmatrix}=(\boldsymbol{a}_1,\boldsymbol{a}_2,\boldsymbol{a}_3)\begin{pmatrix}1&0&0\\1&-9&-5\\0&4&2\end{pmatrix}\begin{pmatrix}-1\\-1\\1\end{pmatrix}$$

$$=(\boldsymbol{a}_1,\boldsymbol{a}_2,\boldsymbol{a}_3)\begin{pmatrix}-1\\3\\-2\end{pmatrix},$$

于是

$$A\boldsymbol{\xi}=-\boldsymbol{a}_1+3\boldsymbol{a}_2-2\boldsymbol{a}_3=\begin{pmatrix}-1\\-4\\-3\end{pmatrix}.$$

注 在(3)的解法中,可以直接套用知识要点中所列的表中的公式计算各个坐标.

例 3.2.6 已知 $\mathbf{R}^3$ 上的线性变换 A 如下定义:若 $\boldsymbol{x}=(x_1,x_2,x_3)^{\mathrm{T}}$,则

$$A(\boldsymbol{x})=(-2\boldsymbol{x}_1,\boldsymbol{x}_2,4\boldsymbol{x}_3)^{\mathrm{T}}.$$

(1) 证明 A 是可逆线性变换;

(2) 求 A 在 $\mathbf{R}^3$ 的基 $\boldsymbol{a}_1=(1,2,2)^{\mathrm{T}},\boldsymbol{a}_1=(2,1,-2)^{\mathrm{T}},\boldsymbol{a}_1=(2,-2,1)^{\mathrm{T}}$ 下的表示矩阵;

(3) 求线性变换 A^3 在自然基 $\boldsymbol{e}_1,\boldsymbol{e}_2,\boldsymbol{e}_3$ 下的表示矩阵.

解 (1) **证** 由定义,A 在 $\mathbf{R}^3$ 的自然基 $\boldsymbol{e}_1=(1,0,0)^{\mathrm{T}},\boldsymbol{e}_2=(0,1,0)^{\mathrm{T}},\boldsymbol{e}_3=(0,0,1)^{\mathrm{T}}$ 的像为

$$A(\boldsymbol{e}_1)=(-2,0,0)^{\mathrm{T}}=-2\boldsymbol{e}_1,\quad A(\boldsymbol{e}_2)=(0,1,0)^{\mathrm{T}}=\boldsymbol{e}_2,\quad A(\boldsymbol{e}_3)=(0,0,4)^{\mathrm{T}}=4\boldsymbol{e}_3,$$

即

$$A(\boldsymbol{e}_1,\boldsymbol{e}_2,\boldsymbol{e}_3)=(A(\boldsymbol{e}_1),A(\boldsymbol{e}_2),A(\boldsymbol{e}_3))=(\boldsymbol{e}_1,\boldsymbol{e}_2,\boldsymbol{e}_3)\begin{pmatrix}-2&&\\&1&\\&&4\end{pmatrix}.$$

这就是说,A 在基 $\boldsymbol{e}_1,\boldsymbol{e}_2,\boldsymbol{e}_3$ 下的表示矩阵为 $\boldsymbol{A}=\begin{pmatrix}-2&&\\&1&\\&&4\end{pmatrix}$. 因为 $\boldsymbol{A}$ 是可逆矩阵,所以 A 是可逆线性变换.

(2) 显然从基 $\boldsymbol{e}_1,\boldsymbol{e}_2,\boldsymbol{e}_3$ 到基 $\boldsymbol{a}_1,\boldsymbol{a}_2,\boldsymbol{a}_3$ 的过渡矩阵为

$$\boldsymbol{T}=\begin{pmatrix}1&2&2\\2&1&-2\\2&-2&1\end{pmatrix}.$$

因此 A 在基 $\boldsymbol{a}_1,\boldsymbol{a}_2,\boldsymbol{a}_3$ 下的表示矩阵为

$$\boldsymbol{T}^{-1}\boldsymbol{A}\boldsymbol{T}=\begin{pmatrix}1&2&2\\2&1&-2\\2&-2&1\end{pmatrix}^{-1}\begin{pmatrix}-2&&\\&1&\\&&4\end{pmatrix}\begin{pmatrix}1&2&2\\2&1&-2\\2&-2&1\end{pmatrix}$$

$$=\frac{1}{9}\begin{pmatrix}1&2&2\\2&1&-2\\2&-2&1\end{pmatrix}\begin{pmatrix}-2&&\\&1&\\&&4\end{pmatrix}\begin{pmatrix}1&2&2\\2&1&-2\\2&-2&1\end{pmatrix}$$

$$=\begin{pmatrix}2&-2&0\\-2&1&-2\\0&-2&0\end{pmatrix}.$$

(3) 因为 $A(\boldsymbol{e}_1,\boldsymbol{e}_2,\boldsymbol{e}_3)=(\boldsymbol{e}_1,\boldsymbol{e}_2,\boldsymbol{e}_3)\boldsymbol{A}$,所以

$$\begin{aligned}A^3(\boldsymbol{e}_1,\boldsymbol{e}_2,\boldsymbol{e}_3)&=A^2[A(\boldsymbol{e}_1,\boldsymbol{e}_2,\boldsymbol{e}_3)]=A^2[(\boldsymbol{e}_1,\boldsymbol{e}_2,\boldsymbol{e}_3)\boldsymbol{A}]\\&=A[A(\boldsymbol{e}_1,\boldsymbol{e}_2,\boldsymbol{e}_3)\boldsymbol{A}]=A(\boldsymbol{e}_1,\boldsymbol{e}_2,\boldsymbol{e}_3)\boldsymbol{A}^2\\&=(\boldsymbol{e}_1,\boldsymbol{e}_2,\boldsymbol{e}_3)\boldsymbol{A}^3.\end{aligned}$$

于是线性变换 A^3 在自然基 $\boldsymbol{e}_1,\boldsymbol{e}_2,\boldsymbol{e}_3$ 下的表示矩阵为

$$\boldsymbol{A}^3=\begin{pmatrix}-8&&\\&1&\\&&64\end{pmatrix}.$$

例 3.2.7 已知线性空间 $\mathbf{R}[x]_4$ 到 $\mathbf{R}[x]_5$ 中的线性变换 $\sigma:P(x)\rightarrow\int_0^x P(t)\,\mathrm{d}t$.

(1) 求 σ 在 $\mathbf{R}[x]_4$ 中基 $1,x,x^2,x^3$ 和在 $\mathbf{R}[x]_5$ 中基 $1,x,x^2,x^3,x^4$ 下的表示矩阵;

(2) 若 $Q(x)=1+2x+3x^2+4x^3$,求 $\sigma(Q)$ 在 $\mathbf{R}[x]_5$ 中基 $1,x,x^2,x^3,x^4$ 下的坐标;

(3) 求 σ 在 $\mathbf{R}[x]_4$ 中基 $1,1+x,1+x+x^2,1+x+x^2+x^3$ 和在 $\mathbf{R}[x]_5$ 中基 $1,x,x^2,x^3,x^4$ 下的表示矩阵.

解 (1) 由于

$$\sigma(1)=\int_0^x 1\,\mathrm{d}t=x,\quad \sigma(x)=\int_0^x t\,\mathrm{d}t=\frac{x^2}{2},$$

$$\sigma(x^2)=\int_0^x t^2\,\mathrm{d}t=\frac{x^3}{3},\quad \sigma(x^3)=\int_0^x t^3\,\mathrm{d}t=\frac{x^4}{4},$$

因此

$$(\sigma(1),\sigma(x),\sigma(x^2),\sigma(x^3))=(1,x,x^2,x^3,x^4)\begin{pmatrix}0&0&0&0\\1&0&0&0\\0&\frac{1}{2}&0&0\\0&0&\frac{1}{3}&0\\0&0&0&\frac{1}{4}\end{pmatrix}.$$

于是 σ 的表示矩阵为

$$\boldsymbol{A}=\begin{pmatrix}0&0&0&0\\1&0&0&0\\0&\frac{1}{2}&0&0\\0&0&\frac{1}{3}&0\\0&0&0&\frac{1}{4}\end{pmatrix}.$$

(2) **解法一** 因为

$$\sigma(Q)=\int_0^x Q(t)\,\mathrm{d}t=\int_0^x(1+2t+3t^2+4t^3)\,\mathrm{d}t=x+x^2+x^3+x^4,$$

所以 $\sigma(Q)$ 在 $\mathbf{R}[x]_5$ 中基 $1,x,x^2,x^3,x^4$ 下的坐标为 $(0,1,1,1,1)^{\mathrm{T}}$.

解法二 因为 $Q(x)$ 在基 $1,x,x^2,x^3$ 下的坐标为 $(1,2,3,4)^{\mathrm{T}}$,线性变换 σ 的表示矩阵为 $\boldsymbol{A}$,所以 $\sigma(Q)$ 在 $\mathbf{R}[x]_5$ 中基 $1,x,x^2,x^3,x^4$ 下的坐标为

$$\boldsymbol{A}\begin{pmatrix}1\\2\\3\\4\end{pmatrix}=\begin{pmatrix}0&0&0&0\\1&0&0&0\\0&\frac{1}{2}&0&0\\0&0&\frac{1}{3}&0\\0&0&0&\frac{1}{4}\end{pmatrix}\begin{pmatrix}1\\2\\3\\4\end{pmatrix}=\begin{pmatrix}0\\1\\1\\1\\1\end{pmatrix}.$$

(3) 因为

$$(1,1+x,1+x+x^2,1+x+x^2+x^3)=(1,x,x^2,x^3)\begin{pmatrix}1&1&1&1\\0&1&1&1\\0&0&1&1\\0&0&0&1\end{pmatrix},$$

所以

$$
\begin{aligned}
&(\sigma(1),\sigma(1+x),\sigma(1+x+x^2),\sigma(1+x+x^2+x^3))\\
&=(\sigma(1),\sigma(x),\sigma(x^2),\sigma(x^3))\begin{pmatrix}1&1&1&1\\0&1&1&1\\0&0&1&1\\0&0&0&1\end{pmatrix}\\
&=(1,x,x^2,x^3,x^4)\begin{pmatrix}0&0&0&0\\1&0&0&0\\0&\frac{1}{2}&0&0\\0&0&\frac{1}{3}&0\\0&0&0&\frac{1}{4}\end{pmatrix}\begin{pmatrix}1&1&1&1\\0&1&1&1\\0&0&1&1\\0&0&0&1\end{pmatrix}\\
&=(1,x,x^2,x^3,x^4)\begin{pmatrix}0&0&0&0\\1&1&1&1\\0&\frac{1}{2}&\frac{1}{2}&\frac{1}{2}\\0&0&\frac{1}{3}&\frac{1}{3}\\0&0&0&\frac{1}{4}\end{pmatrix}.
\end{aligned}
$$

于是，σ 在基 $1,1+x,1+x+x^2,1+x+x^2+x^3$ 和基 $1,x,x^2,x^3,x^4$ 下的表示矩阵为

$$
\begin{pmatrix}0&0&0&0\\1&1&1&1\\0&\frac{1}{2}&\frac{1}{2}&\frac{1}{2}\\0&0&\frac{1}{3}&\frac{1}{3}\\0&0&0&\frac{1}{4}\end{pmatrix}.
$$

例 3.2.8 记 $\mathbf{R}[x]$ 为实系数多项式全体，它按普通的多项式加法和多项式与实数相乘成为 $\mathbf{R}$ 上的线性空间. 已知 $\mathbf{R}[x]$ 上的两个线性变换

$$
\sigma: P(x)\to P'(x),\ P(x)\in\mathbf{R}[x],
$$

$$
\tau: P(x)\to xP(x),\ P(x)\in\mathbf{R}[x].
$$

证明：$\sigma\tau-\tau\sigma=I$.

证 对于 $P(x)\in\mathbf{R}[x]$，由 σ 和 τ 的定义得

$$\begin{aligned}(\sigma\tau-\tau\sigma)(P(x))&=\sigma\tau(P(x))-\tau\sigma(P(x))\\&=\sigma(\tau(P(x)))-\tau(\sigma(P(x)))\\&=\sigma(xP(x))-\tau(P'(x))\\&=P(x)+xP'(x)-xP'(x)\\&=P(x)=I(P(x)),\end{aligned}$$

所以 $\sigma\tau-\tau\sigma=I$.

例 3.2.9 设 σ 是线性空间 V 上的线性变换，且 $\mathrm{Im}\sigma=V$, $\mathrm{Ker}\sigma=\{\mathbf{0}\}$，证明 σ 是 V 上的可逆线性变换.

证 因为 $\mathrm{Ker}\sigma=\{\mathbf{0}\}$，所以 $\sigma: V\to V$ 是单射.（事实上，若 $\sigma(\boldsymbol{a})=\sigma(\boldsymbol{b})$，则 $\sigma(\boldsymbol{a}-\boldsymbol{b})=\mathbf{0}$，因此由 $\mathrm{Ker}\sigma=\{\mathbf{0}\}$ 知 $\boldsymbol{a}-\boldsymbol{b}=\mathbf{0}$，即 $\boldsymbol{a}=\boldsymbol{b}$.）因为 $\mathrm{Im}\sigma=V$，所以 σ 又是满射，因此存在逆映射 $\tau: V\to V$，满足

$$\sigma\tau=I,\quad \tau\sigma=I,$$

其中 I 是 V 上的恒等变换.

显然，只要证明 τ 是线性变换，就知道 σ 是可逆变换，且 τ 就是 σ 的逆变换.

对于任意 $\boldsymbol{x},\boldsymbol{y}\in V$ 及 $\lambda,\mu\in\mathbf{K}$（$\mathbf{K}$ 为 $\mathbf{R}$ 或 $\mathbf{C}$），因为 σ 是满射，所以存在 $\boldsymbol{a},\boldsymbol{b}\in V$，使得 $\sigma(\boldsymbol{a})=\boldsymbol{x}$, $\sigma(\boldsymbol{b})=\boldsymbol{y}$. 由逆映射 τ 的定义，有 $\tau(\boldsymbol{x})=\boldsymbol{a}$, $\tau(\boldsymbol{y})=\boldsymbol{b}$. 所以

$$\tau(\lambda\boldsymbol{x}+\mu\boldsymbol{y})=\tau(\lambda\sigma(\boldsymbol{a})+\mu\sigma(\boldsymbol{b}))=\tau(\sigma(\lambda\boldsymbol{a}+\mu\boldsymbol{b}))=\lambda\boldsymbol{a}+\mu\boldsymbol{b}=\lambda\tau(\boldsymbol{x})+\mu\tau(\boldsymbol{y}),$$

因此 τ 是线性变换. 于是 σ 是可逆变换，且 $\tau=\sigma^{-1}$.

例 3.2.10 设 σ 是 n 维线性空间 V 上线性变换，满足 $\mathrm{Ker}\sigma=\{\mathbf{0}\}$. 证明：

(1) σ 将 V 的基映为 V 的基；

(2) σ 是可逆线性变换.

证 (1) 设 $\boldsymbol{a}_1,\boldsymbol{a}_2,\cdots,\boldsymbol{a}_n$ 为 V 的任意一个基，现证明 $\sigma(\boldsymbol{a}_1)$, $\sigma(\boldsymbol{a}_2)$, $\cdots$, $\sigma(\boldsymbol{a}_n)$ 线性无关. 设有数 $\lambda_1,\lambda_2,\cdots,\lambda_n$，使得

$$\lambda_1\sigma(\boldsymbol{a}_1)+\lambda_2\sigma(\boldsymbol{a}_2)+\cdots+\lambda_n\sigma(\boldsymbol{a}_n)=\mathbf{0}.$$

由于 σ 是线性变换，因此

$$\sigma(\lambda_1\boldsymbol{a}_1+\lambda_2\boldsymbol{a}_2+\cdots+\lambda_n\boldsymbol{a}_n)=\mathbf{0}.$$

因为 $\mathrm{Ker}\sigma=\{\mathbf{0}\}$，所以 $\lambda_1\boldsymbol{a}_1+\lambda_2\boldsymbol{a}_2+\cdots+\lambda_n\boldsymbol{a}_n=\mathbf{0}$. 由于 $\boldsymbol{a}_1,\boldsymbol{a}_2,\cdots,\boldsymbol{a}_n$ 是 V 的基，因此 $\lambda_1=\lambda_2=\cdots=\lambda_n=0$，于是 $\sigma(\boldsymbol{a}_1),\sigma(\boldsymbol{a}_2),\cdots,\sigma(\boldsymbol{a}_n)$ 线性无关. 又因为 V 的维数为 n，所以 $\sigma(\boldsymbol{a}_1),\sigma(\boldsymbol{a}_2),\cdots,\sigma(\boldsymbol{a}_n)$ 是 V 的基.

(2) 因为 $\mathrm{Ker}\sigma=\{\mathbf{0}\}$，只要证明 $\mathrm{Im}\sigma=V$，即 σ 是满射，则由上例知 σ 是可逆变换. 取 V 的一个基 $\boldsymbol{a}_1,\boldsymbol{a}_2,\cdots,\boldsymbol{a}_n$，由(1)知 $\sigma(\boldsymbol{a}_1),\sigma(\boldsymbol{a}_2),\cdots,\sigma(\boldsymbol{a}_n)$ 是 V 的基，所以对于任意 $\boldsymbol{x}\in V$，有

$$\boldsymbol{x}=x_1\sigma(\boldsymbol{a}_1)+x_2\sigma(\boldsymbol{a}_2)+\cdots+\boldsymbol{x}_n\sigma(\boldsymbol{a}_n),$$

其中 $x_1,x_2,\cdots,x_n$ 是数. 由于 σ 是线性变换,因此

$$\sigma(x_1\boldsymbol{a}_1+x_2\boldsymbol{a}_2+\cdots+x_n\boldsymbol{a}_n)=x_1\sigma(\boldsymbol{a}_1)+x_2\sigma(\boldsymbol{a}_2)+\cdots+x_n\sigma(\boldsymbol{a}_n)=\boldsymbol{x}.$$

这说明 σ 是满射. 因此 σ 是可逆线性变换.

例 3.2.11 设 σ 是 n 维线性空间 V 上线性变换,定义 $\sigma^k=\underbrace{\sigma\sigma\cdots\sigma}_{k个}$. 证明:若 σ 满足 $\sigma^k=0$(0 是零变换,$k\geqslant 2$),则 $I-\sigma$ 是可逆变换(I 是恒等变换),并求 $(I-\sigma)^{-1}$.

证 取定 V 的一个基 $\boldsymbol{a}_1,\boldsymbol{a}_2,\cdots,\boldsymbol{a}_n$,设 σ 在这个基下的表示矩阵为 $\boldsymbol{A}$,则 σ^k 在这个基下的表示矩阵为 $\boldsymbol{A}^k$. 因为 $\sigma^k=0$,所以 $\boldsymbol{A}^k=\boldsymbol{O}$. 于是

$$(\boldsymbol{I}-\boldsymbol{A})(\boldsymbol{I}+\boldsymbol{A}+\cdots+\boldsymbol{A}^{k-1})=\boldsymbol{I}-\boldsymbol{A}^k=\boldsymbol{I}.$$

因此 $\boldsymbol{I}-\boldsymbol{A}$ 可逆,且 $(\boldsymbol{I}-\boldsymbol{A})^{-1}=\boldsymbol{I}+\boldsymbol{A}+\cdots+\boldsymbol{A}^{k-1}$. 注意到表示矩阵的唯一性,$\boldsymbol{I}-\boldsymbol{A}$ 就是 $I-\sigma$ 的表示矩阵,所以 $I-\sigma$ 可逆,且其逆为以 $\boldsymbol{I}+\boldsymbol{A}+\cdots+\boldsymbol{A}^{k-1}$ 为表示矩阵的线性变换,即 $I+\sigma+\cdots+\sigma^{k-1}$,因此

$$(\sigma-I)^{-1}=I+\sigma+\cdots+\sigma^{k-1}.$$

例 3.2.12 已知 $\mathbf{R}^3$ 上的线性变换

$$\sigma:\boldsymbol{x}=(x_1,x_2,x_3)^{\mathrm{T}}\to\sigma(\boldsymbol{x})=(x_1+x_2,x_2-x_1,2x_3)^{\mathrm{T}}.$$

(1) 求 $\sigma^2(\boldsymbol{x})$;

(2) 问 σ 是否是可逆变换? 若是,求 σ^{-1}.

解 (1) 由 σ 的定义可知,对于 $\boldsymbol{x}=(x_1,x_2,x_3)^{\mathrm{T}}$,有

$$\begin{aligned}\sigma^2(\boldsymbol{x})&=\sigma(\sigma(\boldsymbol{x}))=\sigma((x_1+x_2,x_2-x_1,2x_3)^{\mathrm{T}})\\&=(x_1+x_2+x_2-x_1,x_2-x_1-(x_1+x_2),4x_3)^{\mathrm{T}}\\&=(2x_2,-2x_1,4x_3)^{\mathrm{T}}.\end{aligned}$$

(2) 由 σ 的定义可知,对于 $\mathbf{R}^3$ 的自然基 $\boldsymbol{e}_1,\boldsymbol{e}_2,\boldsymbol{e}_3$,有

$$\sigma(\boldsymbol{e}_1)=\sigma((1,0,0)^{\mathrm{T}})=(1,-1,0)^{\mathrm{T}}=\boldsymbol{e}_1-\boldsymbol{e}_2,$$

$$\sigma(\boldsymbol{e}_2)=\sigma((0,1,0)^{\mathrm{T}})=(1,1,0)^{\mathrm{T}}=\boldsymbol{e}_1+\boldsymbol{e}_2,$$

$$\sigma(\boldsymbol{e}_3)=\sigma((0,0,1)^{\mathrm{T}})=(0,0,2)^{\mathrm{T}}=2\boldsymbol{e}_3.$$

于是

$$(\sigma(\boldsymbol{e}_1),\sigma(\boldsymbol{e}_2),\sigma(\boldsymbol{e}_3))=(\boldsymbol{e}_1,\boldsymbol{e}_2,\boldsymbol{e}_3)\begin{pmatrix}1&1&0\\-1&1&0\\0&0&2\end{pmatrix}.$$

这就是说 σ 在自然基下的表示矩阵为 $\boldsymbol{A}=\begin{pmatrix}1&1&0\\-1&1&0\\0&0&2\end{pmatrix}$. 显然 $\boldsymbol{A}$ 可逆,且

$$A^{-1}=\frac{1}{2}\begin{pmatrix}1&-1&0\\1&1&0\\0&0&1\end{pmatrix},$$

因此 σ 可逆,且在基 $\boldsymbol{e}_1,\boldsymbol{e}_2,\boldsymbol{e}_3$ 下的表示矩阵为 $\boldsymbol{A}^{-1}$, 即

$$(\sigma^{-1}(\boldsymbol{e}_1),\sigma^{-1}(\boldsymbol{e}_2),\sigma^{-1}(\boldsymbol{e}_3))=(\boldsymbol{e}_1,\boldsymbol{e}_2,\boldsymbol{e}_3)\begin{pmatrix}\frac{1}{2}&-\frac{1}{2}&0\\\frac{1}{2}&\frac{1}{2}&0\\0&0&1\end{pmatrix}.$$

于是,对于 $\boldsymbol{x}=(x_1,x_2,x_3)^{\mathrm{T}}\in\mathbf{R}^3$,有

$$\begin{aligned}\sigma^{-1}(\boldsymbol{x})&=\sigma^{-1}(x_1\boldsymbol{e}_1+x_2\boldsymbol{e}_2+x_3\boldsymbol{e}_3)\\&=(\sigma^{-1}(\boldsymbol{e}_1),\sigma^{-1}(\boldsymbol{e}_2),\sigma^{-1}(\boldsymbol{e}_3))\begin{pmatrix}x_1\\x_2\\x_3\end{pmatrix}\\&=(\boldsymbol{e}_1,\boldsymbol{e}_2,\boldsymbol{e}_3)\begin{pmatrix}\frac{1}{2}&-\frac{1}{2}&0\\\frac{1}{2}&\frac{1}{2}&0\\0&0&\frac{1}{2}\end{pmatrix}\begin{pmatrix}x_1\\x_2\\x_3\end{pmatrix}\\&=(\boldsymbol{e}_1,\boldsymbol{e}_2,\boldsymbol{e}_3)\begin{pmatrix}\frac{1}{2}x_1-\frac{1}{2}x_2\\\frac{1}{2}x_1+\frac{1}{2}x_2\\\frac{1}{2}x_3\end{pmatrix}=\begin{pmatrix}\frac{1}{2}x_1-\frac{1}{2}x_2\\\frac{1}{2}x_1+\frac{1}{2}x_2\\\frac{1}{2}x_3\end{pmatrix}.\end{aligned}$$

例 3.2.13 设 U,V 是线性空间,且 $\dim U=n$. $\boldsymbol{a}_1,\boldsymbol{a}_2,\cdots,\boldsymbol{a}_n$ 是 U 的一组基,$\boldsymbol{b}_1,\boldsymbol{b}_2,\cdots,\boldsymbol{b}_n$ 是 V 中任意 n 个向量(可以有相同的),则存在唯一的从 U 到 V 的线性变换 σ,使得

$$\sigma(\boldsymbol{a}_j)=b_j,\quad j=1,2,\cdots,n.$$

证 定义映射 $\sigma:U\to V$ 如下:对于每个 $\boldsymbol{x}=\alpha_1\boldsymbol{a}_1+\alpha_2\boldsymbol{a}_2+\cdots+\alpha_n\boldsymbol{a}_n\in U$($(\alpha_1,\alpha_2,\cdots,\alpha_n)^{\mathrm{T}}$ 是 $\boldsymbol{x}$ 的坐标),有

$$\sigma(\boldsymbol{x})=\alpha_1\boldsymbol{b}_1+\alpha_2\boldsymbol{b}_2+\cdots+\alpha_n\boldsymbol{b}_n.$$

易验证 σ 是线性变换,且满足 $\sigma(\boldsymbol{a}_j)=\boldsymbol{b}_j(j=1,2,\cdots,n)$.

再证唯一性. 若线性变换 φ 满足 $\varphi(\boldsymbol{a}_j)=\boldsymbol{b}_j(j=1,2,\cdots,n)$,则对每个 $\boldsymbol{x}=\alpha_1\boldsymbol{a}_1+\alpha_2\boldsymbol{a}_2+\cdots+\alpha_n\boldsymbol{a}_n\in U$,有

$$\begin{aligned}\varphi(\boldsymbol{x}) &= \alpha_1\varphi(\boldsymbol{a}_1)+\alpha_2\varphi(\boldsymbol{a}_2)+\cdots+\alpha_n\varphi(\boldsymbol{a}_n)\\ &= \alpha_1\boldsymbol{b}_1+\alpha_2\boldsymbol{b}_2+\cdots+\alpha_n\boldsymbol{b}_n=\sigma(\boldsymbol{x}),\end{aligned}$$

于是 $\varphi=\sigma$.

例 3.2.14 设 V 是 n 维线性空间,$\boldsymbol{a}_1,\boldsymbol{a}_2,\cdots,\boldsymbol{a}_n$ 是 V 的一个基. 已知 σ 是 V 上的线性变换,且在基 $\boldsymbol{a}_1,\boldsymbol{a}_2,\cdots,\boldsymbol{a}_n$ 下的表示矩阵为 $\boldsymbol{A}$. 证明:存在 V 上的可逆线性变换 φ 和 ψ,使得 $\varphi\sigma\psi$ 在基 $\boldsymbol{a}_1,\boldsymbol{a}_2,\cdots,\boldsymbol{a}_n$ 下的表示矩阵为 $\begin{pmatrix}\boldsymbol{I}_r & \boldsymbol{O}\\ \boldsymbol{O} & \boldsymbol{O}\end{pmatrix}$,其中 r 为 $\boldsymbol{A}$ 的秩.

证 由定理 2.2.6 知,存在可逆矩阵 $\boldsymbol{P},\boldsymbol{Q}$,使得

$$\boldsymbol{PAQ}=\begin{pmatrix}\boldsymbol{I}_r & \boldsymbol{O}\\ \boldsymbol{O} & \boldsymbol{O}\end{pmatrix}.$$

作线性变换 φ 和 ψ 如下:若 $\boldsymbol{x}=x_1\boldsymbol{a}_1+x_2\boldsymbol{a}_2+\cdots+x_n\boldsymbol{a}_n\in V$,则

$$\varphi(\boldsymbol{x})=(\boldsymbol{a}_1,\boldsymbol{a}_2,\cdots,\boldsymbol{a}_n)[\boldsymbol{P}(x_1,x_2,\cdots,x_n)^{\mathrm{T}}],$$
$$\psi(\boldsymbol{x})=(\boldsymbol{a}_1,\boldsymbol{a}_2,\cdots,\boldsymbol{a}_n)[\boldsymbol{Q}(x_1,x_2,\cdots,x_n)^{\mathrm{T}}].$$

易知 φ 和 ψ 是线性变换. 将 $\boldsymbol{P}$ 用列向量表示为 $\boldsymbol{P}=(\boldsymbol{p}_1,\boldsymbol{p}_2,\cdots,\boldsymbol{p}_n)$,则

$$\varphi(\boldsymbol{a}_1)=(\boldsymbol{a}_1,\boldsymbol{a}_2,\cdots,\boldsymbol{a}_n)[\boldsymbol{P}(1,0,\cdots,0)^{\mathrm{T}}]=(\boldsymbol{a}_1,\boldsymbol{a}_2,\cdots,\boldsymbol{a}_n)\boldsymbol{p}_1,$$
$$\varphi(\boldsymbol{a}_2)=(\boldsymbol{a}_1,\boldsymbol{a}_2,\cdots,\boldsymbol{a}_n)[\boldsymbol{P}(0,1,\cdots,0)^{\mathrm{T}}]=(\boldsymbol{a}_1,\boldsymbol{a}_2,\cdots,\boldsymbol{a}_n)\boldsymbol{p}_2,$$
$$\cdots\cdots$$
$$\varphi(\boldsymbol{a}_n)=(\boldsymbol{a}_1,\boldsymbol{a}_2,\cdots,\boldsymbol{a}_n)[\boldsymbol{P}(0,0,\cdots,1)^{\mathrm{T}}]=(\boldsymbol{a}_1,\boldsymbol{a}_2,\cdots,\boldsymbol{a}_n)\boldsymbol{p}_n.$$

于是

$$(\varphi(\boldsymbol{a}_1),\varphi(\boldsymbol{a}_2),\cdots,\varphi(\boldsymbol{a}_n))=(\boldsymbol{a}_1,\boldsymbol{a}_2,\cdots,\boldsymbol{a}_n)\boldsymbol{P},$$

即 φ 在基 $\boldsymbol{a}_1,\boldsymbol{a}_2,\cdots,\boldsymbol{a}_n$ 下的表示矩阵为 $\boldsymbol{P}$. 因为 $\boldsymbol{P}$ 可逆,所以 φ 是可逆线性变换.

同理可知,ψ 在基 $\boldsymbol{a}_1,\boldsymbol{a}_2,\cdots,\boldsymbol{a}_n$ 下的表示矩阵为 $\boldsymbol{Q}$,且 ψ 可逆. 于是

$$\begin{aligned}\varphi\sigma\psi(\boldsymbol{a}_1,\boldsymbol{a}_2,\cdots,\boldsymbol{a}_n) &= \varphi\sigma[\psi(\boldsymbol{a}_1,\boldsymbol{a}_2,\cdots,\boldsymbol{a}_n)]=\varphi\sigma[(\boldsymbol{a}_1,\boldsymbol{a}_2,\cdots,\boldsymbol{a}_n)\boldsymbol{Q}]\\ &= \varphi[\sigma(\boldsymbol{a}_1,\boldsymbol{a}_2,\cdots,\boldsymbol{a}_n)\boldsymbol{Q}]=\varphi[(\boldsymbol{a}_1,\boldsymbol{a}_2,\cdots,\boldsymbol{a}_n)\boldsymbol{AQ}]\\ &= \varphi(\boldsymbol{a}_1,\boldsymbol{a}_2,\cdots,\boldsymbol{a}_n)\boldsymbol{AQ}\\ &= (\boldsymbol{a}_1,\boldsymbol{a}_2,\cdots,\boldsymbol{a}_n)\boldsymbol{PAQ}=(\boldsymbol{a}_1,\boldsymbol{a}_2,\cdots,\boldsymbol{a}_n)\begin{pmatrix}\boldsymbol{I}_r & \boldsymbol{O}\\ \boldsymbol{O} & \boldsymbol{O}\end{pmatrix}.\end{aligned}$$

这就是说,$\varphi\sigma\psi$ 在基 $\boldsymbol{a}_1,\boldsymbol{a}_2,\cdots,\boldsymbol{a}_n$ 下的表示矩阵为 $\begin{pmatrix}\boldsymbol{I}_r & \boldsymbol{O}\\ \boldsymbol{O} & \boldsymbol{O}\end{pmatrix}$.

习 题

1. 判断下列映射中哪些是线性变换,哪些不是:

(1) $A:\mathbf{R}^3\to\mathbf{R}^3$ 定义为,若 $\boldsymbol{x}=(x_1,x_2,x_3)^{\mathrm{T}}$,则

$$A(\boldsymbol{x})=(x_1^3,x_2^3,x_3^3)^{\mathrm{T}};$$

(2) 设 $\boldsymbol{a}_1,\boldsymbol{a}_2\in\mathbf{R}^3$, $A:\mathbf{R}^3\to\mathbf{R}^3$ 定义为,若 $\boldsymbol{x}=(x_1,x_2,x_3)^{\mathrm{T}}$,则

$$A(\boldsymbol{x})=(x_1+x_2)\boldsymbol{a}_1+(x_2+x_3)\boldsymbol{a}_2;$$

(3) 设 $\boldsymbol{P}$ 为 m 阶实矩阵,$\boldsymbol{Q}$ 为 n 阶实矩阵,$\sigma:\mathbf{R}^{m\times n}\to\mathbf{R}^{m\times n}$定义为

$$\sigma(\boldsymbol{A})=\boldsymbol{PAQ},\ \boldsymbol{A}\in\mathbf{R}^{m\times n}.$$

2. 设 $\mathbf{R}^3$ 上的线性变换 A 对于基 $\boldsymbol{a}_1=(-1,0,2)^{\mathrm{T}},\boldsymbol{a}_2=(0,1,1)^{\mathrm{T}},\boldsymbol{a}_3=(3,-1,0)^{\mathrm{T}}$ 的像为

$$A\boldsymbol{a}_1=(-5,0,3)^{\mathrm{T}},\quad A\boldsymbol{a}_2=(0,-1,6)^{\mathrm{T}},\quad A\boldsymbol{a}_3=(-5,-1,9)^{\mathrm{T}}.$$

(1) 求 A 在基 $\boldsymbol{a}_1,\boldsymbol{a}_2,\boldsymbol{a}_3$ 下的表示矩阵;

(2) 求 A 在自然基 $\boldsymbol{e}_1,\boldsymbol{e}_2,\boldsymbol{e}_3$ 下的表示矩阵;

(3) 求 $\mathrm{Ker}A$ 与 $\mathrm{Im}A$ 的维数.

3. 设 V 是 4 维线性空间. 已知 V 上的线性变换 A 在基 $\boldsymbol{a}_1,\boldsymbol{a}_2,\boldsymbol{a}_3,\boldsymbol{a}_4$ 下的表示矩阵为

$$\begin{pmatrix}1&2&0&1\\3&0&-1&2\\2&5&3&1\\1&2&1&3\end{pmatrix}.$$

(1) 若 $\boldsymbol{a}=2\boldsymbol{a}_1+\boldsymbol{a}_4$,求 $A(\boldsymbol{a})$;

(2) 求 A 在基 $\boldsymbol{a}_1,\boldsymbol{a}_3,\boldsymbol{a}_2,\boldsymbol{a}_4$ 下的表示矩阵;

(3) 求 A 在基 $\boldsymbol{a}_1,\boldsymbol{a}_1+\boldsymbol{a}_2,\boldsymbol{a}_1+\boldsymbol{a}_2+\boldsymbol{a}_3,\boldsymbol{a}_1+\boldsymbol{a}_2+\boldsymbol{a}_3+\boldsymbol{a}_4$ 下的表示矩阵.

4. 设 $V=\mathbf{R}^{2\times2}$是二阶实方阵全体组成的线性空间. V 上的线性变换 σ 如下定义:

$$\sigma(\boldsymbol{A})=\boldsymbol{A}^*,\ \boldsymbol{A}\in\mathbf{R}^{2\times2},$$

其中 $\boldsymbol{A}^*$是 $\boldsymbol{A}$ 的伴随矩阵. 求 σ 在基

$$\boldsymbol{B}_{11}=\begin{pmatrix}1&0\\0&0\end{pmatrix},\quad \boldsymbol{B}_{12}=\begin{pmatrix}0&1\\0&0\end{pmatrix},\quad \boldsymbol{B}_{21}=\begin{pmatrix}0&0\\1&0\end{pmatrix},\quad \boldsymbol{B}_{22}=\begin{pmatrix}0&0\\0&1\end{pmatrix}$$

下的表示矩阵.

5. 设 $\mathbf{R}^3$ 上的线性变换 A 对于基

$$\boldsymbol{a}_1=(-1,0,2)^{\mathrm{T}},\quad \boldsymbol{a}_2=(0,1,1)^{\mathrm{T}},\quad \boldsymbol{a}_3=(3,-1,-6)^{\mathrm{T}}$$

的像为

$$\boldsymbol{b}_1=A\boldsymbol{a}_1=(-1,0,1)^{\mathrm{T}},\quad \boldsymbol{b}_2=A\boldsymbol{a}_2=(0,-1,2)^{\mathrm{T}},\quad \boldsymbol{b}_3=A\boldsymbol{a}_3=(-1,-1,3)^{\mathrm{T}}.$$

(1) 求 A 在基 $\boldsymbol{a}_1,\boldsymbol{a}_2,\boldsymbol{a}_3$ 下的表示矩阵;

(2) 求 $A(\boldsymbol{b}_1),A(\boldsymbol{b}_2),A(\boldsymbol{b}_3)$;

(3) 若 $\boldsymbol{a}$ 在基 $\boldsymbol{a}_1,\boldsymbol{a}_2,\boldsymbol{a}_3$ 下的坐标为$(5,1,1)^{\mathrm{T}}$,求 $A(\boldsymbol{a})$在基 $\boldsymbol{a}_1,\boldsymbol{a}_2,\boldsymbol{a}_3$ 下的坐标;

(4) 若 $\boldsymbol{b}=(1,1,1)^{\mathrm{T}}$,求 $A(\boldsymbol{b})$;

(5) 若 $\boldsymbol{c}=2\boldsymbol{a}_1-4\boldsymbol{a}_2-2\boldsymbol{a}_3$,求 $\boldsymbol{c}$ 关于 A 的原像$\{\boldsymbol{x}\in V\mid A(\boldsymbol{x})=\boldsymbol{c}\}$.

6. 设 $\mathbf{R}^3$ 上的线性变换 A 定义为:若 $\boldsymbol{x}=(x_1,x_2,x_3)^{\mathrm{T}}$,则

$$A(\boldsymbol{x})=(2x_1-x_2,x_2+x_3,x_1)^{\mathrm{T}}.$$

(1) 求 A 在自然基 $\boldsymbol{e}_1,\boldsymbol{e}_2,\boldsymbol{e}_3$ 下的表示矩阵;

(2) 若 $\boldsymbol{a}=(1,0,-2)^{\mathrm{T}}$,求 $A(\boldsymbol{a})$ 在基 $\boldsymbol{a}_1=(2,0,1)^{\mathrm{T}},\boldsymbol{a}_2=(0,-1,1)^{\mathrm{T}},a_3=(-1,0,2)^{\mathrm{T}}$ 下的坐标;

(3) 证明 A 是可逆变换,并求 A^{-1}.

7. 设 σ 是线性空间 V 上的可逆线性变换. 证明:若 $\boldsymbol{x}$ 是 V 中的非零向量,则 $\sigma(\boldsymbol{x})\neq\mathbf{0}$.

8. 设 σ 是线性空间 V 上的线性变换,$\boldsymbol{a}_1,\boldsymbol{a}_2,\cdots,\boldsymbol{a}_m$ 是 V 中向量. 证明:若 $\sigma(\boldsymbol{a}_1)$,$\sigma(\boldsymbol{a}_2),\cdots,\sigma(\boldsymbol{a}_m)$ 线性无关,则 $\boldsymbol{a}_1,\boldsymbol{a}_2,\cdots,\boldsymbol{a}_m$ 也线性无关.

9. 设 V 是 n 维线性空间,$\boldsymbol{a}_1,\boldsymbol{a}_2,\cdots,\boldsymbol{a}_n$ 是 V 的一个基. 已知 σ 是 V 上的线性变换,且在基 $\boldsymbol{a}_1,\boldsymbol{a}_2,\cdots,\boldsymbol{a}_n$ 下的表示矩阵为 $\boldsymbol{A}$. 证明:若有 $\boldsymbol{a}\neq\mathbf{0}\in V$ 使得 $\sigma(\boldsymbol{a})=\mathbf{0}$,则 $\boldsymbol{A}$ 是不可逆矩阵.

10. 设 $\boldsymbol{A},\boldsymbol{B}$ 为三阶实矩阵,$\mathbf{R}^3$ 上的线性变换 A,B 定义为:若 $\boldsymbol{x}\in\mathbf{R}^3$,则

$$A(\boldsymbol{x})=\boldsymbol{Ax},\quad B(\boldsymbol{x})=\boldsymbol{Bx}.$$

(1) 若 $\boldsymbol{A}^2=\boldsymbol{O}$,求 A^2;

(2) 若 $\boldsymbol{A}$ 可逆,求 A^{-1};

(3) 证明:若 $\boldsymbol{A}$ 与 $\boldsymbol{B}$ 相乘可交换,则 $AB=BA$.

11. 设 A,B 是线性空间 V 上的线性变换,证明:若 A 和 B 都可逆,则 AB 也是 V 上的可逆线性变换,且 $(AB)^{-1}=B^{-1}A^{-1}$.

12. 设 $V=\mathbf{R}^{2\times2}$ 是二阶实方阵全体组成的线性空间. V 上的线性变换 σ 如下定义:若 $\boldsymbol{x}=\begin{pmatrix}a & b\\ c & d\end{pmatrix}$,则 $\sigma(\boldsymbol{x})=\begin{pmatrix}b & a+b\\ c & c+d\end{pmatrix}$. 证明 σ 是可逆线性变换,并求 σ^{-1}.

13. 设 σ 是 n 维实线性空间 V 上的线性变换. 证明:若存在实数 $a_1,a_2,\cdots,a_n$ 满足 $a_n\neq0$,使得

$$\sigma^n+a_1\sigma^{n-1}+\cdots+a_{n-1}\sigma+a_nI=0,$$

则 σ 是可逆线性变换.

14. 设 σ 是线性空间 V 上的线性变换.

(1) 证明:若存在 $\boldsymbol{\xi}\in V$,使得 $\sigma^k(\boldsymbol{\xi})=\mathbf{0}$,但 $\sigma^{k-1}(\boldsymbol{\xi})\neq\mathbf{0}$,则 $\boldsymbol{\xi},\sigma(\boldsymbol{\xi}),\cdots,\sigma^{k-1}(\boldsymbol{\xi})$ 线性无关;

(2) 设 $\dim V=n$,且存在 $\boldsymbol{\xi}\in V$,使得 $\sigma^n(\boldsymbol{\xi})=\mathbf{0}$,但 $\sigma^{n-1}(\boldsymbol{\xi})\neq\mathbf{0}$,求 V 的一个基,使得 σ 在这个基下的表示矩阵为

$$\begin{pmatrix}0 & 0 & \cdots & 0 & 0\\ 1 & 0 & \cdots & 0 & 0\\ 0 & 1 & \cdots & 0 & 0\\ \vdots & \vdots & & \vdots & \vdots\\ 0 & 0 & \cdots & 1 & 0\end{pmatrix}.$$

第四章

特征值与特征向量

§4.1 特征值与特征向量

知识要点

一、特征值和特征向量的概念

定义 4.1.1 设 $\boldsymbol{A}$ 是 n 阶方阵,若存在常数 $\lambda \in \mathbf{C}$ 和 n 维非零向量 $\boldsymbol{x}$,使得

$$\boldsymbol{A}\boldsymbol{x} = \lambda \boldsymbol{x},$$

则称 λ 是 $\boldsymbol{A}$ 的一个**特征值**,称 $\boldsymbol{x}$ 是 $\boldsymbol{A}$ 对应于 λ 的**特征向量**.

求矩阵的特征值和特征向量的方法:

(1) 对于 n 阶方阵 $\boldsymbol{A}$,记 $f(\lambda) = \det(\boldsymbol{A} - \lambda \boldsymbol{I})$,它称为 $\boldsymbol{A}$ 的**特征多项式**. 令 $f(\lambda)=0$,求出它的 n 个根 $\lambda_1, \lambda_2, \cdots, \lambda_n$(重根按重数计算),即 $\boldsymbol{A}$ 的特征值. 方程 $f(\lambda)=0$ 的 k 重根称为 $\boldsymbol{A}$ 的 k 重特征值.

(2) 对每一个 $\lambda_j (1 \leqslant j \leqslant n)$,求解齐次线性方程组

$$(\boldsymbol{A} - \lambda_j \boldsymbol{I})\boldsymbol{x} = \boldsymbol{0},$$

从而得到对应于 λ_j 的全部特征向量. 它们构成 n 维向量空间中的一个线性子空间,称之为特征值 λ_j 的**特征空间**,其基是该齐次方程组的基础解系,因此该特征空间的维数为 $n - \operatorname{rank}(\boldsymbol{A} - \lambda_j \boldsymbol{I})$.

二、特征值和特征向量的性质

定理 4.1.1 若 n 阶方阵

$$\boldsymbol{A} = \begin{pmatrix} a_{11} & a_{12} & \cdots & a_{1n} \\ a_{21} & a_{22} & \cdots & a_{2n} \\ \vdots & \vdots & & \vdots \\ a_{n1} & a_{n2} & \cdots & a_{nn} \end{pmatrix}$$

的 n 个特征值为 $\lambda_1, \lambda_2, \cdots, \lambda_n$,则

(1) $\lambda_1+\lambda_2+\cdots+\lambda_n=\sum_{k=1}^{n}a_{kk}$,

这里 $\boldsymbol{A}$ 的全部对角元素之和 $\sum_{k=1}^{n}a_{kk}$ 称为 $\boldsymbol{A}$ 的**迹**,记为 $\mathrm{tr}(\boldsymbol{A})$;

(2) $\prod_{k=1}^{n}\lambda_k=\lambda_1\lambda_2\cdots\lambda_n=\det(\boldsymbol{A})$.

定理 4.1.2 若 λ 是方阵 $\boldsymbol{A}$ 的特征值,$\boldsymbol{x}$ 是 $\boldsymbol{A}$ 对应于 λ 的特征向量.

(1) 当 $\boldsymbol{A}$ 可逆时,则 $\lambda\neq 0$,且 $\frac{1}{\lambda}$ 是 $\boldsymbol{A}^{-1}$ 的特征值,$\boldsymbol{x}$ 是 $\boldsymbol{A}^{-1}$ 对应于 $\frac{1}{\lambda}$ 的特征向量;

(2) 当 $\boldsymbol{A}$ 可逆时,$\frac{|\boldsymbol{A}|}{\lambda}$ 是 $\boldsymbol{A}^*$ 的特征值,$\boldsymbol{x}$ 是 $\boldsymbol{A}^*$ 对应于 $\frac{|\boldsymbol{A}|}{\lambda}$ 的特征向量,这里 $\boldsymbol{A}^*$ 是 $\boldsymbol{A}$ 的伴随矩阵;

(3) 对 m 次多项式

$$p(x)=a_mx^m+a_{m-1}x^{m-1}+\cdots+a_1x+a_0,$$

记

$$p(\boldsymbol{A})=a_m\boldsymbol{A}^m+a_{m-1}\boldsymbol{A}^{m-1}+\cdots+a_1\boldsymbol{A}+a_0\boldsymbol{I},$$

则 $p(\lambda)$ 是 $p(\boldsymbol{A})$ 的特征值,$\boldsymbol{x}$ 是 $p(\boldsymbol{A})$ 对应于 $p(\lambda)$ 的特征向量;

(4) 若 $\boldsymbol{A}$ 还是实矩阵,则 $\overline{\lambda}$ 也是 $\boldsymbol{A}$ 的特征值,$\overline{\boldsymbol{x}}$ 是 $\boldsymbol{A}$ 相应于 $\overline{\lambda}$ 的特征向量.

推论 4.1.1 设 $\boldsymbol{A}$ 是 n 阶方阵,则以下命题等价:

(1) $\boldsymbol{A}$ 是可逆矩阵;

(2) $\det(\boldsymbol{A})\neq 0$;

(3) $\boldsymbol{A}$ 是满秩矩阵;

(4) $\boldsymbol{A}$ 的列(行)构成的向量组线性无关,因此构成 n 维向量空间的一个基;

(5) 以 $\boldsymbol{A}$ 为系数矩阵的齐次方程组只有零解;

(6) $\boldsymbol{A}$ 的所有特征值都不为零.

定理 4.1.3 相似矩阵具有相同的特征多项式,因此也具有相同的特征值.

注 矩阵相似的定义参见下一节.

定理 4.1.4 方阵 $\boldsymbol{A}$ 的对应于不同特征值的特征向量线性无关.

推论 4.1.2 若 $\lambda_1,\lambda_2,\cdots,\lambda_m$ 是方阵 $\boldsymbol{A}$ 的不同特征值,$\boldsymbol{x}_{j1},\cdots,\boldsymbol{x}_{jp_j}$ 是 $\boldsymbol{A}$ 对应于 λ_j 的线性无关的特征向量($j=1,2,\cdots,m$),则

$$\boldsymbol{x}_{11},\cdots,\boldsymbol{x}_{1p_1},\boldsymbol{x}_{21},\cdots,\boldsymbol{x}_{2p_2},\cdots,\boldsymbol{x}_{m1},\cdots,\boldsymbol{x}_{mp_m}$$

线性无关.

定理 4.1.5(Hamilton-Cayley 定理) 设 $\boldsymbol{A}$ 是 n 阶方阵,$f(\lambda)=\det(\boldsymbol{A}-\lambda\boldsymbol{I})$ 是 $\boldsymbol{A}$ 的特征多项式,则 $f(\boldsymbol{A})=\boldsymbol{O}$.

例 4.1.1 求下列矩阵的特征值和特征向量:

(1) $\boldsymbol{A}=\begin{pmatrix}3&2&4\\2&0&2\\4&2&3\end{pmatrix}$; (2) $\boldsymbol{B}=\begin{pmatrix}-1&1&0\\-4&3&0\\1&0&2\end{pmatrix}$;

(3) $\boldsymbol{C}=\begin{pmatrix}-3&2&3\\-1&1&1\\-4&1&4\end{pmatrix}$.

解 (1) 令

$$\det(\boldsymbol{A}-\lambda\boldsymbol{I})=\begin{vmatrix}3-\lambda&2&4\\2&-\lambda&2\\4&2&3-\lambda\end{vmatrix}=-(\lambda+1)^2(\lambda-8)=0,$$

便得到 $\boldsymbol{A}$ 的特征值 $\lambda_1=\lambda_2=-1$(二重)和 $\lambda_3=8$.

对特征值 $\lambda_1=\lambda_2=-1$,解齐次线性方程组

$$(\boldsymbol{A}+\boldsymbol{I})\boldsymbol{x}=\begin{pmatrix}4&2&4\\2&1&2\\4&2&4\end{pmatrix}\boldsymbol{x}=\boldsymbol{0},$$

可得其含有 2 个线性无关的解向量$(-1,2,0)^{\mathrm{T}}$和$(-1,0,1)^{\mathrm{T}}$的基础解系,因此对应于 $\lambda_1=\lambda_2=-1$ 的特征向量为

$$c_1(-1,2,0)^{\mathrm{T}}+c_2(-1,0,1)^{\mathrm{T}},\quad c_1,c_2\text{ 是不全为零的任意常数.}$$

对特征值 $\lambda_3=8$,解齐次线性方程组

$$(A-8\boldsymbol{I})\boldsymbol{x}=\begin{pmatrix}-5&2&4\\2&-8&2\\4&2&-5\end{pmatrix}\boldsymbol{x}=\boldsymbol{0},$$

可得其只含有一个解向量的基础解系$(2,1,2)^{\mathrm{T}}$,因此对应于 $\lambda_3=8$ 的特征向量为

$$c(2,1,2)^{\mathrm{T}},\quad c\text{ 是不为零的任意常数.}$$

(2) 令

$$\det(\boldsymbol{B}-\lambda\boldsymbol{I})=\begin{vmatrix}-1-\lambda&1&0\\-4&3-\lambda&0\\1&0&2-\lambda\end{vmatrix}=-(\lambda-2)(\lambda-1)^2=0,$$

便得到 $\boldsymbol{B}$ 的特征值 $\lambda_1=\lambda_2=1$(二重)和 $\lambda_3=2$.

对特征值 $\lambda_1=\lambda_2=1$,解齐次线性方程组

$$(\boldsymbol{B}-\boldsymbol{I})\boldsymbol{x}=\begin{pmatrix}-2&1&0\\-4&2&0\\1&0&1\end{pmatrix}\boldsymbol{x}=\boldsymbol{0},$$

可得其只含有一个解向量的基础解系$(1,2,-1)^{\mathrm{T}}$,因此对应于$\lambda_1=\lambda_2=1$的特征向量为

$$c(1,2,-1)^{\mathrm{T}},\quad c\text{ 是不为零的任意常数.}$$

对特征值$\lambda_3=2$,解齐次线性方程组

$$(\boldsymbol{B}-2\boldsymbol{I})\boldsymbol{x}=\begin{pmatrix}-3&1&0\\-4&1&0\\1&0&0\end{pmatrix}\boldsymbol{x}=\mathbf{0},$$

可得其只含有一个解向量的基础解系$(0,0,1)^{\mathrm{T}}$,因此对应于$\lambda_3=2$的特征向量为

$$c(0,0,1)^{\mathrm{T}},\quad c\text{ 是不为零的任意常数.}$$

(3) 令

$$\det(\boldsymbol{C}-\lambda\boldsymbol{I})=\begin{vmatrix}-3-\lambda&2&3\\-1&1-\lambda&1\\-4&1&4-\lambda\end{vmatrix}=-\lambda(\lambda^2-2\lambda+2)=0,$$

便得到$\boldsymbol{C}$的特征值$\lambda_1=0,\lambda_2=1+\mathrm{i}$和$\lambda_3=1-\mathrm{i}$.

对特征值$\lambda_1=0$,解齐次线性方程组

$$(\boldsymbol{C}-0\cdot\boldsymbol{I})\boldsymbol{x}=\begin{pmatrix}-3&2&3\\-1&1&1\\-4&1&4\end{pmatrix}\boldsymbol{x}=\mathbf{0},$$

可得其只含有一个解向量的基础解系$(1,0,1)^{\mathrm{T}}$,因此对应于$\lambda_1=0$的特征向量为

$$c(1,0,1)^{\mathrm{T}},\quad c\text{ 是不为零的任意常数.}$$

对特征值$\lambda_2=1+\mathrm{i}$,解齐次线性方程组

$$(\boldsymbol{C}-(1+\mathrm{i})\boldsymbol{I})\boldsymbol{x}=\begin{pmatrix}-4-\mathrm{i}&2&3\\-1&-\mathrm{i}&1\\-4&1&3-\mathrm{i}\end{pmatrix}\boldsymbol{x}=\mathbf{0},$$

可得其只含有一个解向量的基础解系$(14-5\mathrm{i},5-3\mathrm{i},17)^{\mathrm{T}}$,因此对应于$\lambda_2=1+\mathrm{i}$的特征向量为

$$c(14-5\mathrm{i},5-3\mathrm{i},17)^{\mathrm{T}},\quad c\text{ 是不为零的任意常数.}$$

对特征值$\lambda_3=1-\mathrm{i}$,因为$\boldsymbol{C}$是实矩阵,由定理4.1.2的(4)知,$(14+5\mathrm{i},5+3\mathrm{i},17)^{\mathrm{T}}$就是对应于$\lambda_3=1-\mathrm{i}$的特征向量,因此对应于$\lambda_3=1-\mathrm{i}$的特征向量为

$$c(14+5\mathrm{i},5+3\mathrm{i},17)^{\mathrm{T}},\quad c\text{ 是不为零的任意常数.}$$

注1 在(1)中,对应于二重特征值-1,$\boldsymbol{A}$有两个线性无关的特征向量,再加上对应于特征值8的特征向量,$\boldsymbol{A}$共有3个线性无关的特征向量;在(2)中,对应于二重特征值1,$\boldsymbol{B}$只有一个线性无关的特征向量,再加上对应于特征值2的特征向量,$\boldsymbol{B}$只有2个线性无关的特征向量.在下一节可以知道,$\boldsymbol{A}$可以对角化;但$\boldsymbol{B}$

不可以对角化.

注2 从(3)可以看出,即使一个方阵的元素全为实数,其特征值也可能是复数,因此对应的特征向量也常需要在复向量范围内选取.

例4.1.2 已知 a,b 为非负实数,且矩阵

$$A=\begin{pmatrix}2&-2&0\\-2&a&-2\\0&-2&b\end{pmatrix}$$

有特征值1和 -2.

(1) 求 a,b 及 A 的其他特征值;

(2) 求 $A^2-3A+5I$ 的特征值;

(3) 求 $|A^2-3A+5I|$ 和 $|A+5I|$;

(4) 求 A^* 和 $2A^*-I$ 的特征值;

(5) 求 A^{T} 和 $(A^{-1})^2$ 的特征值.

解 (1) 因为1和 -2 是 A 的特征值,所以

$$|A-I|=\begin{vmatrix}1&-2&0\\-2&a-1&-2\\0&-2&b-1\end{vmatrix}=ab-a-5b+1=0,$$

$$|A+2I|=\begin{vmatrix}4&-2&0\\-2&a+2&-2\\0&-2&b+2\end{vmatrix}=4(ab+2a+b-2)=0.$$

因此 $a=1,b=0$. 此时

$$|A-\lambda I|=\begin{vmatrix}2-\lambda&-2&0\\-2&1-\lambda&-2\\0&-2&-\lambda\end{vmatrix}=-(\lambda-1)(\lambda-4)(\lambda+2).$$

令 $|A-\lambda I|=0$ 得 A 的特征值 $\lambda_1=1,\lambda_2=4,\lambda_3=-2$. 于是 A 的另一个特征值是4.

(2) 由定理4.1.2的(3)知,多项式 x^2-3x+5 在 A 的特征值 $1,-2,4$ 处的值就是 $A^2-3A+5I$ 的特征值,因此 $A^2-3A+5I$ 的特征值为3,15,9.

(3) 因为 $A^2-3A+5I$ 的特征值为3,15,9,所以由定理4.1.1的(2)得

$$|A^2-3A+5I|=3\times15\times9=405.$$

由(1)知

$$|A-\lambda I|=-(\lambda-1)(\lambda-4)(\lambda+2),$$

取 $\lambda=-5$ 便得

$$|A+5I|=-(-5-1)(-5-4)(-5+2)=162.$$

(4) 因为

$$|\boldsymbol{A}|=\begin{vmatrix}2&-2&0\\-2&1&-2\\0&-2&0\end{vmatrix}=-8,$$

所以由定理4.1.2的(2)知,$\boldsymbol{A}^*$的特征值为

$$\frac{-8}{1}=-8,\quad \frac{-8}{-2}=4,\quad \frac{-8}{4}=-2.$$

因此由定理4.1.2的(3)知,$2\boldsymbol{A}^*-\boldsymbol{I}$的特征值为$-17,7,-5$.

(5) 因为

$$|\boldsymbol{A}^{\mathrm{T}}-\lambda\boldsymbol{I}|=|(\boldsymbol{A}-\lambda\boldsymbol{I})^{\mathrm{T}}|=|\boldsymbol{A}-\lambda\boldsymbol{I}|,$$

所以$\boldsymbol{A}^{\mathrm{T}}$与$\boldsymbol{A}$有相同的特征值,因此$\boldsymbol{A}^{\mathrm{T}}$的特征值为$1,-2,4$.

由定理4.1.2的(1)和(3)知,$(\boldsymbol{A}^{-1})^2$的特征值为$1,\frac{1}{4},\frac{1}{16}$.

例4.1.3 已知3阶方阵$\boldsymbol{A}$满足$|\boldsymbol{A}-\boldsymbol{I}|=|\boldsymbol{A}+4\boldsymbol{I}|=|3\boldsymbol{A}-2\boldsymbol{I}|=0$,求$|3\boldsymbol{A}^*-4\boldsymbol{I}|$.

解 由$|\boldsymbol{A}-\boldsymbol{I}|=|\boldsymbol{A}+4\boldsymbol{I}|=|3\boldsymbol{A}-2\boldsymbol{I}|=0$可知$\lambda_1=1,\lambda_2=-4,\lambda_3=\frac{2}{3}$为3阶方阵$\boldsymbol{A}$的特征值,所以

$$|\boldsymbol{A}|=1\times(-4)\times\frac{2}{3}=-\frac{8}{3}.$$

因此$\boldsymbol{A}^*$的特征值为$-\frac{8}{3},\frac{2}{3},-4$. 所以$3\boldsymbol{A}^*-4\boldsymbol{I}$的特征值为$-12,-2,-16$. 于是

$$|3\boldsymbol{A}^*-4\boldsymbol{I}|=(-12)\times(-2)\times(-16)=-384.$$

例4.1.4 已知方阵$\boldsymbol{A}$满足$\boldsymbol{A}^2-5\boldsymbol{A}+6\boldsymbol{I}=\boldsymbol{O}$,证明:

(1) $\boldsymbol{A}$的特征值只能是2或3;

(2) $\boldsymbol{A}+\boldsymbol{I}$是可逆矩阵.

证 (1) 设λ是$\boldsymbol{A}$的任意一个特征值,$\boldsymbol{A}$的与之对应的一个特征向量为$\boldsymbol{x}$,即$\boldsymbol{A}\boldsymbol{x}=\lambda\boldsymbol{x}$. 因为$\boldsymbol{A}^2-5\boldsymbol{A}+6\boldsymbol{I}=\boldsymbol{O}$,所以

$$(\boldsymbol{A}^2-5\boldsymbol{A}+6\boldsymbol{I})\boldsymbol{x}=(\lambda^2-5\lambda+6)\boldsymbol{x}=\boldsymbol{0}.$$

因为特征向量$\boldsymbol{x}\neq\boldsymbol{0}$,所以必有$\lambda^2-5\lambda+6=0$,于是$\lambda=2$或$\lambda=3$.

(2) 由(1)知-1不是$\boldsymbol{A}$的特征值,所以$|\boldsymbol{A}-(-1)\boldsymbol{I}|\neq0$,即$|\boldsymbol{A}+\boldsymbol{I}|\neq0$,因此矩阵$\boldsymbol{A}+\boldsymbol{I}$可逆.

例4.1.5 设$\boldsymbol{A}$是3阶矩阵,$\boldsymbol{a}$是3维列向量,满足$\boldsymbol{a},\boldsymbol{A}\boldsymbol{a},\boldsymbol{A}^2\boldsymbol{a}$线性无关,且$\boldsymbol{A}^3\boldsymbol{a}=3\boldsymbol{A}\boldsymbol{a}-2\boldsymbol{A}^2\boldsymbol{a}$.

(1) 求$|\boldsymbol{A}+\boldsymbol{I}|$;

(2) 记 $\boldsymbol{P}=(\boldsymbol{a},\boldsymbol{A}\boldsymbol{a},\boldsymbol{A}^2\boldsymbol{a})$,求 3 阶矩阵 $\boldsymbol{B}$,使得 $\boldsymbol{AP}=\boldsymbol{PB}$.

解 (1) 因为 $\boldsymbol{a},\boldsymbol{A}\boldsymbol{a},\boldsymbol{A}^2\boldsymbol{a}$ 线性无关,所以

$$(\boldsymbol{A}-\boldsymbol{I})(\boldsymbol{A}+3\boldsymbol{I})\boldsymbol{a}=\boldsymbol{A}^2\boldsymbol{a}+2\boldsymbol{A}\boldsymbol{a}-3\boldsymbol{a}\neq\boldsymbol{0},$$

由 $\boldsymbol{A}^3\boldsymbol{a}=3\boldsymbol{A}\boldsymbol{a}-2\boldsymbol{A}^2\boldsymbol{a}$ 得

$$\boldsymbol{A}(\boldsymbol{A}-\boldsymbol{I})(\boldsymbol{A}+3\boldsymbol{I})\boldsymbol{a}=\boldsymbol{0}.$$

所以$(\boldsymbol{A}-\boldsymbol{I})(\boldsymbol{A}+3\boldsymbol{I})\boldsymbol{a}$ 就是 $\boldsymbol{A}$ 关于特征值 0 的特征向量.

因为 $\boldsymbol{A}(\boldsymbol{A}+3\boldsymbol{I})\boldsymbol{a}=\boldsymbol{A}^2\boldsymbol{a}+3\boldsymbol{A}\boldsymbol{a}\neq\boldsymbol{0}$,所以由 $\boldsymbol{A}^3\boldsymbol{a}=3\boldsymbol{A}\boldsymbol{a}-2\boldsymbol{A}^2\boldsymbol{a}$ 得

$$(\boldsymbol{A}-\boldsymbol{I})\boldsymbol{A}(\boldsymbol{A}+3\boldsymbol{I})\boldsymbol{a}=\boldsymbol{0},\text{即 }\boldsymbol{A}[\boldsymbol{A}(\boldsymbol{A}+3\boldsymbol{I})\boldsymbol{a}]=\boldsymbol{A}(\boldsymbol{A}+3\boldsymbol{I})\boldsymbol{a},$$

所以 $\boldsymbol{A}(\boldsymbol{A}+3\boldsymbol{I})\boldsymbol{a}$ 就是 $\boldsymbol{A}$ 关于特征值 1 的特征向量.

同理可知 $\boldsymbol{A}$ 还有特征值 -3. 于是 $\boldsymbol{A}+\boldsymbol{I}$ 有特征值 $1,2,-2$,所以

$$|\boldsymbol{A}+\boldsymbol{I}|=1\times2\times(-2)=-4.$$

(2) 设 $\boldsymbol{B}=\begin{pmatrix}b_{11}&b_{12}&b_{13}\\b_{21}&b_{22}&b_{23}\\b_{31}&b_{32}&b_{33}\end{pmatrix}$. 等式 $\boldsymbol{AP}=\boldsymbol{PB}$ 就是

$$(\boldsymbol{A}\boldsymbol{a},\boldsymbol{A}^2\boldsymbol{a},\boldsymbol{A}^3\boldsymbol{a})=(\boldsymbol{a},\boldsymbol{A}\boldsymbol{a},\boldsymbol{A}^2\boldsymbol{a})\begin{pmatrix}b_{11}&b_{12}&b_{13}\\b_{21}&b_{22}&b_{23}\\b_{31}&b_{32}&b_{33}\end{pmatrix},$$

即

$$\begin{aligned}\boldsymbol{A}\boldsymbol{a}&=b_{11}\boldsymbol{a}+b_{21}\boldsymbol{A}\boldsymbol{a}+b_{31}\boldsymbol{A}^2\boldsymbol{a},\\\boldsymbol{A}^2\boldsymbol{a}&=b_{12}\boldsymbol{a}+b_{22}\boldsymbol{A}\boldsymbol{a}+b_{32}\boldsymbol{A}^2\boldsymbol{a},\\\boldsymbol{A}^3\boldsymbol{a}&=b_{13}\boldsymbol{a}+b_{23}\boldsymbol{A}\boldsymbol{a}+b_{33}\boldsymbol{A}^2\boldsymbol{a}.\end{aligned}$$

因为 $\boldsymbol{a},\boldsymbol{A}\boldsymbol{a},\boldsymbol{A}^2\boldsymbol{a}$ 线性无关,所以由第一、第二式得

$$b_{11}=0,\quad b_{21}=1,\quad b_{31}=0,\quad b_{12}=0,\quad b_{22}=0,\quad b_{32}=1.$$

又由于 $\boldsymbol{A}^3\boldsymbol{a}=3\boldsymbol{A}\boldsymbol{a}-2\boldsymbol{A}^2\boldsymbol{a}$,因此由第三式得

$$b_{13}=0,\quad b_{23}=3,\quad b_{33}=-2,$$

于是

$$\boldsymbol{B}=\begin{pmatrix}0&0&0\\1&0&3\\0&1&-2\end{pmatrix}.$$

例 4.1.6 已知矩阵 $\boldsymbol{A}=\begin{pmatrix}5&6&-3\\a&0&1\\1&2&1\end{pmatrix}$和它的一个特征向量 $\boldsymbol{a}=(1,0,b)^{\mathrm{T}}$,求 a,b 的值和 $\boldsymbol{a}$ 对应的特征值.

解 设 $\boldsymbol{a}$ 对应的特征值为 λ,则由 $\boldsymbol{A}\boldsymbol{a}=\lambda\boldsymbol{a}$ 得

$$\begin{cases}5-3b=\lambda,\\a+b=0,\\1+b=\lambda b.\end{cases}$$

因此 $a=-1,b=1,\lambda=2$ 或 $a=-\frac{1}{3},b=\frac{1}{3},\lambda=4$.

例 4.1.7 已知矩阵 $\boldsymbol{A}=\begin{pmatrix}3&1&0\\-4&-1&0\\4&-8&-2\end{pmatrix}$,$\boldsymbol{a}=(3,a,b)^{\mathrm{T}}$ 是 $\boldsymbol{A}^{-1}$的特征向量,求常数 a,b 及 $\boldsymbol{a}$ 所对应的特征值.

解 因为

$$|\boldsymbol{A}-\lambda\boldsymbol{I}|=\begin{vmatrix}3-\lambda&1&0\\-4&-1-\lambda&0\\4&-8&-2-\lambda\end{vmatrix}=-(\lambda+2)(\lambda-1)^2,$$

所以 $\boldsymbol{A}$ 有特征值 $\lambda_1=\lambda_2=1,\lambda_3=-2$. 由于 $\boldsymbol{a}$ 是 $\boldsymbol{A}^{-1}$的特征向量,因此 $\boldsymbol{a}$ 也是 $\boldsymbol{A}$ 的特征向量.

当 $\lambda_1=\lambda_2=1$ 时,从 $\boldsymbol{Aa}=\boldsymbol{a}$,即方程组

$$\begin{cases}9+a=3,\\-12-a=a,\\12-8a-2b=b,\end{cases}$$

解得 $a=-6,b=20$.

当 $\lambda_3=-2$ 时,易知对满足 $\boldsymbol{Aa}=-2\boldsymbol{a}$ 的 a,b 无解.

综上所述,$a=-6,b=20$;$\boldsymbol{a}$ 所对应的特征值为 1.

例 4.1.8 已知 3 阶方阵 $\boldsymbol{A}$ 有特征值 $0,-1,9$,且 $\boldsymbol{A}$ 的对应于这 3 个特征值的特征向量分别为 $\boldsymbol{x}_1=(1,1,-1)^{\mathrm{T}},\boldsymbol{x}_2=(1,-1,0)^{\mathrm{T}},\boldsymbol{x}_3=(1,1,2)^{\mathrm{T}}$,求 $\boldsymbol{A}$.

解 由已知得

$$\boldsymbol{Ax}_1=0\boldsymbol{x}_1,\quad \boldsymbol{Ax}_2=-\boldsymbol{x}_2,\quad \boldsymbol{Ax}_3=9\boldsymbol{x}_3,$$

即

$$\boldsymbol{A}(\boldsymbol{x}_1,\boldsymbol{x}_2,\boldsymbol{x}_3)=(\boldsymbol{0},-\boldsymbol{x}_2,9\boldsymbol{x}_3),$$

即

$$\boldsymbol{A}\begin{pmatrix}1&1&1\\1&-1&1\\-1&0&2\end{pmatrix}=\begin{pmatrix}0&-1&9\\0&1&9\\0&0&18\end{pmatrix},$$

因此

$$A=\begin{pmatrix}0&-1&9\\0&1&9\\0&0&18\end{pmatrix}\begin{pmatrix}1&1&1\\1&-1&1\\-1&0&2\end{pmatrix}^{-1}$$

$$=\begin{pmatrix}0&-1&9\\0&1&9\\0&0&18\end{pmatrix}\frac{1}{6}\begin{pmatrix}2&2&-2\\3&-3&0\\1&1&2\end{pmatrix}=\begin{pmatrix}1&2&3\\2&1&3\\3&3&6\end{pmatrix}.$$

例 4.1.9 已知矩阵 $\boldsymbol{A}=\begin{pmatrix}1&-1&1\\a&4&b\\-3&-3&5\end{pmatrix}$ 有 3 个线性无关的特征向量，且 $\lambda=2$ 是 $\boldsymbol{A}$ 的二重特征值，

(1) 求 a,b；

(2) 求 $\boldsymbol{A}$ 的另一个特征值和 $\boldsymbol{A}$ 的全部特征向量.

解 (1) 因为 $\boldsymbol{A}$ 有 3 个线性无关的特征向量，且 $\lambda=2$ 是 $\boldsymbol{A}$ 的二重特征值，所以对应于 $\lambda=2$，应该有两个线性无关的特征向量. 也就是说，方程组 $(\boldsymbol{A}-2\boldsymbol{I})\boldsymbol{x}=\boldsymbol{0}$ 的基础解系应该包含两个线性无关的解向量，因此

$$\operatorname{rank}(\boldsymbol{A}-2\boldsymbol{I})=1.$$

对方程组 $(\boldsymbol{A}-2\boldsymbol{I})x=\boldsymbol{0}$ 的系数矩阵 $\boldsymbol{A}-2\boldsymbol{I}$ 作初等行变换得

$$\boldsymbol{A}-2\boldsymbol{I}=\begin{pmatrix}-1&-1&1\\a&2&b\\-3&-3&3\end{pmatrix}\to\begin{pmatrix}-1&-1&1\\a&2&b\\0&0&0\end{pmatrix}\to\begin{pmatrix}1&-1&1\\0&2-a&b+a\\0&0&0\end{pmatrix}.$$

因此只有当 $2-a=0$ 且 $a+b=0$ 时，成立 $\operatorname{rank}(\boldsymbol{A}-2\boldsymbol{I})=1$. 所以 $a=2$ 与 $b=-2$.

(2) 令

$$|\boldsymbol{A}-\lambda\boldsymbol{I}|=\begin{vmatrix}1-\lambda&-1&1\\2&4-\lambda&-2\\-3&-3&5-\lambda\end{vmatrix}=-(\lambda-2)^2(\lambda-6)=0,$$

得 $\boldsymbol{A}$ 的特征值 $\lambda_1=\lambda_2=2,\lambda_3=6$.

对于 $\lambda_1=\lambda_2=2$，对线性方程组 $(\boldsymbol{A}-2\boldsymbol{I})\boldsymbol{x}=\boldsymbol{0}$ 的系数矩阵作初等行变换：

$$\boldsymbol{A}-2\boldsymbol{I}=\begin{pmatrix}-1&-1&1\\2&2&-2\\-3&-3&3\end{pmatrix}\to\begin{pmatrix}-1&-1&1\\0&0&0\\0&0&0\end{pmatrix},$$

因此方程组 $(\boldsymbol{A}-2\boldsymbol{I})\boldsymbol{x}=\boldsymbol{0}$ 的基础解系为 $(-1,1,0)^{\mathrm{T}},(1,0,1)^{\mathrm{T}}$. 所以对应于 $\lambda_1=\lambda_2=2$ 的全部特征向量为

$$c_1(-1,1,0)^{\mathrm{T}}+c_2(1,0,1)^{\mathrm{T}},\quad c_1,c_2\text{ 是不全为零的任意常数.}$$

对于 $\lambda_3=6$，对线性方程组 $(\boldsymbol{A}-6\boldsymbol{I})\boldsymbol{x}=\boldsymbol{0}$ 的系数矩阵作初等行变换：

$$A-6I=\begin{pmatrix}-5&-1&1\\2&-2&-2\\-3&-3&-1\end{pmatrix}\to\begin{pmatrix}1&-1&-1\\0&3&2\\0&0&0\end{pmatrix},$$

因此方程组$(A-6I)x=0$的基础解系为$(1,-2,3)^{T}$. 所以对应于$\lambda_3=6$的全部特征向量为

$$c(1,-2,3)^{T},\quad c\text{是不为零的任意常数}.$$

例 4.1.10 设$A=\begin{pmatrix}a&-1&c\\5&b&3\\1-c&0&-a\end{pmatrix}$的行列式$|A|=-1$,且已知$A$的伴随矩阵$A^*$有一个特征值$\lambda_0$,$\lambda_0$对应的一个特征向量为$\alpha=(-1,-1,1)^{T}$,求$a,b,c,\lambda_0$的值.

解 由已知得$AA^*=|A|I=-I$,以及$A^*\alpha=\lambda_0\alpha$. 因此$AA^*\alpha=-\alpha$,以及$AA^*\alpha=A(\lambda_0\alpha)=\lambda_0A\alpha$. 所以$\lambda_0A\alpha=-\alpha$,即

$$\lambda_0\begin{pmatrix}a&-1&c\\5&b&3\\1-c&0&-a\end{pmatrix}\begin{pmatrix}-1\\-1\\1\end{pmatrix}=-\begin{pmatrix}-1\\-1\\1\end{pmatrix}.$$

由此得

$$\begin{cases}\lambda_0(-a+1+c)=1,\\\lambda_0(-5-b+3)=-1,\\\lambda_0(-1+c-a)=-1.\end{cases}$$

从方程组的第一和第三式可得$\lambda_0=1$. 进一步可得到$b=-3$,$a=c$.

此时由$|A|=-1$可得

$$|A|=\begin{vmatrix}a&-1&a\\5&-3&3\\1-a&0&-a\end{vmatrix}=a-3=-1,$$

所以$a=2$. 于是$c=a=2$.

综上所述,$a=2$,$b=-3$,$c=2$,$\lambda_0=1$.

例 4.1.11 设

$$A=\begin{pmatrix}3&2&2\\2&3&2\\2&2&3\end{pmatrix},\quad P=\begin{pmatrix}0&1&0\\1&0&1\\0&0&1\end{pmatrix},\quad B=P^{-1}A^*P.$$

求$B+2I$的特征值和特征向量.

解 直接计算得$|A|=7$,所以A的特征值不等于零. 设λ是A的任意一个特征值,与之对应的一个特征向量为x,即$Ax=\lambda x$. 因此$A^*Ax=\lambda A^*x$. 因为$A^*A=$

$|\boldsymbol{A}|\boldsymbol{I}$,所以

$$\boldsymbol{A}^*\boldsymbol{x}=\frac{|\boldsymbol{A}|}{\lambda}\boldsymbol{x}.$$

于是

$$\boldsymbol{B}(\boldsymbol{P}^{-1}\boldsymbol{x})=\boldsymbol{P}^{-1}\boldsymbol{A}^*\boldsymbol{P}(\boldsymbol{P}^{-1}\boldsymbol{x})=\boldsymbol{P}^{-1}\boldsymbol{A}^*\boldsymbol{x}=\frac{|\boldsymbol{A}|}{\lambda}\boldsymbol{P}^{-1}\boldsymbol{x},$$

$$(\boldsymbol{B}+2\boldsymbol{I})(\boldsymbol{P}^{-1}\boldsymbol{x})=\left(\frac{|\boldsymbol{A}|}{\lambda}+2\right)\boldsymbol{P}^{-1}\boldsymbol{x}.$$

这就是说$\frac{|\boldsymbol{A}|}{\lambda}+2$ 是 $\boldsymbol{B}+2\boldsymbol{I}$ 的特征值,$\boldsymbol{P}^{-1}\boldsymbol{x}$ 是与之对应的特征向量.

因为

$$|\boldsymbol{A}-\lambda\boldsymbol{I}|=\begin{vmatrix}3-\lambda & 2 & 2\\ 2 & 3-\lambda & 2\\ 2 & 2 & 3-\lambda\end{vmatrix}=-(\lambda-1)^2(\lambda-7),$$

所以 $\boldsymbol{A}$ 的特征值为 $\lambda_1=\lambda_2=1,\lambda_3=7$.

对特征值 $\lambda_1=\lambda_2=1$,解齐次线性方程组$(\boldsymbol{A}-\boldsymbol{I})\boldsymbol{x}=\boldsymbol{0}$ 可得对应的两个特征向量

$$\boldsymbol{x}_1=(-1,1,0)^{\mathrm{T}} \text{ 和 } \boldsymbol{x}_2=(-1,0,1)^{\mathrm{T}}.$$

对特征值 $\lambda_3=7$,解齐次线性方程组$(\boldsymbol{A}-7\boldsymbol{I})\boldsymbol{x}=\boldsymbol{0}$ 可得对应的一个特征向量

$$\boldsymbol{x}_3=(1,1,1)^{\mathrm{T}}.$$

直接计算得 $\boldsymbol{P}^{-1}=\begin{pmatrix}0 & 1 & -1\\ 1 & 0 & 0\\ 0 & 0 & 1\end{pmatrix}$. 于是由前面的计算可知,$\boldsymbol{B}+2\boldsymbol{I}$ 的特征值为 9,9,3. 对应于特征值 9 的全部特征向量为

$$c_1\boldsymbol{P}^{-1}\boldsymbol{x}_1+c_2\boldsymbol{P}^{-1}\boldsymbol{x}_2=c_1(1,-1,0)^{\mathrm{T}}+c_1(-1,-1,1)^{\mathrm{T}},$$

c_1,c_2 是不全为零的任意常数;

对应于特征值 3 的全部特征向量为

$$c\boldsymbol{P}^{-1}\boldsymbol{x}_3=c(0,1,1)^{\mathrm{T}},\quad c \text{ 是不为零的任意常数}.$$

注 直接计算可得

$$\boldsymbol{A}^*=\begin{pmatrix}5 & -2 & -2\\ -2 & 5 & -2\\ -2 & -2 & 5\end{pmatrix},\quad \boldsymbol{B}+2\boldsymbol{I}=\begin{pmatrix}9 & 0 & 0\\ -2 & 7 & -4\\ -2 & -2 & 5\end{pmatrix}.$$

由此便可以计算 $\boldsymbol{B}+2\boldsymbol{I}$ 的特征值和特征向量.

例 4.1.12 设矩阵 $\boldsymbol{A}=(a_{ij})_{n\times n}$不可逆,求 $\boldsymbol{A}$ 的伴随矩阵 $\boldsymbol{A}^*$ 的特征值.

解 因为 $\boldsymbol{A}$ 不可逆,所以 $\mathrm{rank}(\boldsymbol{A})\leqslant n-1$.

当 $\text{rank}(\boldsymbol{A})<n-1$ 时,由 $\boldsymbol{A}^*$ 的定义知 $\boldsymbol{A}^*=\boldsymbol{O}$,所以 $\boldsymbol{A}^*$ 的特征值全为零.

当 $\text{rank}(\boldsymbol{A})=n-1$ 时,有 $\text{rank}(\boldsymbol{A})=1$(见例 2. 2. 16),因此 $\boldsymbol{A}^*$ 的任意两个行向量成比例,因此可设

$$\boldsymbol{A}^*=\begin{pmatrix} A_{11} & A_{21} & \cdots & A_{n1} \\ k_2A_{11} & k_2A_{21} & \cdots & k_2A_{n1} \\ \vdots & \vdots & & \vdots \\ k_nA_{11} & k_nA_{21} & \cdots & k_nA_{n1} \end{pmatrix},$$

其中 A_{ij} 是 a_{ij} 的代数余子式. 此时

$$\begin{aligned}|\boldsymbol{A}^*-\lambda\boldsymbol{I}| &= \begin{vmatrix} A_{11}-\lambda & A_{21} & \cdots & A_{n1} \\ k_2A_{11} & k_2A_{21}-\lambda & \cdots & k_2A_{n1} \\ \vdots & \vdots & & \vdots \\ k_nA_{11} & k_nA_{21} & \cdots & k_nA_{n1}-\lambda \end{vmatrix} \\ &= \begin{vmatrix} A_{11}-\lambda & A_{21} & \cdots & A_{n1} \\ k_2\lambda & -\lambda & \cdots & 0 \\ \vdots & \vdots & & \vdots \\ k_n\lambda & 0 & \cdots & -\lambda \end{vmatrix} \\ &= \begin{vmatrix} (A_{11}+k_2A_{21}+\cdots+k_nA_{n1})-\lambda & A_{21} & \cdots & A_{n1} \\ 0 & -\lambda & \cdots & 0 \\ \vdots & \vdots & & \vdots \\ 0 & 0 & \cdots & -\lambda \end{vmatrix} \\ &= [(A_{11}+k_2A_{21}+\cdots+k_nA_{n1})-\lambda](-1)^{n-1}\lambda^{n-1}.\end{aligned}$$

注意到 $k_2A_{21}=A_{22},\cdots,k_nA_{n1}=A_{nn}$,所以

$$|\boldsymbol{A}^*-\lambda\boldsymbol{I}|=(-1)^{n-1}[(A_{11}+A_{22}+\cdots+A_{nn})-\lambda]\lambda^{n-1}.$$

因此 $\boldsymbol{A}^*$ 有一个单重特征值 $A_{11}+A_{22}+\cdots+A_{nn}$ 和 $n-1$ 重特征值 0.

例 4. 1. 13 已知 $\boldsymbol{A}=\begin{pmatrix} 1 & 1 & 0 \\ 0 & 0 & 1 \\ 0 & -1 & 0 \end{pmatrix}$.

(1) 求 $\boldsymbol{A}^{-1}$;

(2) 证明 $\boldsymbol{A}^{k+2}=-\boldsymbol{A}^k+\boldsymbol{A}^2+\boldsymbol{I}(k\geqslant 1)$;

(3) 求 $\boldsymbol{A}^{100}$.

证 (1) 因为

$$|\boldsymbol{A}-\lambda\boldsymbol{I}|=\begin{vmatrix} 1-\lambda & 1 & 0 \\ 0 & -\lambda & 1 \\ 0 & -1 & -\lambda \end{vmatrix}=-\lambda^3+\lambda^2-\lambda+1,$$

所以由 Hamilton-Cayley 定理得

$$-A^3+A^2-A+I=O.$$

因此

$$A(A^2-A+I)=I,$$

于是

$$\begin{aligned}A^{-1}&=A^2-A+I\\&=\begin{pmatrix}1&1&0\\0&0&1\\0&-1&0\end{pmatrix}\begin{pmatrix}1&1&0\\0&0&1\\0&-1&0\end{pmatrix}-\begin{pmatrix}1&1&0\\0&0&1\\0&-1&0\end{pmatrix}+\begin{pmatrix}1&0&0\\0&1&0\\0&0&1\end{pmatrix}\\&=\begin{pmatrix}1&0&1\\0&0&-1\\0&1&0\end{pmatrix}.\end{aligned}$$

(2) 在 $-A^3+A^2-A+I=O$ 两端同乘 A^{k-1} 后整理便得

$$A^{k+2}+A^k=A^{k+1}+A^{k-1}.$$

因此

$$A^{k+2}+A^k=A^{k+1}+A^{k-1}=\cdots=A^2+A^0=A^2+I,\quad k\geqslant 1.$$

于是

$$A^{k+2}=-A^k+A^2+I,\quad k\geqslant 1.$$

(3) 由(2)得

$$\begin{aligned}A^{100}&=-A^{98}+A^2+I=-(-A^{96}+A^2+I)+A^2+I=A^{96}\\&=\cdots=A^4=-A^2+A^2+I=I.\end{aligned}$$

注 Hamilton-Cayley 定理提供了求逆矩阵的另一种方法:若 A 的特征多项式 $f(\lambda)=\det(A-\lambda I)$ 中的常数项不等于零,即 $\det(A)\neq 0$,则 A^{-1} 可以通过 A 的多项式表示出来.

例 4.1.14 已知 λ_1,λ_2 是方阵 A 的两个不同特征值,x_1,x_2 分别是 A 的对应于 λ_1,λ_2 的特征向量. 证明:若 k_1,k_2 是两个不为零的数,则 $k_1x_1+k_2x_2$ 不是 A 的特征向量.

证 用反证法. 若 $k_1x_1+k_2x_2$ 是 A 的特征向量,即存在 λ,使得

$$A(k_1x_1+k_2x_2)=\lambda(k_1x_1+k_2x_2).$$

由假设知 $Ax_1=\lambda_1x_1,Ax_2=\lambda_2x_2$,所以从上式得

$$k_1(\lambda_1-\lambda)x_1+k_2(\lambda_2-\lambda)x_2=0.$$

因为 x_1 和 x_2 是对应于不同特征值 λ_1,λ_2 的特征向量,所以它们线性无关,因此从上式得出

$$k_1(\lambda_1-\lambda)=0,\quad k_2(\lambda_2-\lambda)=0.$$

因为 k_1,k_2 都不为零，所以

$$\lambda_1=\lambda_2=\lambda,$$

这与 $\boldsymbol{\lambda}_1,\boldsymbol{\lambda}_2$ 是 $\boldsymbol{A}$ 的不同特征值的假设矛盾.

例 4.1.15 若方阵 $\boldsymbol{P}=(p_{ij})_{n\times n}$ 满足 $p_{ij}\geqslant 0(i,j=1,2,\cdots,n)$ 且 $\sum\limits_{j=1}^{n}p_{ij}=1(i=1,2,\cdots,n)$，则称 $\boldsymbol{P}$ 为**概率矩阵**. 证明：

(1) $\boldsymbol{P}$ 的特征值的模不超过 1；

(2) 存在非零向量 $\boldsymbol{x}$，满足 $\boldsymbol{Px}=\boldsymbol{x}$.

证 (1) 设 λ 是 $\boldsymbol{P}$ 的特征值，对应的特征向量为 $\boldsymbol{x}=(x_1,x_2,\cdots,x_n)^{\mathrm{T}}$，则

$$\boldsymbol{Px}=\lambda\boldsymbol{x}.$$

设 x_i 满足 $|x_i|=\max\limits_{1\leqslant j\leqslant n}\{|x_j|\}$，显然 $x_i\neq 0$. 注意到上式的第 i 行就是

$$p_{i1}x_1+p_{i2}x_2+\cdots+p_{in}x_n=\lambda x_i,$$

所以

$$|\lambda x_i|\leqslant p_{i1}|x_1|+p_{i2}|x_2|+\cdots+p_{in}|x_n|\leqslant|x_i|(p_{i1}+p_{i2}+\cdots+p_{in}|)=|x_i|,$$

于是

$$|\lambda|\leqslant 1.$$

(2) 只要证明 $\lambda=1$ 是 $\boldsymbol{P}$ 的特征值即可. 由于

$$|\boldsymbol{P}-\boldsymbol{I}|=\begin{vmatrix}p_{11}-1 & p_{12} & \cdots & p_{1n}\\ p_{21} & p_{22}-1 & \cdots & p_{2n}\\ \vdots & \vdots & & \vdots\\ p_{n1} & p_{n2} & \cdots & p_{nn}-1\end{vmatrix}$$

$$=\begin{vmatrix}\sum\limits_{j=1}^{n}p_{1j}-1 & p_{12} & \cdots & p_{1n}\\ \sum\limits_{j=1}^{n}p_{2j}-1 & p_{22}-1 & \cdots & p_{2n}\\ \vdots & \vdots & & \vdots\\ \sum\limits_{j=1}^{n}p_{nj}-1 & p_{n2} & \cdots & p_{nn}-1\end{vmatrix}$$

$$=\begin{vmatrix}0 & p_{12} & \cdots & p_{1n}\\ 0 & p_{22}-1 & \cdots & p_{2n}\\ \vdots & \vdots & & \vdots\\ 0 & p_{n2} & \cdots & p_{nn}-1\end{vmatrix}=0,$$

所以 $\lambda=1$ 是 $\boldsymbol{P}$ 的特征值. 于是存在对应于 1 的特征向量 $\boldsymbol{x}\neq\boldsymbol{0}$，使得

$$\boldsymbol{Px}=\boldsymbol{x}.$$

例 4.1.16 设 $\boldsymbol{A},\boldsymbol{B}$ 是 n 阶方阵. 证明:$\boldsymbol{AB}$ 与 $\boldsymbol{BA}$ 有相同的特征值.

证法一 先证明 $\boldsymbol{AB}$ 的特征值是 $\boldsymbol{BA}$ 的特征值. 设 λ 是 $\boldsymbol{AB}$ 的特征值,对应的特征向量为 $\boldsymbol{x}$,则

$$\boldsymbol{ABx}=\lambda\boldsymbol{x}.$$

若 $\lambda=0$,则 $|\boldsymbol{AB}|=0$,因此 $|\boldsymbol{BA}-0\boldsymbol{I}|=|\boldsymbol{BA}|=|\boldsymbol{B}||\boldsymbol{A}|=|\boldsymbol{A}||\boldsymbol{B}|=|\boldsymbol{AB}|=0$,所以 $\boldsymbol{BA}$ 也有特征值 0.

若 $\lambda\neq0$,对 $\boldsymbol{ABx}=\lambda\boldsymbol{x}$ 左乘 $\boldsymbol{B}$ 得

$$\boldsymbol{BABx}=\lambda\boldsymbol{Bx}.$$

若 $\boldsymbol{Bx}=\boldsymbol{0}$,则由 $\boldsymbol{ABx}=\lambda\boldsymbol{x}$ 可知 $\lambda=0$,与 λ 的假设矛盾. 因此 $\boldsymbol{Bx}\neq\boldsymbol{0}$,上式就说明 λ 是 $\boldsymbol{BA}$ 的特征值. 于是 $\boldsymbol{AB}$ 的特征值是 $\boldsymbol{BA}$ 的特征值.

同样可证明 $\boldsymbol{BA}$ 的特征值是 $\boldsymbol{AB}$ 的特征值,所以 $\boldsymbol{AB}$ 与 $\boldsymbol{BA}$ 有相同的特征值.

证法二 要证明 $\boldsymbol{AB}$ 与 $\boldsymbol{BA}$ 有相同的特征值,只要证明它们具有相同的特征多项式,即 $|\boldsymbol{AB}-\lambda\boldsymbol{I}|=|\boldsymbol{BA}-\lambda\boldsymbol{I}|$.

因为

$$\begin{pmatrix}\boldsymbol{I} & -\boldsymbol{A}\\ \boldsymbol{O} & \boldsymbol{I}\end{pmatrix}\begin{pmatrix}\lambda\boldsymbol{I} & \boldsymbol{A}\\ \boldsymbol{B} & \boldsymbol{I}\end{pmatrix}=\begin{pmatrix}\lambda\boldsymbol{I}-\boldsymbol{AB} & \boldsymbol{O}\\ \boldsymbol{B} & \boldsymbol{I}\end{pmatrix},$$

对上式取行列式,并注意到

$$\begin{vmatrix}\boldsymbol{I} & -\boldsymbol{A}\\ \boldsymbol{O} & \boldsymbol{I}\end{vmatrix}=1,\quad \begin{vmatrix}\lambda\boldsymbol{I}-\boldsymbol{AB} & \boldsymbol{O}\\ \boldsymbol{B} & \boldsymbol{I}\end{vmatrix}=|\lambda\boldsymbol{I}-\boldsymbol{AB}|,$$

得

$$|\lambda\boldsymbol{I}-\boldsymbol{AB}|=\begin{vmatrix}\lambda\boldsymbol{I} & \boldsymbol{A}\\ \boldsymbol{B} & \boldsymbol{I}\end{vmatrix}.$$

再由于

$$\begin{pmatrix}\lambda\boldsymbol{I} & \boldsymbol{A}\\ \boldsymbol{B} & \boldsymbol{I}\end{pmatrix}\begin{pmatrix}\boldsymbol{I} & -\boldsymbol{A}\\ \boldsymbol{O} & \lambda\boldsymbol{I}\end{pmatrix}=\begin{pmatrix}\lambda\boldsymbol{I} & \boldsymbol{O}\\ \boldsymbol{B} & \lambda\boldsymbol{I}-\boldsymbol{BA}\end{pmatrix},$$

且对上式取行列式得

$$\begin{vmatrix}\lambda\boldsymbol{I} & \boldsymbol{A}\\ \boldsymbol{B} & \boldsymbol{I}\end{vmatrix}\lambda^n=\lambda^n|\lambda\boldsymbol{I}-\boldsymbol{BA}|,$$

因此当 $\lambda\neq0$ 时,便有

$$|\lambda\boldsymbol{I}-\boldsymbol{AB}|=\begin{vmatrix}\lambda\boldsymbol{I} & \boldsymbol{A}\\ \boldsymbol{B} & \boldsymbol{I}\end{vmatrix}=|\lambda\boldsymbol{I}-\boldsymbol{BA}|.$$

于是

$$|\boldsymbol{AB}-\lambda\boldsymbol{I}|=|\boldsymbol{BA}-\lambda\boldsymbol{I}|.$$

上式对于 $\lambda=0$ 显然也成立,因此对于任何 λ 皆成立. 于是 $\boldsymbol{AB}$ 与 $\boldsymbol{BA}$ 有相同的特征值.

证法三 只要证明 $\boldsymbol{AB}$ 与 $\boldsymbol{BA}$ 有相同的特征多项式,即 $|\boldsymbol{AB}-\lambda\boldsymbol{I}|=|\boldsymbol{BA}-\lambda\boldsymbol{I}|$.

当 $\lambda\neq0$ 时,有

$$\begin{aligned}|\lambda\boldsymbol{I}-\boldsymbol{AB}|&=\begin{vmatrix}\boldsymbol{I}&\boldsymbol{B}\\\boldsymbol{O}&\lambda\boldsymbol{I}-\boldsymbol{AB}\end{vmatrix}=\begin{vmatrix}\boldsymbol{I}&\boldsymbol{O}\\\boldsymbol{A}&\boldsymbol{I}\end{vmatrix}\cdot\begin{vmatrix}\boldsymbol{I}&\boldsymbol{B}\\\boldsymbol{O}&\lambda\boldsymbol{I}-\boldsymbol{AB}\end{vmatrix}\\&=\begin{vmatrix}\boldsymbol{I}&\boldsymbol{B}\\\boldsymbol{A}&\lambda\boldsymbol{I}\end{vmatrix}=\begin{vmatrix}\boldsymbol{I}&-\frac{1}{\lambda}\boldsymbol{B}\\\boldsymbol{O}&\boldsymbol{I}\end{vmatrix}\cdot\begin{vmatrix}\boldsymbol{I}&\boldsymbol{B}\\\boldsymbol{A}&\lambda\boldsymbol{I}\end{vmatrix}\\&=\begin{vmatrix}\boldsymbol{I}-\frac{1}{\lambda}\boldsymbol{BA}&\boldsymbol{O}\\\boldsymbol{A}&\lambda\boldsymbol{I}\end{vmatrix}\\&=|\boldsymbol{I}-\frac{1}{\lambda}\boldsymbol{BA}|\cdot|\lambda\boldsymbol{I}|=|\lambda\boldsymbol{I}-\boldsymbol{BA}|.\end{aligned}$$

因此

$$|\boldsymbol{AB}-\lambda\boldsymbol{I}|=|\boldsymbol{BA}-\lambda\boldsymbol{I}|.$$

上式对于 $\lambda=0$ 显然也成立,因此对于任何 λ 皆成立. 于是 $\boldsymbol{AB}$ 与 $\boldsymbol{BA}$ 有相同的特征值.

例 4.1.17 设 $\boldsymbol{A},\boldsymbol{B}$ 是 n 阶方阵,$\boldsymbol{B}$ 的特征多项式为 $f(\lambda)=|\boldsymbol{B}-\lambda\boldsymbol{I}|$. 证明:

(1) $f(\boldsymbol{A})$ 可逆的充要条件为 $\boldsymbol{B}$ 的每个特征值都不是 $\boldsymbol{A}$ 的特征值;

(2) 如果 $\boldsymbol{A}$ 与 $\boldsymbol{B}$ 没有公共特征值,则矩阵方程 $\boldsymbol{AX}=\boldsymbol{XB}(\boldsymbol{X}\in\mathbf{R}^{n\times n})$ 只有零解.

证 设 $\boldsymbol{B}$ 的特征值为 $\lambda_1,\lambda_2,\cdots,\lambda_n$,则

$$f(\lambda)=|\boldsymbol{B}-\lambda\boldsymbol{I}|=(-1)^n(\lambda-\lambda_1)(\lambda-\lambda_2)\cdots(\lambda-\lambda_n).$$

于是

$$f(\boldsymbol{A})=(-1)^n(\boldsymbol{A}-\lambda_1\boldsymbol{I})(\boldsymbol{A}-\lambda_2\boldsymbol{I})\cdots(\boldsymbol{A}-\lambda_n\boldsymbol{I}).$$

取行列式得

$$|f(\boldsymbol{A})|=(-1)^{n^2}|\boldsymbol{A}-\lambda_1\boldsymbol{I}|\cdot|\boldsymbol{A}-\lambda_2\boldsymbol{I}|\cdot\cdots\cdot|\boldsymbol{A}-\lambda_n\boldsymbol{I}|.$$

(1) 必要性:若 $f(\boldsymbol{A})$ 可逆,则 $|f(\boldsymbol{A})|\neq0$,于是由上式得 $|\boldsymbol{A}-\lambda_i\boldsymbol{I}|\neq0(i=1,2,\cdots,n)$,因此每个 $\lambda_i(i=1,2,\cdots,n)$ 都不是 $\boldsymbol{A}$ 的特征值.

充分性:若 $\boldsymbol{B}$ 的每个特征值 $\lambda_i(i=1,2,\cdots,n)$ 都不是 $\boldsymbol{A}$ 的特征值,则 $|\boldsymbol{A}-\lambda_i\boldsymbol{I}|\neq0$,因此

$$|f(\boldsymbol{A})|=(-1)^{n^2}|\boldsymbol{A}-\lambda_1\boldsymbol{I}|\cdot|\boldsymbol{A}-\lambda_2\boldsymbol{I}|\cdot\cdots\cdot|\boldsymbol{A}-\lambda_n\boldsymbol{I}|\neq0,$$

所以 $f(\boldsymbol{A})$ 可逆.

(2) 若矩阵 $\boldsymbol{X}$ 满足 $\boldsymbol{AX}=\boldsymbol{XB}$,则 $\boldsymbol{A}^2\boldsymbol{X}=\boldsymbol{AXB}=\boldsymbol{XBB}=\boldsymbol{XB}^2$. 同理可得 $\boldsymbol{A}^k\boldsymbol{X}=\boldsymbol{XB}^k(k\geqslant1)$,进而可得

$$f(\boldsymbol{A})\boldsymbol{X}=\boldsymbol{X}f(\boldsymbol{B}).$$

由 Hamilton-Cayley 定理，对于 $f(\lambda)=|\boldsymbol{B}-\lambda\boldsymbol{I}|$，成立 $f(\boldsymbol{B})=\boldsymbol{O}$. 因此从上式知

$$f(\boldsymbol{A})\boldsymbol{X}=\boldsymbol{O}.$$

因为 $\boldsymbol{A}$ 与 $\boldsymbol{B}$ 没有公共特征值，所以由(1)知 $f(\boldsymbol{A})$ 可逆，于是 $\boldsymbol{X}=\boldsymbol{O}$. 这就说明方程 $\boldsymbol{AX}=\boldsymbol{XB}(\boldsymbol{X}\in\mathbf{R}^{n\times n})$ 只有零解.

例 4.1.18 设 $\boldsymbol{A}$ 是 n 阶方阵，$\lambda_1,\lambda_2,\cdots,\lambda_k(k\leqslant n)$ 是 $\boldsymbol{A}$ 的 k 个互不相同的特征值，对应的特征向量依次为 $\boldsymbol{x}_1,\boldsymbol{x}_2,\cdots,\boldsymbol{x}_k$. 记 $\boldsymbol{a}=\boldsymbol{x}_1+\boldsymbol{x}_2+\cdots+\boldsymbol{x}_k$，证明 $\boldsymbol{a},\boldsymbol{Aa},\cdots,\boldsymbol{A}^{k-1}\boldsymbol{a}$ 线性无关.

证 从假设知

$$\boldsymbol{Ax}_i=\lambda_i\boldsymbol{x}_i,\quad i=1,2,\cdots,k,$$

以及

$$\boldsymbol{a}=\boldsymbol{x}_1+\boldsymbol{x}_2+\cdots+\boldsymbol{x}_k,$$

因此

$$\boldsymbol{Aa}=\boldsymbol{Ax}_1+\boldsymbol{Ax}_2+\cdots+\boldsymbol{Ax}_k=\lambda_1\boldsymbol{x}_1+\lambda_2\boldsymbol{x}_2+\cdots+\lambda_k\boldsymbol{x}_k,$$

$$\boldsymbol{A}^2\boldsymbol{a}=\boldsymbol{A}^2\boldsymbol{x}_1+\boldsymbol{A}^2\boldsymbol{x}_2+\cdots+\boldsymbol{A}^2\boldsymbol{x}_k=\lambda_1^2\boldsymbol{x}_1+\lambda_2^2\boldsymbol{x}_2+\cdots+\lambda_k^2\boldsymbol{x}_k,$$

$$\cdots\cdots$$

$$\boldsymbol{A}^{k-1}\boldsymbol{a}=\boldsymbol{A}^{k-1}\boldsymbol{x}_1+\boldsymbol{A}^{k-1}x_2+\cdots+\boldsymbol{A}^{k-1}\boldsymbol{x}_k=\lambda_1^{k-1}\boldsymbol{x}_1+\lambda_2^{k-1}\boldsymbol{x}_2+\cdots+\lambda_k^{k-1}\boldsymbol{x}_k,$$

于是，有

$$(\boldsymbol{a},\boldsymbol{Aa},\cdots,\boldsymbol{A}^{k-1}a)=(\boldsymbol{x}_1,\boldsymbol{x}_2,\cdots,\boldsymbol{x}_k)\begin{pmatrix}1&\lambda_1&\cdots&\lambda_1^{k-1}\\1&\lambda_2&\cdots&\lambda_2^{k-1}\\\vdots&\vdots&&\vdots\\1&\lambda_k&\cdots&\lambda_k^{k-1}\end{pmatrix}.$$

因为 $\lambda_1,\lambda_2,\cdots,\lambda_k$ 互不相同，所以 $\boldsymbol{x}_1,\boldsymbol{x}_2,\cdots,\boldsymbol{x}_k$ 线性无关. 又由于

$$\begin{vmatrix}1&\lambda_1&\cdots&\lambda_1^{k-1}\\1&\lambda_2&\cdots&\lambda_2^{k-1}\\\vdots&\vdots&&\vdots\\1&\lambda_k&\cdots&\lambda_k^{k-1}\end{vmatrix}=\prod_{1\leqslant i<j\leqslant k}(\lambda_j-\lambda_i)\neq0,$$

因此

$$\operatorname{rank}(\boldsymbol{a},\boldsymbol{Aa},\cdots,\boldsymbol{A}^{k-1}\boldsymbol{a})=\operatorname{rank}(\boldsymbol{x}_1,\boldsymbol{x}_2,\cdots,\boldsymbol{x}_k)=k,$$

这说明 $\boldsymbol{a},\boldsymbol{Aa},\cdots,\boldsymbol{A}^{k-1}\boldsymbol{a}$ 线性无关.

习　题

1. 求下列矩阵的特征值及对应的特征向量:

(1) $\begin{pmatrix}1 & -1 & 3\\0 & 1 & 2\\0 & 0 & 2\end{pmatrix}$;　　(2) $\begin{pmatrix}0 & -1 & -1\\-1 & 0 & -1\\-1 & -1 & 0\end{pmatrix}$.

2. 求 n 阶矩阵 $\boldsymbol{A}=\begin{pmatrix}1 & a & \cdots & a\\a & 1 & \cdots & a\\\vdots & \vdots & & \vdots\\a & a & \cdots & 1\end{pmatrix}$ 的特征值($a\neq 0$).

3. 已知 12 是矩阵 $\begin{pmatrix}7 & 4 & -1\\4 & 7 & -1\\-4 & a & 4\end{pmatrix}$ 的特征值,求 a.

4. 已知三阶矩阵 $\boldsymbol{A}$ 的 3 个特征值为 $1,-2,3$.

(1) 求 $|\boldsymbol{A}|$;

(2) 求 $\boldsymbol{A}^{-1}$ 和 $\boldsymbol{A}^*$ 的特征值;

(3) 求 $\boldsymbol{A}^2+2\boldsymbol{A}+\boldsymbol{I}$ 的特征值.

5. 已知 n 阶方阵 $\boldsymbol{A}$ 满足 $(\boldsymbol{A}+\boldsymbol{I})^k=\boldsymbol{O}$,求 $|\boldsymbol{A}|$.

6. 已知方阵 $\boldsymbol{A}$ 满足 $2\boldsymbol{A}^2-3\boldsymbol{A}-5\boldsymbol{I}=\boldsymbol{O}$,证明 $2\boldsymbol{A}+\boldsymbol{I}$ 可逆.

7. 设四阶方阵 $\boldsymbol{A}$ 满足 $|\sqrt{2}\boldsymbol{I}+\boldsymbol{A}|=0$, $\boldsymbol{A}\boldsymbol{A}^{\mathrm{T}}=2\boldsymbol{I}$, $|\boldsymbol{A}|<0$,求 $\boldsymbol{A}$ 的伴随矩阵 $\boldsymbol{A}^*$ 的一个特征值.

8. 设矩阵 $\begin{pmatrix}1 & -1 & 0\\a & b & 0\\4 & 2 & 1\end{pmatrix}$ 的特征值为 $1,2,3$,求 a,b.

9. 已知矩阵 $\boldsymbol{A}=\begin{pmatrix}0 & 0 & 1\\a & 1 & b\\1 & 0 & 0\end{pmatrix}$ 有 3 个线性无关的特征向量,问 a 与 b 应满足何种关系?

10. 已知 $\boldsymbol{\xi}=\begin{pmatrix}1\\-1\\2\end{pmatrix}$ 是矩阵 $\boldsymbol{A}=\begin{pmatrix}2 & 1 & 2\\2 & b & a\\1 & a & 3\end{pmatrix}$ 的一个特征向量,求 a,b 和 $\boldsymbol{\xi}$ 对应的特征值.

11. 已知 $\lambda=-2$ 是 $\boldsymbol{A}=\begin{pmatrix}3 & 1 & 0\\-4 & -1 & a\\b & 2 & -2\end{pmatrix}$ 的特征值, $\boldsymbol{a}=\begin{pmatrix}1\\c\\-2\end{pmatrix}$ 是 $\boldsymbol{A}^{-1}$ 的特征值 λ_0 对应的特征向量,求 a,b,c,λ_0 的值.

12. 设三阶矩阵 $\boldsymbol{A}$ 的特征值为 $-1,0,1$,与之对应的特征向量分别为

$$\boldsymbol{a}_1=(a,a+3,a+2)^{\mathrm{T}},\quad \boldsymbol{a}_2=(a-2,-1,a+1)^{\mathrm{T}},\quad \boldsymbol{a}_3=(1,2a,-1)^{\mathrm{T}}.$$

若还有 $\begin{vmatrix}a & -5 & 8\\0 & a+1 & 8\\0 & 3a+3 & 25\end{vmatrix}=0$,求 a 与 $\boldsymbol{A}$.

13. 设 $\boldsymbol{A}=\begin{pmatrix}2 & 1 & 1\\1 & 2 & 1\\1 & 1 & a\end{pmatrix}$ 是可逆矩阵, $\boldsymbol{a}=(1,b,1)^{\mathrm{T}}$ 是 $\boldsymbol{A}$ 的伴随矩阵 $\boldsymbol{A}^*$ 的特征向量,且 λ 是

$\boldsymbol{a}$ 对应的特征值，求 a,b,λ.

14. 已知三阶矩阵 $\boldsymbol{A}$ 的特征值为 $1,-1,2$，求矩阵 $\begin{pmatrix} 2\boldsymbol{A}^{-1} & \boldsymbol{O} \\ \boldsymbol{O} & (\boldsymbol{A}^*)^{-1} \end{pmatrix}$ 的特征值.

15. 设 $\boldsymbol{A}$ 是 n 阶矩阵，且每行元素之和均为 a. 证明：

(1) $\lambda=a$ 是 $\boldsymbol{A}$ 的特征值，$(1,1,\cdots,1)^{\mathrm{T}}$ 是对应的特征向量；

(2) 当 $\boldsymbol{A}$ 可逆且 $a\neq 0$ 时，分别求 $\boldsymbol{A}^{-1}$ 和 $2\boldsymbol{A}^{-1}-3\boldsymbol{A}$ 的各行元素之和.

16. 设 $\boldsymbol{A}$ 是**对合矩阵**，即满足 $\boldsymbol{A}^2=\boldsymbol{I}$ 的方阵. 证明：

(1) $\boldsymbol{A}$ 的特征值只能是 1 或 -1；

(2) 若 $\boldsymbol{A}$ 的特征值全为 1，则 $\boldsymbol{A}=\boldsymbol{I}$.

17. 已知四阶矩阵 $\boldsymbol{A}=(a_{ij})$ 有二重特征值 0，且 1 是 $\boldsymbol{A}$ 的单重特征值，求 $\boldsymbol{A}$ 的特征多项式 $|\boldsymbol{A}-\lambda\boldsymbol{I}|$.

18. 设 $\boldsymbol{A}=(a_{ij})$ 是 n 阶方阵. 证明：若 $\boldsymbol{A}$ 的每行元素的绝对值之和小于 1，则 $\boldsymbol{A}$ 的特征值的模小于 1.

19. 设 n 阶矩阵 $\boldsymbol{A}=(a_{ij})$ 的特征值为 $\lambda_1,\lambda_2,\cdots,\lambda_n$，证明：

$$\sum_{i=1}^{n}\lambda_i^{\ 2}=\sum_{i=1}^{n}\sum_{j=1}^{n}a_{ij}a_{ji}.$$

20. 设 $\boldsymbol{A}$ 是 n 阶矩阵. 证明：若每个非零 n 维列向量都是 $\boldsymbol{A}$ 的特征向量，则 $\boldsymbol{A}$ 是数量矩阵，即 $\boldsymbol{A}=k\boldsymbol{I}_n$（$k$ 是数）.

21. (1) 设 $\boldsymbol{A}$ 是 $m\times n$ 矩阵，$\boldsymbol{B}$ 是 $n\times m$ 矩阵，且 $m\geqslant n$. 证明：

$$|\lambda\boldsymbol{I}_m-\boldsymbol{AB}|=\lambda^{m-n}|\lambda\boldsymbol{I}_n-\boldsymbol{BA}|;$$

(2) 设 $a_i(i=1,2,\cdots,n,n\geqslant 3)$ 为实数，满足 $a_1+a_2+\cdots+a_n=0$，求矩阵

$$\boldsymbol{A}=\begin{pmatrix} a_1^2+1 & a_1a_2+1 & \cdots & a_1a_n+1 \\ a_2a_1+1 & a_2^2+1 & \cdots & a_2a_n+1 \\ \vdots & \vdots & & \vdots \\ a_na_1+1 & a_na_2+1 & \cdots & a_n^2+1 \end{pmatrix}$$

的特征值.

22. 设 $\boldsymbol{A}=\begin{pmatrix} 0 & b & -c \\ -b & 0 & a \\ c & -a & 0 \end{pmatrix}$，证明 $\boldsymbol{A}^3+(a^2+b^2+c^2)\boldsymbol{A}=\boldsymbol{O}$.

§4.2 方阵的相似化简

知识要点

一、方阵相似的概念和性质

定义 4.2.1 设 $\boldsymbol{A}$ 和 $\boldsymbol{B}$ 是同阶方阵，若存在同阶可逆方阵 $\boldsymbol{P}$，使得

$$B = P^{-1}AP,$$

则称 A 和 B 是**相似矩阵**(简称 A 和 B **相似**),记作 $A \sim B$.

将 A 变为 $P^{-1}AP$ 称为对 A 作**相似变换**.

n 阶方阵之间的相似关系满足如下性质:

(1) $A \sim A$;

(2) 若 $A \sim B$,则 $B \sim A$;

(3) 若 $A \sim B$ 且 $B \sim C$,则 $A \sim C$;

(4) 若 $A \sim B$,则 $A^m \sim B^m$;进而若 $p(x)$ 是多项式,则 $p(A) \sim p(B)$;

(5) 若 $A \sim B$,则 $A^{\mathrm{T}} \sim B^{\mathrm{T}}$;

(6) 若 $A \sim B$ 且 A 可逆,则 $A^{-1} \sim B^{-1}$,$A^* \sim B^*$;

(7) 若 $A \sim B$,则 A 与 B 有相同的特征多项式、特征值、迹、行列式和秩.

二、可对角化的矩阵

定义 4.2.2 若存在相似变换将方阵 A 化成对角阵,则称 A 是**可对角化**的.

定理 4.2.1 n 阶方阵 A 是可对角化的充分必要条件是:A 有 n 个线性无关的特征向量.

推论 4.2.1 若 n 阶方阵 A 有 n 个不同的特征值,则 A 必是可对角化的.

定理 4.2.2 若 λ_0 是 n 阶方阵 A 的特征值,则对应于 λ_0 的特征空间的维数 $n - \mathrm{rank}(A - \lambda_0 I) \leqslant \lambda_0$ 的重数.

定理 4.2.3 n 阶方阵 A 可对角化的充分必要条件是:A 的每个特征值 λ 的重数与对应于 λ 的特征空间的维数 $n - \mathrm{rank}(A - \lambda I)$ 相等.

将 n 阶方阵 A 对角化的步骤如下:

(1) 解特征方程 $|A - \lambda I| = 0$,求出 A 的所有特征值 $\lambda_1, \lambda_2, \cdots, \lambda_n$(重根按重数计算);

(2) 对于每个特征值 $\lambda_i (i = 1, 2, \cdots, n)$,解齐次线性方程组 $(A - \lambda_i I)x = 0$,得出其基础解系;如果所有这样的方程组的基础解系中的元素个数均与 λ_i 的重数相同,则 A 可对角化,否则不能;

(3) 若 A 可对角化,将(2)中解出的所有基础解系合并,便得 A 的 n 个线性无关的特征向量 $x_1, x_2, \cdots, x_n$(分别对应于 $\lambda_1, \lambda_2, \cdots, \lambda_n$),取 $P = (x_1, x_2, \cdots, x_n)$,则 $P^{-1}AP = \mathrm{diag}(\lambda_1, \lambda_2, \cdots, \lambda_n)$.

三、Jordan 标准形简介

并不是所有矩阵都可以对角化,但它们都可以相似于一种较为简单的矩阵.

k 阶方阵

$$
\boldsymbol{J}_k(\lambda_i)=\begin{pmatrix}\lambda_i & 1 & & \\ & \lambda_i & \ddots & \\ & & \ddots & 1 \\ & & & \lambda_i\end{pmatrix}_{k\times k}
$$

称为 **Jordan 块**,而由 Jordan 块构成的块对角阵

$$
\boldsymbol{J}=\begin{pmatrix}\boldsymbol{J}_{k_1}(\lambda_1) & & & \\ & \boldsymbol{J}_{k_2}(\lambda_2) & & \\ & & \ddots & \\ & & & \boldsymbol{J}_{k_l}(\lambda_l)\end{pmatrix}
$$

称为 **Jordan 矩阵**. 可以证明:每一个复方阵 $\boldsymbol{A}$ 都相似于某个 Jordan 矩阵,它称为 $\boldsymbol{A}$ 的 **Jordan 标准形**. 在不考虑 Jordan 块的次序时,Jordan 标准形是唯一的.

例 题 分 析

例 4.2.1 问下列矩阵是否可对角化,若能,则指出其相似的对角阵:

(1) $\boldsymbol{A}=\begin{pmatrix}3 & 2 & 4\\ 2 & 0 & 2\\ 4 & 2 & 3\end{pmatrix}$; (2) $\boldsymbol{B}=\begin{pmatrix}-1 & 1 & 0\\ -4 & 3 & 0\\ 1 & 0 & 2\end{pmatrix}$.

解 (1) 由例 4.1.1 知 $\boldsymbol{A}$ 的特征值为 $\lambda_1=\lambda_2=-1$(二重)和 $\lambda_3=8$. 对应于 $\lambda_1=\lambda_2=-1$,齐次线性方程组 $(\boldsymbol{A}+\boldsymbol{I})\boldsymbol{x}=\boldsymbol{0}$ 的一个基础解系是 $\boldsymbol{x}_1=(-1,2,0)^{\mathrm{T}}$ 和 $\boldsymbol{x}_2=(-1,0,1)^{\mathrm{T}}$;对应于特征值 $\lambda_3=8$,齐次线性方程组 $(\boldsymbol{A}-8\boldsymbol{I})\boldsymbol{x}=\boldsymbol{0}$ 的一个基础解系是 $\boldsymbol{x}_3=(2,1,2)^{\mathrm{T}}$,因此 $\boldsymbol{A}$ 能对角化. 若取

$$
\boldsymbol{P}=(\boldsymbol{x}_1,\boldsymbol{x}_2,\boldsymbol{x}_3)=\begin{pmatrix}-1 & -1 & 2\\ 2 & 0 & 1\\ 0 & 1 & 2\end{pmatrix},
$$

则

$$
\boldsymbol{P}^{-1}\boldsymbol{A}\boldsymbol{P}=\begin{pmatrix}-1 & & \\ & -1 & \\ & & 8\end{pmatrix}.
$$

(2) 由例 4.1.1 知 $\boldsymbol{B}$ 的特征值为 $\lambda_1=\lambda_2=1$(二重)和 $\lambda_3=2$. 对应于二重特征值 1,齐次线性方程组 $(\boldsymbol{B}-\boldsymbol{I})\boldsymbol{x}=\boldsymbol{0}$ 的一个基础解系是 $(1,2,-1)^{\mathrm{T}}$,它只含有一个解向量,因此 $\boldsymbol{B}$ 不能对角化.

例 4.2.2 已知 4 阶矩阵 $\boldsymbol{A}$ 与 $\boldsymbol{B}$ 相似,且矩阵 $\boldsymbol{A}$ 的特征值为 $1,\dfrac{1}{2},2,5$.

（1）求$|B^{-1}-I|$；

（2）问B是否相似于对角阵？

解 （1）因为矩阵A与B相似，所以B与A有相同的特征值$1,\frac{1}{2},2,5$.因此$|B|=1\times 2\times\frac{1}{2}\times 5=5$，所以$B$可逆. 于是$B^{-1}$的特征值为$1,2,\frac{1}{2},\frac{1}{5}$，矩阵$B^{-1}-I$的特征值为$0,1,-\frac{1}{2},-\frac{4}{5}$，因此

$$|B^{-1}-I|=0\times 1\times\left(-\frac{1}{2}\right)\times\left(-\frac{4}{5}\right)=0.$$

（2）因为4阶矩阵B有4个不同的特征值$1,\frac{1}{2},2,5$，所以B可以对角化.

例 4.2.3 已知4阶矩阵A与B相似，且

$$B=\begin{pmatrix}1&0&0&0\\0&2&0&0\\0&0&2&4\\0&0&1&2\end{pmatrix},$$

求$\operatorname{rank}(A-I)+\operatorname{rank}(A-4I)$.

解 因为A与B相似，所以存在4阶可逆矩阵P，使得$A=P^{-1}BP$，因此

$$\begin{aligned}\operatorname{rank}(A-I)+\operatorname{rank}(A-4I)&=\operatorname{rank}(P^{-1}BP-I)+\operatorname{rank}(P^{-1}BP-4I)\\&=\operatorname{rank}P^{-1}(B-I)P+\operatorname{rank}P^{-1}(B-4I)P\\&=\operatorname{rank}(B-I)+\operatorname{rank}(B-4I).\end{aligned}$$

因为

$$B-I=\begin{pmatrix}0&0&0&0\\0&1&0&0\\0&0&1&4\\0&0&1&1\end{pmatrix},\ \operatorname{rank}(B-I)=3;$$

$$B-4I=\begin{pmatrix}-3&0&0&0\\0&-2&0&0\\0&0&-2&4\\0&0&1&-2\end{pmatrix},\ \operatorname{rank}(B-4I)=3,$$

所以$\operatorname{rank}(A-I)+\operatorname{rank}(A-4I)=6$.

例 4.2.4 已知矩阵$A=\begin{pmatrix}1&-1&0\\-8&a&0\\0&0&3\end{pmatrix}$与$B=\begin{pmatrix}1&b&0\\1&3&0\\0&0&3\end{pmatrix}$相似.

(1) 求 a,b;

(2) 求可逆矩阵 $\boldsymbol{P}$,使得 $\boldsymbol{B}=\boldsymbol{P}^{-1}\boldsymbol{A}\boldsymbol{P}$.

解 (1) 因为 $\boldsymbol{A}$ 与 $\boldsymbol{B}$ 相似,所以 $|\boldsymbol{A}-\lambda\boldsymbol{I}|=|\boldsymbol{B}-\lambda\boldsymbol{I}|$,即

$$\begin{vmatrix}1-\lambda & -1 & 0\\ -8 & a-\lambda & 0\\ 0 & 0 & 3-\lambda\end{vmatrix}=\begin{vmatrix}1-\lambda & b & 0\\ 1 & 3-\lambda & 0\\ 0 & 0 & 3-\lambda\end{vmatrix},$$

即

$$(3-\lambda)[\lambda^2-(1+a)\lambda+a-8]=(3-\lambda)(\lambda^2-4\lambda+3-b),$$

比较 λ 的各次方的系数得

$$\begin{cases}1+a=4,\\ a-8=3-b.\end{cases}$$

于是 $a=3,b=8$.

因为此时 $\boldsymbol{A}$ 和 $\boldsymbol{B}$ 的特征多项式均有3个相异的根3,-1,5,所以必相似,因此 $a=3,b=8$ 为所求.

(2) 当 $a=3,b=8$ 时,由(1)知 $\boldsymbol{A}$ 和 $\boldsymbol{B}$ 的特征值均为3,-1,5.

对于 $\boldsymbol{A}$ 的特征值3,由于作初等行变换有

$$\boldsymbol{A}-3\boldsymbol{I}=\begin{pmatrix}-2 & -1 & 0\\ -8 & 0 & 0\\ 0 & 0 & 0\end{pmatrix}\to\begin{pmatrix}-2 & -1 & 0\\ 0 & 4 & 0\\ 0 & 0 & 0\end{pmatrix},$$

因此可得 $\boldsymbol{A}$ 对应于特征值3 的一个特征向量 $\boldsymbol{a}_1=(0,0,1)^{\mathrm{T}}$.

同理可求得 $\boldsymbol{A}$ 对应于特征值 -1 的一个特征向量 $\boldsymbol{a}_2=(1,2,0)^{\mathrm{T}}$;对应于特征值5 的一个特征向量 $\boldsymbol{a}_3=(1,-4,0)^{\mathrm{T}}$. 令

$$\boldsymbol{S}=(\boldsymbol{a}_1,\boldsymbol{a}_2,\boldsymbol{a}_3)=\begin{pmatrix}0 & 1 & 1\\ 0 & 2 & -4\\ 1 & 0 & 0\end{pmatrix},$$

则

$$\boldsymbol{S}^{-1}\boldsymbol{A}\boldsymbol{S}=\begin{pmatrix}3 & & \\ & -1 & \\ & & 5\end{pmatrix}.$$

对于 $\boldsymbol{B}$ 的特征值3,由于作初等行变换有

$$\boldsymbol{B}-3\boldsymbol{I}=\begin{pmatrix}-2 & 8 & 0\\ 1 & 0 & 0\\ 0 & 0 & 0\end{pmatrix}\to\begin{pmatrix}1 & 0 & 0\\ -2 & 8 & 0\\ 0 & 0 & 0\end{pmatrix}\to\begin{pmatrix}1 & 0 & 0\\ 0 & 8 & 0\\ 0 & 0 & 0\end{pmatrix},$$

因此可得 $\boldsymbol{B}$ 对应于特征值3 的一个特征向量 $\boldsymbol{b}_1=(0,0,1)^{\mathrm{T}}$.

同理可求得 $\boldsymbol{B}$ 对应于特征值 -1 的一个特征向量 $\boldsymbol{b}_2=(-4,1,0)^{\mathrm{T}}$；对应于特征值 5 的一个特征向量 $\boldsymbol{b}_3=(2,1,0)^{\mathrm{T}}$. 令

$$\boldsymbol{T}=(\boldsymbol{b}_1,\boldsymbol{b}_2,\boldsymbol{b}_3)=\begin{pmatrix}0&-4&2\\0&1&1\\1&0&0\end{pmatrix},$$

则

$$\boldsymbol{T}^{-1}\boldsymbol{B}\boldsymbol{T}=\begin{pmatrix}3&&\\&-1&\\&&5\end{pmatrix}.$$

于是 $\boldsymbol{S}^{-1}\boldsymbol{A}\boldsymbol{S}=\boldsymbol{T}^{-1}\boldsymbol{B}\boldsymbol{T}$，所以 $\boldsymbol{B}=(\boldsymbol{S}\boldsymbol{T}^{-1})^{-1}\boldsymbol{A}(\boldsymbol{S}\boldsymbol{T}^{-1})$，因此取

$$\boldsymbol{P}=\boldsymbol{S}\boldsymbol{T}^{-1}=\begin{pmatrix}0&1&1\\0&2&-4\\1&0&0\end{pmatrix}\begin{pmatrix}0&-4&2\\0&1&1\\1&0&0\end{pmatrix}^{-1}=\begin{pmatrix}0&1&0\\-1&-2&0\\0&0&1\end{pmatrix}.$$

则 $\boldsymbol{B}=\boldsymbol{P}^{-1}\boldsymbol{A}\boldsymbol{P}$.

注 本题的 a,b 也可以这样得到：因为相似矩阵有相同的迹，所以 $\mathrm{tr}(\boldsymbol{A})=\mathrm{tr}(\boldsymbol{B})$，即 $1+a+3=1+3+3$，所以 $a=3$. 由于相似矩阵有相同的行列式，因此 $3(3-b)=|\boldsymbol{B}|=|\boldsymbol{A}|=-15$，于是 $b=8$.

例 4.2.5 已知 $\boldsymbol{\xi}=\begin{pmatrix}-1\\1\\0\\0\end{pmatrix}$ 是矩阵 $\boldsymbol{A}=\begin{pmatrix}3&a&1&1\\-1&1&1&1\\0&b&1&-2\\c&0&-3&2\end{pmatrix}$ 的特征向量.

(1) 求 a,b,c 及 $\boldsymbol{\xi}$ 所对应的特征值；

(2) 问 $\boldsymbol{A}$ 是否能对角化？

解 (1) 设 $\boldsymbol{\xi}$ 所对应的特征值为 λ，则

$$\boldsymbol{A}\boldsymbol{\xi}=\boldsymbol{\lambda}\boldsymbol{\xi}.$$

即

$$\begin{pmatrix}3&a&1&1\\-1&1&1&1\\0&b&1&-2\\c&0&-3&2\end{pmatrix}\begin{pmatrix}-1\\1\\0\\0\end{pmatrix}=\lambda\begin{pmatrix}-1\\1\\0\\0\end{pmatrix},$$

于是

$$\begin{cases}-3+a=-\lambda,\\2=\lambda,\\b=0,\\-c=0.\end{cases}$$

因此 $a=1,b=0,c=0,\lambda=2$.

（2）因为

$$|A-\lambda I|=\begin{pmatrix}3-\lambda & 1 & 1 & 1\\ -1 & 1-\lambda & 1 & 1\\ 0 & 0 & 1-\lambda & -2\\ 0 & 0 & -3 & 2-\lambda\end{pmatrix}=(\lambda-2)^2(\lambda+1)(\lambda-4),$$

所以 $\boldsymbol{A}$ 有二重特征值 $\lambda=2$. 对 $\boldsymbol{A}-2\boldsymbol{I}$ 作初等行变换得

$$\boldsymbol{A}-2\boldsymbol{I}=\begin{pmatrix}1 & 1 & 1 & 1\\ -1 & -1 & 1 & 1\\ 0 & 0 & -1 & -2\\ 0 & 0 & -3 & 0\end{pmatrix}\to\begin{pmatrix}1 & 1 & 1 & 1\\ 0 & 0 & 2 & 2\\ 0 & 0 & -1 & -2\\ 0 & 0 & -3 & 0\end{pmatrix}\to\begin{pmatrix}1 & 1 & 1 & 1\\ 0 & 0 & 1 & 1\\ 0 & 0 & 0 & 1\\ 0 & 0 & 0 & 0\end{pmatrix}.$$

由此知 $\operatorname{rank}(\boldsymbol{A}-2\boldsymbol{I})=3$,因此线性方程组$(\boldsymbol{A}-2\boldsymbol{I})\boldsymbol{x}=\boldsymbol{0}$ 的基础解系只含有一个元素,因此 $\boldsymbol{A}$ 不能对角化.

例 4.2.6 设 $\boldsymbol{A}=\begin{pmatrix}3 & 2 & -2\\ -a & -1 & a\\ 4 & 2 & -3\end{pmatrix}$.

（1）问当 a 为何值时,存在可逆矩阵 $\boldsymbol{P}$,使得 $\boldsymbol{P}^{-1}\boldsymbol{A}\boldsymbol{P}$ 为对角阵？并求出 $\boldsymbol{P}$ 和相应的对角阵；

（2）当 $a=0$ 时,求 $\boldsymbol{A}^k(k\geqslant 1)$.

解 （1）令

$$|\boldsymbol{A}-\lambda\boldsymbol{I}|=\begin{vmatrix}3-\lambda & 2 & -2\\ -a & -1-\lambda & a\\ 4 & 2 & -3-\lambda\end{vmatrix}=-(\lambda+1)^2(\lambda-1)=0,$$

得 $\boldsymbol{A}$ 的特征值 $\lambda_1=\lambda_2=-1,\lambda_3=1$.

对于 $\boldsymbol{A}$ 的二重特征值 -1,对 $\boldsymbol{A}+\boldsymbol{I}$ 作初等行变换：

$$\boldsymbol{A}+\boldsymbol{I}=\begin{pmatrix}4 & 2 & -2\\ -a & 0 & a\\ 4 & 2 & -2\end{pmatrix}\to\begin{pmatrix}4 & 2 & -2\\ -a & 0 & a\\ 0 & 0 & 0\end{pmatrix}.$$

于是仅当 $a=0$ 时,$\operatorname{rank}(\boldsymbol{A}+\boldsymbol{I})=1$,此时线性方程组$(\boldsymbol{A}+\boldsymbol{I})\boldsymbol{x}=\boldsymbol{0}$ 有一个基础解系

$$\boldsymbol{x}_1=(-1,2,0)^{\mathrm{T}},\quad \boldsymbol{x}_2=(1,0,2)^{\mathrm{T}}.$$

对于 $\boldsymbol{A}$ 的单重特征值 1,当 $a=0$ 时,对 $\boldsymbol{A}-\boldsymbol{I}$ 作初等行变换：

$$\boldsymbol{A}-\boldsymbol{I}=\begin{pmatrix}2 & 2 & -2\\ 0 & -2 & 0\\ 4 & 2 & -4\end{pmatrix}\to\begin{pmatrix}1 & 0 & -1\\ 0 & 1 & 0\\ 0 & 0 & 0\end{pmatrix}.$$

此时线性方程组$(\boldsymbol{A}-\boldsymbol{I})\boldsymbol{x}=\boldsymbol{0}$有一个基础解系

$$\boldsymbol{x}_3=(1,0,1)^{\mathrm{T}}.$$

于是,当$a=0$时,取

$$\boldsymbol{P}=(\boldsymbol{x}_1,\boldsymbol{x}_2,\boldsymbol{x}_3)=\begin{pmatrix}-1&1&1\\2&0&0\\0&2&1\end{pmatrix},$$

则有

$$\boldsymbol{P}^{-1}\boldsymbol{AP}=\begin{pmatrix}-1&&\\&-1&\\&&1\end{pmatrix}.$$

(2) 当$a=0$时,由(1)知

$$\boldsymbol{A}=\boldsymbol{P}\begin{pmatrix}-1&&\\&-1&\\&&1\end{pmatrix}\boldsymbol{P}^{-1}.$$

所以,当k为偶数时

$$\boldsymbol{A}^k=\left[\boldsymbol{P}\begin{pmatrix}-1&&\\&-1&\\&&1\end{pmatrix}\boldsymbol{P}^{-1}\right]^k=\boldsymbol{P}\begin{pmatrix}-1&&\\&-1&\\&&1\end{pmatrix}^k\boldsymbol{P}^{-1}$$

$$=\boldsymbol{P}\begin{pmatrix}(-1)^k&&\\&(-1)^k&\\&&1^k\end{pmatrix}\boldsymbol{P}^{-1}=\boldsymbol{P}\begin{pmatrix}1&&\\&1&\\&&1\end{pmatrix}\boldsymbol{P}^{-1}=\boldsymbol{I};$$

当k为奇数时

$$\boldsymbol{A}^k=\boldsymbol{P}\begin{pmatrix}(-1)^k&&\\&(-1)^k&\\&&1^k\end{pmatrix}\boldsymbol{P}^{-1}=\boldsymbol{P}\begin{pmatrix}-1&&\\&-1&\\&&1\end{pmatrix}\boldsymbol{P}^{-1}=\boldsymbol{A}.$$

于是

$$\boldsymbol{A}^k=\begin{cases}\boldsymbol{I}, & k\text{ 为偶数},\\ \boldsymbol{A}, & k\text{ 为奇数}.\end{cases}$$

例 4.2.7 设$\boldsymbol{A}$为3阶矩阵,$\boldsymbol{a}_1,\boldsymbol{a}_2,\boldsymbol{a}_3$是线性无关的3维列向量,且满足:

$$\boldsymbol{Aa}_1=\boldsymbol{a}_1+\boldsymbol{a}_2+\boldsymbol{a}_3,\quad \boldsymbol{Aa}_2=2\boldsymbol{a}_2+\boldsymbol{a}_3,\quad \boldsymbol{Aa}_3=2\boldsymbol{a}_2+3\boldsymbol{a}_3.$$

(1) 求矩阵$\boldsymbol{B}$,使得$\boldsymbol{A}(\boldsymbol{a}_1,\boldsymbol{a}_2,\boldsymbol{a}_3)=(\boldsymbol{a}_1,\boldsymbol{a}_2,\boldsymbol{a}_3)\boldsymbol{B}$;

(2) 求$\boldsymbol{A}$的特征值;

(3) 求可逆矩阵$\boldsymbol{P}$,使得$\boldsymbol{P}^{-1}\boldsymbol{AP}$为对角阵.

解 (1) 由假设知

$$\boldsymbol{A}(\boldsymbol{a}_1,\boldsymbol{a}_2,\boldsymbol{a}_3)=(\boldsymbol{a}_1,\boldsymbol{a}_2,\boldsymbol{a}_3)\begin{pmatrix}1&0&0\\1&2&2\\1&1&3\end{pmatrix},$$

所以

$$\boldsymbol{B}=\begin{pmatrix}1&0&0\\1&2&2\\1&1&3\end{pmatrix}.$$

(2) 因为 $\boldsymbol{a}_1,\boldsymbol{a}_2,\boldsymbol{a}_3$ 线性无关,所以矩阵 $\boldsymbol{C}=(\boldsymbol{a}_1,\boldsymbol{a}_2,\boldsymbol{a}_3)$ 可逆,且由(1)知 $\boldsymbol{C}^{-1}\boldsymbol{AC}=\boldsymbol{B}$,即 $\boldsymbol{A}$ 与 $\boldsymbol{B}$ 相似,因此它们有相同的特征值. 而

$$|\boldsymbol{B}-\lambda\boldsymbol{I}|=\begin{vmatrix}1-\lambda&0&0\\1&2-\lambda&2\\1&1&3-\lambda\end{vmatrix}=-(\lambda-1)^2(\lambda-4),$$

于是 $\boldsymbol{B}$ 的特征值为 $\lambda_1=\lambda_2=1,\lambda_3=4$,它也是 $\boldsymbol{A}$ 的特征值.

(3) 对于特征值 $\lambda_1=\lambda_2=1$,解方程组 $(\boldsymbol{B}-\boldsymbol{I})\boldsymbol{x}=\boldsymbol{0}$ 得其基础解系

$$\boldsymbol{x}_1=(-1,1,0)^{\mathrm{T}},\quad \boldsymbol{x}_2=(-2,0,1)^{\mathrm{T}}.$$

对于特征值 $\lambda_3=4$,解方程组 $(\boldsymbol{B}-4\boldsymbol{I})\boldsymbol{x}=\boldsymbol{0}$ 得其基础解系

$$\boldsymbol{x}_3=(0,1,1)^{\mathrm{T}}.$$

取

$$\boldsymbol{Q}=(\boldsymbol{x}_1,\boldsymbol{x}_2,\boldsymbol{x}_3)=\begin{pmatrix}-1&-2&0\\1&0&1\\0&1&1\end{pmatrix},$$

则有

$$\boldsymbol{Q}^{-1}\boldsymbol{BQ}=\begin{pmatrix}1&&\\&1&\\&&4\end{pmatrix}.$$

再取

$$\boldsymbol{P}=\boldsymbol{CQ}=(\boldsymbol{a}_1,\boldsymbol{a}_2,\boldsymbol{a}_3)\begin{pmatrix}-1&-2&0\\1&0&1\\0&1&1\end{pmatrix}=(-\boldsymbol{a}_1+\boldsymbol{a}_2,-2\boldsymbol{a}_1+\boldsymbol{a}_3,\boldsymbol{a}_2+\boldsymbol{a}_3),$$

则有

$$\boldsymbol{P}^{-1}\boldsymbol{AP}=(\boldsymbol{CQ})^{-1}\boldsymbol{A}(\boldsymbol{CQ})=\boldsymbol{Q}^{-1}(\boldsymbol{C}^{-1}\boldsymbol{AC})\boldsymbol{Q}=\boldsymbol{Q}^{-1}\boldsymbol{BQ}=\begin{pmatrix}1&&\\&1&\\&&4\end{pmatrix}.$$

例 4.2.8 设 n 维列向量 $\boldsymbol{a}=(a_1,a_2,\cdots,a_n)^{\mathrm{T}},\boldsymbol{b}=(b_1,b_2,\cdots,b_n)^{\mathrm{T}}$ 满足

$a_1b_1\neq 0$. 记 $a=\boldsymbol{a}^{\mathrm{T}}\boldsymbol{b}$, $\boldsymbol{A}=\boldsymbol{a}\boldsymbol{b}^{\mathrm{T}}$.

(1) 求 $\boldsymbol{A}^2$;

(2) 求 $\boldsymbol{A}$ 的特征值与特征向量;

(3) 问 $\boldsymbol{A}$ 是否可以对角化.

解 (1) 由 $\boldsymbol{a}^{\mathrm{T}}\boldsymbol{b}=a$ 得

$$\boldsymbol{A}^2=(\boldsymbol{a}\boldsymbol{b}^{\mathrm{T}})(\boldsymbol{a}\boldsymbol{b}^{\mathrm{T}})=\boldsymbol{a}(\boldsymbol{b}^{\mathrm{T}}\boldsymbol{a})\boldsymbol{b}^{\mathrm{T}}=\boldsymbol{a}(\boldsymbol{a}^{\mathrm{T}}\boldsymbol{b})\boldsymbol{b}^{\mathrm{T}}=a\cdot\boldsymbol{a}\boldsymbol{b}^{\mathrm{T}}=a\boldsymbol{A}.$$

(2) 设 λ 为 $\boldsymbol{A}$ 的特征值, $\boldsymbol{x}$ 是对应于 λ 的特征向量,则

$$\boldsymbol{A}\boldsymbol{x}=\lambda\boldsymbol{x}.$$

所以由 $\boldsymbol{A}^2=a\boldsymbol{A}$ 得

$$a\lambda\boldsymbol{x}=a\boldsymbol{A}\boldsymbol{x}=\boldsymbol{A}^2\boldsymbol{x}=\lambda\boldsymbol{A}\boldsymbol{x}=\lambda^2\boldsymbol{x}.$$

因为 $\boldsymbol{x}\neq\boldsymbol{0}$,所以 $\lambda(\lambda-a)=0$. 这就是说, $\boldsymbol{A}$ 最多只有特征值 0 和 a.

(I) 当 $a=0$ 时, $\boldsymbol{A}$ 只有特征值 0.

对于特征值 0,为解齐次线性方程组 $(\boldsymbol{A}-0\cdot\boldsymbol{I})x=\boldsymbol{0}$,将其系数矩阵作初等行变换:因为 $a_1b_1\neq 0$,所以

$$\boldsymbol{A}-0\cdot\boldsymbol{I}=\begin{pmatrix} a_1b_1 & a_1b_2 & \cdots & a_1b_n \\ a_2b_1 & a_2b_2 & \cdots & a_2b_n \\ \vdots & \vdots & & \vdots \\ a_nb_1 & a_nb_2 & \cdots & a_nb_n \end{pmatrix}\longrightarrow\begin{pmatrix} b_1 & b_2 & \cdots & b_n \\ 0 & 0 & \cdots & 0 \\ \vdots & \vdots & & \vdots \\ 0 & 0 & \cdots & 0 \end{pmatrix},$$

于是方程组 $(\boldsymbol{A}-0\cdot\boldsymbol{I})\boldsymbol{x}=\boldsymbol{0}$ 的一个基础解系为

$$\boldsymbol{\xi}_1=\left(-\frac{b_2}{b_1},1,0,\cdots,0\right)^{\mathrm{T}},\ \boldsymbol{\xi}_2=\left(-\frac{b_3}{b_1},0,1,\cdots,0\right)^{\mathrm{T}},\cdots,$$

$$\boldsymbol{\xi}_{n-1}=\left(-\frac{b_n}{b_1},0,0,\cdots,1\right)^{\mathrm{T}}.$$

于是 $\boldsymbol{A}$ 的全部特征向量为

$\boldsymbol{\xi}=c_1\boldsymbol{\xi}_1+c_2\boldsymbol{\xi}_2+\cdots+c_{n-1}\boldsymbol{\xi}_{n-1}$, $c_1,c_2,\cdots,c_{n-1}$ 为不全为零的任意常数.

(II) 当 $a\neq 0$ 时. 同(I)可得到 $\boldsymbol{A}$ 的关于特征值 0 的特征向量为

$\boldsymbol{\xi}=c_1\boldsymbol{\xi}_1+c_2\boldsymbol{\xi}_2+\cdots+c_{n-1}\boldsymbol{\xi}_{n-1}$, $c_1,c_2,\cdots,c_{n-1}$ 为不全为零的任意常数.

因为

$$\boldsymbol{A}\boldsymbol{a}=(\boldsymbol{a}\boldsymbol{b}^{\mathrm{T}})\boldsymbol{a}=\boldsymbol{a}(\boldsymbol{b}^{\mathrm{T}}\boldsymbol{a})=\boldsymbol{a}(\boldsymbol{a}^{\mathrm{T}}\boldsymbol{b})=a\boldsymbol{a},$$

所以 $\boldsymbol{\xi}_n=\boldsymbol{a}=(a_1,a_2,\cdots,a_n)^{\mathrm{T}}$ 是齐次线性方程组 $(\boldsymbol{A}-a\boldsymbol{I})\boldsymbol{x}=\boldsymbol{0}$ 的非零解.(实际上,解方程组 $(\boldsymbol{A}-a\boldsymbol{I})\boldsymbol{x}=\boldsymbol{0}$ 也可以得到这个基础解系.)因为 $\boldsymbol{A}$ 关于特征值 0 已经有 $n-1$ 个线性无关的特征向量 $\boldsymbol{\xi}_1,\boldsymbol{\xi}_2,\cdots,\boldsymbol{\xi}_{n-1}$,所以 $\boldsymbol{A}$ 关于特征值 a 的特征向量便为

$$\boldsymbol{\xi}=c\boldsymbol{\xi}_n,\quad c\text{ 为不为零的任意常数.}$$

(3) 当 $a=0$ 时,因为 n 阶矩阵 $\boldsymbol{A}$ 最多只有 $n-1$ 个线性无关的特征向量,所以 $\boldsymbol{A}$ 不能对角化.

当 $a\neq0$ 时,n 阶矩阵 $\boldsymbol{A}$ 有 n 个线性无关的特征向量,所以 $\boldsymbol{A}$ 能够对角化.

例4.2.9 已知3 阶矩阵 $\boldsymbol{A}$ 的特征值为 $\lambda_1=1,\lambda_2=2,\lambda_3=5$,对应的特征向量依次为

$$\boldsymbol{\xi}_1=(0,1,-1)^{\mathrm{T}},\quad \boldsymbol{\xi}_2=(1,0,0)^{\mathrm{T}},\quad \boldsymbol{\xi}_3=(0,1,1)^{\mathrm{T}}.$$

设 $\boldsymbol{\eta}=(1,3,-1)^{\mathrm{T}}$.

(1) 求矩阵 $\boldsymbol{A}$;

(2) 将 $\boldsymbol{\eta}$ 用 $\boldsymbol{\xi}_1,\boldsymbol{\xi}_2,\boldsymbol{\xi}_3$ 线性表示;

(3) 求 $\boldsymbol{A}^n\boldsymbol{\eta}(n\geqslant1)$.

解 (1) 由假设知 $\boldsymbol{A}\boldsymbol{\xi}_1=\boldsymbol{\xi}_1,\boldsymbol{A}\boldsymbol{\xi}_2=2\boldsymbol{\xi}_2,\boldsymbol{A}\boldsymbol{\xi}_3=5\boldsymbol{\xi}_3$,即

$$\boldsymbol{A}(\boldsymbol{\xi}_1,\boldsymbol{\xi}_2,\boldsymbol{\xi}_3)=(\boldsymbol{\xi}_1,\boldsymbol{\xi}_2,\boldsymbol{\xi}_3)\begin{pmatrix}1&&\\&2&\\&&5\end{pmatrix},$$

记 $\boldsymbol{P}=(\boldsymbol{\xi}_1,\boldsymbol{\xi}_2,\boldsymbol{\xi}_3)$,所以

$$\begin{aligned}\boldsymbol{A}&=\boldsymbol{P}\begin{pmatrix}1&&\\&2&\\&&5\end{pmatrix}\boldsymbol{P}^{-1}\\&=\begin{pmatrix}0&1&0\\1&0&1\\-1&0&1\end{pmatrix}\begin{pmatrix}1&&\\&2&\\&&5\end{pmatrix}\begin{pmatrix}0&1&0\\1&0&1\\-1&0&1\end{pmatrix}^{-1}=\begin{pmatrix}2&0&0\\0&3&2\\0&2&3\end{pmatrix}.\end{aligned}$$

(2) 沿用(1)的记号. 设 $\boldsymbol{\eta}=x_1\boldsymbol{\xi}_1+x_2\boldsymbol{\xi}_2+x_3\boldsymbol{\xi}_3$,即

$$(\boldsymbol{\xi}_1,\boldsymbol{\xi}_2,\boldsymbol{\xi}_3)\begin{pmatrix}x_1\\x_2\\x_3\end{pmatrix}=\boldsymbol{\eta},$$

由假设知 $\boldsymbol{P}$ 可逆,所以

$$\begin{pmatrix}x_1\\x_2\\x_3\end{pmatrix}=\boldsymbol{P}^{-1}\boldsymbol{\eta}=\begin{pmatrix}0&1&0\\1&0&1\\-1&0&1\end{pmatrix}^{-1}\begin{pmatrix}1\\3\\-1\end{pmatrix}=\begin{pmatrix}2\\1\\1\end{pmatrix},$$

即

$$\boldsymbol{\eta}=2\boldsymbol{\xi}_1+\boldsymbol{\xi}_2+\boldsymbol{\xi}_3.$$

(3) **解法一** 沿用(1)的记号. 由已知 $\boldsymbol{A}\boldsymbol{\xi}_1=\boldsymbol{\xi}_1,\boldsymbol{A}\boldsymbol{\xi}_2=2\boldsymbol{\xi}_2,\boldsymbol{A}\boldsymbol{\xi}_3=5\boldsymbol{\xi}_3$,因此

$$\boldsymbol{A}\boldsymbol{P}=\boldsymbol{P}\begin{pmatrix}1&&\\&2&\\&&5\end{pmatrix},\text{即 }\boldsymbol{A}=\boldsymbol{P}\begin{pmatrix}1&&\\&2&\\&&5\end{pmatrix}\boldsymbol{P}^{-1},$$

所以

$$A^n = P\begin{pmatrix}1 & & \\ & 2 & \\ & & 5\end{pmatrix}^n P^{-1} = P\begin{pmatrix}1 & & \\ & 2^n & \\ & & 5^n\end{pmatrix}P^{-1}.$$

于是

$$A^n\eta = P\begin{pmatrix}1 & & \\ & 2^n & \\ & & 5^n\end{pmatrix}P^{-1}\eta = \begin{pmatrix}0 & 1 & 0\\ 1 & 0 & 1\\ -1 & 0 & 1\end{pmatrix}\begin{pmatrix}1 & & \\ & 2^n & \\ & & 5^n\end{pmatrix}\begin{pmatrix}2\\1\\1\end{pmatrix} = \begin{pmatrix}2^n\\ 5^n+2\\ 5^n-2\end{pmatrix}.$$

解法二 由已知 $A\xi_1=\xi_1, A\xi_2=2\xi_2, A\xi_3=5\xi_3$,因此

$$A^n\xi_1=\xi_1,\quad A^n\xi_2=2^n\xi_2,\quad A\xi_3=5^n\xi_3.$$

于是

$$\begin{aligned}A^n\eta &= A^n(2\xi_1+\xi_2+\xi_3)=2A^n\xi_1+A^n\xi_2+A^n\xi_3\\ &=2\xi_1+2^n\xi_2+5^n\xi_3=\begin{pmatrix}2^n\\ 5^n+2\\ 5^n-2\end{pmatrix}.\end{aligned}$$

例 4.2.10 设 $A=\begin{pmatrix}1 & & & \\ a & 1 & & \\ 2 & b & 2 & \\ 3 & 2 & c & 2\end{pmatrix}$. 问当 a,b,c 为何值时,A 可相似于对角阵?并求出该对角阵.

解 令

$$|A-\lambda I| = \begin{vmatrix}1-\lambda & & & \\ a & 1-\lambda & & \\ 2 & b & 2-\lambda & \\ 3 & 2 & c & 2-\lambda\end{vmatrix} = (\lambda-1)^2(\lambda-2)^2=0,$$

得 A 的特征值 1(二重)和 2(二重). 因此若要 A 相似于对角阵,必须

$$4-\operatorname{rank}(A-I)=2,\quad 4-\operatorname{rank}(A-2I)=2,$$

即

$$\operatorname{rank}(A-I)=2,\quad \operatorname{rank}(A-2I)=2.$$

因为 $A-I=\begin{pmatrix}0 & & & \\ a & 0 & & \\ 2 & b & 1 & \\ 3 & 2 & c & 1\end{pmatrix}$,若要求 $\operatorname{rank}(A-I)=2$,则 $a=0$,b 和 c 可任意选

取. 因为 $A-2I=\begin{pmatrix}-1 & & & \\ a & -1 & & \\ 2 & b & 0 & \\ 3 & 2 & c & 0\end{pmatrix}$,若要求 $\text{rank}(A-2I)=2$,则 $c=0$,a 和 b 可任意选取. 综合这两种情况便知,当 $a=c=0$(b 可任取)时,A 可相似于对角阵,该对角阵为

$$\begin{pmatrix}1 & & & \\ & 1 & & \\ & & 2 & \\ & & & 2\end{pmatrix}.$$

例 4.2.11 设 $a_0=0, a_1=1$,由递推公式

$$a_{n+1}=a_n+a_{n-1} \quad (n=1,2,\cdots)$$

产生的数列称为 **Fibonacci 数列**. 求 $\{a_n\}$ 的通项公式.

解 用矩阵来表示递推公式就是

$$\begin{pmatrix}a_{n+1}\\ a_n\end{pmatrix}=\begin{pmatrix}1 & 1\\ 1 & 0\end{pmatrix}\begin{pmatrix}a_n\\ a_{n-1}\end{pmatrix}, \quad n=1,2,\cdots.$$

记 $A=\begin{pmatrix}1 & 1\\ 1 & 0\end{pmatrix}$,则

$$\begin{pmatrix}a_{n+1}\\ a_n\end{pmatrix}=A\begin{pmatrix}a_n\\ a_{n-1}\end{pmatrix}=A^2\begin{pmatrix}a_{n-1}\\ a_{n-2}\end{pmatrix}=\cdots=A^n\begin{pmatrix}a_1\\ a_0\end{pmatrix}=A^n\begin{pmatrix}1\\ 0\end{pmatrix}, \quad n=1,2,\cdots.$$

现在求 A^n. 令

$$|A-\lambda I|=\lambda^2-\lambda-1=0,$$

得 A 的特征值

$$\lambda_1=\frac{1+\sqrt{5}}{2}, \quad \lambda_2=\frac{1-\sqrt{5}}{2}.$$

易知对应于 λ_1 和 λ_2 的特征向量分别可取为 $\alpha_1=\begin{pmatrix}\frac{1+\sqrt{5}}{2}\\ 1\end{pmatrix}$和 $\alpha_2=\begin{pmatrix}\frac{1-\sqrt{5}}{2}\\ 1\end{pmatrix}$.

取 $P=(\alpha_1,\alpha_2)$,便得

$$P^{-1}AP=\begin{pmatrix}\frac{1+\sqrt{5}}{2} & 0\\ 0 & \frac{1-\sqrt{5}}{2}\end{pmatrix},$$

于是

$$A^n=\left[P\begin{pmatrix}\frac{1+\sqrt{5}}{2} & 0\\ 0 & \frac{1-\sqrt{5}}{2}\end{pmatrix}P^{-1}\right]^n=P\begin{pmatrix}\frac{1+\sqrt{5}}{2} & 0\\ 0 & \frac{1-\sqrt{5}}{2}\end{pmatrix}^nP^{-1}$$

$$=P\begin{pmatrix}\left(\frac{1+\sqrt{5}}{2}\right)^n & 0\\ 0 & \left(\frac{1-\sqrt{5}}{2}\right)^n\end{pmatrix}P^{-1}.$$

易知 $P^{-1}=\frac{1}{\sqrt{5}}\begin{pmatrix}1 & \frac{\sqrt{5}-1}{2}\\ -1 & \frac{1+\sqrt{5}}{2}\end{pmatrix}$,所以

$$A^n=\frac{1}{\sqrt{5}}\begin{pmatrix}\left(\frac{1+\sqrt{5}}{2}\right)^{n+1}-\left(\frac{1-\sqrt{5}}{2}\right)^{n+1} & \left(\frac{1+\sqrt{5}}{2}\right)^{n}-\left(\frac{1-\sqrt{5}}{2}\right)^{n}\\ \left(\frac{1+\sqrt{5}}{2}\right)^{n}-\left(\frac{1-\sqrt{5}}{2}\right)^{n} & \left(\frac{1+\sqrt{5}}{2}\right)^{n-1}-\left(\frac{1-\sqrt{5}}{2}\right)^{n-1}\end{pmatrix}.$$

由此得到

$$a_n=\frac{1}{\sqrt{5}}\left[\left(\frac{1+\sqrt{5}}{2}\right)^n-\left(\frac{1-\sqrt{5}}{2}\right)^n\right],\quad n=1,2,\cdots.$$

例 4.2.12 设 $A=\begin{pmatrix}\frac{1}{2} & 1 & 2 & 3\\ 0 & \frac{2}{3} & 1 & 2\\ 0 & 0 & \frac{3}{4} & 1\\ 0 & 0 & 0 & \frac{4}{5}\end{pmatrix}$,求 $\lim\limits_{n\to\infty}A^n$.

解 显然 A 有 4 个不同的特征值 $\frac{1}{2},\frac{2}{3},\frac{3}{4},\frac{4}{5}$. 因此存在 4 阶可逆矩阵 P^{-1},使得

$$A=P\operatorname{diag}\left(\frac{1}{2},\frac{2}{3},\frac{3}{4},\frac{4}{5}\right)P^{-1}.$$

因此

$$\lim_{n\to\infty}A^n=\lim_{n\to\infty}P\operatorname{diag}\left(\left(\frac{1}{2}\right)^n,\left(\frac{2}{3}\right)^n,\left(\frac{3}{4}\right)^n,\left(\frac{4}{5}\right)^n\right)P^{-1}=POP^{-1}=O.$$

例 4.2.13 设 n 阶方阵

$$\boldsymbol{A}=\begin{pmatrix}1 & a & \cdots & a\\ a & 1 & \cdots & a\\ \vdots & \vdots & & \vdots\\ a & a & \cdots & 1\end{pmatrix}.$$

(1) 求 $\boldsymbol{A}$ 的特征值和特征向量;

(2) 求可逆矩阵 $\boldsymbol{P}$,使得 $\boldsymbol{P}^{-1}\boldsymbol{A}\boldsymbol{P}$ 为对角阵.

解 (1) 当 $a\neq 0$ 时,由例 1.2.16 得

$$|\boldsymbol{A}-\lambda\boldsymbol{I}|=\begin{vmatrix}1-\lambda & a & \cdots & a\\ a & 1-\lambda & \cdots & a\\ \vdots & \vdots & & \vdots\\ a & a & \cdots & 1-\lambda\end{vmatrix}=(1-a-\lambda)^{n-1}[(n-1)a+1-\lambda],$$

因此 $\boldsymbol{A}$ 的特征值为 $\lambda=1+(n-1)a,\lambda=1-a(n-1$ 重$)$.

对于特征值 $\lambda=1+(n-1)a$,易知方程组

$$(\boldsymbol{A}-(1+(n-1)a)\boldsymbol{I})\boldsymbol{x}=\begin{pmatrix}-(n-1)a & a & \cdots & a\\ a & -(n-1)a & \cdots & a\\ \vdots & \vdots & & \vdots\\ a & a & \cdots & -(n-1)a\end{pmatrix}\boldsymbol{x}=\boldsymbol{0}$$

的基础解系为 $\boldsymbol{\xi}_1=(1,1,\cdots,1)^{\mathrm{T}}$,所以对应的特征向量为

$$\boldsymbol{\xi}=c_1\boldsymbol{\xi}_1,\quad c_1\text{ 为不为零的任意常数.}$$

对于特征值 $\lambda=1-a$,易知方程组

$$(\boldsymbol{A}-(1-a)\boldsymbol{I})\boldsymbol{x}=\begin{pmatrix}a & a & \cdots & a\\ a & a & \cdots & a\\ \vdots & \vdots & & \vdots\\ a & a & \cdots & a\end{pmatrix}\boldsymbol{x}=\boldsymbol{0}$$

的同解方程组为

$$\begin{pmatrix}1 & 1 & \cdots & 1\\ 0 & 0 & \cdots & 0\\ \vdots & \vdots & & \vdots\\ 0 & 0 & \cdots & 0\end{pmatrix}\boldsymbol{x}=\boldsymbol{0},$$

于是其基础解系为

$$\boldsymbol{\xi}_2=(1,-1,0,\cdots,0)^{\mathrm{T}},\quad \boldsymbol{\xi}_3=(1,0,-1,\cdots,0)^{\mathrm{T}},\quad \cdots,\quad \boldsymbol{\xi}_n=(1,0,0,\cdots,-1)^{\mathrm{T}},$$

所以对应的全部特征向量为

$$\boldsymbol{\xi}=c_2\boldsymbol{\xi}_2+c_3\boldsymbol{\xi}_3+\cdots+c_n\boldsymbol{\xi}_n,\quad c_2,c_3,\cdots,c_n\text{ 为不全为零的任意常数.}$$

当 $a=0$ 时,$\boldsymbol{A}$ 为单位矩阵,显然其特征值为 1(n 重),对应的特征向量为任意 n 维非零列向量.

(2) 当 $a\neq 0$ 时,取 $\boldsymbol{P}=(\boldsymbol{\xi}_1,\boldsymbol{\xi}_2,\cdots,\boldsymbol{\xi}_n)$,则

$$\boldsymbol{P}^{-1}\boldsymbol{AP}=\begin{pmatrix}1+(n-1)a & 0 & \cdots & 0\\ 0 & 1-a & \cdots & 0\\ \vdots & \vdots & & \vdots\\ a & a & \cdots & 1-a\end{pmatrix}.$$

当 $a=0$ 时,$\boldsymbol{A}$ 为单位矩阵,所以对于任意与 $\boldsymbol{A}$ 同阶的可逆矩阵 $\boldsymbol{P}$,均有 $\boldsymbol{P}^{-1}\boldsymbol{AP}=\boldsymbol{I}_n$.

例 4.2.14 设 $a_0,a_1,\cdots,a_{n-1}$ 是实数,n 阶方阵

$$\boldsymbol{A}=\begin{pmatrix}0 & 1 & 0 & \cdots & 0 & 0\\ 0 & 0 & 1 & \cdots & 0 & 0\\ 0 & 0 & 0 & \cdots & 0 & 0\\ \vdots & \vdots & \vdots & & \vdots & \vdots\\ 0 & 0 & 0 & \cdots & 0 & 1\\ -a_0 & -a_1 & -a_2 & \cdots & -a_{n-2} & -a_{n-1}\end{pmatrix}.$$

(1) 证明:若 λ 是 $\boldsymbol{A}$ 的特征值,则 $\boldsymbol{\xi}=(1,\lambda,\cdots,\lambda^{n-1})^{\mathrm{T}}$ 是 $\boldsymbol{A}$ 的对应于 λ 的特征向量;

(2) 证明:若多项式 $p(x)=x^n+a_{n-1}x^{n-1}+\cdots+a_1x+a_0$ 有 n 个不同的根,则 $\boldsymbol{A}$ 相似于对角阵.

证 (1) 计算得

$$|\boldsymbol{A}-\lambda\boldsymbol{I}|=\begin{vmatrix}-\lambda & 1 & 0 & \cdots & 0 & 0\\ 0 & -\lambda & 1 & \cdots & 0 & 0\\ 0 & 0 & -\lambda & \cdots & 0 & 0\\ \vdots & \vdots & \vdots & & \vdots & \vdots\\ 0 & 0 & 0 & \cdots & -\lambda & 1\\ -a_0 & -a_1 & -a_2 & \cdots & -a_{n-2} & -a_{n-1}-\lambda\end{vmatrix}$$

$$=(-1)^n\left[\lambda\begin{vmatrix}\lambda & -1 & \cdots & 0 & 0\\ 0 & \lambda & \cdots & 0 & 0\\ \vdots & \vdots & & \vdots & \vdots\\ 0 & 0 & \cdots & \lambda & -1\\ a_1 & a_2 & \cdots & a_{n-2} & a_{n-1}+\lambda\end{vmatrix}+(-1)^{n+1}a_0\begin{vmatrix}-1 & 0 & \cdots & 0 & 0\\ \lambda & -1 & \cdots & 0 & 0\\ \vdots & \vdots & & \vdots & \vdots\\ 0 & 0 & & -1 & 0\\ 0 & 0 & \cdots & \lambda & -1\end{vmatrix}\right]$$

$$=(-1)^n\left[\lambda\begin{vmatrix}\lambda & -1 & \cdots & 0 & 0\\ 0 & \lambda & \cdots & 0 & 0\\ \vdots & \vdots & & \vdots & \vdots\\ 0 & 0 & \cdots & \lambda & -1\\ a_1 & a_2 & \cdots & a_{n-2} & a_{n-1}+\lambda\end{vmatrix}+a_0\right]$$

$$= (-1)^n(\lambda^n + a_{n-1}\lambda^{n-1} + \cdots + a_1\lambda + a_0).$$

若 λ 是 $\boldsymbol{A}$ 的特征值,则 $|\boldsymbol{A} - \lambda\boldsymbol{I}| = 0$,因此

$$\lambda^n = -(a_{n-1}\lambda^{n-1} + \cdots + a_1\lambda + a_0).$$

于是

$$\boldsymbol{A\xi} = \begin{pmatrix} 0 & 1 & 0 & \cdots & 0 & 0 \\ 0 & 0 & 1 & \cdots & 0 & 0 \\ 0 & 0 & 0 & \cdots & 0 & 0 \\ \vdots & \vdots & \vdots & & \vdots & \vdots \\ 0 & 0 & 0 & \cdots & 0 & 1 \\ -a_0 & -a_1 & -a_2 & \cdots & -a_{n-2} & -a_{n-1} \end{pmatrix}\begin{pmatrix} 1 \\ \lambda \\ \lambda^2 \\ \vdots \\ \lambda^{n-2} \\ \lambda^{n-1} \end{pmatrix}$$

$$= \begin{pmatrix} \lambda \\ \lambda^2 \\ \lambda^3 \\ \vdots \\ \lambda^{n-1} \\ -(a_{n-1}\lambda^{n-1} + \cdots + a_1\lambda + a_0) \end{pmatrix} = \begin{pmatrix} \lambda \\ \lambda^2 \\ \lambda^3 \\ \vdots \\ \lambda^{n-1} \\ \lambda^n \end{pmatrix} = \lambda\begin{pmatrix} 1 \\ \lambda \\ \lambda^2 \\ \vdots \\ \lambda^{n-2} \\ \lambda^{n-1} \end{pmatrix} = \lambda\boldsymbol{\xi}.$$

这就是说,$\boldsymbol{\xi}$ 是 $\boldsymbol{A}$ 的对应于 λ 的特征向量.

(2) 由(1)可知 $\boldsymbol{A}$ 的特征多项式为

$$(-1)^n(\lambda^n + a_{n-1}\lambda^{n-1} + \cdots + a_1\lambda + a_0) = (-1)^n p(\lambda),$$

因此若多项式 $p(x)$ 有 n 个不同的根,则 $\boldsymbol{A}$ 的特征多项式也有 n 个不同的根,所以 $\boldsymbol{A}$ 相似于对角阵.

例 4.2.15 已知 n 阶方阵 $\boldsymbol{A}$ 满足 $\boldsymbol{A}^2 = \boldsymbol{A}$,证明 $\boldsymbol{A}$ 可对角化.

证 设 $\boldsymbol{A}$ 的特征值为 λ,对应的特征向量为 $\boldsymbol{x}$,即

$$\boldsymbol{Ax} = \lambda\boldsymbol{x}.$$

由于 $\boldsymbol{A}^2 = \boldsymbol{A}$,因此

$$(\boldsymbol{A}^2 - \boldsymbol{A})\boldsymbol{x} = (\lambda^2 - \lambda)\boldsymbol{x} = \boldsymbol{0}.$$

因为特征向量 $\boldsymbol{x} \neq \boldsymbol{0}$,所以必有 $\lambda^2 - \lambda = 0$,于是 $\lambda = 0$ 或 $\lambda = 1$. 这就是说,$\boldsymbol{A}$ 最多只有特征值 0 和 1.

由 $\boldsymbol{A}^2 = \boldsymbol{A}$ 可知

$$\boldsymbol{A}(\boldsymbol{A} - \boldsymbol{I}) = \boldsymbol{O}.$$

若 $\lambda = 0$ 是 $\boldsymbol{A}$ 的特征值,而 $\lambda = 1$ 不是特征值,则 $\boldsymbol{A} - \boldsymbol{I}$ 可逆,所以由上式得 $\boldsymbol{A} = \boldsymbol{O}$. 所以 $\boldsymbol{A}$ 可以对角化.

同理,若 $\lambda = 1$ 是 $\boldsymbol{A}$ 的特征值,而 $\lambda = 0$ 不是特征值,则 $\boldsymbol{A} = \boldsymbol{I}$,所以 $\boldsymbol{A}$ 可以对角化.

若 $\lambda=0$ 和 $\lambda=1$ 都是 $\boldsymbol{A}$ 的特征值. 由 $\boldsymbol{A}(\boldsymbol{A}-\boldsymbol{I})=\boldsymbol{O}$ 和定理 2.2.5 的(6)得

$$\operatorname{rank}(\boldsymbol{A})+\operatorname{rank}(\boldsymbol{A}-\boldsymbol{I})\leqslant n.$$

又由定理 2.2.5 的(3)得

$$\begin{aligned}\operatorname{rank}(\boldsymbol{A})+\operatorname{rank}(\boldsymbol{A}-\boldsymbol{I})&=\operatorname{rank}(\boldsymbol{A})+\operatorname{rank}(\boldsymbol{I}-\boldsymbol{A})\\&\geqslant\operatorname{rank}(\boldsymbol{A}+\boldsymbol{I}-\boldsymbol{A})=\operatorname{rank}(\boldsymbol{I})=n.\end{aligned}$$

因此

$$\operatorname{rank}(\boldsymbol{A})+\operatorname{rank}(\boldsymbol{A}-\boldsymbol{I})=n.$$

于是

$$[n-\operatorname{rank}(\boldsymbol{A})]+[n-\operatorname{rank}(\boldsymbol{A}-\boldsymbol{I})]=n.$$

这表明方程组 $(\boldsymbol{A}-0\cdot\boldsymbol{I})\boldsymbol{x}=\boldsymbol{0}$ 的基础解系所含元素的个数加上方程组 $(\boldsymbol{A}-\boldsymbol{I})\boldsymbol{x}=\boldsymbol{0}$ 的基础解系所含元素的个数正好是 n. 由于属于不同特征值的特征向量线性无关,因此 $\boldsymbol{A}$ 有 n 个线性无关的特征向量,所以 $\boldsymbol{A}$ 可以对角化.

例 4.2.16 (1) 证明:方阵 $\boldsymbol{A}$ 是**幂零矩阵**(即存在正整数 k,使得 $\boldsymbol{A}^k=\boldsymbol{O}$)的充分必要条件为:$\boldsymbol{A}$ 的特征值全为零;

(2) 证明:若非零方阵 $\boldsymbol{A}$ 是幂零矩阵,则 $\boldsymbol{A}$ 不能对角化;

(3) 证明:若方阵 $\boldsymbol{A}$ 是幂零矩阵,则 $|\boldsymbol{A}+\boldsymbol{I}|=1$;

(4) 设 n 阶方阵 $\boldsymbol{A}$ 是幂零矩阵. 证明:若 n 阶方阵 $\boldsymbol{B}$ 满足 $\boldsymbol{AB}=\boldsymbol{BA}$,则

$$|\boldsymbol{A}+\boldsymbol{B}|=|\boldsymbol{B}|.$$

证 (1) 必要性:设有正整数 k,使得 $\boldsymbol{A}^k=\boldsymbol{O}$. 对于 $\boldsymbol{A}$ 的任意特征值 λ,记 $\boldsymbol{x}$ 为与之对应的特征向量,则 $\boldsymbol{Ax}=\lambda\boldsymbol{x}$. 因此

$$\boldsymbol{0}=\boldsymbol{A}^k\boldsymbol{x}=\lambda^k\boldsymbol{x}.$$

因为 $\boldsymbol{x}\neq\boldsymbol{0}$,所以 $\lambda=0$. 这就是说,$\boldsymbol{A}$ 的特征值只有 0.

充分性:由于 $\boldsymbol{A}$ 必相似于一个 Jordan 矩阵,即存在与 $\boldsymbol{A}$ 同阶的可逆矩阵 $\boldsymbol{P}$,使得

$$\boldsymbol{A}=\boldsymbol{P}^{-1}\boldsymbol{JP},$$

其中

$$\boldsymbol{J}=\begin{pmatrix}\boldsymbol{J}_{k_1}(\lambda_1)&&&\\&\boldsymbol{J}_{k_2}(\lambda_2)&&\\&&\ddots&\\&&&\boldsymbol{J}_{k_l}(\lambda_l)\end{pmatrix},$$

且 $\boldsymbol{J}_{k_i}(\lambda_i)=\begin{pmatrix}\lambda_i&1&&\\&\lambda_i&\ddots&\\&&\ddots&1\\&&&\lambda_i\end{pmatrix}_{k_i\times k_i}$ 为 Jordan 块$(i=1,2,\cdots,l)$.

由于 $\boldsymbol{A}$ 的特征值全为零,因此 $\lambda_i=0(i=1,2,\cdots,l)$. 于是每个 Jordan 块为

$$\boldsymbol{J}_{k_i}(0)=\begin{pmatrix}0&1&&\\&0&\ddots&\\&&\ddots&1\\&&&0\end{pmatrix}_{k_i\times k_i}$$

的形式. 直接验证便知,此时成立 $[\boldsymbol{J}_{k_i}(0)]^{k_i}=\boldsymbol{O}(i=1,2,\cdots,l)$. 于是取 $k=\max\limits_{1\leqslant i\leqslant l}\{k_i\}$,则

$$\boldsymbol{A}^k=\boldsymbol{P}^{-1}\boldsymbol{J}^k\boldsymbol{P}=\boldsymbol{P}^{-1}\begin{pmatrix}[\boldsymbol{J}_{k_1}(0)]^k&&&\\&[\boldsymbol{J}_{k_2}(0)]^k&&\\&&\ddots&\\&&&[\boldsymbol{J}_{k_l}(0)]^k\end{pmatrix}\boldsymbol{P}=\boldsymbol{O}.$$

(2) 由(1)可知 $\boldsymbol{A}$ 只有特征值 0,因为 $\boldsymbol{A}$ 是非零矩阵,所以 $\operatorname{rank}(\boldsymbol{A})\geqslant 1$,因此齐次线性方程组 $(\boldsymbol{A}-0\cdot\boldsymbol{I})\boldsymbol{x}=\boldsymbol{0}$ 的基础解系所含元素个数

$$n-\operatorname{rank}(\boldsymbol{A})\leqslant n-1.$$

这就是说 $\boldsymbol{A}$ 最多只有 $n-1$ 个线性无关的特征向量,因此 $\boldsymbol{A}$ 不能对角化.

(3) 对于 $\boldsymbol{A}+\boldsymbol{I}$ 的任意特征值 λ,记 $\boldsymbol{x}$ 为与之对应的特征向量,则 $(\boldsymbol{A}+\boldsymbol{I})\boldsymbol{x}=\lambda\boldsymbol{x}$. 因此

$$\boldsymbol{A}\boldsymbol{x}=(\lambda-1)\boldsymbol{x}.$$

它说明 $\lambda-1$ 是 $\boldsymbol{A}$ 的特征值. 而由(1)可知 $\boldsymbol{A}$ 只有特征值 0,所以 $\lambda-1=0$,即 $\lambda=1$. 这就是说,$\boldsymbol{A}+\boldsymbol{I}$ 只有特征值 1. 由于 $|\boldsymbol{A}+\boldsymbol{I}|$ 是 $\boldsymbol{A}+\boldsymbol{I}$ 的全部特征值的乘积,因此 $|\boldsymbol{A}+\boldsymbol{I}|=1$.

(4) 设 $\boldsymbol{A}^k=\boldsymbol{O}$($k$ 是正整数). 分 $\boldsymbol{B}$ 可逆与否两种情况讨论:

若 $\boldsymbol{B}$ 可逆,则要证明 $|\boldsymbol{A}+\boldsymbol{B}|=|\boldsymbol{B}|$,只须证明 $|\boldsymbol{B}^{-1}\boldsymbol{A}+\boldsymbol{I}|=1$ 即可.

由 $\boldsymbol{AB}=\boldsymbol{BA}$ 可得 $\boldsymbol{B}^{-1}\boldsymbol{A}=\boldsymbol{A}\boldsymbol{B}^{-1}$,因此

$$(\boldsymbol{B}^{-1}\boldsymbol{A})^k=(\boldsymbol{B}^{-1}\boldsymbol{A})(\boldsymbol{B}^{-1}\boldsymbol{A})\cdots(\boldsymbol{B}^{-1}\boldsymbol{A})=(\boldsymbol{B}^{-1})^k\boldsymbol{A}^k=\boldsymbol{O},$$

即 $\boldsymbol{B}^{-1}\boldsymbol{A}$ 是幂零矩阵. 于是由(3)可知 $|\boldsymbol{B}^{-1}\boldsymbol{A}+\boldsymbol{I}|=1$.

若 $\boldsymbol{B}$ 不可逆,则 $|\boldsymbol{B}|=0$,此时只要证明 $|\boldsymbol{A}+\boldsymbol{B}|=0$.

因为 $|\boldsymbol{B}|=0$,所以 $\boldsymbol{Bx}=\boldsymbol{0}$ 有非零解 $\boldsymbol{x}_0$,即满足 $\boldsymbol{B}\boldsymbol{x}_0=\boldsymbol{0}$. 由于 $\boldsymbol{AB}=\boldsymbol{BA}$,因此

$$(\boldsymbol{A}+\boldsymbol{B})^k\boldsymbol{x}_0=\boldsymbol{A}^k\boldsymbol{x}_0+\sum_{j=1}^{k}\mathrm{C}_k^j\boldsymbol{A}^{k-j}\boldsymbol{B}^j\boldsymbol{x}_0=\boldsymbol{O}\boldsymbol{x}_0+\sum_{j=1}^{k}\mathrm{C}_k^j\boldsymbol{A}^{k-j}\boldsymbol{0}=\boldsymbol{0}.$$

这就是说齐次线性方程组 $(\boldsymbol{A}+\boldsymbol{B})^k\boldsymbol{x}=\boldsymbol{0}$ 有非零解 $\boldsymbol{x}_0$,于是 $|(\boldsymbol{A}+\boldsymbol{B})^k|=0$,因此 $|\boldsymbol{A}+\boldsymbol{B}|=0$.

习　题

1. 判断下列矩阵是否能与对角阵相似. 若相似,求出可逆矩阵 $\boldsymbol{P}$,使得 $\boldsymbol{P}^{-1}\boldsymbol{AP}$ 为对角阵:

(1) $\boldsymbol{A}=\begin{pmatrix}-2&1&1\\0&2&0\\-4&1&3\end{pmatrix}$; (2) $\boldsymbol{A}=\begin{pmatrix}1&1&-2\\0&1&0\\0&0&1\end{pmatrix}$.

2. 设

$$\boldsymbol{A}_1=\begin{pmatrix}1&0&0\\0&1&0\\0&0&5\end{pmatrix},\quad \boldsymbol{A}_2=\begin{pmatrix}1&1&0\\0&1&1\\0&0&5\end{pmatrix},\quad \boldsymbol{A}_3=\begin{pmatrix}1&0&1\\0&1&0\\0&0&5\end{pmatrix}.$$

(1) 说明 $\boldsymbol{A}_1,\boldsymbol{A}_2$ 和 $\boldsymbol{A}_3$ 有相同特征值;

(2) 判别 $\boldsymbol{A}_1,\boldsymbol{A}_2$ 和 $\boldsymbol{A}_3$ 之间的相似关系.

3. 设方阵 $\boldsymbol{A}=\begin{pmatrix}-2&0&0\\2&x&2\\3&1&1\end{pmatrix}$与 $\boldsymbol{B}=\begin{pmatrix}-1&0&0\\0&2&0\\0&0&y\end{pmatrix}$相似,求 x,y.

4. 已知三阶方阵 $\boldsymbol{A}$ 有特征值 1,1,3,与之相对应的特征向量分别为

$$\boldsymbol{\alpha}_1=(2,1,0)^{\mathrm{T}},\ \boldsymbol{\alpha}_2=(-1,0,1)^{\mathrm{T}},\ \boldsymbol{\alpha}_3=(0,1,1)^{\mathrm{T}},$$

求矩阵 $\boldsymbol{A}$.

5. 已知三阶方阵 $\boldsymbol{A}$ 有特征值 1,2,3,与之相对应的特征向量分别为

$$\boldsymbol{\alpha}_1=(1,1,1)^{\mathrm{T}},\ \boldsymbol{\alpha}_2=(1,2,4)^{\mathrm{T}},\ \boldsymbol{\alpha}_3=(1,3,9)^{\mathrm{T}}.$$

设 $\boldsymbol{b}=(1,1,3)^{\mathrm{T}}$.

(1) 将 $\boldsymbol{b}$ 用 $\boldsymbol{\alpha}_1,\boldsymbol{\alpha}_2,\boldsymbol{\alpha}_3$ 线性表示;

(2) 求 $\boldsymbol{A}^n\boldsymbol{b}(n\geqslant 1)$.

6. 已知 $\boldsymbol{\xi}=\begin{pmatrix}1\\1\\-1\end{pmatrix}$是矩阵 $\boldsymbol{A}=\begin{pmatrix}2&-1&2\\5&a&3\\-1&b&-2\end{pmatrix}$ 的特征向量.

(1) 求 a,b 及 $\boldsymbol{\xi}$ 所对应的特征值;

(2) 问 $\boldsymbol{A}$ 是否能对角化?

7. 已知 0 是矩阵 $\boldsymbol{A}=\begin{pmatrix}4&k+1&-2\\-k&2&k\\4&1&-2\end{pmatrix}$ 的特征值.

(1) 求 k 的值;

(2) 问 $\boldsymbol{A}$ 能否对角化?

8. 已知矩阵 $\boldsymbol{A}=\begin{pmatrix}1&-1&1\\a&4&b\\-3&-3&5\end{pmatrix}$ 有 3 个线性无关的特征向量,且 $\lambda=2$ 是 $\boldsymbol{A}$ 的二重特征值.

(1) 求 a,b 的值;

(2) 求可逆矩阵 $\boldsymbol{P}$,使得 $\boldsymbol{P}^{-1}\boldsymbol{AP}$ 为对角阵.

9. 设 $\boldsymbol{B}=\begin{pmatrix}0&0&1\\0&1&0\\1&0&0\end{pmatrix}$. 若矩阵 $\boldsymbol{A}$ 与 $\boldsymbol{B}$ 相似,求 $\mathrm{rank}(\boldsymbol{A}-2\boldsymbol{I})+\mathrm{rank}(\boldsymbol{A}-\boldsymbol{I})$.

10. 已知 $\boldsymbol{A}=\begin{pmatrix}2&2&0\\8&2&a\\0&0&6\end{pmatrix}$ 相似于对角阵 $\boldsymbol{\Lambda}$,求常数 a,并找出可逆矩阵 $\boldsymbol{P}$,使得 $\boldsymbol{P}^{-1}\boldsymbol{AP}=\boldsymbol{\Lambda}$.

11. 已知 $\boldsymbol{A}=\begin{pmatrix}2&0&0\\0&0&1\\0&1&0\end{pmatrix}$, $\boldsymbol{B}=\begin{pmatrix}1&0&0\\0&-1&0\\0&-6&2\end{pmatrix}$,试判断 $\boldsymbol{A}$ 与 $\boldsymbol{B}$ 是否相似,若相似,求出可逆矩阵 $\boldsymbol{P}$,使得 $\boldsymbol{B}=\boldsymbol{P}^{-1}\boldsymbol{AP}$.

12. 设 $\boldsymbol{A}=\begin{pmatrix}1&2&0\\0&2&0\\-2&-1&-1\end{pmatrix}$,求 $\boldsymbol{A}^{100}$.

13. 设 $0<p,q<1$, $x_0=0.5$, $y_0=0.5$. 数列 $\{x_n\}$ 和 $\{y_n\}$ 满足

$$\begin{cases}x_{n+1}=(1-p)x_n+qy_n,\\y_{n+1}=px_n+(1-q)y_n,\end{cases}\quad n=0,1,\cdots.$$

求数列 $\{x_n\}$ 和 $\{y_n\}$ 的通项公式.

14. 设 $\boldsymbol{A},\boldsymbol{B}$ 都是 n 阶矩阵,且 $\boldsymbol{A}$ 可逆,证明 $\boldsymbol{AB}$ 与 $\boldsymbol{BA}$ 相似.

15. 已知 n 阶方阵 $\boldsymbol{A}$ 满足 $\boldsymbol{A}^2-5\boldsymbol{A}+6\boldsymbol{I}=\boldsymbol{O}$,证明 $\boldsymbol{A}$ 可对角化.

16. 设 $\boldsymbol{A},\boldsymbol{B},\boldsymbol{C},\boldsymbol{D}$ 都是 n 阶矩阵. 证明:若 $\boldsymbol{A}$ 与 $\boldsymbol{B}$ 相似, $\boldsymbol{C}$ 与 $\boldsymbol{D}$ 相似,则 $\begin{pmatrix}\boldsymbol{A}&\\&\boldsymbol{C}\end{pmatrix}$ 与 $\begin{pmatrix}\boldsymbol{B}&\\&\boldsymbol{D}\end{pmatrix}$ 相似.

17. 设 $\boldsymbol{A},\boldsymbol{B},\boldsymbol{C}$ 都是 n 阶矩阵,且 $\boldsymbol{A},\boldsymbol{B}$ 各有 n 个不同特征值. 记 $f(\lambda)=|\boldsymbol{A}-\lambda\boldsymbol{I}|$ 为 $\boldsymbol{A}$ 的特征多项式. 证明:若 $f(\boldsymbol{B})$ 可逆,则

$$\boldsymbol{M}=\begin{pmatrix}\boldsymbol{A}&\boldsymbol{C}\\\boldsymbol{O}&\boldsymbol{B}\end{pmatrix}$$

相似于对角阵,其中 $\boldsymbol{O}$ 为 n 阶零矩阵.

18. 设 $\boldsymbol{A},\boldsymbol{B}$ 都是 n 阶非零矩阵,且 $\boldsymbol{A}^2+\boldsymbol{A}=\boldsymbol{O}$, $\boldsymbol{B}^2+\boldsymbol{B}=\boldsymbol{O}$, $\boldsymbol{AB}=\boldsymbol{O}$ 与 $\boldsymbol{BA}=\boldsymbol{O}$ 至少有一个成立. 证明:

(1) $\lambda=-1$ 必是 $\boldsymbol{A}$ 和 $\boldsymbol{B}$ 的特征值;

(2) 若 $\boldsymbol{a}_1,\boldsymbol{a}_2$ 分别是 $\boldsymbol{A}$ 和 $\boldsymbol{B}$ 对应于 -1 的特征向量,则 $\boldsymbol{a}_1,\boldsymbol{a}_2$ 线性无关.

19. 设 $\boldsymbol{A}$ 是 n 阶方阵,证明:若任意 n 维非零列向量都是 $\boldsymbol{A}$ 的特征向量,则 $\boldsymbol{A}$ 是数量矩阵,即 $\boldsymbol{A}=k\boldsymbol{I}_n$($k$ 是常数).

第五章

Euclid 空间与酉空间

§5.1 内　　积

知识要点

一、Euclid 空间

定义 5.1.1　对于 $\boldsymbol{x},\boldsymbol{y}\in\mathbf{R}^n$,定义 $\boldsymbol{x}$ 与 $\boldsymbol{y}$ 的内积为

$$(\boldsymbol{x},\boldsymbol{y})=\sum_{k=1}^{n}x_ky_k.$$

定义了内积的实线性空间 $\mathbf{R}^n$ 称为 **Euclid 空间**.

$\mathbf{R}^n$ 上的内积具有下列性质:

(1)(**正定性**)对于任意 $\boldsymbol{x}\in\mathbf{R}^n$,$(\boldsymbol{x},\boldsymbol{x})\geqslant 0$,且 $(\boldsymbol{x},\boldsymbol{x})=0$ 当且仅当 $\boldsymbol{x}=\mathbf{0}$;

(2)(**线性**)对于任意 $\boldsymbol{x},\boldsymbol{y},\boldsymbol{z}\in\mathbf{R}^n$ 和 $\lambda,\mu\in\mathbf{R}$,有

$$(\lambda\boldsymbol{x}+\mu\boldsymbol{y},\boldsymbol{z})=\lambda(\boldsymbol{x},\boldsymbol{z})+\mu(\boldsymbol{y},\boldsymbol{z});$$

(3)(**对称性**)对于任意 $\boldsymbol{x},\boldsymbol{y}\in\mathbf{R}^n$,有

$$(\boldsymbol{y},\boldsymbol{x})=(\boldsymbol{x},\boldsymbol{y});$$

(4)(**Schwarz 不等式**)对于任意 $\boldsymbol{x},\boldsymbol{y}\in\mathbf{R}^n$,有

$$(\boldsymbol{x},\boldsymbol{y})^2\leqslant(\boldsymbol{x},\boldsymbol{x})(\boldsymbol{y},\boldsymbol{y}).$$

注 1　Schwarz 不等式中等号成立,即 $(\boldsymbol{x},\boldsymbol{y})^2=(\boldsymbol{x},\boldsymbol{x})(\boldsymbol{y},\boldsymbol{y})$ 的充要条件是:存在实数 k,使得 $\boldsymbol{x}=k\boldsymbol{y}$.

注 2　对于 $\boldsymbol{x},\boldsymbol{y}\in\mathbf{R}^n$ 和 $\boldsymbol{A}\in\mathbf{R}^{n\times n}$,有

$$(\boldsymbol{A}\boldsymbol{x},\boldsymbol{y})=(\boldsymbol{x},\boldsymbol{A}^{\mathrm{T}}\boldsymbol{y}).$$

定义 5.1.2　设 $\boldsymbol{x}$ 是 $\mathbf{R}^n$ 中的向量,称

$$\|\boldsymbol{x}\|=\sqrt{(\boldsymbol{x},\boldsymbol{x})}=\sqrt{\sum_{k=1}^{n}x_k^2}$$

为 $\boldsymbol{x}$ 的模(或**长度**、**范数**). 当 $\|\boldsymbol{x}\|=1$ 时,称 $\boldsymbol{x}$ 为**单位向量**.

模(即范数)具有下列性质:

(1)(**正定性**)对于任意 $\boldsymbol{x}\in\mathbf{R}^n$, $\|\boldsymbol{x}\|\geqslant 0$,且 $\|\boldsymbol{x}\|=0$ 当且仅当 $\boldsymbol{x}=\mathbf{0}$;

(2)(**齐次性**)对于任意 $\boldsymbol{x}\in\mathbf{R}^n$ 和 $\lambda\in\mathbf{R}$,有

$$\|\lambda\boldsymbol{x}\|=|\lambda|\,\|\boldsymbol{x}\|;$$

(3)(**三角不等式**)对于任意 $\boldsymbol{x},\boldsymbol{y}\in\mathbf{R}^n$,有

$$\|\boldsymbol{x}+\boldsymbol{y}\|\leqslant\|\boldsymbol{x}\|+\|\boldsymbol{y}\|.$$

定义 5.1.3 设 $\boldsymbol{x},\boldsymbol{y}$ 是 $\mathbf{R}^n$ 中的向量,当 $\boldsymbol{x}\neq\mathbf{0},\boldsymbol{y}\neq\mathbf{0}$ 时,$\boldsymbol{x}$ 与 $\boldsymbol{y}$ 的**夹角** θ 定义为

$$\theta=\arccos\frac{(\boldsymbol{x},\boldsymbol{y})}{\|\boldsymbol{x}\|\cdot\|\boldsymbol{y}\|},\ 0\leqslant\theta\leqslant\pi.$$

若 $\mathbf{R}^n$ 中的向量 $\boldsymbol{x},\boldsymbol{y}$ 满足 $(\boldsymbol{x},\boldsymbol{y})=0$,则称 $\boldsymbol{x}$ 与 $\boldsymbol{y}$ **正交**(**或垂直**).

注 $\mathbf{R}^n$ 中向量组 $\boldsymbol{a}_1,\boldsymbol{a}_2,\cdots,\boldsymbol{a}_m$ 的 **Gram 行列式**定义为

$$\mathrm{G}[\boldsymbol{a}_1,\boldsymbol{a}_2,\cdots,\boldsymbol{a}_m]=\begin{vmatrix}(\boldsymbol{a}_1,\boldsymbol{a}_1) & (\boldsymbol{a}_1,\boldsymbol{a}_2) & \cdots & (\boldsymbol{a}_1,\boldsymbol{a}_m)\\(\boldsymbol{a}_2,\boldsymbol{a}_1) & (\boldsymbol{a}_2,\boldsymbol{a}_2) & \cdots & (\boldsymbol{a}_2,\boldsymbol{a}_m)\\ \vdots & \vdots & & \vdots\\(\boldsymbol{a}_m,\boldsymbol{a}_1) & (\boldsymbol{a}_m,\boldsymbol{a}_2) & \cdots & (\boldsymbol{a}_m,\boldsymbol{a}_m)\end{vmatrix},$$

则 $\boldsymbol{a}_1,\boldsymbol{a}_2,\cdots,\boldsymbol{a}_m$ 线性无关的充分必要条件是 $\mathrm{G}[\boldsymbol{a}_1,\boldsymbol{a}_2,\cdots,\boldsymbol{a}_m]\neq 0$.

二、正交基

定义 5.1.4 若一个向量组中的向量两两正交,且不含零向量,则称它为**正交向量组**.

定理 5.1.1 正交向量组必是线性无关向量组.

推论 5.1.1 $\mathbf{R}^n$ 中的任意一个正交向量组至多含有 n 个向量.

定义 5.1.5 若 $\mathbf{R}^n$ 中的 n 个向量 $\{\boldsymbol{a}_i\}_{i=1}^n$ 构成正交向量组,则称 $\{\boldsymbol{a}_i\}_{i=1}^n$ 为 $\mathbf{R}^n$ 中的一个**正交基**. 若同时还有 $\|\boldsymbol{a}_i\|=1(i=1,2,\cdots,n)$,则称 $\{\boldsymbol{a}_i\}_{i=1}^n$ 为 $\mathbf{R}^n$ 中的一个**标准正交基**.

注 $\mathbf{R}^n$ 中的自然基 $\{\boldsymbol{e}_i\}_{i=1}^n$ 就是 $\mathbf{R}^n$ 中的一个标准正交基.

三、Schmidt 正交化

设 $\{\boldsymbol{a}_i\}_{i=1}^k$ 是一个线性无关向量组. 取

$\boldsymbol{b}_1=\boldsymbol{a}_1$,

$$\boldsymbol{b}_j=\boldsymbol{a}_j-\frac{(\boldsymbol{a}_j,\boldsymbol{b}_1)}{\|\boldsymbol{b}_1\|^2}\boldsymbol{b}_1-\frac{(\boldsymbol{a}_j,\boldsymbol{b}_2)}{\|\boldsymbol{b}_2\|^2}\boldsymbol{b}_2-\cdots-\frac{(\boldsymbol{a}_j,\boldsymbol{b}_{j-1})}{\|\boldsymbol{b}_{j-1}\|^2}\boldsymbol{b}_{j-1},\ j=2,\cdots,k,$$

则 $\{\boldsymbol{b}_i\}_{i=1}^k$ 是正交向量组,这个过程称为 **Schmidt 正交化**.

注 在以上过程中得到的向量组 $\{\boldsymbol{b}_i\}_{i=1}^k$ 与 $\{\boldsymbol{a}_i\}_{i=1}^k$ 是等价的,即它们可以互相线性表示.

定理 5.1.2 $\mathbf{R}^n$ 中任意 k 个($k<n$)正交单位向量总可以扩充成 $\mathbf{R}^n$ 中的一个标准正交基.

四、正交矩阵和正交变换

定义 5.1.6 若 n 阶实方阵 $\boldsymbol{Q}$ 的 n 个列向量是 $\mathbf{R}^n$ 中的一个标准正交基,则称 $\boldsymbol{Q}$ 为**正交矩阵**.

定理 5.1.3 实方阵 $\boldsymbol{Q}$ 是正交矩阵的充分必要条件是 $\boldsymbol{Q}^{\mathrm{T}}\boldsymbol{Q}=\boldsymbol{I}$.

这就是说,实方阵 $\boldsymbol{Q}$ 是正交矩阵等价于 $\boldsymbol{Q}^{-1}=\boldsymbol{Q}^{\mathrm{T}}$.

推论 5.1.2 若 $\boldsymbol{Q}$ 是正交矩阵,则 $\boldsymbol{Q}^{\mathrm{T}}(=\boldsymbol{Q}^{-1})$也是正交矩阵. 或者说,$\boldsymbol{Q}$ 的 n 个行的转置也是 $\mathbf{R}^n$ 中的标准正交基.

推论 5.1.3 若 $\boldsymbol{Q}$ 是正交矩阵,则 $\det(\boldsymbol{Q})=\pm 1$.

推论 5.1.4 若 $\boldsymbol{Q}_1$ 和 $\boldsymbol{Q}_2$ 都是正交矩阵,则 $\boldsymbol{Q}_1\boldsymbol{Q}_2$ 也是正交矩阵.

注 若 λ 是正交矩阵的特征值,则 $|\lambda|=1$. 注意正交矩阵的特征值并不一定是实数,例如 $\boldsymbol{A}=\frac{1}{\sqrt{2}}\begin{pmatrix}1 & -1\\ 1 & 1\end{pmatrix}$是正交矩阵,其特征值为$\frac{1}{\sqrt{2}}(1\pm \mathrm{i})$.

定义 5.1.7 设 A 是 $\mathbf{R}^n$ 上的线性变换,若 A 作用在 $\mathbf{R}^n$ 中任意一个标准正交基$\{\boldsymbol{a}_i\}_{i=1}^n$上,得到的$\{A(\boldsymbol{a}_i)\}_{i=1}^n$仍是一个标准正交基,则称 A 为**正交变换**.

定理 5.1.4 设 A 是 $\mathbf{R}^n$ 上的线性变换,则以下命题等价:

(1) A 为正交变换;

(2) A 在任意一组标准正交基下的表示矩阵为正交矩阵;

(3) A 保持内积不变,即,对于任意 $\boldsymbol{x},\boldsymbol{y}\in\mathbf{R}^n$,$(A(\boldsymbol{x}),A(\boldsymbol{y}))=(\boldsymbol{x},\boldsymbol{y})$;

(4) A 保持模长不变,即,对于任意 $\boldsymbol{x}\in\mathbf{R}^n$, $\|A(\boldsymbol{x})\|=\|\boldsymbol{x}\|$.

五、酉空间

定义 5.1.8 对于 $\boldsymbol{x},\boldsymbol{y}\in\mathbf{C}^n$,定义 $\boldsymbol{x}$ 与 $\boldsymbol{y}$ 的**内积**为

$$(\boldsymbol{x},\boldsymbol{y})=\sum_{k=1}^{n}x_k\overline{y}_k.$$

定义了内积的复线性空间 $\mathbf{C}^n$ 称为**酉空间**.

酉空间上的内积具有下列性质:

(1)(**正定性**)对于任意 $\boldsymbol{x}\in\mathbf{C}^n$,$(\boldsymbol{x},\boldsymbol{x})\geqslant 0$,且$(\boldsymbol{x},\boldsymbol{x})=0$ 当且仅当 $\boldsymbol{x}=\boldsymbol{0}$;

(2)(**线性**)对于任意 $\boldsymbol{x},\boldsymbol{y},\boldsymbol{z}\in\mathbf{C}^n$ 和 $\lambda,\mu\in\mathbf{C}$,有

$$(\lambda\boldsymbol{x}+\mu\boldsymbol{y},\boldsymbol{z})=\lambda(\boldsymbol{x},\boldsymbol{z})+\mu(\boldsymbol{y},\boldsymbol{z}),$$

$$(\boldsymbol{x},\lambda\boldsymbol{y}+\mu\boldsymbol{z})=\overline{\lambda}(\boldsymbol{x},\boldsymbol{y})+\overline{\mu}(\boldsymbol{x},\boldsymbol{z});$$

(3)(**共轭对称性**)对于任意 $\boldsymbol{x},\boldsymbol{y}\in\mathbf{C}^n$, 有

$$(\boldsymbol{x},\boldsymbol{y})=\overline{(\boldsymbol{y},\boldsymbol{x})};$$

(4)(**Schwarz 不等式**)对于任意 $\boldsymbol{x},\boldsymbol{y}\in\mathbf{C}^n$,有

$$|(\boldsymbol{x},\boldsymbol{y})|^2\leqslant(\boldsymbol{x},\boldsymbol{x})(\boldsymbol{y},\boldsymbol{y}).$$

同样地,定义 $\boldsymbol{x}\in\mathbf{C}^n$ 的模(或范数、长度)为 $\|\boldsymbol{x}\|=\sqrt{(\boldsymbol{x},\boldsymbol{x})}$,那么关于模的正定性、齐次性和三角不等式依然在 $\mathbf{C}^n$ 上成立.

注 1 对于任意的 $\boldsymbol{x},\boldsymbol{y}\in\mathbf{C}^n$ 和 $\boldsymbol{A}\in\mathbf{C}^{n\times n}$,有

$$(\boldsymbol{A}\boldsymbol{x},\boldsymbol{y})=(\boldsymbol{x},\boldsymbol{A}^{\mathrm{H}}\boldsymbol{y}).$$

注 2 当 $(\boldsymbol{x},\boldsymbol{y})=0$ 时,称 $\boldsymbol{x}$ 和 $\boldsymbol{y}$ 是**正交**的. $\mathbf{C}^n$ 上 n 个相互正交的非零向量组成 $\mathbf{C}^n$ 的正交基. 由单位向量组成的正交基称为标准正交基. 与 $\mathbf{R}^n$ 的情况相同,$\mathbf{C}^n$ 中一组线性无关的向量也可作 Schmidt 正交化,并可扩充,再化成 $\mathbf{C}^n$ 的标准正交基.

定义 5.1.9 若 n 阶复方阵 $\boldsymbol{U}$ 的 n 个列向量是 $\mathbf{C}^n$ 中的一个标准正交基,则称 $\boldsymbol{U}$ 为**酉矩阵**.

和正交矩阵类似地可以证明下述定理.

定理 5.1.5 (1) 方阵 $\boldsymbol{U}$ 是酉矩阵的充分必要条件是 $\boldsymbol{U}^{\mathrm{H}}\boldsymbol{U}=\boldsymbol{U}\boldsymbol{U}^{\mathrm{H}}=\boldsymbol{I}$,即 $\boldsymbol{U}^{-1}=\boldsymbol{U}^{\mathrm{H}}$;

(2) $\boldsymbol{U}$ 是酉矩阵,则 $|\det(\boldsymbol{U})|=1$;

(3) $\boldsymbol{U}_1$ 和 $\boldsymbol{U}_2$ 都是酉矩阵,则 $\boldsymbol{U}_1^{-1}$ 和 $\boldsymbol{U}_1\boldsymbol{U}_2$ 也是酉矩阵.

推论 5.1.5 若 λ 是酉矩阵的特征值,则 $|\lambda|=1$.

定义 5.1.10 设 A 是 $\mathbf{C}^n$ 上的线性变换,若 A 作用在 $\mathbf{C}^n$ 中任意一个标准正交基 $\{\boldsymbol{a}_i\}_{i=1}^n$ 上得到的 $\{A(\boldsymbol{a}_i)\}_{i=1}^n$ 仍是 $\mathbf{C}^n$ 中的一个标准正交基,则称 A 为**酉变换**.

例题分析

例 5.1.1 已知 $\mathbf{R}^4$ 中向量

$$\boldsymbol{a}_1=(1,0,-1,0)^{\mathrm{T}},\quad \boldsymbol{a}_2=(1,1,-1,-1)^{\mathrm{T}},\quad \boldsymbol{a}_3=(-1,0,1,1)^{\mathrm{T}}.$$

(1) 求 $\|\boldsymbol{a}_1\|$,$(\boldsymbol{a}_1,\boldsymbol{a}_3)$,$(\boldsymbol{a}_1+2\boldsymbol{a}_2,2\boldsymbol{a}_1+\boldsymbol{a}_3)$;

(2) 求 $\boldsymbol{a}_2$ 与 $\boldsymbol{a}_3$ 的夹角;

(3) 求与 $\boldsymbol{a}_1,\boldsymbol{a}_2,\boldsymbol{a}_3$ 都正交的全部向量.

解 (1) 由定义

$$\|\boldsymbol{a}_1\|=\sqrt{1^2+0^2+(-1)^2+0^2}=\sqrt{2},$$

$$(\boldsymbol{a}_1,\boldsymbol{a}_3)=1\times(-1)+0\times0+(-1)\times1+0\times1=-2,$$

$$\begin{aligned}(\boldsymbol{a}_1+2\boldsymbol{a}_2,2\boldsymbol{a}_1+\boldsymbol{a}_3)&=2(\boldsymbol{a}_1,\boldsymbol{a}_1)+(\boldsymbol{a}_1,\boldsymbol{a}_3)+4(\boldsymbol{a}_2,\boldsymbol{a}_1)+2(\boldsymbol{a}_2,\boldsymbol{a}_3)\\&=2\times2+(-2)+4\times2+2\times(-3)=4.\end{aligned}$$

(2) 记 $\boldsymbol{a}_2$ 与 $\boldsymbol{a}_3$ 的夹角为 θ,则

$$\cos\theta = \frac{(\boldsymbol{a}_2, \boldsymbol{a}_3)}{\|\boldsymbol{a}_2\| \cdot \|\boldsymbol{a}_3\|} = \frac{-3}{\sqrt{4}\sqrt{3}} = -\frac{\sqrt{3}}{2},$$

因此 $\theta = \frac{5\pi}{6}$.

(3) 设 $\boldsymbol{x} = (x_1, x_2, x_3, x_4)^{\mathrm{T}}$ 与 $\boldsymbol{a}_1, \boldsymbol{a}_2, \boldsymbol{a}_3$ 都正交,即

$$\begin{cases} x_1 - x_3 = 0, \\ x_1 + x_2 - x_3 - x_4 = 0, \\ -x_1 + x_3 + x_4 = 0. \end{cases}$$

对这个线性方程组的系数矩阵作初等行变换:

$$\begin{pmatrix} 1 & 0 & -1 & 0 \\ 1 & 1 & -1 & -1 \\ -1 & 0 & 1 & 1 \end{pmatrix} \to \begin{pmatrix} 1 & 0 & -1 & 0 \\ 1 & 1 & -1 & -1 \\ 0 & 0 & 0 & 1 \end{pmatrix} \to \begin{pmatrix} 1 & 0 & -1 & 0 \\ 0 & 1 & 0 & -1 \\ 0 & 0 & 0 & 1 \end{pmatrix},$$

由此可知该方程组的基础解系为

$$\boldsymbol{a}_4 = (1, 0, 1, 0)^{\mathrm{T}}.$$

于是与 $\boldsymbol{a}_1, \boldsymbol{a}_2, \boldsymbol{a}_3$ 都正交的向量全体为

$$c(1, 0, 1, 0)^{\mathrm{T}}, \quad c \text{ 是任意常数}.$$

例 5.1.2 从上题中的向量

$\boldsymbol{a}_1 = (1, 0, -1, 0)^{\mathrm{T}}$, $\boldsymbol{a}_2 = (1, 1, -1, -1)^{\mathrm{T}}$, $\boldsymbol{a}_3 = (-1, 0, 1, 1)^{\mathrm{T}}$,

$\boldsymbol{a}_4 = (1, 0, 1, 0)^{\mathrm{T}}$

生成 $\mathbf{R}^4$ 的一个标准正交基.

解 先将 $\boldsymbol{a}_1, \boldsymbol{a}_2, \boldsymbol{a}_3, \boldsymbol{a}_4$ 化成正交向量组. 由 Schmidt 正交化过程,取

$$\boldsymbol{b}_1 = \boldsymbol{a}_1 = (1, 0, -1, 0)^{\mathrm{T}},$$

$$\begin{aligned} \boldsymbol{b}_2 &= \boldsymbol{a}_2 - \frac{(\boldsymbol{a}_2, \boldsymbol{b}_1)}{\|\boldsymbol{b}_1\|^2}\boldsymbol{b}_1 \\ &= (1, 1, -1, -1)^{\mathrm{T}} - \frac{2}{2}(1, 0, -1, 0)^{\mathrm{T}} = (0, 1, 0, -1)^{\mathrm{T}}, \end{aligned}$$

$$\begin{aligned} \boldsymbol{b}_3 &= \boldsymbol{a}_3 - \frac{(\boldsymbol{a}_3, \boldsymbol{b}_1)}{\|\boldsymbol{b}_1\|^2}\boldsymbol{b}_1 - \frac{(\boldsymbol{a}_3, \boldsymbol{b}_2)}{\|\boldsymbol{b}_2\|^2}\boldsymbol{b}_2 \\ &= (-1, 0, 1, 1)^{\mathrm{T}} - \frac{-2}{2}(1, 0, -1, 0)^{\mathrm{T}} - \frac{-1}{2}(0, 1, 0, -1)^{\mathrm{T}} \\ &= \left(0, \frac{1}{2}, 0, \frac{1}{2}\right)^{\mathrm{T}}. \end{aligned}$$

因为 $\boldsymbol{a}_4$ 与 $\boldsymbol{a}_1, \boldsymbol{a}_2, \boldsymbol{a}_3$ 都正交,所以与它们的线性组合 $\boldsymbol{b}_1, \boldsymbol{b}_2, \boldsymbol{b}_3$ 也正交,因此 $\boldsymbol{b}_1, \boldsymbol{b}_2, \boldsymbol{b}_3, \boldsymbol{a}_4$ 就是一个正交向量组,成为 $\mathbf{R}^4$ 的一个正交基. 再将 $\boldsymbol{b}_1, \boldsymbol{b}_2, \boldsymbol{b}_3, \boldsymbol{a}_4$ 单位化,便得 $\mathbf{R}^4$ 的一个标准正交基

$$\xi_1=\frac{b_1}{\|b_1\|}=\left(\frac{1}{\sqrt{2}},0,-\frac{1}{\sqrt{2}},0\right)^{\mathrm T},\quad \xi_2=\frac{b_2}{\|b_2\|}=\left(0,\frac{1}{\sqrt{2}},0,-\frac{1}{\sqrt{2}}\right)^{\mathrm T},$$

$$\xi_3=\frac{b_3}{\|b_3\|}=\left(0,\frac{1}{\sqrt{2}},0,\frac{1}{\sqrt{2}}\right)^{\mathrm T},\quad \xi_4=\frac{a_4}{\|a_4\|}=\left(\frac{1}{\sqrt{2}},0,\frac{1}{\sqrt{2}},0\right)^{\mathrm T}.$$

例 5.1.3 已知齐次线性方程组

$$\begin{cases}x_1+x_2-3x_4-x_5=0,\\ x_1-x_2+2x_3-x_4-x_5=0,\\ x_1+x_3-2x_4-x_5=0.\end{cases}$$

（1）求该方程组的解空间的一个标准正交基；

（2）将(1)的标准正交基扩充成 $\mathbf{R}^5$ 一个标准正交基.

解 （1）对所给方程组的系数矩阵作初等行变换得：

$$\begin{pmatrix}1&1&0&-3&-1\\1&-1&2&-1&-1\\1&0&1&-2&-1\end{pmatrix}\to\begin{pmatrix}1&1&0&-3&-1\\0&-2&2&2&0\\0&-1&1&1&0\end{pmatrix}\to\begin{pmatrix}1&1&0&-3&-1\\0&1&-1&-1&0\\0&0&0&0&0\end{pmatrix}.$$

由此可得出方程组的一个基础解系为

$$a_1=(-1,1,1,0,0)^{\mathrm T},\ a_2=(2,1,0,1,0)^{\mathrm T},\ a_3=(1,0,0,0,1)^{\mathrm T}.$$

它就是所给方程组的解空间的一个基. 再将它们正交化：

$$b_1=a_1=(-1,1,1,0,0)^{\mathrm T},$$

$$\begin{aligned}b_2&=a_2-\frac{(a_2,b_1)}{\|b_1\|^2}b_1\\&=(2,1,0,1,0)^{\mathrm T}-\frac{-1}{3}(-1,1,1,0,0)^{\mathrm T}=\frac{1}{3}(5,4,1,3,0)^{\mathrm T},\end{aligned}$$

$$\begin{aligned}b_3&=a_3-\frac{(a_3,b_1)}{\|b_1\|^2}b_1-\frac{(a_3,b_2)}{\|b_2\|^2}b_2\\&=(1,0,0,0,1)^{\mathrm T}+\frac{1}{3}(-1,1,1,0,0)^{\mathrm T}-\frac{5}{51}(5,4,1,3,0)^{\mathrm T}\\&=\frac{1}{17}(3,-1,4,-5,17)^{\mathrm T}.\end{aligned}$$

将它们单位化后,便得解空间的标准正交基

$$\xi_1=\frac{1}{\sqrt{3}}(-1,1,1,0,0)^{\mathrm T},\quad \xi_2=\frac{1}{\sqrt{51}}(5,4,1,3,0)^{\mathrm T},$$

$$\xi_3=\frac{1}{\sqrt{340}}(3,-1,4,-5,17)^{\mathrm T}.$$

（2）注意到所给方程组的系数矩阵的行向量的转置

$$a_4=(1,1,0,-3,-1)^{\mathrm T},\quad a_5=(1,-1,2,-1,-1)^{\mathrm T},\quad a_6=(1,0,1,-2,-1)^{\mathrm T}$$

都与 $\boldsymbol{a}_1,\boldsymbol{a}_2,\boldsymbol{a}_3$ 正交,因此也与 $\boldsymbol{\xi}_1,\boldsymbol{\xi}_2,\boldsymbol{\xi}_3$ 正交. 由(1)的初等行变换知向量组 $\boldsymbol{a}_4,\boldsymbol{a}_5,\boldsymbol{a}_6$ 的秩为 2,$\boldsymbol{a}_4,\boldsymbol{a}_5$ 就是一个极大无关组. 再对 $\boldsymbol{a}_4,\boldsymbol{a}_5$ 进行 Schmidt 正交化得

$$\boldsymbol{b}_4=\boldsymbol{a}_4=(1,1,0,-3,-1)^{\mathrm{T}},$$

$$\begin{aligned}\boldsymbol{b}_5&=\boldsymbol{a}_5-\frac{(\boldsymbol{a}_5,\boldsymbol{b}_4)}{\|\boldsymbol{b}_4\|^2}\boldsymbol{b}_4\\&=(1,-1,2,-1,-1)^{\mathrm{T}}-\frac{1}{3}(1,1,0,-3,-1)^{\mathrm{T}}=\frac{1}{3}(2,-4,6,0,-2)^{\mathrm{T}},\end{aligned}$$

将其单位化得

$$\boldsymbol{\xi}_4=\frac{1}{2\sqrt{3}}(1,1,0,-3,-1)^{\mathrm{T}},\quad \boldsymbol{\xi}_5=\frac{1}{\sqrt{15}}(1,-2,3,0,-1)^{\mathrm{T}}.$$

于是 $\boldsymbol{\xi}_1,\boldsymbol{\xi}_2,\boldsymbol{\xi}_3,\boldsymbol{\xi}_4,\boldsymbol{\xi}_5$ 便构成 $\mathbf{R}^5$ 一个标准正交基.

例 5.1.4 证明 $\mathbf{R}^n$ 中向量 $\boldsymbol{a}$ 与 $\boldsymbol{b}$ 正交的充分必要条件为:对任意实数 λ,成立

$$\|\boldsymbol{a}+\lambda\boldsymbol{b}\|\geqslant\|\boldsymbol{a}\|.$$

证 必要性:若 $\boldsymbol{a}$ 与 $\boldsymbol{b}$ 正交,即 $(\boldsymbol{a},\boldsymbol{b})=0$,则

$$\begin{aligned}\|\boldsymbol{a}+\lambda\boldsymbol{b}\|^2&=(\boldsymbol{a}+\lambda\boldsymbol{b},\boldsymbol{a}+\lambda\boldsymbol{b})=(\boldsymbol{a},\boldsymbol{a})+2\lambda(\boldsymbol{a},\boldsymbol{b})+\lambda^2(\boldsymbol{b},\boldsymbol{b})\\&=\|\boldsymbol{a}\|^2+\lambda^2\|\boldsymbol{b}\|^2\geqslant\|\boldsymbol{a}\|^2,\end{aligned}$$

因此 $\|\boldsymbol{a}+\lambda\boldsymbol{b}\|\geqslant\|\boldsymbol{a}\|$.

充分性:对于任意 λ 成立 $\|\boldsymbol{a}+\lambda\boldsymbol{b}\|\geqslant\|\boldsymbol{a}\|$,因此

$$(\boldsymbol{a}+\lambda\boldsymbol{b},\boldsymbol{a}+\lambda\boldsymbol{b})\geqslant(\boldsymbol{a},\boldsymbol{a}),$$

即

$$2\lambda(\boldsymbol{a},\boldsymbol{b})+\lambda^2(\boldsymbol{b},\boldsymbol{b})\geqslant 0.$$

若 $\boldsymbol{b}=\mathbf{0}$,显然 $\boldsymbol{a}$ 与 $\boldsymbol{b}$ 正交.

若 $\boldsymbol{b}\neq\mathbf{0}$,则 $(\boldsymbol{b},\boldsymbol{b})>0$. 由于 $2\lambda(\boldsymbol{a},\boldsymbol{b})+\lambda^2(\boldsymbol{b},\boldsymbol{b})\geqslant 0$ 对任意实数 λ 成立,则必有

$$4(\boldsymbol{a},\boldsymbol{b})^2-4\times 0\times(\boldsymbol{b},\boldsymbol{b})\leqslant 0,\text{即}(\boldsymbol{a},\boldsymbol{b})^2\leqslant 0,$$

因此 $(\boldsymbol{a},\boldsymbol{b})=0$,即 $\boldsymbol{a}$ 与 $\boldsymbol{b}$ 正交.

例 5.1.5 设 $\mathbf{R}^n$ 中向量组 $\boldsymbol{a}_1,\boldsymbol{a}_2,\cdots,\boldsymbol{a}_r$ 线性无关,向量组 $\boldsymbol{b}_1,\boldsymbol{b}_2,\cdots,\boldsymbol{b}_s$ 也线性无关. 证明:若每个 $\boldsymbol{b}_j(j=1,2,\cdots,s)$ 都与 $\boldsymbol{a}_1,\boldsymbol{a}_2,\cdots,\boldsymbol{a}_r$ 正交,则 $\boldsymbol{a}_1,\boldsymbol{a}_2,\cdots,\boldsymbol{a}_r,\boldsymbol{b}_1,\boldsymbol{b}_2,\cdots,\boldsymbol{b}_s$ 线性无关.

证 设有常数 $\lambda_1,\lambda_2,\cdots,\lambda_r,\mu_1,\mu_2,\cdots,\mu_s$,使得

$$\lambda_1\boldsymbol{a}_1+\lambda_2\boldsymbol{a}_2+\cdots+\lambda_r\boldsymbol{a}_r+\mu_1\boldsymbol{b}_1+\mu_2\boldsymbol{b}_2+\cdots+\mu_s\boldsymbol{b}_s=\mathbf{0},$$

将上式与每个 $\boldsymbol{b}_j(j=1,2,\cdots,s)$ 作内积,因为 $\boldsymbol{b}_j$ 都与 $\boldsymbol{a}_1,\boldsymbol{a}_2,\cdots,\boldsymbol{a}_r$ 正交,所以

$$\mu_1(\boldsymbol{b}_j,\boldsymbol{b}_1)+\mu_2(\boldsymbol{b}_j,\boldsymbol{b}_2)+\cdots+\mu_s(\boldsymbol{b}_j,\boldsymbol{b}_s)=0,\quad j=1,2,\cdots,s.$$

将这些等式看成以 $\mu_1,\mu_2,\cdots,\mu_s$ 未知量的线性方程组,其系数行列式为 Gram 行列

式 $G[\boldsymbol{b}_1,\boldsymbol{b}_2,\cdots,\boldsymbol{b}_s]$. 因为 $\boldsymbol{b}_1,\boldsymbol{b}_2,\cdots,\boldsymbol{b}_s$ 线性无关,所以 $G[\boldsymbol{b}_1,\boldsymbol{b}_2,\cdots,\boldsymbol{b}_s]\neq 0$,因此

$$\mu_1=\mu_2=\cdots=\mu_s=0.$$

于是 $\lambda_1\boldsymbol{a}_1+\lambda_2\boldsymbol{a}_2+\cdots+\lambda_r\boldsymbol{a}_r=0$,而 $\boldsymbol{a}_1,\boldsymbol{a}_2,\cdots,\boldsymbol{a}_r$ 线性无关,所以

$$\lambda_1=\lambda_2=\cdots=\lambda_r=0.$$

因此 $\boldsymbol{a}_1,\boldsymbol{a}_2,\cdots,\boldsymbol{a}_r,\boldsymbol{b}_1,\boldsymbol{b}_2,\cdots,\boldsymbol{b}_s$ 线性无关.

例 5.1.6 设 $\boldsymbol{A}$ 是 n 阶正交矩阵. 证明:

(1) 若 $|\boldsymbol{A}|=-1$,则 -1 是 $\boldsymbol{A}$ 的特征值;

(2) 若 n 是奇数,且 $|\boldsymbol{A}|=1$,则 1 是 $\boldsymbol{A}$ 的特征值.

证 (1) 因为 $\boldsymbol{A}$ 是正交矩阵,所以 $\boldsymbol{A}^{\mathrm{T}}\boldsymbol{A}=\boldsymbol{A}\boldsymbol{A}^{\mathrm{T}}=\boldsymbol{I}_n$,从而

$$\begin{aligned}|\boldsymbol{A}+\boldsymbol{I}_n|&=|\boldsymbol{A}+\boldsymbol{A}\boldsymbol{A}^{\mathrm{T}}|=|\boldsymbol{A}(\boldsymbol{I}_n+\boldsymbol{A}^{\mathrm{T}})|\\&=|\boldsymbol{A}|\cdot|\boldsymbol{I}_n+\boldsymbol{A}^{\mathrm{T}}|=-|\boldsymbol{I}_n+\boldsymbol{A}^{\mathrm{T}}|=-|\boldsymbol{A}+\boldsymbol{I}_n|.\end{aligned}$$

因此 $|\boldsymbol{A}-(-1)\boldsymbol{I}_n|=|\boldsymbol{A}+\boldsymbol{I}_n|=0$,即 -1 是 $\boldsymbol{A}$ 的特征值.

(2) 当 n 是奇数时,有

$$\begin{aligned}|\boldsymbol{A}-\boldsymbol{I}_n|&=|\boldsymbol{A}-\boldsymbol{A}\boldsymbol{A}^{\mathrm{T}}|=|\boldsymbol{A}(\boldsymbol{I}_n-\boldsymbol{A}^{\mathrm{T}})|=|\boldsymbol{A}|\cdot|\boldsymbol{I}_n-\boldsymbol{A}^{\mathrm{T}}|\\&=|\boldsymbol{I}_n-\boldsymbol{A}|=|(-1)(\boldsymbol{A}-\boldsymbol{I}_n)|=(-1)^n|\boldsymbol{A}-\boldsymbol{I}_n|=-|\boldsymbol{A}-\boldsymbol{I}_n|.\end{aligned}$$

因此 $|\boldsymbol{A}-\boldsymbol{I}_n|=0$,即 1 是 $\boldsymbol{A}$ 的特征值.

注 当 n 是偶数,且 $|\boldsymbol{A}|=1$ 时,1 不一定是 $\boldsymbol{A}$ 的特征值. 例如,$\boldsymbol{A}=\frac{1}{\sqrt{2}}\begin{pmatrix}1&-1\\1&1\end{pmatrix}$是正交矩阵,$|\boldsymbol{A}|=1$,但其特征值为$\frac{1}{\sqrt{2}}(1\pm\mathrm{i})$.

例 5.1.7 求 a,b,使得矩阵 $\boldsymbol{A}=\begin{pmatrix}\frac{1}{\sqrt{2}}&a&0\\0&0&1\\b&\frac{1}{\sqrt{2}}&0\end{pmatrix}$为正交矩阵.

解 要求 $\boldsymbol{A}^{\mathrm{T}}\boldsymbol{A}=\boldsymbol{I}$ 成立,即

$$\begin{pmatrix}\frac{1}{\sqrt{2}}&0&b\\a&0&\frac{1}{\sqrt{2}}\\0&1&0\end{pmatrix}\begin{pmatrix}\frac{1}{\sqrt{2}}&a&0\\0&0&1\\b&\frac{1}{\sqrt{2}}&0\end{pmatrix}=\begin{pmatrix}1&0&0\\0&1&0\\0&0&1\end{pmatrix}.$$

于是

$$\begin{cases}\dfrac{1}{2}+b^2=1,\\ \dfrac{1}{\sqrt{2}}a+\dfrac{1}{\sqrt{2}}b=0,\\ a^2+\dfrac{1}{2}=1.\end{cases}$$

所以

$$\begin{cases}a=\dfrac{1}{\sqrt{2}},\\ b=-\dfrac{1}{\sqrt{2}},\end{cases} \text{或} \begin{cases}a=-\dfrac{1}{\sqrt{2}},\\ b=\dfrac{1}{\sqrt{2}}.\end{cases}$$

经验证,这两组解都满足要求.

例 5.1.8 (1) 设 $\boldsymbol{a}_1,\boldsymbol{a}_2,\cdots,\boldsymbol{a}_n$ 是 $\mathbf{R}^n$ 的标准正交基,$\mathbf{R}^n$ 中向量 $\boldsymbol{b}_1,\boldsymbol{b}_2,\cdots,\boldsymbol{b}_n$ 满足$(\boldsymbol{b}_1,\boldsymbol{b}_2,\cdots,\boldsymbol{b}_n)=(\boldsymbol{a}_1,\boldsymbol{a}_2,\cdots,\boldsymbol{a}_n)\boldsymbol{A}$,证明 $\boldsymbol{b}_1,\boldsymbol{b}_2,\cdots,\boldsymbol{b}_n$ 是 $\mathbf{R}^n$ 的标准正交基的充分必要条件是:$\boldsymbol{A}$ 是正交矩阵;

(2) 已知 $\boldsymbol{a}_1,\boldsymbol{a}_2,\boldsymbol{a}_3$ 是 $\mathbf{R}^3$ 的标准正交基,证明:

$$\boldsymbol{b}_1=\frac{1}{\sqrt{2}}\boldsymbol{a}_1-\frac{1}{\sqrt{2}}\boldsymbol{a}_3,\quad \boldsymbol{b}_2=\frac{1}{\sqrt{2}}\boldsymbol{a}_1+\frac{1}{\sqrt{2}}\boldsymbol{a}_3,\quad \boldsymbol{b}_3=\boldsymbol{a}_2$$

也是 $\mathbf{R}^3$ 的标准正交基.

证 (1) 必要性:若 $\boldsymbol{b}_1,\boldsymbol{b}_2,\cdots,\boldsymbol{b}_n$ 是 $\mathbf{R}^n$ 的标准正交基,则

$$(\boldsymbol{b}_1,\boldsymbol{b}_2,\cdots,\boldsymbol{b}_n)^{\mathrm{T}}(\boldsymbol{b}_1,\boldsymbol{b}_2,\cdots,\boldsymbol{b}_n)=\boldsymbol{I},$$

同理$(\boldsymbol{a}_1,\boldsymbol{a}_2,\cdots,\boldsymbol{a}_n)^{\mathrm{T}}(\boldsymbol{a}_1,\boldsymbol{a}_2,\cdots,\boldsymbol{a}_n)=\boldsymbol{I}$. 于是

$$\begin{aligned}\boldsymbol{I}&=(\boldsymbol{b}_1,\boldsymbol{b}_2,\cdots,\boldsymbol{b}_n)^{\mathrm{T}}(\boldsymbol{b}_1,\boldsymbol{b}_2,\cdots,\boldsymbol{b}_n)=[(\boldsymbol{a}_1,\boldsymbol{a}_2,\cdots,\boldsymbol{a}_n)\boldsymbol{A}]^{\mathrm{T}}(\boldsymbol{a}_1,\boldsymbol{a}_2,\cdots,\boldsymbol{a}_n)\boldsymbol{A}\\&=\boldsymbol{A}^{\mathrm{T}}(\boldsymbol{a}_1,\boldsymbol{a}_2,\cdots,\boldsymbol{a}_n)^{\mathrm{T}}(\boldsymbol{a}_1,\boldsymbol{a}_2,\cdots,\boldsymbol{a}_n)\boldsymbol{A}=\boldsymbol{A}^{\mathrm{T}}\boldsymbol{I}\boldsymbol{A}=\boldsymbol{A}^{\mathrm{T}}\boldsymbol{A}.\end{aligned}$$

因此 $\boldsymbol{A}$ 是正交矩阵.

充分性:若 $\boldsymbol{A}$ 是正交矩阵,则 $\boldsymbol{A}^{\mathrm{T}}\boldsymbol{A}=\boldsymbol{I}$,因此

$$\begin{aligned}(\boldsymbol{b}_1,\boldsymbol{b}_2,\cdots,\boldsymbol{b}_n)^{\mathrm{T}}(\boldsymbol{b}_1,\boldsymbol{b}_2,\cdots,\boldsymbol{b}_n)&=[(\boldsymbol{a}_1,\boldsymbol{a}_2,\cdots,\boldsymbol{a}_n)\boldsymbol{A}]^{\mathrm{T}}(\boldsymbol{a}_1,\boldsymbol{a}_2,\cdots,\boldsymbol{a}_n)\boldsymbol{A}\\&=\boldsymbol{A}^{\mathrm{T}}(\boldsymbol{a}_1,\boldsymbol{a}_2,\cdots,\boldsymbol{a}_n)^{\mathrm{T}}(\boldsymbol{a}_1,\boldsymbol{a}_2,\cdots,\boldsymbol{a}_n)\boldsymbol{A}\\&=\boldsymbol{A}^{\mathrm{T}}\boldsymbol{A}=\boldsymbol{I}.\end{aligned}$$

所以$(\boldsymbol{b}_1,\boldsymbol{b}_2,\cdots,\boldsymbol{b}_n)$是正交矩阵,于是 $\boldsymbol{b}_1,\boldsymbol{b}_2,\cdots,\boldsymbol{b}_n$ 是 $\mathbf{R}^n$ 的标准正交基.

(2) 由已知得

$$(\boldsymbol{b}_1,\boldsymbol{b}_2,\boldsymbol{b}_3)=(\boldsymbol{a}_1,\boldsymbol{a}_2,\boldsymbol{a}_3)\begin{pmatrix}\dfrac{1}{\sqrt{2}}&\dfrac{1}{\sqrt{2}}&0\\0&0&1\\-\dfrac{1}{\sqrt{2}}&\dfrac{1}{\sqrt{2}}&0\end{pmatrix},$$

由上例知最右面的矩阵是正交矩阵，所以由(1)知 $\boldsymbol{b}_1,\boldsymbol{b}_2,\boldsymbol{b}_3$ 是标准正交基.

例 5.1.9 设 $\boldsymbol{a}_1,\boldsymbol{a}_2,\cdots,\boldsymbol{a}_n$ 是 $\mathbf{R}^n$ 的基. 证明：若 $\mathbf{R}^n$ 中向量 $\boldsymbol{b}$ 与 $\boldsymbol{a}_1,\boldsymbol{a}_2,\cdots,\boldsymbol{a}_n$ 都正交，则 $\boldsymbol{b}=\boldsymbol{0}$.

证 因为 $\boldsymbol{a}_1,\boldsymbol{a}_2,\cdots,\boldsymbol{a}_n$ 是 $\mathbf{R}^n$ 的基，所以它们通过 Schmidt 正交过程及单位化可生成为标准正交基 $\tilde{\boldsymbol{a}}_1,\tilde{\boldsymbol{a}}_2,\cdots,\tilde{\boldsymbol{a}}_n$，且 $\tilde{\boldsymbol{a}}_1,\tilde{\boldsymbol{a}}_2,\cdots,\tilde{\boldsymbol{a}}_n$ 能用 $\boldsymbol{a}_1,\boldsymbol{a}_2,\cdots,\boldsymbol{a}_n$ 线性表示. 因为 $\boldsymbol{b}$ 与 $\boldsymbol{a}_1,\boldsymbol{a}_2,\cdots,\boldsymbol{a}_n$ 都正交，所以与其线性组合 $\tilde{\boldsymbol{a}}_1,\tilde{\boldsymbol{a}}_2,\cdots,\tilde{\boldsymbol{a}}_n$ 也正交，即 $(\boldsymbol{b},\tilde{\boldsymbol{a}}_j)=0(j=1,2,\cdots,n)$.

设 $\boldsymbol{b}$ 在标准正交基 $\tilde{\boldsymbol{a}}_1,\tilde{\boldsymbol{a}}_2,\cdots,\tilde{\boldsymbol{a}}_n$ 下表示为

$$\boldsymbol{b}=x_1\tilde{\boldsymbol{a}}_1+x_2\tilde{\boldsymbol{a}}_2+\cdots+x_n\tilde{\boldsymbol{a}}_n.$$

在等式两边分别与 $\tilde{\boldsymbol{a}}_j(j=1,2,\cdots,n)$ 作内积，并注意到 $(\tilde{\boldsymbol{a}}_k,\tilde{\boldsymbol{a}}_j)=0(k\neq j)$，$(\tilde{\boldsymbol{a}}_j,\tilde{\boldsymbol{a}}_j)=1$，得

$$\begin{aligned}0&=(\boldsymbol{b},\tilde{\boldsymbol{a}}_j)=(x_1\tilde{\boldsymbol{a}}_1+x_2\tilde{\boldsymbol{a}}_2+\cdots+x_n\tilde{\boldsymbol{a}}_n,\tilde{\boldsymbol{a}}_j)\\&=x_1(\tilde{\boldsymbol{a}}_1,\tilde{\boldsymbol{a}}_j)+x_2(\tilde{\boldsymbol{a}}_2,\tilde{\boldsymbol{a}}_j)+\cdots+x_n(\tilde{\boldsymbol{a}}_n,\tilde{\boldsymbol{a}}_j)=x_j,\quad j=1,2,\cdots,n.\end{aligned}$$

于是 $\boldsymbol{b}=\boldsymbol{0}$.

例 5.1.10 设 $\boldsymbol{a}$ 为实 n 维非零列向量，证明 $\boldsymbol{A}=\boldsymbol{I}_n-\dfrac{2}{(\boldsymbol{a},\boldsymbol{a})}\boldsymbol{a}\boldsymbol{a}^{\mathrm{T}}$ 是对称的正交矩阵.

证 因为

$$\begin{aligned}\boldsymbol{A}^{\mathrm{T}}&=\left(\boldsymbol{I}_n-\frac{2}{(\boldsymbol{a},\boldsymbol{a})}\boldsymbol{a}\boldsymbol{a}^{\mathrm{T}}\right)^{\mathrm{T}}=(\boldsymbol{I}_n)^{\mathrm{T}}-\frac{2}{(\boldsymbol{a},\boldsymbol{a})}(\boldsymbol{a}\boldsymbol{a}^{\mathrm{T}})^{\mathrm{T}}\\&=\boldsymbol{I}_n-\frac{2}{(\boldsymbol{a},\boldsymbol{a})}\boldsymbol{a}\boldsymbol{a}^{\mathrm{T}}=\boldsymbol{A},\end{aligned}$$

所以 $\boldsymbol{A}$ 是对称矩阵. 进一步

$$\begin{aligned}\boldsymbol{A}^{\mathrm{T}}\boldsymbol{A}&=\left(\boldsymbol{I}_n-\frac{2}{(\boldsymbol{a},\boldsymbol{a})}\boldsymbol{a}\boldsymbol{a}^{\mathrm{T}}\right)\left(\boldsymbol{I}_n-\frac{2}{(\boldsymbol{a},\boldsymbol{a})}\boldsymbol{a}\boldsymbol{a}^{\mathrm{T}}\right)\\&=\boldsymbol{I}_n-\frac{4}{(\boldsymbol{a},\boldsymbol{a})}\boldsymbol{a}\boldsymbol{a}^{\mathrm{T}}+\frac{4}{(\boldsymbol{a},\boldsymbol{a})^2}(\boldsymbol{a}\boldsymbol{a}^{\mathrm{T}})(\boldsymbol{a}\boldsymbol{a}^{\mathrm{T}})\\&=\boldsymbol{I}_n-\frac{4}{(\boldsymbol{a},\boldsymbol{a})}\boldsymbol{a}\boldsymbol{a}^{\mathrm{T}}+\frac{4}{(\boldsymbol{a},\boldsymbol{a})^2}\boldsymbol{a}(\boldsymbol{a}^{\mathrm{T}}\boldsymbol{a})\boldsymbol{a}^{\mathrm{T}}.\end{aligned}$$

因为 $\boldsymbol{a}^{\mathrm{T}}\boldsymbol{a}=(\boldsymbol{a},\boldsymbol{a})$，所以从上式得 $\boldsymbol{A}^{\mathrm{T}}\boldsymbol{A}=\boldsymbol{I}_n$，因此 $\boldsymbol{A}$ 是正交矩阵.

例 5.1.11 证明任何上三角的正交矩阵必是对角阵，且对角元是 1 或 -1.

证 设 $\boldsymbol{A}$ 是上三角的正交矩阵，可记

$$A=\begin{pmatrix} a_{11} & a_{12} & \cdots & a_{1n} \\ & a_{22} & \cdots & a_{2n} \\ & & \ddots & \vdots \\ & & & a_{nn} \end{pmatrix}.$$

因为 $\boldsymbol{A}$ 是正交矩阵,所以 $\boldsymbol{A}^{\mathrm{T}}\boldsymbol{A}=\boldsymbol{I}$,即

$$\begin{pmatrix} a_{11} & & & \\ a_{12} & a_{22} & & \\ \vdots & \vdots & \ddots & \\ a_{1n} & a_{2n} & \cdots & a_{nn} \end{pmatrix}\begin{pmatrix} a_{11} & a_{12} & \cdots & a_{1n} \\ & a_{22} & \cdots & a_{2n} \\ & & \ddots & \vdots \\ & & & a_{nn} \end{pmatrix}=\begin{pmatrix} 1 & & & \\ & 1 & & \\ & & \ddots & \\ & & & 1 \end{pmatrix}.$$

比较等式两边矩阵的第一行各元素得

$$a_{11}^2=1,\quad a_{11}a_{12}=0,\quad \cdots,\quad a_{11}a_{1n}=0,$$

于是 $a_{12}=\cdots=a_{1n}=0$.

如此比较下去可得

$$a_{ii}^2=1(i=1,2,\cdots,n),\quad a_{ij}=0\quad (j\neq i).$$

因此 $\boldsymbol{A}$ 是对角阵,且对角元 $a_{ii}=1$ 或 $-1(i=1,2,\cdots,n)$.

例 5.1.12 证明任何实可逆矩阵总可以唯一分解为一个正交矩阵与一个对角元为正的实上三角阵的乘积.

证 设 $\boldsymbol{A}$ 是 n 阶实可逆矩阵,先证明 $\boldsymbol{A}=\boldsymbol{QR}$,其中 $\boldsymbol{Q}$ 是 n 阶正交矩阵,$\boldsymbol{R}$ 是对角元为正的 n 阶实上三角阵.

记 $\boldsymbol{A}=(\boldsymbol{a}_1,\boldsymbol{a}_2,\cdots,\boldsymbol{a}_n)$. 因为 $\boldsymbol{A}$ 可逆,所以 $\boldsymbol{a}_1,\boldsymbol{a}_2,\cdots,\boldsymbol{a}_n$ 线性无关. 对它们进行 Schmidt 正交化得

$$\boldsymbol{b}_1=\boldsymbol{a}_1,$$

$$\boldsymbol{b}_2=\boldsymbol{a}_2-\frac{(\boldsymbol{a}_2,\boldsymbol{b}_1)}{\|\boldsymbol{b}_1\|^2}\boldsymbol{b}_1,$$

……

$$\boldsymbol{b}_n=\boldsymbol{a}_n-\frac{(\boldsymbol{a}_n,\boldsymbol{b}_1)}{\|\boldsymbol{b}_1\|^2}\boldsymbol{b}_1-\frac{(\boldsymbol{a}_n,\boldsymbol{b}_2)}{\|\boldsymbol{b}_2\|^2}\boldsymbol{b}_2-\cdots-\frac{(\boldsymbol{a}_n,\boldsymbol{b}_{n-1})}{\|\boldsymbol{b}_{n-1}\|^2}\boldsymbol{b}_{n-1}.$$

再单位化,并记 $\boldsymbol{\xi}_j=\dfrac{\boldsymbol{b}_j}{\|\boldsymbol{b}_j\|}(j=1,2,\cdots,n)$. 由 Schmidt 正交化过程可以看出,每个 $\boldsymbol{b}_j$ 均是 $\boldsymbol{a}_1,\boldsymbol{a}_2,\cdots,\boldsymbol{a}_j$ 的线性组合,且关于 $\boldsymbol{a}_j$ 的系数为 $1(j=1,2,\cdots,n)$,因此

$$(\boldsymbol{b}_1,\boldsymbol{b}_2,\cdots,\boldsymbol{b}_n)=(\boldsymbol{a}_1,\boldsymbol{a}_2,\cdots,\boldsymbol{a}_n)\boldsymbol{P}.$$

其中 $\boldsymbol{P}$ 为上三角阵,且对角元为 1.

因为 $(\boldsymbol{\xi}_1,\boldsymbol{\xi}_2,\cdots,\boldsymbol{\xi}_n)=(\boldsymbol{b}_1,\boldsymbol{b}_2,\cdots,\boldsymbol{b}_n)\boldsymbol{C}$,其中

$$C=\mathrm{diag}\left(\frac{1}{\|\boldsymbol{b}_1\|},\frac{1}{\|\boldsymbol{b}_2\|},\cdots,\frac{1}{\|\boldsymbol{b}_n\|}\right),$$

所以

$$(\boldsymbol{\xi}_1,\boldsymbol{\xi}_2,\cdots,\boldsymbol{\xi}_n)=(\boldsymbol{a}_1,\boldsymbol{a}_2,\cdots,\boldsymbol{a}_n)\boldsymbol{PC}.$$

显然 $\boldsymbol{PC}$ 是对角元为正的 n 阶上三角阵,因此$(\boldsymbol{PC})^{-1}$也是对角元为正的 n 阶上三角阵. 记 $\boldsymbol{Q}=(\boldsymbol{\xi}_1,\boldsymbol{\xi}_2,\cdots,\boldsymbol{\xi}_n)$,它显然是正交矩阵. 再记 $\boldsymbol{R}=(\boldsymbol{PC})^{-1}$,则由上式得

$$\boldsymbol{A}=\boldsymbol{QR}.$$

再证明分解的唯一性. 设 $\boldsymbol{A}=\boldsymbol{Q}_1\boldsymbol{R}_1=\boldsymbol{Q}_2\boldsymbol{R}_2$,其中 $\boldsymbol{Q}_1,\boldsymbol{Q}_2$ 是正交矩阵,$\boldsymbol{R}_1,\boldsymbol{R}_2$ 是对角元为正的上三角阵,则

$$\boldsymbol{Q}_2^{-1}\boldsymbol{Q}_1=\boldsymbol{R}_2\boldsymbol{R}_1^{-1}.$$

因为 $\boldsymbol{Q}_2$ 是正交矩阵,则 $\boldsymbol{Q}_2{}^{-1}$也是正交矩阵. 因为 $\boldsymbol{R}_1$ 是对角元为正的上三角阵,所以 $\boldsymbol{R}_1{}^{-1}$也是. 因此 $\boldsymbol{Q}_2^{-1}\boldsymbol{Q}_1=\boldsymbol{R}_2\boldsymbol{R}_1^{-1}$既是正交矩阵,也是对角元为正的上三角阵. 由上例可知它们是对角元为 1 的对角阵,即 $\boldsymbol{Q}_2^{-1}\boldsymbol{Q}_1=\boldsymbol{R}_2\boldsymbol{R}_1^{-1}=\boldsymbol{I}$. 于是

$$\boldsymbol{Q}_1=\boldsymbol{Q}_2,\quad \boldsymbol{R}_2=\boldsymbol{R}_1.$$

这就是说,分解是唯一性的.

例 5.1.13 设 $\boldsymbol{a}_1$ 是 $\mathbf{R}^n$ 中的单位向量,$\mathbf{R}^n$ 上的变换 A 定义为

$$A(\boldsymbol{x})=\boldsymbol{x}-2(\boldsymbol{a}_1,\boldsymbol{x})\boldsymbol{a}_1,\ \boldsymbol{x}\in\mathbf{R}^n.$$

证明:(1) A 是正交变换;

(2) A 在任一标准正交基下的表示矩阵的行列式等于 -1.

证 (1) 因为对于任意 $\boldsymbol{x},\boldsymbol{y}\in\mathbf{R}^n$,及实数 λ,μ,有

$$\begin{aligned}A(\lambda\boldsymbol{x}+\mu\boldsymbol{y})&=(\lambda\boldsymbol{x}+\mu\boldsymbol{y})-2(\boldsymbol{a}_1,\lambda\boldsymbol{x}+\mu\boldsymbol{y})\boldsymbol{a}_1\\&=\lambda[\boldsymbol{x}-2(\boldsymbol{a}_1,\boldsymbol{x})\boldsymbol{a}_1]+\mu[\boldsymbol{y}-2(\boldsymbol{a}_1,\boldsymbol{y})\boldsymbol{a}_1]=\lambda A(\boldsymbol{x})+\mu A(\boldsymbol{y}),\end{aligned}$$

所以 A 是 $\mathbf{R}^n$ 上的线性变换.

又 $\boldsymbol{a}_1$ 是单位向量,所以$(\boldsymbol{a}_1,\boldsymbol{a}_1)=1$,且

$$\begin{aligned}(A(\boldsymbol{x}),A(\boldsymbol{x}))&=(\boldsymbol{x}-2(\boldsymbol{a}_1,\boldsymbol{x})\boldsymbol{a}_1,\boldsymbol{x}-2(\boldsymbol{a}_1,\boldsymbol{x})\boldsymbol{a}_1)\\&=(\boldsymbol{x},\boldsymbol{x})-2(\boldsymbol{x},2(\boldsymbol{a}_1,\boldsymbol{x})\boldsymbol{a}_1)+(2(\boldsymbol{a}_1,\boldsymbol{x})\boldsymbol{a}_1,2(\boldsymbol{a}_1,\boldsymbol{x})\boldsymbol{a}_1)\\&=(\boldsymbol{x},\boldsymbol{x})-4(\boldsymbol{a}_1,\boldsymbol{x})(\boldsymbol{x},\boldsymbol{a}_1)+4(\boldsymbol{a}_1,\boldsymbol{x})^2(\boldsymbol{a}_1,\boldsymbol{a}_1)\\&=(\boldsymbol{x},\boldsymbol{x})-4(\boldsymbol{a}_1,\boldsymbol{x})^2+4(\boldsymbol{a}_1,\boldsymbol{x})^2=(\boldsymbol{x},\boldsymbol{x}).\end{aligned}$$

所以 $\|A(\boldsymbol{x})\|=\|\boldsymbol{x}\|\ (\boldsymbol{x}\in\mathbf{R}^n)$,由定理 5.1.4 可知,$A$ 是正交变换.

(2) 因为 $\boldsymbol{a}_1$ 是单位向量,通过 Schmidt 正交过程及单位化可以将其扩充为 $\mathbf{R}^n$ 的一个标准正交基 $\boldsymbol{a}_1,\boldsymbol{a}_2,\cdots,\boldsymbol{a}_n$. 此时

$$A(\boldsymbol{a}_1)=\boldsymbol{a}_1-2(\boldsymbol{a}_1,\boldsymbol{a}_1)\boldsymbol{a}_1=-\boldsymbol{a}_1,$$

$$A(\boldsymbol{a}_j)=\boldsymbol{a}_j-2(\boldsymbol{a}_1,\boldsymbol{a}_j)\boldsymbol{a}_1=\boldsymbol{a}_j\quad(j=2,\cdots,n).$$

因此 A 在标准正交基 $\boldsymbol{a}_1,\boldsymbol{a}_2,\cdots,\boldsymbol{a}_n$ 下的表示矩阵为 $\boldsymbol{A}=\mathrm{diag}(-1,1,\cdots,1)$,显然

$|\boldsymbol{A}| = -1$.

进一步,对于 $\mathbf{R}^n$ 的任意一个标准正交基 $\boldsymbol{b}_1,\boldsymbol{b}_2,\cdots,\boldsymbol{b}_n$,设从 $\boldsymbol{a}_1,\boldsymbol{a}_2,\cdots,\boldsymbol{a}_n$ 到 $\boldsymbol{b}_1,\boldsymbol{b}_2,\cdots,\boldsymbol{b}_n$ 的过渡矩阵为 $\boldsymbol{P}$,则 A 在标准正交基 $\boldsymbol{b}_1,\boldsymbol{b}_2,\cdots,\boldsymbol{b}_n$ 下的表示矩阵为 $\boldsymbol{B}=\boldsymbol{P}^{-1}\boldsymbol{AP}$,此时

$$|\boldsymbol{B}| = |\boldsymbol{P}^{-1}\boldsymbol{AP}| = |\boldsymbol{A}| = -1.$$

例 5.1.14 已知酉空间 $\mathbf{C}^3$ 中向量

$$\boldsymbol{a}_1=(\mathrm{i},2,2-\mathrm{i})^{\mathrm{T}},\quad \boldsymbol{a}_2=(2,1,-1)^{\mathrm{T}},\quad \boldsymbol{a}_3=(1,-1,1+\mathrm{i})^{\mathrm{T}}.$$

(1) 求$(\boldsymbol{a}_1,\boldsymbol{a}_3)$,及 $\|\boldsymbol{a}_1\|$;

(2) 求与 $\boldsymbol{a}_2,\boldsymbol{a}_3$ 都正交的单位向量.

解 (1) 由内积的定义得

$$\begin{aligned}(\boldsymbol{a}_1,\boldsymbol{a}_3)&=\mathrm{i}\times\overline{1}+2\times\overline{(-1)}+(2-\mathrm{i})\times\overline{(1+\mathrm{i})}\\&=\mathrm{i}-2+(2-\mathrm{i})\times(1-\mathrm{i})=-1-2\mathrm{i}.\end{aligned}$$

$$\|\boldsymbol{a}_1\|=\sqrt{(\boldsymbol{a}_1,\boldsymbol{a}_1)}=\sqrt{\mathrm{i}\times(-\mathrm{i})+2\times2+(2-\mathrm{i})\times(2+\mathrm{i})}=\sqrt{10}.$$

(2) 设 $\boldsymbol{x}=(x_1,x_2,x_3)^{\mathrm{T}}$ 与 $\boldsymbol{a}_2,\boldsymbol{a}_3$ 都正交,即

$$\begin{cases}2x_1+x_2-x_3=0,\\x_1-x_2+(1-\mathrm{i})x_3=0.\end{cases}$$

对这个线性方程组的系数矩阵做初等行变换得

$$\begin{pmatrix}2&1&-1\\1&-1&1-\mathrm{i}\end{pmatrix}\to\begin{pmatrix}2&1&-1\\3&0&-\mathrm{i}\end{pmatrix},$$

由此得到原方程组的同解方程组

$$\begin{cases}2x_1+x_2-x_3=0,\\3x_1-\mathrm{i}x_3=0.\end{cases}$$

取 $x_3=1$,可得 $x_1=\dfrac{\mathrm{i}}{3}$,$x_2=1-\dfrac{2\mathrm{i}}{3}$,因此方程组的一个基础解系为

$$\boldsymbol{x}=\left(\frac{\mathrm{i}}{3},1-\frac{2\mathrm{i}}{3},1\right)^{\mathrm{T}}.$$

于是满足要求 $\|\boldsymbol{x}\|=1$ 的解为 $\boldsymbol{x}=c\left(\dfrac{\mathrm{i}}{3},1-\dfrac{2\mathrm{i}}{3},1\right)^{\mathrm{T}}$,其中 $|c|=\dfrac{3}{\sqrt{23}}$.

例 5.1.15 设 $\boldsymbol{A}$ 是实的**反对称矩阵**(即满足 $\boldsymbol{A}^{\mathrm{T}}=-\boldsymbol{A}$). 证明:

(1) $\boldsymbol{A}+\boldsymbol{I}$ 和 $\boldsymbol{I}-\boldsymbol{A}$ 均是可逆矩阵;

(2) $(\boldsymbol{I}-\boldsymbol{A})(\boldsymbol{I}+\boldsymbol{A})^{-1}$是正交矩阵.

证 (1) 显然,只要证明 -1 和 1 均不是 $\boldsymbol{A}$ 的特征值即可. 若 λ 是 $\boldsymbol{A}$ 的特征值,$\boldsymbol{x}$ 是对应于 λ 的特征向量,则

$$\boldsymbol{Ax}=\lambda\boldsymbol{x}.$$

由假设 A 是实矩阵且满足 $A^T=-A$,并注意到 $(Ax,x)=(x,A^Hx)=(x,A^Tx)$,得

$$\lambda(x,x)=(Ax,x)=(x,A^Tx)=(x,-Ax)=(x,-\lambda x)=-\overline{\lambda}(x,x).$$

因此 $(\lambda+\overline{\lambda})(x,x)=0$. 因为 x 是特征向量,所以不是零向量,因此 $\lambda+\overline{\lambda}=0$,这说明 λ 是0或纯虚数. 所以 -1 和 1 都不是 A 的特征值,因此 $|A+I|\neq 0$, $|A-I|\neq 0$,所以 $A+I$ 和 $I-A=-(A-I)$ 可逆.

(2) 因为 $A^T=-A$ 及 $(I+A)(I-A)=(I-A)(I+A)$,所以

$$\begin{aligned}
&[(I-A)(I+A)^{-1}]^T(I-A)(I+A)^{-1}\\
&=[(I+A)^{-1}]^T(I-A)^T(I-A)(I+A)^{-1}\\
&=[(I+A)^T]^{-1}(I-A)^T(I-A)(I+A)^{-1}\\
&=(I+A^T)^{-1}(I-A^T)(I-A)(I+A)^{-1}\\
&=(I-A)^{-1}(I+A)(I-A)(I+A)^{-1}\\
&=(I-A)^{-1}(I-A)(I+A)(I+A)^{-1}\\
&=(I+A)(I+A)^{-1}=I.
\end{aligned}$$

因此 $(I-A)(I+A)^{-1}$ 是正交矩阵.

例 5.1.16 设 A 是 n 阶复方阵,α 是 A 的对应于特征值 λ_1 的特征向量,β 是 A^H 的对应于特征值 λ_2 的特征向量. 证明:若 $\lambda_1\neq\overline{\lambda_2}$,则 α 与 β 正交.

证 由假设知 $A\alpha=\lambda_1\alpha$, $A^H\beta=\lambda_2\beta$. 因此

$$\lambda_1(\alpha,\beta)=(A\alpha,\beta)=(\alpha,A^H\beta)=(\alpha,\lambda_2\beta)=\overline{\lambda_2}(\alpha,\beta).$$

因为 $\lambda_1\neq\overline{\lambda_2}$,所以 $(\alpha,\beta)=0$,即 α 与 β 正交.

例 5.1.17 证明对于 $\mathbf{C}^n$ 中任意向量 x,y,成立

(1) $\|x+y\|^2-\|x-y\|^2=4\mathrm{Re}(x,y)$;

(2) $\|x+\mathrm{i}y\|^2-\|x+\mathrm{i}y\|^2=4\mathrm{Im}(x,y)$;

(3) $(x,y)=\dfrac{1}{4}[\|x+y\|^2-\|x-y\|^2+\mathrm{i}\|x+\mathrm{i}y\|^2-\mathrm{i}\|x-\mathrm{i}y\|^2]$.

证 (1) 由内积的性质得

$$\|x+y\|^2=(x+y,x+y)=(x,x)+(x,y)+(y,x)+(y,y),$$

$$\|x-y\|^2=(x-y,x-y)=(x,x)-(x,y)-(y,x)+(y,y).$$

于是

$$\|x+y\|^2-\|x-y\|^2=2(x,y)+2(y,x)=2(x,y)+2\overline{(x,y)}=4\mathrm{Re}(x,y).$$

(2) 用与(1)同样的方法得

$$\begin{aligned}
\|x+\mathrm{i}y\|^2&=(x+\mathrm{i}y,x+\mathrm{i}y)=(x,x)+(x,\mathrm{i}y)+(\mathrm{i}y,x)+(\mathrm{i}y,\mathrm{i}y)\\
&=(x,x)-\mathrm{i}(x,y)+\mathrm{i}(y,x)+(y,y);\\
\|x-\mathrm{i}y\|^2&=(x-\mathrm{i}y,x-\mathrm{i}y)=(x,x)-(x,\mathrm{i}y)-(\mathrm{i}y,x)+(\mathrm{i}y,\mathrm{i}y)\\
&=(x,x)+\mathrm{i}(x,y)-\mathrm{i}(y,x)+(y,y).
\end{aligned}$$

因此

$$\|x+\mathrm{i}y\|^2-\|x+\mathrm{i}y\|^2=-2\mathrm{i}(x,y)+2\mathrm{i}(y,x)=-2\mathrm{i}[(x,y)-\overline{(x,y)}]$$
$$=4\mathrm{Im}(x,y).$$

(3) 将(1)和(2)的结论结合得

$$\|x+y\|^2-\|x-y\|^2+\mathrm{i}\|x+\mathrm{i}y\|^2-\mathrm{i}\|x-\mathrm{i}y\|^2$$
$$=4\mathrm{Re}(x,y)+4\mathrm{i}\mathrm{Im}(x,y)=4(x,y).$$

由此便得结论.

例 5.1.18 证明 n 阶复矩阵 U 是酉矩阵的充要条件是:对于 $\mathbf{C}^n$ 中任意向量 x,成立 $\|Ux\|=\|x\|$.

证 必要性:若 U 是酉矩阵,则 $U^{\mathrm{T}}U=I$,因此对于任意 $x\in\mathbf{C}^n$,有

$$\|Ux\|^2=(Ux,Ux)=(Ux)^{\mathrm{H}}(Ux)=(x^{\mathrm{H}}U^{\mathrm{H}})(Ux)$$
$$=x^{\mathrm{H}}(U^{\mathrm{H}}U)x=x^{\mathrm{H}}x=(x,x)=\|x\|^2.$$

所以 $\|Ux\|=\|x\|$.

充分性:若 $\mathbf{C}^n$ 中任意向量 x,成立 $\|Ux\|=\|x\|$,则由上一例的(3)得,对于 $\mathbf{C}^n$ 中任意向量 x,y,有

$$(Ux,Uy)$$
$$=\frac{1}{4}[\|Ux+Uy\|^2-\|Ux-Uy\|^2+\mathrm{i}\|Ux+\mathrm{i}Uy\|^2-\mathrm{i}\|Ux-\mathrm{i}Uy\|^2]$$
$$=\frac{1}{4}[\|U(x+y)\|^2-\|U(x-y)\|^2+\mathrm{i}\|U(x+iy)\|^2-\mathrm{i}\|U(x-iy)\|^2]$$
$$=\frac{1}{4}[\|x+y\|^2-\|x-y\|^2+\mathrm{i}\|x+iy\|^2-\mathrm{i}\|x-\mathrm{i}y\|^2]$$
$$=(x,y).$$

注意到 $(Ux,Uy)=(x,U^{\mathrm{H}}Uy)$,便得

$$0=(x,y)-(Ux,Uy)=(x,y)-(x,U^{\mathrm{H}}Uy)=(x,(I-U^{\mathrm{H}}U)y).$$

取 $x=(I-U^{\mathrm{H}}U)y$,便得 $((I-U^{\mathrm{H}}U)y,(I-U^{\mathrm{H}}U)y)=0$,因此

$$(I-U^{\mathrm{H}}U)y=\mathbf{0}.$$

由 y 的任意性可知 $I-U^{\mathrm{H}}U=O$,所以 $U^{\mathrm{H}}U=I$,即 U 是酉矩阵.

习　　题

1. 设 $x=(1,-2,2,3)^{\mathrm{T}}$, $y=(3,1,5,1)^{\mathrm{T}}$.

(1) 求 x 与 y 的夹角;

(2) 求与 x 和 y 都垂直的全部向量.

2. 将向量组

$$a_1=(1,-2,2)^{\mathrm{T}},\ a_2=(-1,0,-1)^{\mathrm{T}},\ a_3=(5,-3,-7)^{\mathrm{T}}$$

化为正交的单位向量组.

3. 设 $\boldsymbol{B}$ 是 5×4 矩阵，且 $\operatorname{rank}(\boldsymbol{B})=2$. 已知齐次线性方程组 $\boldsymbol{Bx}=\boldsymbol{0}$ 的 3 个解向量为

$$\boldsymbol{a}_1=(1,1,2,3)^{\mathrm{T}},\ \boldsymbol{a}_2=(-1,1,4,-1)^{\mathrm{T}},\ \boldsymbol{a}_3=(5,-1,-8,9)^{\mathrm{T}},$$

求 $\boldsymbol{Bx}=\boldsymbol{0}$ 的解空间的一个标准正交基.

4. 已知齐次线性方程组

$$\begin{cases}x_1-x_3+x_4=0,\\x_2-x_4=0.\end{cases}$$

(1) 求该方程组的解空间的一个标准正交基；

(2) 求与该方程组的解空间中向量都正交的全部向量.

5. 已知 $\boldsymbol{Q}=\begin{pmatrix}a & -\frac{3}{7} & d\\ -\frac{3}{7} & c & \frac{2}{7}\\ b & \frac{2}{7} & -\frac{3}{7}\end{pmatrix}$ 为正交矩阵，求 a,b,c,d.

6. 已知 $\boldsymbol{a}_1,\boldsymbol{a}_2,\boldsymbol{a}_3$ 是 $\mathbf{R}^3$ 的标准正交基，证明：

$$\boldsymbol{b}_1=\frac{1}{3}(2\boldsymbol{a}_1+2\boldsymbol{a}_2-\boldsymbol{a}_3),\ \boldsymbol{b}_2=\frac{1}{3}(2\boldsymbol{a}_1-\boldsymbol{a}_2+2\boldsymbol{a}_3),\ \boldsymbol{b}_3=\frac{1}{3}(\boldsymbol{a}_1-2\boldsymbol{a}_2-2\boldsymbol{a}_3)$$

也是 $\mathbf{R}^3$ 的标准正交基.

7. 设 $\boldsymbol{A},\boldsymbol{B}$ 是 n 阶正交矩阵且 $|\boldsymbol{A}|=-|\boldsymbol{B}|$，证明 $|\boldsymbol{A}+\boldsymbol{B}|=0$.

8. 设 $\boldsymbol{A}$ 为 n 阶实对称矩阵，且满足 $\boldsymbol{A}^2+4\boldsymbol{A}+3\boldsymbol{I}=\boldsymbol{0}$. 证明 $\boldsymbol{A}+2\boldsymbol{I}$ 是正交矩阵.

9. 设 $\boldsymbol{A}=(a_{ij})_{n\times n}$ 为正交矩阵，问 $\boldsymbol{A}$ 的元素 a_{ij} 与其代数余子式 A_{ij} 有何关系？

10. 设 $\boldsymbol{a}$ 为 n 维实列向量，且 $\boldsymbol{a}^{\mathrm{T}}\boldsymbol{a}=1$. 证明 $\boldsymbol{A}=\boldsymbol{I}_n-2\boldsymbol{a}\boldsymbol{a}^{\mathrm{T}}$ 为正交矩阵.

11. 设 $\boldsymbol{A}$ 是 n 阶实反对称矩阵. 证明：若对于 n 维实列向量 $\boldsymbol{x},\boldsymbol{y}$ 有 $\boldsymbol{Ax}=\boldsymbol{y}$，则 $\boldsymbol{x}$ 与 $\boldsymbol{y}$ 正交.

12. 设 $\boldsymbol{A}$ 是 n 阶实对称矩阵，$\boldsymbol{B}$ 是 n 阶实反对称矩阵，且 $\boldsymbol{A}+\boldsymbol{B}$ 可逆，$\boldsymbol{AB}=\boldsymbol{BA}$. 证明 $(\boldsymbol{A}+\boldsymbol{B})(\boldsymbol{A}-\boldsymbol{B})^{-1}$ 是正交矩阵.

13. 设 $\boldsymbol{a}_1,\boldsymbol{a}_2,\boldsymbol{a}_3,\boldsymbol{a}_4$ 是 $\mathbf{R}^4$ 的标准正交基，A 是 $\mathbf{R}^4$ 上的线性变换，满足

$$A\boldsymbol{a}_1=\frac{\sqrt{2}}{2}\boldsymbol{a}_1+\frac{\sqrt{2}}{2}\boldsymbol{a}_2,\quad A\boldsymbol{a}_2=\frac{\sqrt{6}}{6}\boldsymbol{a}_1-\frac{\sqrt{6}}{6}\boldsymbol{a}_2+\frac{\sqrt{6}}{3}\boldsymbol{a}_3,$$

$$A\boldsymbol{a}_3=-\frac{\sqrt{3}}{6}\boldsymbol{a}_1+\frac{\sqrt{3}}{6}\boldsymbol{a}_2+\frac{\sqrt{3}}{6}\boldsymbol{a}_3+\frac{\sqrt{3}}{2}\boldsymbol{a}_4,\quad A\boldsymbol{a}_4=\frac{1}{2}\boldsymbol{a}_1-\frac{1}{2}\boldsymbol{a}_2-\frac{1}{2}\boldsymbol{a}_3+\frac{1}{2}\boldsymbol{a}_4.$$

证明 A 是正交变换.

14. 设 $\boldsymbol{a}_1,\boldsymbol{a}_2,\boldsymbol{a}_3$ 是 $\mathbf{R}^3$ 的标准正交基，求 $\mathbf{R}^3$ 上的正交变换 A，使得

$$A(\boldsymbol{a}_1)=\frac{1}{3}(\boldsymbol{a}_1-2\boldsymbol{a}_2-2\boldsymbol{a}_3),\quad A(\boldsymbol{a}_2)=\frac{1}{3}(2\boldsymbol{a}_1+2\boldsymbol{a}_2-\boldsymbol{a}_3).$$

15. (**Bessel 不等式**) 设 $\{\boldsymbol{a}_1,\boldsymbol{a}_2,\cdots,\boldsymbol{a}_m\}$ 是 $\mathbf{R}^n$ 中的正交向量组，证明对于任意 $\boldsymbol{x}\in\mathbf{R}^n$，有

$$\sum_{j=1}^{m}\frac{|(\boldsymbol{x},\boldsymbol{a}_j)|^2}{\|\boldsymbol{a}_j\|^2}\leqslant\|\boldsymbol{x}\|^2,$$

且等号成立当且仅当 $\boldsymbol{x}\in\operatorname{Span}\{\boldsymbol{a}_1,\boldsymbol{a}_2,\cdots,\boldsymbol{a}_m\}$.

16. 已知酉空间 $\mathbf{C}^3$ 中向量 $\boldsymbol{a}_1=(\mathrm{i},2,-1)^{\mathrm{T}}$，$\boldsymbol{a}_2=(1,2,\mathrm{i})^{\mathrm{T}}$. 求与 $\boldsymbol{a}_1,\boldsymbol{a}_2$ 都正交的单位

向量.

17. 证明对于 $\mathbf{C}^n$ 中任意向量 $\boldsymbol{x},\boldsymbol{y}$,成立

$$\|\boldsymbol{x}+\boldsymbol{y}\|^2+\|\boldsymbol{x}-\boldsymbol{y}\|^2=2(\|\boldsymbol{x}\|^2+\|\boldsymbol{y}\|^2).$$

§5.2 正交相似和酉相似

知识要点

一、对称矩阵、Hermite 矩阵和正规矩阵

定义 5.2.1 若设实方阵 $\boldsymbol{A}$ 满足

$$\boldsymbol{A}^{\mathrm{T}}=\boldsymbol{A},$$

则称 $\boldsymbol{A}$ 为**对称矩阵**.

若 $\boldsymbol{A}$ 是复方阵,满足

$$\boldsymbol{A}^{\mathrm{H}}=\boldsymbol{A},$$

则称 $\boldsymbol{A}$ 为 **Hermite 矩阵**.

显然,对称矩阵就是 Hermite 矩阵的元素中都为实数的情况. 对称矩阵和 Hermite 矩阵有如下重要性质.

定理 5.2.1 若 $\boldsymbol{A}$ 是对称矩阵或 Hermite 矩阵,则有

(1) $\boldsymbol{A}$ 的所有特征值都是实的;

(2) $\boldsymbol{A}$ 对应于不同特征值的特征向量相互正交.

定义 5.2.2 设矩阵 $\boldsymbol{A}$ 满足

$$\boldsymbol{A}\boldsymbol{A}^{\mathrm{H}}=\boldsymbol{A}^{\mathrm{H}}\boldsymbol{A},$$

则称 $\boldsymbol{A}$ 为**正规矩阵**.

注 对称矩阵、Hermite 矩阵、正交矩阵、酉矩阵和对角阵都是正规矩阵.

二、正交相似

定义 5.2.3 设 $\boldsymbol{A}$ 和 $\boldsymbol{B}$ 是 n 阶实方阵,若存在 n 阶正交矩阵 $\boldsymbol{S}$,使得

$$\boldsymbol{B}=\boldsymbol{S}^{-1}\boldsymbol{A}\boldsymbol{S}=\boldsymbol{S}^{\mathrm{T}}\boldsymbol{A}\boldsymbol{S},$$

则称 $\boldsymbol{A}$ 和 $\boldsymbol{B}$ **正交相似**.

通过正交矩阵 $\boldsymbol{S}$ 将 $\boldsymbol{A}$ 变为 $\boldsymbol{S}^{\mathrm{T}}\boldsymbol{A}\boldsymbol{S}$ 称为对 $\boldsymbol{A}$ 作**正交相似变换**,简称对 $\boldsymbol{A}$ 作**正交变换**.

定理 5.2.2 若 $\boldsymbol{A}$ 为对称矩阵,则 $\boldsymbol{A}$ 有 n 个相互正交的实特征向量. 因此存在正交矩阵 $\boldsymbol{Q}$,使得

$$\boldsymbol{Q}^{-1}\boldsymbol{A}\boldsymbol{Q}=\boldsymbol{Q}^{\mathrm{T}}\boldsymbol{A}\boldsymbol{Q}=\mathrm{diag}(\lambda_1,\lambda_2,\cdots,\lambda_n),$$

其中 $\lambda_1,\lambda_2,\cdots,\lambda_n$ 是 $\boldsymbol{A}$ 的特征值.

三、酉相似

定义 5.2.4 设 $\boldsymbol{A}$ 和 $\boldsymbol{B}$ 是 n 阶复方阵,若存在 n 阶酉矩阵 $\boldsymbol{U}$,使得

$$\boldsymbol{B}=\boldsymbol{U}^{-1}\boldsymbol{A}\boldsymbol{U}=\boldsymbol{U}^{\mathrm{H}}\boldsymbol{A}\boldsymbol{U},$$

则称 $\boldsymbol{A}$ 和 $\boldsymbol{B}$ **酉相似**.

通过酉矩阵 $\boldsymbol{U}$ 将 $\boldsymbol{A}$ 变为 $\boldsymbol{U}^{\mathrm{H}}\boldsymbol{A}\boldsymbol{U}$ 称为对 $\boldsymbol{A}$ 作**酉相似变换**,简称对 $\boldsymbol{A}$ 作**酉变换**.

定理 5.2.3(Schur 定理) 对任意复方阵 $\boldsymbol{A}$,存在同阶酉矩阵 $\boldsymbol{U}$,使得

$$\boldsymbol{U}^{\mathrm{H}}\boldsymbol{A}\boldsymbol{U}=\boldsymbol{D}$$

是上三角阵,且 $\boldsymbol{D}$ 的对角元是 $\boldsymbol{A}$ 的特征值.

定理 5.2.4 复方阵 $\boldsymbol{A}$ 酉相似于对角阵的充分必要条件是:$\boldsymbol{A}$ 是正规矩阵.

推论 5.2.1 若 $\boldsymbol{A}$ 是正规矩阵,则 $\boldsymbol{A}$ 有 n 个相互正交的特征向量.

用正交相似变换(或酉相似变换)将正规矩阵 $\boldsymbol{A}$ 化为对角阵的方法如下:

(1) 先求出 $\boldsymbol{A}$ 的全部特征值;

(2) 对每一个不同特征值求出一组相互正交的单位特征向量(可以先求出一组线性无关的特征向量,再用 Schmidt 过程将其正交化);

(3) 将它们按列排成矩阵 $\boldsymbol{S}$(或 $\boldsymbol{U}$),则 $\boldsymbol{S}$(或 $\boldsymbol{U}$)就是正交矩阵(或酉矩阵),且

$$\boldsymbol{\Lambda}=\boldsymbol{S}^{\mathrm{T}}\boldsymbol{A}\boldsymbol{S}\ (\text{或 } \boldsymbol{U}^{\mathrm{H}}\boldsymbol{A}\boldsymbol{U})$$

就是对角阵.

例 题 分 析

例 5.2.1 对下列矩阵进行正交变换或酉变换,使它们成为对角阵:

(1) $\boldsymbol{A}=\begin{pmatrix}3&-1&-1\\-1&3&-1\\-1&-1&3\end{pmatrix}$; (2) $\boldsymbol{A}=\begin{pmatrix}\sqrt{3}&-1\\1&\sqrt{3}\end{pmatrix}$.

解 (1) 令

$$|\boldsymbol{A}-\lambda\boldsymbol{I}|=\begin{vmatrix}3-\lambda&-1&-1\\-1&3-\lambda&-1\\-1&-1&3-\lambda\end{vmatrix}=-(\lambda-1)(\lambda-4)^2=0,$$

得到 $\boldsymbol{A}$ 的特征值 $\lambda_1=1$ 和 $\lambda_2=\lambda_3=4$.

对特征值 $\lambda_1=1$,解齐次方程组

$$(\boldsymbol{A}-\boldsymbol{I})\boldsymbol{x}=\begin{pmatrix}2&-1&-1\\-1&2&-1\\-1&-1&2\end{pmatrix}\boldsymbol{x}=\boldsymbol{0},$$

得到对应的一个特征向量 $\boldsymbol{x}_1=(1,1,1)^{\mathrm{T}}$. 将其单位化得

$$\boldsymbol{\xi}_1=\frac{\boldsymbol{x}_1}{\|\boldsymbol{x}_1\|}=\frac{1}{\sqrt{3}}(1,1,1)^{\mathrm{T}}.$$

对特征值 $\lambda_2=\lambda_3=4$,解齐次方程组

$$(\boldsymbol{A}-4\boldsymbol{I})\boldsymbol{x}=\begin{pmatrix}-1&-1&-1\\-1&-1&-1\\-1&-1&-1\end{pmatrix}\boldsymbol{x}=\boldsymbol{0},$$

得到对应的两个线性无关的特征向量 $\boldsymbol{x}_2=(-1,1,0)^{\mathrm{T}},\boldsymbol{x}_3=(-1,0,1)^{\mathrm{T}}$. 用 Schmidt 过程将其正交化

$$\tilde{\boldsymbol{x}}_3=\boldsymbol{x}_3-\frac{(\boldsymbol{x}_3,\boldsymbol{x}_2)}{\|\boldsymbol{x}_2\|^2}\boldsymbol{x}_2=\left(-\frac{1}{2},-\frac{1}{2},1\right)^{\mathrm{T}}.$$

再将 $\boldsymbol{x}_2,\tilde{\boldsymbol{x}}_3$ 单位化得

$$\boldsymbol{\xi}_2=\frac{\boldsymbol{x}_2}{\|\boldsymbol{x}_2\|}=\frac{1}{\sqrt{2}}(-1,1,0)^{\mathrm{T}},\quad \boldsymbol{\xi}_3=\frac{\tilde{\boldsymbol{x}}_3}{\|\tilde{\boldsymbol{x}}_3\|}=\frac{\sqrt{6}}{6}(-1,-1,2)^{\mathrm{T}}.$$

取正交矩阵

$$\boldsymbol{S}=(\boldsymbol{\xi}_1,\boldsymbol{\xi}_2,\boldsymbol{\xi}_3)=\begin{pmatrix}\frac{1}{\sqrt{3}}&-\frac{1}{\sqrt{2}}&-\frac{\sqrt{6}}{6}\\\frac{1}{\sqrt{3}}&\frac{1}{\sqrt{2}}&-\frac{\sqrt{6}}{6}\\\frac{1}{\sqrt{3}}&0&\frac{\sqrt{6}}{3}\end{pmatrix},$$

则

$$\boldsymbol{S}^{\mathrm{T}}\boldsymbol{A}\boldsymbol{S}=\begin{pmatrix}1&&\\&4&\\&&4\end{pmatrix}.$$

(2) 令

$$|\boldsymbol{A}-\lambda\boldsymbol{I}|=\begin{vmatrix}\sqrt{3}-\lambda&-1\\1&\sqrt{3}-\lambda\end{vmatrix}=\lambda^2-2\sqrt{3}\lambda+4=0,$$

得到 $\boldsymbol{A}$ 的特征值 $\lambda_1=\sqrt{3}+\mathrm{i}$ 和 $\lambda_2=\sqrt{3}-\mathrm{i}$.

对特征值 $\lambda_1=\sqrt{3}+\mathrm{i}$,解齐次方程组 $(\boldsymbol{A}-(\sqrt{3}+\mathrm{i})\boldsymbol{I})\boldsymbol{x}=\boldsymbol{0}$ 得到对应的一个特征向量 $\boldsymbol{x}_1=(1,-\mathrm{i})^{\mathrm{T}}$. 将其单位化得

$$\boldsymbol{\xi}_1=\frac{\boldsymbol{x}_1}{\|\boldsymbol{x}_1\|}=\frac{1}{\sqrt{2}}(1,-\mathrm{i})^{\mathrm{T}}.$$

对特征值 $\lambda_2=\sqrt{3}-\mathrm{i}$，解齐次方程组 $(\boldsymbol{A}-(\sqrt{3}-\mathrm{i})\boldsymbol{I})\boldsymbol{x}=\boldsymbol{0}$ 得到对应的一个特征向量 $\boldsymbol{x}_2=(1,\mathrm{i})^{\mathrm{T}}$. 将其单位化得

$$\boldsymbol{\xi}_2=\frac{\boldsymbol{x}_2}{\|\boldsymbol{x}_2\|}=\frac{1}{\sqrt{2}}(1,\mathrm{i})^{\mathrm{T}}.$$

取酉矩阵 $\boldsymbol{U}=\begin{pmatrix}\frac{1}{\sqrt{2}} & \frac{1}{\sqrt{2}}\\ \frac{-\mathrm{i}}{\sqrt{2}} & \frac{\mathrm{i}}{\sqrt{2}}\end{pmatrix}$，则

$$\boldsymbol{U}^{\mathrm{T}}\boldsymbol{A}\boldsymbol{U}=\begin{pmatrix}\sqrt{3}+\mathrm{i} & 0\\ 0 & \sqrt{3}-\mathrm{i}\end{pmatrix}.$$

例 5.2.2 已知三阶实对称阵 $\boldsymbol{A}$ 的秩为 2，且 $\boldsymbol{A}$ 具有二重特征值是 $\lambda_1=\lambda_2=3$. 若 $\boldsymbol{x}_1=(1,1,0)^{\mathrm{T}},\boldsymbol{x}_2=(1,0,2)^{\mathrm{T}}$ 是 $\boldsymbol{A}$ 相应于特征值 $\lambda_1=\lambda_2=3$ 的特征向量.

(1) 求 $\boldsymbol{A}$ 的另一个特征值和对应的特征向量；

(2) 求矩阵 $\boldsymbol{A}$.

解 (1) 因为 $\boldsymbol{A}$ 的秩为 2，所以 $|\boldsymbol{A}|=0$，因此 $\lambda_3=0$ 是 $\boldsymbol{A}$ 的特征值. 设 $(x_1,x_2,x_3)^{\mathrm{T}}$ 是 $\boldsymbol{A}$ 对应于特征值 $\lambda_3=0$ 的特征向量，由于 $\boldsymbol{A}$ 是实对称阵，它应与 $\boldsymbol{x}_1$ 和 $\boldsymbol{x}_2$ 正交，从而

$$\begin{cases}x_1+x_2=0,\\ x_1+2x_3=0.\end{cases}$$

解此齐次方程得基础解系 $\boldsymbol{x}_3=(-2,2,1)^{\mathrm{T}}$. 于是 $\boldsymbol{A}$ 的对应于特征值 0 的特征向量为

$$k(-2,2,1)^{\mathrm{T}},\ k \text{ 为任意非零常数}.$$

(2) 显然 $\boldsymbol{x}_1,\boldsymbol{x}_2$ 线性无关，又由于 $\boldsymbol{x}_3$ 与它们正交，所以 $\boldsymbol{x}_1,\boldsymbol{x}_2,\boldsymbol{x}_3$ 线性无关. 取 $\boldsymbol{P}=(\boldsymbol{x}_1,\boldsymbol{x}_2,\boldsymbol{x}_3)$，则

$$\boldsymbol{A}\boldsymbol{P}=\boldsymbol{P}\begin{pmatrix}3 & & \\ & 3 & \\ & & 0\end{pmatrix}.$$

因此

$$\boldsymbol{A}=\boldsymbol{P}\begin{pmatrix}3 & & \\ & 3 & \\ & & 0\end{pmatrix}\boldsymbol{P}^{-1}=\begin{pmatrix}1 & 1 & -2\\ 1 & 0 & 2\\ 0 & 2 & 1\end{pmatrix}\begin{pmatrix}3 & & \\ & 3 & \\ & & 0\end{pmatrix}\begin{pmatrix}1 & 1 & -2\\ 1 & 0 & 2\\ 0 & 2 & 1\end{pmatrix}^{-1}$$

$$=\begin{pmatrix}1 & 1 & -2\\ 1 & 0 & 2\\ 0 & 2 & 1\end{pmatrix}\begin{pmatrix}3 & & \\ & 3 & \\ & & 0\end{pmatrix}\frac{1}{9}\begin{pmatrix}4 & 5 & -2\\ 1 & -1 & 4\\ -2 & 2 & 1\end{pmatrix}=\frac{1}{3}\begin{pmatrix}5 & 4 & 2\\ 4 & 5 & -2\\ 2 & -2 & 8\end{pmatrix}.$$

例 5.2.3 设三阶实对称阵 $\boldsymbol{A}$ 的 3 个特征值为 2,2, -7,$\boldsymbol{x}_1=(1,2,-2)^{\mathrm{T}}$ 是 $\boldsymbol{A}$ 相应于特征值 -7 的特征向量.

(1) 求矩阵 $\boldsymbol{A}$;

(2) 求 $\boldsymbol{P}$,使 $(\boldsymbol{AP})^{\mathrm{T}}(\boldsymbol{AP})$ 为对角阵.

解 (1) 设 $(x_1,x_2,x_3)^{\mathrm{T}}$ 是 $\boldsymbol{A}$ 的对应于特征值 2 的特征向量,因为 $\boldsymbol{A}$ 是实对称的,所以它应与 $\boldsymbol{x}_1$ 正交,从而 $x_1+2x_2-2x_3=0$. 解此齐次方程组得基础解系 $\boldsymbol{x}_2=(2,-1,0)^{\mathrm{T}}$,$\boldsymbol{x}_3=(2,0,1)^{\mathrm{T}}$. 用 Schmidt 正交化方法可得对应于特征值 2 的两个相互正交特征向量 $\boldsymbol{x}_2$ 和 $\tilde{\boldsymbol{x}}_3=\left(\frac{2}{5},\frac{4}{5},1\right)^{\mathrm{T}}$. 取

$$\boldsymbol{\xi}_1=\frac{\boldsymbol{x}_1}{\|\boldsymbol{x}_1\|}=\left(\frac{1}{3},\frac{2}{3},-\frac{2}{3}\right)^{\mathrm{T}},$$

$$\boldsymbol{\xi}_2=\frac{\boldsymbol{x}_2}{\|\boldsymbol{x}_2\|}=\left(\frac{2}{\sqrt{5}},-\frac{1}{\sqrt{5}},0\right)^{\mathrm{T}},$$

$$\boldsymbol{\xi}_3=\frac{\tilde{\boldsymbol{x}}_3}{\|\tilde{\boldsymbol{x}}_3\|}=\left(\frac{2}{3\sqrt{5}},\frac{4}{3\sqrt{5}},\frac{5}{3\sqrt{5}}\right)^{\mathrm{T}},$$

及

$$\boldsymbol{S}=(\boldsymbol{\xi}_1,\boldsymbol{\xi}_2,\boldsymbol{\xi}_3)=\begin{pmatrix}\frac{1}{3} & \frac{2}{\sqrt{5}} & \frac{2}{3\sqrt{5}}\\ \frac{2}{3} & -\frac{1}{\sqrt{5}} & \frac{4}{3\sqrt{5}}\\ -\frac{2}{3} & 0 & \frac{5}{3\sqrt{5}}\end{pmatrix},$$

则 $\boldsymbol{S}$ 为正交矩阵,且 $\boldsymbol{S}^{\mathrm{T}}\boldsymbol{AS}=\mathrm{diag}(-7,2,2)$. 因此

$$\begin{aligned}\boldsymbol{A}&=\boldsymbol{S}\mathrm{diag}(-7,2,2)\boldsymbol{S}^{\mathrm{T}}\\&=\begin{pmatrix}\frac{1}{3} & \frac{2}{\sqrt{5}} & \frac{2}{3\sqrt{5}}\\ \frac{2}{3} & -\frac{1}{\sqrt{5}} & \frac{4}{3\sqrt{5}}\\ -\frac{2}{3} & 0 & \frac{5}{3\sqrt{5}}\end{pmatrix}\begin{pmatrix}-7 & & \\ & 2 & \\ & & 2\end{pmatrix}\begin{pmatrix}\frac{1}{3} & \frac{2}{3} & -\frac{2}{3}\\ \frac{2}{\sqrt{5}} & -\frac{1}{\sqrt{5}} & 0\\ \frac{2}{3\sqrt{5}} & \frac{4}{3\sqrt{5}} & \frac{5}{3\sqrt{5}}\end{pmatrix}\\&=\begin{pmatrix}1 & -2 & 2\\ -2 & -2 & 4\\ 2 & 4 & -2\end{pmatrix}.\end{aligned}$$

(2) 沿用(1)的记号. 因为 $\boldsymbol{S}^{\mathrm{T}}\boldsymbol{AS}=\mathrm{diag}(-7,2,2)$,所以

$$(\boldsymbol{S}^{\mathrm{T}}\boldsymbol{AS})(\boldsymbol{S}^{\mathrm{T}}\boldsymbol{AS})=\mathrm{diag}(49,4,4),$$

即 $\boldsymbol{S}^{\mathrm{T}}\boldsymbol{A}^2\boldsymbol{S}=\mathrm{diag}(49,4,4)$，由于 $\boldsymbol{A}$ 是对称矩阵，因此 $\boldsymbol{A}^2=\boldsymbol{A}^{\mathrm{T}}\boldsymbol{A}$，从而

$$(\boldsymbol{AS})^{\mathrm{T}}(\boldsymbol{AS})=\mathrm{diag}(49,4,4),$$

于是 $\boldsymbol{P}=\boldsymbol{S}$ 即为所求.

例 5.2.4 设 $\boldsymbol{A}$ 是 n 阶实对称矩阵，且满足 $\boldsymbol{A}^3-\boldsymbol{A}^2-\boldsymbol{A}-2\boldsymbol{I}_n=\boldsymbol{O}$，求 $\boldsymbol{A}$.

解 设 λ 为 $\boldsymbol{A}$ 的特征值，$\boldsymbol{x}$ 是对应的特征向量，则 $\boldsymbol{Ax}=\lambda\boldsymbol{x}$. 由 $\boldsymbol{A}^3-\boldsymbol{A}^2-\boldsymbol{A}-2\boldsymbol{I}_n=\boldsymbol{O}$ 得 $(\lambda^3-\lambda^2-\lambda-2)\boldsymbol{x}=\boldsymbol{0}$，由于 $\boldsymbol{x}\neq\boldsymbol{0}$，所以

$$\lambda^3-\lambda^2-\lambda-2=0,\text{即}(\lambda-2)(\lambda^2+\lambda+1)=0.$$

因为 $\boldsymbol{A}$ 是实对称矩阵，所以 λ 是实数，因此 $\lambda^2+\lambda+1>0$. 于是从上式得 $\lambda=2$. 这就是说 $\boldsymbol{A}$ 只有特征值 2. 因为实对称矩阵必相似于对角阵，且对角阵的对角元素为 $\boldsymbol{A}$ 的特征值，所以存在可逆矩阵 $\boldsymbol{P}$，使得

$$\boldsymbol{P}^{-1}\boldsymbol{AP}=\mathrm{diag}(2,2,\cdots,2)=2\boldsymbol{I}_n.$$

于是

$$\boldsymbol{A}=\boldsymbol{P}(2\boldsymbol{I}_n)\boldsymbol{P}^{-1}=2\boldsymbol{I}_n.$$

例 5.2.5 设 $\boldsymbol{A}$ 为 4 阶实对称矩阵，且满足 $\boldsymbol{A}^2-2\boldsymbol{A}=\boldsymbol{O}$. 已知 $\boldsymbol{A}$ 的秩为 2，且 $\boldsymbol{\xi}_1=(1,0,0,-1)^{\mathrm{T}}$，$\boldsymbol{\xi}_2=(-1,1,0,0)^{\mathrm{T}}$ 是齐次线性方程组 $\boldsymbol{Ax}=\boldsymbol{0}$ 的解，求矩阵 $\boldsymbol{A}$.

解 设 λ 为 $\boldsymbol{A}$ 的特征值，$\boldsymbol{x}$ 是对应的特征向量，则 $\boldsymbol{Ax}=\lambda\boldsymbol{x}$. 由 $\boldsymbol{A}^2-2\boldsymbol{A}=\boldsymbol{O}$ 得 $(\lambda^2-2\lambda)\boldsymbol{x}=\boldsymbol{0}$，因为 $\boldsymbol{x}\neq\boldsymbol{0}$，所以 $\lambda=0$ 或 $\lambda=2$.

因为 $\boldsymbol{A}$ 是 4 阶实对称矩阵，它必相似于对角阵，而已知 $\boldsymbol{A}$ 的秩为 2，所以线性无关的向量 $\boldsymbol{\xi}_1,\boldsymbol{\xi}_2$ 就是齐次方程组 $\boldsymbol{Ax}=\boldsymbol{0}$ 的一个基础解系，且它们显然是对应于特征值 0 的特征向量，因此 0 是 $\boldsymbol{A}$ 的二重特征值. 从而 2 也是 $\boldsymbol{A}$ 的二重特征值.

设 $(x_1,x_2,x_3,x_4)^{\mathrm{T}}$ 是 $\boldsymbol{A}$ 的对应于 2 的特征向量. 因为 $\boldsymbol{A}$ 是实对称矩阵，所以它与 $\boldsymbol{\xi}_1,\boldsymbol{\xi}_2$ 正交，即

$$\begin{cases}x_1-x_4=0,\\-x_1+x_2=0.\end{cases}$$

易知这个方程组的一个基础解系为

$$\boldsymbol{\xi}_3=(0,0,1,0)^{\mathrm{T}},\quad \boldsymbol{\xi}_4=(1,1,0,1)^{\mathrm{T}}.$$

它们就是 $\boldsymbol{A}$ 的对应于 2 的特征向量. 取 $\boldsymbol{P}=(\boldsymbol{\xi}_1,\boldsymbol{\xi}_2,\boldsymbol{\xi}_3,\boldsymbol{\xi}_4)$，则

$$\boldsymbol{P}^{-1}\boldsymbol{AP}=\begin{pmatrix}0&&&\\&0&&\\&&2&\\&&&2\end{pmatrix}.$$

于是

$$\boldsymbol{A}=\boldsymbol{P}\begin{pmatrix}0&&&\\&0&&\\&&2&\\&&&2\end{pmatrix}\boldsymbol{P}^{-1}=\begin{pmatrix}1&-1&0&1\\0&1&0&1\\0&0&1&0\\-1&0&0&1\end{pmatrix}\begin{pmatrix}0&&&\\&0&&\\&&2&\\&&&2\end{pmatrix}\begin{pmatrix}1&-1&0&1\\0&1&0&1\\0&0&1&0\\-1&0&0&1\end{pmatrix}^{-1}$$

$$=\begin{pmatrix}1&-1&0&1\\0&1&0&1\\0&0&1&0\\-1&0&0&1\end{pmatrix}\begin{pmatrix}0&&&\\&0&&\\&&2&\\&&&2\end{pmatrix}\frac{1}{3}\begin{pmatrix}1&1&0&-2\\-1&2&0&-1\\0&0&3&0\\1&1&0&1\end{pmatrix}=\frac{1}{3}\begin{pmatrix}2&2&0&2\\2&2&0&2\\0&0&6&0\\2&2&0&2\end{pmatrix}.$$

例 5.2.6 （1）设 $\boldsymbol{A}$ 是实对称矩阵，且特征值均非负. 证明：存在实对称矩阵 $\boldsymbol{B}$，使得 $\boldsymbol{A}=\boldsymbol{B}^2$.

（2）已知 $\boldsymbol{A}=\begin{pmatrix}13&14&4\\14&24&18\\4&18&29\end{pmatrix}$，求 3 阶实对称矩阵 $\boldsymbol{X}$，使得 $\boldsymbol{X}^2=\boldsymbol{A}$.

解 （1）**证** 设 $\boldsymbol{A}$ 的特征值为 $\lambda_1,\lambda_2,\cdots,\lambda_n$，由假设，它们是非负的. 因为 $\boldsymbol{A}$ 是实对称的，所以存在正交矩阵 $\boldsymbol{S}$，使得 $\boldsymbol{A}=\boldsymbol{S}\mathrm{diag}(\lambda_1,\lambda_2,\cdots,\lambda_n)\boldsymbol{S}^{\mathrm{T}}$. 取

$$\boldsymbol{B}=\boldsymbol{S}\mathrm{diag}(\sqrt{\lambda_1},\sqrt{\lambda_2},\cdots,\sqrt{\lambda_n})\boldsymbol{S}^{\mathrm{T}}.$$

显然 $\boldsymbol{B}$ 是对称的，且满足

$$\begin{aligned}\boldsymbol{B}^2&=\boldsymbol{S}\mathrm{diag}(\sqrt{\lambda_1},\sqrt{\lambda_2},\cdots,\sqrt{\lambda_n})\boldsymbol{S}^{\mathrm{T}}\boldsymbol{S}\mathrm{diag}(\sqrt{\lambda_1},\sqrt{\lambda_2},\cdots,\sqrt{\lambda_n})\boldsymbol{S}^{\mathrm{T}}\\&=\boldsymbol{S}\mathrm{diag}(\sqrt{\lambda_1},\sqrt{\lambda_2},\cdots,\sqrt{\lambda_n})\mathrm{diag}(\sqrt{\lambda_1},\sqrt{\lambda_2},\cdots,\sqrt{\lambda_n})\boldsymbol{S}^{\mathrm{T}}\\&=\boldsymbol{S}\mathrm{diag}(\lambda_1,\lambda_2,\cdots,\lambda_n)\boldsymbol{S}^{\mathrm{T}}=\boldsymbol{A}.\end{aligned}$$

（2）令

$$|\boldsymbol{A}-\lambda\boldsymbol{I}|=\begin{vmatrix}13-\lambda&14&4\\14&24-\lambda&18\\4&18&29-\lambda\end{vmatrix}=-(\lambda-1)(\lambda-16)(\lambda-49)=0,$$

得 $\boldsymbol{A}$ 的特征值 $\lambda_1=1,\lambda_2=16,\lambda_3=49$.

解齐次方程组 $(\boldsymbol{A}-\boldsymbol{I})\boldsymbol{x}=\boldsymbol{0}$ 可得对应于特征值 $\lambda_1=1$ 的一个特征向量 $\boldsymbol{x}_1=(2,-2,1)^{\mathrm{T}}$. 解齐次方程组 $(\boldsymbol{A}-16\boldsymbol{I})\boldsymbol{x}=\boldsymbol{0}$ 可得对应于特征值 $\lambda_2=16$ 的一个特征向量 $\boldsymbol{x}_2=(2,1,-2)^{\mathrm{T}}$. 解齐次方程组 $(\boldsymbol{A}-49\boldsymbol{I})\boldsymbol{x}=\boldsymbol{0}$ 可得对应于特征值 $\lambda_3=49$ 的一个特征向量 $\boldsymbol{x}_3=(1,2,2)^{\mathrm{T}}$. 由于 $\boldsymbol{x}_1,\boldsymbol{x}_2,\boldsymbol{x}_3$ 是对称矩阵 $\boldsymbol{A}$ 对应于不同特征值的特征向量，因此相互正交. 令

$$\boldsymbol{P}=\left(\frac{\boldsymbol{x}_1}{\|\boldsymbol{x}_1\|},\frac{\boldsymbol{x}_2}{\|\boldsymbol{x}_2\|},\frac{\boldsymbol{x}_3}{\|\boldsymbol{x}_3\|}\right)=\frac{1}{3}\begin{pmatrix}2&2&1\\-2&1&2\\1&-2&2\end{pmatrix},$$

则 $\boldsymbol{P}$ 是正交矩阵，且有 $\boldsymbol{P}^{\mathrm{T}}\boldsymbol{A}\boldsymbol{P}=\mathrm{diag}(1,16,49)$，即 $\boldsymbol{A}=\boldsymbol{P}\mathrm{diag}(1,16,49)\boldsymbol{P}^{\mathrm{T}}$.

取 $\boldsymbol{X}=\boldsymbol{P}\mathrm{diag}(1,4,7)\boldsymbol{P}^{\mathrm{T}}=\begin{pmatrix}3&2&0\\2&4&2\\0&2&5\end{pmatrix}$,则 $\boldsymbol{X}$ 是实对称矩阵,且满足

$$\begin{aligned}\boldsymbol{X}^2&=[\boldsymbol{P}\mathrm{diag}(1,4,7)\boldsymbol{P}^{\mathrm{T}}][\boldsymbol{P}\mathrm{diag}(1,4,7)\boldsymbol{P}^{\mathrm{T}}]=\boldsymbol{P}\mathrm{diag}(1,4,7)\mathrm{diag}(1,4,7)\boldsymbol{P}^{\mathrm{T}}\\&=\boldsymbol{P}\mathrm{diag}(1,16,49)\boldsymbol{P}^{\mathrm{T}}=\boldsymbol{A}.\end{aligned}$$

例 5.2.7 设 $\boldsymbol{A}$ 和 $\boldsymbol{B}$ 是 m 阶实方阵,$\boldsymbol{C},\boldsymbol{D}$ 是 n 阶实方阵,证明:若 $\boldsymbol{A}$ 与 $\boldsymbol{B}$ 正交相似,$\boldsymbol{C}$ 与 $\boldsymbol{D}$ 正交相似,则 $\begin{pmatrix}\boldsymbol{A}&\\&\boldsymbol{C}\end{pmatrix}$ 与 $\begin{pmatrix}\boldsymbol{B}&\\&\boldsymbol{D}\end{pmatrix}$ 也正交相似.

证 因为 $\boldsymbol{A}$ 与 $\boldsymbol{B}$ 正交相似,$\boldsymbol{C}$ 与 $\boldsymbol{D}$ 正交相似,则存在 m 阶正交矩阵 $\boldsymbol{P}$ 和 n 阶正交矩阵 $\boldsymbol{Q}$,使得 $\boldsymbol{B}=\boldsymbol{P}^{\mathrm{T}}\boldsymbol{A}\boldsymbol{P},\boldsymbol{D}=\boldsymbol{Q}^{\mathrm{T}}\boldsymbol{C}\boldsymbol{Q}$.

取 $m+n$ 阶矩阵 $\boldsymbol{S}=\begin{pmatrix}\boldsymbol{P}&\\&\boldsymbol{Q}\end{pmatrix}$,则

$$\boldsymbol{S}^{\mathrm{T}}\boldsymbol{S}=\begin{pmatrix}\boldsymbol{P}^{\mathrm{T}}&\\&\boldsymbol{Q}^{\mathrm{T}}\end{pmatrix}\begin{pmatrix}\boldsymbol{P}&\\&\boldsymbol{Q}\end{pmatrix}=\begin{pmatrix}\boldsymbol{P}^{\mathrm{T}}\boldsymbol{P}&\\&\boldsymbol{Q}^{\mathrm{T}}\boldsymbol{Q}\end{pmatrix}=\begin{pmatrix}\boldsymbol{I}_m&\\&\boldsymbol{I}_n\end{pmatrix}=\boldsymbol{I}_{m+n},$$

因此 $\boldsymbol{S}$ 是正交矩阵. 此时

$$\boldsymbol{S}^{\mathrm{T}}\begin{pmatrix}\boldsymbol{A}&\\&\boldsymbol{C}\end{pmatrix}\boldsymbol{S}=\begin{pmatrix}\boldsymbol{P}^{\mathrm{T}}&\\&\boldsymbol{Q}^{\mathrm{T}}\end{pmatrix}\begin{pmatrix}\boldsymbol{A}&\\&\boldsymbol{C}\end{pmatrix}\begin{pmatrix}\boldsymbol{P}&\\&\boldsymbol{Q}\end{pmatrix}=\begin{pmatrix}\boldsymbol{P}^{\mathrm{T}}\boldsymbol{A}\boldsymbol{P}&\\&\boldsymbol{Q}^{\mathrm{T}}\boldsymbol{C}\boldsymbol{Q}\end{pmatrix}=\begin{pmatrix}\boldsymbol{B}&\\&\boldsymbol{D}\end{pmatrix}.$$

于是 $\begin{pmatrix}\boldsymbol{A}&\\&\boldsymbol{C}\end{pmatrix}$ 与 $\begin{pmatrix}\boldsymbol{B}&\\&\boldsymbol{D}\end{pmatrix}$ 正交相似.

例 5.2.8 设 $\boldsymbol{A}=\begin{pmatrix}0&1&0&0\\1&0&0&0\\0&0&a&2\\0&0&2&1\end{pmatrix}$,且已知 $\boldsymbol{A}$ 有特征值 2.

(1) 求常数 a;

(2) 求正交矩阵 $\boldsymbol{S}$,使得 $\boldsymbol{S}^{\mathrm{T}}\boldsymbol{A}\boldsymbol{S}$ 为对角阵.

解 (1) 因为 $\boldsymbol{A}$ 有特征值 2,所以

$$\begin{aligned}|\boldsymbol{A}-2\boldsymbol{I}|&=\begin{vmatrix}-2&1&0&0\\1&-2&0&0\\0&0&a-2&2\\0&0&2&-1\end{vmatrix}=\begin{vmatrix}-2&1\\1&-2\end{vmatrix}\cdot\begin{vmatrix}a-2&2\\2&-1\end{vmatrix}\\&=-3(a+2)=0,\end{aligned}$$

因此 $a=-2$.

(2) 记 $\boldsymbol{B}=\begin{pmatrix}0 & 1\\ 1 & 0\end{pmatrix}$, $\boldsymbol{C}=\begin{pmatrix}-2 & 2\\ 2 & 1\end{pmatrix}$,则 $\boldsymbol{A}=\begin{pmatrix}\boldsymbol{B} & \\ & \boldsymbol{C}\end{pmatrix}$.

现将对称矩阵 $\boldsymbol{B},\boldsymbol{C}$ 对角化. 令 $|\boldsymbol{B}-\lambda\boldsymbol{I}|=\begin{vmatrix}-\lambda & 1\\ 1 & -\lambda\end{vmatrix}=\lambda^2-1=0$ 得 $\boldsymbol{B}$ 的特征值 $\lambda_1=1,\lambda_2=-1$. 解齐次方程组 $(\boldsymbol{B}-\boldsymbol{I})\boldsymbol{x}=\boldsymbol{0}$ 得 $\boldsymbol{B}$ 关于特征值 1 的特征向量 $\boldsymbol{x}_1=(1,1)^{\mathrm{T}}$;解齐次方程组 $(\boldsymbol{B}+\boldsymbol{I})\boldsymbol{x}=\boldsymbol{0}$ 得 $\boldsymbol{B}$ 关于特征值 -1 的特征向量 $\boldsymbol{x}_2=(1,-1)^{\mathrm{T}}$. 注意 $\boldsymbol{x}_1$ 与 $\boldsymbol{x}_2$ 正交,取

$$\boldsymbol{P}_1=\left(\frac{\boldsymbol{x}_1}{\|\boldsymbol{x}_1\|},\frac{\boldsymbol{x}_2}{\|\boldsymbol{x}_2\|}\right)=\begin{pmatrix}\frac{1}{\sqrt{2}} & \frac{1}{\sqrt{2}}\\ \frac{1}{\sqrt{2}} & -\frac{1}{\sqrt{2}}\end{pmatrix},$$

则

$$\boldsymbol{P}^{\mathrm{T}}\boldsymbol{B}\boldsymbol{P}=\begin{pmatrix}1 & 0\\ 0 & -1\end{pmatrix}.$$

同理对于 $\boldsymbol{C}$,同样可得到正交矩阵 $\boldsymbol{Q}=\begin{pmatrix}\frac{1}{\sqrt{5}} & -\frac{2}{\sqrt{5}}\\ \frac{2}{\sqrt{5}} & \frac{1}{\sqrt{5}}\end{pmatrix}$,使得 $\boldsymbol{Q}^{\mathrm{T}}\boldsymbol{C}\boldsymbol{Q}=\begin{pmatrix}2 & \\ & -3\end{pmatrix}$.

由上例的结论知,取正交矩阵

$$\boldsymbol{S}=\begin{pmatrix}\boldsymbol{P} & \\ & \boldsymbol{Q}\end{pmatrix}=\begin{pmatrix}\frac{1}{\sqrt{2}} & \frac{1}{\sqrt{2}} & 0 & 0\\ \frac{1}{\sqrt{2}} & -\frac{1}{\sqrt{2}} & 0 & 0\\ 0 & 0 & \frac{1}{\sqrt{5}} & -\frac{2}{\sqrt{5}}\\ 0 & 0 & \frac{2}{\sqrt{5}} & \frac{1}{\sqrt{5}}\end{pmatrix},$$

则有

$$\boldsymbol{S}^{\mathrm{T}}\boldsymbol{A}\boldsymbol{S}=\begin{pmatrix}\boldsymbol{P}^{\mathrm{T}}\boldsymbol{B}\boldsymbol{P} & \\ & \boldsymbol{Q}^{\mathrm{T}}\boldsymbol{C}\boldsymbol{Q}\end{pmatrix}=\begin{pmatrix}1 & & & \\ & -1 & & \\ & & 2 & \\ & & & -3\end{pmatrix}.$$

例 5.2.9 设 $\boldsymbol{A}$ 是 n 阶实对称矩阵,其特征值为 $\lambda_1,\lambda_2,\cdots,\lambda_n$. 证明:若 $\boldsymbol{\xi}_1,\boldsymbol{\xi}_2,\cdots,\boldsymbol{\xi}_n$ 分别是对应于 $\lambda_1,\lambda_2,\cdots,\lambda_n$ 的单位特征向量,且相互正交,则

$$A=\lambda_1\boldsymbol{\xi}_1\boldsymbol{\xi}_1^{\mathrm{T}}+\lambda_2\boldsymbol{\xi}_2\boldsymbol{\xi}_2^{\mathrm{T}}+\cdots+\lambda_n\boldsymbol{\xi}_n\boldsymbol{\xi}_n^{\mathrm{T}}.$$

证　由假设知

$$A(\boldsymbol{\xi}_1,\boldsymbol{\xi}_2,\cdots,\boldsymbol{\xi}_n)=(\boldsymbol{\xi}_1,\boldsymbol{\xi}_2,\cdots,\boldsymbol{\xi}_n)\begin{pmatrix}\lambda_1 & & & \\ & \lambda_2 & & \\ & & \ddots & \\ & & & \lambda_n\end{pmatrix},$$

且 $S=(\boldsymbol{\xi}_1,\boldsymbol{\xi}_2,\cdots,\boldsymbol{\xi}_n)$ 是正交矩阵. 于是

$$\begin{aligned}A&=S\begin{pmatrix}\lambda_1 & & & \\ & \lambda_2 & & \\ & & \ddots & \\ & & & \lambda_n\end{pmatrix}S^{\mathrm{T}}\\&=S\begin{pmatrix}\lambda_1 & & & \\ & 0 & & \\ & & \ddots & \\ & & & 0\end{pmatrix}S^{\mathrm{T}}+S\begin{pmatrix}0 & & & \\ & \lambda_2 & & \\ & & \ddots & \\ & & & 0\end{pmatrix}S^{\mathrm{T}}\\&\quad+\cdots+S\begin{pmatrix}0 & & & \\ & 0 & & \\ & & \ddots & \\ & & & \lambda_n\end{pmatrix}S^{\mathrm{T}}\\&=\lambda_1\boldsymbol{\xi}_1\boldsymbol{\xi}_1^{\mathrm{T}}+\lambda_2\boldsymbol{\xi}_2\boldsymbol{\xi}_2^{\mathrm{T}}+\cdots+\lambda_n\boldsymbol{\xi}_n\boldsymbol{\xi}_n^{\mathrm{T}}.\end{aligned}$$

例 5.2.10　用酉相似变换将 Hermite 矩阵 $A=\begin{pmatrix}1 & 1+\mathrm{i} & 0\\ 1-\mathrm{i} & 2 & 0\\ 0 & 0 & 2\end{pmatrix}$化成对角阵.

解　令

$$|A-\lambda I|=\begin{vmatrix}1-\lambda & 1+\mathrm{i} & 0\\ 1-\mathrm{i} & 2-\lambda & 0\\ 0 & 0 & 2-\lambda\end{vmatrix}=\lambda(2-\lambda)(\lambda-3)=0,$$

得 A 的特征值 $\lambda_1=0,\lambda_2=3,\lambda_3=2$.

对于特征值 $\lambda_1=0$,解齐次方程组 $Ax=\mathbf{0}$,即

$$\begin{cases}x_1+(1+\mathrm{i})x_2=0,\\(1-\mathrm{i})x_1+2x_2=0,\\2x_3=0,\end{cases}$$

可得对应于 $\lambda_1=0$ 的一个特征向量 $\boldsymbol{x}_1=(1+\mathrm{i},-1,0)^{\mathrm{T}}$.

对于特征值 $\lambda_2=3$，解齐次方程组 $(\boldsymbol{A}-3\boldsymbol{I})\boldsymbol{x}=\boldsymbol{0}$，即

$$\begin{cases}-2x_1+(1+\mathrm{i})x_2=0,\\(1-\mathrm{i})x_1-x_2=0,\\-x_3=0,\end{cases}$$

可得对应于 $\lambda_2=3$ 的一个特征向量 $\boldsymbol{x}_2=(1,1-\mathrm{i},0)^{\mathrm{T}}$.

对于特征值 $\lambda_3=2$，解齐次方程组 $(\boldsymbol{A}-2\boldsymbol{I})\boldsymbol{x}=\boldsymbol{0}$，即

$$\begin{cases}-x_1+(1+\mathrm{i})x_2=0,\\(1-\mathrm{i})x_1=0,\end{cases}$$

可得对应于 $\lambda_3=2$ 的一个特征向量 $\boldsymbol{x}_3=(0,0,1)^{\mathrm{T}}$.

因为 $\boldsymbol{A}$ 是 Hermite 矩阵，所以 $\boldsymbol{x}_1,\boldsymbol{x}_2,\boldsymbol{x}_3$ 相互正交. 取酉矩阵

$$\boldsymbol{U}=\left(\frac{\boldsymbol{x}_1}{\|\boldsymbol{x}_1\|},\frac{\boldsymbol{x}_2}{\|\boldsymbol{x}_2\|},\frac{\boldsymbol{x}_3}{\|\boldsymbol{x}_3\|}\right)=\begin{pmatrix}\frac{1+\mathrm{i}}{\sqrt{3}} & \frac{1}{\sqrt{3}} & 0\\ -\frac{1}{\sqrt{3}} & \frac{1-\mathrm{i}}{\sqrt{3}} & 0\\ 0 & 0 & 1\end{pmatrix},$$

则

$$\boldsymbol{U}^{\mathrm{H}}\boldsymbol{A}\boldsymbol{U}=\begin{pmatrix}0 & & \\ & 3 & \\ & & 2\end{pmatrix}.$$

例 5.2.11 设 $\boldsymbol{A}$ 是 n 阶 Hermite 矩阵. 证明：若向量 $\boldsymbol{x}\in\mathbf{C}^n$ 满足 $\boldsymbol{A}^2\boldsymbol{x}=\boldsymbol{0}$，则 $\boldsymbol{A}\boldsymbol{x}=\boldsymbol{0}$.

证 因为 $\boldsymbol{A}$ 是 n 阶 Hermite 矩阵，所以 $\boldsymbol{A}^{\mathrm{H}}=\boldsymbol{A}$，于是由 $\boldsymbol{A}^2\boldsymbol{x}=\boldsymbol{0}$ 得

$$0=(\boldsymbol{A}^2\boldsymbol{x},\boldsymbol{x})=(\boldsymbol{A}\boldsymbol{A}\boldsymbol{x},\boldsymbol{x})=(\boldsymbol{A}\boldsymbol{x},\boldsymbol{A}^{\mathrm{H}}\boldsymbol{x})=(\boldsymbol{A}\boldsymbol{x},\boldsymbol{A}\boldsymbol{x})=\|\boldsymbol{A}\boldsymbol{x}\|^2,$$

因此 $\boldsymbol{A}\boldsymbol{x}=\boldsymbol{0}$.

例 5.2.12 设 $\boldsymbol{A}=\boldsymbol{B}+\mathrm{i}\boldsymbol{C}$ 是复 n 阶矩阵，其中 $\boldsymbol{B},\boldsymbol{C}$ 是 n 阶实矩阵. 证明 $\boldsymbol{A}$ 是 Hermite 矩阵的充分必要条件为：$\boldsymbol{B}$ 是对称矩阵，$\boldsymbol{C}$ 是反对称矩阵.

证 必要性：若 $\boldsymbol{A}$ 是 Hermite 矩阵，则 $\boldsymbol{A}^{\mathrm{H}}=\boldsymbol{A}$，即

$$\boldsymbol{B}^{\mathrm{T}}-\mathrm{i}\boldsymbol{C}^{\mathrm{T}}=\boldsymbol{B}+\mathrm{i}\boldsymbol{C}.$$

比较上式的实部与虚部得

$$\boldsymbol{B}^{\mathrm{T}}=\boldsymbol{B},\quad \boldsymbol{C}^{\mathrm{T}}=-\boldsymbol{C},$$

即 $\boldsymbol{B}$ 是对称矩阵，$\boldsymbol{C}$ 是反对称矩阵.

充分性：若 $\boldsymbol{B}$ 是对称矩阵，$\boldsymbol{C}$ 是反对称矩阵，则

$$\boldsymbol{A}^{\mathrm{H}}=\boldsymbol{B}^{\mathrm{T}}-\mathrm{i}\boldsymbol{C}^{\mathrm{T}}=\boldsymbol{B}+\mathrm{i}\boldsymbol{C}=\boldsymbol{A},$$

因此 $\boldsymbol{A}$ 是 Hermite 矩阵.

例 5.2.13 设 $\boldsymbol{A}$ 是 n 阶矩阵,其全部特征值为 $\lambda_1,\lambda_2,\cdots,\lambda_n$. 证明:若 $p(x)$ 是多项式,则矩阵 $p(\boldsymbol{A})$ 的全部特征值为 $p(\lambda_1),p(\lambda_2),\cdots,p(\lambda_n)$.

证 由 Schur 定理知,存在酉矩阵 $\boldsymbol{U}$,使得 $\boldsymbol{U}^{\mathrm{H}}\boldsymbol{A}\boldsymbol{U}=\boldsymbol{D}$ 是上三角阵,且

$$\boldsymbol{D}=\begin{pmatrix}\lambda_1 & * & \cdots & * \\ & \lambda_2 & & * \\ & & \ddots & \vdots \\ & & & \lambda_n\end{pmatrix}.$$

由于上三角阵的和、数乘及乘积仍然是上三角阵,且对角元素执行相同运算,因此

$$\boldsymbol{U}^{\mathrm{T}}p(\boldsymbol{A})\boldsymbol{U}=p(\boldsymbol{U}^{\mathrm{T}}\boldsymbol{A}\boldsymbol{U})=\begin{pmatrix}p(\lambda_1) & * & \cdots & * \\ & p(\lambda_2) & & * \\ & & \ddots & \vdots \\ & & & p(\lambda_n)\end{pmatrix}.$$

这就说明 $p(\boldsymbol{A})$ 与上式右面的矩阵酉相似,所以有相同的特征值,因此 $p(\boldsymbol{A})$ 的全部特征值为 $p(\lambda_1),p(\lambda_2),\cdots,p(\lambda_n)$.

例 5.2.14 设 $\boldsymbol{A}$ 是三阶实对称矩阵,其特征值为 $\lambda_1=2,\lambda_2=1,\lambda_3=-1$,且已知 $\boldsymbol{x}_1=(1,0,1)^{\mathrm{T}}$ 是对应于 $\lambda_1=2$ 的特征向量. 记矩阵 $\boldsymbol{B}=\boldsymbol{A}^4-3\boldsymbol{A}^2+\boldsymbol{I}$.

(1) 求 $\boldsymbol{B}$ 的特征值与特征向量;

(2) 求矩阵 $\boldsymbol{B}$.

解 (1) 因为 $\boldsymbol{A}$ 的特征值为 $\lambda_1=2,\lambda_2=1,\lambda_3=-1$,所以由上例可知,$\boldsymbol{B}$ 的全部特征值为 $\lambda_i^4-3\lambda_i^2+1(i=1,2,3)$,即 $5,-1,-1$.

显然 $\boldsymbol{B}$ 是实对称矩阵. 因为 $\boldsymbol{x}_1$ 是 $\boldsymbol{A}$ 的对应于特征值 2 的特征向量,即 $\boldsymbol{A}\boldsymbol{x}_1=2\boldsymbol{x}_1$,所以

$$\boldsymbol{B}\boldsymbol{x}_1=(\boldsymbol{A}^4-3\boldsymbol{A}^2+\boldsymbol{I})\boldsymbol{x}_1=\boldsymbol{A}^4\boldsymbol{x}_1-3\boldsymbol{A}^2\boldsymbol{x}_1+\boldsymbol{x}_1=5\boldsymbol{x}_1,$$

因此 $\boldsymbol{x}_1$ 是 $\boldsymbol{B}$ 的对应于特征值 5 的特征向量. 于是,$\boldsymbol{B}$ 的对应于特征值 5 的全部特征向量为

$$k(1,0,1)^{\mathrm{T}},\quad k \text{ 为任意非零常数}.$$

因为 $\boldsymbol{B}$ 是实对称矩阵,因此 $\boldsymbol{B}$ 的属于特征值 -1 的特征向量应与 $\boldsymbol{x}_1$ 正交. 于是,若 $(x_1,x_2,x_3)^{\mathrm{T}}$ 是 $\boldsymbol{B}$ 的对应于 -1 的特征向量,则有

$$x_1+x_3=0.$$

该齐次线性方程组的基础解系为

$$\boldsymbol{x}_2=(0,1,0)^{\mathrm{T}},\quad \boldsymbol{x}_3=(-1,0,1)^{\mathrm{T}},$$

因此 $\boldsymbol{B}$ 的对应于特征值 -1 的全部特征向量为

$$k_1(0,1,0)^{\mathrm{T}}+k_2(-1,0,1)^{\mathrm{T}},\quad k_1,k_2 \text{ 为不全为零的任意常数}.$$

(2) 取

$$P=(x_1,x_2,x_3)=\begin{pmatrix}1&0&-1\\0&1&0\\1&0&1\end{pmatrix},$$

则 $BP=P\begin{pmatrix}5&&\\&-1&\\&&-1\end{pmatrix}$. 因此

$$B=P\begin{pmatrix}5&&\\&-1&\\&&-1\end{pmatrix}P^{-1}=\begin{pmatrix}1&0&-1\\0&1&0\\1&0&1\end{pmatrix}\begin{pmatrix}5&&\\&-1&\\&&-1\end{pmatrix}\begin{pmatrix}1&0&-1\\0&1&0\\1&0&1\end{pmatrix}^{-1}$$

$$=\begin{pmatrix}1&0&-1\\0&1&0\\1&0&1\end{pmatrix}\begin{pmatrix}5&&\\&-1&\\&&-1\end{pmatrix}\frac{1}{2}\begin{pmatrix}1&0&1\\0&2&0\\-1&0&1\end{pmatrix}=\begin{pmatrix}2&0&3\\0&-1&0\\3&0&2\end{pmatrix}.$$

例 5.2.15 设 $A=(a_{ij})$ 是 n 阶上三角阵. 证明:若 A 是正规矩阵,则它必是对角阵.

证 因为 A 是上三角阵,可记

$$A=\begin{pmatrix}a_{11}&a_{12}&\cdots&a_{1n}\\&a_{22}&\cdots&a_{2n}\\&&\ddots&\vdots\\&&&a_{nn}\end{pmatrix}.$$

若 A 是正规矩阵,则 $AA^{\mathrm{H}}=A^{\mathrm{H}}A$,即

$$\begin{pmatrix}a_{11}&a_{12}&\cdots&a_{1n}\\&a_{22}&\cdots&a_{2n}\\&&\ddots&\vdots\\&&&a_{nn}\end{pmatrix}\begin{pmatrix}\bar a_{11}&&&\\\bar a_{12}&\bar a_{22}&&\\\vdots&\vdots&\ddots&\\\bar a_{1n}&\bar a_{2n}&\cdots&\bar a_{nn}\end{pmatrix}$$

$$=\begin{pmatrix}\bar a_{11}&&&\\\bar a_{12}&\bar a_{22}&&\\\vdots&\vdots&\ddots&\\\bar a_{1n}&\bar a_{2n}&\cdots&\bar a_{nn}\end{pmatrix}\begin{pmatrix}a_{11}&a_{12}&\cdots&a_{1n}\\&a_{22}&\cdots&a_{2n}\\&&\ddots&\vdots\\&&&a_{nn}\end{pmatrix}.$$

比较等式两边矩阵的(1,1)位置的元素便得

$$a_{11}\bar a_{11}=a_{11}\bar a_{11}+a_{12}\bar a_{12}+\cdots+a_{1n}\bar a_{1n},$$

即

$$|a_{11}|^2=|a_{11}|^2+|a_{12}|^2+\cdots+|a_{1n}|^2,$$

因此 $a_{12}=\cdots=a_{1n}=0$.

比较等式两边矩阵的(2,2)位置的元素便得

$$a_{12}\overline{a}_{12}+a_{22}\overline{a}_{22}=a_{22}\overline{a}_{22}+a_{23}\overline{a}_{23}+\cdots+a_{2n}\overline{a}_{2n},$$

由于 $a_{12}=0$,从上式得

$$|a_{22}|^2=|a_{22}|^2+|a_{23}|^2+\cdots+|a_{2n}|^2,$$

因此 $a_{23}=\cdots=a_{2n}=0$. 如此逐个比较主对角元素,便知

$$a_{ij}=0,\quad i=1,2,\cdots,n,\ j\neq i.$$

因此 $\boldsymbol{A}$ 是对角阵.

例 5.2.16 设 $\lambda_1,\lambda_2,\cdots,\lambda_n$ 是 n 阶矩阵 $\boldsymbol{A}=(a_{ij})$ 的特征值,证明

$$\sum_{i=1}^{n}|\lambda_i|^2\leqslant\sum_{i,j=1}^{n}|a_{ij}|^2,$$

且等号成立等且仅当 $\boldsymbol{A}$ 是正规矩阵.

证 由 Schur 定理可知,存在 n 阶酉矩阵 U,使得

$$\boldsymbol{U}^{\mathrm{H}}\boldsymbol{A}\boldsymbol{U}=\boldsymbol{D}$$

是上三角阵,且 $\boldsymbol{D}$ 的对角元是 $\boldsymbol{A}$ 的特征值. 因此

$$\boldsymbol{D}^{\mathrm{H}}\boldsymbol{D}=(\boldsymbol{U}^{\mathrm{H}}\boldsymbol{A}\boldsymbol{U})^{\mathrm{H}}(\boldsymbol{U}^{\mathrm{H}}\boldsymbol{A}\boldsymbol{U})=\boldsymbol{U}^{\mathrm{H}}(\boldsymbol{A}^{\mathrm{H}}\boldsymbol{A})\boldsymbol{U},$$

于是

$$\mathrm{tr}(\boldsymbol{D}^{\mathrm{H}}\boldsymbol{D})=\mathrm{tr}(\boldsymbol{U}^{\mathrm{H}}(\boldsymbol{A}^{\mathrm{H}}\boldsymbol{A})\boldsymbol{U}).$$

注意到上三角阵 $\boldsymbol{D}$ 的对角元是 $\boldsymbol{A}$ 的特征值 $\lambda_1,\lambda_2,\cdots,\lambda_n$,因此(参见上例)

$$\sum_{i=1}^{n}|\lambda_i|^2\leqslant\mathrm{tr}(\boldsymbol{D}^{\mathrm{H}}\boldsymbol{D}).$$

又因为 $\boldsymbol{U}^{\mathrm{H}}(\boldsymbol{A}^{\mathrm{H}}A)\boldsymbol{U}=\boldsymbol{U}^{-1}(\boldsymbol{A}^{\mathrm{H}}\boldsymbol{A})\boldsymbol{U}$ 与 $\boldsymbol{A}^{\mathrm{H}}\boldsymbol{A}$ 相似,所以它们有相同的迹,即 $\mathrm{tr}(\boldsymbol{U}^{\mathrm{H}}(\boldsymbol{A}^{\mathrm{H}}\boldsymbol{A})\boldsymbol{U})=\mathrm{tr}(\boldsymbol{A}^{\mathrm{H}}\boldsymbol{A})$. 于是

$$\sum_{i=1}^{n}|\lambda_i|^2\leqslant\mathrm{tr}(\boldsymbol{D}^{\mathrm{H}}\boldsymbol{D})=\mathrm{tr}(\boldsymbol{U}^{\mathrm{H}}(\boldsymbol{A}^{\mathrm{H}}\boldsymbol{A})\boldsymbol{U})=\mathrm{tr}(\boldsymbol{A}^{\mathrm{H}}\boldsymbol{A})=\sum_{i,j=1}^{n}|a_{ij}|^2.$$

显然,$\boldsymbol{A}$ 是正规矩阵等价于 $\boldsymbol{D}$ 是正规矩阵. 而由上例,$\boldsymbol{D}$ 是正规矩阵等价于它是对角阵,这等价于 $\sum\limits_{i=1}^{n}|\lambda_i|^2=\mathrm{tr}(\boldsymbol{D}^{\mathrm{H}}\boldsymbol{D})$, 即上式中等号成立.

习　题

1. 对下列对称矩阵 $\boldsymbol{A}$,求出正交矩阵 $\boldsymbol{S}$,使得 $\boldsymbol{S}^{\mathrm{T}}\boldsymbol{A}\boldsymbol{S}$ 为对角阵:

(1) $\boldsymbol{A}=\begin{pmatrix}-1&0&2\\0&1&2\\2&2&0\end{pmatrix}$;　　(2) $\boldsymbol{A}=\begin{pmatrix}-1&-3&3&-3\\-3&-1&-3&3\\3&-3&-1&-3\\-3&3&-3&-1\end{pmatrix}$.

2. 已知 $A=\begin{pmatrix}2&0&0\\0&a&2\\0&2&a\end{pmatrix}(a>0)$ 有一个特征值 1.

(1) 求 a 和其他特征值;

(2) 求正交矩阵 S,使得 $S^{T}AS$ 为对角阵.

3. 设三阶矩阵 $A=\begin{pmatrix}1&0&1\\0&2&0\\1&0&1\end{pmatrix}$,$B=(kI+A)^2$,其中 k 为实常数,问 B 是否与对角阵相似?若相似,求出这样一个对角阵.

4. 已知

$$A=\begin{pmatrix}1&a&1\\a&1&b\\1&b&1\end{pmatrix},\quad B=\begin{pmatrix}0&0&0\\0&1&0\\0&0&2\end{pmatrix}.$$

若 A 与 B 相似,则

(1) 求 a,b;

(2) 求正交矩阵 S,使得 $S^{T}AS$ 为对角阵.

5. 已知三阶实对称矩阵 A 有二重特征值 1 和单重特征值 -1,且 $(0,1,1)^{T}$ 是对应于 -1 的特征向量,求 A.

6. 已知三阶实对称矩阵 A 的秩为 2,且 6 是 A 的二重特征值,$x_1=(1,1,0)^{T}$,$x_2=(2,1,1)^{T}$,$x_3=(-1,2,-3)^{T}$ 都是 A 的属于特征值 6 的特征向量.

(1) 求 A 的另一个特征值和对应的特征向量;

(2) 求矩阵 A.

7. 已知三阶实对称矩阵 A 的各行之和均为 3,向量 $x_1=(-1,2,-1)^{T}$ 和 $x_2=(0,-1,1)^{T}$ 都是齐次线性方程组 $Ax=0$ 的解.

(1) 求 A 的特征值与特征向量;

(2) 求正交矩阵 S,使得 $S^{T}AS$ 为对角阵.

8. 设有矩阵 $A=\begin{pmatrix}0&1&&\\1&0&&\\&&x&1\\&&1&2\end{pmatrix}$,且已知 3 是它的特征值.

(1) 求常数 x;

(2) 求正交矩阵 S,使得 $(AS)^{T}(AS)$ 为对角阵.

9. 设 $A=\begin{pmatrix}1&1&a\\1&a&1\\a&1&1\end{pmatrix}$,$b=\begin{pmatrix}1\\1\\-2\end{pmatrix}$,且线性方程组 $Ax=b$ 有解但不唯一.

(1) 求 a 的值;

(2) 求正交矩阵 S,使得 $S^{T}AS$ 为对角阵.

10. 设 A 是 n 阶实对称矩阵,满足 $A^2=I_n$,且 $\mathrm{rank}(A+I_n)=2$,求 A 相似的对角阵.

11. 设 n 阶实矩阵 $\boldsymbol{A}$ 有 n 个相互正交的实特征向量,证明 $\boldsymbol{A}$ 是对称矩阵.

12. 设 $\boldsymbol{A},\boldsymbol{B}$ 是 n 阶矩阵,且有相同的特征值. 证明:若 $\boldsymbol{A}$ 有 n 个相异特征值,则存在 n 阶可逆矩阵 $\boldsymbol{P}$ 和 n 阶矩阵 $\boldsymbol{Q}$,使得 $\boldsymbol{A}=\boldsymbol{PQ},\boldsymbol{B}=\boldsymbol{QP}$.

13. 设 $\boldsymbol{a},\boldsymbol{b}$ 是三维单位实列向量,且 $\boldsymbol{a}^{\mathrm{T}}\boldsymbol{b}=0$. 记 $\boldsymbol{A}=\boldsymbol{ab}^{\mathrm{T}}+\boldsymbol{ba}^{\mathrm{T}}$,证明 $\boldsymbol{A}$ 与对角阵 $\begin{pmatrix}1&&\\&-1&\\&&0\end{pmatrix}$ 相似.

14. 已知 Hermite 矩阵 $\boldsymbol{A}=\begin{pmatrix}1&-\mathrm{i}\\ \mathrm{i}&1\end{pmatrix}$,求酉矩阵 $\boldsymbol{U}$,使得 $\boldsymbol{U}^{\mathrm{H}}\boldsymbol{AU}$ 为对角阵.

15. 证明 n 阶矩阵 $\boldsymbol{A}$ 是正规矩阵的充分必要条件是:对于任意 n 维列向量 $\boldsymbol{x}$,成立 $\|\boldsymbol{Ax}\|=\|\boldsymbol{A}^{\mathrm{H}}\boldsymbol{x}\|$.

16. 设 n 阶矩阵 $\boldsymbol{A}$ 的特征值为 $\lambda_1,\lambda_2,\cdots,\lambda_n$,求矩阵 $a\boldsymbol{A}^2+b\boldsymbol{A}+c\boldsymbol{I}$ 的行列式.

17. 设 n 阶 Hermite 矩阵 $\boldsymbol{A}$ 的特征值为 $\lambda_1,\lambda_2,\cdots,\lambda_n$,且满足 $\lambda_1\geqslant\lambda_2\geqslant\cdots\geqslant\lambda_n$,与它们对应的单位特征向量依次为 $\boldsymbol{x}_1,\boldsymbol{x}_2,\cdots,\boldsymbol{x}_n$,且它们相互正交. 作

$$\rho(\boldsymbol{x})=\frac{(\boldsymbol{Ax},\boldsymbol{x})}{(\boldsymbol{x},\boldsymbol{x})}=\frac{\boldsymbol{x}^{\mathrm{H}}\boldsymbol{Ax}}{\boldsymbol{x}^{\mathrm{H}}\boldsymbol{x}},\quad \boldsymbol{x}\neq\boldsymbol{0}\in\mathbf{C}^n.$$

(1) 若 $\boldsymbol{x}=c_1\boldsymbol{x}_1+c_2\boldsymbol{x}_2+\cdots+c_n\boldsymbol{x}_n\ (c_j\in\boldsymbol{C},\quad j=1,2,\cdots,n)$,证明

$$\rho(\boldsymbol{x})=\frac{|c_1|^2\lambda_1+|c_2|^2\lambda_2+\cdots+|c_n|^2\lambda_n}{|c_1|^2+|c_2|^2+\cdots+|c_n|^2};$$

(2) 证明

$$\lambda_n\leqslant\rho(\boldsymbol{x})\leqslant\lambda_1,\quad \boldsymbol{x}\neq\boldsymbol{0}\in\mathbf{C}^n,$$

且 $\max\limits_{\boldsymbol{x}\neq\boldsymbol{0}}\rho(\boldsymbol{x})=\lambda_1,\ \min\limits_{\boldsymbol{x}\neq\boldsymbol{0}}\rho(\boldsymbol{x})=\lambda_n$.

第六章

二　次　型

§6.1　二次型及其标准形式

知识要点

一、二次型与对称矩阵

定义 6.1.1　称 n 个变量 $x_1,x_2,\cdots,x_n$ 的实系数二次齐次多项式

$$\begin{aligned} f(x_1,x_2,\cdots,x_n) = a_{11}x_1^2 &+ a_{12}x_1x_2 + a_{13}x_1x_3 + \cdots + a_{1n}x_1x_n \\ &+ a_{22}x_2^2 \quad + a_{23}x_2x_3 + \cdots + a_{2n}x_2x_n \\ &\qquad\qquad + a_{33}x_3^2 \quad + \cdots + a_{3n}x_3x_n \\ &\qquad\qquad\qquad\qquad + \cdots \\ &\qquad\qquad\qquad\qquad\qquad + a_{nn}x_n^2 \end{aligned}$$

为 **n 元实二次型,简称二次型.**

将交叉项 $a_{ij}x_ix_j$ 写成对称的两项之和

$$a_{ij}x_ix_j = \frac{a_{ij}}{2}x_ix_j + \frac{a_{ij}}{2}x_jx_i \equiv \tilde{a}_{ij}x_ix_j + \tilde{a}_{ji}x_jx_i,$$

记

$$\boldsymbol{A} = \begin{pmatrix} a_{11} & \tilde{a}_{12} & \cdots & \tilde{a}_{1n} \\ \tilde{a}_{21} & a_{22} & \cdots & \tilde{a}_{2n} \\ \vdots & \vdots & & \vdots \\ \tilde{a}_{n1} & \tilde{a}_{n2} & \cdots & a_{nn} \end{pmatrix},\ \boldsymbol{x} = \begin{pmatrix} x_1 \\ x_2 \\ \vdots \\ x_n \end{pmatrix},$$

则有

$$f(x_1,x_2,\cdots,x_n) = \boldsymbol{x}^{\mathrm{T}}\boldsymbol{A}\boldsymbol{x}.$$

显然 $\boldsymbol{A}$ 是对称矩阵. 一个二次型如此唯一决定一个对称矩阵,反之亦然. 称 $\boldsymbol{A}$ 为二次型 f 的**相伴矩阵**,并称 $\mathrm{rank}(\boldsymbol{A})$ 为二次型 f 的**秩**.

定义 6.1.2　设 $\boldsymbol{A}$ 和 $\boldsymbol{B}$ 是同阶方阵,若存在同阶可逆矩阵 $\boldsymbol{P}$,使得

$$\boldsymbol{B} = \boldsymbol{P}^{\mathrm{T}}\boldsymbol{A}\boldsymbol{P},$$

则称 $\boldsymbol{A}$ 和 $\boldsymbol{B}$ 是**合同矩阵**(简称 $\boldsymbol{A}$ 与 $\boldsymbol{B}$ 合同). 将 $\boldsymbol{A}$ 变为 $\boldsymbol{P}^{\mathrm{T}}\boldsymbol{AP}$ 称为对 $\boldsymbol{A}$ 作**合同变换**.

定理 6.1.1 设 $\boldsymbol{A}$ 和 $\boldsymbol{B}$ 是同阶方阵,若 $\boldsymbol{A}$ 与 $\boldsymbol{B}$ 合同,则 $\boldsymbol{A}$ 与 $\boldsymbol{B}$ 有相同的秩.

设 $\boldsymbol{P}$ 为可逆矩阵,作变换 $\boldsymbol{x}=\boldsymbol{Py}$(称之为**非退化线性变换**),则

$$f(x_1,x_2,\cdots,x_n)=\boldsymbol{x}^{\mathrm{T}}\boldsymbol{Ax}=\boldsymbol{y}^{\mathrm{T}}(\boldsymbol{P}^{\mathrm{T}}\boldsymbol{AP})\boldsymbol{y},$$

记对称矩阵 $\boldsymbol{B}=\boldsymbol{P}^{\mathrm{T}}\boldsymbol{AP}$,则 $f(x_1,x_2,\cdots,x_n)$ 变为

$$\tilde{f}(y_1,y_2,\cdots,y_n)=\boldsymbol{y}^{\mathrm{T}}\boldsymbol{By},$$

这是一个关于变量 $y_1,y_2,\cdots,y_n$ 的二次型. 因为 $\boldsymbol{B}$ 与 $\boldsymbol{A}$ 合同,这种变换也称为对二次型作**合同变换**.

定义 6.1.3 若二次型

$$f(x_1,x_2,\cdots,x_n)=\boldsymbol{x}^{\mathrm{T}}\boldsymbol{Ax}$$

可以通过非退化线性变换 $\boldsymbol{x}=\boldsymbol{Py}$ 化为

$$\tilde{f}(y_1,y_2,\cdots,y_n)=\boldsymbol{y}^{\mathrm{T}}\boldsymbol{By}=b_{11}y_1^2+b_{22}y_2^2+\cdots+b_{nn}y_n^2,$$

则称 $\tilde{f}(y_1,y_2,\cdots,y_n)$ 是原二次型的**标准形**,其中 $\boldsymbol{B}=\boldsymbol{P}^{\mathrm{T}}\boldsymbol{AP}$.

定理 6.1.2 任何二次型都可以通过非退化线性变换化为标准形.

注 1 若二次型 $f(x_1,x_2,\cdots,x_n)=\boldsymbol{x}^{\mathrm{T}}\boldsymbol{Ax}$ 的标准形为

$$\tilde{f}(y_1,y_2,\cdots,y_n)=\boldsymbol{y}^{\mathrm{T}}\boldsymbol{By}=b_1y_1^2+b_2y_2^2+\cdots+b_ny_n^2,$$

则 $b_1,b_2,\cdots,b_n$ 中非零元素的个数等于 $\mathrm{rank}(\boldsymbol{A})$.

注 2 二次型 $f(x_1,x_2,\cdots,x_n)=\boldsymbol{x}^{\mathrm{T}}\boldsymbol{Ax}$ 的标准形不唯一.

二、化二次型为标准形的几种方法

将二次型通过合同变换化为标准形的过程称为**约化**. 常用的约化方法有以下几种.

1. 配方法

将二次型配成完全平方的线性组合. 这是初等代数的常用技巧,不再赘述.

2. 正交变换法

对于二次型 $f(x_1,x_2,\cdots,x_n)=\boldsymbol{x}^{\mathrm{T}}\boldsymbol{Ax}$ 的相伴矩阵 $\boldsymbol{A}$,找出它的特征值 $\lambda_1,\lambda_2,\cdots,\lambda_n$,以及与之对应的特征向量组成的单位正交向量组 $\boldsymbol{a}_1,\boldsymbol{a}_2,\cdots,\boldsymbol{a}_n$. 作正交矩阵 $\boldsymbol{P}=(\boldsymbol{a}_1,\boldsymbol{a}_2,\cdots,\boldsymbol{a}_n)$,则 $\boldsymbol{P}^{\mathrm{T}}\boldsymbol{AP}=\mathrm{diag}(\lambda_1,\lambda_2,\cdots,\lambda_n)$. 在非退化线性变换 $\boldsymbol{x}=\boldsymbol{Py}$ 下,有

$$f(x_1,x_2,\cdots,x_n)=\boldsymbol{x}^{\mathrm{T}}\boldsymbol{Ax}=\boldsymbol{y}^{\mathrm{T}}\mathrm{diag}(\lambda_1,\lambda_2,\cdots,\lambda_n)\boldsymbol{y}=\lambda_1y_1^2+\lambda_2y_2^2+\cdots+\lambda_ny_n^2.$$

3. 初等变换法

对于二次型 $f(x_1,x_2,\cdots,x_n)=\boldsymbol{x}^{\mathrm{T}}\boldsymbol{Ax}$ 的相伴矩阵 $\boldsymbol{A}$,先作辅助矩阵

$$(\boldsymbol{A}\,\vdots\,\boldsymbol{I}),$$

然后按从上加到下的方式,用第三类初等行变换将 $\boldsymbol{A}$ 变为上三角矩阵,则右边的单位矩阵 $\boldsymbol{I}$ 便变换成为变换矩阵 $\boldsymbol{P}$ 的转置 $\boldsymbol{P}^{\mathrm{T}}$. 即作非退化线性变换 $\boldsymbol{x}=\boldsymbol{P}\boldsymbol{y}$,便将二次型 $f(x_1,x_2,\cdots,x_n)=\boldsymbol{x}^{\mathrm{T}}\boldsymbol{A}\boldsymbol{x}$ 化为标准形

$$\tilde{f}(y_1,y_2,\cdots,y_n)=d_1y_1^2+d_2y_2^2+\cdots+d_ny_n^2,$$

其中 $d_1,d_2,\cdots,d_n$ 是辅助矩阵($\boldsymbol{A}\mid\boldsymbol{I}$)经变换后 $\boldsymbol{A}$ 位置矩阵的对角线元素.

三、惯性定理

定理 6.1.3(惯性定理) 二次型的标准形中的正系数个数、负系数个数和零系数个数不随约化的方法而改变.

定义 6.1.4 若二次型的标准形中的系数分别是 1, −1 和 0,则称其为二次型的**规范形**.

推论 6.1.1 若不考虑系数的出现次序,则任意一个给定的二次型的规范形是唯一的.

习惯上总是将规范形的表达式按系数 1, −1 和 0 的次序排列.

注 1 二次型的标准形中的正系数个数 p、负系数个数 q 分别称为**正惯性指数**和**负惯性指数**,$p-q$ 称为**符号差**.

注 2 若 $\boldsymbol{A}$ 和 $\boldsymbol{B}$ 是同阶对称矩阵,则 $\boldsymbol{A}$ 与 $\boldsymbol{B}$ 合同的充分必要条件是:二次型 $\boldsymbol{x}^{\mathrm{T}}\boldsymbol{A}\boldsymbol{x}$ 与 $\boldsymbol{x}^{\mathrm{T}}\boldsymbol{B}\boldsymbol{x}$ 有相同的正、负惯性指数.

注 3 设 $\boldsymbol{A}$ 和 $\boldsymbol{B}$ 是同阶对称矩阵,若 $\boldsymbol{A}$ 与 $\boldsymbol{B}$ 相似,则 $\boldsymbol{A}$ 与 $\boldsymbol{B}$ 合同. 但反之不然(见例 6.1.6).

例 题 分 析

例 6.1.1 将二次型

$$f(x_1,x_2,x_3)=2x_1^2+5x_2^2+5x_3^2+4x_1x_2-4x_1x_3-8x_2x_3$$

化为标准形,并写出所用的非退化线性变换.

解法一 用配方法. 将二次型 f 改写为

$$\begin{aligned}f(x_1,x_2,x_3)&=2(x_1^2+x_2^2+x_3^2+2x_1x_2-2x_1x_3-2x_2x_3)+3\left(x_2^2+x_3^2-\frac{4}{3}x_2x_3\right)\\&=2(x_1+x_2-x_3)^2+3\left(x_2^2+\frac{4}{9}x_3^2-\frac{4}{3}x_2x_3\right)+\frac{5}{3}x^3\\&=2(x_1+x_2-x_3)^2+3\left(x_2-\frac{2}{3}x_3\right)^2+\frac{5}{3}x^3.\end{aligned}$$

于是,令

$$\begin{cases} y_1 = x_1 + x_2 - x_3, \\ y_2 = x_2 - \dfrac{2}{3}x_3, \\ y_3 = x_3, \end{cases}$$

即

$$\begin{cases} x_1 = y_1 - y_2 + \dfrac{1}{3}y_3, \\ x_2 = y_2 + \dfrac{2}{3}y_3, \\ x_3 = y_3, \end{cases}$$

便得到标准形

$$\tilde{f}(y_1, y_2, y_3) = 2y_1^2 + 3y_2^2 + \frac{5}{3}y_3^2.$$

解法二 用正交变换法. 二次型 f 在变量 x_1, x_2, x_3 下的相伴矩阵是

$$\boldsymbol{A} = \begin{pmatrix} 2 & 2 & -2 \\ 2 & 5 & -4 \\ -2 & -4 & 5 \end{pmatrix}.$$

令

$$|\boldsymbol{A} - \lambda \boldsymbol{I}| = \begin{vmatrix} 2-\lambda & 2 & -2 \\ 2 & 5-\lambda & -4 \\ -2 & -4 & 5-\lambda \end{vmatrix} = -(\lambda - 1)^2(\lambda - 10) = 0,$$

得 $\boldsymbol{A}$ 的特征值是 1,1 和 10.

解齐次线性方程组 $(\boldsymbol{A} - \boldsymbol{I})\boldsymbol{x} = \boldsymbol{0}$ 得到对应于特征值 1 的两个线性无关的特征向量

$$\boldsymbol{a}_1 = (-2, 1, 0)^{\mathrm{T}}, \quad \boldsymbol{a}_2 = (2, 0, 1)^{\mathrm{T}}.$$

正交化得

$$\boldsymbol{\xi}_1 = (-2, 1, 0)^{\mathrm{T}}, \quad \boldsymbol{\xi}_2 = \left(\frac{2}{5}, \frac{4}{5}, 1\right)^{\mathrm{T}}.$$

解齐次线性方程组 $(\boldsymbol{A} - 10\boldsymbol{I})\boldsymbol{x} = \boldsymbol{0}$ 得到对应于特征值 10 的特征向量

$$\boldsymbol{a}_3 = \boldsymbol{\xi}_3 = (1, 2, -2)^{\mathrm{T}}.$$

取

$$P=\left(\frac{\xi_1}{\|\xi_1\|},\frac{\xi_2}{\|\xi_2\|},\frac{\xi_3}{\|\xi_3\|}\right)=\begin{pmatrix}-\frac{2}{\sqrt{5}} & \frac{2}{3\sqrt{5}} & \frac{1}{3}\\ \frac{1}{\sqrt{5}} & \frac{4}{3\sqrt{5}} & \frac{2}{3}\\ 0 & \frac{\sqrt{5}}{3} & -\frac{2}{3}\end{pmatrix},$$

再作非退化线性变换 $\boldsymbol{x}=\boldsymbol{P}\boldsymbol{y}$($\boldsymbol{x}=(x_1,x_2,x_3)^{\mathrm{T}}$, $\boldsymbol{y}=(y_1,y_2,y_3)^{\mathrm{T}}$),便得到标准形

$$\tilde{f}(y_1,y_2,y_3)=y_1^2+y_2^2+10y_3^2.$$

解法三 用初等变换法. 作辅助矩阵

$$(\boldsymbol{A}\mid\boldsymbol{I})=\begin{pmatrix}2 & 2 & -2 & 1 & 0 & 0\\ 2 & 5 & -4 & 0 & 1 & 0\\ -2 & -4 & 5 & 0 & 0 & 1\end{pmatrix}.$$

然后按从上加到下的方式,进行第三类初等行变换.

将第 1 行的 -1 倍加到第 2 行,再将第一行加到第 3 行,得

$$\begin{pmatrix}2 & 2 & -2 & 1 & 0 & 0\\ 0 & 3 & -2 & -1 & 1 & 0\\ 0 & -2 & 3 & 1 & 0 & 1\end{pmatrix},$$

再将第 2 行的$\frac{2}{3}$倍加到第 3 行,得

$$\begin{pmatrix}2 & 2 & -2 & 1 & 0 & 0\\ 0 & 3 & -2 & -1 & 1 & 0\\ 0 & 0 & \frac{5}{3} & \frac{1}{3} & \frac{2}{3} & 1\end{pmatrix}.$$

取

$$\boldsymbol{P}=\begin{pmatrix}1 & -1 & \frac{1}{3}\\ 0 & 1 & \frac{2}{3}\\ 0 & 0 & 1\end{pmatrix},$$

再作非退化线性变换 $\boldsymbol{x}=\boldsymbol{P}\boldsymbol{y}$($\boldsymbol{x}=(x_1,x_2,x_3)^{\mathrm{T}}$, $\boldsymbol{y}=(y_1,y_2,y_3)^{\mathrm{T}}$),便得到标准形

$$\tilde{f}(y_1,y_2,y_3)=2y_1^2+3y_2^2+\frac{5}{3}y_3^2.$$

例 6.1.2 将二次型

$$f(x_1,x_2,x_3)=2x_1x_2+4x_1x_3$$

化为标准形,并写出所用的非退化线性变换.

解法一 先令

$$\begin{cases} x_1 = y_1 + y_2, \\ x_2 = y_1 - y_2, \\ x_3 = y_3, \end{cases}$$

产生平方项得

$$\begin{aligned} f(x_1, x_2, x_3) &= 2x_1x_2 + 4x_1x_3 = 2(y_1 + y_2)(y_1 - y_2) + 4(y_1 + y_2)y_3 \\ &= 2(y_1^2 - y_2^2) + 4y_1y_2 + 4y_2y_3. \end{aligned}$$

再配方得

$$\begin{aligned} f &= 2(y_1^2 - y_2^2) + 4y_1y_3 + 4y_2y_3 \\ &= 2(y_1^2 + y_3^2 + 2y_1y_3) - 2(y_2^2 - 2y_2y_3 + y_3^2) \\ &= 2(y_1 + y_3)^2 - 2(y_2 - y_3)^2. \end{aligned}$$

再令

$$\begin{cases} z_1 = y_1 + y_3, \\ z_2 = y_2 - y_3, \\ z_3 = y_3, \end{cases} \text{即} \begin{cases} y_1 = z_1 - z_3, \\ y_2 = z_2 + z_3, \\ y_3 = z_3, \end{cases}$$

便得到标准形

$$\tilde{f}(z_1, z_2, z_3) = 2z_1^2 - 2z_2^2.$$

所用的非退化线性变换为

$$\begin{cases} x_1 = y_1 + y_2 = z_1 + z_2, \\ x_2 = y_1 - y_2 = z_1 - z_2 - 2z_3, \\ x_3 = y_3 = z_3. \end{cases}$$

解法二 二次型 f 在变量 x_1, x_2, x_3 下的相伴矩阵为

$$\boldsymbol{A} = \begin{pmatrix} 0 & 1 & 2 \\ 1 & 0 & 0 \\ 2 & 0 & 0 \end{pmatrix}.$$

作辅助矩阵

$$(\boldsymbol{A} \mid \boldsymbol{I}) = \begin{pmatrix} 0 & 1 & 2 & 1 & 0 & 0 \\ 1 & 0 & 0 & 0 & 1 & 0 \\ 2 & 0 & 0 & 0 & 0 & 1 \end{pmatrix},$$

这时(1,1)位置元素为0. 先将它的第2行加到第1行,得

$$\begin{pmatrix} 1 & 1 & 2 & 1 & 1 & 0 \\ 1 & 0 & 0 & 0 & 1 & 0 \\ 2 & 0 & 0 & 0 & 0 & 1 \end{pmatrix},$$

再将 $\boldsymbol{A}$ 位置的矩阵的第 2 列加到第 1 列，而对单位矩阵的位置处不作处理（这两步相当于对 $\boldsymbol{A}$ 作了一次合同变换），得

$$\begin{pmatrix} 2 & 1 & 2 & 1 & 1 & 0 \\ 1 & 0 & 0 & 0 & 1 & 0 \\ 2 & 0 & 0 & 0 & 0 & 1 \end{pmatrix},$$

现在消去(2,1)和(3,1)位置元素. 将第 1 行的 $-\dfrac{1}{2}$倍加到第 2 行，再将第 1 行的 -1 倍加到第 3 行，得

$$\begin{pmatrix} 2 & 1 & 2 & 1 & 1 & 0 \\ 0 & -\dfrac{1}{2} & -1 & -\dfrac{1}{2} & \dfrac{1}{2} & 0 \\ 0 & -1 & -2 & -1 & -1 & 1 \end{pmatrix},$$

将第 2 行的 -2 倍加到第 3 行，得

$$\begin{pmatrix} 2 & 1 & -1 & 1 & 1 & 0 \\ 0 & -\dfrac{1}{2} & -1 & -\dfrac{1}{2} & \dfrac{1}{2} & 0 \\ 0 & 0 & 0 & 0 & -2 & 1 \end{pmatrix}.$$

此时 $\boldsymbol{A}$ 的位置变成了上三角阵. 取

$$\boldsymbol{P} = \begin{pmatrix} 1 & -\dfrac{1}{2} & 0 \\ 1 & \dfrac{1}{2} & -2 \\ 0 & 0 & 1 \end{pmatrix},$$

则作非退化线性变换 $\boldsymbol{x} = \boldsymbol{P}\boldsymbol{y}$（$\boldsymbol{x} = (x_1, x_2, x_3)^{\mathrm{T}}$，$\boldsymbol{y} = (y_1, y_2, y_3)^{\mathrm{T}}$），便得到标准形

$$\tilde{f}(y_1, y_2, y_3) = 2y_1^2 - \frac{1}{2}y_2^2.$$

注 也可以用正交变换法将此二次型化为标准形，此处不再详述.

例 6.1.3 已知二次型

$$f(x_1, x_2, x_3) = (x_1, x_2, x_3)\begin{pmatrix} 1 & -4 & 0 \\ -2 & 2 & -1 \\ 2 & 1 & 1 \end{pmatrix}\begin{pmatrix} x_1 \\ x_2 \\ x_3 \end{pmatrix}.$$

（1）求该二次型的秩；

（2）将该二次型的标准形化为规范形，并写出所用的非退化线性变换.

解 （1）注意矩阵$\begin{pmatrix} 1 & -4 & 0 \\ -2 & 2 & -1 \\ 2 & 1 & 1 \end{pmatrix}$不是对称矩阵，因此先把所给二次型写

为

$$f(x_1,x_2,x_3)=x_1^2+2x_2^2+x_3^2-6x_1x_2+2x_1x_3,$$

此时二次型f的相伴矩阵为

$$\boldsymbol{A}=\begin{pmatrix}1&-3&1\\-3&2&0\\1&0&1\end{pmatrix}.$$

对$\boldsymbol{A}$作初等行变换得

$$\boldsymbol{A}=\begin{pmatrix}1&-3&1\\-3&2&0\\1&0&1\end{pmatrix}\to\begin{pmatrix}1&0&1\\-3&2&0\\1&-3&1\end{pmatrix}$$

$$\to\begin{pmatrix}1&0&1\\0&2&3\\0&-3&0\end{pmatrix}\to\begin{pmatrix}1&0&1\\0&-3&0\\0&2&3\end{pmatrix}\to\begin{pmatrix}1&0&1\\0&-3&0\\0&0&3\end{pmatrix}.$$

由此可以看出 $\operatorname{rank}(\boldsymbol{A})=3$,即二次型的秩为3.

再求二次型f的标准形. 作辅助矩阵

$$(\boldsymbol{A}\,\vdots\,\boldsymbol{I})=\begin{pmatrix}1&-3&1&1&0&0\\-3&2&0&0&1&0\\1&0&1&0&0&1\end{pmatrix},$$

然后按从上加到下的方式,进行第三类初等行变换,将$\boldsymbol{A}$位置的矩阵化为上三角阵:

$$\begin{pmatrix}1&-3&1&1&0&0\\-3&2&0&0&1&0\\1&0&1&0&0&1\end{pmatrix}\to\begin{pmatrix}1&-3&1&1&0&0\\0&-7&3&3&1&0\\0&3&0&-1&0&1\end{pmatrix}$$

$$\to\begin{pmatrix}1&-3&1&1&0&0\\0&-7&3&3&1&0\\0&0&\frac{9}{7}&\frac{2}{7}&\frac{3}{7}&1\end{pmatrix}.$$

取

$$\boldsymbol{P}=\begin{pmatrix}1&3&\frac{2}{7}\\0&1&\frac{3}{7}\\0&0&1\end{pmatrix},$$

则作非退化线性变换 $\boldsymbol{x}=\boldsymbol{P}\boldsymbol{y}$($\boldsymbol{x}=(x_1,x_2,x_3)^{\mathrm{T}}$, $\boldsymbol{y}=(y_1,y_2,y_3)^{\mathrm{T}}$),便得到$f$的标准形

$$\tilde{f}(y_1,y_2,y_3)=y_1^2-7y_2^2+\frac{9}{7}y_3^2.$$

再作变换

$$\begin{cases} y_1=z_1 \\ y_2=\dfrac{1}{\sqrt{7}}z_3, \\ y_3=\dfrac{\sqrt{7}}{3}z_2, \end{cases}$$

便得f的规范形

$$\tilde{\tilde{f}}(z_1,z_2,z_3)=z_1^2+z_2^2-z_3^2.$$

所用的非退化线形变换为

$$\boldsymbol{x}=\boldsymbol{P}\boldsymbol{y}=\begin{pmatrix} 1 & 3 & \frac{2}{7} \\ 0 & 1 & \frac{3}{7} \\ 0 & 0 & 1 \end{pmatrix}\boldsymbol{y}=\begin{pmatrix} 1 & 3 & \frac{2}{7} \\ 0 & 1 & \frac{3}{7} \\ 0 & 0 & 1 \end{pmatrix}\begin{pmatrix} 1 & 0 & 0 \\ 0 & 0 & \frac{1}{\sqrt{7}} \\ 0 & \frac{\sqrt{7}}{3} & 0 \end{pmatrix}\boldsymbol{z}=\begin{pmatrix} 1 & \frac{2\sqrt{7}}{21} & \frac{3}{\sqrt{7}} \\ 0 & \frac{\sqrt{7}}{7} & \frac{1}{\sqrt{7}} \\ 0 & \frac{\sqrt{7}}{3} & 0 \end{pmatrix}\boldsymbol{z}.$$

注 一般地,若$f(x_1,x_2,\cdots,x_n)=\boldsymbol{x}^{\mathrm{T}}\boldsymbol{B}\boldsymbol{x}$($\boldsymbol{B}$不一定对称),因为

$$f(x_1,x_2,\cdots,x_n)=(\boldsymbol{x}^{\mathrm{T}}\boldsymbol{B}\boldsymbol{x})^{\mathrm{T}}=\boldsymbol{x}^{\mathrm{T}}\boldsymbol{B}^{\mathrm{T}}\boldsymbol{x},$$

所以

$$f(x_1,x_2,\cdots,x_n)=\boldsymbol{x}^{\mathrm{T}}\left[\frac{1}{2}(\boldsymbol{B}+\boldsymbol{B}^{\mathrm{T}})\right]\boldsymbol{x}.$$

取$\boldsymbol{A}=\dfrac{1}{2}(\boldsymbol{B}+\boldsymbol{B}^{\mathrm{T}})$,它是对称矩阵,则

$$f(x_1,x_2,\cdots,x_n)=\boldsymbol{x}^{\mathrm{T}}\boldsymbol{A}\boldsymbol{x}.$$

$\boldsymbol{A}$就是f的相伴矩阵.

例 6.1.4 将下列二次型化为标准形:

(1) $\sum\limits_{i,j=1}^{n}a_ia_jx_ix_j$,其中$a_1,a_2,\cdots,a_n$不全为零;

(2) $f(x_1,x_2,\cdots,x_n)=x_1x_{2n}+x_2x_{2n-1}+\cdots+x_nx_{n+1}$.

解 (1) 显然

$$\sum_{i,j=1}^{n}a_ia_jx_ix_j=(a_1x_1+a_2x_2+\cdots+a_nx_n)^2.$$

由于$a_1,a_2,\cdots,a_n$不全为零,因此不妨设$a_1\neq 0$,作变换$\boldsymbol{y}=\boldsymbol{Q}\boldsymbol{x}$,具体表示为

$$\begin{cases} y_1 = a_1x_1 + a_2x_2 + \cdots + a_nx_n, \\ y_i = x_i,\ i = 2, \cdots, n. \end{cases}$$

因为

$$|\boldsymbol{Q}| = \begin{vmatrix} a_1 & a_2 & \cdots & a_n \\ & 1 & & \\ & & \ddots & \\ & & & 1 \end{vmatrix} = a_1 \neq 0,$$

所以变换 $\boldsymbol{y} = \boldsymbol{Q}\boldsymbol{x}$ 可逆,且 $\boldsymbol{x} = \boldsymbol{Q}^{-1}\boldsymbol{y}$ 是非退化线性变换. 此时

$$f = y_1^2.$$

这就是 f 的标准形.

(2) 作变换 $\boldsymbol{x} = \boldsymbol{P}\boldsymbol{y}$,具体表示为

$$\begin{cases} x_1 = y_1 + y_{2n}, \\ x_2 = y_2 + y_{2n-1}, \\ \quad \cdots\cdots \\ x_n = y_n + y_{n+1}, \\ x_{n+1} = y_n - y_{n+1}, \\ \quad \cdots\cdots \\ x_{2n-1} = y_2 - y_{2n-1}, \\ x_{2n} = y_1 - y_{2n}. \end{cases}$$

因为这个变换的系数行列式

$$|\boldsymbol{P}| = \begin{vmatrix} 1 & & & & & 1 \\ & \ddots & & & \iddots & \\ & & 1 & 1 & & \\ & & 1 & -1 & & \\ & \iddots & & & \ddots & \\ 1 & & & & & -1 \end{vmatrix} = \begin{vmatrix} 2 & & & & & 1 \\ & \ddots & & & \iddots & \\ & & 2 & 1 & & \\ & & & -1 & & \\ & & & & \ddots & \\ & & & & & -1 \end{vmatrix}$$

$$= (-1)^n 2^n \neq 0,$$

所以 $\boldsymbol{x} = \boldsymbol{P}\boldsymbol{y}$ 是非退化线性变换. 此时有

$$f = y_1^2 + \cdots + y_n^2 - y_{n+1}^2 - \cdots - y_{2n}^2.$$

这就是 f 的标准形.

例 6.1.5 已知矩阵

$$\boldsymbol{A} = \begin{pmatrix} 1 & 2 & 1 \\ 2 & 1 & 1 \\ 1 & 1 & 2 \end{pmatrix}, \quad \boldsymbol{B} = \begin{pmatrix} 4 & & \\ & 1 & \\ & & -1 \end{pmatrix}.$$

问 $\boldsymbol{A}$ 与 $\boldsymbol{B}$ 是否合同,是否相似?

解 因为

$$|\boldsymbol{A}-\lambda\boldsymbol{I}|=\begin{vmatrix}1-\lambda & 2 & 1\\ 2 & 1-\lambda & 1\\ 1 & 1 & 2-\lambda\end{vmatrix}=-(\lambda-1)(\lambda+1)(\lambda-4),$$

所以 $\boldsymbol{A}$ 的特征值为 4,1,-1. 又因为 $\boldsymbol{A}$ 是对称矩阵,所以存在正交矩阵 $\boldsymbol{P}$,使得

$$\boldsymbol{P}^{\mathrm{T}}\boldsymbol{A}\boldsymbol{P}=\boldsymbol{P}^{-1}\boldsymbol{A}\boldsymbol{P}=\begin{pmatrix}4 & & \\ & 1 & \\ & & -1\end{pmatrix}=\boldsymbol{B}.$$

因此 $\boldsymbol{A}$ 与 $\boldsymbol{B}$ 既合同也相似.

例 6.1.6 已知矩阵

$$\boldsymbol{A}=\begin{pmatrix}2 & -1 & -1\\ -1 & 2 & -1\\ -1 & -1 & 2\end{pmatrix},\quad \boldsymbol{B}=\begin{pmatrix}1 & & \\ & 2 & \\ & & 0\end{pmatrix}.$$

问 $\boldsymbol{A}$ 与 $\boldsymbol{B}$ 是否合同,是否相似?

解 因为

$$|\boldsymbol{A}-\lambda\boldsymbol{I}|=\begin{vmatrix}2-\lambda & -1 & -1\\ -1 & 2-\lambda & -1\\ -1 & -1 & 2-\lambda\end{vmatrix}=-\lambda(\lambda-3)^2,$$

所以 $\boldsymbol{A}$ 的特征值为 0,3(二重). 于是二次型 $\boldsymbol{x}^{\mathrm{T}}\boldsymbol{A}\boldsymbol{x}$ 的正惯性指数为 2,负惯性指数为 0. 显然二次型 $\boldsymbol{x}^{\mathrm{T}}\boldsymbol{B}\boldsymbol{x}$ 的正惯性指数为 2,负惯性指数为 0. 因此 $\boldsymbol{A}$ 与 $\boldsymbol{B}$ 合同.

由于相似矩阵有相同的迹,而 $\mathrm{tr}(\boldsymbol{A})=6$, $\mathrm{tr}(\boldsymbol{B})=3$,因此 $\boldsymbol{A}$ 与 $\boldsymbol{B}$ 不相似.

例 6.1.7 已知 3 阶实对称矩阵 $\boldsymbol{A}$ 与 $\boldsymbol{B}=\begin{pmatrix}3 & 2 & 0\\ 2 & 3 & 0\\ 0 & 0 & 2\end{pmatrix}$ 合同,求二次型 $f(x_1,x_2,x_3)=\boldsymbol{x}^{\mathrm{T}}\boldsymbol{A}\boldsymbol{x}$ 的规范形.

解 因为

$$|\boldsymbol{B}-\lambda\boldsymbol{I}|=\begin{vmatrix}3-\lambda & 2 & 0\\ 2 & 3-\lambda & 0\\ 0 & 0 & 2-\lambda\end{vmatrix}=-(\lambda-2)(\lambda-1)(\lambda-5),$$

所以实对称矩阵 $\boldsymbol{B}$ 的特征值为 1,2,5. 从而二次型 $\boldsymbol{x}^{\mathrm{T}}\boldsymbol{B}\boldsymbol{x}$ 的正惯性指数为 3,负惯性指数为 0. 因为 $\boldsymbol{A}$ 与 $\boldsymbol{B}$ 合同,所以 $f(x_1,x_2,x_3)=\boldsymbol{x}^{\mathrm{T}}\boldsymbol{A}\boldsymbol{x}$ 与 $\boldsymbol{x}^{\mathrm{T}}\boldsymbol{B}\boldsymbol{x}$ 有相同的正、负惯性指数,因此 $f(x_1,x_2,x_3)=\boldsymbol{x}^{\mathrm{T}}\boldsymbol{A}\boldsymbol{x}$ 的规范形为

$$y_1^2+y_2^2+y_3^2.$$

例 6.1.8 设 $a>0,b>0$. 已知二次型

$$f(x_1,x_2,x_3)=x_1^2+x_2^2+2x_3^2+2ax_1x_2+2x_1x_3+2bx_2x_3$$

可通过正交变换 $\boldsymbol{x}=\boldsymbol{P}\boldsymbol{y}$($\boldsymbol{x}=(x_1,x_2,x_3)^{\mathrm{T}}$, $\boldsymbol{y}=(y_1,y_2,y_3)^{\mathrm{T}}$,$\boldsymbol{P}$ 是正交矩阵)化为标准形

$$f=4y_1^2+y_2^2-y_3^2.$$

(1) 求参数 a,b;

(2) 求正交矩阵 $\boldsymbol{P}$;

(3) 求 f 的规范形;

(4) 问方程 $f(x_1,x_2,x_3)=1$ 表示何种二次曲面?

解 (1) 记

$$\boldsymbol{A}=\begin{pmatrix}1&a&1\\a&1&b\\1&b&2\end{pmatrix},\quad \boldsymbol{B}=\begin{pmatrix}4&&\\&1&\\&&-1\end{pmatrix},$$

则由已知得 $\boldsymbol{P}^{\mathrm{T}}\boldsymbol{A}\boldsymbol{P}=\boldsymbol{B}$,且 $\boldsymbol{P}$ 是正交矩阵. 于是 $\boldsymbol{P}^{-1}\boldsymbol{A}\boldsymbol{P}=\boldsymbol{B}$,所以 $\boldsymbol{A}$ 与 $\boldsymbol{B}$ 相似,它们有相同的特征多项式,即

$$\begin{vmatrix}1-\lambda&a&1\\a&1-\lambda&b\\1&b&2-\lambda\end{vmatrix}=\begin{vmatrix}4-\lambda&&\\&1-\lambda&\\&&-1-\lambda\end{vmatrix}.$$

取 $\lambda=0$ 得

$$\begin{vmatrix}1&a&1\\a&1&b\\1&b&2\end{vmatrix}=\begin{vmatrix}4&&\\&1&\\&&-1\end{vmatrix},\text{即 }1-2a^2-b^2+2ab=-4.$$

取 $\lambda=1$ 得

$$\begin{vmatrix}0&a&1\\a&0&b\\1&b&1\end{vmatrix}=\begin{vmatrix}3&&\\&0&\\&&-2\end{vmatrix},\text{即 }-a^2+2ab=0.$$

由假设 $a>0,b>0$,所以从以上两式解得 $a=2,b=1$.

(2) 此时 $\boldsymbol{A}=\begin{pmatrix}1&2&1\\2&1&1\\1&1&2\end{pmatrix}$. 由例 6.1.5 知 $\boldsymbol{A}$ 的特征值为 $\lambda_1=4,\lambda_2=1,\lambda_3=-1$.

对于特征值 $\lambda_1=4$,解齐次线性方程组 $(\boldsymbol{A}-4\boldsymbol{I})\boldsymbol{x}=\boldsymbol{0}$ 可得对应于它的特征向量 $\boldsymbol{x}_1=(1,1,1)^{\mathrm{T}}$.

对于特征值 $\lambda_2=1$,解齐次线性方程组 $(\boldsymbol{A}-\boldsymbol{I})\boldsymbol{x}=\boldsymbol{0}$ 可得对应于它的特征向量 $\boldsymbol{x}_2=(1,1,-2)^{\mathrm{T}}$.

对于特征值 $\lambda_3=-1$，解齐次线性方程组 $(\boldsymbol{A}+\boldsymbol{I})\boldsymbol{x}=\boldsymbol{0}$ 可得对应于它的特征向量 $\boldsymbol{x}_3=(-1,1,0)^{\mathrm{T}}$.

因为 $\boldsymbol{A}$ 是对称矩阵，所以 $\boldsymbol{x}_1,\boldsymbol{x}_2,\boldsymbol{x}_3$ 相互正交. 于是取

$$\boldsymbol{P}=\left(\frac{\boldsymbol{x}_1}{\|\boldsymbol{x}_1\|},\frac{\boldsymbol{x}_2}{\|\boldsymbol{x}_2\|},\frac{\boldsymbol{x}_3}{\|\boldsymbol{x}_3\|}\right)=\begin{pmatrix}\frac{1}{\sqrt{3}} & \frac{1}{\sqrt{6}} & -\frac{1}{\sqrt{2}}\\ \frac{1}{\sqrt{3}} & \frac{1}{\sqrt{6}} & \frac{1}{\sqrt{2}}\\ \frac{1}{\sqrt{3}} & -\frac{2}{\sqrt{6}} & 0\end{pmatrix},$$

则有 $\boldsymbol{P}^{\mathrm{T}}\boldsymbol{A}\boldsymbol{P}=\begin{pmatrix}4 & & \\ & 1 & \\ & & -1\end{pmatrix}$. 若作正交变换 $\boldsymbol{x}=\boldsymbol{P}\boldsymbol{y}$，则

$$f=4y_1^2+y_2^2-y_3^2.$$

(3) 由(2)知，f 的正惯性指数为 2，负惯性指数为 1，所以 f 的规范形为

$$z_1^2+z_2^2-z_3^2.$$

(4) 因为对正交变换 $\boldsymbol{x}=\boldsymbol{P}\boldsymbol{y}$，成立 $\|\boldsymbol{x}\|=\|\boldsymbol{y}\|$，所以正交变换不改变原曲面的几何形状和大小. 所以在(3)的正交变换下，方程 $f(x_1,x_2,x_3)=1$ 与 $4y_1^2+y_2^2-y_3^2=1$ 表示同样的曲面，因此方程 $f(x_1,x_2,x_3)=1$ 表示的是单叶双曲面.

例 6.1.9 已知二次型 $f(x_1,x_2,x_3)=x_1^2+4x_2^2+tx_3^2-2x_1x_2+4x_1x_3-6x_2x_3$ 的正惯性指数为 2，负惯性指数为 1，求参数 t 的取值范围.

解 所给二次型的相伴矩阵为

$$\boldsymbol{A}=\begin{pmatrix}1 & -1 & 2\\ -1 & 4 & -3\\ 2 & -3 & t\end{pmatrix}.$$

对辅助矩阵 $(\boldsymbol{A}\mid\boldsymbol{I})$ 作自上加到下的第三类初等行变换：

$$(\boldsymbol{A}\mid\boldsymbol{I})=\begin{pmatrix}1 & -1 & 2 & 1 & 0 & 0\\ -1 & 4 & -3 & 0 & 1 & 0\\ 2 & -3 & t & 0 & 0 & 1\end{pmatrix}\to\begin{pmatrix}1 & -1 & 2 & 1 & 0 & 0\\ 0 & 3 & -1 & 1 & 1 & 0\\ 0 & -1 & t-4 & -2 & 0 & 1\end{pmatrix}$$

$$\to\begin{pmatrix}1 & -1 & 2 & 1 & 0 & 0\\ 0 & 3 & -1 & 1 & 1 & 0\\ 0 & 0 & t-\frac{13}{3} & -\frac{7}{3} & \frac{1}{3} & 1\end{pmatrix}.$$

因此 f 的一个标准形为

$$\tilde{f}(y_1,y_2,y_3)=y_1^2+3y_2^2+\left(t-\frac{13}{3}\right)y_3^2.$$

因为f的正惯性指数为2,负惯性指数为1,所以$t-\frac{13}{3}<0$,即$t<\frac{13}{3}$.

例 6.1.10 已知二次型

$$f(x_1,x_2,x_3)=4x_2^2-3x_3^2+2ax_1x_2-4x_1x_3+8x_2x_3$$

可通过正交变换$\boldsymbol{x}=\boldsymbol{P}\boldsymbol{y}$($\boldsymbol{x}=(x_1,x_2,x_3)^{\mathrm{T}}$, $\boldsymbol{y}=(y_1,y_2,y_3)^{\mathrm{T}}$, $\boldsymbol{P}$是正交矩阵)化为标准形$\tilde{f}(y_1,y_2,y_3)=y_1^2+6y_2^2+by_3^2$,求参数$a,b$.

解 所给二次型的相伴矩阵为

$$\boldsymbol{A}=\begin{pmatrix}0 & a & -2\\ a & 4 & 4\\ -2 & 4 & -3\end{pmatrix}.$$

由假设知$\boldsymbol{A}$应与$\boldsymbol{B}=\begin{pmatrix}1 & & \\ & 6 & \\ & & b\end{pmatrix}$正交相似,于是成立$\mathrm{tr}(\boldsymbol{A})=\mathrm{tr}(\boldsymbol{B})$,以及$|\boldsymbol{A}|=|\boldsymbol{B}|$,即

$$b+7=1,$$

以及

$$\begin{vmatrix}0 & a & -2\\ a & 4 & 4\\ -2 & 4 & -3\end{vmatrix}=\begin{vmatrix}1 & & \\ & 6 & \\ & & b\end{vmatrix},\text{即 } 3a^2-16a-16=6b.$$

由此解得$b=-6,a=2$或$a=\frac{10}{3}$.

当$a=2$时,可以验证$|\boldsymbol{A}-\boldsymbol{I}|=0$, $|\boldsymbol{A}-6\boldsymbol{I}|=0$, $|\boldsymbol{A}+6\boldsymbol{I}|=0$,因此$1,6,-6$是$\boldsymbol{A}$的特征值.

当$a=\frac{10}{3}$时,可以验证

$$|\boldsymbol{A}-\boldsymbol{I}|=\begin{vmatrix}-1 & \frac{10}{3} & -2\\ \frac{10}{3} & 3 & 4\\ -2 & 4 & -4\end{vmatrix}\neq 0,$$

此时1不是$\boldsymbol{A}$的特征值,因此$a=\frac{10}{3}$不符合要求.

综上所述,$a=2,b=-6$.

例 6.1.11 已知二次型$f(x_1,x_2,x_3)=ax_1^2+4x_2^2+4x_3^2+4x_1x_2+ax_1x_3-4x_2x_3$的秩为2.

（1）求 a 的值；

（2）求正交变换 $\boldsymbol{x}=\boldsymbol{P}\boldsymbol{y}$，把 $f(x_1,x_2,x_3)$ 化成标准型；

（3）求方程 $f(x_1,x_2,x_3)=0$ 的解.

解　（1）所给二次型的相伴矩阵为

$$\boldsymbol{A}=\begin{pmatrix} a & 2 & \frac{a}{2} \\ 2 & 4 & -2 \\ \frac{a}{2} & -2 & 4 \end{pmatrix}.$$

由已知二次型的秩为 2，即 $\operatorname{rank}(\boldsymbol{A})=2$，所以

$$|\boldsymbol{A}|=\begin{vmatrix} a & 2 & \frac{a}{2} \\ 2 & 4 & -2 \\ \frac{a}{2} & -2 & 4 \end{vmatrix}=-(a-4)^2=0,$$

因此 $a=4$. 可以验证当 $a=4$ 时二次型的秩为 2.

（2）此时 $\boldsymbol{A}$ 的特征多项式为

$$|\boldsymbol{A}-\lambda\boldsymbol{I}|=\begin{vmatrix} 4-\lambda & 2 & 2 \\ 2 & 4-\lambda & -2 \\ 2 & -2 & 4-\lambda \end{vmatrix}=-\lambda(\lambda-6)^2.$$

因此矩阵 $\boldsymbol{A}$ 有特征值 $\lambda_1=\lambda_2=6$（二重）和 $\lambda_3=0$.

对于特征值 $\lambda_1=\lambda_2=6$，解齐次线性方程组 $(\boldsymbol{A}-6\boldsymbol{I})\boldsymbol{x}=\boldsymbol{0}$ 可得对应于它的线性无关的特征向量 $\boldsymbol{x}_1=(1,1,0)^{\mathrm{T}}$ 和 $\boldsymbol{x}_2=(1,0,1)^{\mathrm{T}}$. 进而可得相互正交的特征向量 $\boldsymbol{x}_1=(1,1,0)^{\mathrm{T}}$ 和 $\tilde{\boldsymbol{x}}_2=(1,-1,2)^{\mathrm{T}}$.

对于特征值 $\lambda_3=0$，解齐次线性方程组 $(\boldsymbol{A}+0\boldsymbol{I})\boldsymbol{x}=\boldsymbol{0}$ 可得对应于它的特征向量 $\boldsymbol{x}_3=(1,-1,-1)^{\mathrm{T}}$.

于是，取正交矩阵

$$\boldsymbol{P}=\left(\frac{\boldsymbol{x}_1}{\|\boldsymbol{x}_1\|},\frac{\tilde{\boldsymbol{x}}_2}{\|\tilde{\boldsymbol{x}}_2\|},\frac{\boldsymbol{x}_3}{\|\boldsymbol{x}_3\|}\right)=\begin{pmatrix} \frac{1}{\sqrt{2}} & \frac{1}{\sqrt{6}} & \frac{1}{\sqrt{3}} \\ \frac{1}{\sqrt{2}} & -\frac{1}{\sqrt{6}} & -\frac{1}{\sqrt{3}} \\ 0 & \frac{2}{\sqrt{6}} & -\frac{1}{\sqrt{3}} \end{pmatrix},$$

则有 $\boldsymbol{P}^{\mathrm{T}}\boldsymbol{A}\boldsymbol{P}=\begin{pmatrix} 6 & & \\ & 6 & \\ & & 0 \end{pmatrix}$. 作正交变换 $\boldsymbol{x}=\boldsymbol{P}\boldsymbol{y}$，即

$$\begin{pmatrix} x_1 \\ x_2 \\ x_3 \end{pmatrix} = \begin{pmatrix} \frac{1}{\sqrt{2}} & \frac{1}{\sqrt{6}} & \frac{1}{\sqrt{3}} \\ \frac{1}{\sqrt{2}} & -\frac{1}{\sqrt{6}} & -\frac{1}{\sqrt{3}} \\ 0 & \frac{2}{\sqrt{6}} & -\frac{1}{\sqrt{3}} \end{pmatrix} \begin{pmatrix} y_1 \\ y_2 \\ y_3 \end{pmatrix},$$

则得 f 的标准型

$$f = 6y_1^2 + 6y_2^2.$$

（3）由于在正交变换 $\boldsymbol{x} = \boldsymbol{P}\boldsymbol{y}$ 下，$f(x_1, x_2, x_3) = 6y_1^2 + 6y_2^2$，因此 $f(x_1, x_2, x_3) = 0$ 当且仅当 $y_1 = 0, y_2 = 0, y_3 = c$（$c$ 是任意常数），此时

$$\boldsymbol{x} = \begin{pmatrix} x_1 \\ x_2 \\ x_3 \end{pmatrix} = \begin{pmatrix} \frac{1}{\sqrt{2}} & \frac{1}{\sqrt{6}} & \frac{1}{\sqrt{3}} \\ \frac{1}{\sqrt{2}} & -\frac{1}{\sqrt{6}} & -\frac{1}{\sqrt{3}} \\ 0 & \frac{2}{\sqrt{6}} & -\frac{1}{\sqrt{3}} \end{pmatrix} \begin{pmatrix} 0 \\ 0 \\ c \end{pmatrix} = c \begin{pmatrix} 1 \\ -1 \\ -1 \end{pmatrix},$$

其中 c 是任意常数. 这便是 $f(x_1, x_2, x_3) = 0$ 的解.

例 6.1.12 已知二次型 $f(x_1, x_2, x_3) = ax_1^2 + ax_2^2 + (a-1)x_3^2 + 2x_1x_3 - 2x_2x_3$.

（1）求该二次型的相伴矩阵的所有特征值；

（2）若该二次型的规范形为 $y_1^2 + y_2^2$，求 a 的值.

解 （1）所给二次型的相伴矩阵为

$$A = \begin{pmatrix} a & 0 & 1 \\ 0 & a & -1 \\ 1 & -1 & a-1 \end{pmatrix}.$$

令其特征多项式

$$|\boldsymbol{A} - \lambda \boldsymbol{I}| = \begin{vmatrix} a-\lambda & 0 & 1 \\ 0 & a-\lambda & -1 \\ 1 & -1 & a-1-\lambda \end{vmatrix}$$
$$= -(\lambda - (a-2))(\lambda - a)(\lambda - (a+1)) = 0,$$

得 $\boldsymbol{A}$ 的特征值

$$\lambda_1 = a-2, \quad \lambda_2 = a, \quad \lambda_3 = a+1.$$

（2）因为二次型的规范形为 $y_1^2 + y_2^2$，所以 $\boldsymbol{A}$ 应合同于 $\begin{pmatrix} 1 & & \\ & 1 & \\ & & 0 \end{pmatrix}$，其秩为 2，因

此 $\boldsymbol{A}$ 的秩也为 2,从而 $|\boldsymbol{A}| = \lambda_1\lambda_2\lambda_3 = 0$,于是

$$a = 0 \text{ 或 } a = 2 \text{ 或 } a = -1.$$

当 $a=0$ 时,$\boldsymbol{A}$ 的特征值为 $0, -2, 1$,所以 f 的规范形为 $y_1^2 - y_2^2$,不符合要求;

当 $a=2$ 时,$\boldsymbol{A}$ 的特征值为 $0, 2, 3$,所以 f 的规范形为 $y_1^2 + y_2^2$,符合要求;

当 $a=-1$ 时,$\boldsymbol{A}$ 的特征值为 $-3, -1, 0$,所以 f 的规范形为 $-y_1^2 - y_2^2$,不符合要求.

综上所述,$a=2$.

例 6.1.13 已知 n 阶实对称矩阵 $\boldsymbol{A}$ 的 n 个特征值 $\lambda_1 \leqslant \lambda_2 \leqslant \cdots \leqslant \lambda_n$,记二次型

$$f(x_1, x_2, \cdots, x_n) = \boldsymbol{x}^{\mathrm{T}}\boldsymbol{A}\boldsymbol{x}.$$

证明:对于任何 $\boldsymbol{x} \in \mathbf{R}^n$,成立

$$\lambda_1 \|\boldsymbol{x}\|^2 \leqslant f(x_1, x_2, \cdots, x_n) \leqslant \lambda_n \|\boldsymbol{x}\|^2,$$

并分别指出取怎样的非零向量 $\boldsymbol{x}$ 可以使两个等号分别成立.

证 因为 $\boldsymbol{A}$ 是实对称矩阵,所以存在正交矩阵 $\boldsymbol{S}$,使得

$$\boldsymbol{S}^{\mathrm{T}}\boldsymbol{A}\boldsymbol{S} = \mathrm{diag}(\lambda_1, \lambda_2, \cdots, \lambda_n).$$

对于任何 $\boldsymbol{x} \in \mathbf{R}^n$,取 $\boldsymbol{y} = \boldsymbol{S}^{-1}\boldsymbol{x} = \boldsymbol{S}^{\mathrm{T}}\boldsymbol{x}$ ($y = (y_1, y_2, \cdots, y_n)^{\mathrm{T}}$),即 $\boldsymbol{x} = \boldsymbol{S}\boldsymbol{y}$,则

$$\|\boldsymbol{x}\|^2 = (\boldsymbol{x}, \boldsymbol{x}) = (\boldsymbol{S}\boldsymbol{y}, \boldsymbol{S}\boldsymbol{y}) = (\boldsymbol{S}\boldsymbol{y})^{\mathrm{T}}(\boldsymbol{S}\boldsymbol{y}) = \boldsymbol{y}^{\mathrm{T}}(\boldsymbol{S}^{\mathrm{T}}\boldsymbol{S})\boldsymbol{y} = \boldsymbol{y}^{\mathrm{T}}\boldsymbol{y} = \|\boldsymbol{y}\|^2,$$

且

$$\begin{aligned} f(x_1, x_2, \cdots, x_n) &= \boldsymbol{x}^{\mathrm{T}}\boldsymbol{A}\boldsymbol{x} = (\boldsymbol{S}\boldsymbol{y})^{\mathrm{T}}\boldsymbol{A}(\boldsymbol{S}\boldsymbol{y}) = \boldsymbol{y}^{\mathrm{T}}(\boldsymbol{S}^{\mathrm{T}}\boldsymbol{A}\boldsymbol{S})\boldsymbol{y} \\ &= \boldsymbol{y}^{\mathrm{T}}\mathrm{diag}(\lambda_1, \lambda_2, \cdots, \lambda_n)\boldsymbol{y} = \lambda_1 y_1^2 + \lambda_2 y_2^2 + \cdots + \lambda_n y_n^2. \end{aligned}$$

注意到

$$\lambda_1 y_1^2 + \lambda_2 y_2^2 + \cdots + \lambda_n y_n^2 \leqslant \lambda_n(y_1^2 + y_2^2 + \cdots + y_n^2) = \lambda_n \|\boldsymbol{y}\|^2 = \lambda_n \|\boldsymbol{x}\|^2,$$

及

$$\lambda_1 y_1^2 + \lambda_2 y_2^2 + \cdots + \lambda_n y_n^2 \geqslant \lambda_1(y_1^2 + y_2^2 + \cdots + y_n^2) = \lambda_1 \|\boldsymbol{y}\|^2 = \lambda_1 \|\boldsymbol{x}\|^2,$$

便得到

$$\lambda_1 \|\boldsymbol{x}\|^2 \leqslant f(x_1, x_2, \cdots, x_n) \leqslant \lambda_n \|\boldsymbol{x}\|^2.$$

当 $\boldsymbol{A}\boldsymbol{x} = \lambda_n\boldsymbol{x}$,即当 $\boldsymbol{x}$ 是对应于 $\boldsymbol{A}$ 的最大特征值 λ_n 的特征向量时,有

$$f(\boldsymbol{x}) = \boldsymbol{x}^{\mathrm{T}}\boldsymbol{A}\boldsymbol{x} = \boldsymbol{x}^{\mathrm{T}}\lambda_n\boldsymbol{x} = \lambda_n\boldsymbol{x}^{\mathrm{T}}\boldsymbol{x} = \lambda_n\|\boldsymbol{x}\|^2.$$

同理,当 $\boldsymbol{A}\boldsymbol{x} = \lambda_1\boldsymbol{x}$,即当 $\boldsymbol{x}$ 是对应于 $\boldsymbol{A}$ 的最小特征值 λ_1 的特征向量时,有 $f(\boldsymbol{x}) = \lambda_1\|\boldsymbol{x}\|^2$.

注 由于 $f(x_1, x_2, \cdots, x_n) = \boldsymbol{x}^{\mathrm{T}}\boldsymbol{A}\boldsymbol{x} = (\boldsymbol{A}\boldsymbol{x}, \boldsymbol{x})$,及 $\|\boldsymbol{x}\|^2 = (\boldsymbol{x}, \boldsymbol{x})$,因此这个例子的结论也可表述为

$$\lambda_1(\boldsymbol{x}, \boldsymbol{x}) \leqslant (\boldsymbol{A}\boldsymbol{x}, \boldsymbol{x}) \leqslant \lambda_n(\boldsymbol{x}, \boldsymbol{x}), \quad \boldsymbol{x} \in \mathbf{R}^n.$$

例 6.1.14 求函数

$$f(x,y,z)=\frac{x^2+y^2+2z^2+4xy+2xz+2yz}{x^2+y^2+z^2}\quad(x^2+y^2+z^2\neq 0)$$

的最大值和最小值,并找出一个最大值点和最小值点.

解 记

$$\boldsymbol{A}=\begin{pmatrix}1&2&1\\2&1&1\\1&1&2\end{pmatrix},\quad \boldsymbol{x}=\begin{pmatrix}x\\y\\z\end{pmatrix},$$

则

$$f(x,y,z)=\frac{\boldsymbol{x}^{\mathrm{T}}\boldsymbol{A}\boldsymbol{x}}{\|\boldsymbol{x}\|^2},\quad \boldsymbol{x}\neq\boldsymbol{0}.$$

由上题可知,当 $\boldsymbol{x}$ 为对应于 $\boldsymbol{A}$ 的最大特征值 $\lambda_{\max}$ 的特征向量时,f 取到最大值 $\lambda_{\max}$. 当 $\boldsymbol{x}$ 为对应于 $\boldsymbol{A}$ 的最小特征值 $\lambda_{\min}$ 的特征向量时,f 取到最小值 $\lambda_{\min}$.

由例 6.1.5 可知,$\boldsymbol{A}$ 的特征值为 $4,1,-1$,因此 $\boldsymbol{A}$ 的最大特征值 $\lambda_{\max}=4$,最小特征值 $\lambda_{\min}=-1$.

解齐次线性方程组 $(\boldsymbol{A}-4\boldsymbol{I})\boldsymbol{x}=\boldsymbol{0}$ 可得对应于特征值 $\lambda_{\max}=4$ 的一个特征向量 $(1,1,1)^{\mathrm{T}}$,它就是 f 的一个最大值点,且 f 的最大值为

$$f_{\max}=f(1,1,1)=4.$$

解齐次线性方程组 $(\boldsymbol{A}+\boldsymbol{I})\boldsymbol{x}=\boldsymbol{0}$ 可得对应于特征值 $\lambda_{\min}=-1$ 的一个特征向量 $(-1,1,0)^{\mathrm{T}}$,它就是 f 的一个最小值点,且 f 的最小值为

$$f_{\min}=f(-1,1,0)=-1.$$

例 6.1.15 设 n 阶实对称矩阵 $\boldsymbol{A}$ 的正、负惯性指数都不为零. 证明:存在非零向量 $\boldsymbol{x}_1,\boldsymbol{x}_2,\boldsymbol{x}_3\in\mathbf{R}^n$,使得

$$\boldsymbol{x}_1^{\mathrm{T}}\boldsymbol{A}\boldsymbol{x}_1>0,\quad \boldsymbol{x}_2^{\mathrm{T}}\boldsymbol{A}\boldsymbol{x}_2=0,\quad \boldsymbol{x}_3^{\mathrm{T}}\boldsymbol{A}\boldsymbol{x}_3<0.$$

证 设 $\boldsymbol{A}$ 的正、负惯性指数分别为 p 和 $r-p$,其中 $r=\mathrm{rank}(\boldsymbol{A})$. 因为 $\boldsymbol{A}$ 是实对称矩阵,所以存在可逆矩阵 $\boldsymbol{P}$,使得

$$\boldsymbol{P}^{\mathrm{T}}\boldsymbol{A}\boldsymbol{P}=\mathrm{diag}(\underbrace{1,\cdots,1}_{p个},\underbrace{-1,\cdots,-1}_{r-p个},\underbrace{0,\cdots,0}_{n-r个}).$$

作变换 $\boldsymbol{x}=\boldsymbol{P}\boldsymbol{y}$,则有

$$\boldsymbol{x}^{\mathrm{T}}\boldsymbol{A}\boldsymbol{x}=\boldsymbol{y}^{\mathrm{T}}(\boldsymbol{P}^{\mathrm{T}}\boldsymbol{A}\boldsymbol{P})\boldsymbol{y}=y_1^2+\cdots+y_p^2-y_{p+1}^2-\cdots-y_r^2.$$

由假设 $p>0,r-p>0$. 所以当取 $\boldsymbol{y}_1=(1,0,\cdots,0)^{\mathrm{T}}$(第 1 个分量为 1,其余为零),并取 $\boldsymbol{x}_1=\boldsymbol{P}\boldsymbol{y}_1$. 因为 $\boldsymbol{P}$ 可逆,所以 $\boldsymbol{x}_1\neq\boldsymbol{0}$,此时有

$$\boldsymbol{x}_1^{\mathrm{T}}\boldsymbol{A}\boldsymbol{x}_1=1>0.$$

取 $\boldsymbol{y}_2=(1,0,\cdots,1,0,\cdots,0)^{\mathrm{T}}$(第 1 和第 r 个分量为 1,其余为零),并取 $\boldsymbol{x}_2=\boldsymbol{P}\boldsymbol{y}_2$(显然 $\boldsymbol{x}_2\neq\boldsymbol{0}$),则有

$$\boldsymbol{x}_2^{\mathrm{T}}\boldsymbol{A}\boldsymbol{x}_2=1-1=0.$$

取 $\boldsymbol{y}_3=(0,\cdots,0,1,0,\cdots,0)^{\mathrm{T}}$(第 r 个分量为1,其余为零),并取 $\boldsymbol{x}_3=\boldsymbol{P}\boldsymbol{y}_3$(显然 $\boldsymbol{x}_3\neq\boldsymbol{0}$),则有

$$\boldsymbol{x}_3^{\mathrm{T}}\boldsymbol{A}\boldsymbol{x}_3=-1<0.$$

例 6.1.16 证明:一个不恒为零的实二次型可以分解成两个实系数一次齐次多项式的乘积的充分必要条件是:该二次型的秩等于2,且符号差为0,或者秩等于1.

证 必要性:设不恒为零的实二次型 f 可以分解成两个实系数一次齐次多项式的乘积,即

$$f(x_1,x_2,\cdots,x_n)=(a_1x_1+a_2x_2+\cdots+a_nx_n)(b_1x_1+b_2x_2+\cdots+b_nx_n).$$

(1) 若向量 $(a_1,a_2,\cdots,a_n)$ 与 $(b_1,b_2,\cdots,b_n)$ 线性无关,则它们的对应分量不成比例. 不妨设 $\begin{vmatrix} a_1 & a_2 \\ b_1 & b_2 \end{vmatrix}\neq 0$,则作非退化线性变换

$$\begin{cases} y_1=a_1x_1+a_2x_2+\cdots+a_nx_n, \\ y_2=b_1x_1+b_2x_2+\cdots+b_nx_n, \\ y_i=x_i,\ i=3,\cdots,n, \end{cases}$$

便将 f 化为

$$f=y_1y_2.$$

再作非退化线性变换

$$\begin{cases} y_1=z_1+z_2, \\ y_2=z_1-z_2, \\ y_i=z_i,\ i=3,\cdots,n, \end{cases}$$

则得到 f 的标准形

$$f=z_1^2-z_2^2.$$

这说明 f 的秩为2,符号差为0.

(2) 若向量 $(a_1,a_2,\cdots,a_n)$ 与 $(b_1,b_2,\cdots,b_n)$ 线性相关,不妨设 $(b_1,b_2,\cdots,b_n)=k(a_1,a_2,\cdots,a_n)(k\neq 0)$,且 $a_1\neq 0$,则

$$f(x_1,x_2,\cdots,x_n)=k(a_1x_1+a_2x_2+\cdots+a_nx_n)^2.$$

作非退化线性变换

$$\begin{cases} y_1=a_1x_1+a_2x_2+\cdots+a_nx_n, \\ y_i=x_i,\ i=2,\cdots,n, \end{cases}$$

则得到 f 的标准形

$$f=ky_1^2.$$

这说明 f 的秩为1.

充分性:若二次型 f 的秩为2,符号差为0,则有非退化线性变换 $\boldsymbol{x}=\boldsymbol{P}\boldsymbol{y}$ 将 f 化

为规范形

$$f=y_1^2-y_2^2=(y_1+y_2)(y_1-y_2).$$

注意到向量 $\boldsymbol{y}=\boldsymbol{P}^{-1}\boldsymbol{x}$ 的每个分量都是 $x_1,x_2,\cdots,x_n$ 的实系数一次齐次多项式，因此 y_1+y_2 和 y_1-y_2 也是 $x_1,x_2,\cdots,x_n$ 的实系数一次齐次多项式，所以 f 可以分解成两个实系数一次齐次多项式的乘积.

若二次型 f 的秩为 1，则有非退化线性变换 $\boldsymbol{x}=\boldsymbol{P}\boldsymbol{y}$ 将 f 化为规范形

$$f=y_1^2,\ 或 f=-y_1^2,$$

即

$$f=y_1\cdot y_1,\ 或 f=(-y_1)\cdot y_1.$$

由于 y_1 和 $-y_1$ 是 $x_1,x_2,\cdots,x_n$ 的实系数一次齐次多项式，因此 f 可以分解成两个实系数一次齐次多项式的乘积.

习　题

1. 用正交变换将二次型

$$f(x_1,x_2,x_3)=x_1^2+4x_2^2+4x_3^2-4x_1x_2+4x_1x_3-8x_2x_3$$

化为标准形，并写出所用的变换.

2. 利用配方法和初等变换法将二次型

$$f(x_1,x_2,x_3)=2x_1^2+5x_2^2+4x_3^2+4x_1x_2-4x_1x_3-8x_2x_3$$

化为标准形，并写出所用的变换.

3. 若二次型

$$f(x_1,x_2,x_3)=x_1^2+x_2^2+tx_3^2+6x_1x_2+4x_1x_3+2x_2x_3$$

的秩为 2，求 t.

4. 已知二次型 $f(x_1,x_2,x_3)=a(x_1^2+x_2^2+x_3^2)+4x_1x_2+4x_1x_3+4x_2x_3$ 经正交变换可化为标准形 $f=6y_1^2$，求 a.

5. 已知二次型 $f(x_1,x_2,x_3)=ax_1^2+2x_2^2-2x_3^2+2bx_1x_3\ (b>0)$，其中二次型的相伴矩阵 $\boldsymbol{A}$ 的特征值之和为 1，特征值之积为 -12.

(1) 求参数 a,b；

(2) 利用正交变换将 f 化为标准形，并写出所用的变换.

6. 已知二次型 $f(x_1,x_2,x_3)=ax_1^2+3x_2^2+5x_3^2+4x_1x_3-4x_2x_3$ 经正交变换 $\boldsymbol{x}=\boldsymbol{P}\boldsymbol{y}$ 化为标准形 $f=y_1^2+ay_2^2+by_3^2$.

(1) 求参数 a,b；

(2) 求所用的正交变换.

7. 求二次型 $f(x_1,x_2,x_3)=2x_1^2+ax_2^2+ax_3^2+6x_2x_3\ (a>3)$ 的规范形.

8. 已知二次型 $f(x_1,x_2,x_3)=x_1^2+2x_2^2+tx_3^2-2x_1x_2+4x_1x_3-2x_2x_3$ 的正惯性指数为 3，求参数 t 的取值范围.

9. 设二次型 $f(x_1,x_2,x_3)=5x_1^2+5x_2^2+ax_3^2+2x_1x_2+6x_1x_3+2bx_2x_3$ 的相伴矩阵为 $\boldsymbol{A}$，且已

知 $\boldsymbol{A}$ 的特征值为 $-5,6,6$.

(1) 求 a,b 的值；

(2) 说明方程 $f(x_1,x_2,x_3)=1$ 表示何种二次曲面.

10. 已知二次型 $f(x_1,x_2,x_3)=\boldsymbol{x}^{\mathrm{T}}\boldsymbol{A}\boldsymbol{x}$，其中 $\boldsymbol{A}$ 是三阶实对称矩阵，且有特征值 $\lambda_1=2,\lambda_2=3,\lambda_3=0$. 若 $\boldsymbol{A}$ 的对应于特征值 $\lambda_1=2,\lambda_2=3$ 的特征向量分别为 $\boldsymbol{a}_1=(1,1,0)^{\mathrm{T}}$ 和 $\boldsymbol{a}_2=(1,-1,1)^{\mathrm{T}}$，求此二次型的表达式.

11. 设 $\boldsymbol{A}$ 是奇数阶实对称矩阵，且 $|\boldsymbol{A}|>0$. 证明：存在向量 $\boldsymbol{x}_0$，使得 $\boldsymbol{x}_0^{\mathrm{T}}\boldsymbol{A}\boldsymbol{x}_0>0$.

12. 设 $f(x_1,x_2,\cdots,x_n)=\boldsymbol{x}^{\mathrm{T}}\boldsymbol{A}\boldsymbol{x}$ 是二次型. 证明：若存向量 $\boldsymbol{x}_1,\boldsymbol{x}_2\in\mathbf{R}^n$，使 $f(\boldsymbol{x}_1)=\boldsymbol{x}_1^{\mathrm{T}}\boldsymbol{A}\boldsymbol{x}_1>0$，$f(\boldsymbol{x}_2)=\boldsymbol{x}_2^{\mathrm{T}}\boldsymbol{A}\boldsymbol{x}_2<0$，则存在 $\boldsymbol{x}_3\neq\boldsymbol{0}\in\mathbf{R}^n$，使得 $f(\boldsymbol{x}_3)=\boldsymbol{x}_3^{\mathrm{T}}\boldsymbol{A}\boldsymbol{x}_3=0$.

13. 设 $\boldsymbol{A}$ 是 n 阶实对称矩阵. 证明：二次型 $f(x_1,x_2,\cdots,x_n)=\boldsymbol{x}^{\mathrm{T}}\boldsymbol{A}\boldsymbol{x}$ 在条件 $\|\boldsymbol{x}\|=1$ 下的最大值不超过 $\boldsymbol{A}$ 的最大特征值.

14. 证明二次型的秩 r 与符号差 $p-q$ 同是奇数或偶数，并且成立 $|p-q|\leqslant r$.

15. 已知 $\boldsymbol{A}$ 是 n 阶实对称矩阵，且 $\boldsymbol{A}^2=\boldsymbol{O}$，证明 $\boldsymbol{A}=\boldsymbol{O}$.

16. 设 $\boldsymbol{A}$ 是 n 阶实对称矩阵，$\boldsymbol{B},\boldsymbol{C}$ 是 n 阶非零矩阵. 已知 $(\boldsymbol{A}-\boldsymbol{I}_n)\boldsymbol{B}=\boldsymbol{O}$，$(\boldsymbol{A}+2\boldsymbol{I}_n)\boldsymbol{C}=\boldsymbol{O}$，且 $\mathrm{rank}(\boldsymbol{B})+\mathrm{rank}(\boldsymbol{C})=n$，$\mathrm{rank}(\boldsymbol{B})=r$，写出二次型 $f(\boldsymbol{x})=\boldsymbol{x}^{\mathrm{T}}\boldsymbol{A}\boldsymbol{x}$ 的一个标准形.

17. 已知 $\boldsymbol{A}=(a_{ij})$ 是 n 阶实对称矩阵，且 $\mathrm{rank}(\boldsymbol{A})=n$. 记 A_{ij} 为 a_{ij} 的代数余子式 $(i,j=1,2,\cdots,n)$，并设

$$f(x_1,x_2,\cdots,x_n)=\sum_{i=1}^{n}\sum_{j=1}^{n}\frac{A_{ij}}{|\boldsymbol{A}|}x_ix_j.$$

(1) 记 $\boldsymbol{x}=(x_1,x_2,\cdots,x_n)^{\mathrm{T}}$，把 $f(x_1,x_2,\cdots,x_n)$ 写成矩阵形式，并证明二次型 $f(\boldsymbol{x})$ 的相伴矩阵为 $\boldsymbol{A}^{-1}$；

(2) 问二次型 $g(\boldsymbol{x})=\boldsymbol{x}^{\mathrm{T}}\boldsymbol{A}\boldsymbol{x}$ 与 $f(\boldsymbol{x})$ 的规范形是否相同？并说明理由.

18. 求函数

$$f(x,y,z)=\frac{2x^2+y^2-4xy-4yz}{x^2+y^2+z^2}\quad(x^2+y^2+z^2\neq0)$$

的最大值和最小值，并找出一个最大值点和最小值点.

§6.2 正定二次型

知识要点

一、正定二次型和正定矩阵

定义 6.2.1 设 $f(x_1,x_2,\cdots,x_n)=\boldsymbol{x}^{\mathrm{T}}\boldsymbol{A}\boldsymbol{x}$ 是一个二次型，若对于任意实数 $x_1,x_2,\cdots,x_n$，总有

$$f(x_1,x_2,\cdots,x_n)\geqslant0,$$

且等号成立当且仅当

$$x_1 = x_2 = \cdots = x_n = 0,$$

则称 $f(x_1, x_2, \cdots, x_n)$ 是**正定二次型**，它的相伴矩阵 $\boldsymbol{A}$ 称为**正定矩阵**.

注 对称矩阵 $\boldsymbol{A}$ 是正定矩阵意味着，对于任意 $\boldsymbol{x} \in \mathbf{R}^n$，成立

$$\boldsymbol{x}^{\mathrm{T}}\boldsymbol{A}\boldsymbol{x} = (\boldsymbol{A}\boldsymbol{x}, \boldsymbol{x}) \geqslant 0,$$

且等号成立当且仅当 $\boldsymbol{x}$ 是零向量.

定义 6.2.2 设 $\boldsymbol{A}$ 是 n 阶矩阵，则由 $\boldsymbol{A}$ 的第 $i_1, i_2, \cdots, i_k$ 行和第 $i_1, i_2, \cdots, i_k$ 列 $(i_1 < i_2 < \cdots < i_k)$ 交叉处的元素保持相对位置组成的 k 阶矩阵 $\boldsymbol{A}(i_1, i_2, \cdots, i_k)$ 称为 $\boldsymbol{A}$ 的一个 k 阶**主子阵**，相应的行列式称为 $\boldsymbol{A}$ 的一个 k 阶**主子式**.

特别地，称 $\boldsymbol{A}(1, 2, \cdots, k)$ 其为 $\boldsymbol{A}$ 的 **k 阶顺序主子阵**，相应的行列式称为 **k 阶顺序主子式**.

定理 6.2.1 设 $f(x_1, x_2, \cdots, x_n)$ 是二次型，其相伴矩阵为 $\boldsymbol{A}$. 则以下命题等价：

(1) $f(x_1, x_2, \cdots, x_n)$ 是正定二次型（或对称矩阵 $\boldsymbol{A}$ 是正定矩阵）；

(2) $f(x_1, x_2, \cdots, x_n)$ 的标准形中的系数全部为正；

(3) $\boldsymbol{A}$ 的所有特征值都是正的；

(4) $\boldsymbol{A}$ 的各阶顺序主子式均大于 0；

(5) $\boldsymbol{A}$ 的所有主子式均大于 0；

(6) 存在唯一对角元为正的下三角矩阵 $\boldsymbol{L}$，使得 $\boldsymbol{A} = \boldsymbol{L}\boldsymbol{L}^{\mathrm{T}}$.

注 1 若 $\boldsymbol{A}$ 是正定矩阵，则 $k\boldsymbol{A}\,(k>0)$，$\boldsymbol{A}^{\mathrm{T}}$，$\boldsymbol{A}^{-1}$，$\boldsymbol{A}^{*}$ 和 $\boldsymbol{A}^{m}$（m 是正整数）也是正定矩阵.

注 2 若 $\boldsymbol{A}$ 和 $\boldsymbol{B}$ 是同阶的正定矩阵，则 $\boldsymbol{A}+\boldsymbol{B}$ 也是正定矩阵. 但 $\boldsymbol{A}\boldsymbol{B}$ 不一定是正定矩阵.

注 3 若 $\boldsymbol{A}$ 和 $\boldsymbol{B}$ 分别是 m 阶和 n 阶正定矩阵，则 $\boldsymbol{C} = \begin{pmatrix} \boldsymbol{A} & \\ & \boldsymbol{B} \end{pmatrix}$ 是 $m+n$ 阶正定矩阵.

注 4 矩阵 $\boldsymbol{A}$ 是正定矩阵的充要条件是：存在可逆矩阵 $\boldsymbol{P}$，使得 $\boldsymbol{A} = \boldsymbol{P}^{\mathrm{T}}\boldsymbol{P}$.

注 5 若 $\boldsymbol{A}$ 是正定矩阵，则对于每个正整数 m，存在正定矩阵 $\boldsymbol{B}$，使得 $\boldsymbol{A} = \boldsymbol{B}^{m}$.

注 6 设 $\boldsymbol{A}$ 是正定矩阵，若 $\boldsymbol{B}$ 与 $\boldsymbol{A}$ 合同，则 $\boldsymbol{B}$ 也是正定矩阵.

定义 6.2.3 设 $f(x_1, x_2, \cdots, x_n) = \boldsymbol{x}^{\mathrm{T}}\boldsymbol{A}\boldsymbol{x}$ 是一个二次型，若对于任意实数 $x_1, x_2, \cdots, x_n$，总有

$$f(x_1, x_2, \cdots, x_n) \geqslant 0,$$

则称 $f(x_1, x_2, \cdots, x_n)$ 是**半正定二次型**，它的相伴矩阵 $\boldsymbol{A}$ 称为**半正定矩阵**.

定理 6.2.2 设 $f(x_1, x_2, \cdots, x_n)$ 是二次型，其相伴矩阵为 $\boldsymbol{A}$，则以下命题等价：

(1) $f(x_1, x_2, \cdots, x_n)$ 是半正定二次型（或 $\boldsymbol{A}$ 是半正定矩阵）；

(2) $f(x_1, x_2, \cdots, x_n)$ 的正惯性指数等于它的秩；

(3) $\boldsymbol{A}$ 的所有特征值均大于或等于零;

(4) $\boldsymbol{A}$ 的所有主子式均大于或等于零;

(5) 存在 n 阶矩阵 $\boldsymbol{P}$,使得 $\boldsymbol{A}=\boldsymbol{P}^{\mathrm{T}}\boldsymbol{P}$.

注 若一个实对称矩阵 $\boldsymbol{A}$ 的所有顺序主子式均大于或等于零,并不一定能推出 $\boldsymbol{A}$ 是半正定矩阵. 事实上,矩阵

$$\boldsymbol{A}=\begin{pmatrix}0 & 0\\ 0 & -1\end{pmatrix}$$

就不是半正定矩阵,但它的两个顺序主子式都等于0.

二、负定二次型和负定矩阵

定义 6.2.4 设 $f(x_1,x_2,\cdots,x_n)=\boldsymbol{x}^{\mathrm{T}}\boldsymbol{A}\boldsymbol{x}$ 是一个二次型,若对于任意实数 x_1, $x_2,\cdots,x_n$,总有

$$f(x_1,x_2,\cdots,x_n)\leqslant 0,$$

且等号成立当且仅当

$$x_1=x_2=\cdots=x_n=0,$$

则称 $f(x_1,x_2,\cdots,x_n)$ 是**负定二次型**,它的相伴矩阵 $\boldsymbol{A}$ 称为**负定矩阵**.

类似于半正定二次型和半正定矩阵,可定义**半负定二次型**和**半负定矩阵**.

定理 6.2.3 n 阶对称矩阵 $\boldsymbol{A}$ 为负定矩阵的充要条件为

$$(-1)^k\det(\boldsymbol{A}(1,2,\cdots,k))>0,\quad k=1,2,\cdots,n.$$

注 1 二次型 $f(x_1,x_2,\cdots,x_n)=\boldsymbol{x}^{\mathrm{T}}\boldsymbol{A}\boldsymbol{x}$ 是正定的充要条件为:正惯性指数为 n.

注 2 二次型 $f(x_1,x_2,\cdots,x_n)=\boldsymbol{x}^{\mathrm{T}}\boldsymbol{A}\boldsymbol{x}$ 是负定的充要条件为:负惯性指数为 n.

三、用 Cholesky 分解解线性方程组

定义 6.2.5 将正定矩阵 $\boldsymbol{A}$ 化成

$$\boldsymbol{A}=\boldsymbol{L}\boldsymbol{L}^{\mathrm{T}},$$

称为对 $\boldsymbol{A}$ 作 **Cholesky** 分解,其中 $\boldsymbol{L}$ 是对角元为正的下三角阵.

注 正定矩阵的 **Cholesky 分解**是唯一的.

正定矩阵的 Cholesky 分解的方法:对于 n 阶矩阵正定矩阵 $\boldsymbol{A}$,用第三类行初等变换将辅助矩阵 $(\boldsymbol{A} \mid \boldsymbol{I})$ 变为 $(\boldsymbol{B} \mid \boldsymbol{C})$,其中 $\boldsymbol{B}=(b_{ij})_{n\times n}$ 为上三角阵,则 $\boldsymbol{A}=\boldsymbol{L}\boldsymbol{L}^{\mathrm{T}}$, 而

$$\boldsymbol{L}=\boldsymbol{C}^{-1}\mathrm{diag}(\sqrt{b_{11}},\sqrt{b_{22}},\cdots,\sqrt{b_{nn}}).$$

若正定矩阵 $\boldsymbol{A}$ 有 Cholesky 分解 $\boldsymbol{A}=\boldsymbol{L}\boldsymbol{L}^{\mathrm{T}}$,求解方程组 $\boldsymbol{A}\boldsymbol{x}=\boldsymbol{b}$ 时可用如下方法:

将方程组 $\boldsymbol{A}\boldsymbol{x}=\boldsymbol{b}$ 改写为 $(\boldsymbol{L}\boldsymbol{L}^{\mathrm{T}})\boldsymbol{x}=\boldsymbol{L}(\boldsymbol{L}^{\mathrm{T}}\boldsymbol{x})=\boldsymbol{b}$,引进变量 $\boldsymbol{y}=\boldsymbol{L}^{\mathrm{T}}\boldsymbol{x}$,则可以将原方程组化成等价的两个方程组

$$Ax=b\Leftrightarrow\begin{cases}Ly=b,\\L^{\mathrm{T}}x=y.\end{cases}$$

先由第一个方程解出 y，再将 y 作为第二个方程的右端向量解出 x，就得到了原方程组的解.

例 题 分 析

例 6.2.1 判断下列二次型是否是正定或负定二次型：

(1) $f(x_1,x_2,x_3)=5x_1^2+x_2^2+5x_3^2+4x_1x_2-8x_1x_3-4x_2x_3$；

(2) $f(x_1,x_2,x_3)=x_1^2+x_2^2+14x_3^2+7x_4^2+6x_1x_3+8x_1x_4-4x_2x_3+2x_2x_4+4x_3x_4$.

解 (1) 二次型 f 的相伴矩阵为

$$A=\begin{pmatrix}5&2&-4\\2&1&-2\\-4&-2&5\end{pmatrix}.$$

解法一 用初等变换法. 对 A 作自上加到下第三类初等行变换得(因为不求变换矩阵，故可省略关于 I 的变换)

$$A=\begin{pmatrix}5&2&-4\\2&1&-2\\-4&-2&5\end{pmatrix}\to\begin{pmatrix}5&2&-4\\0&\frac{1}{5}&-\frac{2}{5}\\0&-\frac{2}{5}&\frac{9}{5}\end{pmatrix}\to\begin{pmatrix}5&2&-4\\0&\frac{1}{5}&-\frac{2}{5}\\0&0&1\end{pmatrix}.$$

由此知 f 的一个标准形是 $f=5y_1^2+\frac{1}{5}y_2^2+y_3^2$. 因此 f 的正惯性指数为 3，而变量的个数 $n=3$，所以 f 是正定的.

解法二 由于 A 的顺序主子式

$$|A(1)|=5,\quad |A(1,2)|=\begin{vmatrix}5&2\\2&1\end{vmatrix}=1,\quad |A|=\begin{vmatrix}5&2&-4\\2&1&-2\\-4&-2&5\end{vmatrix}=1,$$

因此 A 是正定矩阵，即 f 是正定二次型.

(2) 二次型 f 的相伴矩阵为

$$A=\begin{pmatrix}1&0&3&4\\0&1&-2&1\\3&-2&14&2\\4&1&2&7\end{pmatrix}.$$

解法一 用初等变换法. 对 A 作自上加到下第三类初等行变换得

$$A=\begin{pmatrix}1&0&3&4\\0&1&-2&1\\3&-2&14&2\\4&1&2&7\end{pmatrix}\to\begin{pmatrix}1&0&3&4\\0&1&-2&1\\0&-2&5&-10\\0&1&-10&-9\end{pmatrix}$$

$$\to\begin{pmatrix}1&0&3&4\\0&1&-2&1\\0&0&1&-8\\0&0&-8&-10\end{pmatrix}\to\begin{pmatrix}1&0&3&4\\0&1&-2&1\\0&0&1&-8\\0&0&0&-74\end{pmatrix}.$$

由此知f的一个标准形是$f=y_1^2+y_2^2+y_3^2-74y_4^2$. 因此$f$的正惯性指数为3,负惯性指数为1,而变量的个数$n=4$,所以$f$既不是正定的,也不是负定的.

解法二　由于$\boldsymbol{A}$的顺序主子式

$$|\boldsymbol{A}(1)|=1,\quad |\boldsymbol{A}(1,2)|=\begin{vmatrix}1&0\\0&1\end{vmatrix}=1,$$

$$|\boldsymbol{A}(1,2,3)|=\begin{vmatrix}1&0&3\\0&1&-2\\3&-2&14\end{vmatrix}=1,\quad |\boldsymbol{A}|=\begin{vmatrix}1&0&3&4\\0&1&-2&1\\3&-2&14&2\\4&1&2&7\end{vmatrix}=-74,$$

因此$\boldsymbol{A}$既不是正定矩阵,也不是负定矩阵,即f既不是正定二次型,也不是负定二次型.

例 6.2.2　已知二次型$f(x_1,x_2,x_3)=2x_1^2+ax_2^2+x_3^2+2x_1x_2+2bx_1x_3$正定,求$a,b$的取值范围.

解　所给二次型的相伴矩阵为

$$\boldsymbol{A}=\begin{pmatrix}2&1&b\\1&a&0\\b&0&1\end{pmatrix}.$$

因为二次型正定,所以各个顺序主子式大于零,因此

$$\begin{vmatrix}2&1\\1&a\end{vmatrix}>0,\quad \begin{vmatrix}2&1&b\\1&a&0\\b&0&1\end{vmatrix}>0,$$

即

$$2a-1>0,\quad -ab^2+(2a-1)>0.$$

因此a,b的取值范围是

$$a>\frac{1}{2},\quad -\sqrt{2-\frac{1}{a}}<b<\sqrt{2-\frac{1}{a}}.$$

例 6.2.3 已知对称矩阵 $A=\begin{pmatrix} t & 1 & 1 \\ 1 & t & -1 \\ 1 & -1 & t \end{pmatrix}$. 问:

(1) 当 t 为何值时,A 是正定矩阵?

(2) 当 t 为何值时,A 是负定矩阵?

解 易知矩阵 A 的顺序主子式为

$$|A(1)|=t,\quad |A(1,2)|=\begin{vmatrix} t & 1 \\ 1 & t \end{vmatrix}=t^2-1,\quad |A|=\begin{vmatrix} t & 1 & 1 \\ 1 & t & -1 \\ 1 & -1 & t \end{vmatrix}=(t+1)^2(t-2).$$

(1) 当

$$\begin{cases} t>0, \\ t^2-1>0, \\ (t+1)^2(t-2)>0 \end{cases}$$

时,即当 $t>2$ 时,A 是正定矩阵.

(2) 当

$$\begin{cases} t<0, \\ t^2-1>0, \\ (t+1)^2(t-2)<0 \end{cases}$$

时,即当 $t<-1$ 时,A 是负定矩阵.

例 6.2.4 设 $A=\begin{pmatrix} 1 & -2 & -2 \\ -2 & 2 & 0 \\ -2 & 0 & 0 \end{pmatrix}$, $B=(kI+A)^2$.

(1) 求对角阵 Λ,使得 B 与 Λ 相似;

(2) 问当 k 为何值时,B 是正定矩阵?

解 (1) 令

$$|A-\lambda I|=\begin{vmatrix} 1-\lambda & -2 & -2 \\ -2 & 2-\lambda & 0 \\ -2 & 0 & -\lambda \end{vmatrix}=-(\lambda-1)(\lambda+2)(\lambda-4)=0,$$

得 A 的特征值 $\lambda_1=4,\lambda_2=1,\lambda_3=-2$.

因为 A 是对称矩阵,所以存在正交矩阵 P,使得

$$P^{\mathrm{T}}AP=\begin{pmatrix} 4 & & \\ & 1 & \\ & & -2 \end{pmatrix}\overset{\text{记为}}{=}D,$$

即 $A=PDP^{\mathrm{T}}$. 此时

$$\boldsymbol{B}=(k\boldsymbol{I}+\boldsymbol{A})^2=(k\boldsymbol{P}\boldsymbol{P}^{\mathrm{T}}+\boldsymbol{P}\boldsymbol{D}\boldsymbol{P}^{\mathrm{T}})^2=[\boldsymbol{P}(k\boldsymbol{I}+\boldsymbol{D})\boldsymbol{P}^{\mathrm{T}}]^2=\boldsymbol{P}(k\boldsymbol{I}+\boldsymbol{D})^2\boldsymbol{P}^{\mathrm{T}}.$$

因为

$$(k\boldsymbol{I}+\boldsymbol{D})^2=\begin{pmatrix}k+4 & & \\ & k+1 & \\ & & k-2\end{pmatrix}^2=\begin{pmatrix}(k+4)^2 & & \\ & (k+1)^2 & \\ & & (k-2)^2\end{pmatrix}$$

是对角阵,所以取

$$\boldsymbol{\Lambda}=\begin{pmatrix}(k+4)^2 & & \\ & (k+1)^2 & \\ & & (k-2)^2\end{pmatrix},$$

则 $\boldsymbol{B}=\boldsymbol{P}\boldsymbol{\Lambda}\boldsymbol{P}^{\mathrm{T}}=\boldsymbol{P}\boldsymbol{\Lambda}\boldsymbol{P}^{-1}$,此时 $\boldsymbol{B}$ 与 $\boldsymbol{\Lambda}$ 相似.

(2) 因为 $\boldsymbol{A}$ 的特征值为 $\lambda_1=4,\lambda_2=1,\lambda_3=-2$,所以 $\boldsymbol{B}=(k\boldsymbol{I}+\boldsymbol{A})^2$ 的特征值为 $(k+4)^2,(k+1)^2,(k-2)^2$. 若要使 $\boldsymbol{B}$ 为正定矩阵,必须要求 $\boldsymbol{B}$ 的全部特征值均为正,即

$$\begin{cases}(k+4)^2>0,\\(k+1)^2>0,\\(k-2)^2>0,\end{cases}$$

亦即 $k\neq-4,k\neq-1,k\neq2$. 于是,当 $k\neq-4,-1,2$ 时,矩阵 $\boldsymbol{B}$ 是正定矩阵.

例 6.2.5 将二次型 $f(x_1,x_2,x_3)=ax_1^2+bx_2^2+ax_3^2+2cx_1x_3$ 化为标准形,写出变换矩阵,并指出 a,b,c 满足什么条件时,f 是正定二次型.

解 当 $a=0$ 时,有

$$f(x_1,x_2,x_3)=bx_2^2+2cx_1x_3,$$

作变换

$$\begin{cases}x_1=y_1+y_3,\\x_2=y_2,\\x_3=y_1-y_3,\end{cases}\quad 即\begin{pmatrix}x_1\\x_2\\x_3\end{pmatrix}=\begin{pmatrix}1&0&1\\0&1&0\\1&0&-1\end{pmatrix}\begin{pmatrix}y_1\\y_2\\y_3\end{pmatrix},$$

则 f 化为标准形

$$f=2cy_1^2+by_2^2-2cy_3^2.$$

此时无论 b,c 取何值,f 都不是正定二次型.

当 $a\neq0$ 时,经配方得

$$f(x_1,x_2,x_3)=a\left(x_1+\frac{c}{a}x_3\right)^2+bx_2^2+\left(a-\frac{c^2}{a}\right)x_3^2.$$

作变换

$$\begin{cases} y_1 = x_1 + \dfrac{c}{a}x_3, \\ y_2 = x_2, \\ y_3 = x_3, \end{cases} \quad 即 \begin{pmatrix} x_1 \\ x_2 \\ x_3 \end{pmatrix} = \begin{pmatrix} 1 & 0 & -\dfrac{c}{a} \\ 0 & 1 & 0 \\ 0 & 0 & 1 \end{pmatrix} \begin{pmatrix} y_1 \\ y_2 \\ y_3 \end{pmatrix},$$

则 f 化为标准形

$$f = ay_1^2 + by_2^2 + \left(a - \frac{c^2}{a}\right)y_3^2.$$

于是当 $a > 0, b > 0, a^2 - c^2 > 0$ 时，f 是正定二次型.

例 6.2.6 已知三阶实对称矩阵 $\boldsymbol{A}$ 满足 $\boldsymbol{A}^3 - 7\boldsymbol{A}^2 + 14\boldsymbol{A} - 8\boldsymbol{I} = \boldsymbol{O}$，证明 $\boldsymbol{A}$ 是正定矩阵.

证 只要证明 $\boldsymbol{A}$ 的特征值全部大于零即可. 设 λ 是 $\boldsymbol{A}$ 的特征值，$\boldsymbol{x}$ 是 $\boldsymbol{A}$ 的对应于 λ 的特征向量，则 $\boldsymbol{Ax} = \lambda\boldsymbol{x}$. 由 $\boldsymbol{A}^3 - 7\boldsymbol{A}^2 + 14\boldsymbol{A} - 8\boldsymbol{I} = \boldsymbol{O}$ 得

$$(\boldsymbol{A}^3 - 7\boldsymbol{A}^2 + 14\boldsymbol{A} - 8\boldsymbol{I})\boldsymbol{x} = \boldsymbol{0}, 即 (\lambda^3 - 7\lambda^2 + 14\lambda - 8)\boldsymbol{x} = \boldsymbol{0}.$$

因为 $\boldsymbol{x} \neq \boldsymbol{0}$，所以 $(\lambda^3 - 7\lambda^2 + 14\lambda - 8) = (\lambda - 1)(\lambda - 2)(\lambda - 4) = 0$，因此 λ 为 1 或 2,4. 这就是说 $\boldsymbol{A}$ 的特征值都是正实数，因此 $\boldsymbol{A}$ 是正定矩阵.

例 6.2.7 已知 $\boldsymbol{A}$ 和 $\boldsymbol{A} - \boldsymbol{I}$ 均是正定矩阵，证明：$\boldsymbol{I} - \boldsymbol{A}^{-1}$ 也是正定矩阵，且成立

$$0 < |\boldsymbol{I} - \boldsymbol{A}^{-1}| < 1.$$

证 因为

$$(\boldsymbol{I} - \boldsymbol{A}^{-1})^{\mathrm{T}} = \boldsymbol{I} - (\boldsymbol{A}^{-1})^{\mathrm{T}} = \boldsymbol{I} - (\boldsymbol{A}^{\mathrm{T}})^{-1} = \boldsymbol{I} - \boldsymbol{A}^{-1},$$

所以 $\boldsymbol{I} - \boldsymbol{A}^{-1}$ 是对称矩阵，且其特征值为实数.

若 λ 为 $\boldsymbol{I} - \boldsymbol{A}^{-1}$ 的特征值，$\boldsymbol{x}$ 对应的特征向量，则 $(\boldsymbol{I} - \boldsymbol{A}^{-1})\boldsymbol{x} = \lambda\boldsymbol{x}$，因此

$$(1 - \lambda)\boldsymbol{Ax} = \boldsymbol{x}.$$

因为 $\boldsymbol{x} \neq \boldsymbol{0}$，所以 $\lambda \neq 1$，于是

$$\boldsymbol{Ax} = \frac{1}{1 - \lambda}\boldsymbol{x},$$

即 $\dfrac{1}{1 - \lambda}$ 是 $\boldsymbol{A}$ 的特征值，因此 $\dfrac{1}{1 - \lambda} - 1$ 是 $\boldsymbol{A} - \boldsymbol{I}$ 的特征值. 因为 $\boldsymbol{A}$ 和 $\boldsymbol{A} - \boldsymbol{I}$ 均是正定矩阵，所以

$$\begin{cases} \dfrac{1}{1 - \lambda} > 0, \\ \dfrac{1}{1 - \lambda} - 1 > 0, \end{cases}$$

即

$$0 < \lambda < 1.$$

这就是说，$\boldsymbol{I} - \boldsymbol{A}^{-1}$ 的特征值均满足大于零且小于 1，因此 $\boldsymbol{I} - \boldsymbol{A}^{-1}$ 是正定矩阵，且 $|\boldsymbol{I} - \boldsymbol{A}^{-1}| > 0$. 由于 $|\boldsymbol{I} - \boldsymbol{A}^{-1}|$ 是 $\boldsymbol{I} - \boldsymbol{A}^{-1}$ 的所有特征值之积，因此 $|\boldsymbol{I} - \boldsymbol{A}^{-1}| < 1$.

例 6.2.8 证明:若 $\boldsymbol{A}$ 是 n 阶正定矩阵,则 $|\boldsymbol{A}+\boldsymbol{A}^{-1}|\geqslant 2^n$.

证 因为 $\boldsymbol{A}$ 是正定矩阵,所以有正交矩阵 $\boldsymbol{S}$,使得

$$\boldsymbol{S}^{\mathrm{T}}\boldsymbol{A}\boldsymbol{S}=\operatorname{diag}(\lambda_1,\lambda_2,\cdots,\lambda_n),$$

其中 $\lambda_1,\lambda_2,\cdots,\lambda_n$ 是 $\boldsymbol{A}$ 的特征值,且 $\lambda_i>0(i=1,2,\cdots,n)$. 于是

$$\boldsymbol{S}^{\mathrm{T}}\boldsymbol{A}^{-1}\boldsymbol{S}=\operatorname{diag}\left(\frac{1}{\lambda_1},\frac{1}{\lambda_2},\cdots,\frac{1}{\lambda_n}\right).$$

所以

$$\boldsymbol{S}^{\mathrm{T}}(\boldsymbol{A}+\boldsymbol{A}^{-1})\boldsymbol{S}=\operatorname{diag}\left(\lambda_1+\frac{1}{\lambda_1},\lambda_2+\frac{1}{\lambda_2},\cdots,\lambda_n+\frac{1}{\lambda_n}\right).$$

因为 $\lambda_i+\dfrac{1}{\lambda_i}\geqslant 2(i=1,2,\cdots,n)$,对上式取行列式便得

$$\begin{aligned}|\boldsymbol{A}+\boldsymbol{A}^{-1}|&=|\boldsymbol{S}^{\mathrm{T}}|\cdot|(\boldsymbol{A}+\boldsymbol{A}^{-1})|\cdot|\boldsymbol{S}|=|\boldsymbol{S}^{\mathrm{T}}(\boldsymbol{A}+\boldsymbol{A}^{-1})\boldsymbol{S}|\\&=\left(\lambda_1+\frac{1}{\lambda_1}\right)\left(\lambda_2+\frac{1}{\lambda_2}\right)\cdots\left(\lambda_n+\frac{1}{\lambda_n}\right)\geqslant 2^n.\end{aligned}$$

例 6.2.9 已知二次型

$$f(x_1,x_2,x_3)=x_1^2+x_2^2+x_3^2-k^2(ax_1+bx_2+cx_3)^2,$$

其中 a,b,c 是不全为零的实数,且 $k\neq 0$. 问:当 a,b,c,k 满足何种条件时,f 是正定二次型?

解 因为

$$\begin{aligned}f(x_1,x_2,x_3)=&(1-k^2a^2)x_1^2+(1-k^2b^2)x_2^2+(1-k^2c^2)x_3^2\\&-2k^2abx_1x_2-2k^2acx_1x_3-2k^2bcx_2x_3,\end{aligned}$$

所以 f 的相伴矩阵为

$$\boldsymbol{A}=\begin{pmatrix}1-k^2a^2 & -k^2ab & -k^2ac\\ -k^2ab & 1-k^2b^2 & -k^2bc\\ -k^2ac & -k^2bc & 1-k^2c^2\end{pmatrix}.$$

记

$$\boldsymbol{B}=\begin{pmatrix}a^2 & ab & ac\\ ab & b^2 & bc\\ ac & bc & c^2\end{pmatrix}=\begin{pmatrix}a\\ b\\ c\end{pmatrix}(a,b,c),$$

则 $\boldsymbol{A}=\boldsymbol{I}-k^2\boldsymbol{B}$.

设

$$|\boldsymbol{B}-\lambda\boldsymbol{I}|=\begin{vmatrix}a^2-\lambda & ab & ac\\ ab & b^2-\lambda & bc\\ ac & bc & c^2-\lambda\end{vmatrix}=-\lambda^3+(a^2+b^2+c^2)\lambda^2+d\lambda+e,$$

其中 d,e 是待定常数.

显然 rank($\boldsymbol{B}$)≤1，且由 a,b,c 不全为零可知，rank($\boldsymbol{B}$)=1，所以 $|\boldsymbol{B}|=0$，因此 $\lambda=0$ 是 $\boldsymbol{B}$ 的特征值. 又 $\boldsymbol{B}$ 是对称矩阵，必相似于对角阵，因此 3 - rank ($\boldsymbol{B}$)=2 与特征值 $\lambda=0$ 的重数相同，即 $\lambda=0$ 是 $\boldsymbol{B}$ 的二重特征值，于是 $d=e=0$，且 $\lambda_3=a^2+b^2+c^2$ 是 $\boldsymbol{B}$ 的另一个特征值.

因为 $\boldsymbol{B}$ 是对称矩阵，所以存在正交矩阵 $\boldsymbol{S}$，使得

$$\boldsymbol{Q}^{\mathrm{T}}\boldsymbol{B}\boldsymbol{Q}=\begin{pmatrix}a^2+b^2+c^2 & & \\ & 0 & \\ & & 0\end{pmatrix}\xlongequal{\text{记为}}\boldsymbol{\Lambda}.$$

作正交变换 $\boldsymbol{x}=\boldsymbol{Q}\boldsymbol{y}(\boldsymbol{x}=(x_1,x_2,x_3)^{\mathrm{T}},\ \boldsymbol{y}=(y_1,y_2,y_3)^{\mathrm{T}})$，则原二次型可表为

$$\begin{aligned}f&=\boldsymbol{x}^{\mathrm{T}}\boldsymbol{A}\boldsymbol{x}=\boldsymbol{x}^{\mathrm{T}}(\boldsymbol{I}-k^2\boldsymbol{B})\boldsymbol{x}=(\boldsymbol{Q}\boldsymbol{y})^{\mathrm{T}}(\boldsymbol{I}-k^2\boldsymbol{B})(\boldsymbol{Q}\boldsymbol{y})\\&=\boldsymbol{y}^{\mathrm{T}}(\boldsymbol{I}-k^2\boldsymbol{Q}^{\mathrm{T}}\boldsymbol{B}\boldsymbol{Q})\boldsymbol{y}=\boldsymbol{y}^{\mathrm{T}}(\boldsymbol{I}-k^2\boldsymbol{\Lambda})\boldsymbol{y}=[1-k^2(a^2+b^2+c^2)]y_1^2+y_2^2+y_3^2,\end{aligned}$$

即 $[1-k^2(a^2+b^2+c^2)]y_1^2+y_2^2+y_3^2$ 是 f 的一个标准形. 于是当

$$k^2(a^2+b^2+c^2)<1$$

时，f 是正定二次型.

例 6.2.10 证明：二次型 $f(x_1,x_2,\cdots,x_n)=n\sum_{i=1}^{n}x_i^2-(\sum_{i=1}^{n}x_i)^2$ 是半正定的，但不是正定的. 进一步，求 f 的正惯性指数和负惯性指数.

证 因为对于任意实数 $x_1,x_2,\cdots,x_n$，总有

$$\begin{aligned}f(x_1,x_2,\cdots,x_n)&=n\sum_{i=1}^{n}x_i^2-(\sum_{i=1}^{n}x_i)^2\\&=(n-1)\sum_{i=1}^{n}x_i^2-\sum_{1\leqslant i<j\leqslant n}^{n}2x_ix_j\\&=\sum_{1\leqslant i<j\leqslant n}^{n}(x_i-x_j)^2\geqslant 0,\end{aligned}$$

所以 f 是半正定的.

取 $x_1=x_2=\cdots=x_n=1$，则有 $f(1,1,\cdots,1)=0$，因此 f 不是正定的.

由于

$$f(x_1,x_2,\cdots,x_n)=(n-1)\sum_{i=1}^{n}x_i^2-\sum_{1\leqslant i<j\leqslant n}^{n}2x_ix_j,$$

从而 f 的相伴矩阵为

$$\boldsymbol{A}=\begin{pmatrix}n-1 & -1 & \cdots & -1\\ -1 & n-1 & \cdots & -1\\ \vdots & \vdots & & \vdots\\ -1 & -1 & \cdots & n-1\end{pmatrix},$$

其特征多项式为

$$|A-\lambda I|=\begin{vmatrix} n-1-\lambda & -1 & \cdots & -1 \\ -1 & n-1-\lambda & \cdots & -1 \\ \vdots & \vdots & & \vdots \\ -1 & -1 & \cdots & n-1-\lambda \end{vmatrix}=-\lambda(n-\lambda)^{n-1}.$$

因此 $\boldsymbol{A}$ 的特征值为 n($n-1$ 重)和 0(单重),所以 f 的正惯性指数为 $n-1$,负惯性指数为 0.

例 6.2.11 设 $a_1,a_2,\cdots,a_n$ 是实数. 问二次型

$$f(x_1,x_2,\cdots,x_n)=(x_1+a_1x_2)^2+(x_2+a_2x_3)^2+\cdots+(x_{n-1}+a_{n-1}x_n)^2+(x_n+a_nx_1)^2$$

何时正定?

解 显然对于任意实数 $x_1,x_2,\cdots,x_n$,总有 $f(x_1,x_2,\cdots,x_n)\geqslant 0$. 从 f 的表达式可以看出,只要从

$$x_1+a_1x_2=x_2+a_2x_3=\cdots=x_{n-1}+a_{n-1}x_n=x_n+a_nx_1=0$$

得出 $x_1=x_2=\cdots=x_n=0$,便可推出 f 是正定的. 换句话说,当线性方程组

$$\begin{cases} x_1+a_1x_2=0, \\ x_2+a_2x_3=0, \\ \cdots\cdots \\ x_{n-1}+a_{n-1}x_n=0, \\ x_n+a_nx_1=0 \end{cases}$$

只有零解时,f 是正定的. 因为这个线性方程组的系数行列式为

$$\begin{vmatrix} 1 & a_1 & & & \\ & 1 & a_2 & & \\ & & 1 & \ddots & \\ & & & \ddots & a_{n-1} \\ a_n & & & & 1 \end{vmatrix}=1+(-1)^{n+1}a_1a_2\cdots a_n,$$

所以当 $a_1a_2\cdots a_n\neq(-1)^n$ 时,线性方程组只有零解,此时 f 是正定二次型.

例 6.2.12 设 $\boldsymbol{A}$ 是 m 阶正定矩阵,$\boldsymbol{B}$ 是 $m\times n$ 实矩阵. 证明 $\boldsymbol{B}^{\mathrm{T}}\boldsymbol{A}\boldsymbol{B}$ 是正定矩阵的充要条件是:$\operatorname{rank}(\boldsymbol{B})=n$.

证 必要性:若 $\boldsymbol{B}^{\mathrm{T}}\boldsymbol{A}\boldsymbol{B}$ 是正定矩阵,则对于任何 $\boldsymbol{x}\neq\boldsymbol{0}\in\mathbf{R}^n$,有

$$\boldsymbol{x}^{\mathrm{T}}(\boldsymbol{B}^{\mathrm{T}}\boldsymbol{A}\boldsymbol{B})\boldsymbol{x}>0,\text{即},(\boldsymbol{B}\boldsymbol{x})^{\mathrm{T}}\boldsymbol{A}(\boldsymbol{B}\boldsymbol{x})>0.$$

因此 $\boldsymbol{B}\boldsymbol{x}\neq\boldsymbol{0}$. 这就是说,线性方程组 $\boldsymbol{B}\boldsymbol{x}=\boldsymbol{0}$ 只有零解,所以 $\operatorname{rank}(\boldsymbol{B})=n$.

充分性:由于

$$(\boldsymbol{B}^{\mathrm{T}}\boldsymbol{A}\boldsymbol{B})^{\mathrm{T}}=\boldsymbol{B}^{\mathrm{T}}\boldsymbol{A}^{\mathrm{T}}(\boldsymbol{B}^{\mathrm{T}})^{\mathrm{T}}=\boldsymbol{B}^{\mathrm{T}}\boldsymbol{A}\boldsymbol{B},$$

因此 $\boldsymbol{B}^{\mathrm{T}}\boldsymbol{AB}$ 是对称矩阵.

若 $\operatorname{rank}(\boldsymbol{B})=n$,则线性方程组 $\boldsymbol{Bx}=\boldsymbol{0}$ 只有零解. 所以当 $\boldsymbol{x}\neq\boldsymbol{0}$ 时,$\boldsymbol{Bx}\neq\boldsymbol{0}$.

因为 $\boldsymbol{A}$ 为正定,所以当 $\boldsymbol{x}\neq\boldsymbol{0}$ 时,有

$$\boldsymbol{x}^{\mathrm{T}}(\boldsymbol{B}^{\mathrm{T}}\boldsymbol{AB})\boldsymbol{x}=(\boldsymbol{Bx})^{\mathrm{T}}\boldsymbol{A}(\boldsymbol{Bx})>0,$$

因此 $\boldsymbol{B}^{\mathrm{T}}\boldsymbol{AB}$ 是正定矩阵.

例 6.2.13 设 $\boldsymbol{A},\boldsymbol{B}$ 是 n 阶正定矩阵,证明矩阵 $\boldsymbol{AB}$ 是正定的充要条件是:$\boldsymbol{AB}=\boldsymbol{BA}$.

证 必要性:因为 $\boldsymbol{A},\boldsymbol{B}$ 是 n 阶正定矩阵,所以 $\boldsymbol{A},\boldsymbol{B}$ 是对称矩阵. 若 $\boldsymbol{AB}$ 正定,则 $\boldsymbol{AB}$ 也是对称矩阵,于是

$$\boldsymbol{AB}=(\boldsymbol{AB})^{\mathrm{T}}=\boldsymbol{B}^{\mathrm{T}}\boldsymbol{A}^{\mathrm{T}}=\boldsymbol{BA}.$$

充分性:若 $\boldsymbol{AB}=\boldsymbol{BA}$,则

$$(\boldsymbol{AB})^{\mathrm{T}}=\boldsymbol{B}^{\mathrm{T}}\boldsymbol{A}^{\mathrm{T}}=\boldsymbol{BA}=\boldsymbol{AB},$$

因此 $\boldsymbol{AB}$ 是对称矩阵. 因为 $\boldsymbol{A},\boldsymbol{B}$ 是 n 阶正定矩阵,所以存在可逆矩阵 $\boldsymbol{P},\boldsymbol{Q}$,使得

$$\boldsymbol{A}=\boldsymbol{P}^{\mathrm{T}}\boldsymbol{P},\ \boldsymbol{B}=\boldsymbol{Q}^{\mathrm{T}}\boldsymbol{Q}.$$

于是 $\boldsymbol{AB}=\boldsymbol{P}^{\mathrm{T}}\boldsymbol{PQ}^{\mathrm{T}}\boldsymbol{Q}$,因此

$$(\boldsymbol{P}^{\mathrm{T}})^{-1}\boldsymbol{ABP}^{\mathrm{T}}=\boldsymbol{PQ}^{\mathrm{T}}\boldsymbol{QP}^{\mathrm{T}}=(\boldsymbol{QP}^{\mathrm{T}})^{\mathrm{T}}(\boldsymbol{QP}^{\mathrm{T}}).$$

因为 $\boldsymbol{QP}^{\mathrm{T}}$ 可逆,所以$(\boldsymbol{QP}^{\mathrm{T}})^{\mathrm{T}}(\boldsymbol{QP}^{\mathrm{T}})$是正定矩阵. 上式说明 $\boldsymbol{AB}$ 与正定矩阵相似,因此与之有相同的特征值, 所以 $\boldsymbol{AB}$ 的所有特征值都大于零,从而 $\boldsymbol{AB}$ 也是正定矩阵.

例 6.2.14 设 $\boldsymbol{A}$ 是 n 阶正定矩阵,证明:二次型

$$f(x_1,x_2,\cdots,x_n)=\det\begin{pmatrix}0 & \boldsymbol{x}^{\mathrm{T}}\\ \boldsymbol{x} & \boldsymbol{A}\end{pmatrix}$$

是负定的,其中 $\boldsymbol{x}=(x_1,x_2,\cdots,x_n)^{\mathrm{T}}$.

证 因为 $\boldsymbol{A}$ 是正定矩阵,所以 $\boldsymbol{A}$ 可逆,且 $\boldsymbol{A}^{-1}$也是正定矩阵. 由于

$$\begin{pmatrix}1 & -\boldsymbol{x}^{\mathrm{T}}\boldsymbol{A}^{-1}\\ \boldsymbol{0} & \boldsymbol{I}_n\end{pmatrix}\begin{pmatrix}0 & \boldsymbol{x}^{\mathrm{T}}\\ \boldsymbol{x} & \boldsymbol{A}\end{pmatrix}=\begin{pmatrix}-\boldsymbol{x}^{\mathrm{T}}\boldsymbol{A}^{-1}\boldsymbol{x} & \boldsymbol{0}^{\mathrm{T}}\\ \boldsymbol{x} & \boldsymbol{A}\end{pmatrix},$$

其中 $\boldsymbol{0}=(0,0,\cdots,0)^{\mathrm{T}}$ 为 n 维零向量,因此取行列式得

$$f(x_1,x_2,\cdots,x_n)=\det\begin{pmatrix}0 & \boldsymbol{x}^{\mathrm{T}}\\ \boldsymbol{x} & \boldsymbol{A}\end{pmatrix}=\begin{vmatrix}-\boldsymbol{x}^{\mathrm{T}}\boldsymbol{A}^{-1}\boldsymbol{x} & \boldsymbol{0}^{\mathrm{T}}\\ \boldsymbol{x} & \boldsymbol{A}\end{vmatrix}=-(\boldsymbol{x}^{\mathrm{T}}\boldsymbol{A}^{-1}\boldsymbol{x})|\boldsymbol{A}|.$$

因为 $\boldsymbol{A}^{-1}$是正定矩阵,所以 $|\boldsymbol{A}|>0$,且对于任何 $\boldsymbol{x}=(x_1,x_2,\cdots,x_n)^{\mathrm{T}}\neq\boldsymbol{0}$,成立 $\boldsymbol{x}^{\mathrm{T}}\boldsymbol{A}^{-1}\boldsymbol{x}>0$. 从而成立

$$f(x_1,x_2,\cdots,x_n)<0.$$

因此 f 是负定二次型.

例 6.2.15 证明:(1) 若 $\boldsymbol{A}=(a_{ij})_{n\times n}$是正定矩阵,则

$$|\boldsymbol{A}|\leqslant a_{11}a_{22}\cdots a_{nn};$$

(2)(**Hadamard 不等式**)若 $\boldsymbol{A}=(a_{ij})_{n\times n}$是实对称矩阵,则

$$|\boldsymbol{A}|^2\leqslant\prod_{j=1}^{n}(a_{1j}^2+a_{2j}^2+\cdots+a_{nj}^2).$$

证 (1) 用归纳法. 当 $n=1$ 时,$\det(a_{11})=a_{11}$,结论成立.

设当 $n=k$ 时成立. 当 $n=k+1$ 时,将 $\boldsymbol{A}$ 分块为

$$\boldsymbol{A}=\begin{pmatrix}\boldsymbol{A}_k & \boldsymbol{a}\\ \boldsymbol{a}^{\mathrm{T}} & a_{k+1,k+1}\end{pmatrix},$$

其中 $\boldsymbol{a}=(a_{1,k+1},a_{2,k+1},\cdots,a_{k,k+1})^{\mathrm{T}}$. 因为 $\boldsymbol{A}$ 是正定矩阵,所以它的主子式均大于 0,因此 $\boldsymbol{A}_k$ 也正定,且 $a_{k+1,k+1}>0$.

因为

$$\begin{pmatrix}\boldsymbol{I}_k & \boldsymbol{0}\\ -\boldsymbol{a}^{\mathrm{T}}\boldsymbol{A}_k^{-1} & 1\end{pmatrix}\boldsymbol{A}=\begin{pmatrix}\boldsymbol{I}_k & \boldsymbol{0}\\ -\boldsymbol{a}^{\mathrm{T}}\boldsymbol{A}_k^{-1} & 1\end{pmatrix}\begin{pmatrix}\boldsymbol{A}_k & \boldsymbol{a}\\ \boldsymbol{a}^{\mathrm{T}} & a_{k+1,k+1}\end{pmatrix}=\begin{pmatrix}\boldsymbol{A}_k & \boldsymbol{a}\\ \boldsymbol{0}^{\mathrm{T}} & a_{k+1,k+1}-\boldsymbol{a}^{\mathrm{T}}\boldsymbol{A}_k^{-1}\boldsymbol{a}\end{pmatrix},$$

所以取行列式得

$$|\boldsymbol{A}|=|\boldsymbol{A}_k|(a_{k+1,k+1}-\boldsymbol{a}^{\mathrm{T}}\boldsymbol{A}_k^{-1}\boldsymbol{a}).$$

因为 $\boldsymbol{A}_k$ 是正定矩阵,所以 $\boldsymbol{A}_k^{-1}$ 也是正定矩阵,因此 $\boldsymbol{a}^{\mathrm{T}}\boldsymbol{A}_k^{-1}\boldsymbol{a}\geqslant0$,从而

$$a_{k+1,k+1}-\boldsymbol{a}^{\mathrm{T}}\boldsymbol{A}_k^{-1}\boldsymbol{a}\leqslant a_{k+1,k+1}.$$

由归纳假设$|\boldsymbol{A}_k|\leqslant a_{11}a_{22}\cdots a_{kk}$,于是

$$|\boldsymbol{A}|=|\boldsymbol{A}_k|(a_{k+1,k+1}-\boldsymbol{a}^{\mathrm{T}}\boldsymbol{A}_k^{-1}\boldsymbol{a})\leqslant a_{11}a_{22}\cdots a_{kk}a_{k+1,k+1}.$$

因此结论成立.

(2) 若$|\boldsymbol{A}|=0$,则结论显然成立.

若$|\boldsymbol{A}|\neq0$,则 $\boldsymbol{A}$ 可逆,因此 $\boldsymbol{A}^{\mathrm{T}}\boldsymbol{A}=(b_{ij})$是正定矩阵,其对角元素为

$$b_{ii}=a_{1i}^2+a_{2i}^2+\cdots+a_{ni}^2,\ i=1,2,\cdots,n.$$

于是由(1)可知

$$|\boldsymbol{A}|^2=|\boldsymbol{A}^{\mathrm{T}}\boldsymbol{A}|\leqslant\prod_{j=1}^{n}b_{jj}=\prod_{j=1}^{n}(a_{1j}^2+a_{2j}^2+\cdots+a_{nj}^2).$$

例 6.2.16 设 $\boldsymbol{A}$ 是 n 阶正定矩阵,$\boldsymbol{B}$ 是与 $\boldsymbol{A}$ 同阶的实对称矩阵. 证明:存在可逆矩阵 $\boldsymbol{C}$,使得

$$\boldsymbol{C}^{\mathrm{T}}\boldsymbol{A}\boldsymbol{C}=\boldsymbol{I}_n,\quad \boldsymbol{C}^{\mathrm{T}}\boldsymbol{B}\boldsymbol{C}=\mathrm{diag}(\lambda_1,\lambda_2,\cdots,\lambda_n),$$

其中 $\lambda_1,\lambda_2,\cdots,\lambda_n$ 是 $\boldsymbol{A}^{-1}\boldsymbol{B}$ 的特征值. 进一步,若 $\boldsymbol{B}$ 是非零半正定矩阵,则 $\lambda_i\geqslant0$ $(i=1,2,\cdots,n)$.

证 因为 $\boldsymbol{A}$ 是正定矩阵,所以存在可逆矩阵 $\boldsymbol{P}$,使得 $\boldsymbol{P}^{\mathrm{T}}\boldsymbol{A}\boldsymbol{P}=\boldsymbol{I}_n$. $\boldsymbol{B}$ 是实对称矩

阵,所以 $P^{\mathrm{T}}BP$ 也是对称矩阵,因此存在正交矩阵 Q,使得

$$Q^{\mathrm{T}}P^{\mathrm{T}}BPQ=\mathrm{diag}(\lambda_1,\lambda_2,\cdots,\lambda_n).$$

取 $C=PQ$,则上式便是

$$C^{\mathrm{T}}BC=\mathrm{diag}(\lambda_1,\lambda_2,\cdots,\lambda_n).$$

此时还有

$$C^{\mathrm{T}}AC=(PQ)^{\mathrm{T}}A(PQ)=Q^{\mathrm{T}}(P^{\mathrm{T}}AP)Q=Q^{\mathrm{T}}I_nQ=I_n.$$

现证明 $\lambda_1,\lambda_2,\cdots,\lambda_n$ 是 $A^{-1}B$ 的特征值. 因为

$$C^{\mathrm{T}}(B-\lambda A)C=C^{\mathrm{T}}BC-\lambda I_n=\mathrm{diag}(\lambda_1-\lambda,\lambda_2-\lambda,\cdots,\lambda_n-\lambda),$$

取行列式得

$$|B-\lambda A|\ |C|^2=(\lambda_1-\lambda)(\lambda_2-\lambda)\cdots(\lambda_n-\lambda).$$

于是 $\lambda_1,\lambda_2,\cdots,\lambda_n$ 是多项式 $|B-\lambda A|$ 的根. 由于 A 可逆,因此它们也是多项式 $|A^{-1}B-\lambda I|$ 的根,即 $A^{-1}B$ 的特征值.

进一步,当 B 是半正定矩阵时,由以上证明可以看出,$\lambda_1,\lambda_2,\cdots,\lambda_n$ 是 $P^{\mathrm{T}}BP$ 的特征值. 而 $P^{\mathrm{T}}BP$ 与 B 合同,因此也是半正定矩阵,所以它的特征值 $\lambda_i\geqslant 0(i=1,2,\cdots,n)$.

例 6.2.17 设 A 是 n 阶正定矩阵,B 是与 A 同阶的非零半正定矩阵. 证明

$$|A|+|B|\leqslant|A+B|.$$

证 因为 A 正定,所以 $|A|>0$,故只要证明 $1+|A^{-1}B|\leqslant|I_n+A^{-1}B|$ 即可. 由上例可知,存在可逆矩阵 C,使得

$$C^{\mathrm{T}}AC=I_n,\quad C^{\mathrm{T}}BC=\mathrm{diag}(\lambda_1,\lambda_2,\cdots,\lambda_n),$$

其中 $\lambda_1,\lambda_2,\cdots,\lambda_n$ 是 $A^{-1}B$ 的特征值,且 $\lambda_i\geqslant 0(i=1,2,\cdots,n)$.

因为

$$\begin{aligned}|A+B|\cdot|C|^2&=|C^{\mathrm{T}}AC+C^{\mathrm{T}}BC|=|I_n+\mathrm{diag}(\lambda_1,\lambda_2,\cdots,\lambda_n)|\\&=(1+\lambda_1)(1+\lambda_2)\cdots(1+\lambda_n)\geqslant 1+\lambda_1\lambda_2\cdots\lambda_n\\&=1+|A^{-1}B|,\end{aligned}$$

且

$$|A+B|\cdot|C|^2=|C^{\mathrm{T}}AC\|I_n+A^{-1}B|=|I_n+A^{-1}B|,$$

所以

$$1+|A^{-1}B|\leqslant|I_n+A^{-1}B|.$$

例 6.2.18 (1) 设 A 是 n 阶正定矩阵,B 是 n 阶实对称矩阵,证明矩阵 AB 的特征值全部为实数;

(2) 设 A,B 是 n 阶正定矩阵,证明矩阵 AB 的特征值全部为正数.

证 (1) 因为 A 正定,所以存在实的可逆矩阵 P,使得 $A=P^{\mathrm{T}}P$. 因此

$$|AB-\lambda I|=|P^{\mathrm{T}}PB-\lambda I|=|P^{\mathrm{T}}(PBP^{\mathrm{T}})(P^{\mathrm{T}})^{-1}-\lambda I|$$

$$= |\boldsymbol{P}^{\mathrm{T}}||\boldsymbol{PBP}^{\mathrm{T}}-\lambda \boldsymbol{I}||(\boldsymbol{P}^{\mathrm{T}})^{-1}| = |\boldsymbol{PBP}^{\mathrm{T}}-\lambda \boldsymbol{I}|.$$

这说明 $\boldsymbol{AB}$ 与 $\boldsymbol{PBP}^{\mathrm{T}}$ 的特征多项式相同,因而它们的特征值也相同. 而由已知可知 $\boldsymbol{PBP}^{\mathrm{T}}$ 为实对称矩阵,因此其特征值均为实数,从而 $\boldsymbol{AB}$ 的特征值也均为实数.

(2) 先证明对于任意 n 阶正定矩阵 $\boldsymbol{A}$,总成立

$$\bar{\boldsymbol{x}}^{\mathrm{T}}\boldsymbol{A}\boldsymbol{x} \geqslant 0,\ \boldsymbol{x}\in \mathbf{C}^n,$$

且等号成立当且仅当 $\boldsymbol{x}=\boldsymbol{0}$.

因为 $\boldsymbol{A}$ 正定,所以存在实的可逆矩阵 $\boldsymbol{P}$,使得 $\boldsymbol{A}=\boldsymbol{P}^{\mathrm{T}}\boldsymbol{P}$. 因此

$$\bar{\boldsymbol{x}}^{\mathrm{T}}\boldsymbol{A}\boldsymbol{x} = \bar{\boldsymbol{x}}^{\mathrm{T}}\boldsymbol{P}^{\mathrm{T}}\boldsymbol{P}\boldsymbol{x} = (\boldsymbol{P}\bar{\boldsymbol{x}})^{\mathrm{T}}(\boldsymbol{P}\boldsymbol{x}) = (\overline{\boldsymbol{P}\boldsymbol{x}})^{\mathrm{T}}(\boldsymbol{P}\boldsymbol{x}) \geqslant 0,$$

且等号成立当且仅当 $\boldsymbol{Px}=\boldsymbol{0}$,即 $\boldsymbol{x}=\boldsymbol{0}$(因为 $\boldsymbol{P}$ 可逆).

再证明 $\boldsymbol{AB}$ 的特征值全部为正数. 设 λ 是 $\boldsymbol{AB}$ 的特征值,$\boldsymbol{x}$ 是 $\boldsymbol{AB}$ 的对应于 λ 的特征向量,则 $\boldsymbol{ABx}=\lambda\boldsymbol{x}$,因此 $\boldsymbol{Bx}=\lambda\boldsymbol{A}^{-1}\boldsymbol{x}$,于是

$$\bar{\boldsymbol{x}}^{\mathrm{T}}\boldsymbol{B}\boldsymbol{x} = \lambda\,\bar{\boldsymbol{x}}^{\mathrm{T}}\boldsymbol{A}^{-1}\boldsymbol{x}.$$

因为 $\boldsymbol{A},\boldsymbol{B}$ 正定,所以 $\boldsymbol{A}^{-1}$ 正定,且由 $\boldsymbol{x}\neq\boldsymbol{0}$ 知,$\bar{\boldsymbol{x}}^{\mathrm{T}}\boldsymbol{B}\boldsymbol{x}>0$,$\bar{\boldsymbol{x}}^{\mathrm{T}}\boldsymbol{A}^{-1}\boldsymbol{x}>0$,因而由上式知 $\lambda>0$.

例 6.2.19 已知正定矩阵 $\boldsymbol{A}=\begin{pmatrix}2&4&2\\4&9&3\\2&3&6\end{pmatrix}$.

(1) 求 $\boldsymbol{A}$ 的 Cholesky 分解;

(2) 解线性方程组 $\boldsymbol{Ax}=\begin{pmatrix}2\\2\\7\end{pmatrix}$.

解 (1) 用第三类行初等变换将辅助矩阵$(\boldsymbol{A}\mid\boldsymbol{I})$变为上三角矩阵:

$$(\boldsymbol{A}\mid\boldsymbol{I})=\begin{pmatrix}2&4&2&1&0&0\\4&9&3&0&1&0\\2&3&6&0&0&1\end{pmatrix}\to\begin{pmatrix}2&4&2&1&0&0\\0&1&-1&-2&1&0\\0&-1&4&-1&0&1\end{pmatrix}$$

$$\to\begin{pmatrix}2&4&2&1&0&0\\0&1&-1&-2&1&0\\0&0&3&-3&1&1\end{pmatrix},$$

且

$$\boldsymbol{C}^{-1}=\begin{pmatrix}1&0&0\\-2&1&0\\-3&1&1\end{pmatrix}^{-1}=\begin{pmatrix}1&0&0\\2&1&0\\1&-1&1\end{pmatrix}.$$

于是取

$$L = C^{-1}\mathrm{diag}(\sqrt{2},\sqrt{1},\sqrt{3})$$

$$= \begin{pmatrix} 1 & 0 & 0 \\ 2 & 1 & 0 \\ 1 & -1 & 1 \end{pmatrix}\begin{pmatrix} \sqrt{2} & & \\ & 1 & \\ & & \sqrt{3} \end{pmatrix} = \begin{pmatrix} \sqrt{2} & 0 & 0 \\ 2\sqrt{2} & 1 & 0 \\ \sqrt{2} & -1 & \sqrt{3} \end{pmatrix},$$

则 $\boldsymbol{A} = \boldsymbol{L}\boldsymbol{L}^{\mathrm{T}}$.

（2）先解线性方程组

$$\boldsymbol{L}\boldsymbol{y} = \begin{pmatrix} \sqrt{2} & 0 & 0 \\ 2\sqrt{2} & 1 & 0 \\ \sqrt{2} & -1 & \sqrt{3} \end{pmatrix}\begin{pmatrix} y_1 \\ y_2 \\ y_3 \end{pmatrix} = \begin{pmatrix} 2 \\ 2 \\ 7 \end{pmatrix},$$

得

$$y_1 = \sqrt{2},\quad y_2 = -2,\quad y_3 = \sqrt{3}.$$

再解线性方程组 $\boldsymbol{L}^{\mathrm{T}}\boldsymbol{x} = \boldsymbol{y}$，即

$$\begin{pmatrix} \sqrt{2} & 2\sqrt{2} & \sqrt{2} \\ 0 & 1 & -1 \\ 0 & 0 & \sqrt{3} \end{pmatrix}\begin{pmatrix} x_1 \\ x_2 \\ x_3 \end{pmatrix} = \begin{pmatrix} \sqrt{2} \\ -2 \\ \sqrt{3} \end{pmatrix},$$

得原方程的解

$$x_1 = 2,\quad x_2 = -1,\quad x_3 = 1.$$

习　题

1. 判断下列二次型的正定性：

(1) $90x_1^2 + 130x_2^2 + 71x_3^2 - 12x_1x_2 + 48x_1x_3 - 60x_2x_3$；

(2) $-5x_1^2 - 6x_2^2 - 4x_3^2 + 4x_1x_2 + 4x_1x_3$；

(3) $10x_1^2 + 2x_2^2 + x_3^2 + 8x_1x_2 + 24x_1x_3 - 28x_2x_3$.

2. 确定 λ 的取值范围，使得二次型 $2x_1^2 + (2+\lambda)x_2^2 + \lambda x_3^2 + 2x_1x_2 - 2x_1x_3 + x_2x_3$ 为正定的.

3. 确定 λ 的取值范围，使得二次型 $x_1^2 + x_2^2 + 5x_3^2 + 2\lambda x_1x_2 - 2x_1x_3 + 4x_2x_3$ 为正定的.

4. 已知齐次线性方程组 $\begin{cases} (a+3)x_1 + x_2 + 2x_3 = 0, \\ 2ax_1 + (a-1)x_2 + x_3 = 0, \\ (a-3)x_1 - 3x_2 + ax_3 = 0 \end{cases}$ 有非零解，且矩阵 $\boldsymbol{A} = \begin{pmatrix} 3 & 1 & 2 \\ 1 & a & -2 \\ 2 & -2 & 9 \end{pmatrix}$ 是正定矩阵，求 a 的值.

5. 设 $\boldsymbol{A}$ 是 n 阶正定矩阵，$\lambda > 0$. 证明 $|\boldsymbol{A} + \lambda \boldsymbol{I}_n| > \lambda^n$.

6. 设 $\boldsymbol{A}=\begin{pmatrix}1&0&1\\0&2&0\\1&0&1\end{pmatrix}$, $\boldsymbol{B}=(k\boldsymbol{I}+\boldsymbol{A})^2$.

(1) 求对角阵 $\boldsymbol{\Lambda}$,使得 $\boldsymbol{B}$ 与 $\boldsymbol{\Lambda}$ 相似;

(2) 问当 k 为何值时,$\boldsymbol{B}$ 是正定矩阵?

7. 设 n 阶实对称矩阵 $\boldsymbol{A}$ 满足 $\boldsymbol{A}^3-4\boldsymbol{A}^2+5\boldsymbol{A}=2\boldsymbol{I}_n$,证明 $\boldsymbol{A}$ 是正定矩阵.

8. 设 n 阶实对称矩阵 $\boldsymbol{A}$ 满足 $\boldsymbol{A}^2=\boldsymbol{A}$,且 $\operatorname{rank}(\boldsymbol{A})=r$. $k\geqslant 1$ 为正整数.

(1) 证明 $\boldsymbol{I}_n+\boldsymbol{A}+\boldsymbol{A}^2+\cdots+\boldsymbol{A}^k$ 是正定矩阵;

(2) 求 $|\boldsymbol{I}_n+\boldsymbol{A}+\boldsymbol{A}^2+\cdots+\boldsymbol{A}^k|$.

9. 判断二次型 $\sum\limits_{i=1}^{n}x_i^2+\sum\limits_{i=1}^{n-1}x_ix_{i+1}$ 的正定性.

10. 用正交变换法将二次型 $\sum\limits_{i=1}^{n}x_i^2+\sum\limits_{1\leqslant i<j\leqslant n}x_ix_j$ 化为标准形,并说明它是否正定.

11. 设 A 为三阶实对称矩阵,且满足 $\boldsymbol{A}^2+2\boldsymbol{A}=\boldsymbol{O}$, $\operatorname{rank}(\boldsymbol{A})=2$.

(1) 求 $\boldsymbol{A}$ 的全部特征值;

(2) 问当 k 为何值时,矩阵 $\boldsymbol{A}+k\boldsymbol{I}$ 是正定的?

12. 设 $\boldsymbol{A}$ 是一个 n 阶实对称矩阵,证明:当 t 充分小时,$\boldsymbol{I}_n+t\boldsymbol{A}$ 是正定矩阵.

13. 设 $\boldsymbol{A},\boldsymbol{B}$ 是 n 阶半正定矩阵,α,β 为正数,证明 $\alpha\boldsymbol{A}+\beta\boldsymbol{B}$ 也是半正定矩阵.

14. 设 $\boldsymbol{A}$ 是 n 阶正定矩阵,$\boldsymbol{B}$ 是 n 阶非零半正定矩阵. 证明:$\boldsymbol{AB}$ 的特征值大于或等于 0.

15. 设 α,β,γ 是一个三角形的内角. 证明:对于任意实数 x,y,z 成立

$$x^2+y^2+z^2\geqslant 2xy\cos\alpha+2xz\cos\beta+2yz\cos\gamma.$$

16. 设 $\boldsymbol{A}$ 是 $m\times n$ 实矩阵,$\boldsymbol{B}=\lambda\boldsymbol{I}_n+\boldsymbol{A}^{\mathrm{T}}\boldsymbol{A}$. 证明:当 $\lambda>0$ 时,$\boldsymbol{B}$ 是正定矩阵.

17. 设 $\boldsymbol{A}$ 是 n 阶正定矩阵,$\boldsymbol{a}_1,\boldsymbol{a}_2,\cdots,\boldsymbol{a}_n$ 都是非零 n 维列向量,满足 $\boldsymbol{a}_i^{\mathrm{T}}\boldsymbol{A}\boldsymbol{a}_j=0\ (i\neq j)$ 证明:$\boldsymbol{a}_1,\boldsymbol{a}_2,\cdots,\boldsymbol{a}_n$ 线性无关.

18. 设 $\boldsymbol{A}=(a_{ij})$,$\boldsymbol{B}=(b_{ij})$ 为 n 阶正定矩阵. 证明:$\boldsymbol{C}=(a_{ij}b_{ij})$ 是正定矩阵.

19. 已知 $\boldsymbol{D}=\begin{pmatrix}\boldsymbol{A}&\boldsymbol{C}\\\boldsymbol{C}^{\mathrm{T}}&\boldsymbol{B}\end{pmatrix}$是正定矩阵,其中 $\boldsymbol{A},\boldsymbol{B}$ 分别为 m 阶,n 阶对称矩阵,$\boldsymbol{C}$ 为 $m\times n$ 矩阵.

(1) 若 $\boldsymbol{P}=\begin{pmatrix}\boldsymbol{I}_m&-\boldsymbol{A}^{-1}\boldsymbol{C}\\\boldsymbol{O}&\boldsymbol{I}_n\end{pmatrix}$,计算 $\boldsymbol{P}^{\mathrm{T}}\boldsymbol{DP}$;

(2) 证明 $\boldsymbol{B}-\boldsymbol{C}^{\mathrm{T}}\boldsymbol{A}^{-1}\boldsymbol{C}$ 是正定矩阵.

20. 已知 $\boldsymbol{A},\boldsymbol{B}$ 是同阶正定矩阵,且 $\boldsymbol{A}-\boldsymbol{B}$ 是半正定矩阵. 证明 $\boldsymbol{B}^{-1}-\boldsymbol{A}^{-1}$是半正定矩阵.

21. 已知对称矩阵 $\boldsymbol{A}=\begin{pmatrix}1&0&-1\\0&1&2\\-1&2&5\end{pmatrix}$.

(1) 对 $\boldsymbol{A}$ 进行 Cholesky 分解;

(2) 解方程组 $\boldsymbol{Ax}=\begin{pmatrix}2\\7\\12\end{pmatrix}$.

答案与提示

第一章　矩阵与行列式

§1.1　向量与矩阵

1. (1) $\boldsymbol{AB}=\begin{pmatrix}1 & 1 & 0\\ 2 & 1 & 1\\ 2 & 0 & 2\end{pmatrix}$, $\boldsymbol{BA}=\begin{pmatrix}2 & 1\\ 1 & 2\end{pmatrix}$. 不成立;

   (2) $(\boldsymbol{AB})^{\mathrm{T}}=\begin{pmatrix}1 & 2 & 2\\ 1 & 1 & 0\\ 0 & 1 & 2\end{pmatrix}$, $\boldsymbol{A}^{\mathrm{T}}\boldsymbol{B}^{\mathrm{T}}=\begin{pmatrix}2 & 1\\ 1 & 2\end{pmatrix}$. 不成立.

2. -3.

3. $x=-1$.

4. $\begin{pmatrix}0 & 0\\ 0 & 0\end{pmatrix}$.

5. (1) $\boldsymbol{AD}=\begin{pmatrix}d_1a_{11} & d_2a_{12} & \cdots & d_na_{1n}\\ d_1a_{21} & d_2a_{22} & \cdots & d_na_{2n}\\ \vdots & \vdots & & \vdots\\ d_1a_{n1} & d_2a_{n2} & \cdots & d_na_{nn}\end{pmatrix}$, $\boldsymbol{DA}=\begin{pmatrix}d_1a_{11} & d_1a_{12} & \cdots & d_1a_{1n}\\ d_2a_{21} & d_2a_{22} & \cdots & d_2a_{2n}\\ \vdots & \vdots & & \vdots\\ d_na_{n1} & d_na_{n2} & \cdots & d_na_{nn}\end{pmatrix}$;

   (2) 提示:利用(1)的结论,并比较 $\boldsymbol{AD}$ 和 $\boldsymbol{DA}$ 的各元素.

6. 提示:(1),(2),(3),(4)按定义直接验证;(5)$\boldsymbol{A}=\frac{1}{2}(\boldsymbol{A}+\boldsymbol{A}^{\mathrm{T}})+\frac{1}{2}(\boldsymbol{A}-\boldsymbol{A}^{\mathrm{T}})$.

7. $a=0$.

8. 提示:直接验证.

9. $\begin{pmatrix}3^{n-1} & 3^{n-1} & 3^{n-1}\\ 3^{n-1} & 3^{n-1} & 3^{n-1}\\ 3^{n-1} & 3^{n-1} & 3^{n-1}\end{pmatrix}$.

10. $\boldsymbol{A}^n=\begin{cases}2^n\boldsymbol{I}, & n\text{ 为偶数};\\ 2^{n-1}\boldsymbol{A}, & n\text{ 为奇数}.\end{cases}$

11. $\begin{pmatrix}0 & 0 & 0\\ 0 & 0 & 0\\ 0 & 0 & 0\end{pmatrix}$.

12. $\begin{pmatrix} a & b & c \\ 0 & a & b \\ 0 & 0 & a \end{pmatrix}$,$a,b,c$ 为任意常数.

13. 提示:直接验证.

14. 提示:(1)利用矩阵乘法的定义计算 $\mathrm{tr}(\boldsymbol{AB})$ 和 $\mathrm{tr}(\boldsymbol{BA})$;(2)利用(1)的结论.

15. 提示:利用乘法分配律直接验证.

16. 提示:参见例 1.1.15.

§1.2 行 列 式

1. (1) -7;(2) $-3(x^2-1)(x^2-4)$;(3) $b^2(b^2-4a^2)$;(4) $(1-a+a^2)(1-a^3)$.

2. 3.

3. 提示:原行列式可表为 $\left|\begin{pmatrix} \sin\alpha & \cos\alpha & 0 \\ \sin\beta & \cos\beta & 0 \\ \sin\gamma & \cos\gamma & 0 \end{pmatrix}\begin{pmatrix} \cos\alpha & \cos\beta & \cos\gamma \\ \sin\alpha & \sin\beta & \sin\gamma \\ 0 & 0 & 0 \end{pmatrix}\right|$.

4. 1.

5. 0.

6. $a^2(a-2^n)$.

7. $\dfrac{1}{2}$.

8. ± 1.

9. 提示:将一些列的适当倍数加到后面的列.

10. (1) $a^n - a^{n-2}$; (2) $(-1)^{\frac{n(n-1)}{2}}\dfrac{n+1}{2}n^{n-1}$; (3) $1+\sum\limits_{i=1}^{n} a_i$;

    (4) $n+1$; (5) $(-2)^n\left(\prod\limits_{i=1}^{n} a_i\right)\left[\left(1-\dfrac{n}{2}\right)^2-\dfrac{1}{4}\left(\sum\limits_{i=1}^{n} a_i\right)\left(\sum\limits_{i=1}^{n}\dfrac{1}{a_i}\right)\right]$;

    (6) $x_1(x_2-a_{12})(x_3-a_{23})\cdots(x_n-a_{n-1,n})$; (7) $(a^2-b^2)^n$.

11. $1,-1,2,-2$.

12. 有 $n-1$ 个根:$x_1=0,x_2=1,\cdots,x_{n-1}=n-2$.

13. 提示:将各列加到第一列,再将第一行的 -1 倍数加到下面各行.

14. 提示:将第一行的适当倍数加到下面各行.

15. 提示:用数学归纳法.

16. -1.

17. 提示:对下式取行列式:

$$\begin{pmatrix} A_{11} & A_{12} & \cdots & A_{1n} \\ A_{21} & A_{22} & \cdots & A_{2n} \\ \vdots & \vdots & & \vdots \\ A_{n-1,1} & A_{n-1,2} & \cdots & A_{n-1,n} \\ 0 & 0 & \cdots & 1 \end{pmatrix}\begin{pmatrix} a_{11} & a_{21} & \cdots & a_{n1} \\ a_{12} & a_{22} & \cdots & a_{n2} \\ \vdots & \vdots & & \vdots \\ a_{1n} & a_{2n} & \cdots & a_{nn} \end{pmatrix}=\begin{pmatrix} |\boldsymbol{A}| & & & \\ & \ddots & & \\ & & |\boldsymbol{A}| & \\ a_{1n} & a_{2n} & \cdots & a_{nn} \end{pmatrix}.$$

18. 提示:从第 i 行提取公因子 $a_i^n(i=1,2,\cdots,n+1)$,再利用 Vandermonde 行列式的结论.

19. 提示:从最后一行开始依次减去前面一行,并利用 $C_n^k - C_{n-1}^{k-1} = C_{n-1}^k$. 之后按第一列展开,再重复前面的步骤.

20. -5.

21. $n!$.

§1.3 逆　　阵

1. (1) $\begin{pmatrix} 1 & 2 & -3 \\ -1 & 1 & -1 \\ 0 & -2 & 3 \end{pmatrix}$; (2) $\dfrac{1}{4}\begin{pmatrix} 1 & 1 & 1 & 1 \\ 1 & 1 & -1 & -1 \\ 1 & -1 & 1 & -1 \\ 1 & -1 & -1 & 1 \end{pmatrix}$; (3) $\begin{pmatrix} 1 & -2 & 0 & 0 \\ -2 & 5 & 0 & 0 \\ 0 & 0 & \frac{1}{3} & \frac{2}{3} \\ 0 & 0 & -\frac{1}{3} & \frac{1}{3} \end{pmatrix}$.

2. $A^{-1} = \begin{pmatrix} 1 & -1 & & & \\ & 1 & -1 & & \\ & & \ddots & \ddots & \\ & & & 1 & -1 \\ & & & & 1 \end{pmatrix}$, $|A|$ 中所有元素的代数余子式之和为 1.

3. $\dfrac{1}{3}\begin{pmatrix} -1 & 1 & 4 \\ 2 & 1 & 1 \\ 3 & 3 & 3 \end{pmatrix}$.

4. $\begin{pmatrix} -2 & 1 \\ 10 & -4 \\ -10 & 4 \end{pmatrix}$.

5. $A^{-1} = \dfrac{1}{6}(A + I_n)$, $(A+I)^{-1} = \dfrac{1}{6}A$, $(A+4I)^{-1} = \dfrac{1}{6}(3I_n - A)$.

6. $\begin{pmatrix} 2 & 0 & 1 \\ 0 & 3 & 0 \\ 1 & 0 & 2 \end{pmatrix}$.

7. $\dfrac{1}{4}\begin{pmatrix} 1 & 1 & 0 \\ 0 & 1 & 1 \\ 1 & 0 & 1 \end{pmatrix}$.

8. $\begin{pmatrix} 1 & 0 & 0 & 0 \\ -2 & 1 & 0 & 0 \\ 1 & -2 & 1 & 0 \\ 0 & 1 & -2 & 1 \end{pmatrix}$.

9. 提示:利用 $(AA^{-1})^{\mathrm{T}} = I$.

10. 提示:利用矩阵运算规则直接验证.

11. 提示:利用 $A^* = |A|A^{-1}$.

12. $-\dfrac{2^{2n-1}}{3}$.

13. $\begin{pmatrix} 6 & 0 & 0 & 0 \\ 0 & 6 & 0 & 0 \\ 6 & 0 & 6 & 0 \\ 0 & 3 & 0 & -1 \end{pmatrix}$.

14. -1.

15. 提示:(1) $\boldsymbol{A}^2 = \boldsymbol{I}_n - (2-\boldsymbol{\alpha}^{\mathrm{T}}\boldsymbol{\alpha})\boldsymbol{\alpha}\boldsymbol{\alpha}^{\mathrm{T}}$; (2) 用反证法及(1)的结论.

16. $\boldsymbol{C}\boldsymbol{A}^{\mathrm{T}}$.

17. 提示:题目的假设就是 $\boldsymbol{A}\begin{pmatrix} 1 \\ 1 \\ \vdots \\ 1 \end{pmatrix} = \begin{pmatrix} a \\ a \\ \vdots \\ a \end{pmatrix}$.

18. (1) 提示:利用例 1.3.15(2)的方法;
    (2) $|\boldsymbol{A}| = (-1)^n n!\ (1-n)$;
    (3) $(-1)^n\left[(1-n)\left(1-\sum_{i=1}^{n} a_i^2\right)-\left(\sum_{i=1}^{n} a_i\right)^2\right]$.

19. $x_1=0, x_2=2, x_3=0, x_4=0$.

20. $b=\dfrac{(a+1)^2}{4}$.

21. 提示:方程组的系数行列式为$(a^2-b^2)^n$,其解为 $x_i=\dfrac{1}{a+b}(i=1,2,\cdots,2n)$.

第二章　线性方程组

§2.1　向量的线性关系

1. (1) 线性无关; (2) 线性相关.
2. 当 $a=5$ 且 $b=12$ 时线性相关,其他情形线性无关.
3. (1) 当 $t=5$ 时,线性相关; (2) $t\neq5$ 时,线性无关; (3) 能. $\boldsymbol{a}_3=-\boldsymbol{a}_1+2\boldsymbol{a}_2$.
4. (1) 当 $t=0$ 或 $t=-10$,线性相关; (2) 当 $t\neq0$ 且 $t\neq-10$ 时,线性无关.
5. $lm\neq1$.
6. 当 m 为偶数时,线性相关;当 m 为奇数时,线性无关.
7. 能.
8. (1) 能; (2) 不能.
9. $k\neq0$ 且 $k\neq-3$.
10. 提示:略.
11. 提示:利用线性相关定义的线性表达式,再左乘 $\boldsymbol{A}$.
12. 提示:按定义推知.

13. 提示:必要性由定义和 Cramer 法则导出. 充分性通过 $\boldsymbol{e}_1,\boldsymbol{e}_2,\cdots,\boldsymbol{e}_n$ 可以被 $\boldsymbol{a}_1,\boldsymbol{a}_2,\cdots,\boldsymbol{a}_n$ 线性表示推出.

14. 提示:对等式中的系数是否有为零进行讨论.

15. 提示:充分性由 Cramer 法则导出;必要性利用第 13 题的结论.

16. 提示:记 $\boldsymbol{A}$ 的行向量为 $\boldsymbol{a}_1,\boldsymbol{a}_2,\cdots,\boldsymbol{a}_m$, $\boldsymbol{C}$ 的行向量为 $\boldsymbol{c}_1,\boldsymbol{c}_2,\cdots,\boldsymbol{c}_m$, 则由 $\boldsymbol{AB}=\boldsymbol{C}$ 得 $\boldsymbol{B}^{\mathrm{T}}\boldsymbol{a}_i^{\mathrm{T}}=\boldsymbol{c}_i^{\mathrm{T}}$ $(i=1,2,\cdots,m)$. 若 $\lambda_1\boldsymbol{a}_1+\lambda_2\boldsymbol{a}_2+\cdots+\lambda_m\boldsymbol{a}_m=\boldsymbol{0}$, 则可得

$$\lambda_1\boldsymbol{B}^{\mathrm{T}}\boldsymbol{a}_1^{\mathrm{T}}+\lambda_2\boldsymbol{B}^{\mathrm{T}}\boldsymbol{a}_2^{\mathrm{T}}+\cdots+\lambda_m\boldsymbol{B}^{\mathrm{T}}\boldsymbol{a}_m^{\mathrm{T}}=\boldsymbol{0}, \text{即 } \lambda_1\boldsymbol{c}_1^{\mathrm{T}}+\lambda_2\boldsymbol{c}_2^{\mathrm{T}}+\cdots+\lambda_m\boldsymbol{c}_m^{\mathrm{T}}=\boldsymbol{0}.$$

由此得 $\lambda_1=\lambda_2=\cdots=\lambda_m=0$.

17. 提示:用数学归纳法.

18. 提示:按定义写出线性组合为 $\boldsymbol{0}$ 的表达式,再左乘 $\boldsymbol{A}$,证明每个系数为 0.

19. 提示:记 $\boldsymbol{A}=(\boldsymbol{a}_1,\boldsymbol{a}_2,\cdots,\boldsymbol{a}_n)$, 则 $\boldsymbol{A}^{\mathrm{T}}\boldsymbol{A}=\begin{pmatrix}\boldsymbol{a}_1^{\mathrm{T}}\boldsymbol{a}_1 & \boldsymbol{a}_1^{\mathrm{T}}\boldsymbol{a}_2 & \cdots & \boldsymbol{a}_1^{\mathrm{T}}\boldsymbol{a}_n\\ \boldsymbol{a}_2^{\mathrm{T}}\boldsymbol{a}_1 & \boldsymbol{a}_2^{\mathrm{T}}\boldsymbol{a}_2 & \cdots & \boldsymbol{a}_2^{\mathrm{T}}\boldsymbol{a}_n\\ \vdots & \vdots & & \vdots\\ \boldsymbol{a}_n^{\mathrm{T}}\boldsymbol{a}_1 & \boldsymbol{a}_n^{\mathrm{T}}\boldsymbol{a}_2 & \cdots & \boldsymbol{a}_n^{\mathrm{T}}\boldsymbol{a}_n\end{pmatrix}$.

§2.2 秩

1. (1) 3; (2) 2; (3) $a_n\neq 0$ 时,秩为 n; $a_n=0$ 时,秩为 $n-1$.

2. 3.

3. (1) 线性相关; (2) 线性无关.

4. 秩为 4; $\boldsymbol{a}_1,\boldsymbol{a}_2,\boldsymbol{a}_4,\boldsymbol{a}_5$ 是一个极大无关组.

5. 当 $a=0$ 或 $a=-10$ 时, $\boldsymbol{a}_1,\boldsymbol{a}_2,\boldsymbol{a}_3,\boldsymbol{a}_4$ 线性相关.

   当 $a=0$ 时, $\boldsymbol{a}_1$ 是一个极大无关组,此时 $\boldsymbol{a}_2=2\boldsymbol{a}_1,\boldsymbol{a}_3=3\boldsymbol{a}_1,\boldsymbol{a}_4=4\boldsymbol{a}_1$;

   当 $a=-10$ 时, $\boldsymbol{a}_2,\boldsymbol{a}_3,\boldsymbol{a}_4$ 是一个极大无关组,此时 $\boldsymbol{a}_1=-\boldsymbol{a}_2-\boldsymbol{a}_3-\boldsymbol{a}_4$.

6. 提示:考虑极大无关组.

7. 不等价.

8. $a=1$.

9. $a=b\neq\frac{1}{2}$.

10. 提示:由 $(\boldsymbol{a}_1,\boldsymbol{a}_2,\cdots,\boldsymbol{a}_m)=(\boldsymbol{b}_1,\boldsymbol{b}_2,\cdots,\boldsymbol{b}_m)\boldsymbol{D}$ 可得

$$m=\mathrm{rank}(\boldsymbol{a}_1,\boldsymbol{a}_2,\cdots,\boldsymbol{a}_m)\leqslant \mathrm{rank}(\boldsymbol{b}_1,\boldsymbol{b}_2,\cdots,\boldsymbol{b}_m).$$

11. 提示: $n=\mathrm{rank}(\boldsymbol{I}-\boldsymbol{A}-\boldsymbol{B})\leqslant\mathrm{rank}(\boldsymbol{I}-\boldsymbol{A})+\mathrm{rank}(\boldsymbol{B})$, 以及从 $\boldsymbol{A}^2=\boldsymbol{A}$ 得 $\mathrm{rank}(\boldsymbol{I}-\boldsymbol{A})+\mathrm{rank}(\boldsymbol{A})\leqslant n$.

12. 提示:利用定理 2.2.5 的(6).

13. 提示:由 $\boldsymbol{ABA}=\boldsymbol{B}^{-1}$ 可推知 $(\boldsymbol{I}-\boldsymbol{AB})(\boldsymbol{I}+\boldsymbol{AB})=\boldsymbol{O}$.

14. 提示:利用定理 2.2.5 的(4)和(6).

15. 1.

16. 提示:(1) 充分性易知. 必要性:设 $\mathrm{rank}(\boldsymbol{A})=n$. 通过行初等变换,即存在可逆矩阵 $\boldsymbol{P}_1$,使得

$\boldsymbol{P}_1\boldsymbol{A}=\begin{pmatrix}\boldsymbol{B}_1\\ \\ \boldsymbol{B}_2\end{pmatrix}$,其中 $\boldsymbol{B}_1$ 为 n 阶可逆矩阵. 此时

$$\begin{pmatrix}\boldsymbol{I}_n & \\ & \\ -\boldsymbol{B}_2 & \boldsymbol{I}_{m-n}\end{pmatrix}\begin{pmatrix}\boldsymbol{B}_1^{-1} & \\ & \\ & \boldsymbol{I}_{m-n}\end{pmatrix}\boldsymbol{P}_1\boldsymbol{A}=\begin{pmatrix}\boldsymbol{I}_n\\ \\ \boldsymbol{O}\end{pmatrix}.$$

(2) 证明类似.

17. 提示:由定理 2.2.6,存在 m 阶可逆矩阵 $\boldsymbol{P}$ 和 n 阶可逆矩阵 $\boldsymbol{Q}$,使得

$$\boldsymbol{A}=\boldsymbol{P}\begin{pmatrix}\boldsymbol{I}_r & \boldsymbol{O}\\ \\ \boldsymbol{O} & \boldsymbol{O}\end{pmatrix}\boldsymbol{Q}=\boldsymbol{P}\begin{pmatrix}\boldsymbol{I}_r\\ \\ \boldsymbol{O}\end{pmatrix}(\boldsymbol{I}_r,\boldsymbol{O})\boldsymbol{Q}.$$

§2.3 线性方程组

1. (1) $c_1(1,-2,1,0,0)^{\mathrm{T}}+c_2(1,-2,0,1,0)^{\mathrm{T}}+c_3(5,-6,0,0,1)^{\mathrm{T}}$,$c_1,c_2,c_3$ 是任意常数;

   (2) $(1,2,-1,-2,0)^{\mathrm{T}}+c_1(0,-20,14,-26,11)^{\mathrm{T}}$,$c_1$ 是任意常数;

   (3) 无解.

2. 当 $a=1$ 或 $b=1$ 时有非零解.

   (1) 当 $a=1$ 时,通解为:当 $b=1$ 时,$\boldsymbol{x}=c_1\begin{pmatrix}-1\\1\\0\end{pmatrix}+c_2\begin{pmatrix}-1\\0\\1\end{pmatrix}$;当 $b\neq1$ 时,$\boldsymbol{x}=c_1\begin{pmatrix}-1\\1\\0\end{pmatrix}$,其中 c_1,c_2 为任意常数.

   (2) 当 $b=1$ 时,通解为:当 $a=1$ 时,$\boldsymbol{x}=c_1\begin{pmatrix}-1\\1\\0\end{pmatrix}+c_2\begin{pmatrix}-1\\0\\1\end{pmatrix}$;当 $a\neq1$ 时,$\boldsymbol{x}=c_1\begin{pmatrix}-1\\0\\1\end{pmatrix}$,其中 c_1,c_2 为任意常数.

3. $a=-2$.

4. 通解:$\boldsymbol{x}=(2,1,0,0)^{\mathrm{T}}+c_1(1,3,1,0)^{\mathrm{T}}+c_2(1,0,0,-1)^{\mathrm{T}}$;满足 $x_1^2=x_2^2$ 的解:$\boldsymbol{x}=(1,1,0,1)^{\mathrm{T}}+c_1(3,3,1,-2)^{\mathrm{T}}$ 或 $\boldsymbol{x}=(-1,1,0,3)^{\mathrm{T}}+c_2(-3,3,1,4)^{\mathrm{T}}$($c_1,c_2$ 为任意常数).

5. 当 $k\neq9$ 时,通解为 $\boldsymbol{x}=c_1\begin{pmatrix}1\\2\\3\end{pmatrix}+c_2\begin{pmatrix}3\\6\\k\end{pmatrix}$($c_1,c_2$ 为任意常数).

   当 $k=9$ 时,若 $\mathrm{rank}(\boldsymbol{A})=2$,则通解为 $\boldsymbol{x}=c_1\begin{pmatrix}1\\2\\3\end{pmatrix}$($c_1$ 为任意常数);若 $\mathrm{rank}(\boldsymbol{A})=1$,则通解为

   $\boldsymbol{x}=c_1\begin{pmatrix}-\dfrac{b}{a}\\1\\0\end{pmatrix}+c_2\begin{pmatrix}-\dfrac{c}{a}\\0\\1\end{pmatrix}$($c_1,c_2$ 为任意常数).

6. (1) $a=0$ 或 $a=2$;

(2) 当 $a=0$ 时通解为 $c(-2,1,0)^{\mathrm{T}}$(c 为任意常数);当 $a=2$ 时通解为 $c(1,-1,1)^{\mathrm{T}}$(c 为任意常数).

7. (1) 当 $\lambda\neq-2$ 且 $\lambda\neq1$ 时,方程组有唯一解;

(2) 当 $\lambda=-2$ 时,方程组无解;

(3) 当 $\lambda=1$ 时,方程组有无穷多解.通解为

$\boldsymbol{x}=(-2,0,0)^{\mathrm{T}}+c_1(-1,1,0)^{\mathrm{T}}+c_2(-1,0,1)^{\mathrm{T}}$,$c_1,c_2$ 为任意常数.

8. (1) 当 $a\neq1$ 时(b 可为任意常数),方程组有唯一解

$x_1=\dfrac{b-a+2}{a-1},x_2=\dfrac{a-2b-3}{a-1},x_3=\dfrac{b+1}{a-1},x_4=0$;

(2) 当 $a=1,b=-1$ 时,方程组有无穷多解,通解为

$\boldsymbol{x}=(-1,1,0,0)^{\mathrm{T}}+c_1(1,-2,1,0)^{\mathrm{T}}+c_2(1,-2,0,1)^{\mathrm{T}}$,$c_1,c_2$ 为任意常数;

(3) 当 $a=1,b\neq-1$ 时,方程组无解.

9. $\boldsymbol{x}=\left(0,0,-\dfrac{1}{2}\right)^{\mathrm{T}}+c_1(1,2,1)^{\mathrm{T}}$($c_1$ 为任意常数).

10. (1) 略;

(2) $\lambda=2,\mu=-3$;通解:$\boldsymbol{x}=(2,-3,0,0)^{\mathrm{T}}+c_1(-2,1,1,0)^{\mathrm{T}}+c_2(4,-5,0,1)^{\mathrm{T}}$($c_1,c_2$ 为任意常数).

11. (1) 当 $a\neq0$ 时有唯一解 $\boldsymbol{x}=(x_1,x_2,\cdots,x_n)^{\mathrm{T}}$,且 $x_1=\dfrac{n}{(n+1)a}$;

(2) 当 $a=0$ 时有无穷多解,通解为 $\boldsymbol{x}=(0,1,\cdots,0)^{\mathrm{T}}+c(1,0,\cdots,0)^{\mathrm{T}}$($c$ 是任意常数).

12. (1) 当 $b\neq2$ 时,$\boldsymbol{b}$ 不能由 $\boldsymbol{a}_1,\boldsymbol{a}_2,\boldsymbol{a}_3$ 线性表示;

(2) 当 $b=2$ 时,$\boldsymbol{b}$ 能由 $\boldsymbol{a}_1,\boldsymbol{a}_2,\boldsymbol{a}_3$ 线性表示.此时,当 $a\neq1$ 时,$\boldsymbol{b}=-\boldsymbol{a}_1+2\boldsymbol{a}_2$;当 $a=1$ 时,$\boldsymbol{b}=-(2c+1)\boldsymbol{a}_1+(c+2)\boldsymbol{a}_2+c\boldsymbol{a}_3$($c$ 为任意常数).

13. (1) 当 $\alpha\neq1$ 时(β 可为任意常数),$\boldsymbol{b}$ 能由 $\boldsymbol{a}_1,\boldsymbol{a}_2,\boldsymbol{a}_3,\boldsymbol{a}_4$ 唯一线性表示;

(2) 当 $\alpha=1,\beta\neq-1$ 时,$\boldsymbol{b}$ 不能由 $\boldsymbol{a}_1,\boldsymbol{a}_2,\boldsymbol{a}_3,\boldsymbol{a}_4$ 线性表示;

(3) 当 $\alpha=1,\beta=-1$ 时,$\boldsymbol{b}$ 能由 $\boldsymbol{a}_1,\boldsymbol{a}_2,\boldsymbol{a}_3,\boldsymbol{a}_4$ 线性表示,但表达式不唯一.其一般表示为 $\boldsymbol{b}=(-1+c_1+c_2)\boldsymbol{a}_1+(1-2c_1-2c_2)\boldsymbol{a}_2+c_1\boldsymbol{a}_3+c_2\boldsymbol{a}_4$($c_1,c_2$ 为任意常数).

14. (1) (Ⅰ)的基础解系为 $(0,0,1,0)^{\mathrm{T}},(-1,1,0,1)^{\mathrm{T}}$;(Ⅱ)的基础解系为 $(0,1,1,0)^{\mathrm{T}},(-1,-1,0,1)^{\mathrm{T}}$;

(2) $c(-1,1,2,1)^{\mathrm{T}}$ (c 为任意常数).

15. (1) $a=1$ 或 $a=2$;

(2) 当 $a=1$ 时,公共解为 $c(-1,0,1)^{\mathrm{T}}$(c 为任意常数);当 $a=2$ 时,公共解为 $(0,1,-1)^{\mathrm{T}}$.

16. (1) $\boldsymbol{x}=c_1(5,-3,1,0)^{\mathrm{T}}+c_2(-3,2,0,1)^{\mathrm{T}}$($c_1,c_2$ 为任意常数);

(2) $\alpha=-1$ 时有非零公共解.全部公共解为 $\boldsymbol{x}=c_1\boldsymbol{\alpha}_1+c_2\boldsymbol{\alpha}_2$($c_1,c_2$ 为任意常数).

17. (1) $\boldsymbol{x}=(-2,-4,-5,0)^{\mathrm{T}}+c_1(1,1,2,1)^{\mathrm{T}}$($c_1$ 为任意常数);

(2) $m=2,n=4,t=6$.

18. (1) 提示:利用 Vandermonde 行列式的结论;

(2) 通解:$\boldsymbol{x}=(0,k^2,0)^{\mathrm{T}}+c_1(-k^2,0,1)^{\mathrm{T}}$($c_1$ 为任意常数).

19. 提示：利用行列式的性质 $\sum_{k=1}^{n} a_{ik}A_{jk} = \delta_{ij} \cdot |\boldsymbol{A}|$.

20. 提示：充分性：由 $\boldsymbol{A}$ 的行向量组与 $\boldsymbol{B}$ 的行向量组等价可推出存在矩阵 $\boldsymbol{C},\boldsymbol{D}$ 使得 $\boldsymbol{A}=\boldsymbol{CB},\boldsymbol{B}=\boldsymbol{DA}$. 必要性：此时 $\boldsymbol{Ax}=\boldsymbol{0}$ 与 $\begin{pmatrix}\boldsymbol{A}\\ \boldsymbol{B}\end{pmatrix}\boldsymbol{x}=\boldsymbol{0}$ 同解，由此可得到 $\operatorname{rank}(\boldsymbol{A})=\operatorname{rank}\begin{pmatrix}\boldsymbol{A}\\ \boldsymbol{B}\end{pmatrix}$，则 $\boldsymbol{B}$ 的行向量组可以被 $\boldsymbol{A}$ 的行向量组线性表示. 用同样的方法可证明 $\boldsymbol{A}$ 的行向量组可以被 $\boldsymbol{B}$ 的行向量组线性表示.

21. 提示：$\operatorname{rank}\begin{pmatrix}\boldsymbol{A}\\ \boldsymbol{B}\end{pmatrix}\leqslant \operatorname{rank}(\boldsymbol{A})+\operatorname{rank}(\boldsymbol{B})<n$.

22. 提示：说明 $\dfrac{\boldsymbol{\beta}_1+\boldsymbol{\beta}_2}{2}$ 是 $\boldsymbol{Ax}=\boldsymbol{b}$ 的解，$\boldsymbol{\alpha}_1+\boldsymbol{\alpha}_2,\boldsymbol{\alpha}_2+\boldsymbol{\alpha}_3,\cdots,\boldsymbol{\alpha}_m+\boldsymbol{\alpha}_1$ 是 $\boldsymbol{Ax}=\boldsymbol{0}$ 的 m 个线性无关的解.

23. 提示：验证 $\boldsymbol{A}^2=\boldsymbol{A}$，从而说明 $\boldsymbol{A}$ 不可逆.

第三章　线性空间与线性变换

§3.1　线 性 空 间

1. 是线性空间；维数为 1，$(1,1,\cdots,1)^{\mathrm{T}}$ 是一个基.

2. 是线性空间；维数为 3；$\begin{pmatrix}1 & 0\\ 0 & -1\end{pmatrix},\begin{pmatrix}0 & 1\\ 0 & -1\end{pmatrix},\begin{pmatrix}0 & 0\\ 1 & -1\end{pmatrix}$ 是一个基.

3. $\dim V_1=\dfrac{1}{2}n(n+1),\dim V_2=\dfrac{1}{2}n(n-1)$.

4. $\boldsymbol{a}_1,\boldsymbol{a}_2,\boldsymbol{a}_3$ 是一个基，维数为 3.

5. (1) 当 $k=1$ 时，$\dim N(\boldsymbol{A})=2,\boldsymbol{\xi}_1=(1,-1,1,0)^{\mathrm{T}},\boldsymbol{\xi}_2=(0,-1,0,1)^{\mathrm{T}}$ 是一个基；
   当 $k\neq 1$ 时，$\dim N(\boldsymbol{A})=1,\boldsymbol{\xi}_1=(-1,0,-1,1)^{\mathrm{T}}$ 是一个基.
   (2) 当 $k=1$ 时，$\dim N(\boldsymbol{A}^{\mathrm{T}})=1,\boldsymbol{\xi}_1=(-1,1,1)^{\mathrm{T}}$ 是一个基；
   当 $k\neq 1$ 时，$\dim N(\boldsymbol{A}^{\mathrm{T}})=0$，无基.
   (3) 当 $k=1$ 时，$\dim \operatorname{Span}\{\boldsymbol{a}_1,\boldsymbol{a}_2,\boldsymbol{a}_3,\boldsymbol{a}_4\}=2,\boldsymbol{a}_1,\boldsymbol{a}_2$ 是一个基；
   当 $k\neq 1$ 时，$\dim \operatorname{Span}\{\boldsymbol{a}_1,\boldsymbol{a}_2,\boldsymbol{a}_3,\boldsymbol{a}_4\}=3,\boldsymbol{a}_1,\boldsymbol{a}_2,\boldsymbol{a}_3$ 是一个基.

6. (1) $(2,-1,1)^{\mathrm{T}}$；(2) $\begin{pmatrix}2 & 3 & 4\\ 0 & -1 & 0\\ -1 & 0 & -1\end{pmatrix}$；(3) $(4,-2,0)^{\mathrm{T}}$；(4) $(3,-2,1)^{\mathrm{T}}$.

7. (1) $\begin{pmatrix}1 & 0 & 0\\ 1 & 1 & 1\\ 1 & 1 & -1\end{pmatrix}$；(2) $(1,3,3)^{\mathrm{T}}$；(3) $c(3,2,-3)^{\mathrm{T}}$，c 是任意常数.

8. (1) 提示：将 $\boldsymbol{a}_1,\boldsymbol{a}_2,\boldsymbol{a}_3$ 与 $\boldsymbol{b}_1,\boldsymbol{b}_2,\boldsymbol{b}_3$ 的关系用矩阵表示，该矩阵可逆；
   (2) $(-3,2,2)^{\mathrm{T}}$.

9. 提示:若 $P(x)=a_nx^n+a_{n-1}x^{n-1}+\cdots+a_1x+a_0(a_n\neq 0)$,则

$$(P(x),P'(x),\cdots,P^{(n)}(x))=(1,x,\cdots,x^n)\begin{pmatrix} a_0 & a_1 & 2!a_2 & \cdots & n!a_n \\ a_1 & 2a_2 & 6a_3 & \cdots & 0 \\ \vdots & \vdots & \vdots & & \vdots \\ a_{n-1} & na_n & 0 & \cdots & 0 \\ a_n & 0 & 0 & \cdots & 0 \end{pmatrix}.$$

10. (1) 提示:从定义验证,并在等式中取 $x=a_i\quad(i=1,2,\cdots,n)$;

(2) $\begin{pmatrix} a_1^{n-1} & a_2^{n-1} & \cdots & a_n^{n-1} \\ a_1^{n-2} & a_2^{n-2} & \cdots & a_n^{n-2} \\ \vdots & \vdots & & \vdots \\ a_1 & a_2 & \cdots & a_n \\ 1 & 1 & \cdots & 1 \end{pmatrix}$.

11. (1) 略;

(2) $\begin{pmatrix} -2 & 2 & 0 & 0 \\ 0 & -2 & 2 & 0 \\ 0 & 0 & -2 & 2 \\ 1 & 1 & 1 & -1 \end{pmatrix}$.

12. 提示:说明 V 中的向量均可由 $\boldsymbol{a}_2,\boldsymbol{a}_3,\cdots,\boldsymbol{a}_n,\boldsymbol{a}_{n+1}$ 线性表示. $\boldsymbol{a}_1$ 的坐标为 $\left(-\frac{x_2}{x_1},-\frac{x_3}{x_1},\cdots,-\frac{x_n}{x_1},\frac{1}{x_1}\right)^{\mathrm{T}}$.

13. 提示:对 $\lambda_1f_1(x)+\lambda_2f_2(x)+\cdots+\lambda_nf_n(x)=0(\lambda_1,\lambda_2,\cdots,\lambda_n$ 为常数)连续求导 $n-1$ 次,再考虑这 n 个式子在点 x_0 取值所形成的线性方程组.

§3.2 线性变换及其矩阵表示

1. (1) 不是; (2) 是; (3) 是.

2. (1) $\begin{pmatrix} 2 & 3 & 5 \\ -1 & 0 & -1 \\ -1 & 1 & 0 \end{pmatrix}$; (2) $\frac{1}{7}\begin{pmatrix} -5 & 20 & -20 \\ -4 & -5 & -2 \\ 27 & 18 & 24 \end{pmatrix}$; (3) $\dim \operatorname{Ker}A=1,\dim \operatorname{Im}A=2$.

3. (1) $3\boldsymbol{a}_1+8\boldsymbol{a}_2+5\boldsymbol{a}_3+5\boldsymbol{a}_4$;

(2) $\begin{pmatrix} 1 & 0 & 2 & 1 \\ 2 & 3 & 5 & 1 \\ 3 & -1 & 0 & 2 \\ 1 & 1 & 2 & 3 \end{pmatrix}$; (3) $\begin{pmatrix} -2 & 0 & 1 & 0 \\ 1 & -4 & -8 & -7 \\ 1 & 4 & 6 & 4 \\ 1 & 3 & 4 & 7 \end{pmatrix}$.

4. $\begin{pmatrix} 0 & 0 & 0 & 1 \\ 0 & -1 & 0 & 0 \\ 0 & 0 & -1 & 0 \\ 1 & 0 & 0 & 0 \end{pmatrix}$.

5. (1) $\begin{pmatrix} -2 & 9 & 7 \\ -1 & 2 & 1 \\ -1 & 3 & 2 \end{pmatrix}$;

(2) $A(\boldsymbol{b}_1)=(3,2,-7)^{\mathrm{T}}, A(\boldsymbol{b}_2)=(-12,-5,22)^{\mathrm{T}}, A(\boldsymbol{b}_3)=(-9,-3,15)^{\mathrm{T}}$;

(3) $(6,-2,0)^{\mathrm{T}}$;

(4) $(-7,-5,17)^{\mathrm{T}}$;

(5) $(4k-8,2-2k,18-9k)^{\mathrm{T}}$($k$ 是任意常数).

6. (1) $\begin{pmatrix} 2 & -1 & 0 \\ 0 & 1 & 1 \\ 1 & 0 & 0 \end{pmatrix}$; (2) $\left(\frac{3}{5},2,-\frac{4}{5}\right)^{\mathrm{T}}$;

(3)$A^{-1}(\boldsymbol{x})=(2x_1-3x_3,-x_2,x_1+x_2+2x_3)^{\mathrm{T}}$.

7. 提示:用反证法. 从 $\sigma(\boldsymbol{x})=\sigma(\boldsymbol{0})=\boldsymbol{0}$ 推出 $\boldsymbol{x}=\boldsymbol{0}$.

8. 提示:按定义写出线性组合表达式,再作用 σ.

9. 提示:设 $\boldsymbol{a}=x_1\boldsymbol{a}_1+x_2\boldsymbol{a}_2+\cdots+x_n\boldsymbol{a}_n$,则 $\boldsymbol{x}=(x_1,x_2,\cdots,x_n)^{\mathrm{T}}$ 是齐次线性方程 $\boldsymbol{Ax}=\boldsymbol{0}$ 的非零解.

10. (1) $A^2=0$; (2) $A^{-1}(\boldsymbol{x})=\boldsymbol{A}^{-1}\boldsymbol{x}$; (3) 按定义直接验证.

11. 提示:按定义直接验证.

12. 提示:说明 σ 在基 $\boldsymbol{B}_{11},\boldsymbol{B}_{12},\boldsymbol{B}_{21},\boldsymbol{B}_{22}$ 下的表示矩阵可逆.

$\sigma^{-1}:\begin{pmatrix} a & b \\ c & d \end{pmatrix}\to\begin{pmatrix} b-a & a \\ c & d-c \end{pmatrix}$.

13. 提示:σ 的表示矩阵 $\boldsymbol{A}$ 满足 $\boldsymbol{A}^n+a_1\boldsymbol{A}^{n-1}+\cdots+a_{n-1}\boldsymbol{A}+a_n\boldsymbol{I}_n=\boldsymbol{O}$.

14. (1) 提示:从定义出发,在线性组合为零的表达式上作用 σ 的适当次幂;

(2) $\boldsymbol{\xi},\sigma(\boldsymbol{\xi}),\cdots,\sigma^{n-1}(\boldsymbol{\xi})$就是所求的基.

第四章　特征值与特征向量

§4.1　特征值与特征向量

1. (1) 特征值为1(二重)和2. 对应于特征值1的特征向量为 $c(1,0,0)^{\mathrm{T}}$;对应于特征值2的特征向量为 $c(1,2,1)^{\mathrm{T}}$,其中 c 是不为零的任意常数.

(2) 特征值为1(二重)和 -2. 对应于特征值1的特征向量为 $c_1(-1,1,0)^{\mathrm{T}}+c_2(-1,0,1)^{\mathrm{T}}$,其中 c_1,c_2 是不全为零的任意常数;对应于特征值2的特征向量为 $c(1,1,1)^{\mathrm{T}}$,其中 c 是不为零的任意常数.

2. $1+(n-1)a,1-a(n-1$ 重$)$.

3. -4.

4. (1) $|\boldsymbol{A}|=-6$;

(2) $\boldsymbol{A}^{-1}$的特征值为 $1,-\frac{1}{2},\frac{1}{3}$,$\boldsymbol{A}^*$ 的特征值为 $-6,3,-2$;

(3) $\boldsymbol{A}^2+2\boldsymbol{A}+\boldsymbol{I}$ 的特征值为 $4,1,16$.

5. $(-1)^n$.

6. 提示:证明 $2\boldsymbol{A}+\boldsymbol{I}$ 的特征值不为零.

7. $2\sqrt{2}$.

8. $a=2,b=4$.

9. $a+b=0$.

10. $a=-3,b=1,\boldsymbol{\xi}$ 对应的特征值为 5.

11. $a=0,b=-2,c=-2,\lambda_0=1$ 或 $a=-\dfrac{9}{2},b=10,c=-5,\lambda_0=-\dfrac{1}{2}$.

12. $a=0,\boldsymbol{A}=\begin{pmatrix}-5 & 4 & -6\\ 3 & -3 & 3\\ 7 & -6 & 8\end{pmatrix}$.

13. $a=2,b=-2,\lambda=4$ 或 $a=2,b=1,\lambda=1$.

14. $2,-2,1,-\dfrac{1}{2},\dfrac{1}{2},-1$.

15. (1) 提示:按定义直接验证; (2) $\boldsymbol{A}^{-1}$的各行元素之和为$\dfrac{1}{a}$,$2\boldsymbol{A}^{-1}-3\boldsymbol{A}$ 的各行元素之和为 $\dfrac{2}{a}-3a$.

16. 提示:(1) $\boldsymbol{A}$ 的特征值满足 $\lambda^2-1=0$; (2) 由已知得$(\boldsymbol{A}+\boldsymbol{I})(\boldsymbol{A}-\boldsymbol{I})=\boldsymbol{O}$ 且$|\boldsymbol{A}+\boldsymbol{I}|\neq 0$.

17. $\lambda^2(\lambda-1)\left(\lambda-\sum\limits_{i=1}^{4}a_{ii}+1\right)$.

18. 提示:参考例 4.1.15 的方法.

19. 提示:$\lambda_1^2,\lambda_2^2,\cdots,\lambda_n^2$是$\boldsymbol{A}^2$ 的特征值,因此$\mathrm{tr}(\boldsymbol{A}^2)=\lambda_1^2+\lambda_2^2+\cdots+\lambda_n^2$,且直接计算知$\mathrm{tr}(\boldsymbol{A}^2)=\sum\limits_{i=1}^{n}\sum\limits_{j=1}^{n}a_{ij}a_{ji}$.

20. 提示:先证明 $\boldsymbol{A}$ 只有一个 n 重特征值 k,再证明$(\boldsymbol{A}-k\boldsymbol{I}_n)(\boldsymbol{e}_1,\boldsymbol{e}_2,\cdots,\boldsymbol{e}_n)=\boldsymbol{O}$.

21. 提示:(1) 当 $\lambda\neq 0$,利用块初等变换

$$\begin{pmatrix}\lambda\boldsymbol{I}_m-\boldsymbol{AB} & \boldsymbol{A}\\ \boldsymbol{O} & \boldsymbol{I}_n\end{pmatrix}\to\begin{pmatrix}\lambda\boldsymbol{I}_m & \boldsymbol{A}\\ \boldsymbol{B} & \boldsymbol{I}_n\end{pmatrix}\to\begin{pmatrix}\lambda\boldsymbol{I}_m & \boldsymbol{A}\\ \boldsymbol{O} & \boldsymbol{I}_n-\dfrac{1}{\lambda}\boldsymbol{BA}\end{pmatrix};$$

(2) 提示:$\boldsymbol{A}=\boldsymbol{BC}$,其中 $\boldsymbol{B}=\begin{pmatrix}a_1 & 1\\ a_2 & 1\\ \vdots & \vdots\\ a_n & 1\end{pmatrix}$, $\boldsymbol{C}=\begin{pmatrix}a_1 & a_2 & \cdots & a_n\\ 1 & 1 & \cdots & 1\end{pmatrix}$,并利用(1)的结论.

答案:0($n-2$ 重),$n,a_1^2+a_2^2+\cdots+a_n^2$.

22. 提示:应用 Hamilton-Cayley 定理.

§4.2 方阵的相似化简

1. (1) 能与对角阵相似,且

$$\boldsymbol{P}=\begin{pmatrix}1&1&1\\4&0&0\\0&4&1\end{pmatrix},\ \boldsymbol{P}^{-1}\boldsymbol{AP}=\begin{pmatrix}2&&\\&2&\\&&-1\end{pmatrix}$$（$\boldsymbol{P}$ 的答案不唯一，下同）；

（2）不能与对角阵相似.

2. （1）都有特征值1（二重），5.（2）$\boldsymbol{A}_1$ 与 $\boldsymbol{A}_3$ 相似，$\boldsymbol{A}_2$ 与 $\boldsymbol{A}_1$ 和 $\boldsymbol{A}_3$ 都不相似.

3. $x=0, y=-2$.

4. $\begin{pmatrix}1&0&0\\-2&5&-2\\-2&4&-1\end{pmatrix}$.

5. （1）$\boldsymbol{b}=2\boldsymbol{a}_1-2\boldsymbol{a}_2+\boldsymbol{a}_3$；（2）$\begin{pmatrix}2-2^{n+1}+3^n\\2-2^{n+2}+3^{n+1}\\2-2^{n+3}+3^{n+2}\end{pmatrix}$.

6. （1）$a=-3, b=0$，$\boldsymbol{\xi}$ 所对应的特征值为 -1；（2）不能对角化.

7. （1）$k=0$；（2）不能对角化.

8. （1）$a=2, b=-2$；

（2）$\boldsymbol{P}=\begin{pmatrix}1&1&1\\-1&0&-2\\0&1&3\end{pmatrix},\ \boldsymbol{P}^{-1}\boldsymbol{AP}=\begin{pmatrix}2&&\\&2&\\&&6\end{pmatrix}$.

9. 4.

10. $a=0,\ \boldsymbol{P}=\begin{pmatrix}1&0&1\\2&0&-2\\0&1&0\end{pmatrix}$.

11. $\boldsymbol{A}$ 与 $\boldsymbol{B}$ 相似，$\boldsymbol{P}=\begin{pmatrix}0&-2&1\\1&-1&0\\1&1&0\end{pmatrix}$.

12. $\begin{pmatrix}1&2^{101}-2&0\\0&2^{100}&0\\0&\frac{5}{3}(1-2^{100})&1\end{pmatrix}$.

13. $x_n=\dfrac{1}{2(p+q)}[2q-(q-p)(1-p-q)^n]$，

$y_n=\dfrac{1}{2(p+q)}[2p+(q-p)(1-p-q)^n], n=0,1,\cdots$.

14. 提示：$\boldsymbol{A}^{-1}(\boldsymbol{AB})\boldsymbol{A}=\boldsymbol{BA}$.

15. 提示：由假设可知$(\boldsymbol{A}-2\boldsymbol{I})(\boldsymbol{A}-3\boldsymbol{I})=\boldsymbol{O}$，并用例 4.2.15 的方法.

16. 提示：若 $\boldsymbol{P}_1^{-1}\boldsymbol{AP}_1=\boldsymbol{B}$，$\boldsymbol{P}_2^{-1}\boldsymbol{CP}_2=\boldsymbol{D}$，取 $\boldsymbol{P}=\begin{pmatrix}\boldsymbol{P}_1&\\&\boldsymbol{P}_2\end{pmatrix}$.

17. 提示：利用 $\begin{vmatrix}\boldsymbol{A}-\lambda\boldsymbol{I}&\boldsymbol{C}\\\boldsymbol{O}&\boldsymbol{B}-\lambda\boldsymbol{I}\end{vmatrix}=|\boldsymbol{A}-\lambda\boldsymbol{I}|\cdot|\boldsymbol{B}-\lambda\boldsymbol{I}|$，再说明 $\boldsymbol{A}$ 与 $\boldsymbol{B}$ 的特征值互不相同.

18. 提示：(1) 从$(\boldsymbol{A}+\boldsymbol{I})\boldsymbol{A}=\boldsymbol{O}$及$\boldsymbol{A}\neq\boldsymbol{O}$可知$(\boldsymbol{A}+\boldsymbol{I})\boldsymbol{x}=\boldsymbol{0}$有非零解；

(2) 若$\boldsymbol{BA}=\boldsymbol{O}$成立，由$\boldsymbol{A}\boldsymbol{a}_1=-\boldsymbol{a}_1$可得$\boldsymbol{0}=\boldsymbol{BA}\boldsymbol{a}_1=-\boldsymbol{B}\boldsymbol{a}_1$，于是$\boldsymbol{a}_1$是$\boldsymbol{B}$对应于特征值0的特征向量.

19. 提示：取n维非零列向量$\boldsymbol{e}_i=(0,\cdots,\underset{i}{1},\cdots,0)^{\mathrm{T}}$. 从$\boldsymbol{A}\boldsymbol{e}_i=\lambda_i\boldsymbol{e}_i$可得出$a_{ij}=0\,(j\neq i)$；从$\boldsymbol{A}(\boldsymbol{e}_i+\boldsymbol{e}_j)=\lambda_{ij}(\boldsymbol{e}_i+\boldsymbol{e}_j)=\lambda_i\boldsymbol{e}_i+\lambda_j\boldsymbol{e}_j$可得出$a_{ii}=a_{jj}\,(j\neq i)$.

第五章　Euclid 空间与酉空间

§5.1　内　　积

1. (1) $\arccos\frac{7\sqrt{2}}{18}$；(2) $c_1(-12,1,7,0)^{\mathrm{T}}+c_2(-5,8,0,7)^{\mathrm{T}}$（$c_1,c_2$为任意常数）.

2. $\left(\frac{1}{3},-\frac{2}{3},\frac{2}{3}\right)^{\mathrm{T}},\left(-\frac{2}{3},-\frac{2}{3},-\frac{1}{3}\right)^{\mathrm{T}},\left(\frac{2}{3},-\frac{1}{3},-\frac{2}{3}\right)^{\mathrm{T}}$.

3. $\frac{1}{\sqrt{15}}(1,1,2,3)^{\mathrm{T}},\frac{1}{\sqrt{39}}(-2,1,5,-3)^{\mathrm{T}}$.

4. (1) $\frac{1}{\sqrt{2}}(1,0,1,0)^{\mathrm{T}},\frac{1}{\sqrt{10}}(1,-2,-1,-2)^{\mathrm{T}}$；

(2) $c_1(1,1,-1,0)^{\mathrm{T}}+c_2(0,1,0,-1)^{\mathrm{T}}$（$c_1,c_2$为任意常数）.

5. $a=\frac{2}{7},b=c=d=-\frac{6}{7}$.

6. 提示：按定义直接验证.

7. 提示：$|\boldsymbol{A}|^2=1$，再考虑$|\boldsymbol{A}||\boldsymbol{A}+\boldsymbol{B}||\boldsymbol{B}|=|\boldsymbol{A}^{\mathrm{T}}||\boldsymbol{A}+\boldsymbol{B}||\boldsymbol{B}^{\mathrm{T}}|$.

8. 提示：$(\boldsymbol{A}+2\boldsymbol{I})^{\mathrm{T}}(\boldsymbol{A}+2\boldsymbol{I})=\boldsymbol{A}^2+4\boldsymbol{A}+4\boldsymbol{I}$.

9. 当$|\boldsymbol{A}|=1$时，$a_{ij}=A_{ij}$；当$|\boldsymbol{A}|=-1$时，$a_{ij}=-A_{ij}\,(i,j=1,2,\cdots,n)$.

10. 提示：直接验证$\boldsymbol{A}^{\mathrm{T}}\boldsymbol{A}=\boldsymbol{I}_n$.

11. 提示：利用$(\boldsymbol{Ax},\boldsymbol{x})=(\boldsymbol{x},\boldsymbol{A}^{\mathrm{T}}\boldsymbol{x})$验证$\boldsymbol{x}$与$\boldsymbol{y}$的内积为0.

12. 提示：由假设可知$(\boldsymbol{A}+\boldsymbol{B})(\boldsymbol{A}-\boldsymbol{B})=(\boldsymbol{A}-\boldsymbol{B})(\boldsymbol{A}+\boldsymbol{B})$，再利用矩阵运算的性质直接验证$[(\boldsymbol{A}+\boldsymbol{B})(\boldsymbol{A}-\boldsymbol{B})^{-1}]^{\mathrm{T}}(\boldsymbol{A}+\boldsymbol{B})(\boldsymbol{A}-\boldsymbol{B})^{-1}=\boldsymbol{I}$.

13. 提示：$\mathcal{A}$在标准正交基$\boldsymbol{a}_1,\boldsymbol{a}_2,\boldsymbol{a}_3,\boldsymbol{a}_4$下的表示矩阵是正交矩阵.

14. $\mathcal{A}$是在基$\boldsymbol{a}_1,\boldsymbol{a}_2,\boldsymbol{a}_3$下的具有表示矩阵$\boldsymbol{A}=\frac{1}{3}\begin{pmatrix}1&2&2\\-2&2&-1\\-2&-1&2\end{pmatrix}$的线性变换.

15. 提示：对于$\boldsymbol{y}=\sum\limits_{j=1}^{m}\frac{(\boldsymbol{x},\boldsymbol{a})}{\|\boldsymbol{a}_j\|^2}\boldsymbol{x}$，成立$\|\boldsymbol{x}\|^2=\|\boldsymbol{y}\|^2+\|\boldsymbol{x}-\boldsymbol{y}\|^2$.

16. $c(\mathrm{i},0,1)^{\mathrm{T}}$，其中$|c|=\frac{1}{\sqrt{2}}$.

17. 提示：直接验证.

§5.2　正交相似和酉相似

1. (1) $\boldsymbol{S}=\frac{1}{3}\begin{pmatrix}1 & 2 & 2\\ 2 & -2 & 1\\ 2 & 1 & -2\end{pmatrix}$, $\boldsymbol{\Lambda}=\begin{pmatrix}3 & & \\ & 0 & \\ & & -3\end{pmatrix}$;

(2) $\boldsymbol{S}=\begin{pmatrix}\frac{1}{\sqrt{2}} & 0 & \frac{1}{2} & -\frac{1}{2}\\ \frac{1}{\sqrt{2}} & 0 & -\frac{1}{2} & \frac{1}{2}\\ 0 & \frac{1}{\sqrt{2}} & -\frac{1}{2} & -\frac{1}{2}\\ 0 & \frac{1}{\sqrt{2}} & \frac{1}{2} & \frac{1}{2}\end{pmatrix}$, $\boldsymbol{\Lambda}=\begin{pmatrix}-4 & & & \\ & -4 & & \\ & & -4 & \\ & & & 8\end{pmatrix}$.

2. (1) $a=3$，其他特征值为 2 和 5；(2) $\boldsymbol{S}=\begin{pmatrix}1 & 0 & 0\\ 0 & \frac{1}{\sqrt{2}} & \frac{1}{\sqrt{2}}\\ 0 & -\frac{1}{\sqrt{2}} & \frac{1}{\sqrt{2}}\end{pmatrix}$.

3. 与对角阵相似，$\boldsymbol{\Lambda}=\begin{pmatrix}(2+k)^2 & & \\ & (2+k)^2 & \\ & & k^2\end{pmatrix}$.

4. (1) $a=b=0$；(2) $\boldsymbol{S}=\begin{pmatrix}\frac{1}{\sqrt{2}} & 0 & \frac{1}{\sqrt{2}}\\ 0 & 1 & 0\\ -\frac{1}{\sqrt{2}} & 0 & \frac{1}{\sqrt{2}}\end{pmatrix}$.

5. $\begin{pmatrix}1 & 0 & 0\\ 0 & 0 & -1\\ 0 & -1 & 0\end{pmatrix}$.

6. (1) 另一个特征值为 0，对应的特征向量为 $k(-1,1,1)^{\mathrm{T}}$（k 为任意非零常数）；

(2) $\begin{pmatrix}4 & 2 & 2\\ 2 & 4 & -2\\ 2 & -2 & 4\end{pmatrix}$.

7. (1) 特征值为 0（二重）和 3. 对应于特征值 0 的特征向量为 $k_1\boldsymbol{x}_1+k_2\boldsymbol{x}_2$（$k_1,k_2$ 为不全为零的常数）；对应于特征值 3 的特征向量为 $k(1,1,1)^{\mathrm{T}}$（k 为任意非零常数）.

(2) $\boldsymbol{S}=\begin{pmatrix}-\frac{1}{\sqrt{6}} & -\frac{1}{\sqrt{2}} & \frac{1}{\sqrt{3}}\\ \frac{2}{\sqrt{6}} & 0 & \frac{1}{\sqrt{3}}\\ -\frac{1}{\sqrt{6}} & \frac{1}{\sqrt{2}} & \frac{1}{\sqrt{3}}\end{pmatrix}$, $\boldsymbol{S}^{\mathrm{T}}\boldsymbol{A}\boldsymbol{S}=\begin{pmatrix}0 & & \\ & 0 & \\ & & 3\end{pmatrix}$.

8. (1) $x=3$; (2) $\boldsymbol{S}=\begin{pmatrix}1&0&0&0\\0&1&0&0\\0&0&-\frac{1}{\sqrt{2}}&\frac{1}{\sqrt{2}}\\0&0&\frac{1}{\sqrt{2}}&\frac{1}{\sqrt{2}}\end{pmatrix}$, $(\boldsymbol{AS})^{\mathrm{T}}(\boldsymbol{AS})=\begin{pmatrix}1&&&\\&1&&\\&&1&\\&&&9\end{pmatrix}$.

9. (1) $a=-2$; (2) $\boldsymbol{S}=\begin{pmatrix}\frac{1}{\sqrt{2}}&\frac{1}{\sqrt{6}}&\frac{1}{\sqrt{3}}\\0&-\frac{2}{\sqrt{6}}&\frac{1}{\sqrt{3}}\\-\frac{1}{\sqrt{2}}&\frac{1}{\sqrt{6}}&\frac{1}{\sqrt{3}}\end{pmatrix}$.

10. $\begin{pmatrix}-\boldsymbol{I}_{n-2}&\\&\boldsymbol{I}_2\end{pmatrix}$.

11. 提示:$\boldsymbol{A}$ 正交相似于对角阵.

12. 提示:$\boldsymbol{A},\boldsymbol{B}$ 相似于相同的对角阵,因此 $\boldsymbol{A},\boldsymbol{B}$ 相似.

13. 提示:$\boldsymbol{a}+\boldsymbol{b}$ 和 $\boldsymbol{a}-\boldsymbol{b}$ 分别是 $\boldsymbol{A}$ 的对应于 $1,-1$ 的特征向量. 又 $|\boldsymbol{A}|=0$,所以 0 是 $\boldsymbol{A}$ 的特征值.

14. $\boldsymbol{U}=\begin{pmatrix}\frac{\mathrm{i}}{\sqrt{2}}&-\frac{\mathrm{i}}{\sqrt{2}}\\\frac{1}{\sqrt{2}}&\frac{1}{\sqrt{2}}\end{pmatrix}$, $\boldsymbol{U}^{\mathrm{H}}\boldsymbol{A}\boldsymbol{U}=\begin{pmatrix}0&0\\0&2\end{pmatrix}$.

15. 提示: $\|\boldsymbol{Ax}\|^2=(\boldsymbol{Ax},\boldsymbol{Ax})=(\boldsymbol{x},\boldsymbol{A}^{\mathrm{H}}\boldsymbol{Ax})$, $\|\boldsymbol{A}^{\mathrm{H}}\boldsymbol{x}\|^2=(\boldsymbol{A}^{\mathrm{H}}\boldsymbol{x},\boldsymbol{A}^{\mathrm{H}}\boldsymbol{x})=(\boldsymbol{x},\boldsymbol{AA}^{\mathrm{H}}\boldsymbol{x})$.

16. $\prod_{i=1}^{n}(a\lambda_i^2+b\lambda_i+c)$.

17. 提示:(1) 按定义验证; (2) 略.

第六章　二　次　型

§6.1　二次型及其标准形式

1. $9y_1^2$, $\boldsymbol{x}=\boldsymbol{Py}$, $\boldsymbol{P}=\begin{pmatrix}\frac{1}{3}&\frac{2}{\sqrt{5}}&-\frac{2}{\sqrt{45}}\\-\frac{2}{3}&\frac{1}{\sqrt{5}}&\frac{4}{\sqrt{45}}\\\frac{2}{3}&0&\frac{5}{\sqrt{45}}\end{pmatrix}$.

2. $2y_1^2+3y_2^2+\frac{2}{3}y_3^2$, $\boldsymbol{x}=\boldsymbol{P}\boldsymbol{y}$, $\boldsymbol{P}=\begin{pmatrix}1 & -1 & \frac{1}{3}\\ 0 & 1 & \frac{2}{3}\\ 0 & 0 & 1\end{pmatrix}$.

3. $t=\frac{7}{8}$.

4. $a=2$.

5. (1) $a=1,b=2$;

(2) $2y_1^2+2y_2^2-3y_3^2,\boldsymbol{x}=\boldsymbol{P}\boldsymbol{y},\boldsymbol{P}=\begin{pmatrix}\frac{2}{\sqrt5} & 0 & \frac{1}{\sqrt5}\\ 0 & 1 & 0\\ \frac{1}{\sqrt5} & 0 & -\frac{2}{\sqrt5}\end{pmatrix}$.

6. (1) $a=3,b=7$;

(2) $\boldsymbol{x}=\boldsymbol{P}\boldsymbol{y},\boldsymbol{P}=\begin{pmatrix}-\frac{1}{\sqrt3} & \frac{1}{\sqrt2} & \frac{1}{\sqrt6}\\ \frac{1}{\sqrt3} & \frac{1}{\sqrt2} & -\frac{1}{\sqrt6}\\ \frac{1}{\sqrt3} & 0 & \frac{2}{\sqrt6}\end{pmatrix}$.

7. $y_1^2+y_2^2+y_3^2$.

8. $t>5$.

9. (1) $a=b=-3$;(2) 单叶双曲面,标准方程为 $-5y_1^2+6y_2^2+6y_3^2=1$.

10. $f(x_1,x_2,x_3)=2x_1^2+2x_2^2+x_3^2+2x_1x_3-2x_2x_3$.

11. 提示:$\boldsymbol{A}$ 有正的特征值.

12. 提示:将 f 约化为规范形考虑.

13. 提示:考虑经正交变换后的 f 的标准形.

14. 提示:$r+(p-q)=2p,r=p+q$.

15. 提示:$\boldsymbol{A}$ 的特征值只有 0.

16. $y_1^2+\cdots+y_r^2-2y_{r+1}^2-\cdots-2y_n^2$.

17. 提示:(1) $f(\boldsymbol{x})=\boldsymbol{x}^{\mathrm{T}}\frac{1}{|\boldsymbol{A}|}\boldsymbol{A}^*\boldsymbol{x}$;(2) 相同,因为 $\boldsymbol{A}=\boldsymbol{A}\boldsymbol{A}^{-1}\boldsymbol{A}=\boldsymbol{A}^{\mathrm{T}}\boldsymbol{A}^{-1}\boldsymbol{A}$,即 $\boldsymbol{A}$ 与 $\boldsymbol{A}^{-1}=\frac{1}{|\boldsymbol{A}|}\boldsymbol{A}^*$ 合同.

18. $f(2,-2,1)=4$ 为最大值;$f(1,2,2)=-2$ 为最小值.

§6.2 正定二次型

1. (1) 正定;(2) 负定;(3) 既不正定,也不负定.

2. $\lambda>\frac{2\sqrt2-1}{2}$.

3. $-\frac{4}{5}<\lambda<0$.

4. $a=3$.

5. 提示:说明 $\boldsymbol{A}+\lambda\boldsymbol{I}_n$ 的特征值均大于 λ.

6. (1) $\boldsymbol{\Lambda}=\begin{pmatrix}(k+2)^2 & 0 & 0\\ 0 & (k+2)^2 & 0\\ 0 & 0 & k^2\end{pmatrix}$; (2) $k\neq0$ 且 $k\neq-2$.

7. 提示:说明 $\boldsymbol{A}$ 的特征值均大 0.

8. (1) 提示:说明 $\boldsymbol{I}_n+\boldsymbol{A}+\boldsymbol{A}^2+\cdots+\boldsymbol{A}^k$ 的特征值均大 0; (2) $(1+k)^r$.

9. 正定.

10. 标准形:$\frac{1}{2}(n+1)y_1^2+\frac{1}{2}y_2^2+\cdots+\frac{1}{2}y_n^2$(后面 $n-1$ 个系数均为$\frac{1}{2}$). 正定.

11. (1) $-2,-2,0$; (2) $k>2$.

12. 提示:记 k 为 $\boldsymbol{A}$ 的所有特征值的绝对值的最大者,当 t 满足 $1+tk>0$ 即可.

13. 提示:按定义验证.

14. 提示:方法见例 6.2.13.

15. 提示:证明二次型 $x^2+y^2+z^2-2xy\cos\alpha-2xz\cos\beta-2yz\cos\gamma$ 半正定.

16. 提示:按定义验证.

17. 提示:按定义证明. 写出线性组合的表达式后,再分别左乘 $\boldsymbol{a}_j^{\mathrm{T}}\boldsymbol{A}(j=1,2,\cdots,n)$.

18. 提示:由于存在可逆矩阵 $\boldsymbol{P}$,使得 $\boldsymbol{B}=\boldsymbol{P}^{\mathrm{T}}\boldsymbol{P}$,即 $b_{ij}=\sum\limits_{k=1}^{n}p_{ki}p_{kj}(i,j=1,2,\cdots,n)$,所以

$$\boldsymbol{x}^{\mathrm{T}}\boldsymbol{C}\boldsymbol{x}=\sum_{i=1}^{n}\sum_{j=1}^{n}a_{ij}b_{ij}x_ix_j=\sum_{k=1}^{n}\left[\sum_{i=1}^{n}\sum_{j=1}^{n}a_{ij}(p_{ki}x_i)(p_{kj}x_j)\right]=\sum_{k=1}^{n}\boldsymbol{y}_k^{\mathrm{T}}\boldsymbol{A}\boldsymbol{y}_k,$$

其中 $\boldsymbol{y}_k=(p_{k1}x_1,p_{k2}x_2,\cdots,p_{kn}x_n)^{\mathrm{T}}(k=1,2,\cdots,n)$.

19. (1) $\begin{pmatrix}\boldsymbol{A} & \boldsymbol{O}\\ \boldsymbol{O} & \boldsymbol{B}-\boldsymbol{C}^{\mathrm{T}}\boldsymbol{A}^{-1}\boldsymbol{C}\end{pmatrix}$;

(2) 提示:由(1)知$\begin{pmatrix}\boldsymbol{A} & \boldsymbol{O}\\ \boldsymbol{O} & \boldsymbol{B}-\boldsymbol{C}^{\mathrm{T}}\boldsymbol{A}^{-1}\boldsymbol{C}\end{pmatrix}$是正定矩阵. 取 $\boldsymbol{x}$ 为 m 维零向量(列向量),$\boldsymbol{y}\neq\boldsymbol{0}$ 为 n 维列向量,则

$$(\boldsymbol{x}^{\mathrm{T}},\ \boldsymbol{y}^{\mathrm{T}})\begin{pmatrix}\boldsymbol{A} & \boldsymbol{O}\\ \boldsymbol{O} & \boldsymbol{B}-\boldsymbol{C}^{\mathrm{T}}\boldsymbol{A}^{-1}\boldsymbol{C}\end{pmatrix}\begin{pmatrix}\boldsymbol{x}\\ \boldsymbol{y}\end{pmatrix}>0.$$

由此可知 $\boldsymbol{y}^{\mathrm{T}}(\boldsymbol{B}-\boldsymbol{C}^{\mathrm{T}}\boldsymbol{A}^{-1}\boldsymbol{C})\boldsymbol{y}>0$.

20. 提示:利用例 6.2.16 的方法和结论.

21. (1) $\boldsymbol{A}=\boldsymbol{L}\boldsymbol{L}^{\mathrm{T}}$, $\boldsymbol{L}=\begin{pmatrix}1 & 0 & 0\\ 0 & 1 & 0\\ -1 & 2 & 0\end{pmatrix}$; (2) $(4,3,2)^{\mathrm{T}}$.

参 考 文 献

[1] 北京大学数学系. 高等代数. 高等教育出版社,1988

[2] 陈文灯,黄先开. 考研数学复习指南. 世界图书出版公司,2009

[3] 国防科学技术大学数学竞赛指导组. 大学数学竞赛指导. 清华大学出版社,2009

[4] 金路,童裕孙,於崇华,张万国. 高等数学(第三版). 高等教育出版社,2008

[5] 居余马等. 线性代数(第二版). 清华大学出版社,2002

[6] 居余马,林翠琴. 线性代数学习指南. 清华大学出版社,2003

[7] 李师正. 高等代数解题方法与技巧. 高等教育出版社,2004

[8] 李忠范,黄万风,孙毅. 线性代数与随机数学习题课教程. 高等教育出版社,2006

[9] 刘丽,林谦等. 高等代数学习指导与习题解析. 西南财经大学出版社,2009

[10] 刘剑平. 线性代数习题全解与考研辅导. 华东理工大学出版社,2010

[11] 马杰. 线性代数复习指导. 科学技术文献出版社,2001

[12] 卢刚. 线性代数中的典型例题分析与习题(第二版). 高等教育出版社,2009

[13] 孟昭为,赵文玲,孙锦萍. 线性代数学习指导. 科学出版社,2010

[14] 同济大学数学系. 线性代数(第五版). 高等教育出版社,2007

[15] 王萼芳. 高等代数解题辅导. 高等教育出版社,2010

[16] 王纪林等. 线性代数解题方法与技巧. 上海交通大学出版社,2011

[17] 魏献祝. 高等代数一题多解 200 例. 福建人民出版社,1982

[18] 吴赣昌. 线性代数学习辅导与习题解答(第三版). 中国人民大学出版社,2010

[19] 武海燕,梁治安等. 线性代数同步辅导. 高等教育出版社,2008

[20] 谢邦杰. 线性代数. 人民教育出版社,1978

[21] 姚慕生. 高等代数. 大学数学学习方法指导丛书,复旦大学出版社,2002

[22] 姚慕生. 线性代数. 大学数学学习方法指导丛书,复旦大学出版社,2004

[23] 姚慕生,吴泉水. 高等代数学(第二版). 复旦大学出版社,2008

[24] 张天德,蒋晓芸. 线性代数习题精选精解. 山东科学技术出版社,2009

[25] 赵德修,孙清华. 线性代数题解精选. 华中科技大学出版社,2001

[26] 赵树嫄. 线性代数(第四版). 中国人民大学出版社,2008

[27] 小西荣一,深见哲造,远藤静男. 刘俊山译. 线性代数、向量分析(习题集). 辽宁人民出版社,1981
[28] И·В·普罗斯库列科夫. 周小钟译. 线性代数习题集. 人民教育出版社,1981
[29] S. Lipschutz. 沐定夷、徐克绍译. 线性代数的理论和习题. 上海科学技术出版社,1981
[30] S. J. Leon. *Linear algebra with applications*(Seventh Edition). 机械工业出版社,2007
[31] D. C. Lay. *Linear algebra and its applications* (3rd Edition). 电子工业出版社,2004

图书在版编目(CIP)数据

线性代数同步辅导与复习提高/金路编. —2 版. —上海:复旦大学出版社, 2014. 10
ISBN 978-7-309-10853-8

Ⅰ. 线… Ⅱ. 金… Ⅲ. 线性代数-高等学校-教学参考资料 Ⅳ. 0151. 2

中国版本图书馆 CIP 数据核字(2014)第 164854 号

线性代数同步辅导与复习提高(第二版)
金 路 编
责任编辑/范仁梅

复旦大学出版社有限公司出版发行
上海市国权路 579 号 邮编:200433
网址:fupnet@fudanpress. com http://www. fudanpress. com
门市零售:86-21-65642857 团体订购:86-21-65118853
外埠邮购:86-21-65109143
大丰市科星印刷有限责任公司

开本 787 × 960 1/16 印张 19. 5 字数 363 千
2014 年 10 月第 2 版第 1 次印刷
印数 1—4 100

ISBN 978-7-309-10853-8/O · 546
定价: 38. 00 元